教育部高等学校材料类专业教学指导委员会规划教材

材料科学研究与工程技术系列

电子束增材制造技术

Electron Beam Additive Manufacturing Technology

主　编　陈国庆

副主编　王厚勤　树　西　尹乾兴

哈爾濱工業大學出版社
HARBIN INSTITUTE OF TECHNOLOGY PRESS

内 容 简 介

本书为教育部高等学校材料类专业教学指导委员会规划教材。全书围绕电子束增材制造技术展开，介绍了电子束增材制造的基本原理及特点，重点阐述了电子束选区熔化增材制造及电子束熔丝沉积增材制造两类方法。电子束选区熔化增材制造方法包括选区熔化工艺设计、原理、工艺过程、先进材料电子束选区熔化增材制造及应用；电子束熔丝沉积增材制造方法包括熔丝沉积原理及特点、工艺过程、预熔化式电子束熔丝沉积、电子束熔丝沉积数值模拟以及先进材料电子束熔丝沉积。

本书可供高等学校材料加工工程类专业及增材制造类专业的师生使用，也可供相关研究院所工程技术人员学习参考。

图书在版编目(CIP)数据

电子束增材制造技术/陈国庆主编. —哈尔滨：哈尔滨工业大学出版社，2024.7
(材料科学研究与工程技术系列)
ISBN 978－7－5767－1111－0

Ⅰ.①电…　Ⅱ.①陈…　Ⅲ.①电子束－快速成型技术　Ⅳ.①TB4

中国国家版本馆 CIP 数据核字(2023)第 219821 号

策划编辑　许雅莹
责任编辑　许雅莹　张　权
封面设计　刘　乐
出版发行　哈尔滨工业大学出版社
社　　址　哈尔滨市南岗区复华四道街 10 号　邮编 150006
传　　真　0451－86414749
网　　址　http://hitpress.hit.edu.cn
印　　刷　辽宁新华印务有限公司
开　　本　787 mm×1 092 mm　1/16　印张 23　字数 545 千字
版　　次　2024 年 7 月第 1 版　2024 年 7 月第 1 次印刷
书　　号　ISBN 978－7－5767－1111－0
定　　价　68.00 元

前　言

电子束增材制造是金属材料增材制造的主要方式之一，是利用高能量的电子束熔化和堆积金属材料，再逐层构建三维结构，最终获得制造实体。与传统的减材制造方式相比，电子束增材制造通过优化设计可以最大程度地减少材料的使用，降低废料和污染物的排放。电子束增材制造技术由于加热和熔化过程精确可控，可以制造出具有复杂几何形状和内部结构的零件，从而提高零件的强度和刚度。采用实体建模和数字化设计方法，可以进行批量生产和灵活的定制加工。电子束增材制造技术广泛应用于航空航天结构零部件、医疗植入物、核工业器件、汽车零件及电子产品等加工制造中，能促进制造业的纵深发展，为未来先进制造带来更多创新和突破。

本书为教育部高等学校材料类专业教学指导委员会规划教材，可作为高等学校材料加工工程类专业及增材制造类专业课程的教材，也可供从事相关研究或应用的专业技术人员参考。本书重点对电子束增材制造技术进行深入解析，涵盖电子束增材制造技术的基本原理、方法分类、制造工艺过程、工艺数值模拟和先进材料的应用等。书中部分彩图以二维码的形式随文编排，如有需要可扫码阅读。

本书共 11 章。第 1 章介绍了增材制造的基本原理、发展状况、分类及其技术的应用；第 2 章对电子束增材制造特点及发展进行了详细介绍；第 3～6 章阐述了电子束选区熔化增材制造辅助工艺设计、熔化原理、制造工艺过程以及相关应用，涵盖材料、原理、设备、制造和应用五方面的内容；第 7 章、第 8 章对电子束熔丝沉积的原理及特点和工艺过程进行介绍，并基于此引出第 9 章预熔化式电子束熔丝沉积；第 10 章主要介绍了利用有限元模拟分析对电子束熔丝沉积增材制造进行工艺优化及变形控制；第 11 章对不同先进材料的电子束熔丝沉积增材制造技术进行实例分析。

本书由陈国庆任主编，王厚勤、树西、尹乾兴任副主编。哈尔滨工业大学陈国庆编写第 1～5 章；哈尔滨工业大学王厚勤编写第 6 章、第 11 章；苏州大学树西编写第 8 章、第 9 章；武汉大学尹乾兴编写第 7 章、第 10 章。在本书编写过程中，柳峻鹏、张戈及马尧睿等也参与了相应编写工作，在此表示感谢。

由于编者水平有限，书中不足之处在所难免，敬请读者批评指正。

编　者

2024 年 3 月

目　　录

第1章　增材制造概述

与传统制造业的零件制造方法不同，增材制造是一种新兴逐层叠加的零件制造方法。其基本原理为离散一堆积原理，以数字模型文件为基础，通过软件与数控系统将专用的金属材料、非金属材料，按照挤压、烧结及熔融等方式逐层堆积，制造出实体物品的技术。本章对增材制造技术的国内外发展状况、增材制造技术分类以及应用进行详细介绍。

1.1　增材制造的基本原理

增材制造技术是在20世纪90年代发展起来的不同于传统制造业的零件制造方法，它的原理是采用逐层叠加的方式进行零件加工。融合计算机辅助设计、材料加工与成型技术，以数字模型文件为基础，通过软件与数控系统将专用的金属材料、非金属材料，按照挤压、烧结、熔融、光固化及喷射等方式逐层堆积，制造出实体物品的技术。与传统的、对原材料去除/切削、组装的加工模式不同，是一种自下而上的通过材料累加的制造方法，从无到有，这使过去受到传统制造方式约束而无法实现的复杂零件制造变为可能。

增材制造将一个通过设计或者扫描等方式做好的三维模型按照某一坐标轴切成无限多个剖面，然后一层一层地打印并按原来的位置堆积到一起，形成一个实体的立体模型，如图1.1所示。其基本工艺过程包括前处理、分层叠加成型和后处理三部分。前处理旨在进行零件三维CAD模型的构造及近似处理、成型方向的选择和模型的离散切片处理；再采用不同的成型工艺制造零件截面轮廓及整体零件的堆积成型，即分层叠加成型；最后，根据采用的成型工艺进行相应的后处理，如二次光固化、抛光及表面强化硬化处理实现零件的制造。由于其独特的成型工艺，增材制造技术具有独特优势。无须机械加工或任何工装模具，经相应的成型设备，利用计算机图形数据生成任何形状的三维实体；可以

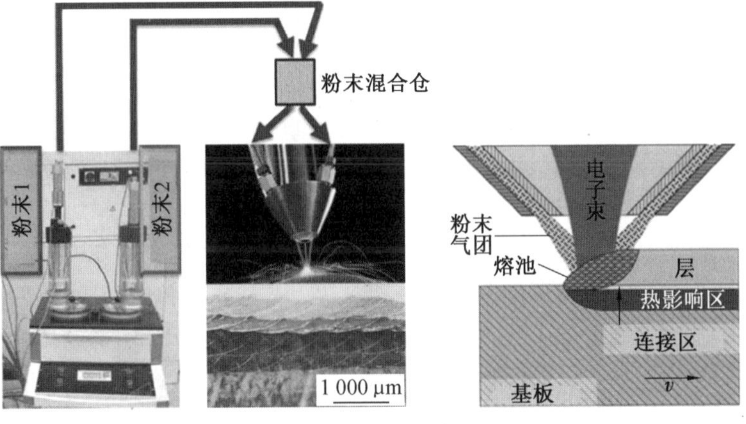

图1.1　增材制造过程

极大缩短产品的研制周期，提高生产率并降低生产成本；同时，不受形状复杂程度的限制，可以制造出传统生产技术无法做成的复杂外形或内腔，让设计能以最优化的方式实现产品功能，无须顾及任何制造方法的困难。

1.2 国内外增材制造的发展状况

对于新兴的制造技术，欧美国家制定了发展和推动增材制造技术的战略和规划，增材制造技术已受到政府、研究机构、企业和媒体的广泛关注。2012 年 3 月，美国白宫宣布了振兴美国制造的新举措，将投资 10 亿美元帮助美国制造体系的改革，其中提出实现该项计划的三大背景技术包括增材制造，强调了通过改善增材制造材料、装备及标准，实现创新设计的小批量、低成本的数字化制造。2012 年 8 月，美国增材制造创新研究所成立，联合了宾夕法尼亚州西部、俄亥俄州东部和弗吉尼亚州西部等 14 所大学、40 余家企业、11 家非营利机构和专业协会。

英国政府自 2011 年开始持续增加对增材制造技术的研发经费。以前仅有拉夫堡大学一个增材制造研究中心，现在诺丁汉大学、谢菲尔德大学、埃克塞特大学和曼彻斯特大学等相继建立了增材制造研究中心。英国工程与物理科学研究委员会设有增材制造研究中心，参与机构包括拉夫堡大学、伯明翰大学、英国国家物理实验室、波音公司以及德国 EOS 公司等 15 所知名大学、研究机构及企业。

除了英美外，其他国家也积极采取措施，以推动增材制造技术的发展。德国建立了直接制造研究中心，主要研究和推动增材制造技术在航空航天领域中结构轻量化方面的应用；法国增材制造协会致力于增材制造技术标准的研究；在政府资助下，西班牙启动一项发展增材制造的专项，研究内容包括增材制造共性技术、材料、技术交流及商业模式等；澳大利亚于 2012 年 2 月宣布支持一项航空航天领域革命性的项目“微型发动机增材制造技术”，该项目使用增材制造技术制造航空航天领域微型发动机零件；日本也很重视增材制造技术的发展，通过优惠政策和大量资金鼓励产学研用紧密结合，有力促进该技术在航空航天等领域的应用。增材制造的应用领域如图 1.2 所示。2015 年，增材制造技术在工业机械、航空航天、汽车领域、消费品/电子、医疗/牙科领域的应用量位居前五，占总应用的 75.6%。

我国也对增材制造技术投入了极大关注，在部分高校设立相应的研究实验室，并取得了突出的研究成果。西北工业大学凝固技术国家重点实验室已经建立了系列激光熔覆成型与修复装备，可满足大型机械装备的大型零件及难拆卸零件的原位修复和再制造，应用该技术实现了 C919 飞机大型钛合金零件激光立体成型制造。

北京航空航天大学在金属直接制造方面开展了长期的研究工作，突破了钛合金、超高强度钢等难加工大型整体金属零件激光成型工艺、成套装备和应用关键技术，解决了大型整体金属零件激光成型过程中零件变形与开裂的瓶颈难题以及内部缺陷和内部质量控制及其无损检验关键技术，飞机零件综合力学性能达到或超过钛合金模锻件，已研制生产出我国飞机装备迄今尺寸最大、结构最复杂的钛合金及超高强度钢等高性能整体金属零件，并在大型客机 C919 等重点型号飞机研制生产中得到应用。

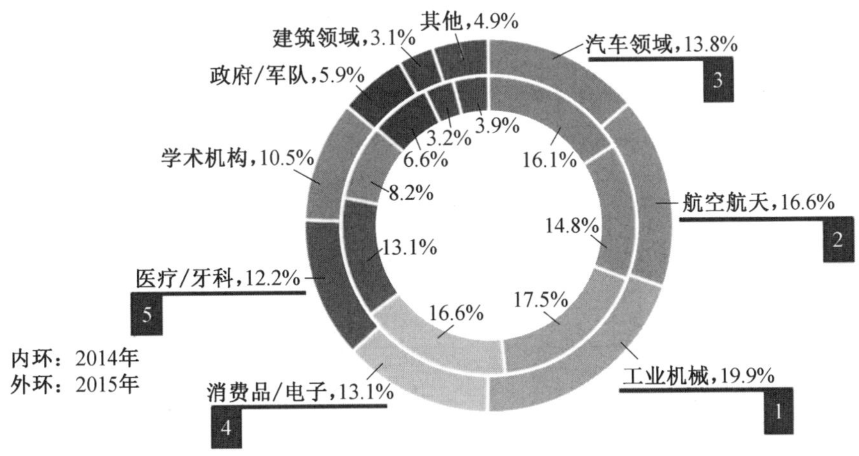

图 1.2　增材制造的应用领域

西安交通大学以研究光固化成型(Stereo Lithography Apparatus，SLA)技术为主，于1997 年研制且销售了我国第一台光固化快速成型机；并分别于 2000 年、2007 年成立了快速成型制造教育部工程研究中心和快速制造国家工程研究中心，建立一套支撑产品快速开发的快速制造系统，研制、生产和销售多种型号的激光快速成型设备、快速模具设备等，产品远销印度、俄罗斯、肯尼亚等国家，成为具有国际竞争力的快速成型设备制造单位。西安交通大学在新技术研发方面主要开展了 LED 紫外快速成型技术、陶瓷零件光固化制造技术、铸型制造技术、生物组织制造技术、金属熔覆制造技术和复合材料制造技术的研究。在陶瓷零件制造的研究中，研制一种基于硅溶胶的水基陶瓷浆料光固化成型工艺，实现了光子晶体、一体化铸型等复杂陶瓷零件的快速制造。

与此同时，我国在电子电气增材制造技术上取得了重要进展。电子电气领域增材技术是建立在现有增材制造技术之上的一种绿色环保型电路成型技术，有别于传统二维平面型印制电路板。传统的印制电路板是电子产业的粮食，一般采用传统非环保的减法制造工艺，即金属导电线路是蚀刻铜箔后形成的，新一代增材制造技术采用加法工艺：用激光先在产品表面增材后，再在药水中浸泡沉积。这类技术与激光分层制造的增材制造相结合的一种途径是：在选择性激光烧结(Selective Laser Sintering，SLS)粉末中加入特殊组分，先增材制造成型，再用三维立体电路激光机沿表面刻蚀电路图案，再化学镀成金属线路，增材制造与非增材制造的市场份额如图 1.3 所示。

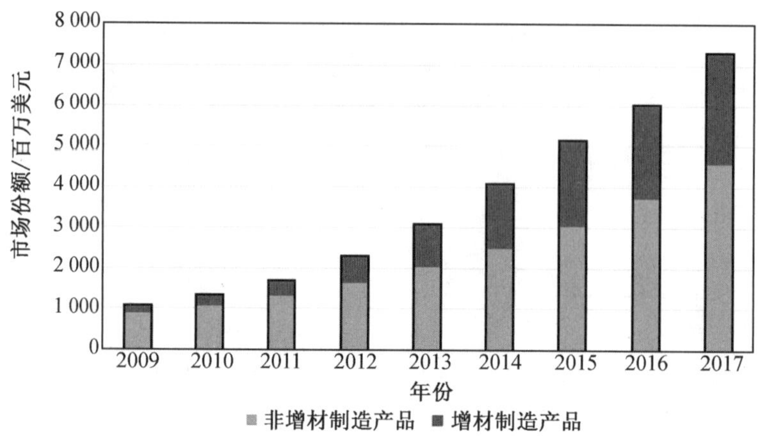

图 1.3 增材制造与非增材制造的市场份额

1.3 增材制造的分类

关桥院士提出了狭义增材制造和广义增材制造的概念,狭义增材制造是指不同的能量源与 CAD/CAM 技术结合、分层累加材料的技术体系;而广义增材制造则以材料累加为基本特征,以直接制造零件为目标的大范畴技术群。如果按照加工材料的类型和方式分类,增材制造又可以分为金属成型、非金属成型、生物材料成型等。增材制造根据成型原理可以分成 7 种制造工艺,分别为光固化成型、材料喷射、黏结剂喷射、粉末床熔融、材料挤出、定向能量沉积和薄材叠层,本节对其进行详细介绍。

1.3.1 光固化成型增材制造

光固化成型增材制造是最早出现并实现商品化的一种快速成型技术,也是研究最深入、应用最广泛的快速成型技术之一。其主要使用光敏树脂作为原材料,利用液态光敏树脂在紫外光照射下会快速固化的特性。光敏树脂一般为液态,它在一定波长的紫外光(250～400 nm)照射下会立刻引起聚合反应,完成固化。SLA 通过特定波长与强度的紫外光聚焦到光固化材料表面,使之按由点到线、由线到面的顺序凝固,从而完成一个层截面的绘制工作,其工作原理如图 1.4 所示。

1. 工艺打印过程

(1)控制打印平台下沉到树脂液面下一定高度,使平台上覆盖一层材料。

(2)电脑控制激光器和偏振膜,利用 UV 激光扫描当前需打印的零件截面,将需要打印的部分材料从液体固化为固体。

(3)扫描完成后,平台下沉一定高度,刮刀涂铺一层材料(主要作用是刮平和大平面材料填充),重复以上两个步骤直至打印完成。

(4)打印完成后,取出打印产品,需要无水乙醇清洗和紫外光二次固化。

SLA 的打印材料为液态树脂,在固化过程中,组成液态树脂的单体碳链会被 UV 激光激活并变为固态,从而在彼此之间形成牢固的不可破坏的键。光聚合过程是不可逆的,

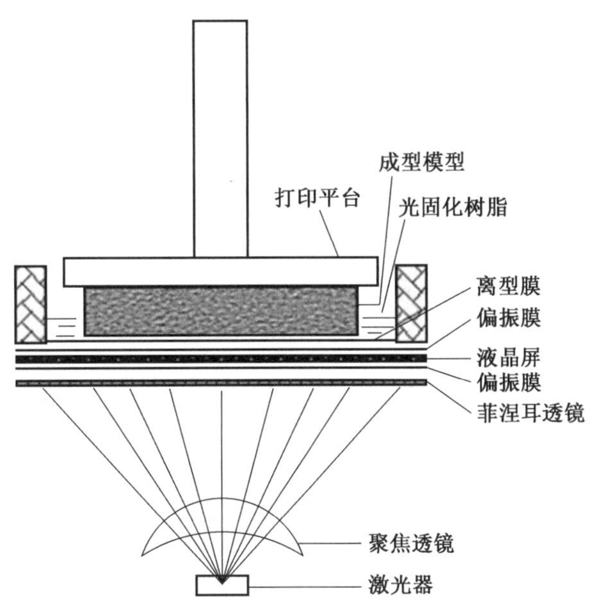

图 1.4　光固化成型技术工作原理

因此无法将 SLA 零件转换回液态，加热时它会燃烧而不是熔化。SLA 工艺中的打印层高为 25～100 μm，100 μm 的层高适用于大多数常见应用。较低的层高可以更准确地捕获弯曲的几何形状，但会增加构建时间和成本以及打印失败的可能性。构建面积（打印尺寸）也是一个很重要的参数，构建大小取决于 SLA 机器的类型。白令三维的供应链体系几乎拥有市场上全部类型的 SLA 设备，构建面积、打印材料实现全覆盖。

2. SLA 加工的主要优点

（1）SLA 可以生产尺寸精度很高且细节复杂的零件。

（2）SLA 零件具有非常光滑的表面光洁度，使其成为视觉原型的理想选择。

（3）可以使用特殊的 SLA 材料，如透明、柔性和可浇筑的树脂。

然而，SLA 零件通常很脆，不适合功能原型，且当零件暴露在阳光下，SLA 零件的机械性能和视觉外观会随着时间的流逝而降低；SLA 零件始终需要支撑结构，并且必须进行后处理才能去除 SLA 零件上留下的视觉标记。

1.3.2　材料喷射增材制造

材料喷射增材制造是用高压稀有气体将合金液流雾化成细小熔滴，在高速气流下飞行并冷却，在尚未完全凝固前沉积成型件的一种工艺。材料喷射增材制造具有所获材料晶粒细小、组织均匀、能够抑制宏观偏析等快速凝固技术的各种优点。

1. 冷喷涂增材制造技术

冷喷涂增材制造技术是一种基于高速颗粒固态沉积的涂层制备方法，原理如图 1.5 所示。以高压气体作为加速介质，送入喷枪，同时喷涂粉末经粉末入口送入喷枪，经特殊设计的 Laval 型收缩一扩张喷嘴加速，形成超声速气一固两相流，喷涂颗粒在固态下碰撞基体，经过剧烈的塑性变形而沉积形成涂层。在这一过程中，加速气体通常预热到低于喷涂材料熔点的温度以提高颗粒速度与变形能力，进而提高沉积效率。

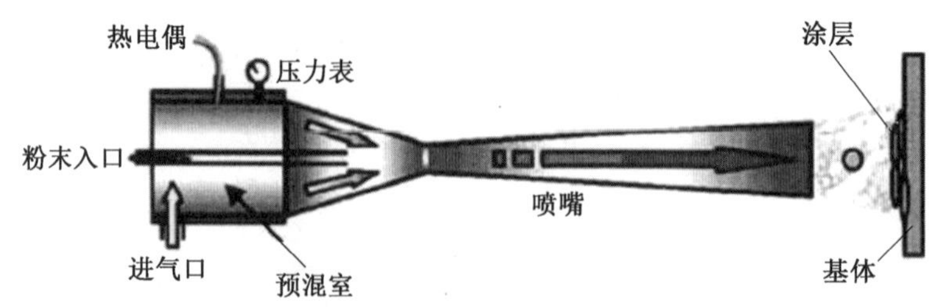

图 1.5 冷喷涂增材制造技术原理

冷喷涂低温的工艺特点对喷涂材料无明显热影响，对基体的热影响也非常小，因此可作为近净成型技术，直接喷涂制备块材或零件。此外，冷喷涂在装备修复再制造领域有广泛的应用前景，配合便携式冷喷涂设备，可实现对失效零件的现场快速修复。美国 GE 公司提出的冷喷涂 3D 打印技术（Cold Spraying 3D Printing）即基于冷喷涂熔化工艺的增材制造技术。由于冷喷涂是在固态下沉积，也称为固态增材制造技术，相较于其他熔化工艺，材料不匹配性对冷喷涂影响更小。冷喷涂应用于增材制造，相较于激光增材制造技术，冷喷涂具有工艺温度低、对材料热影响小、设备简单以及成本低廉的优势。目前，国外已有冷喷涂应用于制造 Cu、Ti、不锈钢块材或零件的报道，其中 Cu 块材的厚度超过 5 mm，抗拉强度为200 MPa，达到铸态材料的强度。

随着未来高性能冷喷涂设备的发展，一方面，冷喷涂技术将覆盖更多材料，不仅包括镁合金、铝合金、钛合金、高温合金，甚至金属基复合材料零件也有希望实现冷喷涂制造或者现场快速修复；另一方面，冷喷涂修复技术有望实现对更多类型损伤的修复，包括刮擦、磨损、裂纹及孔洞等缺陷。此外，虽然纳米材料有着广阔的应用前景，但由于其温度敏感性，制备纳米材料块材或者大面积涂层仍存在困难，有望通过冷喷涂实现。

2. 微纳增材制造技术

微纳增材制造技术（也称微纳尺度 3D 打印）是一种新型微纳加工技术，它基于增材制造原理，生产具有微纳特征结构的功能性产品，微纳增材制造包含的尺度比较广泛，主要有微尺度、亚微尺度、纳尺度、原子尺度、宏/微/纳复合多尺度等。与现有的微纳制造技术相比，微纳增材制造技术具有制造工艺简单、成本低、材料利用率高、材料适用范围广、无须掩模或模具、直接成型的突出特点，尤其在三维复杂微纳结构、大高宽比微纳结构、复合材料微纳结构、宏/微/纳跨尺度结构、嵌入式异质结构制造和三维结构电子制造方面具有非常突出的潜能和独特优势。

目前国内外学术界和产业界已经开发的微纳增材制造技术多达几十种，代表性技术主要有电流体喷射打印、微激光烧结/熔化、气溶胶喷射打印、微尺度增材技术（喷射黏结）、聚焦电子束诱导沉积等。微纳增材制造技术被应用于航空航天、组织工程、生物医疗、微纳机电系统、新材料、新能源（燃料电池、太阳能）等领域，显示出良好的工业化应用前景。2014 年微纳增材制造技术被美国麻省理工学院（MIT）的《技术评论》评为十大颠覆性的新兴技术。

基于电场驱动喷射沉积，微纳增材制造技术的主要功能单元有 $X-Y$ 工作台、衬底（基材/基底/基板等）、打印喷头、高压电源、Z 向工作台、压力控制单元、供料单元等。一种电场驱动喷射沉积微纳增材制造技术的结构如图 1.6 所示，打印喷头和工作台可以采用其他的配置形式来实现共形打印和曲面打印。

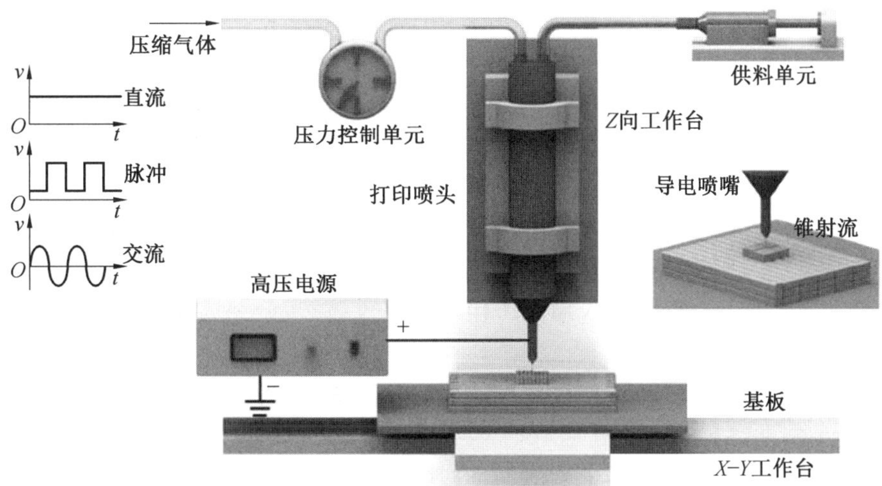

图 1.6　一种电场驱动喷射沉积微纳增材制造技术的结构

与电流体喷射打印不同，电场驱动喷射沉积微纳增材制造技术是一种基于静电感应和电流体动力学的微喷射沉积成型新技术。电场驱动喷射沉积微纳增材制造技术将导电喷嘴与高压脉冲电源正极连接，无须接地的对电极，即利用静电感应作用激发（诱导）喷射所需电场，图 1.7 所示为电场驱动喷射沉积微纳增材制造技术的基本原理。在导电喷嘴上施加高电压使其具有高电势，当打印喷头接近或者靠近基板（衬底）时，带正电的喷嘴将与基板出现静电感应作用，导致基板表面和内部的电荷发生迁移，基板的电荷重新分布，负电荷分布在基板上表面，正电荷被排斥移动到远离喷嘴的基板下表面，如图 1.7(a) 所示。

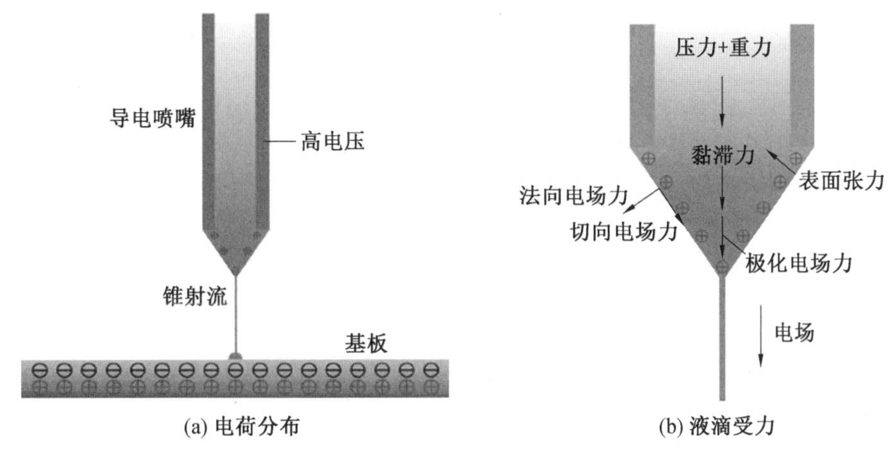

图 1.7　电场驱动喷射沉积微纳增材制造技术的基本原理

基板内部电荷位置的变化将影响原有的电场，由于受到基板上表面负电荷的吸引，喷嘴与基板间的电场增大。在电场力作用下喷嘴处的液（熔）滴被拉伸形成泰勒锥，随着电压增大出现锥射流喷射，打印材料喷射沉积到基板上，如图 1.7(b)所示。对导电喷嘴处施加负极高压时，喷嘴液(熔)滴内部电荷与基板表面电荷相反，所形成电场仍将驱动打印材料喷射至目标基板上。

电场驱动喷射沉积微纳增材制造技术具体工作过程如下。

(1)首先在导电喷嘴与基板间形成稳定的电场，在气压作用下到达喷嘴末端的微液(熔)滴受到电场的影响，微液(熔)滴被极化并在其表面聚集正电荷。

(2)在电场力、黏滞力、表面张力等作用下，微液(熔)滴逐渐拉伸变形，形成泰勒锥。

(3)一旦电场力(静电力)超过液(熔)滴表面张力，泰勒锥尖端的液(熔)滴将出现喷射，形成非常微细的射流，射流尺寸通常比喷嘴内径低 1～2 个数量级。

(4)已喷射出的液(熔)滴在表面张力作用下出现破裂，分裂成极小的微液(熔)滴，沉积在基板上或者已成型结构上。

(5)通过精确控制 $X-Y$ 工作台的移动以及配合喷头喷射频率的控制，实现微液(熔)滴在基板上的精准沉积/堆积。

每完成一层打印，打印头向上移动一个层厚的高度，后续通过导电喷嘴与已成型结构之间形成自激发电场，实现下一层特征结构的成型。上述过程不断重复，直至完成整个实体结构的制造。

1.3.3 黏结剂喷射增材制造

黏结剂喷射增材制造是另一种基于粉末床的增材制造技术。不同之处在于，它不是通过激光熔融的方式黏结粉末，而是使用喷射打印头将黏结剂喷到粉末里，从而将一层粉末在选择的区域内黏结，每一层粉末同之前的粉层通过黏结剂的渗透结合为一体，如此层层叠加制造出三维结构的物体，其原理如图 1.8 所示。黏结成型可以用于高分子材料、金属、陶瓷材料的制造，当用于金属和陶瓷材料时，黏结成型的原型件需要通过高温烧结将黏结剂去除并实现粉末之间的冶金结合，才能得到具有一定密度与强度的成品。黏结成

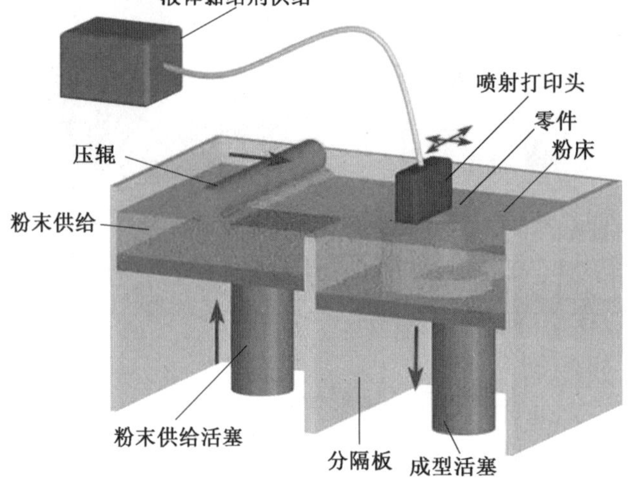

图 1.8 黏结剂喷射增材制造原理

型制作的金属件力学性能较差，但是成型效率非常高，适合应用于对力学性能要求不高的场合。

黏结剂喷射增材制造具有以下优点。

(1)原材料广。

从理论上来说，黏结剂喷射增材制造可以打印通过黏结剂黏结的粉末，即几乎所有可以黏结的粉末都是它的成型材料。由于原材料粉末和黏结剂开发的限制，目前市场上相对比较成熟的成型材料只有石膏粉(可实现全彩打印成型)、砂、金属粉及陶瓷粉。

(2)速度快。

相比目前市面上出现的几种主流的增材制造技术，由于黏结剂喷射是依靠阵列式喷头来喷黏结剂，而喷头是有宽度的，不会像激光或者其他喷嘴是一个点，黏结剂喷射增材制造技术是由线到面的扫描黏结，比其他由点到面的喷射方式快，而且随着喷头技术的开发，喷头的宽度越来越大，速度快的优点也会越发凸显。

(3)打印环境要求低，综合使用成本低。

现有 3D 打印技术通常在使用中都有特定的环境要求，如加保护气体、加热、密闭环境等，而黏结剂喷射一般不需要特殊环境。使用成本低，例如黏结剂喷射增材制造设备不需要激光器、扫描系统等昂贵器件，对粉末材料没有太多形态要求。

黏结剂喷射增材制造具有以下不足。

(1)初始成型零件强度不高。

由于黏结剂喷射增材制造是通过黏结剂一层一层黏结起来的，所以初始强度不高。但这个问题很多时候可以通过后处理来改善或解决，比如对于金属零件，可以通过高温烧结来加强其整体强度和性能。

(2)初始成型零件表面质量相对不高。

由于黏结剂喷射增材制造是冷成型，可能会存在浮粉等情况。

1.3.4　粉末床熔融增材制造

粉末床熔融增材制造是通过使用大功率热源(即激光、电子束等)将金属粉末熔化在一起，进而实现零件成型的技术。本节对几种典型的粉末床熔融成型技术进行介绍。

1. 选择性激光烧结

选择性激光烧结(SLS)又称选择性激光熔化，由德国 Fraunhofer 激光研究所的 Wilhelm Meiners 和 Konrad Wissenbach 首次提出并应用。选择性激光烧结采用红外激光器作能源，使用的材料多为粉末材料。加工时，首先将粉末预热到稍低于其熔点的温度，然后在压辊的作用下将粉末铺平；激光束在计算机控制下根据分层截面信息进行有选择的烧结，一层完成后再进行下一层烧结，全部烧结完成后去除多余的粉末，就可以得到烧结好的零件。1992 年美国 DTM 公司推出首台 SLS 打印机，其工作原理如图 1.9 所示。

选择性激光烧结技术具有以下优点。

(1)生产速度快，可达 25.4 mm/h。

(2)未使用过的粉末可以循环利用，未烧结的粉末保持原状可作为支撑结构。

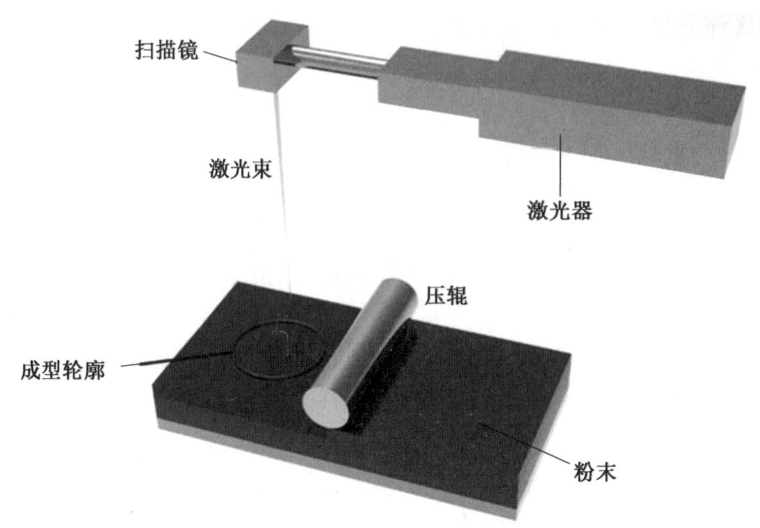

图 1.9 SLS 打印机工作原理

(3)成型件致密度高,机械性能优异,可媲美精密铸造。

但选择性激光烧结技术也存在明显缺点,即表面粗糙度较高(为 0.1～0.2 mm),仍需要后续处理;同时,由于有毒气体的产生,加工时需要施加氮气保护。

选择性激光烧结技术作为最具代表性的激光增材制造技术,其在航空航天和生物医疗领域有广泛应用。对于选择性激光烧结技术,美国马歇尔太空飞行中心采用激光选区熔化(Selective Laser Melting,SLM)技术替代了 GH625 高温合金航空发动机材料分部制造再焊接的工艺,改善了发动机燃烧不稳定问题,导管呈大曲率、小弯曲半径结构特点,进一步提高了发动机的整体可靠性。我国在国际上首次突破了两种难加工合金复杂关键件(钛合金和超高强度钢)的激光成型技术,成功研制了第五代激光熔融沉积装备,成型能力可达 4 m×3 m×2 m。在生物医疗领域,国内通过 SLM 技术,利用 316 L 粉末材料成功制造出医用牙冠,具有较好的表面粗糙度,实现了临床应用。

2. 激光工程净成型技术

美国联合技术公司与美国桑迪亚国家实验室合作开发了使用 Nd:YAG 固体激光器和同步粉末输送系统的激光工程净成型(Laser Engineered Net Shaping,LENS)技术,使激光成型制造迈入崭新阶段。在激光工程净成型技术中,激光和送粉同步,利用激光熔化金属表面,在基体上形成熔池时将具有不同成分、性能的粉末送入,其工作原理如图 1.10 所示。激光工程净成型技术常用来增材制造不锈钢、钛和超合金。Optomec 公司的 LENS850R 打印机以及增材制造过程如图 1.11 所示。

与 SLM 技术相比,激光工程净成型技术成型效率高;与喷涂、电镀和堆焊相比,激光工程净成型技术涂层与基体冶金结合强度高,其还可以用于修补焊。但是激光工程净成型技术的成型精度低,一般加工余量为 3～6 mm。

激光工程净成型技术目前主要应用于航空航天、汽车、船舶等领域以及用于轻量化的汽车零件等。该技术可以实现对磨损或破损的叶片进行修复和再制造,大大降低了叶片的制造成本,提高了生产效率。激光工程净成型技术成功修复 W87 导弹外罩上具有曲面

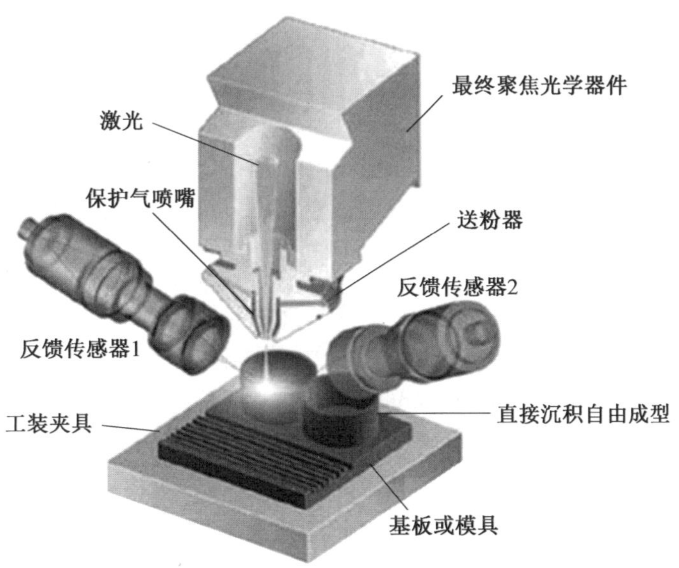

图 1.10　激光工程净成型技术工作原理

(a) LENS850R打印机

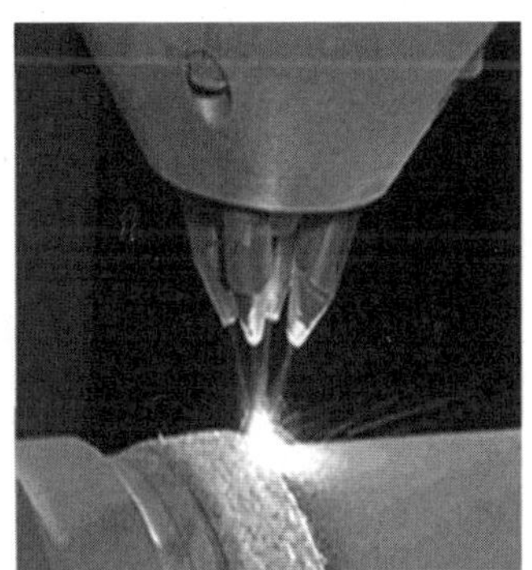

(b) 增材制造过程

图 1.11　LENS850R 打印机以及增材制造过程

几何特性的凸缘结合部分。除此之外，该技术已经逐渐开始用于制造医疗器械和植入物，通过运用 CT 扫描生成骨头和植入物的三维模型以满足植入物与患者局部解剖结构的高度匹配，激光工程净成型技术通过精确控制横截面轮廓，有效实现个体化植入物的制造。

3. 电子束选区熔化技术

电子束选区熔化(Electron Beam Selective Melting，EBSM)技术与选择性激光烧结技术原理相似，区别在于电子束选区熔化要在高真空条件下进行，其原理如图 1.12(a)所示。由于打印过程在真空中进行，EBSM 适合打印易氧化和易与空气反应的金属，如铝和钛。EBSM 打印试样如图 1.12(c)所示。

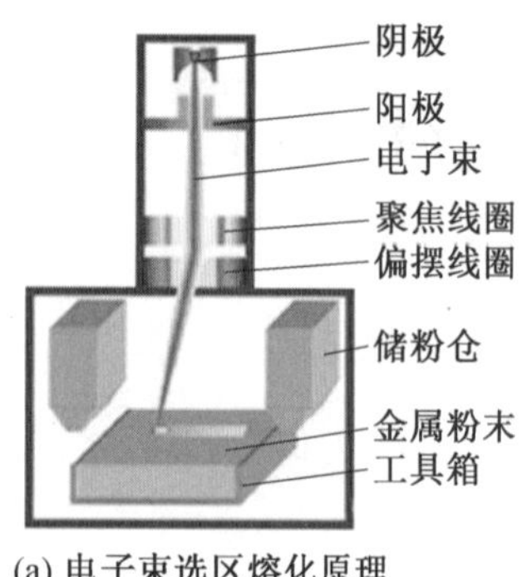

(a) 电子束选区熔化原理

(b) EBSM打印机

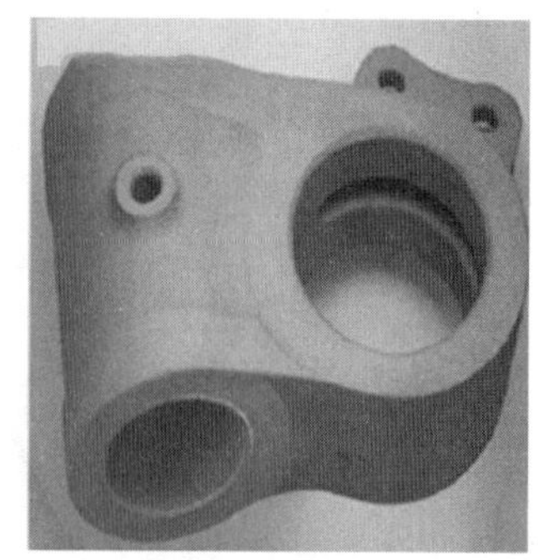
(c) 打印试样

图 1.12 电子束选区熔化

电子束选取熔化技术具有以下优势。

(1)电子束选区熔化技术成型件致密度大。

(2)电子束选区熔化技术是金属 3D 打印中速度最快的,速度可达 15 kg/h。

(3)电子束选取熔化技术加工条件为真空,具有较好的保护效果。

德国采用质量分数为 99.94%的纯铜粉末作为原料,利用电子束选区熔化技术成功制备了尺寸为 15 mm×5 mm×10 mm 的零件,该零件组织致密,可以投入使用。日本采用电子束选区熔化技术成功制备了纯 Ti 零件,与传统的制造方法相比,利用电子束增材制造所得的材料中晶粒没有择优生长取向,表现出各向同性的拉伸性能。美国、英国等除了实现其对于传统金属材料的制备,还实现了 Al－Co－Cr－Fe－Ni 高熵合金的增材制造,相比于铸件,该方法制得的高熵合金的延展性得到显著提高。我国对于新材料的电子束选区熔化也进行了深入的研究,对 TiAl 材料进行增材制造,零件表现出优异的力学性能,断裂应变达到 37%。

1.3.5 材料挤出增材制造

材料挤出增材制造可以作为生产塑料零件的低成本成型方法和/或用于生产困难的几何形状的成型方法。挤出型增材制造系统由三维模型的数字表示,以逐层的方式,选择性地分配可流动的材料,使之通过喷嘴来建造三维模型。在挤出材料以后,可以将其沉积为在基板上 $X-Y$ 平面中一连串的路径。挤出的成型材料可以融合到先前沉积的成型材料中,并在冷却时凝固。然后可以沿 Z 轴(垂直于 $X-Y$ 平面)递增挤出头相对于基板的位置,重复该过程以形成类似数字表示的三维模型,其原理如图 1.13 所示。

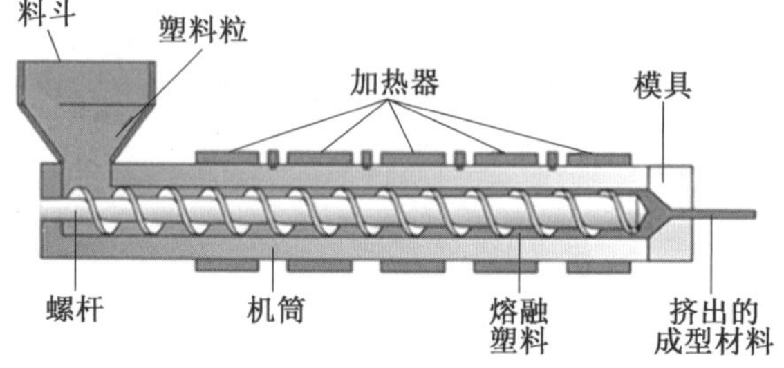

图 1.13 材料挤出增材制造原理

材料挤出增材制造具有以下优点。

(1)操作简单,工艺易控,可连续化、工业化、自动化生产,生产效率高,质量稳定。

(2)应用范围广,广泛应用于塑料、橡胶、复合材料的成型加工,也常用于塑料的着色、混炼、塑化、造粒及塑料的共混改性等。

(3)挤压模具加工容易,更换简单。

(4)设备简单,投资少,见效快。

(5)生产环境卫生,劳动强度低。

(6)零件成本低,适合大批量生产。

材料挤出增材制造具有以下缺点。

(1)只能生产线型零件,几何形状简单。

(2)零件断面或截面无法变化。

(3)与注塑成型相比,材料挤出增材制造零件精度较低。

材料挤出增材制造适用于塑料薄膜,网材,带包覆层的产品,截面一定、长度连续的管材、板材、棒料、片材,薄膜,单丝,线缆包裹层,各种异型材等,可用于粉末造粒、染色及树脂掺和等,还广泛用于生产各种增强塑料管、棒料及异形断面型材等。

1.3.6　定向能量沉积增材制造

定向能量沉积是一种金属增材制造技术,熔融金属选择性地分层沉积,以构建完全致密的组件。通过采用不同热源,进行材料的直接沉积,本节将对典型的定向能量沉积增材制造技术进行介绍。

1. 电子束熔丝沉积技术

电子束熔丝沉积技术又称电子束自由成型制造(Electron Beam Freeform Fabrication,EBF3)技术。在真空环境中,高能量密度的电子束轰击金属表面形成熔池,金属丝材通过送丝装置送入熔池并熔化,同时熔池按照预先规划的路径运动,金属材料逐层凝固堆积,形成致密的冶金结合,直至制造出金属零件或毛坯。因此,电子束熔丝沉积技术可以说是逐滴打印金属件,工艺精度和质量都非常高,尤其是材料利用率非常高。EBF3 技术工作原理如图 1.14(a)所示,设备和成型试样如图 1.14(b)所示。

电子束熔丝沉积技术具有以下优点。

(1)沉积效率高。电子束很容易实现数十千瓦大功率输出,可以在较高功率下达到很高的沉积速率(15 kg/h)。

(2)真空环境有利于零件保护,非常适合活性金属的加工。

(3)内部成型质量好。电子束是体热源,熔池相对较深,能消除层间未熔合现象。

(4)可实现多功能加工。可以根据零件的结构形式以及使役性能要求,采取多种加工技术组合,实现多种工艺协同优化设计制造。

美国国家航空航天局(NASA)兰利研究中心提出 EBF3 技术,重点开展了微重力条件下的成型技术研究。同一时期,在海军、空军及国防部等机构支持下,美国 Sciaky 公司联合 Lockheed Martin、Boeing 等公司合作开展研究,主要致力于大型航空金属零件的制造。成型钛合金最大成型速度可达 18 kg/h,力学性能满足 AMS4999 标准要求。

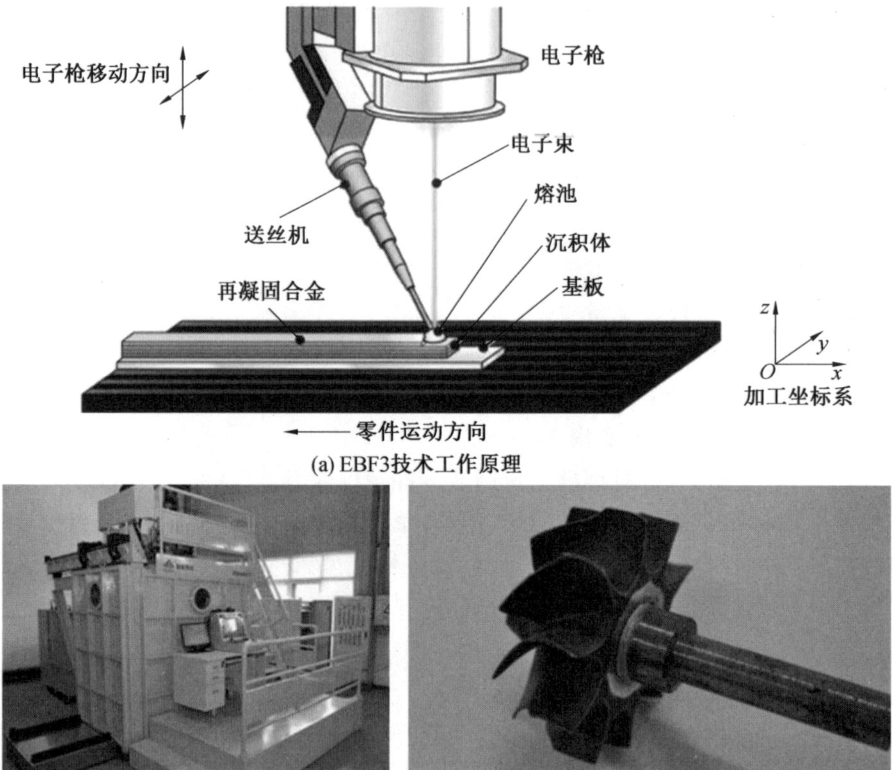

(a) EBF3技术工作原理

(b) EBF3设备和成型样品

图 1.14　EBF3 技术工作原理以及设备和成型试样

Lockheed Martin 公司选定了 F－35 飞机的襟副翼梁准备用电子束熔丝沉积成型代替锻造，预期零件成本降低 30％～60％。2007 年美国 CTC 公司针对海军无人战斗机计划，制定了“无人战机金属制造技术提升计划(N－UCAS Metallic Manufacturing Technology Transition Program)”，选定电子束熔丝沉积技术作为未来大型结构低成本高效制造的方案，目标是将无人机金属结构的质量和成本降低 35％。

我国于 2006 年开始电子束熔丝沉积技术的研究工作，开发了电子束熔丝沉积成型设备。开发的电子束成型设备真空室为 46 m^3，有效加工范围为 1.5 m×0.8 m×3 m，五轴联动，双通道送丝。在此基础上，研究 TC4、TA15、TC11、TC18、TC21 等钛合金以及 A100 超高强度钢的力学性能，研制了大量钛合金零件和实验件。2012 年，采用电子束熔丝成型制造的钛合金零件在我国飞机结构上率先实现了装机应用。

2. 等离子熔化成型技术

等离子熔化成型(Plasma Melting Deposition，PMD)技术和电子束选区熔化技术的原理相似，不同之处在于等离子熔化成型技术用等离子束代替电子束作为热源。等离子体是由电子、正负离子、激发态的原子及分子等粒子组成的特异性气体，表现出集体行为的一种准中性非凝聚态，可以看作第四种物质状态。

等离子熔化成型技术具有以下优势。

(1)装置简单，稳定性和可控性好，设备成本低，成型效率高。

(2)使用材料广泛,不仅能使用不锈钢、梯度材料、模具材料及高温合金,还能使用金属基复合材料等。

(3)不受产品形状及复杂程度的限制,根据零件的具体形状和要求,适时调节送粉流量,控制成型速度。

(4)除了可用于制造原型和零件外,还能对其表面缺陷进行修复,延长零件的使用寿命,其原理如图1.15所示。

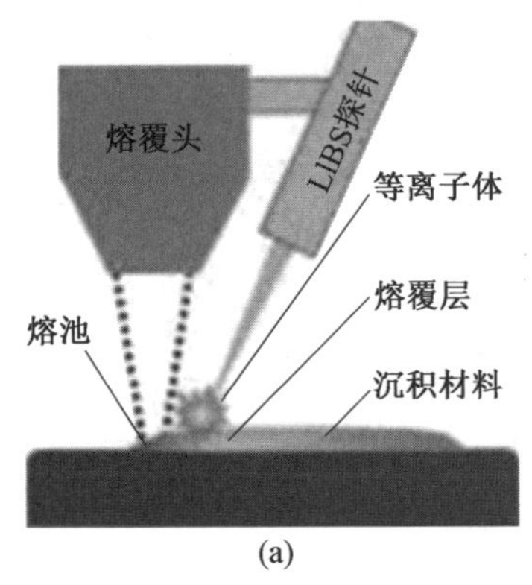

(a)

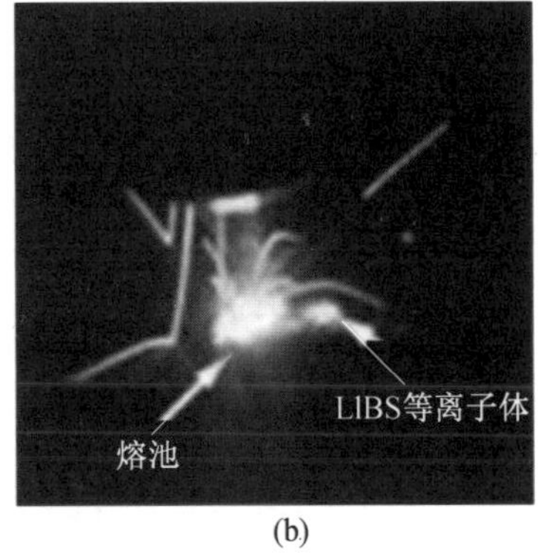

(b)

图1.15 等离子熔化成型技术原理

等离子熔化成型技术采用的原料主要有不锈钢、钛合金和镍合金的粉末和丝材,成型件有模具、薄壁件和零件等。目前等离子束增材制造主要依赖等离子熔化成型技术。自20世纪90年代以来,等离子熔化成型技术是在等离子熔覆技术的研究和应用基础上发展起来的。国内外等离子熔化成型的研究主要集中在快速成型、系统设计、数值模拟和成型工艺方面。美国Norsk公司研发的等离子熔化成型技术,是将室温钛丝送进由一对焰炬生成的等离子弧中,熔融钛在沉积后迅速固化,钛成型件在一个闭环工艺中层层构建,几乎不需要精加工。MERKE型等离子3D打印机如图1.16所示。

图1.16 MERKE型等离子3D打印机

我国基于等离子熔化成型技术原理,设计了包含梯度功能多路送粉器、五轴运动执行机构和工控软件系统的直接制造系统。通过研发容积式送粉系统,在3D打印过程中将送粉和计量分开,解决三维成型精度问题。基于ANSYS开发了APDL计算程序,实现了等离子焊三维瞬态温度场的模拟,采用对称跳跃扫描路径及适当的3D打印工艺,有效改善了零件的综合力学性能。

3. 电弧熔丝增材制造技术

电弧熔丝增材制造(Wire Arc Additive Manufacture,WAAM)技术是利用电弧或等离子弧为热源,以丝材为填充材料,基于零件的三维模型切片数据,逐层熔化沉积金属零件的增材制造方法,其原理类似于堆焊,如图 1.17 所示。电弧熔丝增材制造技术具有高度柔性、技术集成度高、材料利用率高、设备成本低及生产效率高等优点。国内外已经开展了深入的研究,电弧熔丝增材制造零件的沉积层组织致密,成型零件的断裂强度接近锻件,而疲劳性能明显优于锻件。与激光增材制造和电子束增材制造相比,电弧熔丝增材制造成型设备成本低、性能稳定、成型效率高,已经引起了国内外学者和工业领域的普遍关注。

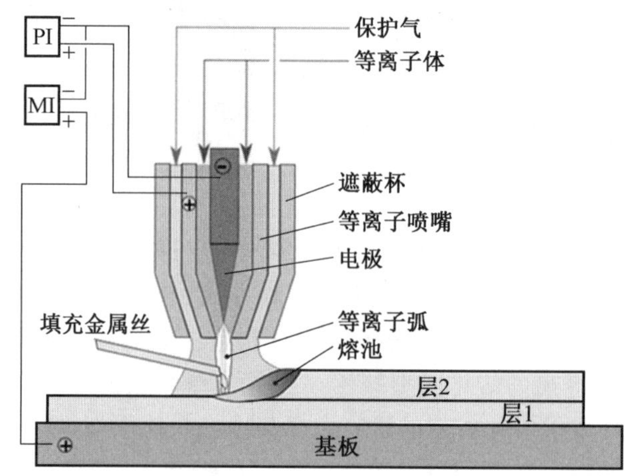

图 1.17　电弧熔丝增材制造技术原理

随着机器人技术和计算机技术的发展,将机器人技术、计算机技术和焊接技术结合而成的电弧熔丝增材制造技术大幅提高了成型精度。1996 年,Ribeiro 等设计一套机器人和 GMAW 相结合的快速成型系统,并成功制造了精度较好的零件。英国劳斯莱斯公司和克兰菲尔德大学合作开发了基于 GTAW/GMAW 的增材制造系统,并采用镍合金与钛合金为填充材料成功制造了航空发动机的关键零件。2013 年,Wang 为庞巴迪公司生产的 Ti—6Al—4V 飞机起落架合金支撑外肋如图 1.18 所示,被欧洲航天局称为突破性的金属 3D 打印技术。

随着 WAAM 技术的发展,已经出现了单电弧单丝、单电弧多丝、多电弧单丝、多电弧多丝等多种沉积方式。根据丝材种类的不同,增材制造又可分为同种丝和异种丝两种形式,极大地提高了 WAAM 的沉积效率和灵活性。克兰菲尔德大学利用钢丝和铜丝成功制作了功能梯度金属零件,对于异种焊丝的 WAAM,可以通过调整两种丝材的送进比例来调整沉积层的成分,从而得到不同性能的零件,如图 1.19 所示。

在钛合金 WAAM 技术应用研究方面,英国克兰菲尔德大学走在国际前列,与欧洲航天局、洛克希德·马丁(Lockheed Martin)公司和庞巴迪公司开展了广泛合作,成功制造出飞机机翼翼梁和起落架合金支撑外翼肋,并能成型高复杂度的零件,如图 1.20 所示。

图 1.18　Ti－6Al－4V 飞机起落架合金支撑外肋

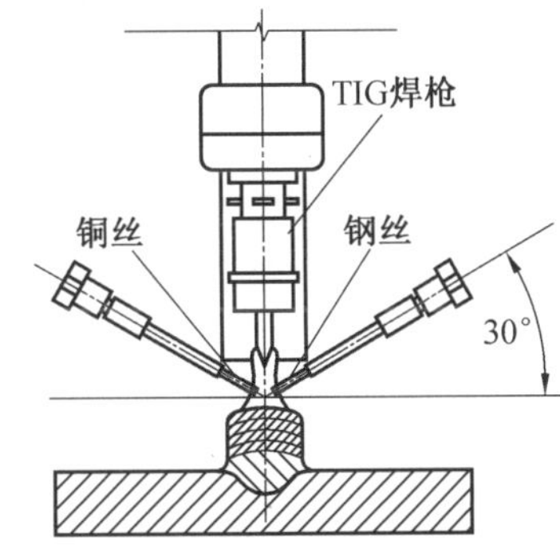

图 1.19　WAAM 技术制作的铜和钢功能梯度金属零件及原理图

目前，其钛合金沉积效率达到 1～2 kg/h，零件力学性能达到锻件水平，钛合金零件最大单方向成型尺寸为1.5 m。

图 1 20　英国克兰菲尔德大学应用 WAAM 制造的钛合金零件

1.3.7　薄材叠层增材制造

薄材叠层增材制造是根据三维 CAD 模型每个截面的轮廓线，在计算机控制下，发出控制激光切割系统的指令，使切割头做 X 和 Y 方向的移动。供料机将涂有热溶胶的箔材（如涂覆纸、涂覆陶瓷箔、金属箔及塑料箔材）一段送至工作台的上方。激光切割系统按照计算机提取的横截面轮廓，用二氧化碳激光沿箔材轮廓切割纸张，并将纸的无轮廓区切割成小碎片；然后，由热压机将一层层纸压紧并黏结在一起；可升降工作台支撑正在成型的工件，并在每层成型之后，降低一个纸厚，以便送进、黏结和切割新一层纸，形成由许多小废料块包围的三维原型零件，取出将多余的废料小块剔除，最终获得三维产品，其加工原理如图 1.21 所示，本节对典型的薄材叠层增材制造技术进行详细介绍。

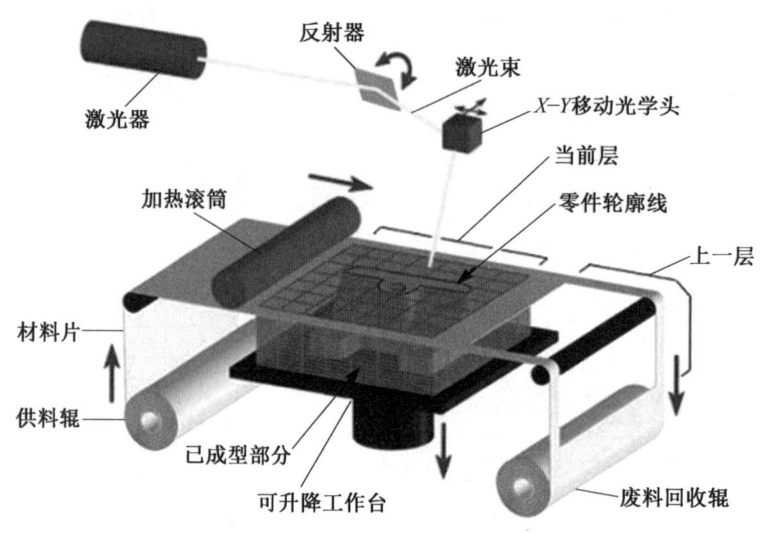

图 1.21 薄材叠层增材制造加工原理

1. 超声波增材制造技术

超声波增材制造(Ultrasonic Additive Manufacturing，UAM)是一种采用大功率超声波能量，以金属箔材作为原料，利用金属层与层之间振动摩擦产生的热量，促进界面间金属原子的相互扩散并形成固态冶金结合，从而实现逐层累加的增材制造成型技术。超声波增材制造装备的关键是大功率超声波换能器，美国采用推一挽技术，通过将两个换能器串联，成功制造出9 kW大功率超声波换能器，推一挽式超声波换能器原理如图 1.22 所示。大功率超声波换能器的出现使超声波焊接技术能对一定厚度的金属箔材实现大面积快速固结成型，为超声波增材制造技术的发展奠定了技术基础。

因为超声波增材制造技术具有一系列优点，所以更适用于复杂叠层材料零件和结构的设计、成型及加工一体化的数字化快速制造。由于超声波增材制造技术独特的低温制造优点，在制造需嵌入功能性元器件的复合材料和结构时，能保证功能性元器件不被损坏和失效，尤为适合将嵌入功能性元器件制成功能/智能材料和结构。同时，其独特的叠层制造方式，以及增材制造的方法，使得超声波增材制造技术成功地应用于同种、异种金属层状复合材料，纤维增强复合材料，梯度功能复合材料与结构，智能材料与结构。此外，超声波增材制造技术还被应用于电子封装结构、航空零件、金属蜂窝板结构、热交换器等复杂内腔结构零件的制造。因此，该技术和装备在航空航天、国防、能源、交通等尖端领域有着重要的应用前景。

随着科学技术的不断发展，现有的材料技术越来越多地由之前的纯金属及合金转向复合材料的应用研究。以层状复合材料为例，在基体中埋入 SiC 陶瓷纤维或者 NiTi 形状记忆合金纤维，能在很大程度上改善原有复合材料的强度和韧性等力学指标以及取得减振降噪等特殊性能，达到材料的强韧化及功能性等目的。而采用超声波增材制造技术可

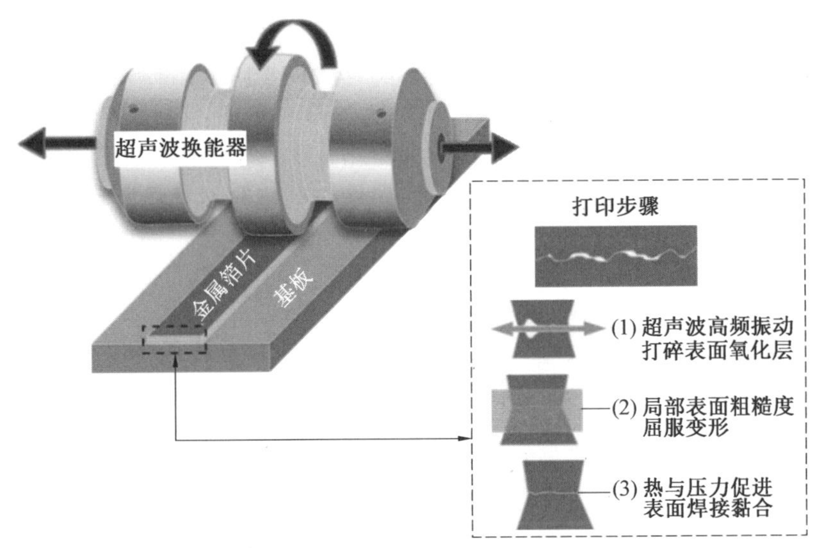

图 1.22　推一挽式超声波换能器原理

以实现复合材料的制造，相关学者制造出的 Al_2O_3 纤维增强铝基复合材料如图 1.23(a)所示，SiC 纤维强化 Ti/Al 复合材料如图 1.23(b)所示。

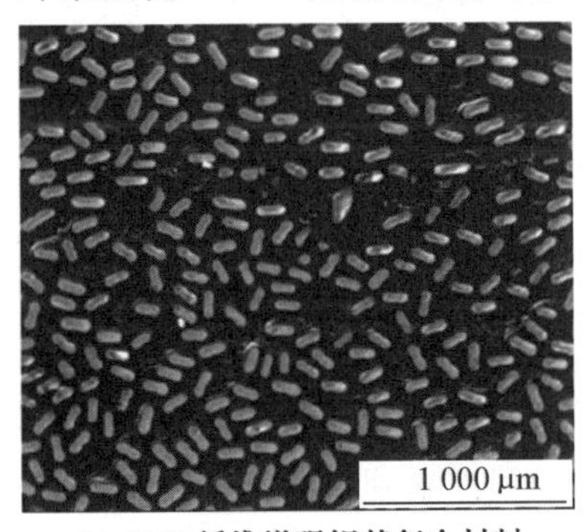

(a) Al_2O_3纤维增强铝基复合材料

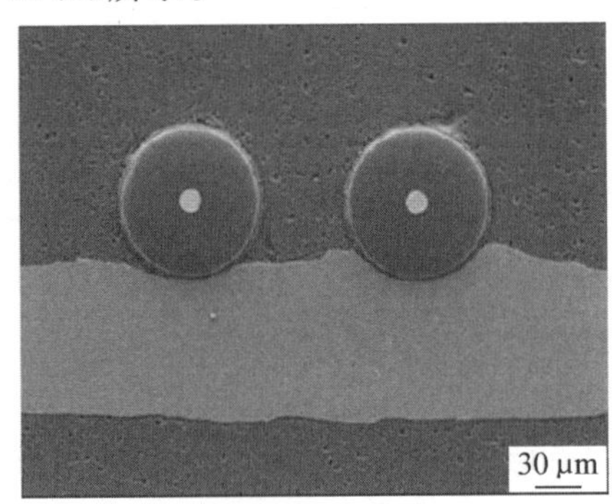

(b) SiC纤维强化Ti/Al复合材料

图 1.23　纤维增强复合材料界面扫描图像

超声波增材制造技术能制造出内腔复杂、精确的叠层结构，所以近年来在金属零件制造领域中的应用前景广阔。逐层制造的特点使超声波增材制造方法很容易设计并制造出独特的内部结构，可应用于精密电子元器件(图 1.24(a))的封装、铝合金航空零件(图 1.24(b))的快速制造和铝合金微通道热交换器(图 1.24(c))的制造等。

(a) 精密电子元器件

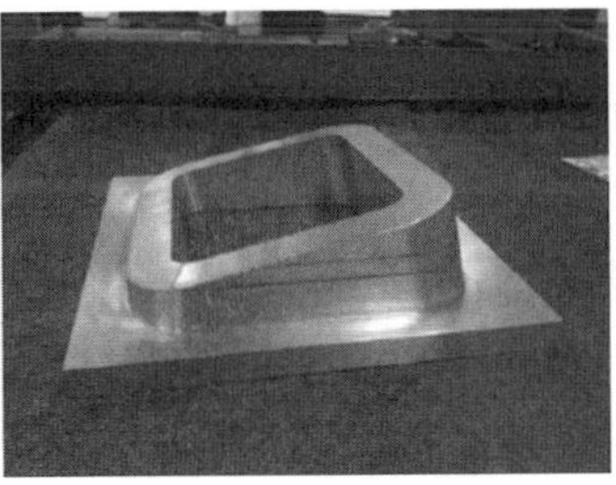

(b) 铝合金航空零部件

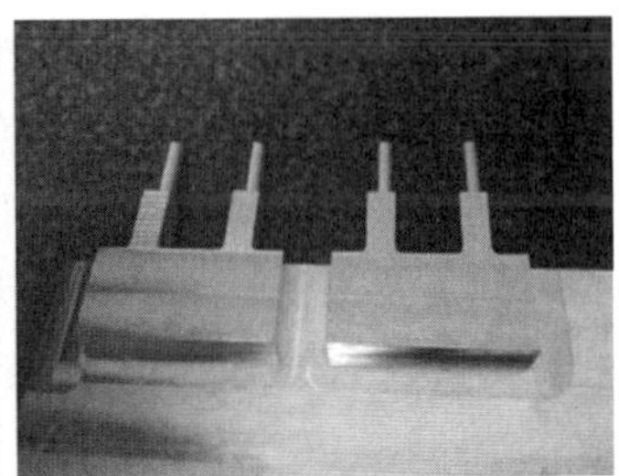

(c) 铝合金微通道热交换器

图 1.24　应用超声波增材制造技术制造的典型零件

2. 搅拌摩擦焊增材制造技术

搅拌摩擦焊增材制造(Friction stir additive manufacturing,FSAM)技术的原理是,填充材料与高速旋转的搅拌针摩擦产热,温度升高,金属塑化,随着搅拌头的相对移动,塑化金属在搅拌针作用下向后迁移,向后迁移的塑化金属在静止轴肩顶锻力的作用下,形成晶粒细小、组织致密的增材层;单层增材完成后,静止轴肩与搅拌针同时向上抬起一定高度,重复上述步骤完成下一增材层,如此往复,最终获得所需要的块体成型材料,其原理如图 1.25 所示。

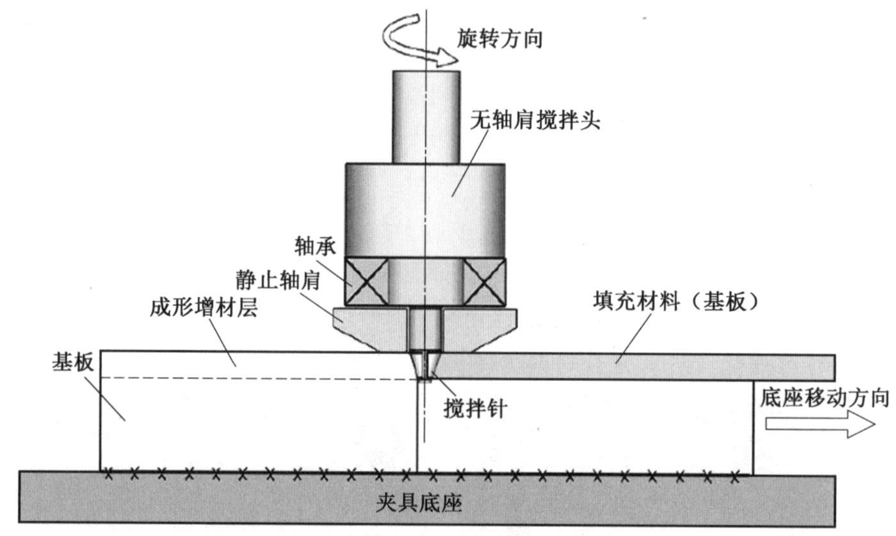

图 1.25 搅拌摩擦增材制造技术原理

搅拌摩擦焊增材制造技术实质为多层材料的焊接叠加,其增材过程类似于搅拌摩擦焊(Friction Stir Welding,FSW)搭接,与 FSW 搭接不同,FSAM 是材料的多层多次搭接,是一个空间搭接的过程,包括垂直于搭接方向的横向增材和平行于材料厚度方向的增材,FSAM 制造过程如图 1.26 所示(图中 W 为转速)。资料表明,FSW 搭接接头的组织性能与结合界面状态密切相关,FSW 搭接时容易出现结合线深入型缺陷,如图 1.26 中 A 所示,会降低接头的性能;而 FSAM 过程类似 FSW 搭接,FSAM 过程中可能会出现界面迁移,从而影响增材材料的组织性能。因此,FSW 的研究可为搅拌摩擦焊增材制造提供技术指导。

搅拌摩擦焊增材制造技术具有晶粒细小、组织致密的特点,不会出现熔化形式增材制造的冶金缺陷问题(如偏析、气孔),是一种新的金属增材制造方法。焊接过程中轴肩固定不旋转,搅拌针旋转,摩擦产热使金属塑化,随着搅拌头向前移动,塑性金属向后运动,在轴肩顶锻力的作用下,形成组织均匀致密的焊缝。在此基础上改变轴肩形式,采用与角焊缝贴合的静止轴肩及添加填充材料的方式成功实现厚为 8 mm 7075－T6 与2014－T6 角焊缝的焊接,接头抗拉强度达到母材的 85%,获得了圆弧过渡的角焊缝,显著降低了接头应力,并将其命名为 AdStir SSFSW,如图 1.27 所示。同时 TWI 采用 AdStir SSFSW 实现大间隙的对接焊接,焊后焊缝厚度几乎无减薄,如图 1.28 所示。

近年来,哈尔滨工业大学提出一种新型的搅拌摩擦焊增材制造技术,可在外部同步连

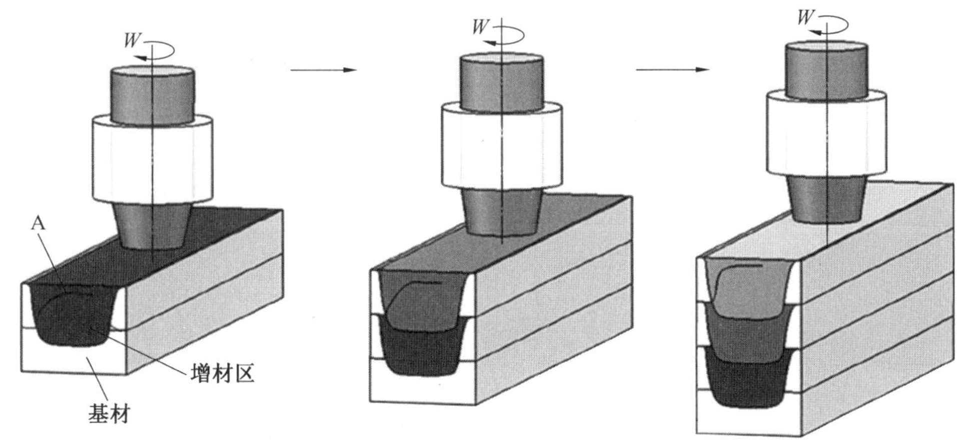

图 1.26　FSAM 制造过程

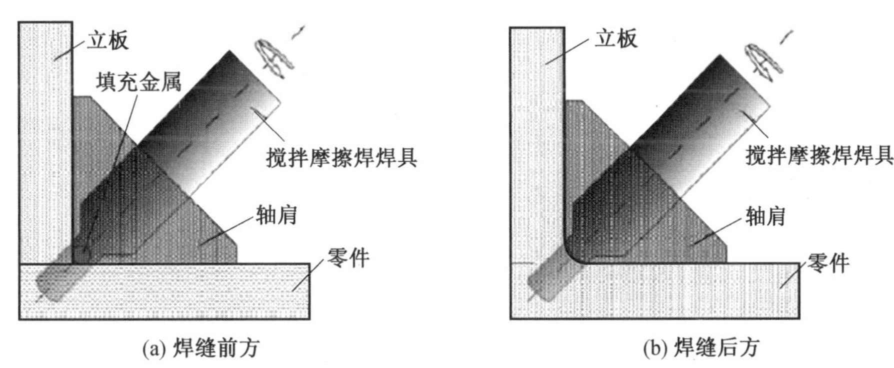

图 1.27　角焊缝 AdStir SSFSW 原理

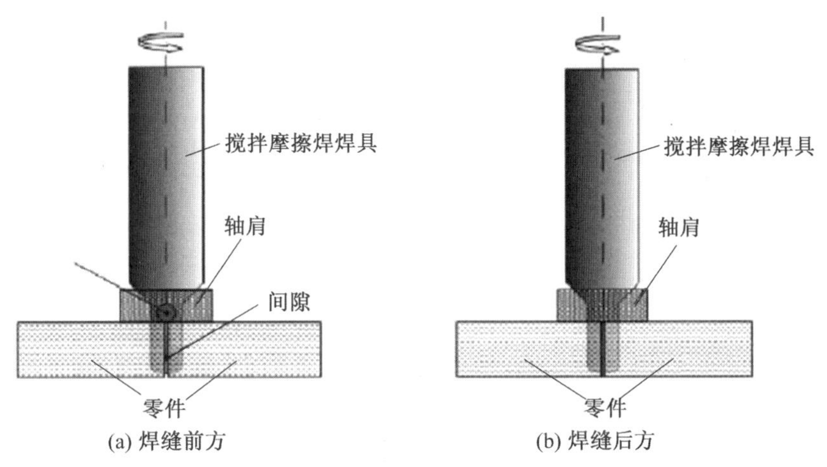

图 1.28　对接接头 AdStir SSFSW 原理

续送料的同时持续进行增材制造成型，实现由固相到固相的直接成型，并达到形变强化效果。搅拌头主要由摩擦成型部分与送料部分组成，如图 1.29 所示。图中 2－1 为上部送料池，2－2 为下部送料池，下部送料池为摩擦头与基板间形成的空腔。上部送料池与下部送料池之间以送料孔(1—1)与加压斜面(1—2)相连,加压斜面(1—2)的作用是在旋转过程中利用旋转转矩对下部送料池(2—2)中的粉末施加压力防止发生倒灌。上部送料池(2—1)为开放送料池,在成型过程中可同步加入不同组分的原料粉末,以保证成型过程的连续性,并可自由制造梯度复合结构材料。

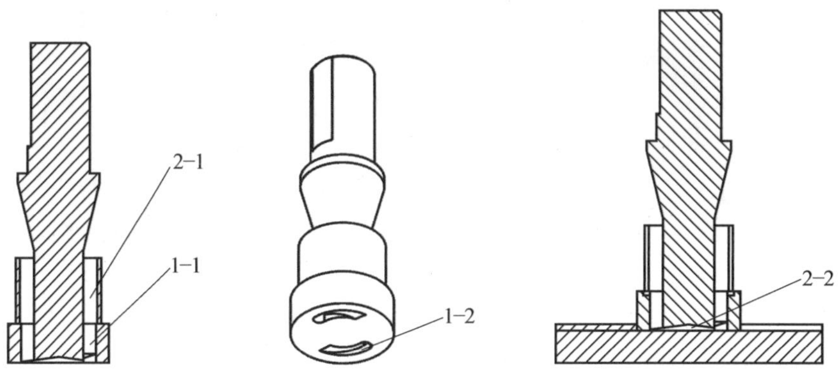

图 1.29 同步连续送料的摩擦增材制造搅拌头

搅拌摩擦焊增材制造技术具有以下优点。

(1)相比需经过固相—液相—固相过程的传统增材制造方法,该种方法中成型材料直接由固相粉末成型为固相增材层,无熔化和凝固过程,因此从原理上不会产生裂纹、气孔等缺陷。

(2)该种方法对复合材料组分之间的相容性要求更低,因此可制备新型复合材料。

通过该种方法已成功在 AZ31 镁合金板材上制备出功能梯度材料沉积层,其组织均匀细小致密,表层与基体相比性能得到大幅提升,如图 1.30 所示。

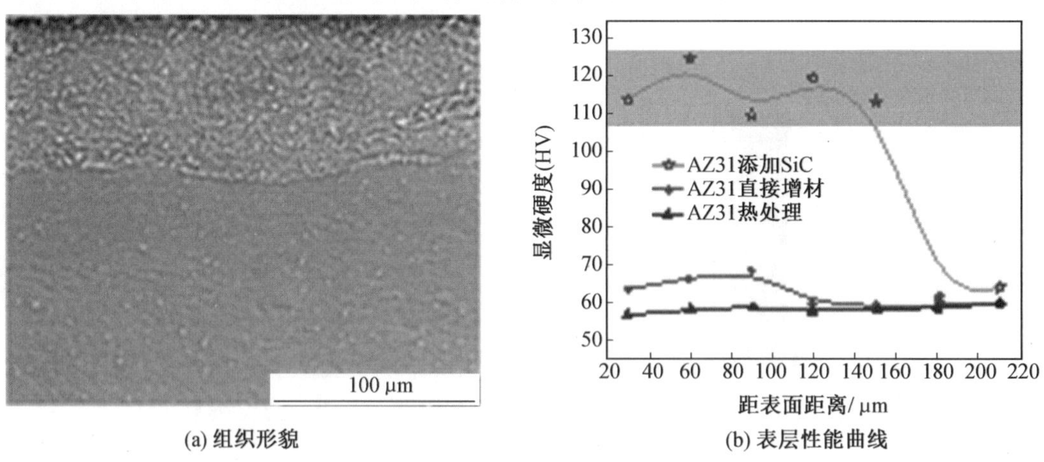

(a) 组织形貌 (b) 表层性能曲线

图 1.30 在 AZ31 镁合金板材上制备的功能梯度材料沉积层的组织形貌及其表层性能曲线

1.4 增材制造技术的应用

1.4.1 增材制造技术在汽车领域的应用

3D打印在汽车领域中的应用主要集中在设计验证和零件制造上，设计验证包括快速原型、概念模型和功能零件设计。我国很早就开始应用3D打印技术辅助新车型的开发，包括快速原型与铸造等传统工艺结合、金属直接制造等，实现快速定型，辅助发动机缸体、缸盖以及车灯罩等零件的快速开发，在缩短关键零件开发周期和成本方面作用明显。图1.31所示为装配后整套六缸发动机缸盖砂芯和蠕铁六缸发动机缸盖。

图1.31 装配后整套六缸发动机缸盖砂芯和蠕铁六缸发动机缸盖

在非金属零件方面，东风汽车公司采用选择性激光烧结技术制造了中冷器进气管（塑料管），该零件为中空异形管件，且一端有四个凸起的盲管。若采用数控机床加工工艺，无法整体制作，必须拆分为若干片，再黏结为总成，产品强度差；采用SLA技术制造进气管，零件结构复杂。用其他方式制作原型加工困难且成本高，采用SLA工艺一方面精度满足要求，另一方面成本相对较低。结合硅胶模真空浇注工艺，既可以满足设计变更的要求，又可以较好地节约金属零件加工成本，选择性激光烧结和铸造结合制造分动箱壳体，采用选择性激光熔化SLM 3D打印制造了加油管、盖、锁芯和锁套零件。

我国3D打印技术从20世纪90年代起步，经过30多年的发展，形成了一批具有一定研究规模和实力的科研单位及基地，并且各单位都发展出各具特色的3D打印技术或装备。华中科技大学在激光烧结/熔化、3D打印装备方面，西安交通大学在光固化技术与装备、激光近成型方面，清华大学在熔融沉积、电子束制造技术与装备方面，华南理工大学在激光熔化方面，北京航空航天大学在激光近成型（LENS）技术与装备方面，西北工业大学在激光近成型技术与装备方面，中航工业北京航空制造工程研究所在电子束制造技术与装备方面都进行了多年潜心探索，取得了不俗的研究成果。此外，哈尔滨工业大学、西北有色金属研究院、中国科学院沈阳自动化研究所、南京航空航天大学、上海交通大学等科研院所也开展了3D打印制造理论、工艺及应用研究。

1.4.2 增材制造技术在航空航天制造领域的应用

在高端制造业领域，航空产品具有一定特殊性，其加工制造有基本要求，如减轻结构质量、延长使用寿命、缩短研制周期、提高经济可承受性等，而3D打印技术正好可以满足此类要求。2011年8月1日，南安普敦大学研究者利用3D打印技术制作了一架翼展约为 2 m、最高时速可达 160 934 m/h 的小型无人机(图 1.32),并进行试飞实验。该飞机的机翼、舱口及控制器等零件均采用 3D 打印技术制造,不需要任何螺丝结构,整机组装在几分钟之内就可以完成而且无须任何工具。

图 1.32 首架 3D 打印无人机

3D 打印技术可使飞机的制造流程大为简化。以该无人机打印为例,设计师首先在电脑中设计好零件模型,然后将高分子聚合物材料作为墨水填入 3D 打印系统中;计算机软件通过控制激光束的强度,将这些高分子聚合物和一些金属成分一层一层地黏结,并固化定型,最终形成整架飞机的大部分结构。在飞机的制造过程中,绝大部分工作都可以采用完全自动化的制造,人力投入很少,制造工期相对传统技术大大缩短,从设计到完工只需几天时间。另外,任何零件需要完善只需要在电脑中进行更改,然后重新打印即可,非常方便。正如美国洛·马公司某项目负责人所说:“3D 打印技术整个制造过程的主要投入和成本是在装饰和前期编程方面,相比传统的大型航空器制造,流程简化了很多。”由于可以采用这种简单的设计制造方式,从理论上来说,为每个用户定制不同要求的个性化飞机成为可能。

目前波音公司已经利用 3D 打印技术制造了大约 300 种不同的飞机零件,包括将冷空气导入电子设备的导管,这些导管形状比较复杂,以前需要用不同的零件进行组装,这样会提高劳动成本。如今通过 3D 打印技术,制造过程简单不少。通用电气公司和欧洲宇航防务集团试图将 3D 打印技术应用于制造更轻、更优质和成本更低的飞机零件。通用电气(GE)公司最早是将打印技术用于超声波设备,正探索打印飞机零件的可行性。而欧洲航空防务航天公司(EADS)研究人员已经演示了利用激光加热金属粉末形成固态金属零件,结合多种不同技术打印引擎盖的金属铰链,新技术不仅增强了该零件强度,还使其质量减少了一半。2011 年 3 月 EADS 已使用 3D 打印技术制造出飞机起落架的支架和其他飞机零件,如图 1.33 所示。空客公司也很重视 3D 打印技术的应用,空客公司著名的机舱设计师巴斯蒂安·沙菲尔从 2010 年就一直致力于将 3D 打印技术用于透明飞机概念计划——先用 3D 打印技术制造出机舱,最终实现整个概念机的打印。

我国也有学者对增材制造技术在航空航天领域的应用进行研究。西安交通大学李涤尘提出型芯/型壳一体化涡轮叶片快速制造技术,该技术以光固化树脂原型代替传统熔模铸造蜡型,采用型芯/型壳一体化凝胶注模代替传统型壳的挂浆制备和型芯的压制成型,实现型芯/型壳的一次成型,用于空心叶片的铸造。型芯/型壳一体化涡轮叶片快速成型

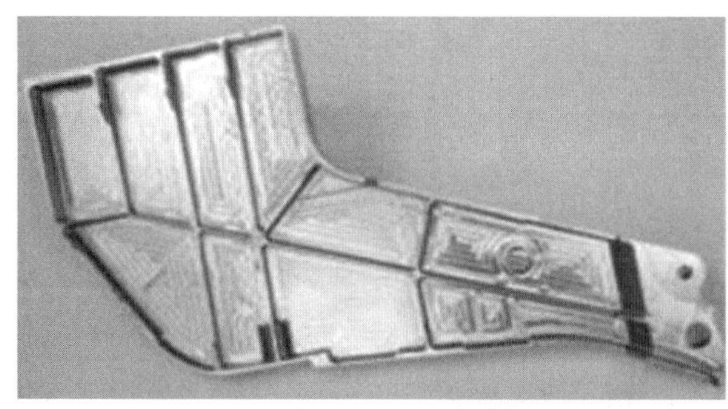

图 1.33　3D 打印技术制造飞机起落架的支架和其他飞机零件

技术在陶瓷铸型制备、铸型中高温力学性能调控、全流程叶片精度控制等方面取得了突破,实现了多种型号空心涡轮叶片的快速研制。型芯/型壳一体化陶瓷铸型如图 1.34 所示。

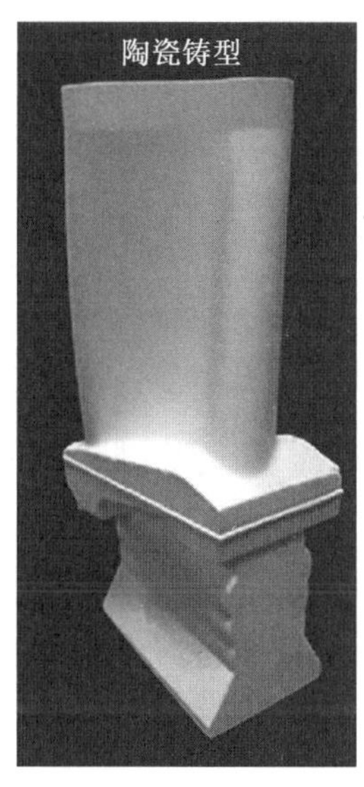

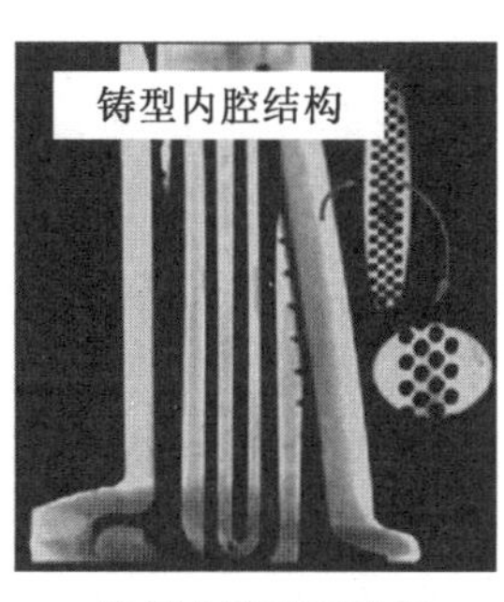

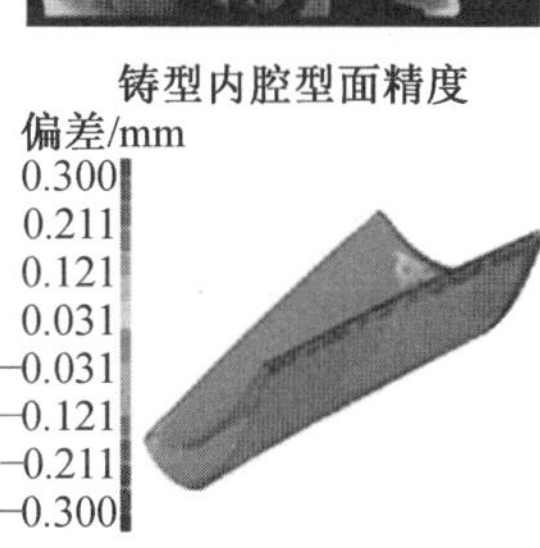

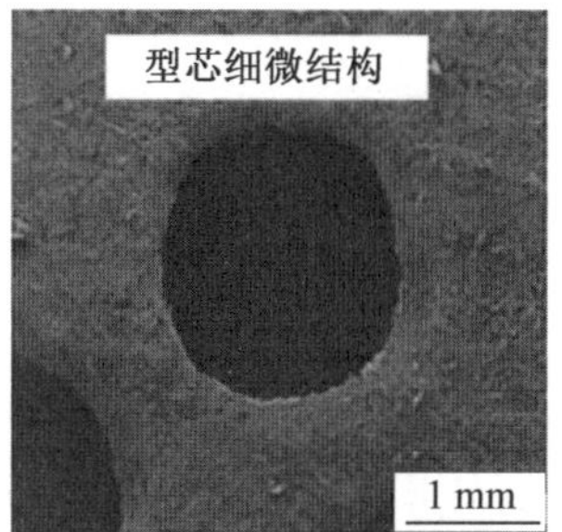

图 1.34　型芯/型壳一体化陶瓷铸型

国家增材制造创新中心人才团队也在航空航天增材制造领域取得了一系列成果。2021 年国家增材制造创新中心卢秉恒团队利用电弧熔丝增/减材一体化制造技术,制造完成了世界上首件 10 m 级高强铝合金重型运载火箭连接环样件。该团队攻克了微型涡喷、微型涡轴发动机自主创新设计及制造技术，开发出5种不同型号无人机微型涡喷发动机，零件总数减少80%，总质量降低5%～8%。开发了耐高温新型复合陶瓷材料体系，实现了航空航天领域导弹天线罩、发动机涡轮叶片、燃烧室等耐高温结构件的快速制造。微型涡喷、涡型涡轴增材制造发动机如图1.35所示。

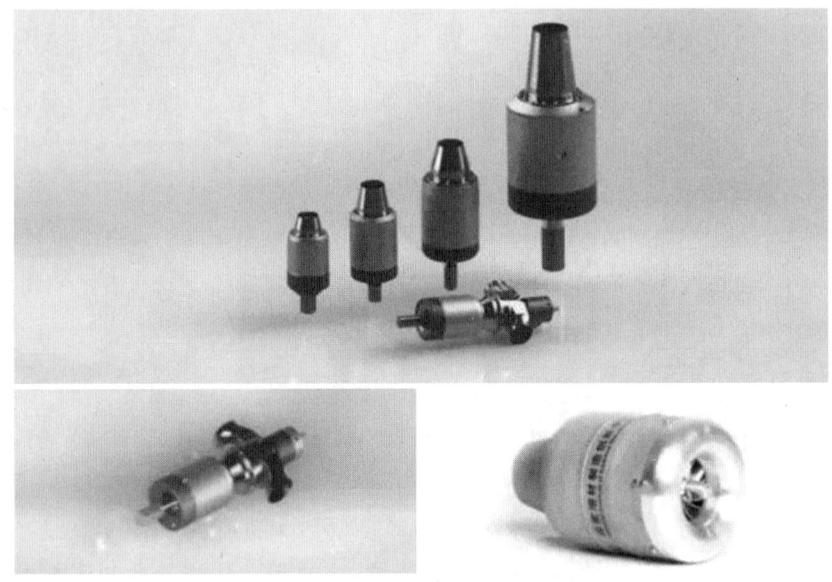

图1.35 微型涡喷、涡型涡轴增材制造发动机

我国增材制造产品已经在航空航天领域实现了工程化应用。航天科技一院211厂廊坊增材制造分公司已经形成涉及所有工艺的全产业增材制造体系，实现了金属增材制造主流技术全覆盖，以及航天产品尺寸和精度全覆盖，在航天领域走在前列。该厂的增材制造产品已经在长征十一号运载火箭、长征五号运载火箭上得到应用。适用于其他新一代运载火箭的产品研制、评审、验收等工作也在开展，例如2018年，长征十一号运载火箭在研制中出现了一项突发难题，卫星支架工期不足。卫星支架产品每批次产付数量少、形状尺寸多变，这些特点直击增材制造模式的“好球区”。为了满足快速和低成本交付的要求，211厂首次采用电弧熔丝增材制造技术，顺利完成了首件铝合金卫星支架制造，首次实现了增材制造技术的工程化应用。其打印锥筒壁厚仅为锻件的1/4，大幅降低了机加去除量，整个打印周期仅需3 d，顺利完成交付。

对于航天产品，相较传统制造，增材制造具有不用模具、流程更短、成本更低、制造更快的优势，可以支撑航天产品快速研制迭代。同时增材制造过程无污染，材料消耗低、能源消耗低、加工废料少，再加上原材料可回收再利用，“绿色”也是增材制造的一大优势。以上增材制造优势必将助力增材制造产业在航空航天领域的进一步应用，实现“从有到优”的变化。

1.4.3 增材制造技术在医疗领域的应用

随着影像学、数字化建模等科技的进步，增材制造技术作为前沿科技的一项代表性技术，其应用领域迅速扩展，迎来了在医疗领域飞速发展的契机。将3D打印技术应用到医疗领域能为现代医学提供有力的技术支持，对促进生物医学的发展具有重要意义。在解剖学领域，医学教学培训中的人体标本以遗体捐献为主，受传统伦理观念制约，捐献数量非常有限。标本匮乏增加了实际操作障碍，难以保证医学培训质量。3D 打印技术结合 DICOM 数据可以仿制出高分辨率的人体样本，较为真实地反映解剖学状况。孔金梅等将 3D 打印的脊柱肿瘤模型用于临床教学，借助病例实体模型直观生动地进行讲解演示，有助于引导学生形成临床诊断思维、掌握治疗技能，是行之有效的教学方法。Knoedler 等通过评估 3D 打印肾损伤实体模型对医生实习的辅助效果，证实三维模型能形象地描述患者病情，有助于学员正确理解和判断。

此外，3D 打印在临床治疗中发挥着巨大作用。临床医学以治疗为本，一旦出现问题会对患者的生理功能产生很大影响，设计治疗方案需十分慎重。对于一些复杂病例，医生通常借助影像学检查所得图像进行诊治，由于二维图像的空间局限性，医生只能结合自己的经验和想象在脑海中整理信息，难免发生误诊。Harrysson 等将仅根据二维 CT 图像与全程采用 3D 打印物理模型来进行传统切骨的规划过程做了比较，实体模型的采用使手术的准确性得到了明显提高，对临床效果有积极影响。患者病情复杂时，手术操作中难免出现因预估不足等问题而临时调整手术方案，不仅增加术中耗时，而且大大增加手术操作风险。

采用 3D 打印技术制作三例复杂髋臼骨折的 1∶1 模型，如图 1.36 所示。借助模型对髋臼骨折处的详情有直观的了解，明确的诊断结果方便医生制定详细可靠的手术方案。3D 打印的患者病损部位实体模型，一方面有助于医生更好地了解病情，进行手术预演，完善治疗方案；另一方面方便医患沟通，使患者及家属对病情有直观认识，使患者能增强康复信心，积极配合治疗。在治疗重度脊柱侧凸畸形患者时，将 CT 数据与 SLS 快速成型技术结合，直观精确的三维模型不仅是反映解剖学信息的术前规划道具，而且便于医患沟通，确保矫正手术的实施与后期治疗的开展。

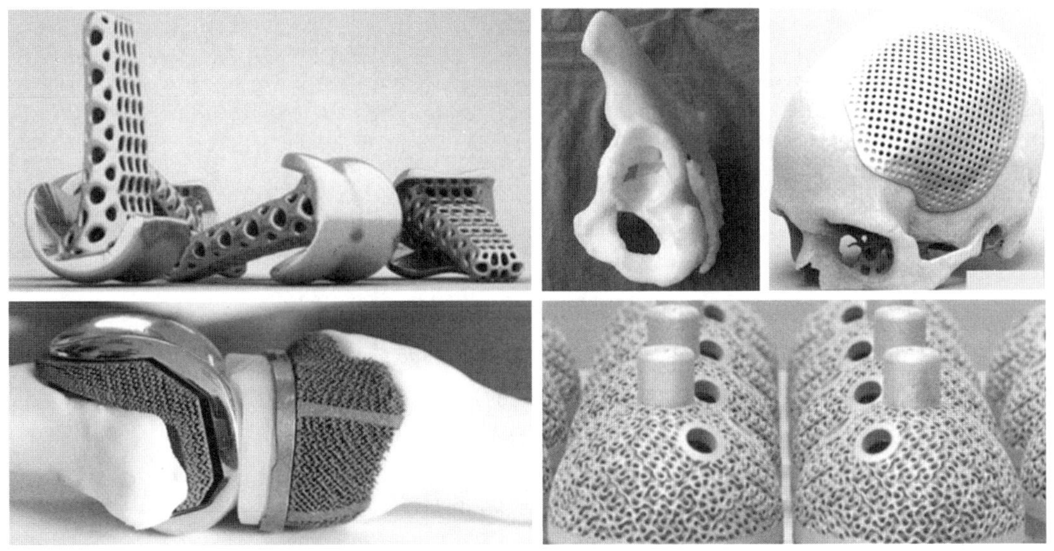

图 1.36　采用 3D 打印技术制作三例复杂髋臼骨折的 1∶1 模型

对于一些受损或病变严重的骨组织需要植入材料进行修复，标准化生产的植入物型号分类有限，而患者的情况因人而异，无法保证修复效果最优化，术后可能出现因植入物与人体匹配度差而引起的各类问题，增加手术失败的风险。针对骨缺损的个体化修复，探索结合 3D 打印技术的可行方案，首先通过 CT 扫描获得患者膝关节骨缺损部位的数据，然后构建三维数字模型，以此为基础设计用于修复骨缺损的垫块，最后经过 3D 打印获得垫块实体，如图 1.37 所示。研究结果表明，3D 打印所得垫块与临床实际需求具有一致性，匹配度高、临床疗效稳定。3D 打印技术与医学扫描结合能够满足不同患者的个体化需求，定制植入物可以大幅提升修复效果。作为一种先进制造技术，3D 打印为疑难杂症的治疗提供了解决途径，定制高度精确复杂的耳框架在 3D 打印技术的支持下得以实现。Chen 等将三维表面成像、计算机辅助设计与 3D 打印技术结合，使用具有生物相容性的丙烯酸材料为小耳症病人定制耳框架，术后双耳对称性好、形状美观、植入效果佳，患者反馈满意度高。

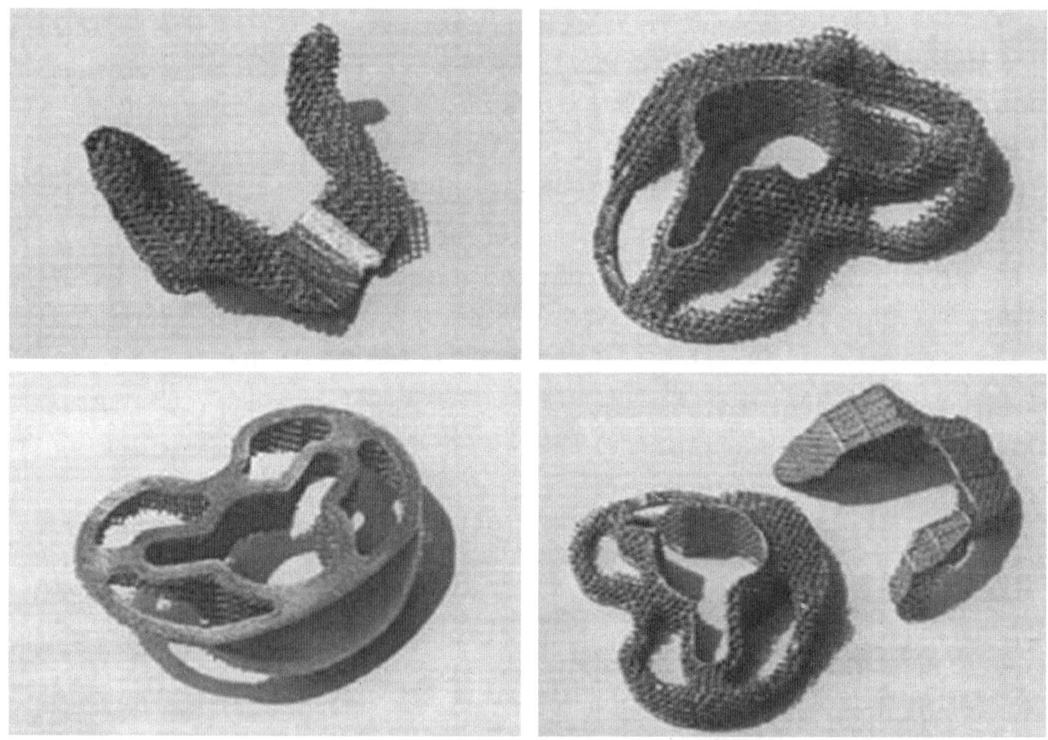

图 1.37 3D 打印获得的个体化骨缺损垫块实体

3D 打印技术的应用前景十分广阔，该技术的进一步成熟与推广必将助力医疗行业的发展。相信经过各个行业的协作创新，在不久的将来人们可以充分享受 3D 打印技术带来的高效、精确、舒适及成本可控的定制化医疗服务。

1.4.4 增材制造技术在模具制造领域的应用

目前，3D 打印用于模具制造还在实验室阶段，对这方面的研究屈指可数。对 3D 打印的离心泵叶轮压蜡模具快速制造工艺进行研究，采用树脂为打印原料制备模具。由于材料本身性质限制了模具的性能，故在树脂模具内部填充了金属树脂混合液，以提高树脂模具的力学性能。用处理过的金属树脂模具压制的叶轮蜡模尺寸精度可达 0.1 mm，表面粗糙度（Ra）可达6.3 um。华中科技大学等提出了基于离散/聚集模型的随形冷却水道的设计方法，建立了截面为圆形、椭圆形、半椭圆形及 U 形冷却水道的传热模型，并使用 SLS 成功制造了香盒模具。

近年来，国外对 3D 打印的研究主要集中在大型三维软件设计、三维扫描技术、基于熔融材料和黏结材料的成型技术、基于气泡技术的 3D 打印机喷头等方面。国外研究主要致力于完善 3D 打印技术，在 3D 打印应用方面，多是用 3D 打印技术制造具有生物活性的器官，用于制造模具的研究较少。美国采用 P20 和 316 不锈钢粉末开展了 SLS 注塑模具制造研究两种金属粉末，研究采用 SLS 法的总体成型精度、表面质量、微小结构的成型性和无支撑结构成型等，实验结果表明，316 不锈钢粉末的成型质量更好，工艺也相对简单。Ilyas 等对三个工业产品的模具进行了重新设计，并结合 SLS 与传统机加工方法制作模具，研究了模具的耐久性以及随形冷却的生产效率和能耗，并提供了一种清粉方法——切除体积（Cut-off Volume），将成型坯从难清粉之处分割开来，分别采用 SLS 技术成型，清粉后装配在一起，再进行烧结和渗铜等后续处理，其示意图如图 1.38 所示。

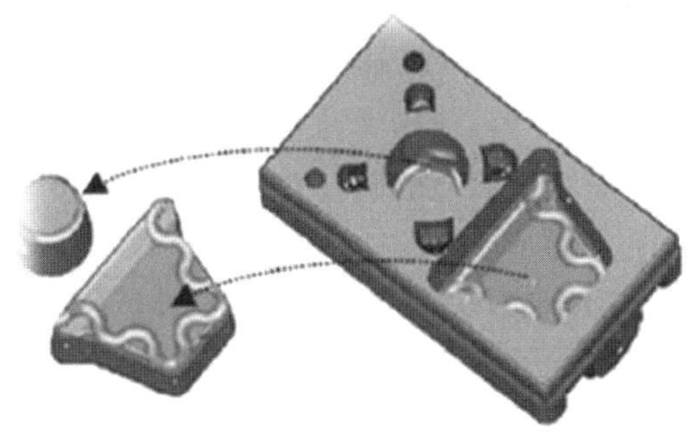
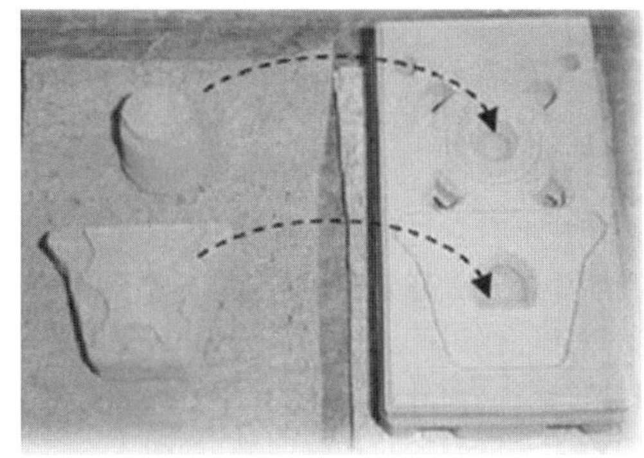

图 1.38 切除体积清粉方法示意图

德国舒勒公司利用 3D 打印技术，成功制造出使通道符合更完美的近净成型的原型热冲压模具，这种随形冷却的通道可确保组件所有部位能以同等速度快速冷却，从而实现更好的零件特性。舒勒公司以粉末形态的工具钢为打印原料，采用激光熔焊技术以叠加式制造工艺将粉末焊接起来，进而获得模具原型。虽然利用 3D 打印技术在较短时间内完成了传统制造方法几个月才能完成的任务，但是模具原型同样存在耐磨性和力学性能不足的问题，导致模具的寿命急剧缩短。迄今为止，虽然 3D 打印技术在模具中有一定应用，但远未普及，原因主要是采用该技术制备的模具在金属粉末、零件表面质量、成型尺寸、国际标准及使用成本等方面存在亟待解决的问题，需要相关技术人员持续深入的研究。

1.4.5 增材制造技术在油气资源评价中的应用

从工程地质到资源勘探再到油气田开发，3D 打印技术被创造性地应用于石油产业链的各个方面，为地质建模、储集岩孔隙及连通性评价、岩石节理及裂缝的力学性质研究等方面提供新的思路。地质建模是结合地质、测井、地球物理数据，利用计算机图形技术形成的概念模型，作为地学信息研究的重要方法，地质建模也是油藏数值模拟技术中定量研究剩余油分布和优化油气藏开发方案的基础。利用三维地质模型不仅可以直观地描述复杂的地质构造情况，形象地表达地质构造的特征以及构造要素的空间关系，而且结合强大的交互式空间分析功能，可以使地质分析更灵活、直观、准确。在工程地质领域中，3D 打印在地质建模过程中主要应用于处理地理信息图像并将其打印成实物，如图 1.39 所示。

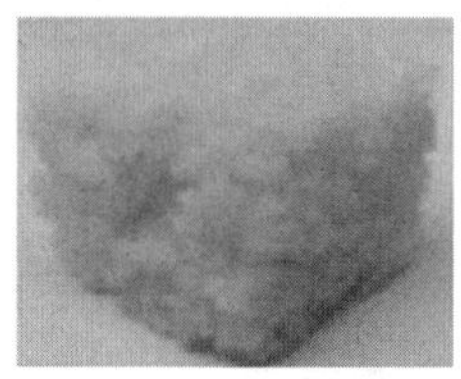

图 1.39 3D 打印储集岩中的孔隙网络

3D 打印技术能准确区分不同特征的地形地貌，已被用于等比例复制复杂的地形结构，拓宽了 3D 打印技术在地学信息技术领域应用的深度。与使用二维地图或三维数字图像相比，3D 打印的模型更精细和直观，可以更直观地观察某个地区的地形地貌、建筑物、山脉以及矿藏分布、河流蓄水等情况，方便地形、地貌的相关研究以及辅助实际工程施工。早在 2013 年，中国石油化工集团有限公司工程技术人员曾使用 3D 打印技术制作地下气层通道的精细模型，预测和指导普光天然气田的开发，使钻井成功率达 100%，克服了世界性难题，也证明了 3D 打印技术应用于油气资源领域的准确性和可行性。由于 3D 打印技术存在打印尺度的限制，目前尚不能打印过大模型，对于过大的地质模型，通常采用的处理方法是分区块打印，再将各个打印区块拼接，完成等比例的地形模型或城市模型。通过使用丙乙烯丁二烯一苯乙烯（Acrylonitrile Butadiene Styrene，ABS）等 3D 打印材料，经过岩心扫描灰度直方处理和打印机打印的系统化孔隙结构制作流程，打印出按比例放大储集岩中的孔隙网络，如图 1.37 所示。由于 CT 扫描精度和 3D 打印机打印精度的限制，目前还不能按原试样 1∶1 打印孔隙结构，3D 打印的好处在于将孔隙三维虚拟数字模型按一定比例转换为有形的、可测试的实际对象，这个比例是已知并且可调节的，具有应用意义。

本章参考文献

[1]黄斌. 基于静轴肩搅拌摩擦焊的增材制造技术研究[D]. 南昌：南昌航空大学，2016.

[2]李鹏，焦飞飞，刘郢，等. 金属超声波增材制造技术的发展[J]. 航空制造技术，2016，12：49-55.

[3]周宸宇，罗岚，刘勇，等. 金属增材制造技术的研究现状[J]. 热加工工艺，2018，47(6)：9-14.

[4]刘勇，任香会，常云龙，等. 金属增材制造技术的研究现状[J]. 热加工工艺，2018，47(19)：15-19+24.

[5]李权，王福德，王国庆，等. 航空航天轻质金属材料电弧熔丝增材制造技术[J]. 航空

制造技术，2018，67(3)：74-82+89.
[6]兰红波，赵佳伟，钱垒，等. 电场驱动喷射沉积微纳3D打印技术及应用[J]. 航空制造技术，2019，62(Z1)：38-45.
[7]李方正. 中国增材制造产业发展及应用情况综述[J]. 工业技术创新，2017，4(4)：1-5.
[8]陈济轮，杨洁，于海静. 国外高能束增材制造技术应用现状与最新发展[J]. 航天制造技术，2014，4:1-4+10.
[9]方浩博，陈继民. 基于数字光处理技术的3D打印技术[J]. 北京工业大学学报，2015，41(12)：1775-1782.
[10]邢希学，潘丽华，王勇，等. 电子束选区熔化增材制造技术研究现状分析[J]. 焊接，2016，7：22-26+69.
[11]杨强，鲁中良，黄福享，等. 激光增材制造技术的研究现状及发展趋势[J]. 航空制造技术，2016，12：26-31.
[12]KORNER C. Additive manufacturing of metallic components by selective electron beam melting－a review[J]. International Materials Reviews，2016，61(5)：361-377.
[13]DEBROY T，WEI H，ZUBACK J，et al. Additive manufacturing of metallic components-Process，structure and properties[J]. Progress in Materials Science，2018，92：112-224.
[14]李文亚，张冬冬，黄春杰，等. 冷喷涂技术在增材制造和修复再制造领域的应用研究现状[J]. 焊接，2016，4:2-8+73.
[15]崔厚学，高方勇，魏青松. 3D打印在汽车制造中的应用展望[J]. 汽车工艺师，2016，9:36-41.
[16]李涤尘，鲁中良，田小永，等. 增材制造——面向航空航天制造的变革性技术[J]. 航空学报，2022，43(4)：22-38+3.
[17]张征，马洁萍，涂凯. 3D打印技术在航空制造领域应用展望[J]. 中国民用航空，2013，10：61-62.
[18]赵庆红，郭俊卿，高琰，等. 3D打印技术在医疗领域的应用价值与展望[J]. 机械设计与制造工程，2018，47(6)：1-5.
[19]范兴平. 3D打印在模具制造中的应用展望[J]. 粉末冶金工业，2018，28(6)：69-73.
[20]管丽梅，詹洪磊，祝静，等. 3D打印技术在油气资源评价中的应用及展望[J]. 物理与工程，2017，27(1)：77-83.
[21]ZANCHETTA E，CATTALDO M，FRANCHIN G，et al. Stereolithography of SiOC ceramic micro components[J]. Advanced Materials，2016，28(2)：370-376.
[22]ESCALANTE V C A，JIMÉNEZ S M A，PIEDRA S，et al. Experimental characterization of the effect of a spray adhesive on the velocity of impregnation of a resin on carbon fiber fabrics utilizing the VARTM manufacturing technique[J]. Fibers

and Polymers, 2022, 23(2): 478-487.

[23]MOON I H, PARK K N, KIM H K, et al. Utility and safety of commercially available injection laryngoplasty materials in a rabbit model[J]. Journal of Voice, 2015, 29(1):125-128.

[24]SEPPALA J, HAN S H, HILLGARTNER K E, et al. Weld formation during material extrusion additive manufacturing[J]. Soft Matter, 2017: 13,6761.

[25]KHAlRALLAH S A, ANDERSON A T, RUBENCHIK A, et al. Laser powder—bed fusion additive manufacturing: Physics of complex melt flow and formation mechanisms of pores, spatter, and denudation zones[J]. Acta Materialia, 2016, 108: 36-45.

[26]SIHN S, RAN Y K, KAWABE K, et al. Experimental studies of thin-ply la minated composites [J]. Composites Science & Technology, 2007, 67 (6): 996-1008.

第 2 章　电子束增材制造的特点及发展

电子束增材制造即利用电子束作为热源对金属进行熔化，并实现熔化金属的累积，进而实现材料成型制造的过程。相比于传统制造技术，电子束增材制造技术有效缩减了产品的开发周期，并能实现快速成型。电子束增材制造技术制作的零件组织均匀，晶粒粒径较小，力学性能较为优良，在航空航天、汽车工业、模具工业及生物医学等领域具有广阔的应用前景，存在较大的应用价值。

2.1　电子束增材制造

2.1.1　电子束增材制造热源的特点

电子束增材制造的热源为阴极发射的高速运动的电子，经聚焦线圈汇聚在一起后形成具有高能量的电子束，属于高能束热源范畴，相比于其他高能束热源(如激光、等离子弧)，电子束热源具有其独特的优点。

1. 功率高

电子束可以很容易地输出几千瓦级的功率，其功率密度比激光等热源高很多，大部分激光器的输出功率为 200～400 W。此外，电子束加热过程中可达到的最大功率极高，电子束加工的最大功率可以达到激光最大功率的数倍。

2. 能量利用率高

激光增材制造能量利用率仅能达到 15%，而电子束增材制造能量利用率可以达到 90%以上，其能量利用率在高能束增材制造中是最高的，绝大部分能量用于加热，因此加工过程中的能耗较低。

3. 无反射现象

一般来说，金属材料对激光具有较高的反射率，同时其熔化潜热较大，导致金属不易熔化。在形成熔池以后，金属的反射率大幅度减小，从而导致熔池温度急剧升高，使液态金属迅速汽化，不利于增材制造过程。而电子束加热金属时不存在反射现象，因此可以用于激光不易加工材料的制造。

4. 快速成型

电子束增材制造过程中，电子束二维扫描速度极快，其扫描频率可达到 20 kHz，比激光扫描速度快 10～1 000 倍，可以直接进行零件的生产。此外，电子束移动过程中不存在机械惯性，因此束流控制较易，可以完成快速扫描，实现快速成型。

5. 真空无污染

电子束增材制造过程在真空环境中进行，设备腔体的真空环境可以避免液体金属在加工过程中发生氧化，提高成型件的成型质量。此外，由于真空环境下不存在气体，因此可有效避免成型件中存在气孔缺陷，有利于成型质量的提升。

2.1.2 电子束增材制造的分类

按照原材料特征进行分类，电子束增材制造可分为电子束选区熔化技术和电子束熔丝沉积技术（Electron Beam Freeform Fabrication，EBFFF）两类。

1. 电子束选区熔化技术

电子束选区熔化技术通过电子束扫描加热来熔化粉末金属材料，从而逐层沉积制造三维金属零件，其最大特征为制造过程中所用原材料金属为粉末状。电子束选区熔化技术原理如图 1.12(a)所示。

电子束选区熔化技术包括以下步骤。

(1)在工作台上预先铺置金属粉末薄层。

(2)将粉末薄层压实，通过控制电子束工作路径，按照 CAD 中零件二维横截面的参数对金属粉末材料进行区域选择性熔化。

(3)在完成第一层金属粉末的熔化后，进行下一次的铺粉和电子束扫描过程，并一直重复此过程，直到完成成型件所有横截面的成型。

(4)将未熔化的多余粉末材料采用高压气体清除干净，并对成型件进行微处理，即可获得最终的零件。

2. 电子束熔丝沉积技术

电子束熔丝沉积技术采用添加丝材的方式实现金属材料的添加，利用送丝装置将金属丝材直接送进成型区域，同时利用电子束同步加热，在成型区域将金属丝材熔化并打印材料。电子束熔丝沉积技术成型形式为逐滴熔覆成型件，因此电子束熔丝沉积技术精度和成型质量都很高。电子束熔丝沉积技术原理如图 2.1 所示。

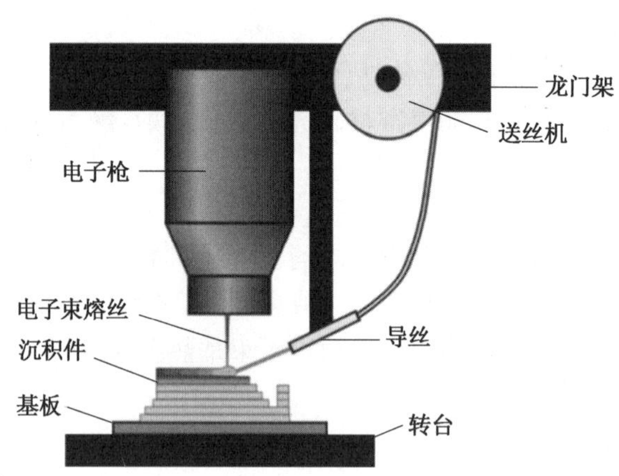

图 2.1 电子束熔丝沉积技术原理

2.1.3 电子束增材制造技术的特点

电子束增材制造技术主要分为电子束选区熔化技术和电子束熔丝沉积技术，本节对两种不同类型的电子束增材制造技术的特点分别进行阐述。

1. 电子束选区熔化技术的特点

(1)电子束选区熔化技术可以实现材料的近净成型,且成型件尺寸精度较高,因此采用电子束选区熔化技术可实现形状复杂零件的制造,如空腔、网格等结构。

(2)由于电子束选区熔化过程在真空环境中进行,可以避免材料被氧化,并能防止气孔缺陷的形成。

(3)电子束选区熔化过程中,成型环境温度一般在 700 ℃以上,较高的成型环境温度有利于零件残余应力的降低。

(4)电子束选区熔化成型件的表面质量较高,粗糙度为 Ra25～35。

(5)电子束扫描加热速度较快,因此电子束选区熔化成型效率较高,并且成型完毕后,剩余的金属粉末可以回收再利用,因此材料利用率较高。

(6)在电子束选区熔化过程中,由于电子束能量密度较高,成型件的温度较高,因此在成型过程中会导致某些低沸点合金元素发生蒸发,使其含量降低,此时可通过调节金属粉末的成分进行元素含量的弥补,从而保证各种合金元素具有足够的含量。

(7)电子束选区熔化制备的成型件显微组织与力学性能均具有各向异性,因此其应用性较好。

(8)由于电子束的功率较大且粉末材料对电子束能量吸收率高,同样有利于电子束选区熔化技术较高的成型效率,且成型件中热应力较小,因此电子束选区熔化技术非常适用于钛合金、钛铝基合金、难熔金属以及高性能材料的成型制造。

2. 电子束熔丝沉积技术的特点

(1)电子束的能量密度高达 $10^7 \sim 10^9$ W/cm^2,如此高的能量密度足以使任何金属丝材快速熔化甚至汽化,特别适用于超高熔点合金(钨、钽、铌)等丝材的增材制造。

(2)利用电子束熔丝沉积技术,能实现极高的沉积效率(可达 22.68 kg/h),因此电子束熔丝沉积技术可用于大型零件的增材制造。

(3)电子束熔丝沉积过程在真空条件下进行,由于真空环境具有洁净、无污染特点,适用于活泼金属丝材的沉积。

(4)由于电子束具有的深穿特点以及独特的"钉形"熔池形貌,对金属材料具有较强的穿透性,因此可对多层(大于 2 层)沉积体进行重熔处理,从而减少甚至消除沉积体内部孔洞等缺陷,使沉积体的致密度提高,同时使材料的利用率提高。

在具有以上优点的同时,电子束熔丝沉积存在以下缺点。

(1)电子束具有功率高、束斑直径小的特点,可以实现对超高熔点金属进行高效率的熔丝沉积增材制造,但与电子束选区熔化相同,由于电子束功率高,液态金属的加热温度极高,导致合金元素的严重烧损。

(2)在电子束熔丝沉积过程中,金属丝材的快速受热,导致一些高热导率、低弹性模量的丝材(如紫铜等)存在较大的温度梯度,容易受热产生变形。

(3)由于电子束束斑直径较小,热源作用范围小,因此不具备电弧熔丝沉积时由于较大的热源作用范围防止丝材偏离带来的影响,因此一旦丝材受热产生变形或受外部因素的影响产生偏离,熔丝沉积过程极易被迫中断。

(4)电子束熔丝沉积过程在真空条件下进行,由于真空环境中缺少气体散热介质,热量只能通过与沉积体接触的工作台传导出去，导致电子束熔丝沉积过程散热较为缓慢，热量不易散失。

(5)随着沉积体沉积层数的不断增加，底部工作台对沉积体的散热作用越来越弱，导致沉积体内部的热量积累逐渐严重，容易发生沉积体组织上下不均匀的现象，此外，严重的热量积累容易导致沉积体液态金属过多，沉积层熔池发生侧漏。

(6)与电子束焊接过程不同，在电子束单道多层熔丝沉积过程中，当沉积层数较多时，熔池两侧并没有固态金属进行约束，因此熔池边界为自由状态，当工艺参数不合适时，过热的液态金属沿着壁面流淌，导致熔池侧漏，且在真空环境下，熔池外部几乎不存在任何压力，熔池内大量液态金属很容易发生蒸发从而进入真空区域，因此真空内熔池的受力状态与常压下熔池的受力状态存在较大区别。

2.2 国内外电子束增材制造的发展过程

电子束增材制造属于高能束增材制造范畴，凭借其自身诸多优点，成为增材制造的主要方向之一。与激光增材制造、等离子增材制造相比，电子束增材制造的能量利用率更好，成品质量更好，制造速度更快。由于电子束增材制造相对于激光增材制造起步较晚，目前仍处于探索发展阶段，但电子束增材制造的发展极其迅速。

2.2.1 国外电子束增材制造的发展过程

1. 电子束选区熔化的发展过程

20 世纪 90 年代，美国麻省理工学院 Dave 等首次提出利用电子束将金属材料熔化后进行三维制造的想法，自此电子束增材制造技术开始发展。

瑞典 Arcam AB 公司是首家将电子束选区熔化设备商业化的公司。瑞典 Arcam AB 公司于 2001 年申请利用电子束在粉末床上逐层制造三维零件的国际专利 WO01/81031。于 2002 年研发出原型机 Beta，并于 2003 年推出第一台电子束选区熔化商业化设备 EBM－S12。随后相继推出 A1、A2、A2X、Q10Plus、Q20Plus 及 Spectra H 等多个型号的商业化设备，其典型设备参数见表 2.1。与此同时，Arcam AB 公司向用户提供 Ti－6Al－4V、Ti－6Al－4V ELI、Ti Grade－2 和 ASTM F75 Co－Cr 4 种标准配置的球形粉末材料。

表 2.1 Arcam AB 公司典型设备参数

设备型号	Q10Plus	Q20Plus	A2X	Spectra H
最大成型尺寸	200 mm×200 mm×180 mm	ϕ350 mm× 380 mm	200 mm×200 mm×380 mm	ϕ250 mm× 430 mm
最小束斑直径/μm	140	140	250	140
电子枪灯丝	单晶	单晶	钨丝	单晶
电子束功率/W		3 000		6 000
电源		32 A，7 kW		32 A，10 kW
加工效率/($cm^3 \cdot h^{-1}$)		55～80		

续表2.1

设备型号	Q10Plus	Q20Plus	A2X	Spectra H
粉末直径/μm	45～105(TC4)			
层厚/mm	0.05～0.2			
最大扫描速度/($m \cdot s^{-1}$)	8 000			

从表 2.1 中可知，目前 Arcam AB 公司电子束选区熔化设备可制作方形成型件的最大尺寸达到 200 mm×200 mm×380 mm，最大柱状成型件尺寸可达到 ϕ350 mm×380 mm。目前，该公司生产的电子束选区熔化设备已在美国等多个国家的企业、高校以及研究院所投入使用，在全球已有 100 余台该公司的设备投入到实际生产中，这些设备主要应用于生物医疗植入体和航天航空零件的制造，Arcam AB 公司生产的典型电子束选区熔化设备如图 2.2 所示。Arcam AB 公司研发的电子束选区熔化设备性能稳定，然而该公司研发的电子束选区熔化设备仅可对该公司提供的标准配置材料实现良好的成型，但对标准配置材料以外的其他材料的兼容性不足。

图 2.2　Arcam AB 公司生产的典型电子束选区熔化设备

美国橡树岭国家实验室(Oak Ridge National Laboratory，ORNL)是最早开展电子束选区熔化技术研究的机构之一，从 2010 年开始与洛克希德·马丁空间系统公司开展合作，研究领域主要集中在钛合金及镍合金等高附加价值材料上。这些材料难以加工，采用电子束选区熔化成型可提高材料利用率，降低成本。项目选择的零件之一是 F－35 的空气泄漏检测支架(Bleed Air Leak Detect,BALD),为 Ti－6Al－4V 材料,靠近发动机的高温部分。力学测试结果显示材料的平均抗拉强度为(952±25) MPa,延伸率为14.4%±2.2%,满足 ASTM 标准要求;成型零件氧元素质量分数(0.17%)也符合标准。BALD 属于薄壁结构,如果采用传统的机械加工方法,材料利用率只有 3%;而采用电子束选区熔化技术,材料利用率接近 100%。成本分析显示电子束选区熔化技术生产 BALD 零件的成本比传统方法降低了 50%。

此外,美国北卡罗来纳大学、英国华威大学、德国埃尔朗根－纽伦堡大学、日本东北大学、美国波音公司、美国 Synergeering 集团、德国 Fruth Innovative Technologien 公司及瑞典 VOLVO 公司积极开展了相关研究工作。

2. 电子束熔丝沉积的发展过程

电子束熔丝沉积技术同样发展时间较短,其中美国国家航空航天局 (NASA)兰利研究中心以及西亚基公司(Sciaky)对电子束熔丝沉积技术率先进行研究,并处于世界领先地位。

在 20 世纪 90 年代中期,美国国家航空航天局兰利研究中心最早对电子束熔丝沉积技术展开研究,通过对不同环境下的工况进行分析,从设备对不同应用环境的适应性出发,分别研制出落地式 (Ground-based)电子束熔丝沉积设备和便携式(Portable)电子束熔丝沉积设备。

进入 21 世纪以后,美国国家航空航天局兰利研究中心一直将电子束熔丝沉积技术视为空间增材制造工艺中的一个重要的研究方向,为适应电子束熔丝沉积空间应用的要求,并尽可能模拟太空环境下电子束熔丝沉积制造过程,开展了微重力条件下的电子束熔丝沉积技术,在地面实验样机的基础上对微重力实验条件下的设备进行较大程度的优化。

兰利研究中心通过飞机抛物线降落过程模拟微重力条件,并采用小型电子束熔丝沉积设备进行多次实验,实验设备与实验过程如图 2.3 所示。该实验主要研究微重力条件对 2219 铝合金电子束熔丝沉积成型的影响因素,并对沉积速度、送丝速度和角度等工艺参数进一步优化,获得了成型较好的沉积体。0g 条件下送丝角度对沉积体成型的影响程度显著大于 1g 条件下送丝角度对沉积体成型的影响程度;无论在 0g 条件下还是在 1g 条件下,熔池的熔深和熔宽的差别均不明显;此外,沉积过程中的热输入以及丝材末端与沉积基板之间的距离依然是影响焊缝表面平整度的主要因素。美国国家航空航天局兰利研究中心陆续开展了对电子束熔丝沉积制备梯度材料的研究以及对电子束熔丝沉积过程中轻质元素烧损的控制,通过控制和优化工艺参数有效避免了轻质元素烧损的问题,沉积体性能较好。

美国西亚基公司于 2004 年开始进行电子束熔丝沉积增材制造设备的开发,西亚基公司联合洛克希德·马丁空间系统公司、波音公司进行电子束熔丝沉积研究,主要针对典型航空航天金属零件的生产制造。西亚基公司研制的电子束熔丝沉积增材制造设备如图 2.4 所示,该设备使用 60 kW/60 kV 的电子束枪,最大沉积速率可达 22.68 kg/h,该设备材料利用率比传统加工工艺材料利用率高 79%。对于某些飞机零件的生产,西亚基公司采用电子束熔丝沉积成型为主体、电子束焊接为辅助的方法进行生产制造,极大提高了生产效率,缩短了交货周期且降低了生产成本,同时保证了零件较好的服役效果。目前西亚

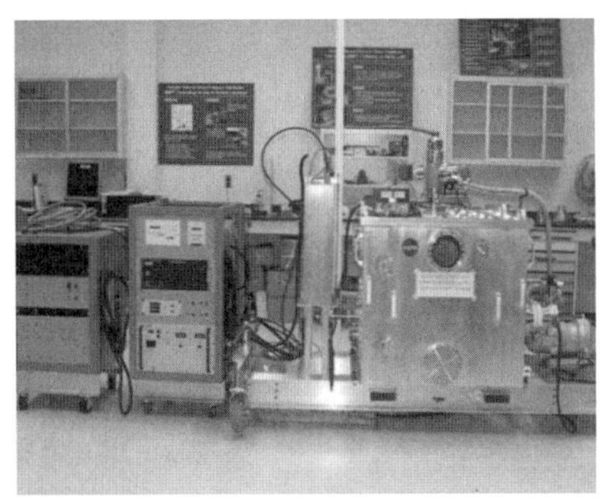

图 2.3　微重力电子束熔丝沉积实验设备与实验过程

基公司采用电子束熔丝沉积生产的飞机零件已经批量生产，其中部分沉积体已用于美国空军战斗机零件的替换和修复。

(a) 真空室

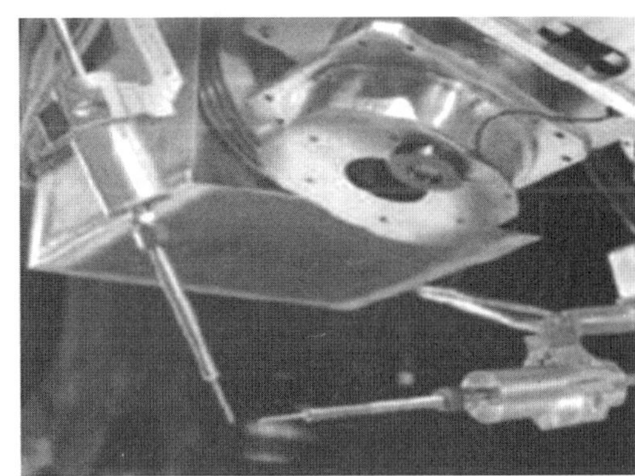
(b) 送丝机构

图 2.4　西亚基公司研制的电子束熔丝沉积增材制造设备

在 2010 年以后，西亚基公司研制出超高速电子束熔丝沉积增材制造设备，并与美国空军合作进行 F－35 战斗机襟副翼翼梁装备的电子束熔丝沉积的生产，相比于传统的锻造工艺，电子束熔丝沉积制备的襟副翼翼梁装备的成本可降低 90%，且使用寿命更长，装有电子束熔丝沉积制备的襟副翼翼梁的 F－35 战机于 2013 年年初进行首次试飞。

2.2.2　国内电子束增材制造的发展过程

我国电子束增材制造的研究起步较晚，然而，近些年来，电子束增材制造在我国各研究机构先后开展起来，呈现蓬勃发展的态势，发展十分迅速，取得了较为瞩目的进展。

1. 电子束选区熔化的发展过程

近些年来，我国各高校及研究机构纷纷对电子束选区熔化进行研究。清华大学自 2004 年开始对粉末铺设系统、电子束扫描控制系统等在内的电子束选区熔化成型设备关键技术进行研究，是我国最早研究电子束选区熔化的高校，率先取得电子束选区熔化设备专利 200410009948. X，并利用对传统电子束焊机的开发，研制具有自主知识产权的实验用电子束选区熔化－150 和电子束选区熔化－250 实验系统（图 2.5），其成型的最大尺寸可分别达到 250 mm×250 mm×250 mm 和 100 mm×100 mm×100 mm，每层成型层的最小厚度可达到 0.1 mm,电子束选区熔化功率为 3 kW,电子束束斑直径为0.2 mm,电子束熔化扫描最大速度可达到 100 m/s,获得电子束选区熔化成型件的精度为±1 mm。该电子束选区熔化系统体现主动式送粉方式以及高柔性铺粉特征,可实现多种电子束选区熔化工艺参数与金属粉末的兼容,系统的稳定性和容错性获得极大的提高,基本实现了小批量生产。此外,清华大学研制的电子束选区熔化设备还具备双金属粉末电子束选区熔化效果,因此可以通过控制两种金属粉末材料的铺置量来制造沿高度方向材料成分变化的零件。中航工业北京航空制造工程研究所自 2007 年以来,在航空支撑及预研基金等项目支持下,开发电子束扫描技术、精密铺粉技术及成型控制技术等设备核心技术。

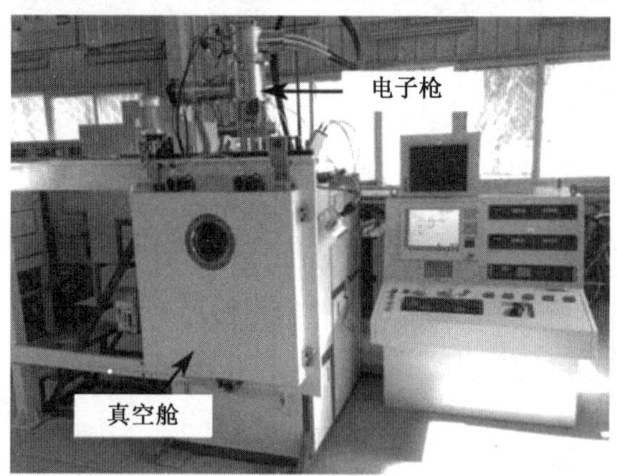

图 2.5 清华大学研制的双金属电子束选区熔化实验系统

中航工业北京航空制造工程研究所是我国最早开展电子束增材制造的单位之一,中航工业北京航空制造工程研究所自 2007 年开始对电子束选区熔化进行研究,通过采用金属粉末对电子束增材制造代替传统铸锻技术进行飞机零件的生产,目前已实现小批量实验件的生产,并实现结构整体化,大大降低生产成本和生产周期,达到快速反应和无模敏捷制造的目的。针对航空领域的应用,中航工业北京航空制造工程研究所主要对钛合金、TiAl 金属间化合物等材料的电子束选区熔化进行研究,重点研究成型工艺控制、材料显微组织及成型件力学性能的相互关系。目前采用电子束选区熔化制造的Ti－6Al－4V合金成型件的性能达到国际先进水平,并成功制作完成了多个飞机和发动机结构工艺实验件。

西北有色金属研究院对电子束的动态聚焦以及偏束的扫描功能进行深入研究,成功开发了实验用电子束选区熔化设备 SEBM－S1,该设备铺粉厚度最小可达到 50 μm,扫描速度可达到 8 000 m/s,由于粉末铺置厚度大大减小,因此该设备可用于粉末总量较小的电子束选区熔化条件,对于其主要研究的钛合金材料,最小粉末质量可达到 5 kg。西北有色金属研究院主要制作 TiAl 金属间化合物材料,采用电子束增材制造出无裂纹的Ti－45Al－7Nb－0.3W 合金零件,且表现出优异的力学性能,其抗压强度可达到2 750 MPa,断裂应变可达到 37%。

2. 电子束熔丝沉积的发展过程

中航工业北京航空制造工程研究所是我国较早开始研究电子束熔丝沉积技术的单位

之一，于 2006 年开始对电子束熔丝沉积成型技术进行研究，并自主开发了我国第一台电子束熔丝沉积增材制造设备，搭载 10 kW/60 kV 电子束枪，如图 2.6 所示。为提高输出功率，中航工业北京航空制造工程研究所研制了等离子体阳极式电子束热源，该热源可以产生极大的电子束束流，从而提高输出功率。目前，中航工业北京航空制造工程研究所已经开发出我国最大的定枪式电子束熔丝沉积增材制造设备，最大功率可达 60 kW，最大加工尺寸可达 1.5 m×0.8 m×3 m，可实现 5 轴联动以及双通道送丝功能。

图 2.6　我国第一台电子束熔丝沉积增材制造设备

2010 年以后，哈尔滨工业大学自主研发了电子束熔丝沉积设备，在传统电子束焊机的基础上，通过添加送丝装置及其控制系统等成功实现了电子束熔丝沉积过程。设备搭载 15 kW/60 kV 真空电子束枪，真空室尺寸为 2 m× 1.5 m×1.8 m，可实现 4 轴协同联动。采用二级闭环送丝系统，第Ⅰ级送丝机负责从丝盘处将丝送出，通过第Ⅱ级送丝机将金属丝送入熔池，提高送丝精度以及控制参数的精确性与真实性。通过送丝角度控制设备消除震动等外界干扰因素对电子束熔丝沉积过程的影响。此外，该设备添加了高速热电偶测温装置，可对电子束熔丝沉积过程中部分位点的温度进行实时测量，成功获取了实时温度数据。目前，已成功实现了 304 不锈钢、TC4 钛合金以及铜/钢梯度等材料的电子束熔丝沉积，通过控制工艺参数获得了成型较好、力学性能高的沉积体。

2015 年以后，中国科学院西安光学精密机械研究所与西安智熔金属打印系统有限公司联合建立了光子制造系统与应用研究中心增材制造技术实验室，对电子束熔丝沉积技术及设备进行了开发与研究，成功实现了大功率电子枪、实时能量分配调整、四维丝材进给等多项技术的开发。西安智熔金属打印系统有限公司自主研发的 Zcomplex 系列（Zcomplex X1、Zcomplex X3、Zcomplex X5）电子束熔丝沉积设备最大功率可达到 60 kW，Zcomplex 系列电子束熔丝沉积设备采用西门子 840D CNC 运动控制系统，最大加工尺寸可达到 3 m×1.2 m×3.5 m，最大沉积效率可达到 15 kg/h，成功实现了钛及钛合金、Inconel 718、Inconel 625、不锈钢、2319/4043 铝合金以及难熔（钽、钨等）金属等多种材料的电子束熔丝沉积，可进行 3D 打印以及各种金属零件的修复等。

2.3　电子束增材制造适用材料

由于电子束增材制造具有独特优势，与其他增材制造技术相比，电子束增材制造技术适用于许多材料，如活泼金属、钛合金、TiAl 基高温结构材料、镍基高温合金、梯度功能材料及难熔金属等。有些金属材料本身易氧化导致沉积体中容易产生气孔缺陷，有些金属材料自身的高熔点导致沉积过程中材料熔化较为困难。而当采用电子束作为热源进行增材制造时，这些问题均可避免，反映电子束增材制造独特的优越性。

2.3.1　活泼金属

常用于工业生产制造的活泼金属主要有铝和镁两种，它们的性质较活泼，常温下金属表面易形成一层致密的氧化膜，其性质较为稳定，具有保护金属内部不受进一步氧化的作用，但同时这种氧化膜极易吸收水分，在焊接或增材制造过程中会引入杂质元素。在高温下，铝合金和镁合金更易与氧气发生反应，在焊接以及增材制造过程中，若材料表面氧化膜去除不彻底，或是保护气氛不洁，均会造成氧元素的掺杂，导致工件内部形成气孔缺陷以及各种化合物杂质。

电子束增材制造由于在真空环境中进行，不与任何气体（空气、保护气体等）接触，相比于激光增材制造和电弧增材制造，电子束增材制造过程中不存在任何保护不充分的隐患，因此工件内部的气孔缺陷以及杂质数量大幅减少，有利于工件性能的提升。

此外，由于镁合金和铝合金具有较高的反射率，在进行激光增材制造时存在能量利用率低的问题，然而电子束是由电子直接轰击材料表面，不存在光的反射问题，因此在选用电子束作为热源时可有效提高能量利用率。

1. 铝合金

铝合金作为一种轻质高强材料，在金属材料中的应用排在第二位，仅次于钢铁材料。铝合金作为一种可再生的资源，其产业既节能又可减少污染，在航空航天、轨道交通等领域具有广阔的应用前景。铝合金主要包括 1 系纯铝、2 系铝铜合金、3 系铝锰合金、4 系铝硅合金、5 系铝镁合金、6 系铝镁硅合金及 7 系铝锌合金等。在增材制造领域，应用最广的铝合金主要有 2 系铝铜合金、4 系铝硅合金及 5 系铝镁合金。

2 系铝铜合金是以铝、铜为主要元素的铝合金，2 系铝铜合金的硬度较高，它具有机械性能好、强度大、密度小及加工方便等优点。此外，2 系铝铜合金中普遍含有少量的 Mn、Ti 等热稳定性元素，可以在一定程度上降低材料的热裂倾向，因此具有较好的焊接性。由于其综合性能较好，且加工较为方便，采用 2 系铝铜合金制作丝材或粉末是较为便捷适用的。目前，常用于增材制造的 2 系铝铜合金牌号主要包括 2A12、2219、2024 等，其质量分数组成见表 2.2。

（1）2A12 铝铜合金具有良好的高温和低温性能，在硬铝合金中，2A12 的强度最高，同时其密度较低，在飞机蒙皮、隔框、翼肋及壁板等零件上均有广泛应用。

（2）2219 铝铜合金可焊性优良、强度较高、成型工艺性能较好且抗应力腐蚀性能较强，在航空航天领域得到了较为广泛的应用。2219 铝铜合金已被应用在美国运载火箭“土星 V”推进剂贮箱的主要结构材料中，我国新一代运载火箭贮箱的主要结构材料也选用 2219 铝铜合金，其推进剂贮箱的主要零件（如瓜瓣、壁板等）均采用 2219 铝铜合金。

（3）2024 铝铜合金作为一种典型的高强铝合金，具有密度低、强度高、耐腐蚀性能和加工性能好、损伤容限高、抗应力腐蚀性能和抗疲劳性能好等优点，主要用于汽车和航空等领域的各种高负荷零件，如飞机螺旋桨、蒙皮、隔框和骨架零件等。

表 2.2　常用 2 系铝铜合金质量分数组成

元素	w(Cu)/%	w(Mn)/%	w(Mg)/%	w(Si)/%	w(Fe)/%	w(Cr)/%	w(Ni)/%	w(Zn)/%	w(Ti)/%	w(Al)
2A12	3.8～4.9	0.3～0.9	1.2～1.8	0.5	0.5	—	0.1	0.3	0.15	余量
2219	5.8～6.8	0.2～0.4	0.02	0.2	0.3	—	—	0.1	0.02～0.1	余量
2024	3.8～4.9	0.3～0.9	1.2～1.8	0.5	0.5	0.10	0.50	0.25	0.15	余量

4 系铝硅合金是以铝、硅为主要元素的合金，硅含量较高，铸造性能、耐热、耐腐蚀和耐磨性比较好，是热裂倾向相对较小的铝合金。部分 4 系铝硅合金不可热处理强化，但也有部分 4 系铝硅合金可以热处理强化。铝硅合金是较早应用在金属 3D 打印的材料，目前已经有大量关于 AlSi10Mg 选区熔化的研究。目前，常用于增材制造的 4 系铝硅合金牌号主要包括 4043、4047 等，其质量分数组成见表 2.3。

表 2.3　常用 4 系铝硅合金质量分数组成

元素	w(Si)/%	w(Cu)/%	w(Mg)/%	w(Mn)/%	w(Fe)/%	w(Zn)/%	w(Ti)/%	w(Al)
4043	4.5～6.0	0.3	0.05	0.05	0.8	0.1	0.2	余量
4047	11～13	0.3	0.1	0.15	0.6	0.2	0.15	余量

① 4043 铝硅合金的硅质量分数为 4.5%～6.0%，具有良好的铸造性、焊接性好和流动性好等优点，可有效避免焊接裂纹的出现，因此被广泛应用于铸造铝合金及可热处理强化的铝合金焊接中。

② 4047 铝硅合金的硅质量分数为 11%～13%，是一种典型的共晶型铝硅合金。比 4043 铝硅合金焊丝具有更低的熔点和更高的流动性，焊缝金属具有优良的抗腐蚀性能，同时高含量硅有利于降低焊接热裂倾向，得到更高的角焊缝剪切强度，常被用作熔焊、钎焊材料，被广泛应用于汽车、空调和航天军工等领域。

5 系铝镁合金是以铝、镁为主要元素的合金，在不可热处理合金中强度良好，耐蚀性、可切削性良好，阳极化处理后表面美观，电弧焊性能良好。由于 5 系铝镁合金主要合金元素为镁，因此其具有密度较小、比强度高、散热性能较好、刚性强、抗电磁干扰好、良好的抗蚀性与可焊接性能以及中等强度的优点。由于 5 系铝镁合金优良的抗腐蚀性能，其被广泛应用于船舶、汽车、飞机焊接件、地铁轻轨、需严格防火的压力容器（如液体罐车、冷藏车、冷藏集装箱）、制冷装置、电视塔、钻探设备、交通运输设备、导弹零件、装甲等装备的制造。常用的 5 系铝镁合金包括 5A06、5083、5182 等，其质量分数组成见表 2.4。

表 2.4　常用 5 系铝镁合金质量分数组成

元素	w(Mg)/%	w(Si)/%	w(Mn)/%	w(Cu)/%	w(Fe)/%	w(Cr)/%	w(Zn)/%	w(Ti)/%	w(Al)
5A06	5.8～6.8	0.4	0.5～0.8	0.1	0.4	—	0.2	0.1	余量
5083	4.0～4.9	0.4	0.4～1.0	0.1	0.4	0.25	0.25	0.15	余量
5182	4.0～5.0	0.2	0.2～0.5	0.15	0.35	0.1	0.25	0.15	余量

2. 镁合金

镁合金的密度低，具有较高的比强度、较好的减震性能、优良的导电导热性能以及良好的工艺性能。同时，镁合金比铝合金承受冲击载荷能力大，其耐有机物和碱腐蚀性能好。然而，镁合金存在易氧化、易燃烧且耐热性差等缺点。镁合金是最轻的工程金属材料，可作为结构材料使用。鉴于镁合金具有质量轻、廉价、散热性能好、易加工、易压铸成型、比强度和比刚度较高等优于其他轻金属材料的综合优点，有利于汽车工业向轻型化发展。同时，镁合金还具有良好的铸造性能和优良的尺寸稳定性，且具有较低的废品率及优良的抗冲击、抗阻尼性能，在降低噪声、减轻振动、安全和舒适方面优于铝和铸铁。因此，镁合金成为汽车工业中的轻量化材料之一。目前，一些国家已着手镁合金材料的大力开发与研究，在航空航天、交通运输、国防军事等重要领域，镁合金发挥着巨大的作用。

在进行复杂形状成型过程中，由于镁合金的晶体结构为密排六方，因此室温下可独立开动的滑移系少，导致镁合金塑性成型能力较差。通过增材制造技术可有效解决镁合金塑性变形能力差的问题，通过逐层叠加的方法将三维实体分层拆解为二维平面，无须模具，即可完成复杂结构的成型，达到节省材料与时间的目的，这是传统铸造镁合金与变形镁合金无法达到的。

镁合金电子束熔丝沉积增材制造具有以下几个特点。

(1)在真空条件下成型，防止制备过程中的氧化问题，适合镁合金的加工。

(2)无须模具，因此可有效节省制造时间，可以完成复杂形状的成型。

(3)由于镁活泼的化学性质以及相对高的蒸气压，选用镁合金粉末进行增材制造时不利于制造过程的稳定性和安全性，因此常采用镁合金丝材进行电子束熔丝沉积。

目前镁合金增材制造还处于起步阶段，对于镁合金成型工艺、显微组织与力学性能关系尚未完全解决，因此对镁合金电子束增材制造技术的应用造成一定程度的限制。常用于电子束增材制造的镁合金主要是镁铝合金，即主要的合金元素为铝，此外，铝锌合金也可用于电子束增材制造。其质量分数组成见表 2.5。

表 2.5 常用镁合金质量分数组成

元素	w(Al)/%	w(Si)/%	w(Mn)/%	w(Cu)/%	w(Zr)/%	w(Zn)/%	w(Mg)
AZ31	2.5～3.5	0.08	0.2～1.0	0.01	—	0.6～1.4	余量
AZ40	3.0～4.0	0.01	0.15～0.5	0.01	—	0.2～0.8	余量
AZ91	8.5～9.5	0.05	0.17～0.4	0.025	—	0.45～0.9	余量
AM50	4.5～5.3	0.5	0.28～0.5	0.01	—	0.2	余量
AM60	5.6～6.4	0.5	0.26～0.5	0.01	—	0.2	余量
ZK61M	—	0.01	—	0.03	0.3～1.0	5.7～6.3	余量

(1)Mg－Al－Zn 系合金(如 AZ31、AZ40、AZ91)。Mg－Al－Zn 系合金具有良好的机械性能，其比强度较高，具有良好的导电导热性和优良的耐磨减磨性，适用于制作箱体，如发动机、气缸的外壳，以及齿轮机匣、油泵油管等设备。

(2)Mg－Al－Mn 系合金(如 AM50、AM60)。Mg－Al－Mn 系合金抗冲击性能较好，且具有较高的延伸率，适用于制作汽车方向盘和座椅等设施。

(3)Mg－Zn－Zr 系合金(如 ZK61M、ZK61S 等)。Mg－Zn－Zr 系合金强度较高,壁厚敏感性小,主要用于制作飞机轮毂和支架等高强度、抗冲击载荷的航空工业用零件。

2.3.2　钛合金

目前应用最广泛的生物材料是钛合金,钛合金也是目前增材制造技术中应用最广泛的材料,无论是电弧增材制造、激光增材制造还是电子束增材制造都成功实现钛合金的 3D 打印,并大量应用于实际生产。与电弧增材制造和激光增材制造相比,电子束增材制造具有成型速度快、保护效果好、材料利用率高、能量转换率高等特点,因此更适用于钛合金的成型、制造和结构修复,有着其他方法不可比拟的优越性。

钛合金具有强度高、抗蚀性强、低温性能优良、导热弹性小等特点,对生产制造方法的适应性极佳,在电子束增材制造领域具有广泛应用。由于钛合金是非常重要的轻质结构材料,在航空航天、生物医学工程等领域具有非常重要的应用价值以及广阔的应用前景。采用电子束增材制造技术,已经实现了飞机的钛合金除油器、战机的钛合金空气泄漏检测支架以及机襟副翼翼梁装备、航天探测器的钛油箱、航天发动机风扇整体叶盘以及高压压气机转子等零件的生产制造。

更重要的是,由于钛合金相比于其他金属材料具有极佳的生物相容性和力学性能,如适中的弹性(弹性模量为 110 GPa)、较高的比强度和韧性、良好的腐蚀抗力,而被广泛应用于生物医学领域。在生物关节制作方面,电子束的能量利用率高有利于钛合金关节的快速成型,真空可以确保钛合金成型件具有较高的质量,高的成型温度可以减少钛合金成型件内部的残余应力,因此世界上第一个用于髋关节置换的增材制造的 TC4 髋臼杯就是由 LimaCorporate 和 Arcam 于 2007 年使用电子束增材制造技术生产的,经过十余年的改进与实际手术使用,已经在商业领域取得了很大的成功。目前,用于电子束增材制造的钛合金主要有 TC4、TC11、TC17、TC18、TA15 等,其质量分数组成见表 2.6。

表 2.6　常用钛合金质量分数组成

元素	w(Al)/%	w(V)/%	w(Mo)/%	w(Zr)/%	w(Sn)/%	w(Si)/%	w(Cr)/%	w(Fe)/%	w(Ti)
TC4	5.5～6.8	3.5～4.5	—	—	—	—	—	—	余量
TC11	5.8～7.0	—	2.8～3.8	0.8～2.0	—	0.2～0.35	—	—	余量
TC17	4.5～5.5	—	3.5～4.5	1.6～2.4	1.6～2.4	—	—	—	余量
TC18	4.5～5.5	4.5～5.5	4.5～5.5	—	—	0.05	1.0	1.0	余量
TA15	6.0～7.0	0.8～1.2	0.8～1.2	1.5～2.5	—	—	—	—	余量

2.3.3　TiAl 基高温结构材料

金属间化合物(Intermetallic,IMC)是指金属与金属、金属与类金属间形成的化合物。一般金属材料是以相图中端际固溶体为基体,而金属间化合物材料则以相图中间部分的有序金属间化合物为基体。金属间化合物可以具有特定的组成成分,也可以在一定范围内变化,从而形成以化合物为基体的固溶体。因此,与传统的金属材料相比,IMC 是一种完全不同的新材料。

TiAl基高温结构材料是常用的一种金属间化合物，因其具有优良的高温性能和较低的密度而成为目前研究最多的高温结构材料之一。其性能与显微组织密切相关，其中粗大的全层状组织具有优良的高温抗蠕变性能和较高的断裂韧性，但其室温延性低；细小的双态组织具有优良的室温延性，但其高温抗蠕变性能和断裂韧性低。

20世纪50年代，材料研究者开发出Ti－50Al合金，但该合金室温力学性能较差，无法满足应用要求。20世纪70年代，材料研究者研究并开发出双相TiAl合金，提出TiAl合金的合金化，虽然改善TiAl合金的强度和高温抗蠕变性能，但仍未能达到应用指标。到20世纪90年代，GE公司研制出Ti－48Al－2Cr－2Nb第二代合金，经组织调控后具有优异的综合力学性能，并成功应用于航空发动机低压涡轮叶片。

随着对航空航天科技的发展，飞行器对材料的高温力学性能、抗氧化性能的要求不断提高，为进一步改善TiAl合金的综合力学性能，材料研究者对TiAl合金的合金化及成型工艺进行重点研究。北京科技大学陈国良开发出高Nb－TiAl合金，其高温抗蠕变性能和高温抗氧化性能明显改善，服役温度提高至800～900 ℃，提高了其进一步工程化应用，目前高Nb－TiAl合金的代表为Ti－45Al－9Nb系列。Kim开发了新型β、γ－TiAl合金，相对于传统γ－TiA1合金，其高温变形能力显著改善，该类合金的成分范围为Ti－(40～45)Al－(2～8)Nb－(1～8)(Cr, Mn, V, Mo)－(0～0.5)(B, C)。哈尔滨工业大学采用加入大量β相稳定元素V，成功制备出大尺寸Ti－43Al－9V合金锻坯和板材。根据成分特点、力学性能和成型工艺，TiAl合金可分为三类。

(1)传统铸造γ－TiAl合金。该合金Al含量较高，相组成主要为α_2和γ，代表合金为Ti－48A1－2Cr－2Nb。

(2)新型高铌γ－TiAl合金。该合金成分特点为低Al高Nb，相组成主要为α_2、γ和少量B2相，该合金具有高温力学性能优异、抗氧化能力强等优点，但室温和高温塑性略有下降，代表合金为Ti－(45～46)Al－(5～9)Nb－(C, B, Y)。

(3)新型β－TiAl合金。该合金Al含量较低，相组成主要为α_2、γ和B2相，代表合金为TNM合金、Ti－43A1－9V合金。

由于高温螺变性能好和密度低，TiAl基合金可在900 ℃左右长期使用，在超声波及高超声速飞行器中具有很好的应用前景，同时决定了它在脆性和热稳定性等方面有不利因素；又由于TiAl基合金在超耐热钛合金使用的温度范围内显示出高比强度和高比刚度，有望用作航空飞机引擎和机体以及汽车阀摇杆等材料。然而，TiAl基合金属于极难加工材料，通常在700 ℃以下范围内塑性极差，伸长率仅有2%～3%，无法进行塑性加工，在大于1 100 ℃高温下，虽然塑性有所改变，但变形抗力仍然很大，其流动应力高达200 MPa，且要求变形时保持相当低的应变率(10^{-3} s^{-1})，因此很难对其进行塑性加工。室温塑性低、热塑性变形能力差和在850 ℃以上抗氧化能力不足是TiA1基合金实用化的主要障碍。

2.3.4　镍基高温合金

镍基高温合金是指在650～1 000 ℃高温下具有较高强度与一定的抗氧化腐蚀能力等综合性能的一类合金。按照主要性能，镍基高温合金细分为镍基耐热合金、镍基耐蚀合金、镍基耐磨合金、镍基精密合金与镍基形状记忆合金等。按照基体的不同，高温合金分为铁基高温合金、镍基高温合金与钴基高温合金，其中镍基高温合金简称镍基合金，主要合金元素是铜、铬、钼，具有良好的综合性能，可耐各种酸腐蚀和应力腐蚀。最早应用的是镍铜（Ni－Cu）合金，又称蒙乃尔合金（Monel 合金 Ni70Cu30）；此外还有镍铬（Ni－Cr）合金、镍钼（Ni－Mo）合金、镍铬钼（Ni－Cr－Mo）合金等。

镍基高温合金是 20 世纪 30 年代后期开始研制的。英国于 1941 年首先生产出镍基合金 Nimonic 75（Ni－20Cr－0.4Ti）；为了提高蠕变强度又添加铝，研制出 Nimonic 80（Ni－20Cr－2.5Ti－1.3Al）。我国于 20 世纪 50 年代中期研制出镍基合金。镍基合金的发展包括合金成分的改进和生产工艺的革新两个方面。20 世纪 50 年代初，随着真空熔炼技术的发展，为炼制含高铝和钛的镍基合金创造了条件。初期的镍基合金大都是变形合金。20 世纪 50 年代后期，由于涡轮叶片工作温度的提高，要求合金有更高的高温强度，但是合金的强度变高难以变形，甚至不能变形，需要采用熔模精密铸造工艺，发展出一系列具有良好高温强度的铸造合金。20 世纪 60 年代中期发展出性能更好的定向结晶和单晶高温合金以及粉末冶金高温合金。为了满足舰船和工业燃气轮机的需要，20 世纪 60 年代以来还发展出一批抗热腐蚀性能较好、组织稳定的高铬镍基合金。从 20 世纪 40 年代初到 70 年代末（大约 40 年）的时间内，镍基合金的工作温度从 700 ℃提高到 1 100 ℃，平均每年提高 10 ℃左右。

在高温合金中镍基高温合金的应用最为广泛，有三个主要原因。第一个是镍基合金中可以溶解较多合金元素，且能保持较好的组织稳定性；第二个是可以形成共格有序的 A_3B 型金属间化合物，γ[Ni_3(Al，Ti)]相作为强化相，使合金得到有效强化，获得比铁基高温合金和钴基高温合金更高的高温强度；第三个是含铬的镍基合金具有比铁基高温合金更好的抗氧化和抗燃气腐蚀能力。镍基合金含有十多种元素，其中铬主要起抗氧化和抗腐蚀作用，其他元素主要起强化作用。根据强化作用方式，镍基合金可分为固溶强化元素（如钨、钼、钴、铬和钒等）、沉淀强化元素（如铝、钛、铌和钽）、晶界强化元素（如硼、锆、镁和稀土元素等）。镍基合金的代表材料有以下几种。

（1）Incoloy 合金，如 Incoloy800，主要成分为 32Ni－21Cr－Ti、Al，属于耐热合金。

（2）Inconel 合金，如 Inconel600，主要成分为 73Ni－15Cr－Ti、Al，属于耐热合金。

（3）Hastelloy 合金，即哈氏合金，如哈氏 C－276，主要成分为 56Ni－16Cr－16Mo－4W，属于耐蚀合金。

（4）Monel 合金，即蒙乃尔合金，如蒙乃尔 400，主要成分为 65Ni－34Cu，属于耐蚀合金。

2.3.5　梯度材料

严格意义上讲，梯度材料应该称为梯度功能复合材料（Functionally Gradient Materials，FGM），又称倾斜功能材料。一般复合材料中分散相是均匀分布的，整体材料的性能是一样的，但是在有些情况下，人们希望同一件材料的两侧具有不同的性质或功能，又希望不同性能的两侧结合得完美，从而不至于在苛刻的使用条件下因性能不匹配而发生破坏。以航天飞机推进系统中最有代表性的超声速燃烧冲压式发动机为例，燃烧气体的温度通常要超过 2 000 ℃，对燃烧室壁会产生强烈的热冲击；燃烧室壁的另一侧又要经受作为燃料的液氢的冷却作用，通常温度为－200 ℃左右。这样，燃烧室壁接触燃烧气体的一侧要承受极高的温度，接触液氢的一侧又要承受极低的温度，一般材料显然满足不了这一要求。于是，人们想到将金属和陶瓷联合使用，用陶瓷经受高温，用金属经受低温。但是，用传统的技术将金属和陶瓷结合时，由于二者的界面热力学特性匹配不好，在极大的热应力下还是会遭到破坏。针对这种情况，1984 年日本科学家平井敏雄首先提出了梯度功能复合材料的新设想和新概念，并展开研究。这种全新的材料设计概念的基本思想是，根据具体要求，选择使用两种具有不同性能的材料，通过连续改变两种材料的组成和结构，使其内部界面消失，从而得到功能相应于组成和结构的变化而渐变的非均质材料，以减小和克服结合部位的性能不匹配因素。例如，对上述的燃烧室壁，在陶瓷和金属之间通过连续控制内部组成和微细结构的变化，使两种材料之间不出现界面，从而使整体材料具有耐热应力强度和机械强度都较好的新功能。

当前对聚合物梯度材料的分类没有统一标准。根据应用领域的不同，聚合物梯度材料可分为核功能梯度材料、生物功能梯度材料、化学功能梯度材料和光学功能梯度材料等。根据其组成材料的不同，聚合物梯度材料可分为高聚物/高聚物、高聚物/陶瓷、高聚物/金属和高聚物/无机填料等类型。根据制备方法的不同，聚合物梯度材料可分为化学方法制备型和物理方法制备型。其中根据梯度化因素的不同，化学方法制备型梯度材料又可分为组成梯度变化型、交联度梯度变化型和结晶度梯度变化型等，物理方法制备型梯度材料又可分为取向度梯度变化型、相形态梯度变化型、分散相粒径和组成梯度变化型等。

2.3.6 难熔金属

难熔金属是指元素周期表中熔点高于铂(熔点大于 1 769 ℃)的所有金属的统称。在难熔金属族群中，钨(W)、钴(Co)、钼(Mo)、钽(Ta)、铌(Nb)和铼(Re)由于具有熔点高、高温性能好、储量大和应用领域广等优点，引起广泛关注，成为制造工作温度在 1 000 ℃以上高温零件的常用金属材料。钨、钴、钼、钽、铌和铼六种金属在密度、韧脆性和硬度等指标上各有高低，因此在实际生产应用中，可据此将六种金属应用于不同领域。

(1)钨、钼及其合金由于具有高温性能好、密度大和抗热震性好等特点，被广泛应用于电子、冶金、兵器、核工业和电力照明等行业。

(2)钽、铌、钴及其合金由于具有蒸气压较低、耐磨损性能好等特点，被广泛应用于航空航天、核能源、微电子、化学化工和国防军工等领域。

(3)由于铼具有优异的高温力学性能和卓越的催化活性等特点，其在石油、石化工业，航空航天领域和冶金工业中扮演着不可或缺的角色。

随着难熔金属材料应用领域的不断扩大，航空航天、电子、化学化工等领域对制备难熔金属制品的性能及工艺提出新的要求，尤为突出的要求有以下几种。

(1)制品纯度高且致密。

(2)制品晶体结构可以进行调控。

(3)能制备尺寸精确的异形产品和微小尺寸制品。

基于以上要求，采用增材制造的方法对难熔金属零件进行生产成为具有较大潜力的新方向。然而，由于难熔金属的熔点较高，在进行增材制造的过程中，如何使难熔金属快速充分熔化成为制造过程的关键。此外，难熔金属及其合金的氧亲和势高，并且氧溶解度大，在远低于服役温度时就开始发生严重氧化，例如，金属钽和铌在 600 ℃左右时会发生氧化粉化现象，很快造成材料灾难性毁坏；金属钨和钼在空气高于 750 ℃时开始形成挥发性氧化物，使材料力学性能急剧下降。

难熔金属在高温含氧环境中的氧化难题，严重制约了难熔金属作为高温结构零件的应用和发展，也对难熔金属增材制造的工件质量提出了新要求。相比于电弧和激光，电子束能量密度较高，在进行难熔金属 3D 打印时，采用电子束热源更容易熔化难熔金属，保证增材制造过程稳定、高质量地进行。此外，由于电子束增材制造在真空中进行，不存在高温氧化问题，充分保证了加工件的质量及性能，因此电子束增材制造对难熔金属具有较大的优势。目前，常用于电子束增材制造领域的难熔金属包括钼及钼合金、铌及铌合金、钨及钨合金、钴及钴合金。

1. 钼及钼合金

钼是一种非常重要的难熔金属材料，其熔点高达 2 620 ℃，在高温下具有高强度、高导热导电性、优良的耐磨性、抗热冲击性以及低蠕变速率、低线膨胀系数等特点，因此其作为高温材料在航空航天和核工业等领域有非常广泛的应用，是非常有应用前景的难熔金属材料之一。纯金属钼有一些缺点，如其在低温时较脆、高温时抗氧化能力较差等，这在很大程度上限制了纯钼的应用，因此通常会在纯钼中添加合金元素制备钼合金，以拓展钼的工程应用范围。常见的钼合金包括钼铜合金、钼铼合金、钼钛锆合金（TZM 合金）、稀土钼合金和二硅化钼合金等，其中最常用于电子束增材制造的钼合金主要为钼铼合金和 TZM 合金。

（1）钼铼合金。

钼铼合金是指向纯钼中添加铼元素制备的合金，由于钼的低温脆性是限制其应用的主要原因之一，在其中添加铼制备的钼铼合金，不仅有很好的高温和低温性能，还可减弱钼的各向异性，提高合金综合性能，产生铼效应。钼铼合金的焊接性优良，并且具有较好的抗辐射性和热点性能。

目前性能最好的钼铼合金中铼质量分数为 11%～50%，其中铼质量分数为 40%～50%的合金用途最广，铼质量分数为 35%的钼铼坯锭在室温下变形 90%以上也不出现裂纹。钼铼合金综合性能优良，而且应用较广，钼铼合金可用作高速旋转的 X 光管靶材、微波通信的长寿命栅板、空间反应堆堆芯加热管、高温炉发热体、高温热电偶等。钼铼合金的室温拉伸强度、延展性、电阻率随铼含量增加而增加。通常 Mo－5%Re 和 Mo－41%Re 可用作热电偶丝材，也可用作航空航天中结构材。Mo－50%Re 可作为高温结构材料。

（2）钼钛锆合金（TZM）。

TZM 合金是目前应用最广泛的钼合金，其化学成分（质量分数）为 0.40%～0.55%钛、0.07%～0.12%锆、0.01%～0.04%碳，其余为钼。钛、锆分别和钼形成 Mo－Ti、Mo－Zr 固溶体，起固溶强化效果，同时碳与钛、锆形成的 TiC、ZrC 弥散质点会对基体形成弥散强化效果。

目前工业生产上常用熔炼法和粉末冶金法制备 TZM 合金，产品包括合金棒料、板材等。由于 TZM 合金具有熔点高、结晶温度高、高温强度大、弹性模量高、线膨胀系数小、蒸气压低、导电导热性好、抗蚀性强、高温力学性能良好和加工性能良好等特点，因此应用非常广泛。

① TZM 合金在高温高压下表现出良好的力学性能使其在军事工业上应用较多，如用于制造鱼雷发动机中的配气阀体、火箭喷嘴、燃气管道和喷管喉衬。

② TZM 合金对金属液体的抗蚀性较好，其可以用作玻璃熔炉用铂铑包复搅拌器的主轴材料。

③ TZM 合金具有较高的熔点，因此可用作黑色或有色金属的压铸模具材料以及无缝不锈钢的穿孔顶头，如发动机上的铜转子的模具。

④ TZM 合金在电子电气工业上应用较多，如电子管阴极、栅极、高压整流元件和半导体薄膜集成电路等。

⑤ TZM 合金在核能源设备领域的应用较广泛，如用于制造辐射罩、支撑架、热交换器和轨条等。

⑥ TZM 合金还被大量用作板材，作为高温炉的炉壁和热等静压机的隔热屏等高温结构材料。

2. 铌及铌合金

在高温难熔金属中，铌属于熔点较高、密度较低的金属。由于铌的熔点较高，且具有优异的超导性、耐腐蚀和耐磨损性能，被广泛应用于航空航天、超导材料和核能等领域，尤其是作为航空航天设备的推进系统高温材料，表现出优异性能。在学者研发的众多高温合金中，铌系列合金以其优异的高温力学性能、低密度、可加工性能和低成本等优势，在航空航天材料中一直占据重要地位。

铌合金为高熔点金属中密度最小的材料，一直是飞机、火箭、宇航飞船、卫星等发动机的燃烧室，燃烧叶片，涡轮盘，涡轮叶片及喷管等热端零件不可或缺的高温结构材料，其在 1 100 ℃以上高温下具有较好的焊接性能与高温强度；它的室温塑性良好，能制成复杂的零件。

按密度不同进行分类，铌合金分为高密度铌合金和低密度铌合金。

(1)高密度铌合金主要通过向纯铌中添加钨元素来实现，即铌钨合金，包括 Nb－W－Mo－Zr 系列合金以及 Nb－W－Mo－Hf 系列合金等，这些合金具有极高的强度和硬度，高温力学性能优良，已用于高温发动机的燃烧室身部、喷管延伸段、航天飞机蒙皮等零件。

(2)低密度铌合金主要通过向纯铌中添加钛元素来实现，即铌钛合金，包括 Nb－Ti－Al－Cr 系列合金以及 Nb－Ti－Al－Zr 系列合金等。

虽然 Mo、W、Hf 等高熔点大原子序数元素掺杂可以通过固溶强化来改善铌合金的综合力学性能，但是密度过高同样限制了铌合金的应用，且不利于改善合金的氧化行为。与之相比，Ti、Al、Cr、V、Si、B 等活性轻质元素固溶进入铌晶格引起晶格畸变，大大减轻了铌合金的密度，虽然其强硬度不及高密度铌合金，但也显著提高其力学性能，此外这些活性轻质元素在高温环境中与 O 优先发生化学反应，阻止合金表面大量形成 Nb_2O_5 等不良氧化物改善合金的氧化行为，并且通过控制低熔点活性元素的含量，保证铌合金具有较高的使用温度。

目前，可采用电子束增材制造技术制备的高密度铌合金主要包括 Nb－752(Nb－10W－2.5Zr)、Nb－521(Nb－5W－2Mo－1Zr)、C103(Nb－10Hf－1Ti)等。可采用电子束增材制造制备的低密度铌合金主要为铌钛铝合金。

3. 钨及钨合金

在金属中，钨的熔点最高，钨的高温强度和抗蠕变性能以及导热、导电和电子发射性能好，密度大，除大量用于制造硬质合金和作合金添加剂外，钨及其合金被广泛用于电子、电光源工业，也在航天、铸造等领域中用于制作火箭喷管、压铸模具、穿甲弹芯、触点、发热体和隔热屏等。由于钨的熔点高达 3 430 ℃，采用电弧和激光等热源进行 3D 打印较为困难，因此高能量密度的电子束在钨及钨合金的 3D 打印领域优势更为明显。目前采用电子束增材制造技术制备的钨合金主要包括钨铜合金和钨钼合金。

(1)钨铜合金。

钨铜合金是由具有超高熔点、高密度、较低的热膨胀系数、高强度的金属钨和具有良好的导电、导热性能的金属铜合成的一种具有两种金属共同优点的合金。由于其具有两种金属的特性，钨铜合金被广泛应用于工业、国防等多个领域，如可以用于电极材料、火箭喷嘴、飞机喉衬等军工材料等。在进行电子束选区熔化时，可通过调整钨、铜两种金属粉末的比例，制备不同类型的钨铜合金，获得需要的材料性能，其中典型的钨铜合金包括 $Cu_{0.25}W_{0.75}$、$Cu_{0.5}W_{0.5}$、$Cu_{0.33}W_{0.67}$等。

(2)钨钼合金。

金属钨与金属钼都属于ⅥB 族元素，因此它们具有相似的物理性质。钨是熔点最高的金属，钼是仅次于钨、铼等少数几种金属的高熔点金属，虽然钼的熔点比钨稍低，但是金属钼具有比金属钨更优良的耐腐蚀性能。在常温条件下，除了氢氟酸，其他无机酸都无法侵蚀金属钼，因此钼被广泛应用于电子、农业、航天、医疗和化学工业等多个领域。钨钼合金既具有金属钨的高强度特性、优异的耐高温性能，又继承了金属钼超强的耐腐蚀和抗烧蚀性能，而且钨钼合金的高热导率和低热膨胀系数远远优于传统意义上的镍基合金，所以钨钼合金可以在比钼熔点更高的温度下使用。例如：钨钼合金可作为高熔点耐火陶瓷纤维的波歇炉的电极材料以及顶针零件；可用作锌冶炼炉中的耐腐蚀零件材料；在航空航天工业领域，钨钼合金被广泛用于固体火箭发动机的护板、燃气舵等零件中，在超高温条件下能有效保持其机械稳定性。

常用钨钼合金包括 $Mo_{0.25}W_{0.75}$、$Mo_{0.5}W_{0.5}$、$Mo_{0.7}W_{0.3}$等。此外，在弹道导弹领域广泛应用的 W－Fe－Ni 系合金同样具有电子束增材制造的优势和价值。

4. 钴及钴合金

钴合金是以钴为基加入其他合金元素形成的合金，常见钴合金包括铂钴合金、钐钴合金、锆钴合金和钨钴合金等。非磁性的钴合金具有很高的强度和优异的抗腐蚀性，并已被证明具有医学植入的兼容性。

金属钴主要用于制取合金。钴基合金是钴和铬、钨、铁、镍组成的一种或几种合金的总称。含有一定量钴的刀具钢可以显著提高钢的耐磨性和切削性能。含钴 50%以上的硬质合金即使加热到 1 000 ℃也不会失去其原有的硬度，这种硬质合金已成为含金切削工具最重要的材料。在这种材料中，钴将合金组成中其他金属碳化物晶粒结合在一起，使合金具有更高的韧性，并减少对冲击的敏感性能，这种合金熔焊在零件表面，可使零件的寿命提高 3～7 倍。

航空航天技术中应用最广泛的合金是镍基合金，也可以使用钴基合金，但两种合金的强度机制不同。含钛和铝的镍基合金强度高是因为形成组成为 NiAl(Ti)的相强化剂，当运行温度高时，将强化剂颗粒溶入固溶体，这时合金很快失去强度。钴基合金的耐热性是因为形成了难溶的碳化物，这些碳化物不易溶入固溶体，扩散活动性小，温度在 1 038 ℃以上时，钴基合金的优越性显露无遗。对于制造高效率的高温发动机，钴基合金能保证服役稳定性。在航空涡轮机的结构材料中使用铬质量分数为 20%～27%的钴基合金，无须保护覆层即可使材料具有高抗氧化性。核反应堆供热工作使热介质的涡轮发电机可以不检修而连续运转一年以上。

2.4　电子束增材制造的应用

与传统的减材制造(即材料去除加工工艺)相比，增材制造不需要模具，可通过数字化控制进行直接制造，因此增材制造对原材料的浪费很小，其制造流程较简便，加工效率较高。此外，增材制造的工艺较为简单，因此可直接对形状较复杂的零件进行直接成型，并可进行梯度材料及结构的制造。增材制造是一种极具革新意义的制造方法，因此增材制造被誉为 21 世纪的制造科学。其中，电子束增材制造由于电子束功率较大，金属材料对电子束能量吸收率较高，且制造过程在真空环境中进行，增材制造环境无污染，所得成型件缺陷较少，因此与其他增材制造方法相比，电子束增材制造的效率更高、热应力更小、成型件的质量更高，电子束增材制造更具有发展潜力，应用前景更为广阔。

目前，最适用于电子束增材制造的领域主要包括航空航天、生物医疗、工业品原型制作、模具制造等。其中在航空航天领域，电子束增材制造主要应用于制作小批量的高复杂度结构；在生物医疗领域，电子束增材制造根据生物具体特征以及某些个性化需求，进行生物相容性好的材料精密结构的制造；在工业品原型制作领域，电子束增材制造主要应用于对导入快速性要求较高的小批量零件的制造；在模具制造领域，电子束增材制造主要针对提升新产品开发速度，提高制造效率的应用。

2.4.1　航空航天领域

高速度、机动灵活、安全指数高、续航能力强、运行成本低、抗干扰能力强成为当代航空航天结构材料和设计的基本要求，对结构制造技术提出了更加严苛的要求，要实现上述要求，采用传统制造技术进行零件的制造较为困难，必须采用新的增材制造技术。

鉴于自身极为苛刻的服役条件，航空航天领域要求所用产品的结构较为复杂，且精度极高，性能优良可靠，采用传统制造工艺进行零件(如复杂的型腔结构)生产，往往加工难度较大，加工结果较差，然而电子束增材制造的优势明显，在进行高质量复杂结构的制造时具有其他制造方法不可比拟的优势。对于难熔金属等难加工材料的制造，采用电子束增材制造技术可成功实现;对于某些结构性零件,采用电子束增材制造技术可以实现结构减重的效果,对于降低航天成本具有极为重要的意义。目前,我国航空航天用钛合金零件的材料利用率仅为 10%,造成严重的材料制造成本的浪费,而采用电子束增材制造技术可实现材料的回收利用,大大节省材料的使用,提高材料利用率,避免材料的浪费,降低生产成本。

此外,由于电子束增材制造极高的生产效率,航空航天零件制造所需要的时间大幅降低,在某些特殊情况下甚至可以将耗时数月的生产制造周期降低至几周完成,同样提高了经济可承受性。由于采用电子束增材制造可实现整个复杂结构制造,不需要像传统制造技术将各个零件焊接到一起,因此零件的强度更高,服役性能更可靠。

目前,电子束增材制造在航空航天领域的应用包括制造喷气发动机的燃油喷嘴、发动机同步环支架、火箭汽轮机压缩机承重体、航空发动机低压涡轮叶片、发动机前轴承室叶片、卫星的轻质燃料贮箱、火箭发动机推力室零件、油水分离器、飞机起落架相关零件、战斗机翼板及翼梁装备、大型客机用万向节、蜗螺壳等零件的制造,典型的电子束增材制造的航空航天零件如图 2.7 所示。此外,对于电子束空间增材制造的应用,即在太空中通过电子束熔丝沉积进行卫星及空间站结构制造及修复等应用,目前已通过在微重力或失重环境下进行电子束熔丝沉积实验取得了重大突破,在不久的将来会得到实际应用。

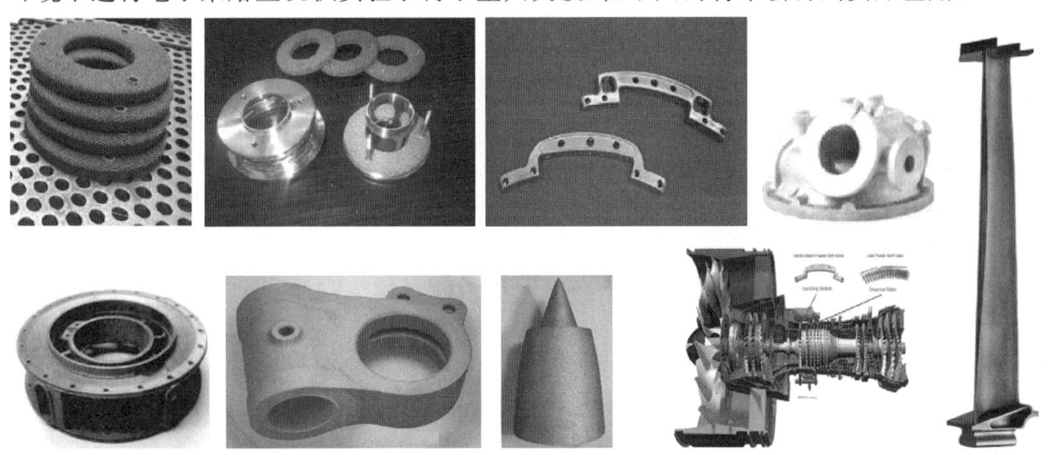

图 2.7　典型的电子束增材制造的航空航天零件

2.4.2　生物医疗领域

随着生物医疗的发展,医用人体器官和医疗器械的制造成为医疗领域不可或缺的环节,而个性化和永久化的仿生结构组织的体内植入将提高医疗技术和解决医疗难题。因此,生物医疗领域的不断进步对医用器官以及仿生结构的制造提出新的要求,对零件的精度和功能性的要求进一步提高,制造的复杂程度不言而喻。鉴于电子束增材制造的诸多优势,采用电子束增材制造技术进行医用零件的制造是获得质量高、功能强、相容性好的零件的有效方法。目前,电子束增材制造在生物医学领域的应用主要包括口腔修复、关节植入、软体支架等方面。

1. 口腔修复

在口腔医学领域，对于牙体损伤、牙列缺损和缺失等医学问题，必须应用口腔修复技术进行治疗，而口腔修复技术主要依靠各种材料制作的修复体，并将其戴入或植入口腔进行口腔结构和功能的恢复。因此口腔结构修复体必须具备良好的生物相容性，防止与周边生物组织发生免疫反应；此外，为保证口腔结构修复体功能的发挥，必须保证口腔修复体具备良好的力学性能和物理化学性能。

20 世纪 80 年代，美国等国家采用失蜡铸造技术制作钛制修复体，在铸造工艺和包埋料等方面获得一定效果，我国在 90 年代也开始了失蜡铸造技术制造钛基口腔修复体的研究，由于其制造成本较低，且能实现形状复杂的口腔修复体制作，在口腔医学领域具有一定优势，然而由于铸造获得的钛基口腔修复体显微组织较为疏松，晶粒尺寸较为粗大，同时由于液态金属收缩等原因造成修复体内部存在较多气孔、缩孔等缺陷，导致采用失蜡铸造技术获得的口腔修复体性能较差，使用寿命较短，不适用于当代口腔医学的应用。在失蜡铸造技术发展到一定程度后，CAD/CAM 切削技术应运而生，即采用修复体计算机辅助设计和制作，实现了光电子技术、计算机微信息处理以及数控机械加工技术三位一体的机械自动化口腔修复体制造技术，脱离了对人工的依赖性，并提高了口腔修复体的强度，延长了使用寿命。

随着计算机技术的蓬勃发展，CAD/CAM 切削技术逐渐多样化，包括 Cerec 系统、Lava 系统、Everest 系统、Cercon 系统、Wieland 系统和 Procera 系统等，该技术在口腔修复领域的应用表现在冠、桥、套筒冠的内冠以及种植导板的制作。然而，采用 CAD/CAM 切削技术进行口腔修复体的制造对材料造成极大的浪费，材料使用率很低，制造成本剧增。此外，采用 CAD/CAM 切削技术不能制造结构复杂的修复体，必然造成了其应用范围的局限。

鉴于失蜡铸造技术以及 CAD/CAM 切削技术各自存在的缺陷，近些年来，口腔修复体电子束增材制造技术蓬勃发展。凭借其无模化、数字化等特征，避免失蜡铸造技术过程中取模、灌模等较烦琐的步骤，同时避免制造过程中存在的精度误差，提高了制造精度，缩短了加工周期。相比于 CAD/CAM 切削技术，电子束增材制造技术大大节约了生产成本，提高了材料利用率。目前，已经采用电子束增材制造技术制造口腔用金属基底冠、合金单冠（图 2.8）、三联冠、六联冠、钴铬基全冠、可摘局部义齿支架、全口义齿基托、仿牙根种植体和个性化舌侧托槽等口腔医学产品，电子束增材制造覆盖领域包括口腔修复、口腔颌面外科和口腔正畸等，所制造产品精度较高，且均具有良好的机械性能、较强的内部整体适应性和边缘适应性。

2. 关节植入

除口腔医学领域外，电子束增材制造技术在关节植入等医疗领域同样具有较为广泛的应用。通过对人体受损部位进行电子计算机断层扫描来获取受损区域详细信息，从而实现受损区域缺陷可视化，随后采用专用软件将电子计算机断层扫描数据转换成三维影像，生成立体光刻文件，最后利用电子束增材制造技术按照立体光刻文件进行关节或其组件的制造（图 2.9）。

在负重骨科领域，考虑陶瓷的脆性和聚合材料的低强度劣势，在人造骨方面适合采用

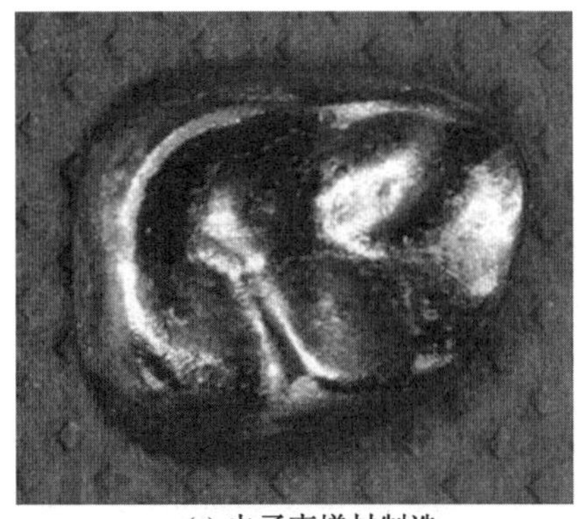

(a) 电子束增材制造

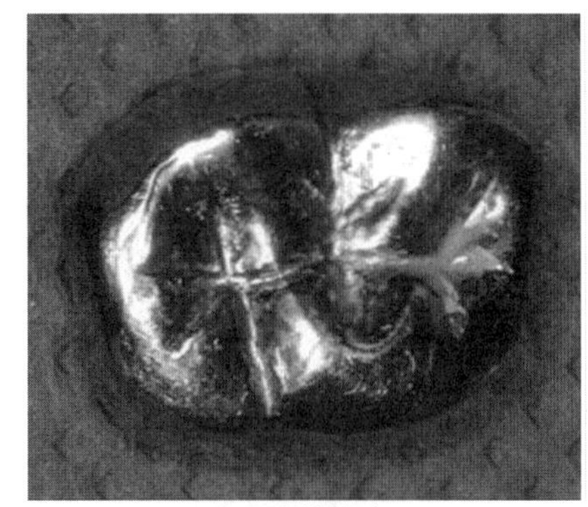

(b) 失蜡铸造

图 2.8　合金单冠

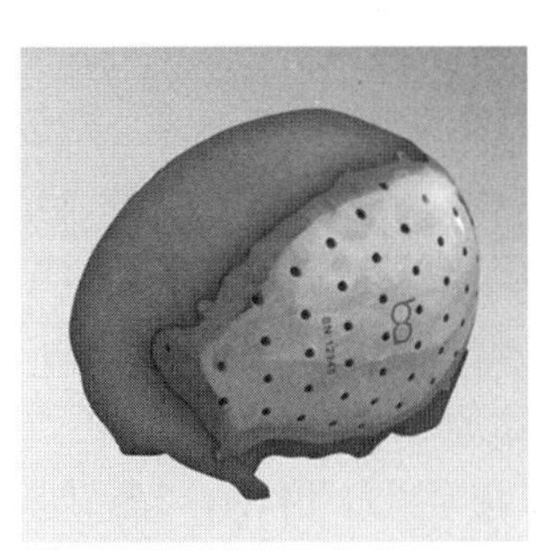

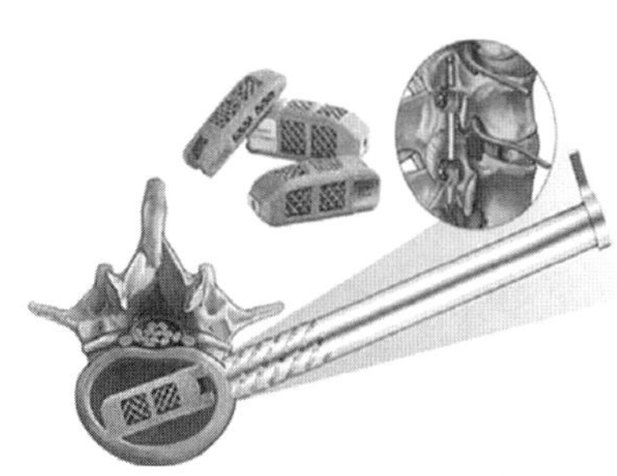

图 2.9　典型的电子束增材制造的金属关节

如钛、钴铬、不锈钢、难熔金属合金等金属进行制造。由于钛合金具有较大的弹性模量(100 GPa 以上)，与人体骨组织相比差别较大(皮质硬骨组织为 15～25 GPa，开放结构的软骨组织为 0.1～4.5 GPa)，导致生物力学性能不匹配的应力屏蔽现象，从而使人造骨周围的骨组织生长迟缓甚至逐渐萎缩，最终造成骨组织生长愈合率较低，因此采用多孔结构来降低弹性模量的失配情况。

20 世纪 70 年代，医学界开始探索将多孔材料引入生物医疗领域进行关节植入，其目的在于增强骨生长与整合，使骨组织能够长入多孔材料空隙中来取代传统的直接金属植入体，并促进氧气和营养物质与组织的交换，保证细胞高效分裂和细胞质的产生，从而促进骨组织的再生与重新连接。与铸造等技术制造相比，电子束增材制造技术制造的多孔金属人造骨的精度更高，工艺更为简便，因此电子束增材制造在骨关节植入方面具有独特优势。图 2.10 所示为电子束选区熔化技术制作的 Ti－6Al－4V 多孔人造骨及其植入人体后的形貌，每个孔的直径为 600 μm。

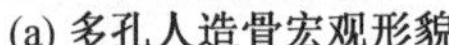

(a) 多孔人造骨宏观形貌

(b) 植入人体后的形貌

图 2.10　Ti－6Al－4V 多孔人造骨及其植入人体后的形貌

3. 软体支架

电子束增材制造在心脏、心血管和动脉等血管支架的制造方面获得了广泛应用，表现出良好的功能性，保证血液和氧气的充分流动，同时具有良好的适应性和生物相容性，且电子束增材制造血管支架工艺简便，支架使用寿命较长。某些具有定向空隙的电活性血管支架可以使神经细胞以其作为生长依托，通过电刺激的方式提高神经生长因子的活性。支架在向细胞传递应用的外部刺激和使生物功能得到控制方面起决定性的作用。

2.4.3　其他领域

1. 工业品原型制作

在工业品原型制作领域，随着能源危机的加重和人们安全意识的提高，电子束增材制造在工业品减重、安全和设计方面起重要作用，有效解决了传统制造技术的不足，具有更大的应用潜力。采用电子束增材制造技术制备工业品原型，其成型过程不会被模型复杂性限制，同时可以使工业品原型的制造周期缩短几倍甚至几十倍，新产品开发及制作的周期被大大缩短，使研发成本显著降低，提高新产品投产的一次成功率。

此外，相比于传统制造技术，采用电子束增材制造进行工业品原型的制作，可以更好地满足现代产品对外形设计美观和新颖的要求。由于传统检验外形的方法经常会出现造型设计过程较为美观，但实际生产过程不能达到设计要求的现象，采用电子束增材制造技术可在最短的时间内，采用较低的成本实现近净成型，完美解决了生产美观度低的问题，大大提高了原型质量。

2. 模具制造

工业产品外形大部分采用模具压制或注塑制造，而模具的设计与制造是一个多环节、多反复的复杂过程。由于在实际制造和检测前，很难保证产品在成型过程中每一个阶段的性能，所以长期以来模具设计大都是凭经验或使用传统的 CAD 进行的，模具制作的周期长、成本高，难以适应快速增长的市场需要。

采用电子束增材制造技术不仅能适应各种生产类型（特别是单件小批量的模具生产），而且能适应各种复杂程度的模具制造。采用电子束增材制造技术制造工业产品模具，具有成本低、周期短的特点，而且模具越复杂越能显示其优越性。

本章参考文献

[1]陈国庆，树西，张秉刚，等. 国内外电子束熔丝沉积增材制造技术发展现状[J]. 焊接学报，2018，39(8)：7.

[2]郭超，张平平，林峰. 电子束选区熔化增材制造技术研究进展[J]. 工业技术创新，2017，4(4)：9.

[3]刘勇，任香会，常云龙，等. 金属增材制造技术的研究现状[J]. 热加工工艺，2018，47(19)：6.

[4]汤慧萍，王建，逯圣路，等. 电子束选区熔化成型技术研究进展[J]. 中国材料进展，2015，34(3)：11.

[5]邢希学，潘丽华，王勇，等. 电子束选区熔化增材制造技术研究现状分析[J]. 焊接，2016(7)：5.

[6]陈玮，陈哲源，由洋，等. 电子束选区熔化 Ti－6Al－4V 合金的显微组织与疲劳性能[J]. 稀有金属材料与工程，2017(S1)：6.

[7]于菁. 电子束 3D 打印用铝基材料及其成型性能的研究[D]. 沈阳：沈阳航空航天大学，2018.

[8]张帅. 电子束熔丝沉积 AZ31 镁合金组织与力学性能研究[D]. 哈尔滨：哈尔滨工业大学，2019.

[9]袁子凯. 电子束熔丝沉积增材制造 TZM 钼合金组织性能研究[D]. 哈尔滨：哈尔滨工业大学，2019.

[10]刘宝鹍. Nb521 合金电子束选区熔化及组织结构与力学性能[D]. 哈尔滨：哈尔滨工业大学，2019.

[11]翟东. 钨铜、钨钼合金高温高压性质的第一性原理研究[D]. 北京：北京化工大学，2015.

[12]毛菁红. EBM3D 打印纯钛全冠适合性的基础和临床研究[D]. 西安：第四军医大学，2016.

[13]陈哲源，锁红波，李晋炜. 电子束熔丝沉积快速制造成型技术与组织特征[J]. 航天制造技术，2010(1)：4.

[14]深蓝. 发展高能束流增材制造技术促进航空制造业跨越式发展[J]. 航空制造技术，2013(13)：2.

[15]刘亦飞，李亮，王功，等. 空间金属增材制造技术应用[J]. 空间科学学报，2018，38(3)：6.

[16]树西. 304 不锈钢电子束熔丝沉积工艺及稳定性研究[D]. 哈尔滨：哈尔滨工业大学，2016.

[17]巩水利，锁红波，李怀学. 金属增材制造技术在航空领域的发展与应用[J]. 航空制造技术，2013(13)：6.

[18]NUNE K C, LI S, MISRA R, et al. Advancements in three-dimensional titanium alloy mesh scaffolds fabricated by electron beam melting for biomedical devices: mechanical and biological aspects[J]. Science CHINA-Materials, 2018, 61(4): 455-474.

[19]STECKER S, LACHENBERG K W, WANG H, et al. Advanced electron beam free form fabrication methods & technology[J]. Session, 2006,2:12.

[20]何风梅,赵灿. 快速原型制造技术在工业产品造型设计及制造中的应用[J]. 机械设计与制造, 2006(11):2.

第3章　电子束选区熔化增材制造辅助工艺设计

电子束增材制造包括电子束熔丝沉积增材制造和电子束选区熔化增材制造两类方法。电子束选区熔化增材制造以粉末为原材料，电子束作为热源实现零件的加工成型。电子束选区熔化增材制造过程的实现是一个复杂的系统工程，宏观上涉及粉末材料加工制造、热源与粉末的作用以及材料的凝固成型等多个方面。基于此，本章按照电子束选区熔化流程，先对电子束选区熔化用金属粉末材料制备方法及工艺进行介绍，分析各种制备方法的优缺点，以提高金属粉末制备技术；随后对电子束选区熔化三维实体模型的分层切片技术及扫描路径设计进行介绍，使读者对电子束选区熔化过程有更直观的认识。

3.1　增材制造用金属粉末简介

传统的铸造技术广泛应用于各种零件的制备，但是在零件制备过程中易出现成分不均匀、偏析和晶粒粗大等问题。电子束选区熔化作为一种增材制造技术，通过电子束与局部区域金属粉末的相互作用使金属粉末发生冶金反应，实现零件的加工成型，可在一定程度上避免上述问题。此外，由于电子束选区熔化采用智能化操作，生产效率高、生产周期短且材料利用率高，可满足各种形状结构复杂、传统工艺难以加工制造的零件的生产需求，因此近年来在全球范围内得到快速发展。

与激光选区熔化相同，电子束选区熔化采用不同粒径的金属或陶瓷粉末作为原材料。粉末材料的生产在增材制造产业链中有着举足轻重的作用，高品质粉末材料的制备是决定零件综合性能的首要因素。随着增材制造技术的问世，粉末材料制备产业得到了前所未有的发展，进入21世纪后增材制造产业迅速发展，市场份额大幅跃升，如图3.1所示。总体看来，自2009年后金属粉末的需求量才有明显提升，全球增材制造市场份额以及金属粉末需求量近乎呈指数增长。据统计，2014年全球金属粉末增材制造的市场份额约为1.13亿美元，仅占整个粉末冶金市场的1%左右。因此，随着增材制造应用市场的不断扩大，对金属粉末的需求量将显著提高。2025年金属粉末增材制造的市场规模将突破50亿美元，金属粉末增材制造展现出广阔的发展前景。

虽然金属粉末增材制造的需求量不断增长，但现阶段我国在增材制造技术领域的研究主要集中于加工工艺及设备等方面，而针对金属粉末加工制造的研究较少，相关的技术积累比较薄弱。目前，我国企业制备的金属粉末存在成本高，粒径大，杂质含量高，不同批次金属粉末质量、性能不稳定等问题，无法满足航空航天以及汽车工业高质量、高精度零件的加工需求，因此我国采用的金属粉末主要依赖进口。作为增材制造技术发展的关键原材料，高品质、高性能金属粉末的生产制造是亟待攻克的关键技术，我国加大了金属粉

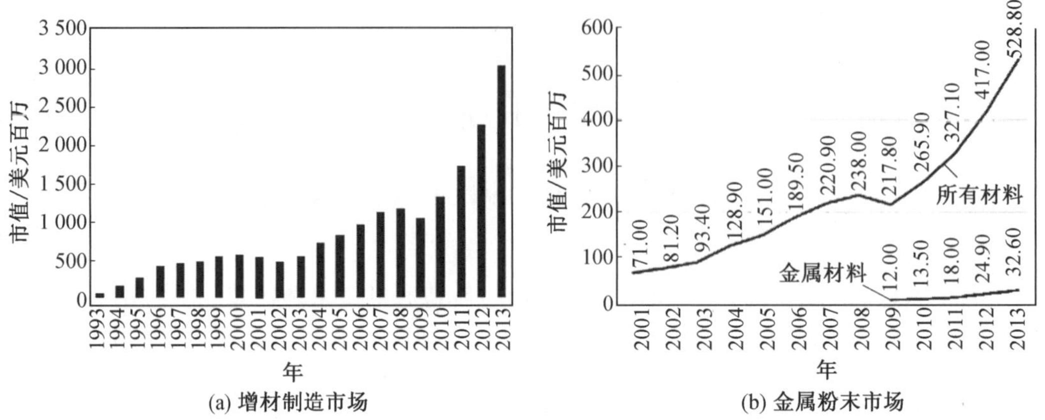

图 3.1 全球增材制造市场及金属粉末市场增长

末制备方面的研发投入。

目前,增材制造采用的金属粉末主要有钛合金、高温合金、铝合金和不锈钢等,此外还有金、银等贵金属粉末,图 3.2 所示为金属粉末增材制造产品。钛合金作为先进的航空航天材料和生物材料,得益于其高比强度、优良的耐蚀性和良好的生物相容性等优异性能,广泛应用于航空发动机零件和人造骨骼的加工。据不完全统计,钛合金在金属粉末增材制造中的占比达到了 26%。相比于传统的铸造、锻压零件,采用金属粉末增材制造得到的钛合金零件具有成型良好、显微组织细小和力学性能优良等特点,引起了广泛关注。

(a) 钛合金粉末打印的涡轮增压器

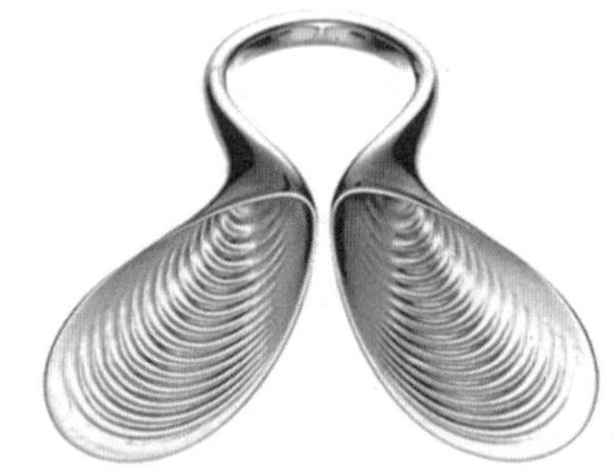

(b) 纯金粉末打印的戒指

图 3.2 金属粉末增材制造产品

以不锈钢为代表的铁基合金是最早应用于金属粉末增材制造的材料之一,采用增材制造技术可实现高强度、耐磨、耐高温及抗腐蚀性优良零件的加工制造。据报道,目前采用金属粉末增材制造技术获得的 AlCoCrFeNi 合金延展性好,最高断裂强度达到 1 400 MPa,强度水平可达传统发动机用 304 不锈钢强度的 6 倍。

高温合金因其良好的高温强度及抗蠕变性能,在航空发动机涡轮叶片等零件上得到广泛应用。采用金属粉末增材制造技术可提高复杂零件的生产效率,保证零件同时具有复杂结构和优异性能。

3.2 粉末属性对选区熔化的影响

电子束选区熔化与传统粉末冶金工艺相比有明显区别，在成型过程中，粉末材料与热源直接作用，材料的变化是瞬态的，没有模具的约束以及持久压力的作用。材料的熔化、凝固和冷却都是在极短的时间内完成，若粉末材料选择不当，成型件中容易出现球化、裂纹和孔隙等缺陷，严重影响成型件的精度和力学性能，因此粉末材料的选择对电子束选区熔化至关重要。粉末性能通常受多种因素的影响，本节对此进行介绍。

3.2.1 材料物理化学性能

不同材料的物理性能和化学性能不同，因此并不是所有材料都可以进行电子束选区熔化制造。金属热导率太高，冷却过快，液滴的表面张力迅速增大，液滴在表面张力作用下容易球化。此外，电子束与粉末接触面对电子束能量的吸收率决定粉末的吸收能量效率，粉末熔点决定粉末熔化的难易程度。电子束的能量一般呈高斯分布，中心能量高，边缘能量相对较低，在熔池内形成较大温度梯度，熔点和沸点之间的温差应该有足够的区间来满足温度梯度，避免粉末未融化或汽化缺陷的产生。

3.2.2 杂质含量

杂质含量是粉末材料增材制造的基础指标，是影响增材制造零件力学性能的关键因素。金属粉末中常见的杂质有陶瓷夹杂物和氮、氧、氢等，陶瓷夹杂物会显著降低成型件的性能，而氮、氧、氢等元素含量超过一定数值后，同样会使成型件性能恶化，必须严格控制其含量。目前用于电子束选区熔化的金属粉末多采用雾化法制备，金属粉末的比表面积较大，易与空气中的气体元素发生反应，出现氧化、氢化等现象。以钛合金金属粉末为例，氧、氮、氢三种气体元素都对ZTC4钛合金表现出较强的亲和力，钛合金吸附三种元素后，强度会有一定程度的提升，但塑性有所下降。钛元素与氢元素之间极易发生反应，生成脆性的氢化钛化合物。氢化钛对近 α 钛合金的塑形、韧性均有着严重影响，当氢元素体积分数超过0.007 5%时，钛合金冲击韧性随着氢元素体积分数的增加几乎呈直线下降，当氢元素体积分数达到0.014 5%以上时，钛合金直接处于脆性状态。因此，为降低杂质元素对成型件性能的影响，航空航天等特殊领域对不同金属粉末的氧体积分数提出明确的要求。

事实上，金属粉末杂质元素体积分数的高低主要取决于粉末的加工制备方法，以气雾化法和旋转电极法制备的镍基合金粉末为例，粉末中氧体积分数除了来自母材外，还由雾化时采用的气体产生。研究表明，采用气雾化法制备的金属粉末的氧体积分数可达到0.007 9%，而采用旋转电极法制备的金属粉末的氧体积分数仅为0.004%。主要是旋转电极法采用的稀有气体使用量较小(为0.01 m^3/kg粉末)，远低于气雾化法的气体使用量(为0.30～0.50 m^3/kg粉末)。表3.1为气雾化法和旋转电极法制备的镍基合金粉末特性比较，旋转电极法制备的金属粉末更适合于电子束选区熔化成型，且引入的杂质元素含量更低。

表 3.1 气雾化法和旋转电极法制备的镍基合金粉末特性比较

制粉工艺	粉末形状及特征	粉末粒径	粉末纯净度	氧质量分数/%	冷却速率/(℃·s^{-1})	粉末流动性/(s·50 g^{-1})	松装密度/(g·cm^{-1})	生产率
气雾化法	基本呈球形,含卫星式黏结粉末、包覆粉末、破碎粉末、空心粉末及不规则粉末	平均粒径较细,粒径分布范围较宽	粉末中陶瓷夹杂物含量较高,主要来自母材及雾化时的气体	0.004 0～0.007 9	10^2～10^4	15	4.5	高
旋转电极法	绝大部分为球形,不规则粉末及空心粉末少,表面光洁	粉末粒径较大,粒径分布范围较窄	纯度较高,基本保持合金棒料的水平,无坩埚污染	≤0.005 0	10^4～10^5	13	5.0	低

3.2.3 粉末粒径

在电子束选区熔化过程中,金属粉末粒径对零件的成型和致密度具有重要影响,粒径越小,表面光洁度越高。在不影响粉末流动性的前提下,均匀且粒径小的金属粉末通常更有利于成型,图 3.3 所示为不同粒径的金属粉末,但金属粉末粒径的选择需要根据设备及成型工艺而定。与激光相比,以电子束作为能量源的选区熔化设备聚焦光斑略粗,采用粒径为 50～105 μm 的金属粉末材料具有较好的成型性。当金属粉末过细时,在电子束作用下,金属粉末易发生汽化,产生较大的反作用力,易造成成型不良或引发吹粉现象;同时

图 3.3 不同粒径的金属粉末

金属粉末过细会导致熔化的金属粉末在凝固过程中发生球化现象，团聚在一起，影响铺粉过程的稳定性。金属粉末的粒径过大会增大铺粉难度，铺粉厚度难以控制，降低电子束扫描的稳定性。金属粉末的粒径分布对于选区熔化铺粉及电子束扫描过程的稳定性、零件的成型有着重大影响。

图3.4所示为采用气雾化法和旋转电极法制备的镍基合金粉末的粒径分布。从图中可以看出，气雾化法制备的粒径小于50 μm和大于150 μm的金属粉末可达到50%左右，而采用旋转电极法制备的金属粉末，其粒径分布主要集中在63～200 μm之间，可根据不同需求选择合理的粉末制备工艺。

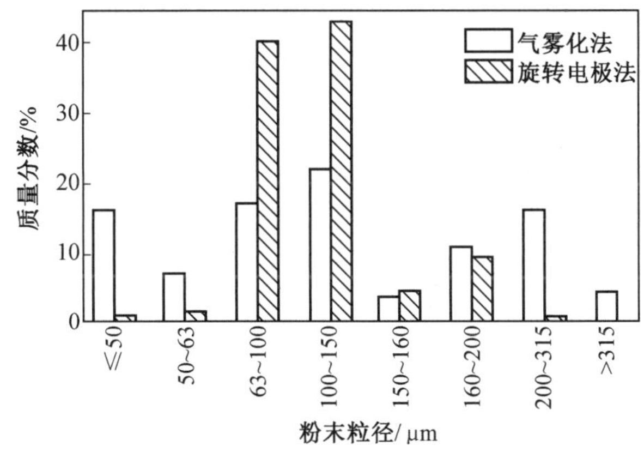

图3.4　采用气雾化法和旋转电极法制备的镍基合金粉末的粒径分布

3.2.4　松装密度

松装密度是3D打印粉末材料的另一项重要指标，是保证3D打印件成型质量的关键因素。松装密度是指只受重力作用时粉末自然堆积填充体的密度，粉末松散堆积时，球形粉末之间的堆积间隙小于不规则粉末，且粉末球形度越高，其堆积间隙越小，但即使是球形度很高的粉末，若粉末粒径相同，松散堆积时粉末之间的空隙仍然较大。因此想要获得更高的松装密度，必须进行不同粒径球形粉末的配比，图3.5所示为不同松装密度的金属粉末。

粉末的粒径分布决定松装密度，合适的粒径分布可大幅提高松装密度。松装密度较低时，不同粒径粉末松散堆积，粉末之间的间隙会随着粉末尺寸比的减小而减小；松装密度较高时，电子束在相同时间内熔化的金属多，金属液充足，有足够的液态补充，形成连续的熔池，可以避免凝固过程中球化现象的产生。在提高松装密度的前提下，粉末粗细差距过大，不同粉末粒径的比表面积差距增大，在吸收电子束能量时会使大颗粒粉末不能完全熔化，降低制品致密度。需要注意的是，粉末的粒径尽量避免在10 μm以下，因为此时粉末粒径接近临界值，粉末之间作用力的影响不能忽略不计，粉末受到分子引力、静电引力等作用容易团聚，导致粉末之间的堆积间隙变大，松装密度变小。此外，粒径太小的粉末在成型过程中容易被高能电子束击溃，造成球化缺陷。

此外，粉末形状对铺粉均匀性和松装密度具有重要影响，电子束选区熔化技术通常使用的粉末形状有球形和非球形两大类。球形粉末易流动，对均匀铺粉有利；非球形的粉末

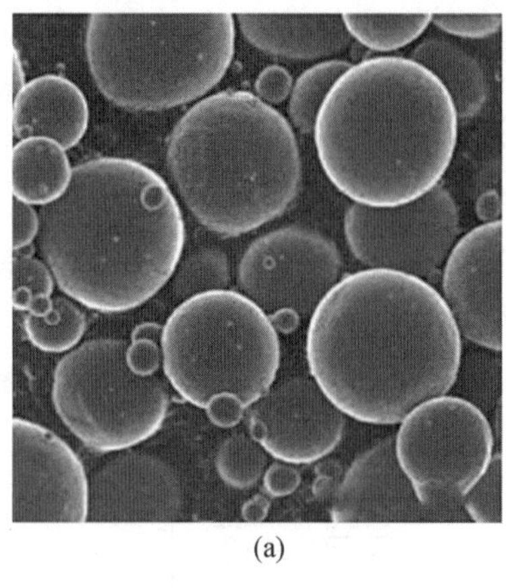
(a)

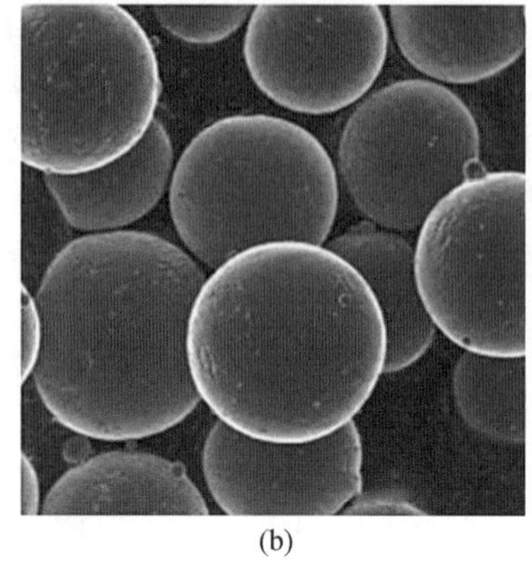
(b)

图 3.5 不同松装密度的金属粉末

虽然可以在一定范围内提高松装密度，但通过合理调节球形粉末的粒径配比同样可以达到良好的充实效果。

在电子束选区熔化技术中，松装密度的大小直接决定粉层的密度大小。当粉末的松装密度较小时，粉层中粉末之间的空隙变大，层与层之间的连接性变差，导致零件成型过程中形成孔隙，内部致密度变差。此外，粉层的松装密度小还会导致成型过程中熔融金属凝固收缩的高度差变大，“台阶效应”更严重，成型尺寸偏差变大，成型时产生裂纹、翘曲等缺陷的概率增大。

3.2.5 流动性

流动性是金属粉末材料的关键性能之一，是保证电子束选区熔化过程顺利进行的关键因素。金属粉末的流动性主要受粉末形貌、粒径大小和水分含量等因素影响。在电子束选区熔化前，通常需要对金属粉末进行烘干处理，因此水分含量对流动性的影响可以忽略。

粉末形貌是粉末流动性的决定性因素，主要包括球形度和卫星粉两部分。在常见的球形、树枝形、针状、粒状和片状粉末形貌中，球形粉末由于表面光洁度好，相比于其他形状的金属粉末，流动性最好。此外，对于球形粉末，其流动性还与金属粉末粒径大小密切相关。研究表明，粉末的流动性与粒径大小呈负相关关系，粉末粒径减小时，粉末之间由于分子引力、静电引力作用逐渐增大，粉末容易聚集成团，黏结性增大，导致粉末流动性降低。粒径小的粉末容易形成紧密堆积，使粉末之间的透气率下降，降低粉末的流动性。对于电子束选区熔化而言，粉末流动性不好会导致铺粉不均匀，粉末平整度变差，从而增加成型件的内部缺陷，影响其力学性能。此外，球形度不好的粉末聚焦性差，焦点分散，不仅会降低粉末的利用率，也会增加孔隙、未熔合等缺陷的形成概率，图 3.6 所示为不同形貌的金属粉末。

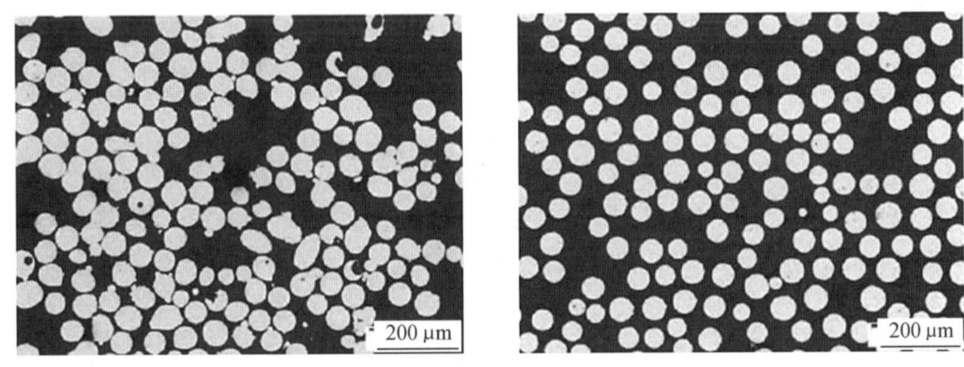

图 3.6　不同形貌的金属粉末

3.3　雾化法制备金属粉末

随着增材制造技术的不断发展，为满足高质量零件的生产要求，对金属粉末的纯度、氧含量、球形度、粒径分布和流动性等提出了更严格的要求。目前，金属粉末的生产方法有很多，包括固体破碎法、球磨法、雾化法、电解法和化学法等。但雾化法被认为是制造金属粉末最理想的方法，雾化法生产的粉末约占粉末总产量的 80%以上。

3.3.1　水雾化法

水雾化法是以水为雾化介质制备金属粉末的方法，其生产成本低，雾化效率高，常用于生产钢铁粉末、含油轴承用预合金粉末、镍基磁性材料粉末等。与气雾化法相比，水的比热容较大，在雾化过程中破碎的金属熔滴快速凝固变成不规则状，导致金属粉末形状难以控制，且难以满足金属 3*D* 打印对粉末球形度的要求，此外由于活性金属及其合金在高温下与雾化介质水接触后会发生反应，增加金属粉末中氧含量，这些问题限制了水雾化法制备球形度高、氧含量低的金属粉末。

3.3.2　气雾化法

气雾化法是生产金属及其合金粉末的主要方法之一。气雾化法的基本原理是利用高速气流将金属液流破碎成小液滴并凝固成粉末的过程。喷嘴控制雾化介质的流动，对雾化效率的高低和雾化过程的稳定性起至关重要的作用。由于气雾化法制备的粉末具有纯度高、氧含量低、粉末粒径可控、生产成本低和球形度高等优点，已成为高性能及特种合金粉末制备技术的主要发展方向。高压气流的能量远小于高压水流的能量，所以气雾化对金属熔体的破碎效率低于水雾化对金属熔体的破碎效率，使气雾化法制备金属粉末的雾化效率较低，增加了雾化粉末的制备成本。本节对气雾化法主要采用的几种方法进行介绍。

1. 层流雾化

层流雾化制备技术对常规的喷嘴进行了改进，其喷嘴结构如图 3.7 所示，其中 *Ma* 为压力。该技术使气流和金属液流在喷嘴中呈层流分布，气流以与金属液流平行的角度冲击金属液流，在金属表面产生剪切力和挤压力，使金属液流的直径不断减小从而发生层流纤维化，金属液流离开喷嘴后，表面张力与内压力和气流压力之间无法保持平衡，失去稳定破碎为粉末。

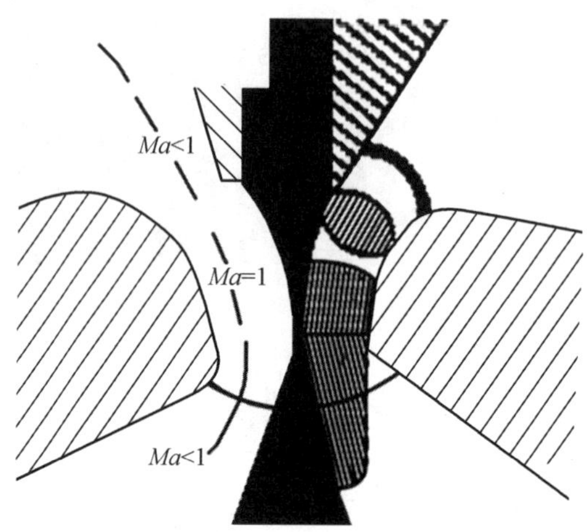

图 3.7 层流雾化喷嘴结构

层流雾化制备金属粉末具有以下特点。

(1)层流雾化对喷嘴的改进使气体能量损失减小，气体利用率与雾化效率大幅提高。

(2)粉末冷却速度快，可达 106～107 K/s，粉末粒径分布窄，在 2.0 MPa 的雾化压力下，以 Ar 或 N_2 为介质，雾化制备的金属粉末平均粒径可以达到 10 μm。

(3)生产成本低、气体消耗量小，为紧耦合喷嘴的 1/3，为自由降落式喷嘴的 1/7，适用于大多数金属粉末增材制造的生产。

(4)雾化过程不稳定，难以有效控制雾化过程，生产效率低，难以用于大规模金属粉末增材制造生产。

2. 超声紧耦合雾化

超声紧耦合雾化技术对喷嘴进行结构优化与改进，使气流的出口速度超过声速，增加金属的质量流率，这对气雾化效果的提升有重要意义。图 3.8 所示为典型的紧耦合雾化喷嘴结构。超声紧耦合雾化技术能将金属液流体积流量增加到 0.5 L/ min 以上，有效降低了制备成本，促进了其在金属粉末 3D 打印工业化生产中的应用。在雾化高表面能的金属(如不锈钢)时，粉末平均粒径可达 20 μm，粉末的标准偏差最低可以降至 1.5 μm。此外，超声紧耦合雾化技术能提升金属粉末的冷却速度，在非晶结构粉末和快冷粉末的制备中应用效果良好。

3. 超高压雾化

超高压雾化是采用超高压雾化喷嘴制备金属粉末的一种方法，图 3.9(a)所示为高压雾化喷嘴，图 3.9(b)所示为超高压雾化喷嘴。超高压雾化喷嘴的特点是可以在较低的气压下产生更高的超声速气流和均匀的气体速度场，从而更有效地抑制有害激波的产生，明显增加气体的动能，使雾化效率更高。该喷嘴在较低的气压下产生与高压雾化喷嘴相同的雾化效果，并且气流速度更稳定且均匀，同时制得的金属粉末粒径小、分布窄。

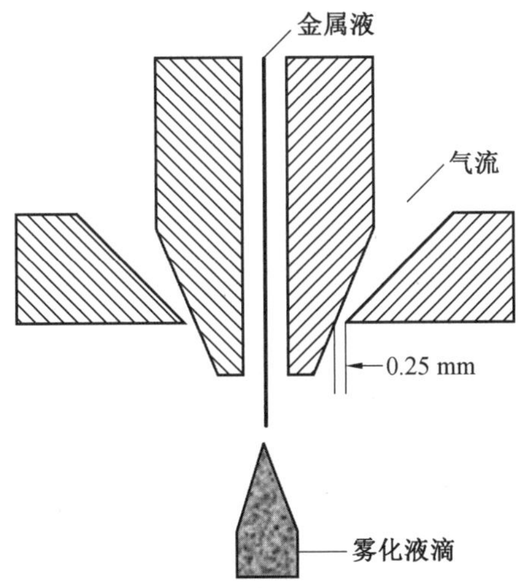

图 3.8　典型的紧耦合雾化喷嘴结构

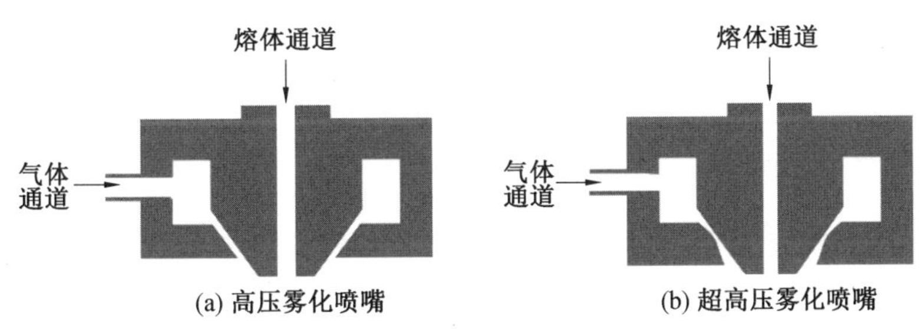

图 3.9　高压雾化喷嘴结构

4. 热气体雾化

提高气体具有的能量是提高气体雾化效率的决定性因素，而气体的能量又与气体的流速、马赫数和体积流率等性能有关。Strauss 在超声紧耦合雾化的基础上提出热气体雾化概念，相关研究表明，气体压力与耗气量相同时，可通过升高温度来提高气体动能，在更高的效率下得到粒径均匀的粉末：

$$PV = nRT \tag{3.1}$$

式中，P 为气压；V 为气体体积；R 为气体常数，$R=8.314$ J/(mol·K)；T 为气体温度；n 为物质的量。

近年来，英国 PSI 公司和美国 HJF 公司对热气体雾化作用及机理进行了大量研究。HJF 公司在 1.72 MPa 压力下，将气体加热至 200～400 ℃雾化银合金和金合金，得出粉末的平均粒径和标准偏差均随温度升高而降低。与传统的雾化技术相比，热气体雾化技术可以提高雾化效率，降低气体消耗量，易在传统的雾化设备上实现该工艺，是一项具有应用前景的技术。

5. 真空气雾化

真空气雾化首先在真空室的坩埚中使合金完成熔化、精炼和脱气过程，精炼完成的金属液体倾倒入预热中间包系统，金属液体通过导流进入雾化器，随后在气体保护的条件下采用高压气流将金属液体雾化破碎成大量细小的液滴，使液滴在飞行中凝固成球形或近球形颗粒。真空气雾化的核心是将高速气流的动能最大限度地转化为新生粉末的表面能，雾化介质通常采用氩气或氮气等稀有气体，冷却介质为气体或液体，是目前制备金属粉末增材制造领域的主流方法。图 3.10 所示为真空气雾化制备金属粉末原理。

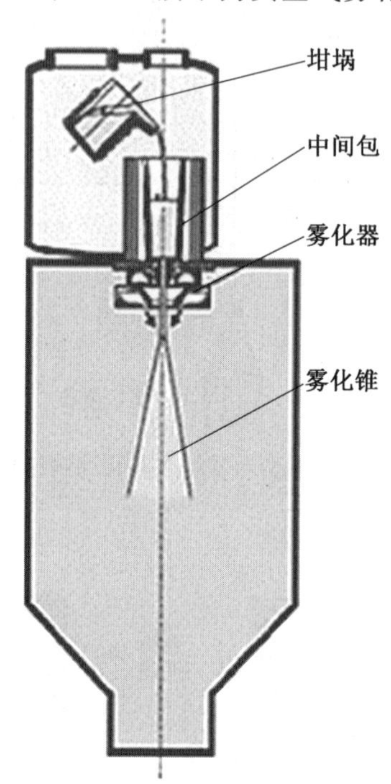

图 3.10 真空气雾化制备金属粉末原理

真空气雾化制备金属粉末具有以下特点。

(1)适用合金范围广，如高温合金、铝合金、模具钢、工具钢、不锈钢、铜合金等。

(2)粉末粒径分布宽，可满足多种工艺用粉，如注射成型、增材制造、粉末冶金、喷涂、熔覆、焊接修复等。

(3)粉末球形度好，细粉收得率高，粉末组织细化、均匀。

(4)对原材料尺寸基本无要求，工作灵活性高。

(5)坩埚容量可达 5～2 000 kg，批量生产效率高。

6. 电极感应气体雾化

一些活性金属及其合金(如钛合金)在熔化条件下易与陶瓷坩埚反应，造成金属粉末污染甚至安全事故，因此，为解决活性金属的熔炼问题，欧美国家研发了一种电极感应纯净熔炼技术，并在此基础上衍生出用于活性金属粉末制备的电极感应气体雾化方法。电极感应气体雾化方法的制备原理是使用棒料作为原材料，对整个装置进行抽真空并充入稀有气体，电极棒以一定的旋转速度和下降速度进入下方锥形线圈，利用感应线圈将金属棒料下端加热熔化，熔融态的金属液体在重力和表面张力的共同作用下沿棒料下端直接流入或滴入锥形线圈下方的环形雾化器，从环形雾化器中喷出的高压稀有气体将流下的金属液体雾化，其原理如图 3.11 所示。与真空气雾化相同，液滴在雾化室飞行过程中，通过自身表面张力球化并凝固形成金属粉末。

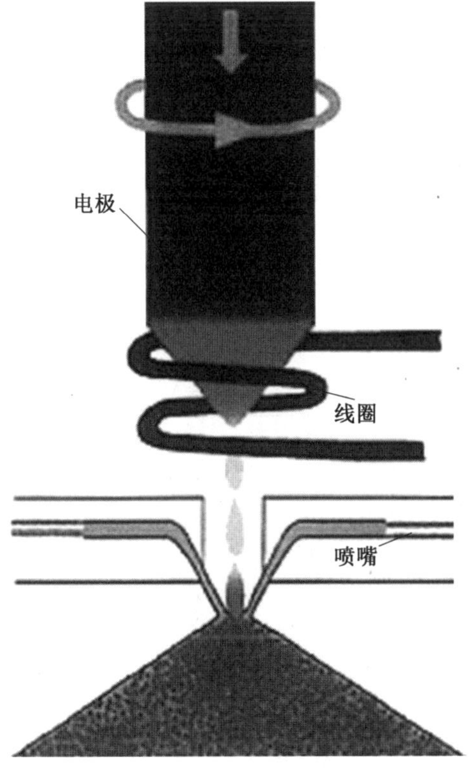

图3.11　电极感应气体雾化原理

电极感应气体雾化制备金属粉末具有以下特点。

(1)熔化过程不与坩埚接触,适合制备各种活性金属,如钛、锆、铌等。

(2)由于采用无坩埚设计,可以有效避免坩埚对金属粉末的污染,保证金属粉末的纯净度。

(3)熔炼和雾化过程均在稀有气体氛围下完成,避免Ti、Al等活性金属与氢、氧等气体元素接触。

(4)粒径分布宽,可满足多种工艺用粉,如注射成型、增材制造、粉末冶金、喷涂、熔覆、焊接修复等。

(5)粉末球形度好、组织均匀。

(6)细粉收得率高,粉末粒径可以控制在50～100 μm范围内。

3.3.3　等离子雾化

等离子雾化在稀有气体保护下利用等离子体熔化金属丝,依靠等离子体冲击金属液流,使熔化的金属液滴雾化,随后通过气淬冷却技术,让饱和的金属蒸汽快速团聚、形核、长大,得到超细合金粉末。等离子雾化法中原料的熔化和雾化是同时进行的,这样的模式不仅有效提高了雾化效率,同时避免了雾化过程中喷嘴材料混入熔融金属液流中而形成杂质。粉末的粒径分布及形貌可通过优化等离子枪结构以及工艺参数进行控制,粉末的化学成分由丝材的成分控制。

图 3.12 所示为等离子雾化原理，其具有以下特点。

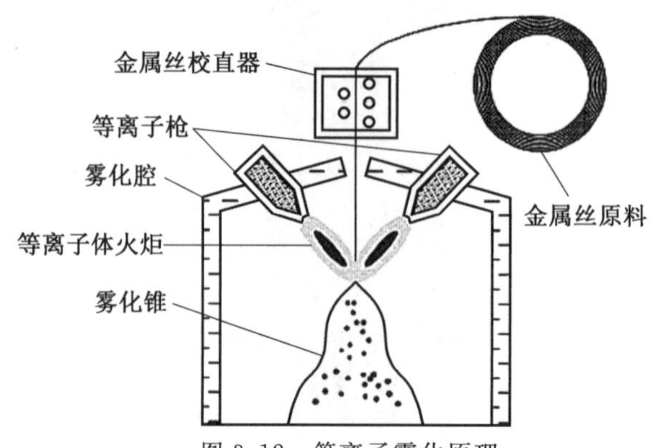

图 3.12 等离子雾化原理

(1)该生产制备过程在稀有气体保护下进行，能隔绝金属材料与活性气体接触，熔化过程不与陶瓷坩埚接触，粉末纯净。

(2)粉末球形度高，卫星球小，流动性好。

(3)金属丝的使用能保证精密的注入率，使粉末的粒径分布更容易控制，可满足多种工艺用粉。

(4)等离子雾化获得的粉末具有良好的流动性，该方法比较适合制备各种活性金属和高熔点金属，如钛、锆、铌等。

(5)对原材料尺寸要求苛刻。

3.3.4 离心雾化

离心雾化是另一种广泛使用的雾化方法，该方法是通过电极旋转产生的离心力将熔融的金属液体粉碎成液滴甩出，之后液滴冷却凝固形成球形粉末。根据熔炼方式的不同，离心雾化法可分为旋转电极法、电子束旋转盘法和等离子旋转电极法。

1. 旋转电极法

旋转电极法以金属或合金制成自耗电极，其端面受电弧加热而熔化为液体，通过电极高速旋转的离心力将液体抛出并粉碎成细小液滴，随后快速冷却凝固形成金属粉末，其原理如图 3.13 所示。旋转电极法已在制备高温合金上得到一定规模的工业应用，粉末均为球形，表面光滑，但旋转电极法生产率低且粉末较粗，粉末粒径在 200 μm 左右。

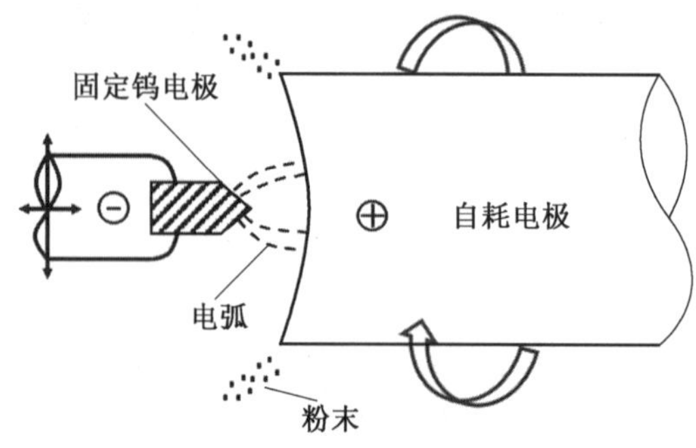

图 3.13 旋转电极法原理

2. 电子束旋转盘法

电子束旋转盘法借助电子枪发射的电子束直接轰击低速旋转的电极棒料，使之熔化形成液滴，并滴入高速旋转的盘内，溶液沿着盘壁向上爬形成凝壳，其原理如图 3.14 所示，然后利用扫描电子枪的电子束轰击坩埚边缘某一相对部位，使凝壳第二次熔化，熔融金属随着盘高速旋转被离心力甩出形成细小雾状液滴，在飞行过程中受表面张力的作用，以辐射方式散热冷却凝固成球形粉末。

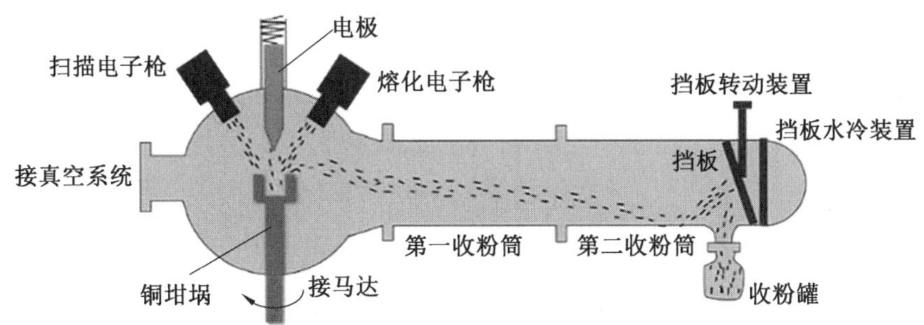

图 3.14　电子束旋转盘法原理

电子束旋转盘法具有以下特点。

(1)电子束旋转盘法的能量利用率高,制备的粉末粒径分布较窄,形状偏差可达 1.2。

(2)对高熔点合金,旋转盘材料的选择必须与合金液匹配,制备细粉存在一定困难。如细粉制备要求旋转盘直径加大,导致高熔点合金液过早凝固在转盘上,粉末较粗。

(3)冷速较低,往往需采用强制冷却方法。

3. 等离子旋转电极法

等离子旋转电极法是在制粉过程中用等离子弧加热高速旋转的棒料,使棒料端部金属熔化,随后在离心力的作用下飞出,形成金属粉末,其原理如图 3.15 所示。

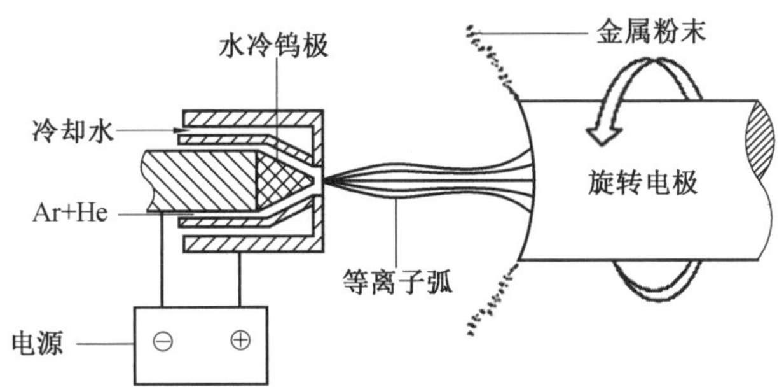

图 3.15　等离子旋转电极法原理

等离子旋转电极法因为没有高压气体的冲击以及气体循环的影响,粉末中基本不存在空心粉,卫星粉含量也大幅减少。该方法制得的粉末球形度好,粒径分布较窄。等离子旋转电极法受棒料旋转速度的限制,制得的金属粉末偏粗。

3.3.5 超声雾化

超声雾化将超声工具头产生的超声波作用于从导液管中流出的金属液流上，使金属液流在超声振动作用下铺展成液膜，当振动面的振幅达到一定值时，液膜在超声振动作用下被击碎，激起的液滴从振动面上飞出形成雾化液滴，其原理如图 3.16 所示。液滴直径可由下式计算得出：

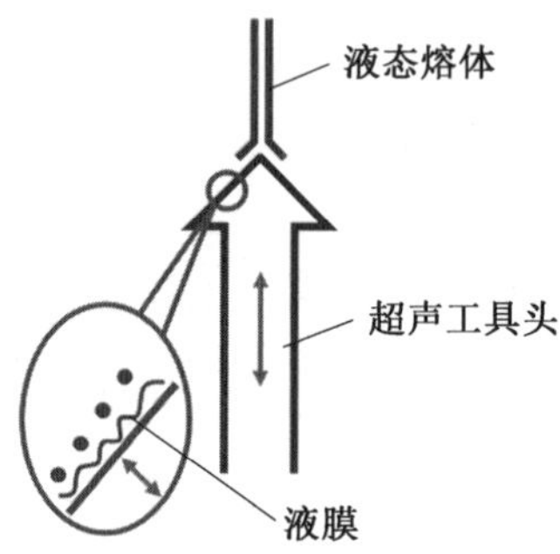

图 3.16 超声雾化原理

$$D=[1.5\gamma/(\pi^2 f\rho\Delta x)]^{\frac{1}{2}} \tag{3.2}$$

式中，γ 和 ρ 分别为金属液流的表面张力和密度；f 为超声振动的频率；Δx 为振幅。

式(3.2)表明超声雾化得到的球形粉末粒径受金属液流的物化性质以及超声振动频率和振幅影响。该方法不需要使用大量稀有气体对金属液流进行破碎雾化，因此所得粉末具有较少的空心球及卫星球，且该方法制备的粉末细小，粉末粒径分布窄，冷却速度快。

3.3.6 组合雾化

组合雾化通常指常规气雾化和离心雾化结合的雾化技术，其原理如图 3.17 所示。具体技术原理是，先将金属或合金真空感应加热熔化，再采用低压环缝式气雾化喷嘴，经稀有气体雾化成较粗液滴，并保证液滴喷射到预热的高速旋转盘上重新聚合形成一层液膜，通过控制旋转盘上重新聚合的液膜厚度及稳定性，使液膜在锥形旋转盘边缘通过离心雾化分裂成细小液滴，最后冷却凝固成粉末。组合雾化粉末的平均粒径主要受旋转盘上的液膜厚度控制，粉末粒径分布主要受液膜稳定性控制，粉末的球形度主要取决于熔滴的球化时间与凝固时间的相对长短。

组合雾化制备均匀超细球形粉末的熔体最佳分裂模式是滴状分裂模式或短间距长纤维的纤维状分裂模式。该方法能克服气雾化粉末粒径分布宽的缺点，同时保留了气雾化纯度高、球形度好的特点，粉末粒径小，几乎没有卫星粉，生产成本低。

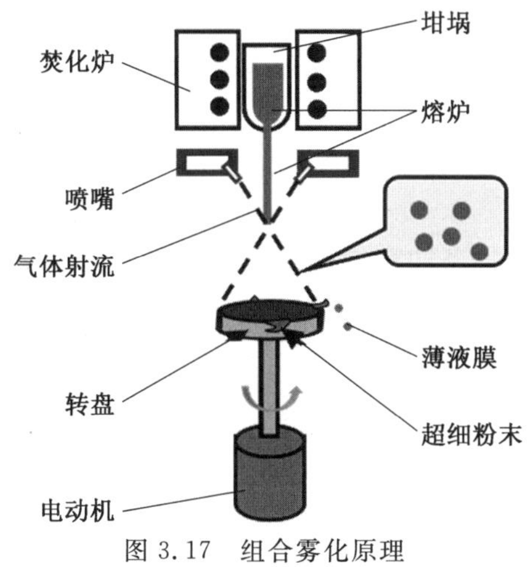

图 3.17　组合雾化原理

3.4　球化法制备金属粉末

球化法主要是针对破碎法和理化法生产的不规则粉末进行球化处理，被认为是获得高致密球形粉末最有效的工艺。目前球化法制备工艺主要包括射频等离子球化法和激光球化法。

3.4.1　射频等离子球化法

射频等离子球化法以不规则粉末为原料、热等离子气体为热源，不规则粉末经过热等离子气体，使金属粉末被重新熔化成液滴并自由落下，熔融的粉末在表面张力作用下形成球形度很高的液滴，进而在极高的温度梯度下迅速冷却固化得到球形粉末，其原理如图3.18 所示。

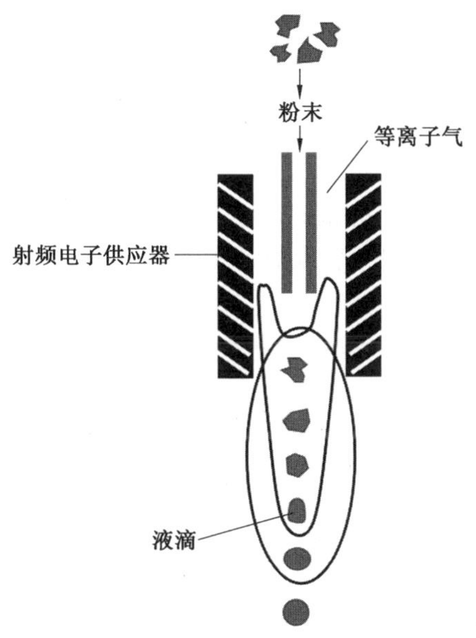

图 3.18　等离子球化法原理

射频等离子球化法具有以下特点。

(1)射频等离子球化法适合高熔点金属及其合金的球化,主要用于钛合金粉末的制备,低熔点金属容易造成成分烧损。

(2)射频等离子球化法得到的金属粉末具有球形度高、致密性好、粒径可控且粒径分布均匀等优点。

(3)射频等离子球化法制备的粉末粒径主要由原料粉末的粒径决定,有较宽的粒径范围,可制备从微米级到纳米级的球形粉末。

(4)等离子体反应器内气氛可控,有利于制备出高纯粉末。射频等离子球化法简洁、快速,但制得的粉末存在氧含量较高的缺点。

3.4.2　激光球化法

球化效应是金属粉末选区激光烧结技术发展初期存在的一个常见现象,即当激光束扫过粉末表面时,粉末迅速升温熔化,之后在表面张力作用下收缩成球形粉末的现象。激光球化法利用该现象将普通不规则钛粉制备成球形钛粉。

综合来看,电子束选区熔化采用的金属粉末主要有钛基、镍基、钴基、铁基、铝基和铜基等粉末材料以及金、银等贵金属粉末。目前,应用于增材制造的金属粉末需要满足高球形颗粒(球形度>98%以上,少或无空心粉、卫星粉、黏结粉等)、窄粒径分布(要求 $d \leqslant 45\ \mu m$)、低氧含量(氧质量分数<100 ppm(1 ppm$=1\times10^{-6}$%))、高松装密度、低杂质含量等基本特性。传统的气雾化制粉技术已无法满足这些要求,目前电极感应气体雾化、等离子雾化和等离子旋转电极雾化等制粉技术成为金属粉末增材制造的主流制备方法。

3.5　三维实体模型的建立

电子束选区熔化是一种快速成型的增材制造技术,可通过逐层堆积材料的方式制造各种复杂零件。电子束选区熔化的成型精度及表面质量与三维模型的精度息息相关。电子束选区熔化具有的形状、材料、结构复杂性为三维模型的建立带来新的挑战。三维模型作为制造依据,是实现电子束选区熔化的前提和基础。三维模型的建立是电子束选区熔化实现的第一步,是后续所有操作的基础。三维模型可采用正向设计建模或逆向工程重建方法,结合选区融化的具体要求和约束建立合理的模型。

3.5.1　正向设计建模

正向设计建模利用三维 CAD 软件(如 UG、Pro/E 等)进行三维零件的设计,三维模型尺寸与实际零件尺寸一一对应。根据电子束选区熔化的特性,面向电子束选区熔化的三维绘制建模可分为复杂形状建模、复杂材料建模、复杂层次建模和面向制造建模四类。目前绝大多数的三维建模软件都可以实现参数化建模,即将实际零件的尺寸特征(如形状尺寸及装配特征)设置为参数变量,这些参数变量可以手动更改,便于对三维模型进行修改设计,通过格式转换将 CAD 系统设计转换为可被机器识别的立体印刷(Stereo Lithography,STL)模型,图3.19所示为采用三维软件绘制的涡轮叶片模型。

正向设计是从概念到实物的设计理念，即从应用功能与规格的预期指标确定开始，构思产品的零件需求，提出设计概念，通过绘图、三维建模和模拟分析等方法不断优化设计结构，经过选区熔化铸造、组装和性能测试等最终形成满足实际应用需求的电子束选区熔化零件。与传统的材料加工技术相比，电子束选区熔化高效便捷，材料利用率高，因此正向设计建模能充分发挥电子束选区熔化优势。

图 3.19　采用三维软件绘制的涡轮叶片模型

3.5.2　逆向工程重建

对于复杂的产品，正向设计建模难度系数大、成本高，产品开发难度大。由于无法完全预估设计过程中会出现的状况，会出现由于某些局部问题而导致整个产品推倒重来的情况，耗费大量时间成本与经济成本。在这种背景下，逆向工程重建方法应运而生。

逆向工程重建主要利用三维测量设备(如激光扫描仪、结构光扫描仪和锥束 CT 等)对需要制造的零件进行全方位的扫描，得到相应的零件扫描数据，随后对该扫描数据进行重新定位、噪点去除等操作，重构三维立体模型。根据测量头是否和被测对象的表面接触，零零件三维数据采集方法分为接触式测量和非接触式测量。

(1)接触式测量方法中，应用最广泛、最具有代表性的数据采集设备是三坐标测量机。三坐标测量机的测量精度高，测量范围广，但该设备的测量速度较慢，并且在测量过程中存在接触压力，容易出现损坏产品表面等问题。

(2)根据是否需要向被测物体发射能量波或视觉系统是否需要主动运动，非接触式测量方法分为主动式方法和被动式方法。主动式方法通过使用可调控的光源(如激光、结构光等声学或电磁信号)来感知实物的三维形状，可分为光学式和非光学式两种。光学式主动三维数据测量方法主要有激光三角测量法、激光测距法、光干涉法、结构光学法等；非光学式主动三维数据测量方法主要有 CT 测量法、核磁共振、层析法等。被动式一般利用周围环境(如自然光反射)，使用相机获取图像，然后通过特定算法计算得到物体的立体空间信息。这种非接触式的数据采集方法不仅测量范围大、速度快、采点效率高，还能有效避免测量过程中由于接触压力带来的误差，甚至能获得超薄和软质物体表面的形状数据。在数据采集过程中，测量设备本身的精度、测量范围的限制、被测对象的结构和测量环境等因素直接影响测量数据的质量。

综上可知，逆向工程重建方法建模操作简便，使用门槛低，可以方便地制造出高水准的零件三维图像，图 3.20 所示为采用逆向工程重建方法获得的三维模型图，该方法还原度好，精度高，已被广泛使用。

图 3.20 采用逆向工程重建方法获得的三维模型图

3.5.3 支撑结构设计

对于常规的立方体或圆柱体结构,电子束选区熔化直接逐层加工便可获得加工精度较高的零件,从而满足使用需求。然而,对于某些特殊结构及复杂结构(如悬臂结构或悬空结构),电子束选区熔化加工至悬空区域时,加工区域缺少致密金属材料的支撑而仅由下层松散的金属粉末进行支撑。然而,相比于致密金属,金属粉末的导热性差,使悬空区域热温度升高,在重力作用下导致熔池塌陷,同时热量难以散失,会积累较高的热应力导致结构变形,加工精度无法满足实际使用需求。因此,针对这类特殊的结构,需要在电子束选区熔化加工过程中设计合理的支撑结构控制结构变形,同时加快零件散热。

由于电子束选区熔化具有逐层凝固特性,如果不添加支撑结构,无法准确构建悬臂结构。在这些情况下,支撑结构的设计使设计人员应考虑支撑结构拆除后零件的构建时间、可拆卸性、拆卸方式和质量。通常,如果悬臂结构相对于底板的倾角低于 45°,则难以实现高精度加工,如图 3.21 所示。

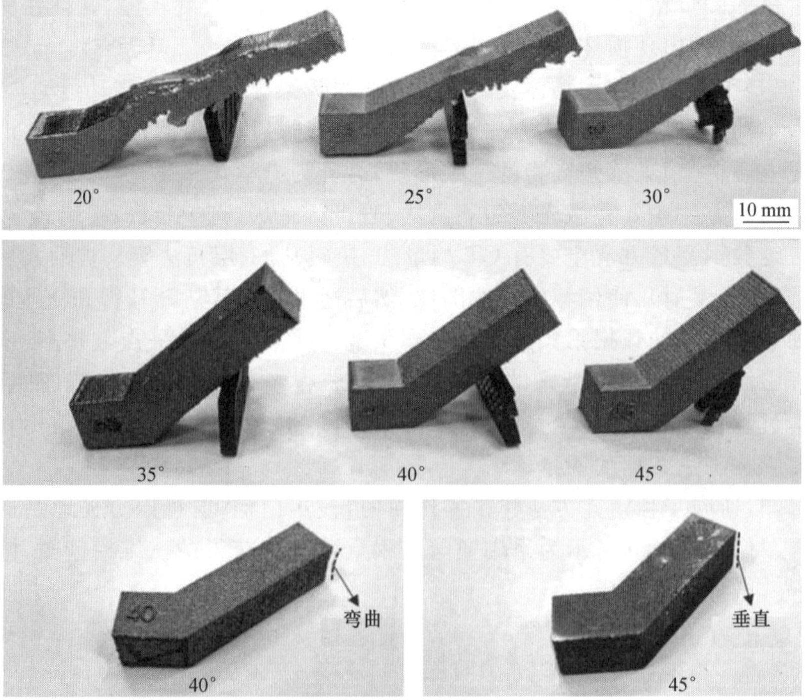

图 3.21 不同角度下悬臂结构

3.6　实体模型切片

实体模型的切片操作是选区熔化预处理过程的关键，切片过程是将三维零件模型切割为二维平面轮廓，提取切片截面的轮廓信息，最后生成设备可直接读取数控指令，即G指令。一般情况下，可将实体模型切片过程分为三维模型处理阶段和分层处理阶段两部分，电子束选区熔化切片处理流程如图3.22所示。

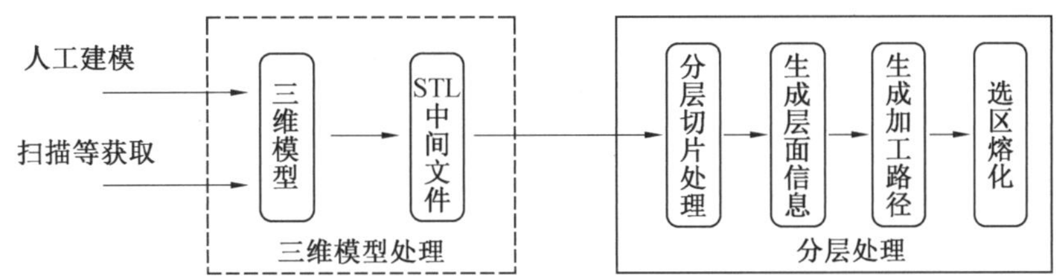

图3.22　电子束选区熔化切片处理流程

3.6.1　建立三维模型

建立三维模型过程是将三维模型的高度信息转化为选区熔化设备可读取的数字文件。采用不同方式得到的三维模型数据有STL、IGES、STP等多种格式，目前绝大多数的切片引擎采用STL格式文件作为输入格式。STL格式文件是一种中间文件，便于选区熔化设备接收，也便于不同CAD/CAE/CAM系统的生成，因此越来越多的CAD/CAM软件支持输出STL格式文件，如UG、Pro/E、三维SMAX等。

1. STL文件

STL文件应用于计算机图形学应用系统中，STL文件由若干个三角形面片组成，每个三角形面片包含三角形各顶点的空间坐标数据及面片的法向向量数据。STL文件格式简单，应用广泛，已成为快速成型领域主流的文件格式。

一个正确、可执行的STL文件数据模型必须满足以下规则。

(1)取向规则。三角形面片的法向量必须由面片内部垂直于面片指向外部，并且三角形面片三个顶点的排列分布遵循右手定则。

(2)共顶点规则。每两个相邻的三角形面片之间只存在一条方向相反的公共边，公共边的顶点为两个三角形面片的公共顶点。

(3)取值规则。每个三角形面片的顶点坐标必须为正数，整个三维模型处于正坐标区间。

(4)充满规则。三角形面片完全覆盖三维模型的每一个面，不能有任何遗漏。

STL文件通常有文本文件(ASCⅡ)格式和二进制文件(BINARY)格式两种类型。

ASCⅡ格式的文件如下。

```
solid filenamestl                  //文件路径及文件名
facet normal   X   Y   Z           //三角形面片的法向量在X、Y、Z三轴的分量
    outer loop
    vertex X1,Y1,Z1                //三角形面片第一个顶点坐标
    vertex X2,Y2,Z2                //三角形面片第二个顶点坐标
    vertex X3,Y3,Z3                //三角形面片第三个顶点坐标
    endloop
endfacet                           //完成一个三角形面片定义
endsolidfilenamestl                //STL文件定义结束
```

由上述文件可以看出,ASCⅡ格式的STL文件需要对三角形面片的每个顶点分别进行定义,文件占用的存储空间较大。但是ASCⅡ格式的STL文件可读性较好,信息表达比较直观,便于进行文件检查与修改。

与ASCⅡ格式的STL文件相比,BINARY格式的STL文件使用一定字节存储上述三角形面片的相关数据,每50个字节存储一个三角形面片的数据信息,这50个字节的存储信息如下。

(1)三角形面片的法向向量包含3个4字节的浮点数,共12个字节。

(2)三角形面片第一个顶点坐标包含3个4字节的浮点数,共12个字节。

(3)三角形面片第二个顶点坐标包含3个4字节的浮点数,共12个字节。

(4)三角形面片第三个顶点坐标包含3个4字节的浮点数,共12个字节。

剩余的2个字节用于描述上述三角形面片的属性信息。

由此可见,BINARY格式的STL文件占用的存储空间小,但是可读性较差,不方便对文件进行修改操作。

2. 模型信息优化

由STL文件的存储信息可知,对于相邻的三角形面片,共用顶点的数据被重复存储,文件数据具有较高的冗余度,因此需要进行模型信息优化过程,去除冗余数据,重构拓扑结构,提高模型的分层切片效率。

顶点冗余数据的去除方法是,首先通过STL文件读入一个三角形面片三个顶点的数据,随后读入后续三角形面片顶点数据时进行判断识别,若存储结构中不包含该顶点信息则创建新顶点数据,只对重复出现的顶点进行索引记录,即在存储结构中搜寻相同位置的顶点数据。

为了对模型进行快速分层,需要对已有模型数据进行拓扑重构,按照拓扑访问方式的不同,可将该过程分为两类。

(1)通过已读入的三角形面片访问三角形的各条边及顶点。

(2)通过已读入的三角形面片访问相邻的三角形面片。

在拓扑重构过程中,为达到去除冗余数据、节约存储空间及时间的目的,所有三角形面片的顶点都只记录顶点的坐标信息和面片索引,所有的三角形面片只记录面片各顶点及相邻面片的索引。

3.6.2　分层切片处理

完成模型信息的优化过程后，需要对三维模型进行分层处理，将三维模型分割成具有一定厚度的片层，实现模型从三维实体到二维平面的转化。根据分层方式的不同，三维模型的分层一般分为等厚度分层和不等厚度分层两种，不等厚度分层通常视三维模型的几何特征而定。

通过对 STL 文件的分析可知，三维零件模型由大量的三角形面片构成，面片的尺寸对零件加工精度有重要影响。普通尺寸和精度的零件模型可由上千个三角形面片构成，而精度要求较高的大型零件则由数万个甚至数十万个三角形面片构成。因此，为了实现三维实体模型的快速高效分层，必须研究合理的分层切片算法，在实现高效分层的同时保证加工精度。

1. 等厚度分层算法

等厚度分层算法将整个三维模型切分为若干个相同厚度的片层，自上而下获得截面与三角形面片交点的轮廓信息。等厚度分层算法过程如下。

(1)首先根据三维模型的几何特征确定合理的分层方向，根据零件的加工精度确定分层切片的厚度值 h。假设确定的分层方向为 Z 轴方向，以确定的分层高度作为参考值，将所有的三角形面片按 Z 坐标值的大小进行排列，分层过程自下而上进行。

(2)在分层切片前，需要判断三角形面片位置与切片层厚度二者之间的关系。若某一个三角形面片 Z 坐标的最小值高于分层高度，则无须判断之后的三角形面片坐标 Z 与分层高度的关系；若某一个三角形面片 Z 坐标的最大值低于分层高度，同样无须判断之后的三角形面片坐标 Z 与分层高度的关系。只有当分层截面与模型完全相交时才求取三角形面片与切片层的交点坐标。

(3)增加相同的分层厚度继续计算，直至完成整个三维模型的分层。

等厚度分层算法数据计算简便，耗时少，可以简化分层算法，提高分层效率。对于形状复杂的零件，等厚度分层算法会在零件加工过程中产生累积误差，自上而下分层会形成负偏差，自下而上分层则会形成正偏差，分层偏差示意图如图 3.23 所示，这种误差严重影响零件加工质量。

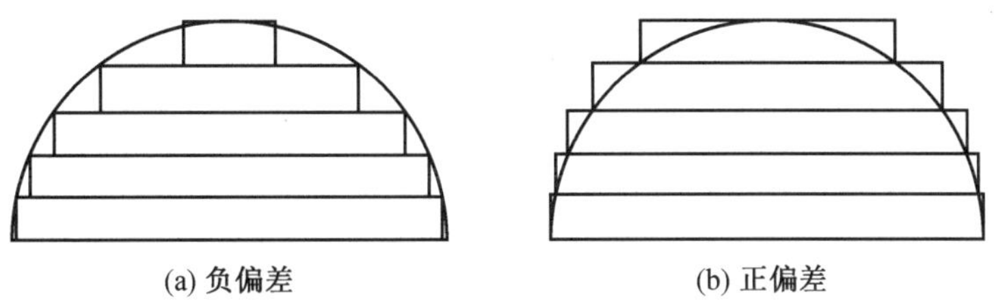

(a) 负偏差　　(b) 正偏差

图 3.23　分层偏差示意图

2. 自适应分层算法

采用等厚度分层算法会产生阶梯形的分层误差，影响零件的表面成型与加工精度。因此，自适应分层算法应运而生，在不影响分层效率的前提下，根据加工精度要求，在分层过程中结合模型的几何特征改变分层厚度，尽可能缩小分层过程中的正负偏差，提高零件的表面成型总质量。自适应分层算法主要包括以下几类。

(1)等厚度自适应分层算法。

采用等厚度分层算法时,无论选择哪一个分层方向,分层后的模型都会沿分层方向产生如图 3.23 所示的正负偏差,使最终获得的零件体积增大或减小。等厚度自适应分层算法为了减小上述偏差,在选择分层截面时以当前层分层轮廓和下一层分层轮廓的中间轮廓作为分层截面对模型进行分层,如图 3.24 所示。采用等厚度自适应分层算法在保证分层效率的同时使阶梯误差较小,但由于分层厚度保持不变,在曲率较大的区域分层的阶梯形误差仍然较大。

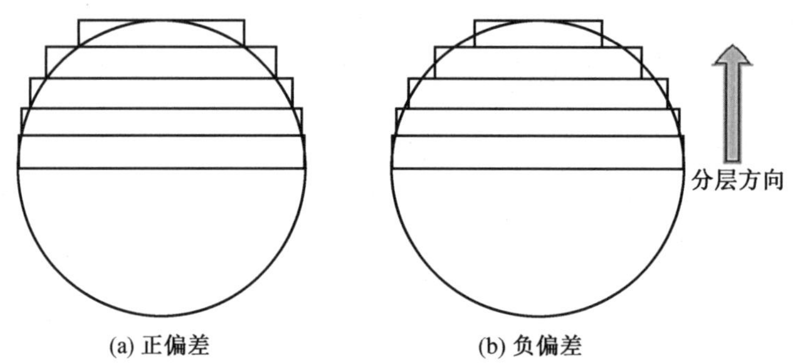

图 3.24 等厚度自适应分层算法示意图

(2)曲率自适应分层算法。

曲率自适应分层算法是沿分层方向,以模型轮廓曲线为基础,根据模型轮廓线曲率变化(即轮廓线偏离分层方向的程度),在轮廓线偏离分层方向较小的区域采用大厚度分层,而在轮廓线偏离分层方向较大的区域采用小厚度分层。图 3.25 所示为曲率自适应分层算法示意图,分层厚度随轮廓线偏离分层方向程度的增大而减小。采用曲率自适应分层算法求解模型轮廓任意两点间曲率较为困难,并且为确定分层厚度需要求解整个分层截面上所有点的曲率,计算量庞大。

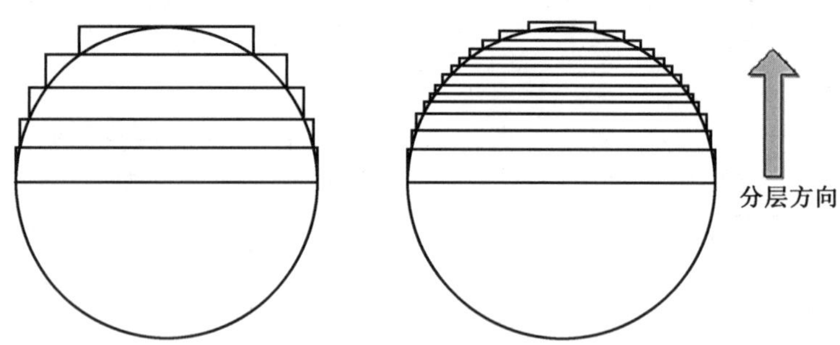

图 3.25 曲率自适应分层算法示意图

3. 基于相邻层面积变化的分层算法

基于相邻层面积变化的分层算法通过比较当前层与上、下层轮廓面积的变化决定当前分层的厚度,其流程如图 3.26 所示。首先读取 STL 文件,确定模型分层方向,根据零件加工的精度确定初始分层厚度,并获取分层截面轮廓信息,计算截面面积。随后,在初始分层厚度的基础上提高分层厚度值，计算当前分层轮廓面积，并与上一分层轮廓面积进行比较，计算得出面积差比率。当面积差比率值在零件加工精度范围内时，则按当前分层截面对模型进行分层；若面积差比率值不满足零件精度要求，则需要减小分层厚度，重新计算相邻分层截面面积差比率，直至该计算结果满足零件加工精度要求才可确定分层厚度。分层厚度确定后，对比分层高度值与模型最高点高度值，确定是否为最后分层截面。不断重复上述过程，直至完成整个模型的分层操作。

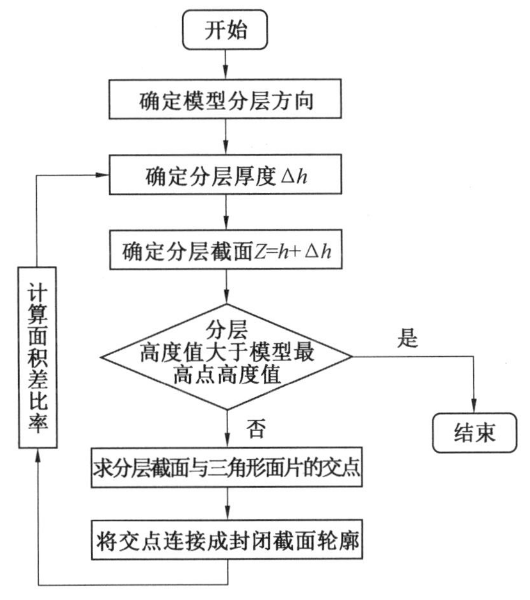

图3.26　基于相邻层面积变化的分层算法流程

由此可见，基于相邻层面积变化的分层算法需要计算每一分层截面面积，以及其与上层分层截面面积的变化值，并将计算结果与设定值进行比较，若不满足要求则需改变分层厚度重复上述计算过程。基于相邻层面积变化的分层算法是一个不断重复迭代的分层算法，计算量较大，会降低分层效率。对于截面面积不发生变化或曲率发生突变的零件（如圆柱体零件），基于相邻层面积变化的分层算法并不适用，难以保证成型精度，大大增加后期加工成本。

4. 法矢量自适应分层算法

基于相邻层面积变化的分层算法虽然加工精度高，但是对于分层截面面积不发生变化或曲率发生突变的零件并不适用，因此为克服基于相邻层面积变化的分层算法的这一缺点，提出三维模型的法矢量自适应分层算法。

由模型的STL文件信息可知，STL文件有每一个三角形面片的法矢量信息。假设模型按照图3.27所示的截面进行分层，Z轴为分层方向，图中的两条直线代表分层截面，与三角形面片相交的截面为第i层和$i+1$层。图3.27(a)中分层厚度值为h，δ为分层精度，$n_{i,j}$为与第i层截面相交的任意三角形面片的法矢量，$\beta_{i,j}$为三角形面片法矢量与Z轴的夹角，设Z轴矢量值为(0,0,1)。根据平行关系及三角函数关系可知，$\alpha_{i,j}$与$\beta_{i,j}$角度相同，法矢量与Z轴夹角为锐角，此时$\beta_{i,j}$余弦值为正。当三角形面片法矢量与Z轴夹角为钝角时，$\beta_{i,j}$的余弦值为负，如图 3.27(b)所示。

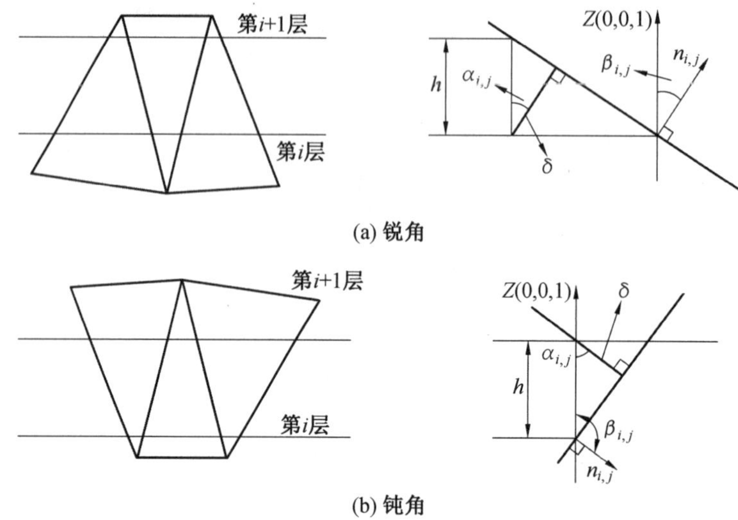

图 3.27　三角形面片法矢量与 Z 轴夹角示意图

由夹角关系可以计算给定精度条件下截面层的厚度值：

$$h=\frac{\delta}{|\cos\beta_{i,j}|_{\max}} \tag{3.3}$$

当三角形面片法矢量与 Z 轴夹角为锐角时，随着夹角的增大，分层厚度逐渐增大；当三角形面片法矢量与 Z 轴夹角为钝角时，随着夹角的增大，分层厚度逐渐减小。

由此可见，采用法矢量自适应分层算法可在模型曲率变化较小的区域采用较大分层厚度，而在曲率变化较大的区域采用较小的分层厚度，兼顾分层精度与分层效率。

3.6.3　生成层面信息

通过分层切片算法对三维模型进行分层切片后得到的数据为无须排列的分层截面与三角形面片的交点信息，需要对这些交点信息进行处理，将每一层的无序交点连接形成封闭截面轮廓。目前生成层面信息的算法主要分为以下三类。

(1)基于三角形面片高度的求交算法。分层过程中，根据三角形面片三个顶点在分层方向的坐标值与分层截面高度值的比较，判断三角形面片与分层截面是否存在交点；求出三角形面片与切片层的交点后，将所得的一系列离散的交点重新排序，形成首尾相连的封闭轮廓。该算法的优点是算法简便，但每提取一层分层截面都需要遍历所有三角形面片的数据，数据提取过程烦琐，效率低。

(2)基于三角形面片邻接关系的求交算法。分层切片过程中，先确定一个与分层截面相交的三角形面片，求出交点，根据三角形面片邻接关系迅速找到与其相邻的三角形面片，求出交点，按照这个方法依次找到相邻交点，最后回到初始点，得到一条封闭的轮廓。各组三角形面片都按照此方法处理完毕后，就得到分层截面的全部轮廓信息。该算法的优点是分层切片效率高，缺点是占用大量内存，且当 STL 文件存在错误时，容易出现错误的分层切片结果。

(3)对于一些数据量特别大的STL文件,若将全部信息一次读取会占用太多内存,基于三角形面片邻接关系的逐层求交算法,类似于基于邻接关系的分层切片算法,区别是每次只读取与分层截面相交的三角形面片信息,求出交点后随即释放内存,按照邻接关系依次读取三角形面片信息,从而得到有序排列的截面轮廓。这种算法的优点是解决了读取大数据量STL文件内存不足的问题;缺点是需要反复读取硬盘,分层切片效率降低。

3.7　扫描路径设计

对于电子束选区熔化技术来说,选区熔化的整个成型过程是在分层切片获得的截面轮廓内进行的,使截面轮廓内的金属粉末熔化凝固,层层堆积形成最终的三维零件。因此,在生成多边形轮廓层面信息后,需要进行具体的扫描路径生成操作。每一层的电子束扫描路径都由一系列的扫描线段组成,扫描路径的设计对最终的成型质量和成型效率有很大影响。

3.7.1　扫描路径优劣的评定指标

采用电子束选区熔化技术得到的成型件,其强度和精度都要达到现代数控机床的加工标准,因此必须保证成型件的质量。此外,由于电子束选区熔化是一种快速成型技术,在保证成型质量的基础上,兼顾成型效率是非常必要的。因此,成型质量和成型效率是评价扫描路径优劣的重要指标。

1.成型质量

扫描路径对成型质量的影响主要包括对成型件强度和精度的影响。对于电子束选区熔化技术,零件的成型依靠金属粉末的瞬间熔化和凝固,必须考虑扫描路径的选择是否符合散热规律,否则成型后的零件内部存在较大的残余应力,使零件性能下降;其次,当扫描路径不连续,断续跳越时,由于新起点粉末的温度来不及升高,极易发生吹粉现象。因此扫描路径应尽量保持连续,对于防止吹粉十分重要。由此可见,扫描路径对成型质量的影响非常大。

2.成型效率

在保证成型质量的前提下,电子束选区熔化的成型效率也是必须要考虑的问题。针对电子束选区熔化过程可从两方面提升成型效率,一方面是缩短切片填充时间,另一方面是缩短成型时间。电子束扫描加工用时和切片填充计算用时可从扫描路径规划上解决,好的扫描算法能够提升切片速度,减少电子束空行程距离,减少加工用时。

3.7.2　电子束选区熔化扫描填充方式

电子束选区熔化过程中,扫描路径对熔化区域温度场分布以及整个零件的残余应力分布具有很大影响,因此扫描路径的设计直接影响成型件的成型质量和加工精度。本节将从成型质量和成型效率方面对几种常见的扫描方式进行介绍。

1.平行直线扫描

平行直线扫描是电子束选区熔化最简单、应用最广泛的扫描方法,这种方法实现难度低，将整个截面轮廓包围的区域用若干平行排列的直线填充，扫描填充线遇到空腔跳过，相邻填充线等距，填充线偏移距离通常为电子束束斑直径大小。电子束扫描时，通常先求出扫描路径与多边形的交点，进行交点匹配处理，最后通过逐行填充实现对整个多边形区域的扫描，扫描过程通常自上而下进行，扫描速度恒定不变。这种扫描方式路径设计简便，运算速度快，扫描区域热量分布均匀。

最初的平行直线扫描为Z形扫描，如图3.28(a)所示，Z形扫描对具有大量空腔或截面轮廓为非凸的零件会出现扫描线频繁跳跃的情况，对设备的响应能力要求较高。由于电子束选区熔化的扫描频率很高，扫描线频繁跳跃时难以做到及时收束，同时由于电子束的热惯性作用导致截面轮廓边缘成型质量差。由于扫描过程中沿某一固定方向进行扫描，成型件具有明显的各向异性，易产生翘曲变形，使成型精度降低。因此，为降低成型过程中的残余应力，缓解翘曲变形，目前的平行直线扫描逐渐演化为S形扫描，如图3.28(b)所示。

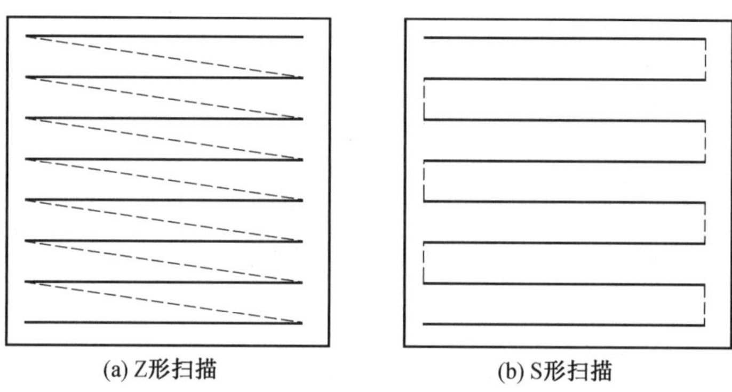

图3.28　平行直线扫描

2. 轮廓偏移扫描

轮廓偏移扫描通过外轮廓等距向内偏移和内轮廓等距向外偏移形成一系列扫描线，如图3.29所示。由于轮廓方向不一致，使扫描线的方向不断发生改变，因此缩短了扫描线的长度，在材料收缩率相同的情况下减少翘曲变形，因此具有很大优势。这种扫描方式产生的内应力方向均匀发散，符合材料的散热规律，因此可降低成型件的残余应力；同时这种扫描方式是以成型件的轮廓为基础向内或向外偏移，因此扫描线封闭连续，可提升轮廓表面精度及光滑度。

理论上轮廓偏移扫描成型件精度较高，比较适合电子束选区熔化等高精度成型方式，但其只适合加工厚壁零件或空腔较少的零件。实际加工过程中，零件形状结构比较复杂，成型件内部存在较多孔洞，因此内外轮廓的偏移相对比较复杂。多边形零件往往不存在中心对称点，因此会随着偏移次数的增加而出现多边形自交的情况，如图3.30所示。为解决多边形自交问题，在轮廓偏移扫描的基础上出现了变距等次数偏移扫描方式和变距变次数偏移扫描方式。

3. 分区域扫描

分区域扫描是在平行直线扫描与轮廓偏移扫描的基础上衍生出的一种扫描方法。分区域扫描主要分为两类，一类是基于平行直线的分区域扫描，另一类是基于轮廓偏移的分

图 3.29　轮廓偏移扫描

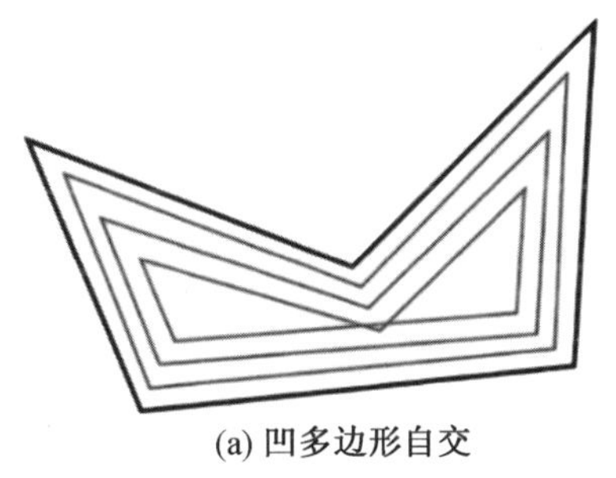

(a) 凹多边形自交

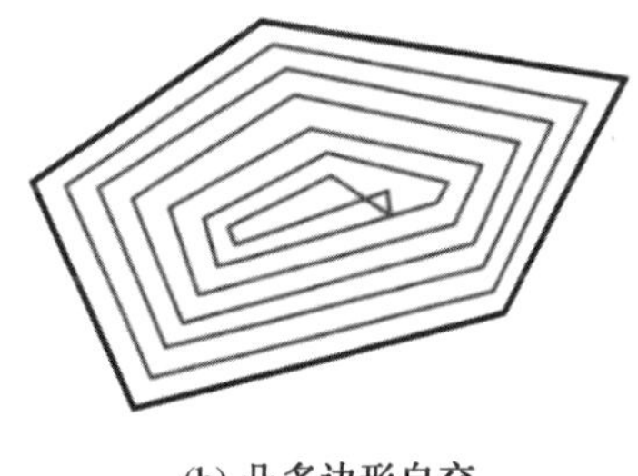

(b) 凸多边形自交

图 3.30　多边形自交

区域扫描。基于轮廓偏移的分区域扫描首先对切片后的轮廓进行区域划分，随后单独对各个区域进行扫描填充，轮廓偏移的分区域扫描基于对整个扫描区域合理的划分，以及各个扫描区域扫描顺序的合理安排，因此合理的区域划分及路径规划尤为重要。

图 3.31 所示为基于平行直线的分区域扫描，这种扫描方式扫描速度快，除具有平行直线扫描的优点外，还可以降低空行程长度，减少空跳次数，降低电子束开关频率。但缺点是这种扫描方法依然属于平行直线扫描，因此还是无法解决翘曲变形的根本问题。

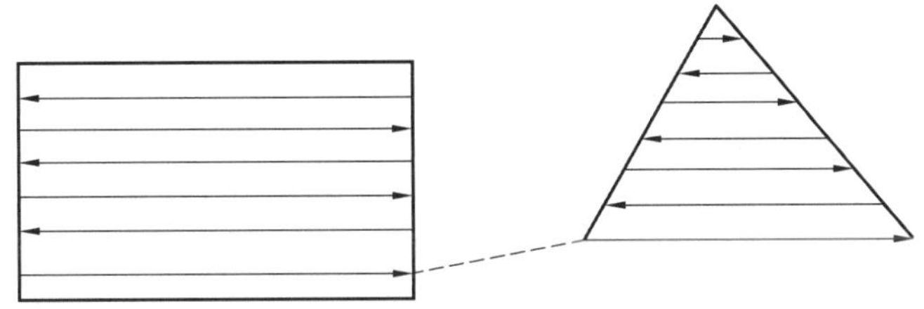

图 3.31　基于平行直线的分区域扫描

4. 螺旋线扫描

螺旋线扫描是借鉴传统的铣削加工模式，以轮廓层截面几何中心点为中心展开螺旋线，对区域进行扫描。这种扫描方式生成的零件残余应力得到很好的释放，零件机械性能得到相应提升，但是这种扫描方式只适用于简单轮廓，对于复杂的多型腔零件的适用性并不强，仍然需要频繁的跨域型腔，因此扫描效率并不高。此外，螺旋线扫描填充方式对于成型件轮廓外形精度影响比较大,成型件的表面光洁度不高(图 3.32),因此在轮廓的边角处难以保证成型件的精度。

5. 分形扫描

分形扫描采用 Peano 曲线族中 Hilbert 曲线进行轮廓填充,如图 3.33 所示,但是 Hilbert 曲线填充的只是一块矩形区域,然而成型件的形状是错综复杂的,对于一般的非矩形区域的多边形,需要对其进行复杂的多边形裁剪运算,分形扫描算法主要分为以下三步。

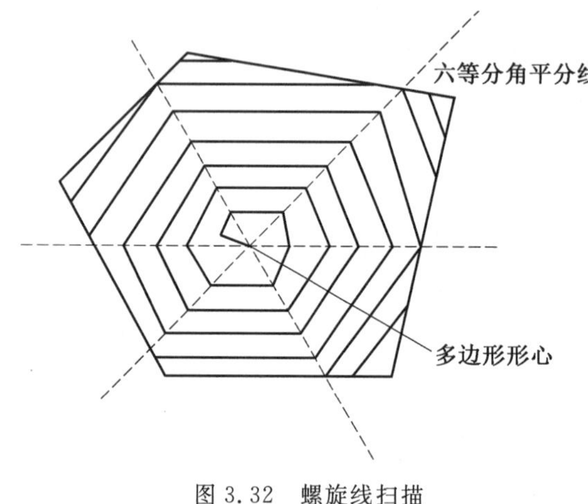

图 3.32 螺旋线扫描

图 3.33 分形扫描

(1)生成能覆盖整个扫描区域的分形曲线。

(2)分形曲线与扫描轮廓求交。

(3)根据交点信息进行曲线裁剪。

分形扫描的优点是它克服了因平行直线扫描导致成型件内部各相异性的缺点,使电子束选区熔化成型过程中温度场更均匀,进而降低残余内应力,使成型件的翘曲变形得到控制。但是这种扫描方式算法比较复杂,无法避免电子束的频繁跳跃。此外,这种算法的扫描路径为微小线段,需要时刻变向扫描,因此扫描速度慢,效率低。

6. 复合扫描

复合扫描是将轮廓偏移扫描与分区域扫描结合的一种扫描方式,这种扫描方式先在成型件轮廓边缘进行轮廓偏移扫描,随后将内部区域分成若干个子区域,子区域内部采用 S 形扫描,如图 3.34 所示。复合扫描吸收轮廓偏移算法与分区域扫描的优点,又克服了轮廓偏移算法复杂难以实现等缺陷,是一种理想的扫描方式。

针对不同零件的加工,扫描策略的选择需要考虑零件结构和尺寸精度等众多因素,采用不同扫描路径制备的零件成型精度和性能往往不尽相同。以还原铁粉电子束选区熔化为例,制备一个含内孔的圆环,探讨扫描策略对成型质量的影响。图 3.35 所示为圆环扫描路径示意图。图 3.35(a)所示为投影扫描,在整个圆环轮廓内等距偏置直线;图 3.35(b)所示为偏置扫描,在一个扫描周期内,通过外轮廓连续向内收缩构造 m 条等距线来实现;图 3.35(c) 所示为旋转点扫描,在一个扫描周期内,通过一定大小的点旋转一周而成,其中这个点半径为$(R_0-R_1)/2$,这个点实际上是由 m 个点组成的同心圆,旋转角为

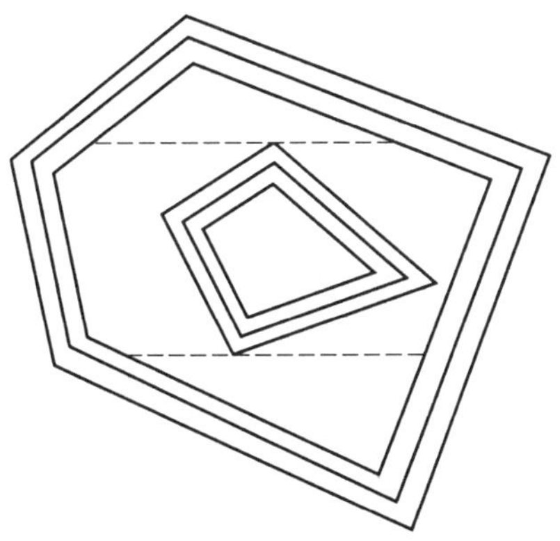

图 3.34　复合扫描

$2\pi/n$;图 3.35(d) 所示为旋转线扫描,即在一个扫描周期内,通过四条相互垂直的线段旋转一周而成。

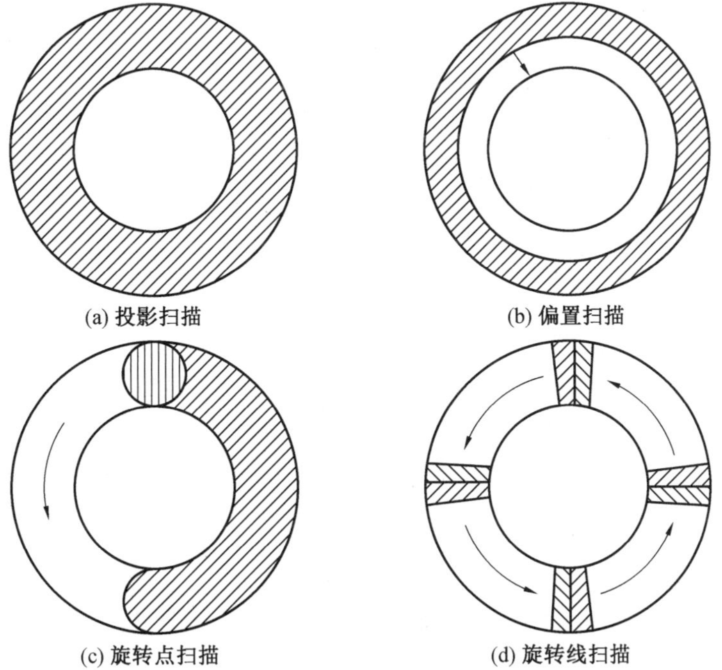

图 3.35　圆环扫描路径示意图

综上可知,电子束选区熔化过程涉及粉末制备、三维模型建立及处理等多个方面,这些因素均会对零件的成型质量及成型件的性能产生重要影响。因此,针对不同材料选择合理的粉末制备方法,保证三维模型的精度、设计最佳的分层切片算法和优化电子束扫描路径对于制备高精度、高性能的零件具有重要意义。

3.8 后处理工艺

经过电子束选区熔化制造的试样，由于制造过程中元素高温蒸发以及粉末本身夹杂的污染物，导致试样内部存在孔洞缺陷，对试样抗拉强度、抗疲劳性和抗蠕变性存在不利影响，影响试样后续服役过程中的稳定性。此外，由于电子束选区熔化过程为快速加热一冷却过程，在试样内部存在较大的残余应力，具有同素异构转变的金属(如钢铁材料及钛合金等)在快速冷却过程中易产生大量针片状马氏体，导致试样韧性降低。因此，经过电子束选区熔化制备的试样，需要通过一定的后处理工艺来消除孔洞缺陷，并优化显微组织，消除残余应力。

热等静压(Hot Isostatic Pressing，HIP)是一种有效的电子束选区熔化后处理方法，已被广泛用于增材制造试样的后处理工艺。热等静压工艺将电子束选区熔化试样置于稀有气体环境中，通过同时施加高温和高压气体，利用小规模塑性流动和材料传输导致孔隙塌陷闭合，从而消除孔洞缺陷。同时，由于热等静压过程在高温下进行，相当于对电子束选区熔化试样进行热处理，有利于其显微组织的改善以及力学性能的提高。因此，热等静压成为电子束选区熔化主要的后处理工艺。

3.8.1 热等静压对缺陷的影响

对电子束增材制造得到的Ti－6Al－4V试样进行热等静压处理，采用X射线计算机断层扫描探究热等静压前后试样内部的孔隙率，如图3.36所示。研究结果表明，在经过热等静压处理后，试样内部无论是气孔缺陷还是熔合不良均得到了有效抑制。

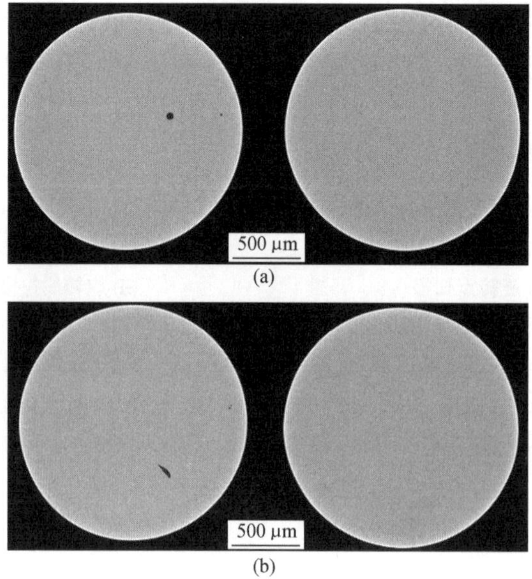

图3.36 热等静压前后Ti－6Al－4V试样内部孔洞缺陷变化

此外，通过对电子束增材制造得到的 Ti－6Al－4V 试样断口的孔洞分布进行研究，同样可以发现热等静压处理对孔洞的抑制效果。如图 3.37 所示，红色区域代表熔合不良区域，其内部存在较多未熔合孔洞，在经过热等静压处理后，不同表面加工深度的断口由于熔合不良导致孔洞区域大大减少。

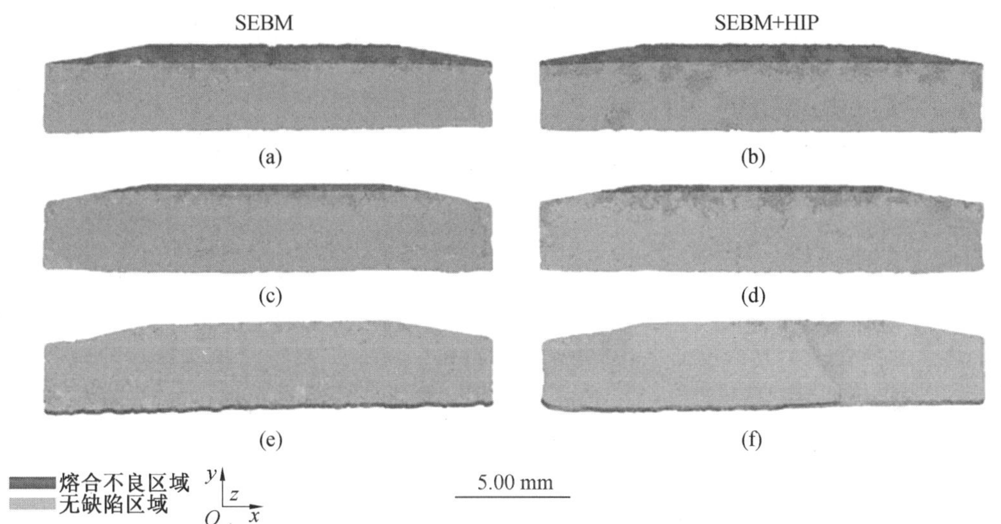

图 3.37　热等静压前后 Ti－6Al－4V 断口未熔合区域变化

3.8.2　热等静压对显微组织的影响

电子束选区熔化为快速加热－快速冷却过程，熔化－凝固时间较短，冷却速度较快，容易造成试样内部元素分布不均匀。热等静压由于在高温条件下进行，有利于试样内部充分进行均质化，消除元素偏析。通过对电子束选区熔化制备 CMSX－4 镍基高温合金试样在超过 1 300 ℃的温度下进行热等静压处理后，试样中与晶界偏析的 Al、Ta 元素，以及在晶内富集的 Re、W、Cr 元素均实现了完全均质化。

对热等静压处理前后 Ti－6Al－4V 电子束选区熔化试样内部 α 相与 β 相的位错移动进行研究，可知在热等静压处理前试样的滑移行为显示出明显的平面滑移线，具有跨多个层状 α 相的大长度尺度；在热等静压处理后试样中，大部分滑移线被阻挡在 α 板条内，基底滑移活动增强。试样变形行为的差异主要是热等静压处理后显微组织粗化的结果。热等静压处理前后 Ti－6Al－4V 塑性变形显微组织变化如图 3.38 所示。热等静压处理前试样中较细的 α 片层含有一些几乎笔直的位错，从一个 α/β 界面发射出来，直至另一个 α/β 界面中断，这些滑动长度有限的小尺寸 α 相可以在一定程度上抑制横向滑动的发生；在热等静压处理后试样中，许多位错从两个 α/β 界面滑向 α 板条的中心，并相互干扰。与热等静压处理前试样相比，α 板条内部发生了更大的位错交叉，位错有足够的空间移动，因此更容易发生交叉滑移和多重滑移。在这种情况下，热等静压处理后试样的变形过程会激活更多的基底滑移和一些锥体滑移。

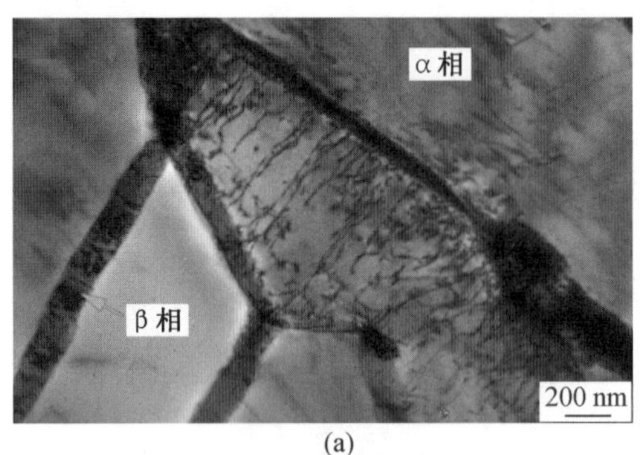

(a)

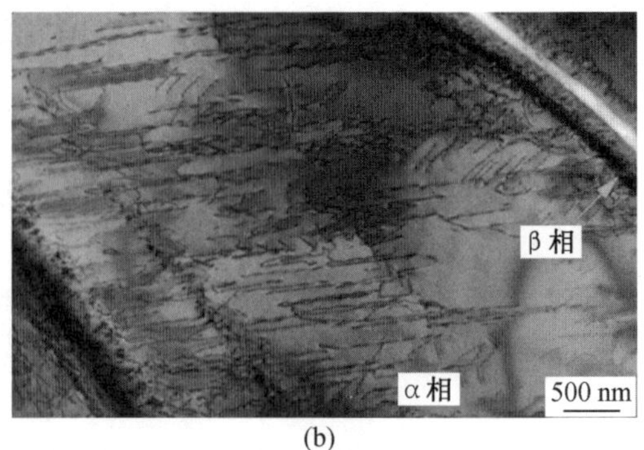

(b)

图 3.38 热等静压处理前后 Ti－6Al－4V 塑性变形显微组织变化

3.8.3 热等静压对力学性能的影响

热等静压处理主要通过消除孔洞缺陷、均匀化组织来提高电子束选区熔化试样的力学性能。通过对棒状 Ti－6Al－4V 电子束选区熔化试样进行热等静压处理，试样密度由 99.03%提高到 99.90%，说明试样内部的孔洞缺陷得到抑制。由于缺陷数量的减少，棒状试样上部、中部和下部的拉伸性能十分一致，证明热等静压处理使试样的力学性能更稳定。此外，对热等静压处理前后的 Ti－6Al－4V 电子束选区熔化试样进行疲劳实验，结果表明，热等静压处理前试样在最大应力(530 MPa)下循环次数为 940，而热等静压处理后试样在 1 000 MPa 下可循环 1 060 次。

本章参考文献

[1]高正江，周香林，李景昊，等. 高性能球形金属粉末制备技术进展[J]. 热喷涂技术，2018，10(03)：8-16.

[2]李安，刘世锋，王伯健，等. 3D 打印用金属粉末制备技术研究进展[J]. 钢铁研究学报，2018，v.30(06)：4-11.

[3]陈莹莹，肖志瑜，李上奎，等. 3D 打印用金属粉末的制备技术及其研究进展[J]. 粉末冶金工业，2018(4)：6.

[4]李保强，金化成，张延昌，等. 3D 打印用球形钛粉制备技术研究进展[J]. 过程工程学报，2017，17(5)：7.

[5]唐超兰，张伟祥，陈志茹，等. 3D 打印用钛合金粉末制备技术分析[J]. 广东工业大学学报，2019，36(3)：8.

[6]姚妮娜，彭雄厚. 3D 打印金属粉末的制备方法[J]. 四川有色金属，2013(4)：4.

[7]邹海平，李上奎，李博，等. 3D 打印用金属粉末的制备技术发展现状[J]. 中国金属通报，2016(8)：2.

[8]韩寿波，张义文，田象军，等. 航空航天用高品质 3D 打印金属粉末的研究与应用[J]. 粉末冶金工业，2017(27)：51.

[9]谢焕文，邹黎明，刘辛，等. 球形钛粉制备工艺现状[J]. 材料研究与应用，2014，8

(2):5.

[10]杨福宝，徐骏，石力开．球形微细金属粉末超声雾化技术的最新研究进展[J]．稀有金属，2005，29(5):6.

[11]黄赞军，麻洪秋，金成海，等．雾化法制备特殊高合金粉末的发展状况[C].北京:粉末冶金产业技术创新战略联盟论坛,2010.

[12]刘平,崔良,史金光,等.增材制造专用金属粉末材料的制备工艺研究现状[J].浙江冶金，2018(4):4.

[13]刘育琴，尤云龙，周肇兴，等．真空电子束旋转盘雾化法制备高温合金粉的工艺研究[J]．上海钢研，1996(4):1-10.

[14]张业成．电子束选区熔化偏转扫描系统研究[D].南京:南京理工大学,2016.

[15]邓红敏．金属堆焊快速成型路径规划与算法研究[D].乌鲁木齐:新疆大学,2017.

[16]牛超．3D 打印预处理软件研究与设计[D].太原:中北大学,2017.

[17]马奇．双光源选区激光熔化路径规划技术研究[D].南京:南京航空航天大学,2018.

[18]AMEEN W，AL－AHMARI A，MOHAMMED M K. Self-supporting overhang structures produced by additive manufacturing through electron beam melting[J]. The International Journal of Advanced Manufacturing Technology，2019，104(5)：2215-2232.

[19]CHENG B，CHOU K. Thermal stresses associated with part overhang geometry in electron beam additive manufacturing：process parameter effects[C]. Austin:2014 International Solid Freeform Fabrication Symposium,2014.

[20]TAMMAS－WILLIAMS S，WITHERS P，TODD I，et al. The effectiveness of hot isostatic pressing for closing porosity in titanium parts manufactured by selective electron beam melting[J]. Metallurgical & Materials Transactions A，2016，47：1939-1946.

[21]CHILDERHOUSE T，HERNANDEZ－NAVA E，TAPOGLOU N，et al. The influence of finish machining depth and hot isostatic pressing on defect distribution and fatigue behaviour of selective electron beam melted Ti－6Al－4V[J]. International Journal of Fatigue，2021，147(1):106169.

[22]RUTTERT B，RAMSPERGER M，RONCERY L M，et al. Impact of hot isostatic pressing on microstructures of CMSX－4 Ni－base superalloy fabricated by selective electron beam melting[J]. Materials & Design，2016，110：720-727.

[23]LIU Z，ZHAO Z，LIU J，et al. Deformation behaviors of as－built and hot isostatically pressed Ti－6Al－4V alloys fabricated via electron beam rapid manufacturing[J]. Journal of Materials Science & Technology，2019，35(11)：2552-2558.

[24]LU S，TANG H，LIU N，et al. Microstructure and mechanical properties of long Ti－6Al－4V rods additively manufactured by selective electron beam melting out of a deep powder bed and the effect of subsequent hot isostatic pressing[J]. Metal-

lurgical & Materials Transactions A, 2015, 46: 3824-3834.

[25]FRANCHITTI S, PIROZZI C, BORRELLI R. Influence of hot isostatic pressing and surface finish on the mechanical behaviour of Ti－6Al－4V processed by electron beam melting [J]. Fatigue & Fracture of Engineering Materials & Structures, 2020, 43: 102519.

第 4 章　电子束选区熔化原理

电子束选区熔化是一种先进的增材制造方法，尤其适合制造形状、结构复杂的零件，这些零件往往对成型质量和性能要求较高，因此需要了解选区熔化原理，为成型工艺的改进提供理论参考。电子束选区熔化过程复杂，涉及多种物理现象，这些物理机制间的相互作用直接影响成型件的表面质量和性能。本章结合有限元模拟分析方法介绍电子束选区熔化过程的相关原理，直观地还原电子束选区熔化过程。

4.1　随机粉末的生成

电子束选区熔化根据 CAD 数据使电子束在预置粉末表面的特定区域进行连续扫描，使扫描区域的粉末熔化固结，随后逐层铺粉，逐层扫描，最终得到完整的三维成型件。扫描过程中，电子束与粉末的相互作用直接影响粉末的熔化量、熔化过程的峰值温度及零件成型，最终对制造零件的质量产生影响。而粉末尺寸和粉层厚度则是影响电子束与粉末相互作用的关键因素。

电子束选区熔化采用的金属粉末尺寸大小并非统一，粉末铺展过程中不同尺寸的金属粉末随机排列，相邻粉末间存在大小不等的空隙。已有研究人员采用随机降雨模型来模拟随机粉末的生成，还原真实的粉末铺展过程。随机降雨模型模拟下落粉末在第一次相互接触后借助重力的作用发生旋转，滚动降低势能，直至实现下一次接触，该过程如图 4.1(a)所示。粉末根据需要随时旋转，降低势能，最终接近局部最小值，此时金属粉末比较稳定。

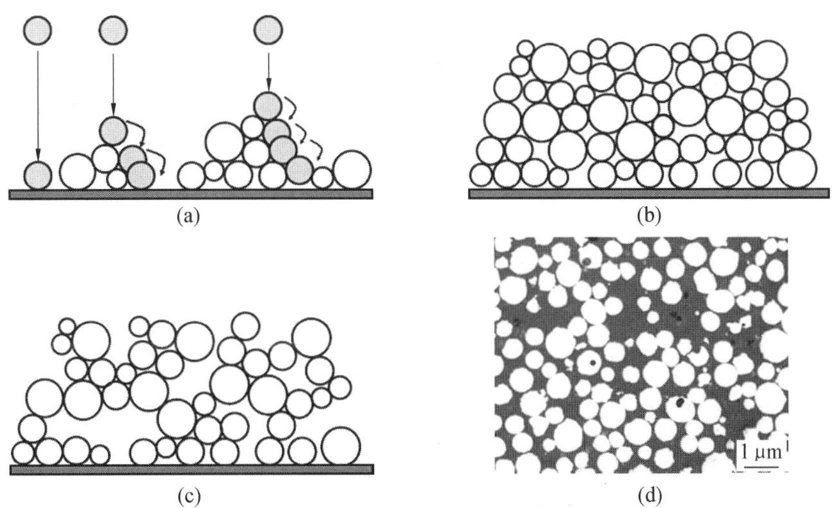

图 4.1　随机粉末的生成

下落的金属粉末受到重力场的作用不断旋转，最终形成致密的粉床（相对密度为75%），如图 4.1(b)所示。然而，实际粉床的致密度较低，且不同区域的致密度不同，因此去除致密粉床的一些粉末，改变粉床不同区域的致密度。如图 4.1(c)所示，电子束选区熔化采用的金属粉末尺寸遵循高斯分布，尺寸范围为 45～115 μm，粉末的填充密度约为55%。为了在模拟中再现类似的填充密度，采用逆高斯分布密度函数随机生成半径近似值合适的粉末：

$$f(x)=\sqrt{\frac{\lambda}{2\pi x^{3}}}\exp\left(-\frac{\lambda(x-\mu)^{2}}{2\mu^{2}x}\right) \tag{4.1}$$

逆高斯分布密度函数的控制参数是平均值 μ、形状因子 λ：

$$\sigma^{2}=\frac{\mu^{3}}{\lambda},\quad \delta=3\sqrt{\frac{\mu}{\lambda}} \tag{4.2}$$

式中，偏斜因子 δ 为逆高斯分布密度函数的不对称性。

由式(4.2)可知，与随机粉末相关的密度函数，δ 都是恒定的。密度函数的平均值可以通过偏斜因子以及粉末最小半径和最大半径的值来计算。图 4.2 所示为不同粒径粉末的实际分布和逆高斯分布密度函数曲线。图中实线为逆高斯分布密度函数曲线，其与粉末的实际分布吻合良好。利用逆高斯分布密度函数 $f(x)$，可以计算累积密度函数 $F(x)$，引入随机数 $r(0\leqslant r\leqslant 1)$、任意粉末的半径 d_{r}，通过 $F(x)$ 的分位数来计算：

$$d_{\mathrm{r}}=F^{-1}(r) \tag{4.3}$$

式(4.3)通过改变粉末平均尺寸、粒径分布和粉层厚度来改变粉末分布，以测试不同的金属粉末并检查这些参数对熔池的影响。图 4.1(d)所示为实际选区熔化过程中粉床截面图，通过与模拟结果对比可以发现，模拟粉床能较为真实地还原实际粉末的排列。

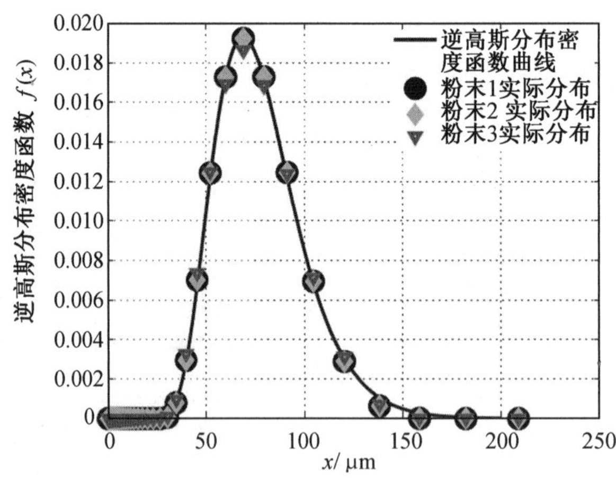

图 4.2 不同粒径粉末的实际分布和逆高斯分布密度函数曲线

在实际成型过程中，金属粉末逐层添加。电子束扫描一层后，重新铺设一层金属粉末。图 4.3 所示为逐层扫描铺粉过程。由于金属粉末受热熔化后会填充粉末间的间隙，凝固后发生体积收缩，导致粉床表面形状发生变化。后续铺粉过程中新添加的粉末会覆盖变形表面，重新形成水平粉床。成型过程中，通过降低粉床高度控制粉层厚度，保证每层金属粉末厚度一致。

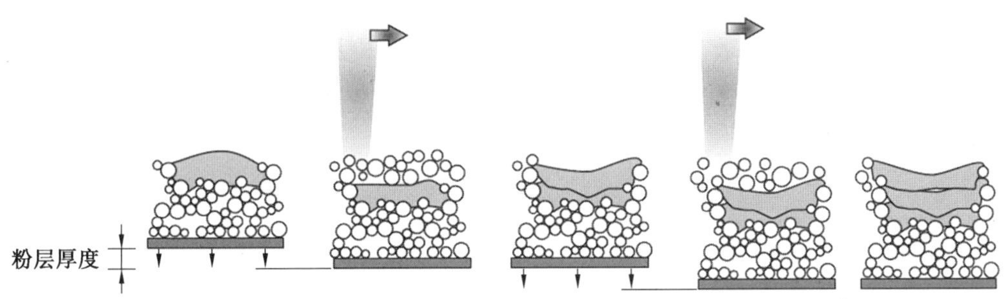

图 4.3　逐层扫描铺粉过程

为准确的模拟铺粉过程，需要预先定义粉层厚度，来扩展至逐层铺粉过程。每层成型结束后并未降低平台，而是将定义的粉层厚度叠加至原有的粉层高度上，并将粉末铺设在已凝固的粉床上，如图 4.4 所示。粉末铺设期间，通过粉层厚度基线限制粉床高度，去除粉末中心位于基线上方的所有金属粉末，保证粉床的高度和水平度。

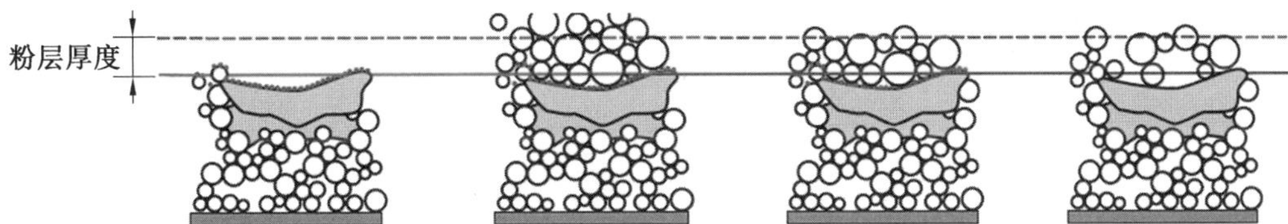

图 4.4　模拟逐层铺粉过程

4.2　电子束与粉末的相互作用

4.2.1　选区熔化束能量分布与吸收

1. 束能量分布

电子束选区熔化过程中，当电子束作用到粉层表面时，束能量并不是均匀分布在粉层表面，在粉层厚度方向能量的衰减分布也有所不同，因此为模拟电子束选区熔化的束能量分布，需要同时考虑束能量在粉层表面和粉层厚度方向的分布。

在每个时间步长 Δt 内，电子束提供的总能量为

$$E_{\mathrm{Beam}} = UI\Delta t \tag{4.4}$$

$$U = \frac{E_0}{\mathrm{e}} \tag{4.5}$$

式中，U 为加速电压；e 为单个电子的电荷量；I 为电子束束流；E_0 为电子束能量。

为获得计算域内每个单元在时间 t 内吸收的能量 $E_{\mathrm{Cell}}(x,y,z,t)$，电子束提供的总能量必须分布在数值网格的两个空间方向上：

$$E_{\mathrm{Cell}}(x,y,z,t) = E_{\mathrm{Beam}}\,g(x,y,t)h(z) \tag{4.6}$$

式中，$g(x,y,t)$ 表示横向能量分布；$h(z)$ 表示垂直方向能量分布，意味着电子束轴向平行于 z 轴方向。

(1) 横向能量分布。

在横向方向上，分布函数 $g(x,y,t)$ 为高斯分布，由于模拟仅限于两个空间维度，因此 $g(x,y,t)$ 取决于电子束偏转是在平面内还是平面外，如图 4.5 所示。如果电子束以偏转速度 v_y 移动到平面外，如图 4.5(a) 所示，二维高斯分布为

$$g(x,y,t)=\frac{1}{2\pi\sigma^2}\exp\left(-\frac{(x-x_0)^2+(y(t)-y_0)^2}{2\sigma^2}\right) \tag{4.7}$$

式中，σ 为标准差。

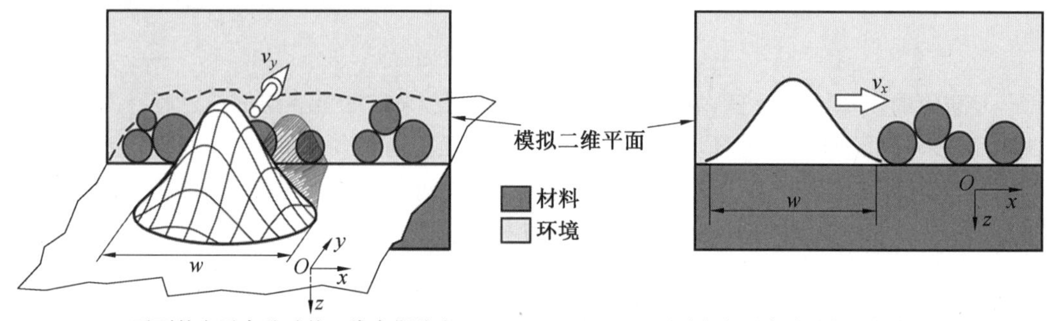

(a) 平面外电子束移动的二维高斯分布　　(b) 平面内电子束移动的平均的一维高斯分布

图 4.5　电子束横向能量分布

电子束在平面内移动需要采用不同的表示方法，在这种情况下有两种选择。一种是应用二维高斯分布，这需要在模拟的二维平面和 y 方向上的电子束之间明确定义交叉点。另一种方法是假设能量分布为平均的一维高斯分布(图 4.5(b))：

$$\bar{g}(x,y,t)=\frac{1}{\sigma\sqrt{2\pi}}\theta(y)\exp\left(-\frac{(x-v_xt-x_0)^2}{2\sigma^2}\right) \tag{4.8}$$

这种情况下需要确保电子束偏转出平面时，两个分布函数 $g(x,y,t)$ 和 $\bar{g}(x,y,t)$ 在模拟的二维平面内具有相同的能量。

(2) 垂直方向能量分布。

电子束在单个沉积层厚度 Δz 内的能量消耗 E_A/E_0，通常由厚度小于平均穿透范围 R 的薄箔片测量确定。通过固体膜反向散射或透射的电子可以得出关于沉积能量的结论，该过程与图 4.6 中 z^* 方向的描述相符，其中，R 为深度，w 为宽度。

在模拟计算中，能量吸收遵循数字网格主方向，即 z 方向。在参考轴方向上的旋转需要变换坐标：

$$z^*=z\cos\varphi \tag{4.9}$$

因此，在垂直方向上，分布函数 $h(z)$ 可表示为相对于 z 能量吸收分数的导数：

$$h(z)=\frac{1}{E_0}\frac{\Delta E_A}{f_v\Delta z}=\frac{1}{E_0}\frac{E_A(z_{i+1}^*,Z,E_0,\varphi)-E_A(z_i^*,Z,E_0,\varphi)}{f_v\Delta z} \tag{4.10}$$

$$z_i^*=z\cos\varphi \tag{4.11}$$

$$z_{i+1}^*=(z+f_v\Delta z)\cos\varphi \tag{4.12}$$

式中，E_A 为深度 z 处吸收电子的平均能量；E_0 为电子束能量；f_v 为能量分布系数。

2. 束能量吸收

电子束与金属粉末的相互作用包括金属粉末吸收电子束能量以及电子束与金属粉末

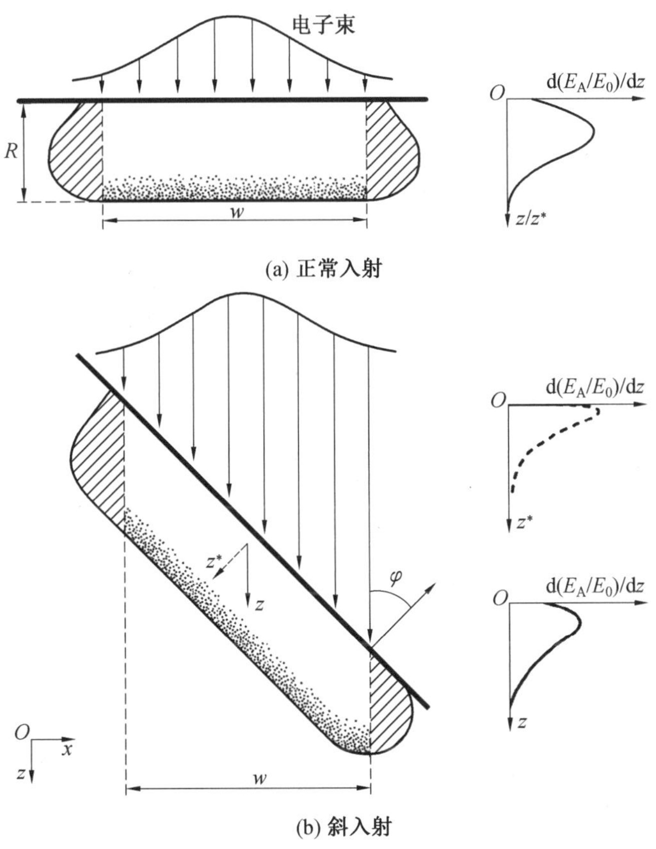

图 4.6　电子束能量吸收示意图

之间的相互作用。电子束与金属粉末之间的相互作用是一个复杂的物理过程，涉及电子束与粉末材料位置间辐射能量的交换作用，主要包括电子束的反射、散射和吸收，以及金属粉末温度升高、熔化和汽化等物理过程。在宏观尺度下，材料作为具有连续热物理性能的介质，当电子束作用其表面时，假设电子束能量被介质表面连续吸收，然后通过介质再扩散。在微观尺度下，电子束在粉层表面与金属粉末微观颗粒的相互作用是一个量子化的能量交换过程，在一定热作用空间和时间范围内，电子束中的高速电子流与材料微观颗粒进行能量交换。

电子束扫描过程中，辐射能量几乎被电子束与粉末材料最先作用的位置吸收。若不考虑反射过程，当电子束接触粉末时，能量吸收遵循朗伯－比尔吸收定律：

$$\frac{\mathrm{d}I}{\mathrm{d}z}=-\lambda_{\mathrm{abs}}I \tag{4.13}$$

式中，λ_{abs} 为吸收系数。图 4.7 所示为电子束能量吸收。在数值上能量 ΔI 被一个宽为 Δx 的数值单元吸收：

$$\frac{\Delta I}{\Delta x}=-\lambda_{\mathrm{abs}}I\epsilon \tag{4.14}$$

式中，ϵ 表示数值单元内的材料（固体或液体）的体积分数。

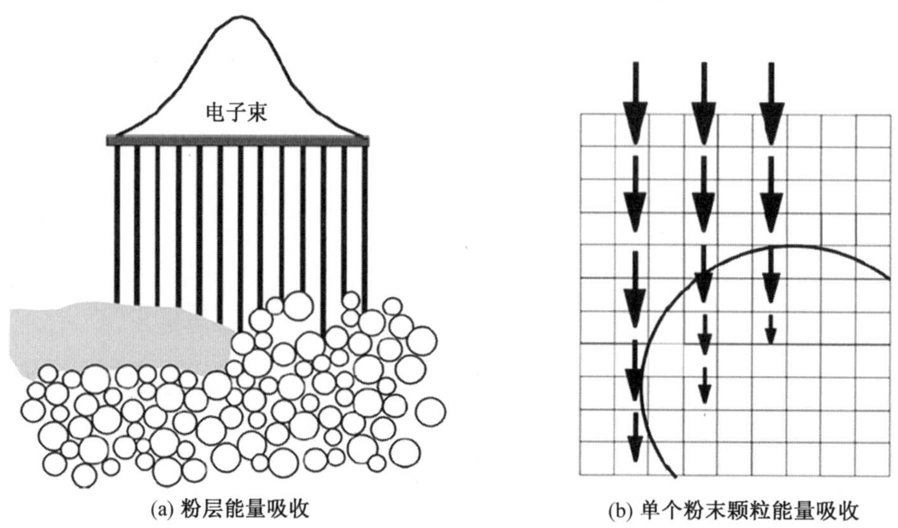

图 4.7　电子束能量吸收

4.2.2　束能量传递与守恒

电子束能量的传递分为热辐射、热吸收和热传导三种方式，如图 4.8 所示。热辐射是指被电子束作用区域金属粉末材料表面反射掉的能量，这部分能量加热周围环境；热吸收是指烧结进行的有效能量，该部分能量被电子束作用区域吸收，这部分能量用来加热金属粉末；热传导是指电子束作用区域传递给周围烧结粉末和固化层的能量，这部分能量加热周围金属粉末以及加热金属固化部分。

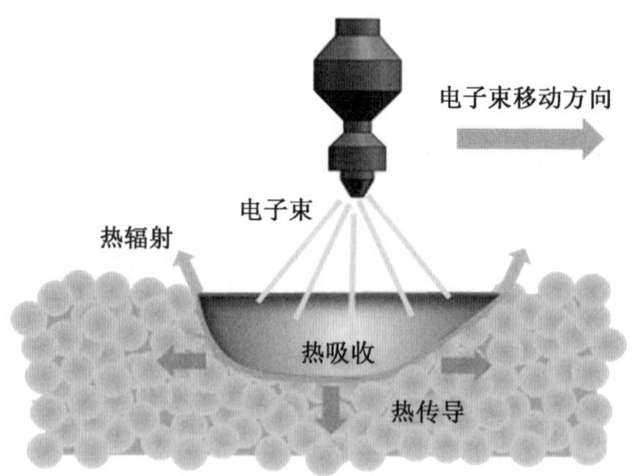

图 4.8　电子束选区熔化能量传递示意图

电子束选区熔化过程中，当电子束扫描到粉床表面时，束能量被粉末吸收，粉末温度升高，热量通过热扩散传递。当温度超过金属粉末的固相线温度时，固－液相转变开始，从而消耗潜热 L。当局部液相分数超过给定阈值时，固相完全转变为液相，热量在液相中的传递可通过扩散或对流进行。液态金属的热量通过热传导从液体传递至周围未熔化粉末，使温度降低，重新凝固。能量传递过程中，忽略来自液体表面的辐射散热。由于选区熔化是在真空条件下进行的，忽略表面的对流传热。

热对流－扩散传输过程可由基于焓的基本连续方程计算，用于模拟熔化和凝固过程，热流体不可压缩流动的单相连续守恒方程可由下式给出：

$$\nabla \cdot \boldsymbol{u} = 0 \tag{4.15}$$

$$\frac{\partial u}{\partial t} + (\boldsymbol{u} \cdot \nabla) u = -\frac{1}{\rho} \nabla \cdot \boldsymbol{p} + \nu \nabla^2 \cdot \boldsymbol{u} + g \tag{4.16}$$

$$\frac{\partial E}{\partial t} + \nabla \cdot (\boldsymbol{u} E) = \nabla \cdot (k \nabla E) + \Phi \tag{4.17}$$

式中，∇为梯度算子；t 为时间；u 为熔体的局部速度；p 为压力；ρ 为密度；ν 为运动黏度；热扩散率用 $k = k(E)$ 表示；g 为重力；热源 Φ 描述了电子束在材料中的沉积能量。本模型忽略黏性散热和压缩功。

热能密度可由下式给出：

$$E = \int_0^T \rho c_{\mathrm{p}} \mathrm{d}T + \rho \Delta H \tag{4.18}$$

式中，c_{p} 为恒压条件下的比热；T 为温度；ΔH 为计算单元相变潜在焓；ρ 为密度。

对于多组分金属合金，ΔH 是温度的复杂函数，在简单近似中，它由下式表示：

$$\Delta H(T) = \begin{cases} L & (T \geqslant T_{\mathrm{f}}) \\ \left(\dfrac{T - T_{\mathrm{i}}}{T_{\mathrm{f}} - T_{\mathrm{i}}}\right) L & (T_{\mathrm{i}} < T < T_{\mathrm{f}}) \\ 0 & (T \leqslant T_{\mathrm{i}}) \end{cases} \tag{4.19}$$

式中，T_{i} 和 T_{f} 分别为相变开始温度和相变结束温度；L 为相变潜热；ξ 为每个单元中的液体部分，表示为

$$\xi(T) = \frac{\Delta H(T)}{L} \tag{4.20}$$

考虑潜热的影响，热能密度公式（式(4.18)）可转换为

$$E = \int_0^T \rho c_{\mathrm{p}} \mathrm{d}T + \rho \Delta H = \int_0^T \rho \widetilde{c_{\mathrm{p}}} \mathrm{d}T \tag{4.21}$$

$$\widetilde{c_{\mathrm{p}}} = \begin{cases} c_{\mathrm{p}} & (T \geqslant T_{\mathrm{f}}) \\ c_{\mathrm{p}} + \dfrac{L}{T_{\mathrm{f}} - T_{\mathrm{i}}} & (T_{\mathrm{i}} < T < T_{\mathrm{f}}) \\ c_{\mathrm{p}} & (T \leqslant T_{\mathrm{i}}) \end{cases} \tag{4.22}$$

热扩散率 k 与热导系数 λ 相关：

$$k(E) = \frac{\lambda(E)}{\rho \widetilde{c_{\mathrm{p}}}(E)} \tag{4.23}$$

4.2.3　毛细管与润湿

毛细管与润湿是强相关的，两种现象都受表面能和界面能的控制。在电子束选区熔化过程中，毛细管和润湿都发挥着至关重要的作用，直接影响液态金属对金属粉末间隙的填充与零件成型。液态金属能否润湿固体粉末（或已凝固的熔池）取决于具体实验条件，如图 4.9 所示。

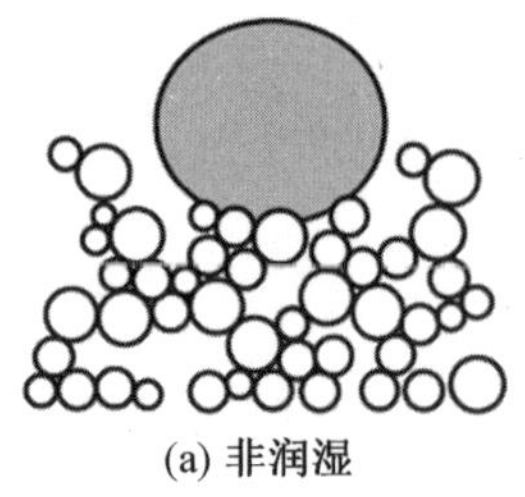
(a) 非润湿

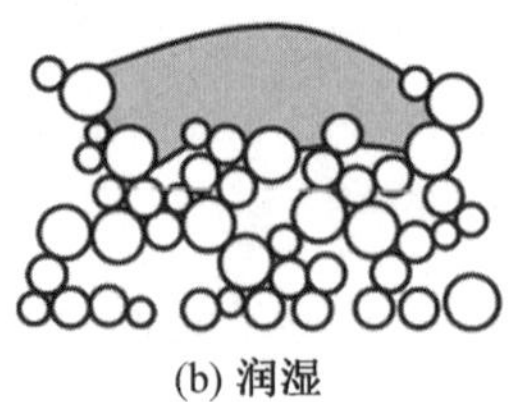
(b) 润湿

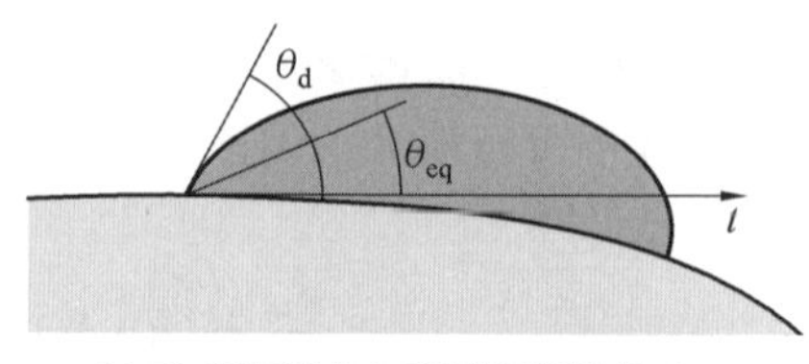

(c) 动态润湿角θ_d和平衡润湿角 θ_{eq}

图 4.9 润湿示意图

在电子束选区熔化过程中金属粉末熔化后易发生球化，球化现象可用球的长度与直径比大于 π 的泰勒－瑞利不稳定性(Plateau－Rayleigh 不稳定性) 原理解释。强烈的非润湿条件会进一步扩大球化，如图 4.9(a) 所示，好的润湿条件则能避免球化的形成。如果液体表面曲率没有消失，则存在毛细管力 $\boldsymbol{F}^{cap}$：

$$\boldsymbol{F}^{cap} = \kappa\sigma \, \mathrm{d}A\boldsymbol{n} \tag{4.24}$$

式中，κ 为曲率；σ 为表面张力；$\mathrm{d}A$ 为表面单元；$\boldsymbol{n}$ 为 $\mathrm{d}A$ 的法向量。

为了描述动态润湿过程，可以通过杨氏方程计算得到润湿力。如果动态润湿角 θ_d 不等于平衡润湿角 θ_{eq}，则存在润湿力 F^{wet}，润湿力的切向分力(如图 4.9(c)) 可由下式表示：

$$F_t^{wet} = \sigma(\cos\theta_d - \cos\theta_{eq}) \tag{4.25}$$

当动态润湿角等于平衡润湿角时，润湿力消失。液态金属与固态粉末间的润湿角可在 $0° \sim 180°$ 调节，也可直接定义液态金属与固态粉末间的润湿角。

4.3 熔池形成原理与流动原理

在电子束选区熔化过程，电子束作用于金属粉末表面后会发生复杂的能量传递过程，最终金属粉末发生熔化。熔化的金属粉末聚集在一起形成熔池，并且在熔池内部、熔池与未熔化金属粉末间发生复杂的传热传质行为，本节将探究熔池的形成原理及熔池内部的传热传质过程。

4.3.1 格子玻尔兹曼方法

格子玻尔兹曼方法是一种基于介观模拟尺度的计算流体力学方法，在分子运动论和统计力学的基础上建立了宏观与微观、连续与离散之间的桥梁，揭示流体运动的本质。基于此，本节关于电子束选区熔化过程中流体运动行为的研究均在格子玻尔兹曼方法的基础上进行补充与扩展。

格子玻尔兹曼方法流体动力学模型并未涉及选区熔化过程中的热效应，为了模拟选区熔化过程中的熔化与凝固，引入格子玻尔兹曼方法热模型。最初的格子玻尔兹曼方法热模型只能用来求解等温流动场。随着该模型的不断发展，逐步实现对传热问题的模拟，目前采用的主流方法为多速法和多分布法。

多速法可以看作是等温法格子玻尔兹曼方法的延伸，它的平衡函数包括附加的离散速度和更高阶的速度项。多速模型将内能融合在密度分布函数中，演化求解得到速度场和温度场。然而，多速法的内存需求量较大，数值稳定性较差，温度变化范围受到严格限制，并且该方法仅能模拟一个普朗克常数。

多分布法针对多速法的缺点，在模型中引入内能分布函数，用密度分布函数演化得到速度分布，采用单独的内能分布函数演化得到温度场。该方法保证计算稳定性，可以处理几乎任意数量的普朗克常数，这点对于电子束选区熔化过程的模拟非常重要，因此本节介绍基于多分布法的格子玻尔兹曼方法热模型。

采用多分布法进行建模，热流由第二组颗粒分布函数进行模拟。第一组颗粒分布函数 f_i 用于模拟密度和动量，第二组颗粒分布函数 h_i 用于模拟温度。格子玻尔兹曼方法热模型的颗粒分布函数也可分为迁移步和碰撞步：

$$\begin{cases} h_i'(x+\boldsymbol{e}_i\Delta t, t+\Delta t)=h_i'(\boldsymbol{x},t) \\ h_i(\boldsymbol{x},t+\Delta t)=h_i'(\boldsymbol{x},t+\Delta t)+\dfrac{1}{\tau_{\mathrm{h}}}(h_i^{\mathrm{eq}}(\rho,\boldsymbol{u})-h_i(\boldsymbol{x},t+\Delta t))+\Phi_i \end{cases} \tag{4.26}$$

式(4.26)同样使用了 D3Q19 三维点阵模型。Φ_i 是与每个格子节点相关的能量源，这些节点可以吸收电子束能量，由下式定义：

$$\Phi_i(\boldsymbol{x},t)=\omega_i E_{\mathrm{b}}(\boldsymbol{x},t) \tag{4.27}$$

式中，E_{b} 为电子束提供的能量。平衡分布函数 h_i^{eq} 可定义为

$$h_i^{\mathrm{eq}}(\boldsymbol{x},t)=\omega_i E\left(1+\frac{(\boldsymbol{e}_i\cdot\boldsymbol{u})}{c_{\mathrm{s}}^2}\right) \tag{4.28}$$

能量密度可通过下式计算：

$$E=\sum_i h_i \tag{4.29}$$

温度作为时间的函数不是连续可微的，因此一般使用能量密度作为时间的函数。当电子束作用于金属粉末时，粉末温度持续上升，直至达到固相线 T_{s} 和液相线 T_{l} 温度之间。当温度达到 T_{s} 时，粉末开始熔化，温度升高速度减缓；当温度达到 T_{l} 后，温度再次快速升高。能量密度函数随时间不断增大，能量密度 E 和温度 T 具有以下关系：

$$E=\int_0^T \rho c_{\mathrm{p}}\,\mathrm{d}T+\rho\Delta H \tag{4.30}$$

式中，c_{p} 为恒压热容；ΔH 为相变焓，是与温度相关的函数：

$$\Delta H(T)=\begin{cases} L & (T\geqslant T_{\mathrm{l}}) \\ \left(\dfrac{T-T_{\mathrm{s}}}{T_{\mathrm{l}}-T_{\mathrm{s}}}\right)L & (T_{\mathrm{s}}<T<T_{\mathrm{l}}) \\ 0 & (T\leqslant T_{\mathrm{s}}) \end{cases} \tag{4.31}$$

式中，L 为相变潜热。

综上可知，用于模拟电子束选区熔化的格子玻尔兹曼方法可以写作以下两部分。

迁移步：

$$\begin{cases} f_i'(\boldsymbol{x}+\boldsymbol{e}_i\Delta t,t+\Delta t)=f_i(\boldsymbol{x},t) \\ h_i'(\boldsymbol{x}+\boldsymbol{e}_i\Delta t,t+\Delta t)=h_i(\boldsymbol{x},t) \end{cases} \tag{4.32}$$

碰撞步：

$$\begin{cases} f_i(\boldsymbol{x},t+\Delta t)=f'_i(\boldsymbol{x},t+\Delta t)+\dfrac{1}{\tau_f}(f_i^{eq}(\rho,\boldsymbol{u})-f_i(\boldsymbol{x},t+\Delta t))+F_i \\ h_i(\boldsymbol{x},t+\Delta t)=h'_i(\boldsymbol{x},t+\Delta t)+\dfrac{1}{\tau_h}(h_i^{eq}(E,\boldsymbol{u})-h_i(\boldsymbol{x},t+\Delta t))+\Phi_i \end{cases} \tag{4.33}$$

该方法可用于模拟关于流体动力学和热效应的电子束选区熔化过程，两个密度分布函数只能通过动力学速度 $\boldsymbol{u}$ 进行耦合，表面张力是恒定的，与温度变化无关。

4.3.2 自由表面处理

自开发以来，格子玻尔兹曼模型已被用于多相流动现象的模拟，这些模拟多基于扩散界面理论。自由表面格子玻尔兹曼是基于非扩散流体体积的模型，用于追踪界面运动并在局部施加自由边界条件，该模型忽略气相动力学问题，用单相自由边界问题代替两相流问题求解，已成功地应用于高黏度、高密度比的液气流动模拟中。目前，电子束选区熔化模拟多采用自由表面边界。

自由表面格子玻尔兹曼模型用于模拟不互溶气体与液体之间的移动界面。该模型的局限性在于它不能用于研究相互作用的液－液系统或液－气系统，因此自由表面格子玻尔兹曼模型仅适用于气相对液相的影响可忽略不计的液－气系统。

在计算域中，格子的每个单元赋予一定的单元类型，如图 4.10 所示。

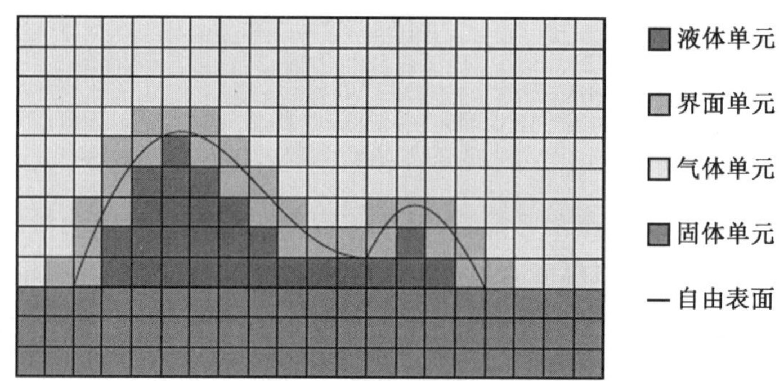

图 4.10 模拟假设的不同单元类型

(1) 液体单元。单元全部由液态金属填满，该单元不与气体单元直接相邻。

(2) 气体单元。单元全部由气体填满，该单元不与液体单元直接相邻，并且在流体模拟过程中不考虑气体单元的影响。

(3) 界面单元。该单元为气体单元与液体单元的边界，或者是气体单元与壁／固体单元的边界。

(4) 固体单元。无滑移边界条件，即密度分布函数在固体单元处反弹。

液－气界面的描述与多相流模型(Volume of Fluid，VOF)非常相似。液体的体积分数定义为给定单元区域内液体所占体积分数，该变量适用于每个界面单元。所有的单元均可改变其单元类型，但是无法直接从液体单元变为气体单元，反之亦然。

为保证界面稳定性，在液体单元外部只能有一层界面单元，但这一条件在液－固界面需要做出适当改变。为了模拟非常小($\theta \leqslant 5^\circ$)或非常大($\theta \geqslant 175^\circ$)的润湿角，需要有不与液体单元相邻的界面单元的存在，这些额外的界面单元需要采用特定的算法生成。

为了确保质量、动量和能量守恒，采用 VOF 方法进行模拟，引入动态填充水平 $\varphi(\boldsymbol{x},t)$，该填充水平定义为当前填充液体质量 $m(\boldsymbol{x},t)$ 单元的体积分数为

$$\varphi(\boldsymbol{x},t)=\frac{m(\boldsymbol{x},t)}{\rho(\boldsymbol{x},t)\,(\Delta x)^3} \tag{4.34}$$

式中，ρ 为局部密度。

与完全由液体填充的液体单元和填充水平为零的气体单元相反，自由表面的界面单元可被部分填充($0<\phi_{\text{interface}}<1$)。这些界面单元的质量交换直接在式(4.32)中的迁移步计算，并且对应于填充水平的变化。两个相邻单元 $\boldsymbol{x}$ 和 $\boldsymbol{x}+\boldsymbol{e}_i$ 之间的质量交换可以定义为

$$\Delta m_i=\begin{cases}0 & (\boldsymbol{x}+\boldsymbol{e}_i\ \text{气体单元})\\ f_{\tilde{i}}(\boldsymbol{x}+\boldsymbol{e}_i,t)-f_i(\boldsymbol{x},t) & (\boldsymbol{x}+\boldsymbol{e}_i\ \text{液体单元})\\ \dfrac{1}{2}(\varphi(\boldsymbol{x},t)+\varphi(\boldsymbol{x}+\boldsymbol{e}_i,t))\cdot(f_{\tilde{i}}(\boldsymbol{x}+\boldsymbol{e}_i,t)-f_i(\boldsymbol{x},t)) & (\boldsymbol{x}+\boldsymbol{e}_i\ \text{界面单元})\end{cases} \tag{4.35}$$

式中，$f_{\tilde{i}}$ 为与 f_i 的相反方向。

由于忽略了气相动力学的影响，因此需要对界面单元进行特殊处理，并且在界面处仅考虑传导气体区域的气体压力。位置 $\boldsymbol{x}$ 处的自由表面法向量 $\boldsymbol{n}(\boldsymbol{x})$ 通过单元局部邻域内的填充水平的梯度来近似。利用这个近似的法向量 $\boldsymbol{n}(\boldsymbol{x})$，$\boldsymbol{e}_i^{\mathrm{T}}\cdot\boldsymbol{n}\leqslant 0$ 的颗粒分布函数被设置为

$$f_i'(\boldsymbol{x},t+\Delta t)=f_i^{\text{eq}}(\rho_{\mathrm{G}}(\boldsymbol{x}),\boldsymbol{u}(\boldsymbol{x}))+f_{\tilde{i}}^{\text{eq}}(\rho_{\mathrm{G}}(\boldsymbol{x}),\boldsymbol{u}(\boldsymbol{x}))-f_{\tilde{i}}'(\boldsymbol{x},t+\Delta t) \tag{4.36}$$

式中，ρ_{G} 为气体压力；$\boldsymbol{u}(\boldsymbol{x})$ 为边界处的液体流动速度。此外，自由表面的边界条件考虑表面张力的影响。如果 σ 和 $\kappa(\boldsymbol{x},t)$ 分别由恒定表面张力参数和界面处的局部曲率给出，则可以通过拉普拉斯压力修改气体压力：

$$p_{\mathrm{G}}'=p_{\mathrm{G}}+2\sigma\kappa \tag{4.37}$$

自由表面不存在从粉末到气体的热交换。热边界条件由界面处的反射条件给出。来自气相的未知颗粒分布函数近似于液相输出 h_i。该自由表面方法适当模拟金属粉末和真空之间的界面。

4.3.3 单元转换与相变

电子束选区熔化过程中，在界面区域会进行复杂的传热传质过程。为了保证过程进行时界面的闭合，模拟需要引入单元类型的转换与相变，因此，在模拟域中的每个格子单元必须具有液体单元、气体单元、固体单元、固体界面单元或液体界面单元类型之一。液体单元和气体单元可以改变其状态，但自由表面方法不允许单元立即从气体变为液体，反之亦然，这种单元类型转换必须经过液体界面单元(图 4.11 中实线箭头)，以保证界面层的封闭。从气体单元或液体单元转变为液体界面单元取决于邻域，如果一个液体界面单元在物质交换期间转换成液体单元或气体单元，则当前的液体单元或气体单元必须转换成液体界面单元以保证界面单元的闭合。

考虑固－液相变和相关的单元转换(图 4.11 中虚线箭头)对电子束选区熔化过程是

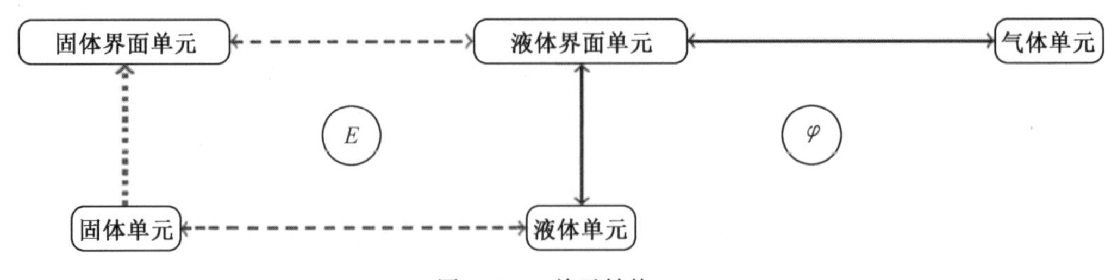

图 4.11 单元转换

必要的，该相变过程由式(4.29)中的能量密度 E 控制。如果 E 超过材料特定值，则前一个固体单元转变为液体单元；如果 E 低于另一特定阈值，则液体单元转变为固体单元。E 的变化由固体单元中格子玻尔兹曼方法(式(4.32)和式(4.33))的计算决定，流体速度 $\boldsymbol{u}$ 设定为零。为了保证热单元转换的稳定行为，两个单元状态之间的边界不是固定值，它被设置为连续的滞后区域，即固体和液体之间的相变在固相线和液相线温度之间进行，这取决于模拟粉末的材料。

4.4 选区熔化过程模拟

电子束选区熔化是一个综合传热传质的复杂过程，不同成型条件和参数均会对选区熔化过程产生重要影响。本节基于电子束选区熔化原理，对选区熔化过程进行模拟，研究不同工艺条件对熔池形貌、表面成型和熔池流动行为的影响。

4.4.1 熔池形貌

1. 润湿条件

电子束选区熔化在真空条件下进行，金属粉末熔化凝固速度快，因此润湿行为难以测量。采用数值模拟方法研究润湿条件对熔池形貌的影响，对于选区熔化技术的改进具有重要意义。模拟结果表明，润湿条件对熔池的形成影响较大(图 4.12)，当润湿角为 10°时，润湿效果较好，液态金属能有效铺展；当润湿角为 160°时，熔化的金属粉末团聚成球，球化现象严重。润湿条件不仅影响熔池的形状，还影响熔池的温度，因为润湿会使更多的热量传递到周围的固体粉末。

2. 能量输入

为了研究熔池的扩展，模拟时改变能量输入，其他参数保持不变。图 4.13 显示了随着能量输入的增加熔池几何形状的实验结果(图 4.13(a)、图 4.13(c))和模拟结果(图 4.13(b)、图 4.13(d))对比。只要总熔池尺寸不大于平均粉末直径，液态金属就倾向于形成较圆的形状以使表面能最小化(图 4.13(a)、图 4.13(b))，而对于尺寸较大的熔池，由于毛细管、润湿和重力的作用，其几何形状易发生变化。图 4.13(c)、图 4.13(d)可观察到类似的效果。

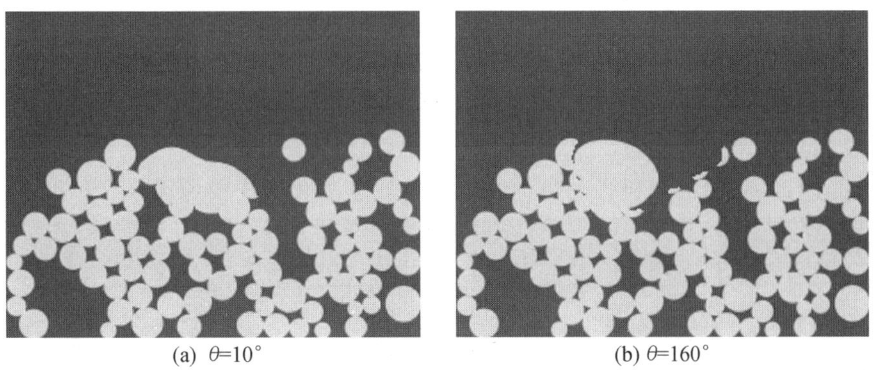

(a) θ=10°　　(b) θ=160°

图 4.12　不同润湿条件对熔池形貌的影响

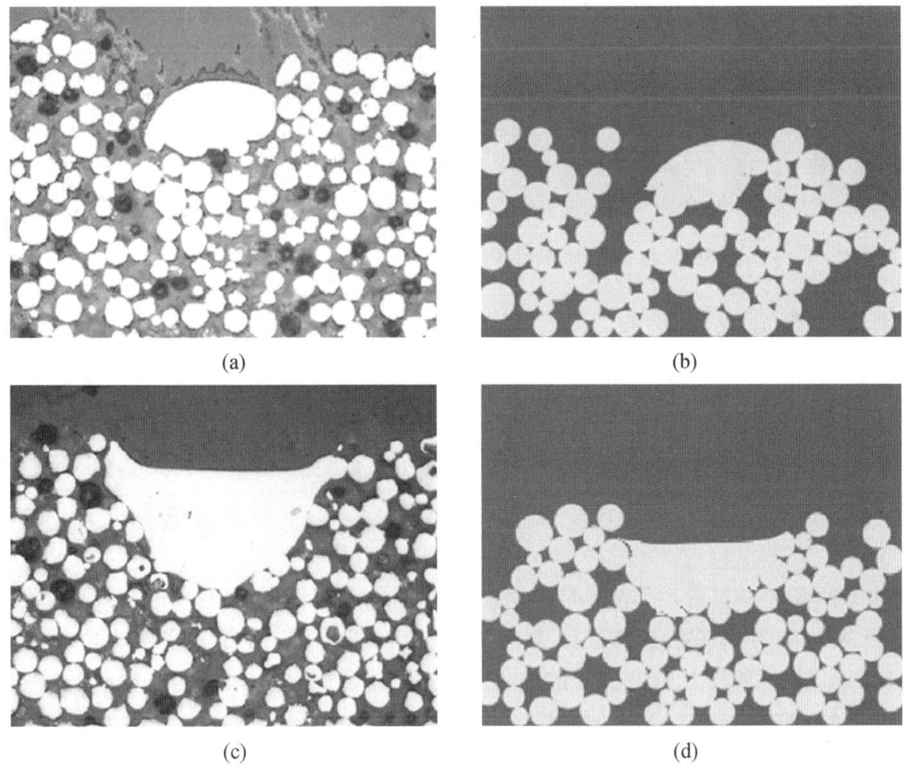

(a)　(b)　(c)　(d)

图 4.13　熔池形貌对比图

3. 随机粉层

熔池形状不仅受润湿条件和能量输入的影响，粉层的随机特性对熔池的最终形状也具有一定影响。图4.14(a)所示为实验过程中Ti－6Al－4V粉末同一扫描路径的不同横截面，表面曲率可以是凹的或凸的，并且表面取向可以极大地偏离法线方向，由此产生的熔池几何形状并不明确。重新固化熔池的几何外观很大程度上取决于局部粉末密度和排列、液态金属对粉末的润湿等。从图4.14(b)中可以观察到类似的行为，与实验观察结果完全一致。因此，粉层的随机性是熔池几何形状发生变化的主要原因。

(a)

(b)

图4.14　填充粉层在熔池几何形状上的随机效应

4.4.2　表面成型

实验结果和模拟结果均表明，工艺参数对电子束选区熔化过程中熔池的形成和表面形貌起至关重要的作用。图4.15所示为在不同的扫描速度和电子束功率下形成的表面形貌。从实验结果来看，熔池的形貌可分为三种，一种是球化形貌(图4.15(a))，第二种是畸变形貌(图4.15(b))，另一种是直线形貌(图4.15(c))，数值模拟再现了三种不同的熔池形貌。

由图4.15(a)可以看出，熔化的金属粉末没有形成连续的轨迹，而是变成了孤立的岛状，在电子束功率为30 W、扫描速度为0.05 m/s的条件下，出现了球化缺陷。在电子束功率为60 W、扫描速度为0.1 m/s的条件下，熔化的金属粉末颗粒形成连续的轨迹，然而单轨是扭曲的，如图4.15(b)所示。图4.15(c)所示为电子束功率为180 W、扫描速度为0.3 m/s条件下，熔化的金属粉末颗粒形态。与图4.15(a)、图4.15(b)相比，图4.15(c)表面更光滑。简而言之，随着电子束流功率和扫描速度成比例的增加，熔池内温度升高，表面质量变光滑。虽然线能量保持不变，但由于工艺参数的差异，导致温度场和熔池流量发生变化。

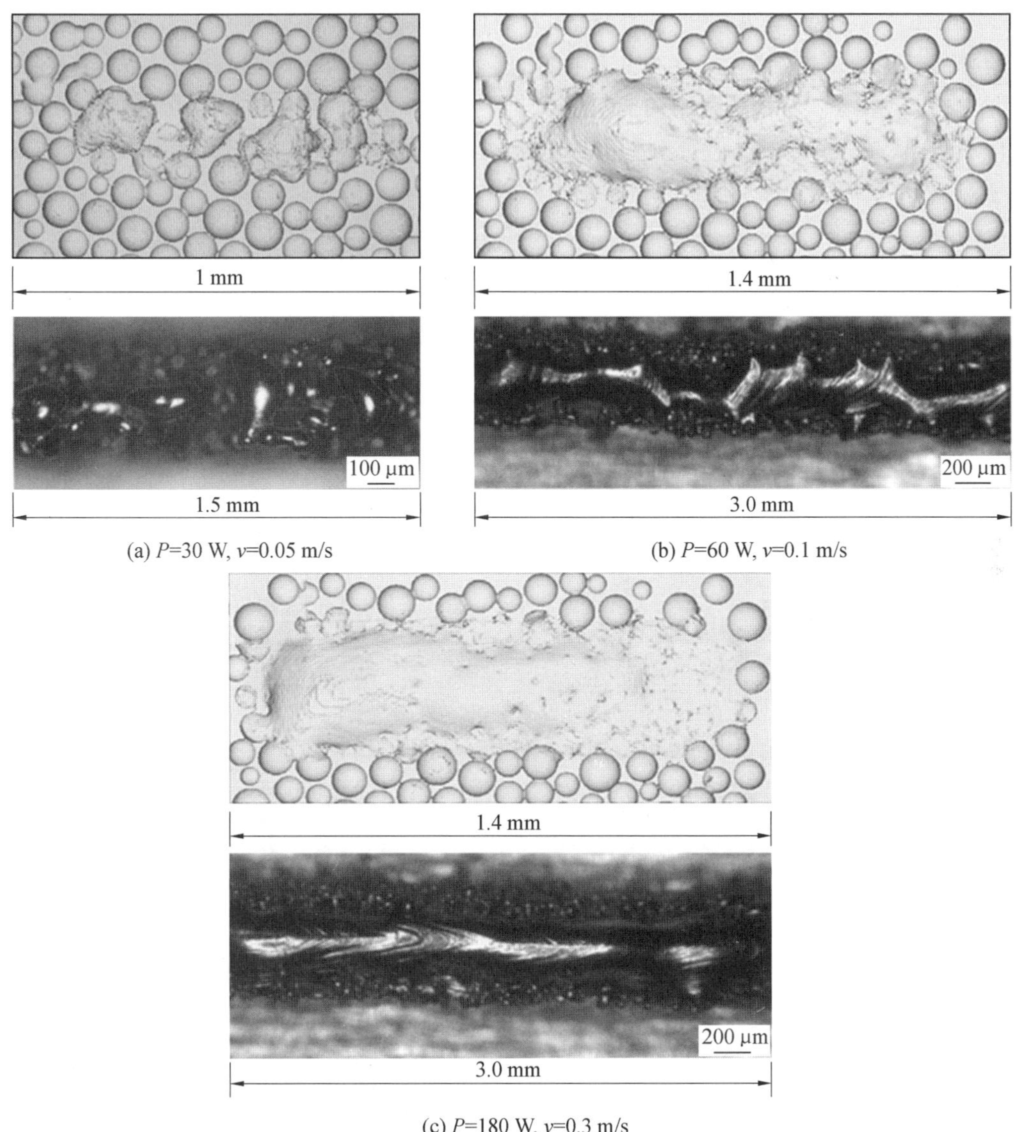

(a) P=30 W, v=0.05 m/s (b) P=60 W, v=0.1 m/s

(c) P=180 W, v=0.3 m/s

图 4.15 在不同的扫描速度和电子束功率下形成的表面形貌

4.4.3 熔池流动行为

马兰妮(Marangoni)流和浮力流直接由温度梯度决定，当温度较高时，蒸发和反冲压力的影响更大，因此不同工艺参数下的不同温度场会导致不同的流型，形成不同的表面形貌。

图 4.16 所示为不同工艺参数下纵截面上的温度分布。当电子束功率为 30 W、扫描速度为 0.05 m/s 时，熔池的峰值温度为 2 267 K(图 4.16(a))；当电子束功率增加到 60 W、扫描速度增加到 0.1 m/s 时，熔池的峰值温度达到 2 518 K(图 4.16(b))；当电子束功率进一步增加到 180 W、扫描速度进一步增加到 0.3 m/s 时，峰值温度达到 3 449 K

(图 4.16(c))。因此,随着温度场的变化,表面形态发生变化。对于同一线能量,当电子束功率和扫描速度增加时,温度有上升趋势,因为线能量表示一定距离内的能量输入。当线能量相同时,意味着相同距离的能量输入是相同的。然而,热扩散时间受能量与材料相互作用时间的影响。在电子束选区熔化过程中,扫描速度对热扩散时间有影响。扫描速度越高,热扩散时间越短,熔池内温度越高。

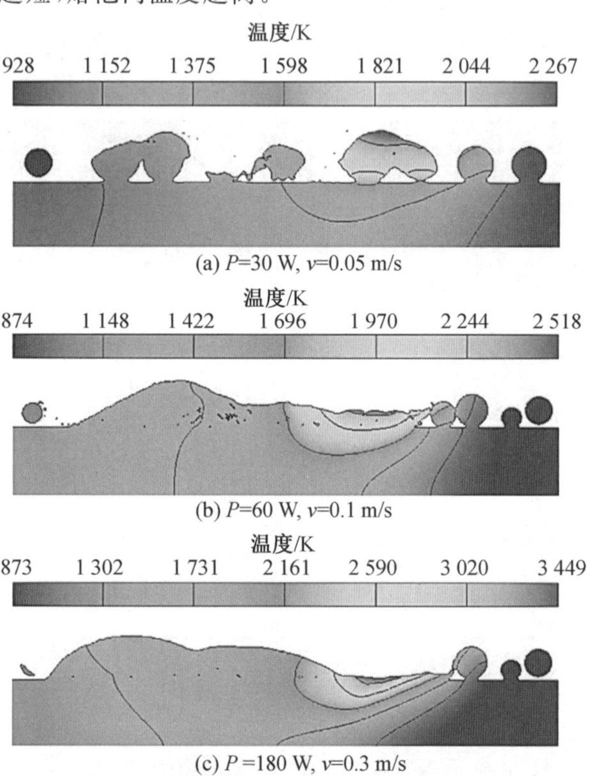

图 4.16 不同工艺参数下纵截面上的温度分布

虽然成型过程中线能量相同,但由于工艺参数的差异,导致熔池的流动行为发生变化,最终形成图 4.15 所示的三种表面形貌。结合成型过程中熔池的热行为,可分析不同形貌的形成机理。

1. 球化形貌

球化缺陷是增材制造中的关键缺陷之一,它直接影响金属零件的质量和制造工艺。在增材制造的产品中,球化缺陷会导致更大的多孔性和更差的表面粗糙度。许多研究人员已经对球化缺陷进行研究,并提出了避免球化缺陷产生的方法。

从温度分布和熔池流动两方面研究球化缺陷的形成机理。图 4.17 所示为熔池在不同时间沿纵向的温度分布。在温度曲线中,红色代表熔池。相应的熔池流动如图 4.18 所示。在初始阶段 $t=7$ ms 时,电子束加热粉末 P_2,而温度未达到熔化温度(图 4.17(a))。随着电子束向前移动,粉末 P_2 开始熔化,熔化体积增加(图 4.17(b)、图 4.17(c) 和图 4.17(d))。从相应的流场来看,粉末 P_2 向上流动(图 4.18(a)、图 4.18(b)、图 4.18(c))。向上流动使金属液体与先前熔化的金属分离,而不在板上润湿。由于能量输入不足,粉末

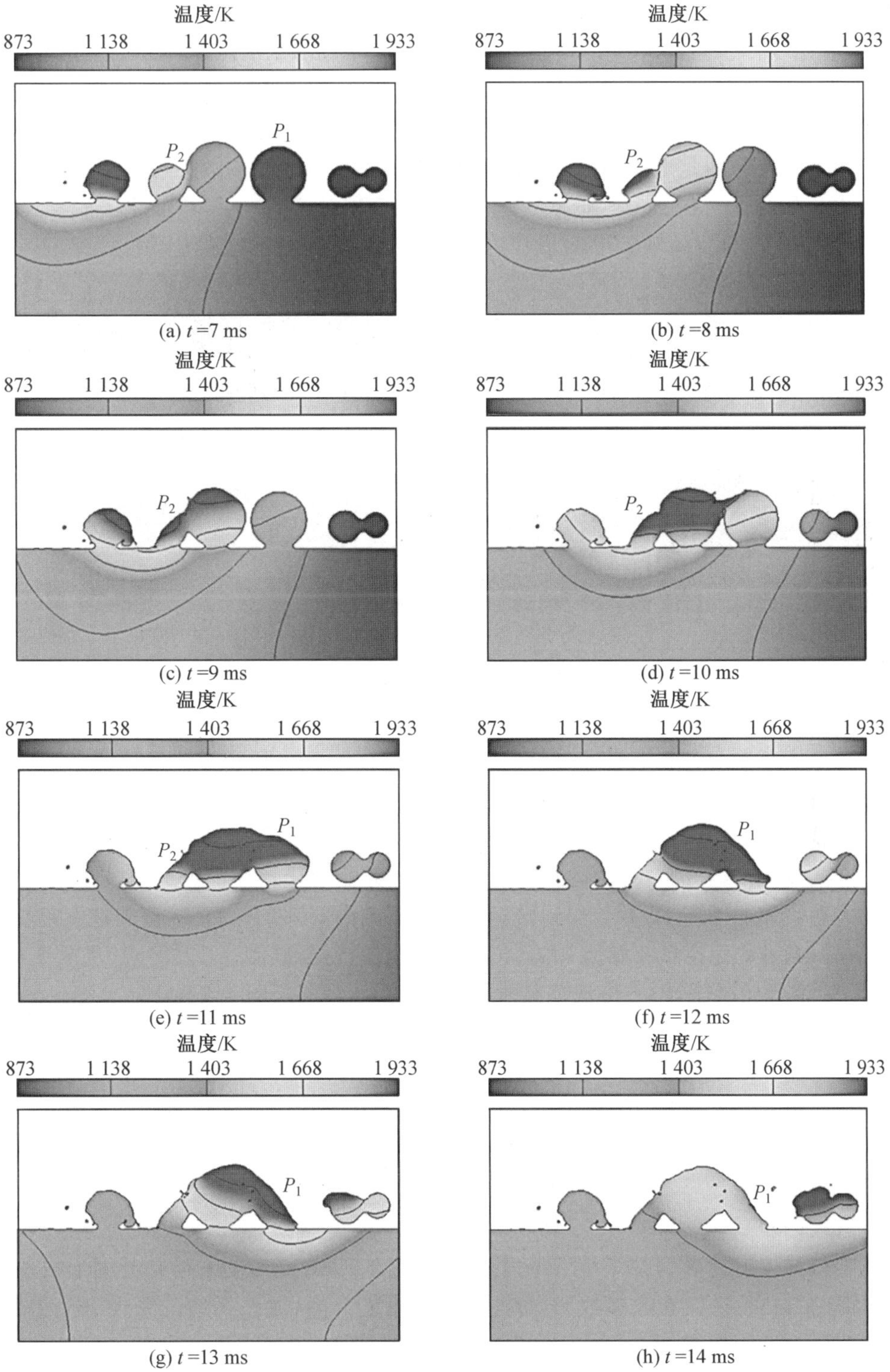

温度/K

873　1 138　1 403　1 668　1 933

(a) t=7 ms

温度/K

873　1 138　1 403　1 668　1 933

(b) t=8 ms

温度/K

873　1 138　1 403　1 668　1 933

(c) t=9 ms

温度/K

873　1 138　1 403　1 668　1 933

(d) t=10 ms

温度/K

873　1 138　1 403　1 668　1 933

(e) t=11 ms

温度/K

873　1 138　1 403　1 668　1 933

(f) t=12 ms

温度/K

873　1 138　1 403　1 668　1 933

(g) t=13 ms

温度/K

873　1 138　1 403　1 668　1 933

(h) t=14 ms

图 4.17　熔池在不同时间沿纵向的温度分布

P_2 没有完全熔化。随后($t=11\sim13$ ms)粉末 P_2 的残余区域与相邻颗粒接触固化,粉末 P_1 开始熔化(图 4.17(e)、图 4.17(f)、图 4.17(g))。粉末 P_1 的熔融部分不是在基板上润湿,而是向上流动和向后流动(图 4.18(d)、图 4.18(e)、图 4.18(f))。在 $t=14$ ms 时形成熔痕断裂和球化缺陷(图 4.17(h))。显然在熔化区,金属液流动有向内流动的趋势,这个流动产生的主要原因是表面能高,表面能和表面张力对熔池温度敏感,低熔池温度导致高表面张力。如前所述,0.5 m/s 和 30 W 时的峰值温度相对较低,导致表面张力较高。降低表面能的方法是使熔池保持球形,因此颗粒的熔化区域呈现向内和向上的流动模式。

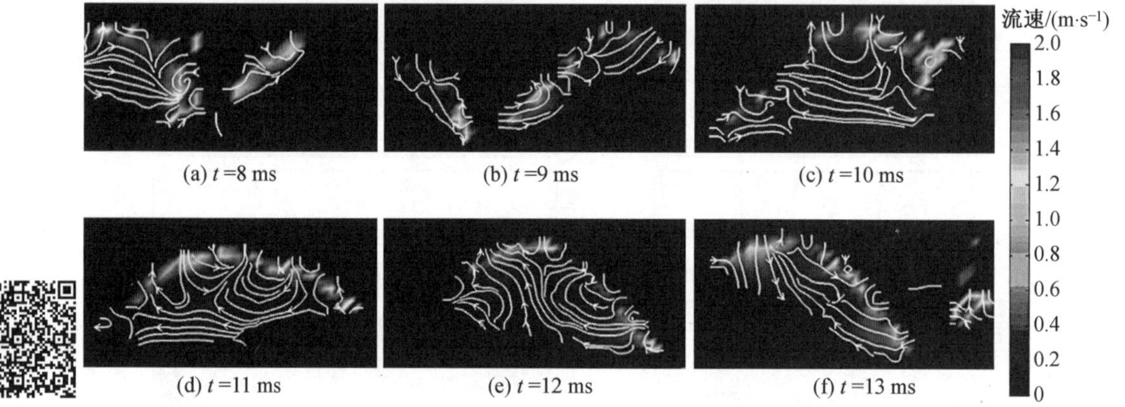

图 4.18　熔池在不同时间沿纵向的流场分布

2. 畸变形貌

远离电子束中心的粉末没有足够的能量完全融化,这些颗粒部分熔化或未熔化。部分熔化的颗粒会影响熔池内的流体流动和最终的表面形貌。

熔池在不同时间沿横向的温度分布如图 4.19 所示。从 7.0 ms 到 7.3 ms(图 4.19(a)、图 4.19(b)),右侧的颗粒从顶部区域开始熔化。在 7.6 ms 时(图 4.19(c)),颗粒的熔融液体向下流动,并与熔池接触。当电子束向前移动时,颗粒冷却速度很快。在 7.9 ms 时,颗粒的温度低于熔点,并且仍然与熔池保持接触(图 4.19(d))。从 8.2 ms 到 8.5 ms,熔池开始凝固,中心熔池偏离侧置颗粒(图 4.19(e)、图 4.19(f))。

图 4.20 所示为熔池在不同时间沿纵向的流场分布。熔池顶部的速度较高,说明了表面张力驱动流体的主要流动。另一种趋势是,表面流体呈侧向流动,原因可能是右侧部分熔化的颗粒温度相对较低,因此表面张力较高,导致从熔化的金属到部分熔化的颗粒的表面张力梯度很大。在 Marangoni 效应的驱动下,液态金属从熔池中心流向右侧,最后单轨显示出畸变形态。

3. 直线形貌

随着扫描速度提高到 0.3 m/s、电子束功率提高到 180 W,粉末熔化凝固形成了一条直而平滑的熔化轨迹。在此参数下,熔池的峰值温度升高,沿扫描线的颗粒完全熔化,导致直线熔化轨道的形成。

图 4.21 所示为熔池在不同时间沿纵向的温度分布。熔池在不同时间沿纵向的流场分布如图 4.22 所示。从 1.0 ms 到 3.0 ms,扫描方向前的颗粒不断熔化并向下流入熔池。从相应的流场分布(图 4.22) 可以看出,熔池前部的速度非常高,流动方向是向后和

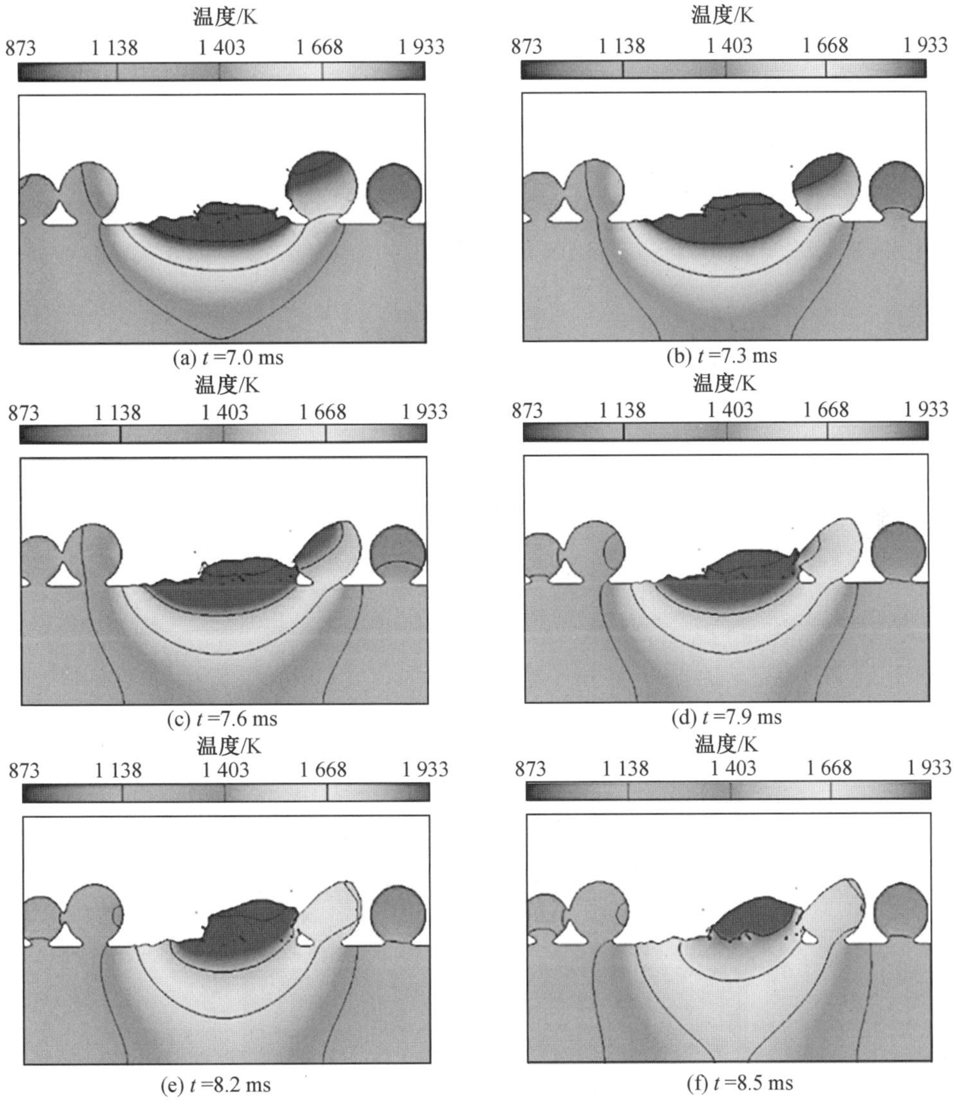

(a) t=7.0 ms　(b) t=7.3 ms

(c) t=7.6 ms　(d) t=7.9 ms

(e) t=8.2 ms　(f) t=8.5 ms

图 4.19　熔池在不同时间沿横向的温度分布

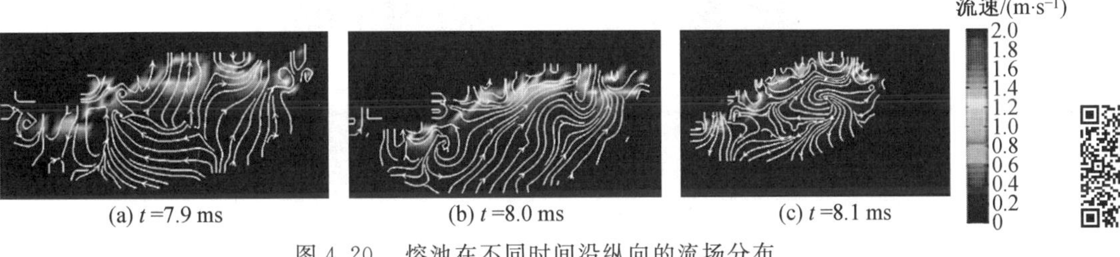

(a) t=7.9 ms　(b) t=8.0 ms　(c) t=8.1 ms

图 4.20　熔池在不同时间沿纵向的流场分布

向下的，使熔化的金属液流入熔池，在这一过程中形成了涡流流型。当颗粒被熔化时，产生一股强烈的倒流和向下流动。由于强回流，金属液流到固 / 液边界处的底部，并被向后引导，最后由于浮力被提升。如图 4.22(a)、图 4.22(b)、图 4.22(c) 所示，这种圆形图案会引起涡流。

当电子束向前运动时，流动模式变得更加复杂，因为流体流分为两个主要部分。如图4.21(d)、图4.21(e)所示，在熔池的后部，液态金属向前流动，从而形成一条平坦、连续的熔道。

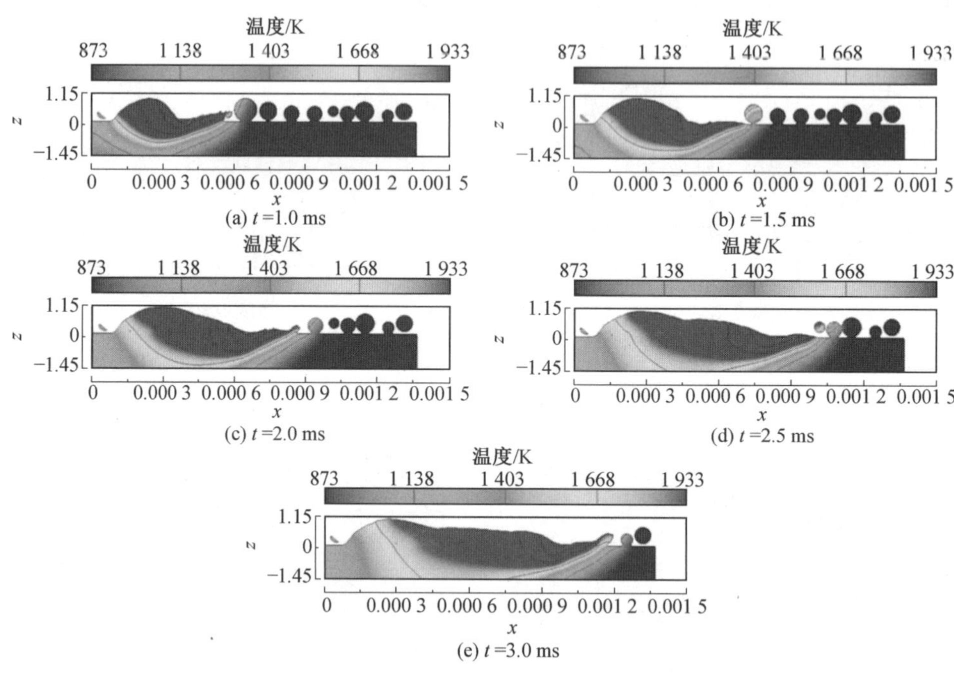

图4.21　熔池在不同时间沿纵向的温度分布

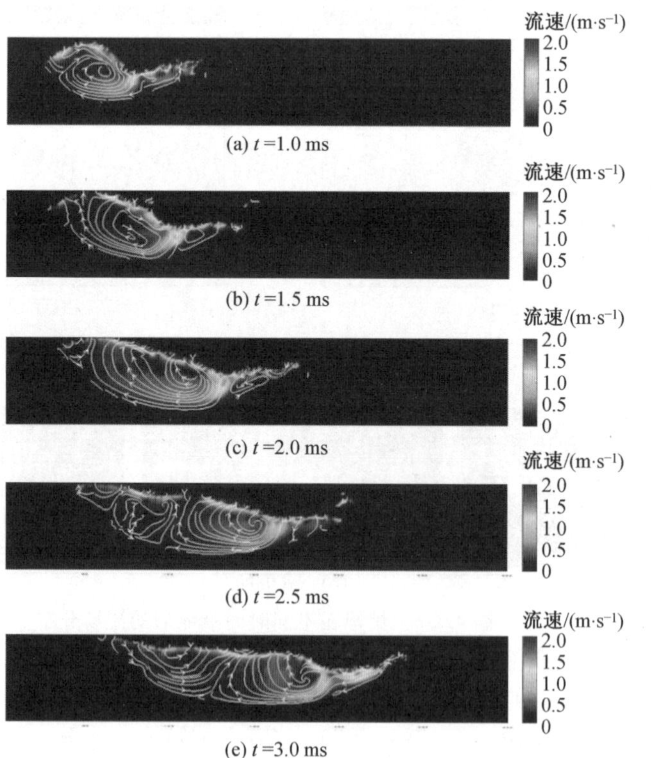

图4.22　熔池在不同时间沿纵向的流场分布

4.5　工艺参数对传热传质的影响

电子束选区熔化过程伴随电子束与金属粉末之间的相互作用过程，因此不同工艺参数会对电子束与金属粉末之间的相互作用产生影响，从而影响电子束选区熔化过程中的温度场分布、金属粉末的熔化及液态金属的流动，本节将详细介绍不同工艺参数对于电子束选区熔化传热传质的影响。

4.5.1　电子束功率对传热传质的影响

无论是电子束焊接还是电子束选区熔化，电子束功率直接决定热输入的大小。因此，改变电子束功率必然会改变电子束选区熔化的温度场分布，影响选区熔化过程的传热传质。从热量输入的角度来看，更高的电子束功率通常会增加熔池温度和熔池大小，因为更多的能量被金属粉末吸收而熔化成液态金属。为了显示电子束功率的影响，在相同的电子束扫描速度和束斑直径情况下，测试三个不同电子束功率值（120 W、240W 和 360 W）对 Ti－6Al－4V 金属粉末选区熔化的影响。 图 4.23 所示的结果显示了选区熔化过程

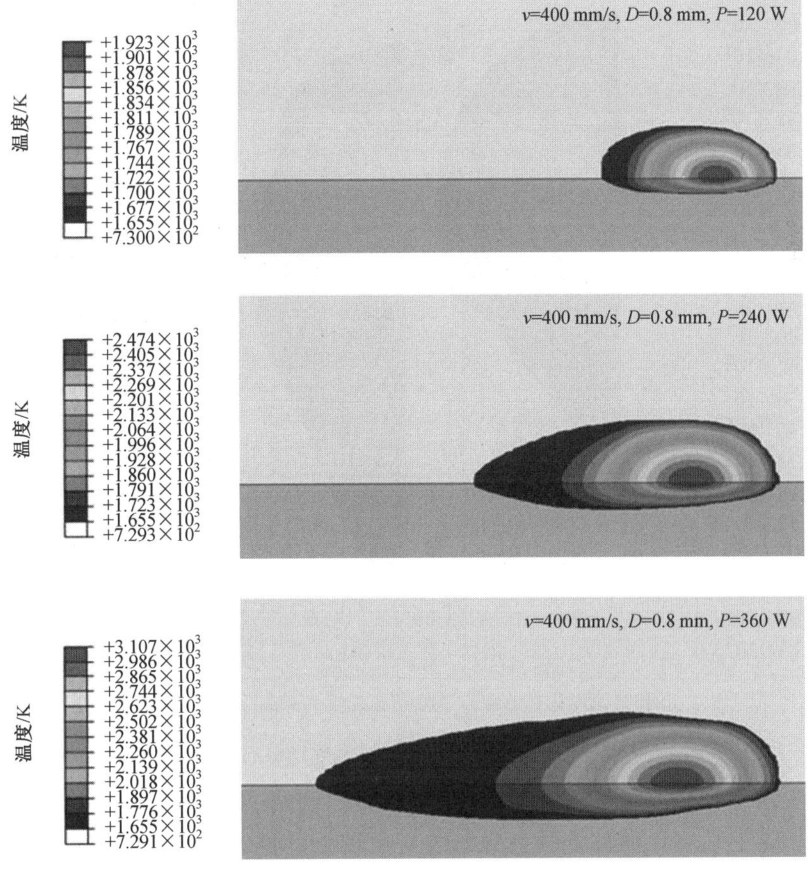

图 4.23　不同电子束功率对温度场分布的影响

中温度场随电子束功率的变化，图中 V 为扫描速度，D 为束斑直径，P 为电子束功率。由图可见，随着电子束功率的增大，熔池尺寸（长度、熔深和熔宽）均有所增大，其中熔池长度变化最为明显，原因在于电子束功率增大，金属粉末吸收能量增多，导致液态金属温度升高，在液相停留时间延长，因此表现为熔池长度明显增大。此外，随着电子束功率增大，熔池最高温度也会相应升高。

4.5.2 扫描速度对传热传质的影响

在电子束功率恒定的条件下，扫描速度的改变会导致线能量的变化，会对选区熔化传热传质过程产生重要影响。当扫描速度增加时，线能量密度会相应降低。图 4.24 所示为在相同的电子束功率情况下，测试不同的扫描速度对 Ti－6Al－4V 金属粉末选区熔化的影响。由图可见，随着扫描速度增大，熔池熔宽逐渐减小，而熔池长度不断增大。提高电子束扫描速度，线能量降低，单位体积内金属粉末吸收的能量减少，因此能够达到熔点的金属粉末的数量会随着电子束扫描速度的提高而不断减少，导致熔池熔宽减小。另外，电子束扫描速度的提高会导致单位时间内较长区域的金属粉末发生熔化，结果表现为熔池的长度随着电子束扫描速度的增大而变长。

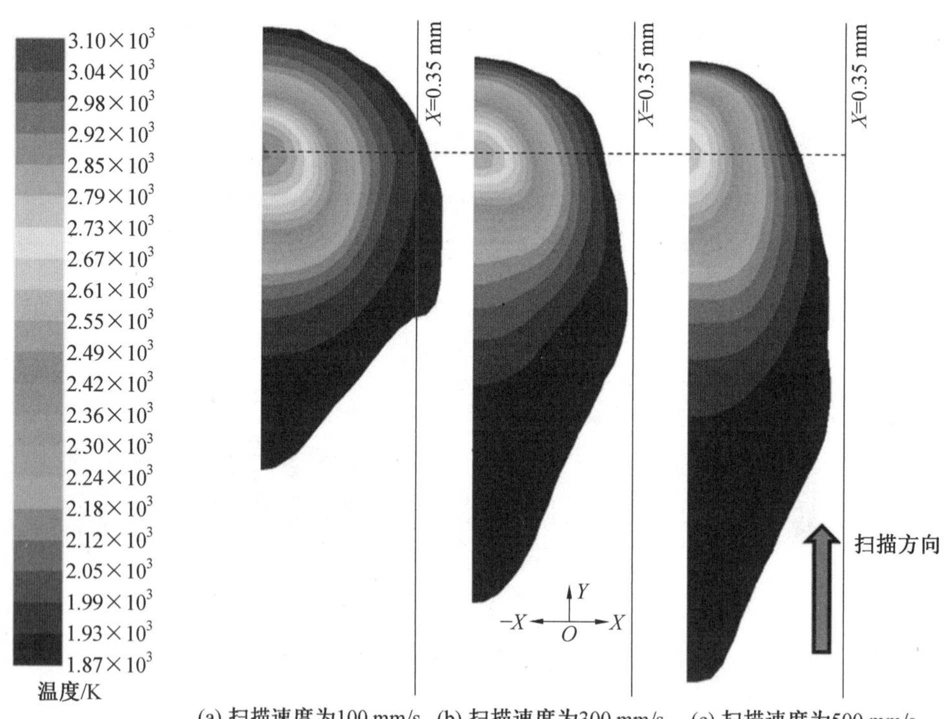

(a) 扫描速度为100 mm/s (b) 扫描速度为300 mm/s (c) 扫描速度为500 mm/s

图 4.24 不同的扫描速度对温度场分布的影响

图 4.25 所示为 316 L 不锈钢粉末选区熔化模拟结果及熔池形貌。由图可见，当扫描速度较小时，熔池长宽比随输电子束功率的变化较小；当扫描速度较大时，熔池长宽比随电子束功率的增大逐渐减小；当电子束功率一定时，熔池长宽比随扫描速度的增大显著增大。研究发现，当扫描速度增大到临界值时，热输入不足以完全熔化粉末，导致密度降低，

即孔隙率增加或者出现断层；扫描速度过慢时同样导致其他问题，如粉末严重球化。因此，合理的扫描速度是保证电子束选区熔化过程中温度场分布均匀、成型良好的关键。

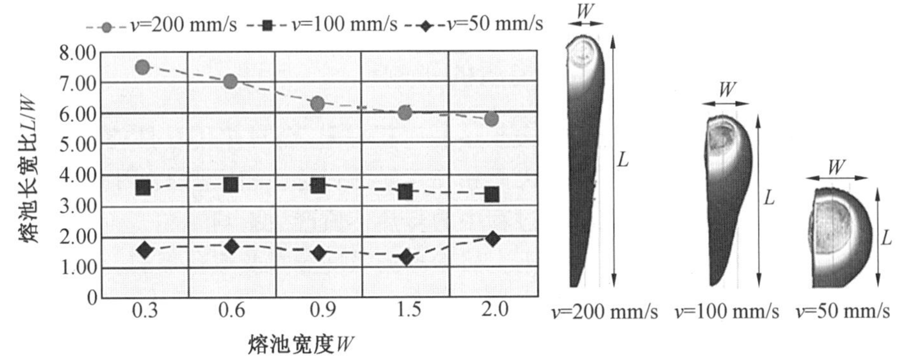

图 4.25　316 L 不锈钢粉末选区熔化模拟结果及熔池形貌

4.5.3　束斑直径对传热传质的影响

束斑直径的大小直接影响作用在单位体积金属粉末上的电子数量，因此对电子束与金属粉末之间的相互作用产生一定影响。图 4.26 所示为不同束斑直径下的 Ti－6Al－4V 金属粉末温度分布及熔池形貌。由图可见，随着束斑直径的增大，熔池的峰值温度逐渐降低，温度梯度逐渐增大。在热输入不变的条件下，束斑直径增大导致电子束作用范围增大，而能量密度降低使熔池的峰值温度逐渐下降，而温度梯度逐渐下降。此外，由熔池

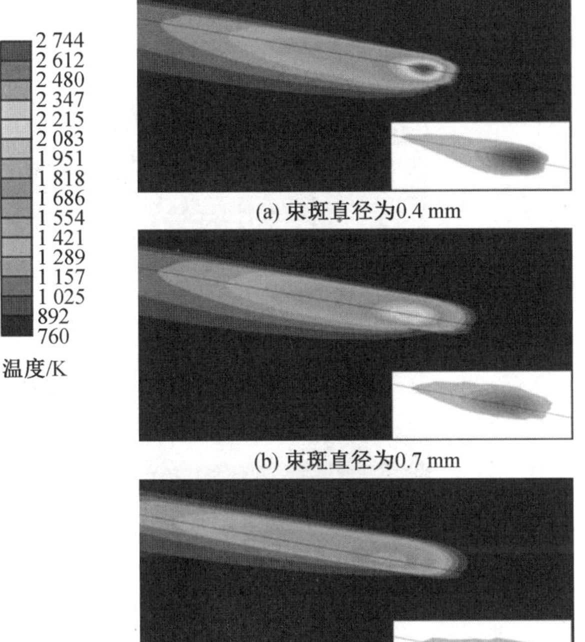

图 4.26　不同束斑直径下的 Ti－6Al－4V 金属粉末温度分布及熔池形貌

形貌对比可见，随着束斑直径的增大，熔池逐渐减小，同时电子束的深穿能力显著降低。因此，采用较大束斑直径时，必须增大电子束作用区域的能量密度，保证金属粉末能够熔化。

4.5.4　粉末致密度对传热传质的影响

相比于大块金属，金属粉末之间由于接触面积有限，会对热传导性能产生重要影响，当金属粉末致密度较大时，金属粉末之间相互接触面积也会相应增大，因此致密度的变化会影响热传导过程，从而对选区熔化过程中的传热传质产生影响。

图 4.27 所示为不同粉末孔隙率下金属粉末的温度分布及熔池形貌。由图可见，随着金属粉末孔隙率增大，熔池的峰值温度相应升高，并且随着孔隙率的增加，熔池变得越来越深。但是，在所有情况下，熔池的宽度几乎都是恒定的，这可以归因于金属粉末熔化和凝固后发生的材料状态变化。金属粉末熔化凝固后具有块状材料的特性，即热导率增加到固体材料的水平。由于在扫描路径的两侧和扫描路径之前的导热系数较低，而热量沿扫描路径相反方向的热阻低得多，沿后方的散热更占优势，因此更多的热量向后方已经凝固的金属传导，表现为采用不同孔隙率的粉末得到的熔池宽度基本不发生变化。

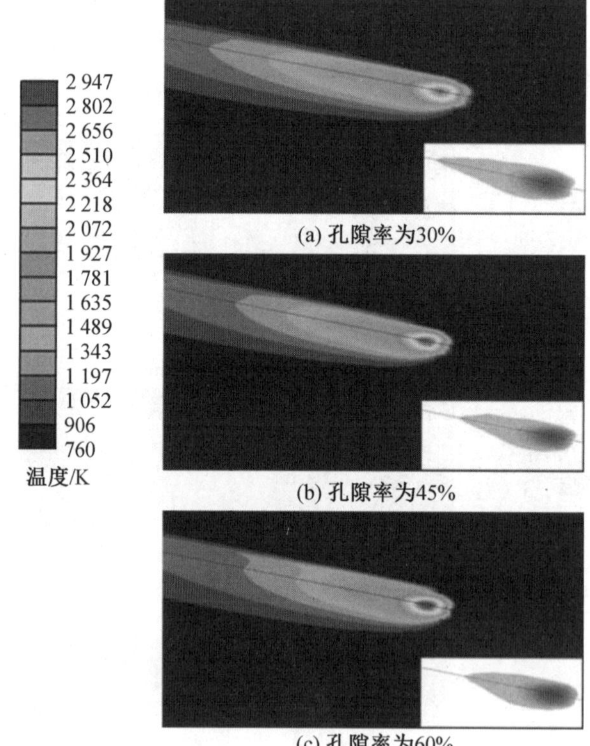

图 4.27　不同粉末孔隙率下金属粉末的温度分布及熔池形貌

本章参考文献

[1]ATTAR E. Simulation of selective electron beam melting processes[M]. Germany: Friedrich-Alexamder-Universitaet Erlangen Nwernberg, 2011.

[2]AMMER R, MARKL M, LJUNGBLAD U, et al. Simulating fast electron beam melting with a parallel thermal free surface lattice Boltzmann method [J]. Computers & Mathematics with Applications, 2014, 67(2): 318-330.

[3]KÖRNER C,ATTAR E,HEINL P. Mesoscopic simulation of selective beam melting processes — Science Direct[J]. Journal of Materials Processing Technology, 2011, 211(6):978-987.

[4]KÖRNER C, BAUEREIβ A, ATTAR E. Fundamental consolidation mechanisms during selective beam melting of powders[J]. Modelling and Simulation in Materials Science and Engineering, 2013, 21(8): 085011.

[5]ANDERL D, BOGNER S, RAUH C, et al. Free surface lattice Boltzmann with enhanced bubble model[J]. Computers & Mathematics with Applications, 2014, 67(2): 331-339.

[6]MARKL M, AMMER R, LJUNGBLAD U, et al. Electron beam absorption algorithms for electron beam melting processes simulated by a three-dimensional thermal free surface lattice Boltzmann method in a distributed and parallel environment[J]. Procedia Computer Science, 2013, 18: 2127-2136.

[7]GE W, HAN S, FANG Y, et al. Mechanism of surface morphology in electron beam melting of Ti−6Al−4V based on computational flow patterns[J]. Applied Surface Science, 2017, 419: 150-158.

[8]GONG X, CHENG B, PRICE S, et al. Powder-bed electron-beam-melting additive manufacturing: powder characterization, process simulation and metrology[C]// Alabama:Proceedings of the ASME District F Early Career Technical Conference, 2013: 59-66.

[9]JAMSHIDINIA M, KONG F, KOVACEVIC R. Numerical modeling of heat distribution in the electron beam melting ® of Ti−6Al−4V[J]. Journal of Manufacturing Science and Engineering, 2013, 135(6):061010.

[10]ZÄH M F, LUTZMANN S. Modelling and simulation of electron beam melting [J]. Production Engineering, 2010, 4(1): 15-23.

[11]SHEN N, CHOU K. Thermal modeling of electron beam additive manufacturing process: powder sintering effects[C]//Indiana:International Manufacturing Science and Engineering Conference. American Society of Mechanical Engineers, 2012: 287-295.

第5章　电子束选区熔化增材制造工艺过程

电子束选区熔化增材制造是一个系统性流程，包括底板预热、铺粉、粉末预热、加工成型和粉末清理回收等工艺过程，每一个工艺过程对增材制造零件的成型质量及力学性能都有重大影响。基于此，本章对整个电子束选区熔化过程进行剖分，详细介绍电子束选区熔化设备及选区熔化成型中的每一个工艺流程，使读者对电子束选区熔化过程有一个更加直观清晰的认知。

5.1　电子束选区熔化设备组成

电子束选区熔化基于电子束与粉末材料的相互作用来实现增材制造，材料的加工制造与电子束制造设备息息相关。与电子束焊接设备不同，电子束选区熔化面向粉末材料，设备内部配备粉末储存、铺展和回收相关的系统，因此本节对电子束选区熔化设备组成及各部分的功能进行介绍。

5.1.1　设备组成

EBSM 装备最重要的两个部分为真空室和电子枪。粉末储存、铺展和回收相关的系统都位于真空室内，3D 打印过程在真空环境中进行，其设备组成如图 5.1 所示。

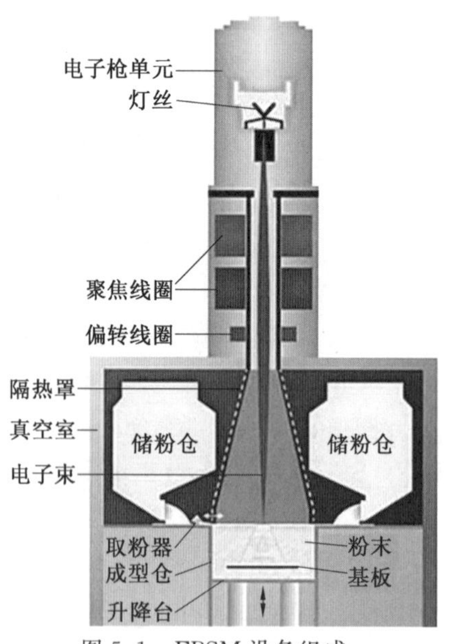

图 5.1　EBSM 设备组成

(1) 电子枪系统。主要负责电子的提供，发射具有高能量密度的电子束。

(2) 电子束扫描系统。通过聚焦线圈对发射出的电子束进行聚焦，使其成为高能颗粒流；同时通过偏转线圈使电子束进行偏转，实现扫描工艺。

(3) 隔热罩。通过隔热罩将成型仓和储粉仓进行隔离，避免成型区的高温对储粉仓中的金属粉末进行加热。

(4) 储粉仓。进行金属粉末的储存以及粉末的提供。

(5) 基板(即底板)。作为铺粉的载体，起支撑及预热的作用。

(6) 升降台。起升降的功能，保证整个成型过程的顺利进行。

(7) 成型仓。为金属粉末成型的场所。

(8) 回收箱。成型工艺完成后，进行剩余粉末回收的场所。

(9) 观察监测系统。进行成型工艺过程的观察与检测。

5.1.2　设备组成部分功能介绍

1. 电子枪系统

电子枪由阴极、聚束极、阳极、聚焦线圈和偏转线圈组成。阴极产生电子束，在阴阳极间加速电压的作用下加速飞向阳极；聚束极的作用是使电子束静电聚焦，通过调节聚束极与阴极之间的偏压可以调节电子束束流的大小；聚焦线圈的作用是使电子束磁聚焦，通过调节聚焦电流可调节电子束焦点位置；偏转线圈的作用是使电子束偏转扫描，调节偏转电流控制。

2. 电子束扫描系统

电子束扫描系统是电子束选区熔化设备中最重要的组成部分，其作用是实现电子束的聚焦、偏转以及高速扫描。电子束的偏转扫描控制是非接触式的，电子束的质量和惯性几乎可以忽略，通过对电子束运动空间中电磁场大小和方向的控制就可实现对电子束运动轨迹的精确控制，而且通过控制电压可以在电子束扫描过程切换时控制束流通断。随着偏转扫描控制系统和偏转线圈的发展，电子束的扫描频率可以达到很高，目前工业应用中电子束的扫描频率可以达到 30 ～ 40 kHz，在 Pro－Beam 实验室中电子束的扫描频率可以达到 100 kHz，由于材料的热惯性，束流与材料相互作用的位置会同时产生冶金反应，从而实现电子束的扫描加工。电子束选区熔化实现的关键是快速偏转扫描控制系统和高精度、可快速响应的偏转线圈。

偏转线圈是电子束扫描系统的最终负载，对电子束偏转扫描控制精度有很大影响。偏转线圈通过相互垂直的两个方向的偏转磁场控制电子束的偏转，偏转线圈的结构对线圈内部磁场均匀性有很大影响。传统简单的偏转线圈结构有双极靴结构和环形结构，如图 5.2 所示。其中，双极靴结构的偏转线圈为了保证内部磁场均匀性，需要两个方向具有很高的垂直度，线圈在机械加工、线圈绕制以及极靴定位过程中的精度都会对线圈内部磁场均匀性产生很大影响，线圈加工制作质量不易控制；同时为了增大线圈内部均匀磁场的范围，需要将线圈尺寸制作得很大，既笨重又增加成本。环形结构的偏转线圈内部磁场部分抵消，产生磁场的大小有限，一般作为电子枪的合轴线圈，用来微调电子束与电子枪中轴线的重合度。

电子束偏转扫描控制系统目前存在多种形式，最常见的电子束偏转扫描控制系统存在于电视机显像管中，由行偏转线圈和场偏转线圈组成，偏转线圈接收来自偏转扫描控制

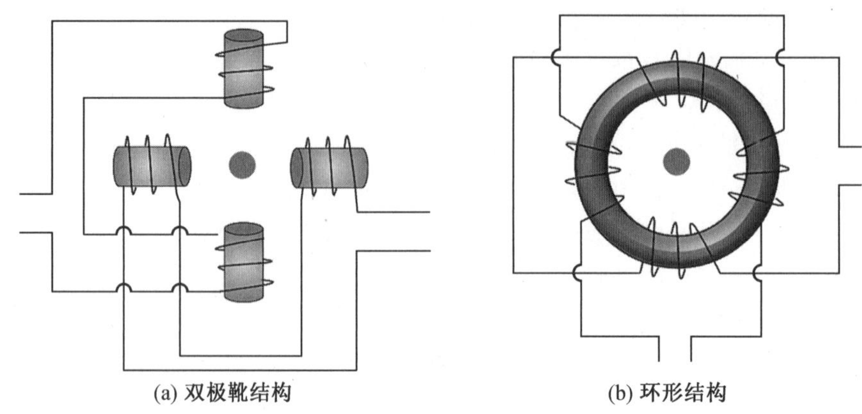

图 5.2 传统简单的偏转线圈结构

系统产生的锯齿波信号，产生行偏转磁场和场偏转磁场，使电子束逐帧扫描，显像管中电子束的扫描路径和频率是固定的，且电子束能量较低，比较容易控制。

在电子束光刻领域，开发高分辨率的偏转扫描控制系统，偏转扫描控制系统将扫描区域离散为单个像素，每个像素都有其对应的控制信息，预先存入存储模块中。加工过程中，数模转换器可以从存储模块中读取控制信息，转化并输出模拟信号，控制电子束偏转扫描，相比电子束选区熔化，电子束光刻的能量低得多。

在电子束镀膜领域，ESCOSYS 电子束偏转扫描控制系统已经实现电子束功率和电子束扫描路径的精确调节，可精确控制镶膜层的厚度和宽度，误差不超过 2%。同时，该系统设计的快速扫描单元，扫描频率可达 1 kHz，保证加工过程中扫描区域温度场的均匀性，提高了加工质量。

一种用于电子背散射衍射(Electron Backscattered Diffraction，EBSD) 的电子束数字式偏转扫描控制系统将 200 mm×200 mm 的扫描区域离散成点阵，电子束逐点扫描，当点阵足够致密，扫描线是连续的。扫描点阵对应的控制信息预先存储于工控机中，通过一台带有四个通道数模转换器的可编程任意波形发生器读取并处理工控机中的扫描信息，输出模拟信号。其中，两个通道的信号用于控制电子束偏转，另外两个通道的信号分别用于控制电子束聚焦和束流调节。该控制系统在对电子束偏转控制的同时，加入聚焦控制，对减小电子束的偏转误差和大偏转角时的散焦具有一定的效果。

对电子束焊机进行改装同样可以得到理想的电子束偏转扫描控制系统。在真空电子束焊机的基础上配置两对电子束偏转线圈、工控机、可编程控制器、功率放大器、多功能数据采集卡和虚拟仪器软件 LabVIEW 等，即可构建一个电子束偏转扫描控制系统。通过在线调节或离线编程，可实现电子束扫描频率调节和扫描路径规划，并能控制电子束加热区域的能力密度分布。采用热输入不对称的扫描加工方式进行银、铁异种金属的焊接，获得的焊接接头形状对称，焊缝两侧金属熔化量相当。对于某些不能直接焊接的异种金属(如 Re、Ti)，可以在两种金属间填充过渡材料，利用该系统的扫描加工技术，在焊接接头制备过渡层。

3. 隔热罩

隔热罩可以有效解决电子束选区熔化过程中设备成型室内热防护问题，避免高温对储粉仓中的金属粉末加热，影响其性能。隔热罩还可以增强热量在成型区集聚，提高热量利用效率，从而实现电子束选区熔化高温加热，最终改善制造过程中工件由于温度梯度大引起的翘曲、变形和开裂等，还可以在一定程度上便捷地清除局部高温环境的金属烟尘。

4. 储粉仓

储粉仓用于储存金属粉末，在电子束选区熔化过程中，通过程序的精确控制使金属粉末从储粉仓底部漏出，可精确控制出粉量，均匀落粉。铺粉辊或梳条从左向右做水平运动将粉末均匀铺覆在成型区域，同时将粉末压实。图 5.3 所示为铺粉系统。

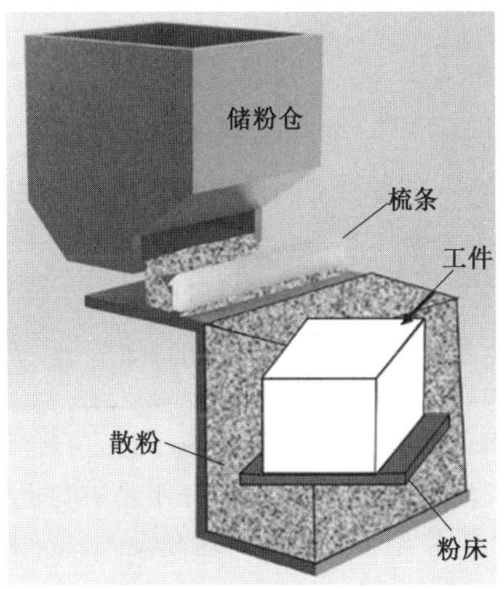

图 5.3　铺粉系统

5. 基板

基板是电子束选区熔化金属粉末的载体，电子束选区熔化最先在基板上成型，随后在已成型表面逐层堆积，因此基板起一定的支撑作用。此外，在基板位置安装加热棒或者加热板，通过基板将热量传递到与之接触的金属粉末上，或通过与基板接触的金属粉末传递到当前粉末层，实现对金属粉末的预热，可以有效提高金属粉末的稳定性，防止金属粉末溃散。

6. 升降台

升降台在电子束选区熔化过程中起着至关重要的作用，是电子束选区熔化过程顺利进行的关键。成型过程中，逐层扫描堆积的进行需要扫描系统与升降台的密切配合，每层扫描结束后，升降台降低一个粉层厚度，保证成型平面的位置不发生改变，直至完成整个零件的成型。

7. 成型仓

成型仓是电子束选区熔化过程中零件成型的场所，零件成型过程在成型仓内进行。成型仓空间尺寸的大小决定电子束选区熔化设备可加工零件的最大成型尺寸，因此被加工零件的尺寸必须小于成型仓的尺寸，成型仓如图 5.4 所示。

8. 回收箱

回收箱是回收电子束选区熔化成型结束后剩余金属粉末的场所，这些剩余粉末包括成型仓内残余的未被熔化的金属粉末以及成型零件表面黏连的半熔化金属粉末，通过喷

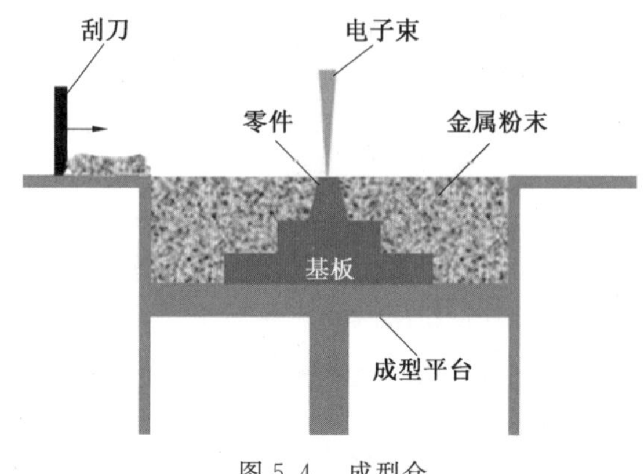

图 5.4 成型仓

砂筛选及真空净化处理后，符合回收标准的金属粉末作为金属原材料继续使用，可以有效提高金属粉末的利用率，减少浪费。

5.2 预加热

在电子束选区熔化成型过程中，由于金属粉末不稳定，经常出现吹粉和熔化凝固的金属粉末聚集成颗粒的球化现象，而基板预热则被证明是避免上述现象的有效措施，目前已在电子束选区熔化成型中普遍使用。本节对吹粉现象与球化现象进行介绍，并指出基板预热的必要性。

5.2.1 吹粉与球化

1. 吹粉现象

吹粉现象是电子束选区熔化成型过程中特有的现象，它是指金属粉末在成型熔化前即已偏离原来位置的现象(图 5.5(a))，从而导致无法进行后续成型工作。吹粉现象严重时，成型基板上的粉床会全面溃散，在成型仓内出现类似沙尘暴的现象，如图 5.5(b)、图 5.5(c) 所示。

吹粉现象是导致电子束选区熔化过程无法进行的一个关键因素，引起吹粉现象的原因主要包括几点，本节对此进行介绍。

(1) 粉末的形态和流动性。

粉末的形态和流动性对吹粉现象有重要的影响。氢化脱氢法制备的粉末形状不规则，内部有孔洞和海绵钛，存在流动性较差的问题，但在电子束的作用下非常稳定，不易发生粉末溃散现象，如图 5.6(a) 所示，但这种粉末的含氧质量分数过高(达 0.5%)，不能直接用于制造零件。而等离子旋转电极雾化和气雾化制备的粉末形态规则，呈球形，含氧质量分数低(0.17%)，可保证制造的零件质量，但其流动性好，粉层不稳定，极易出现吹粉现象，如图 5.6(b)、图 5.6(c) 所示。

(2) 电子束扫描路径。

电子束具有快速扫描的能力，相关研究表明，电子束扫描路径对粉末吹粉现象存在较

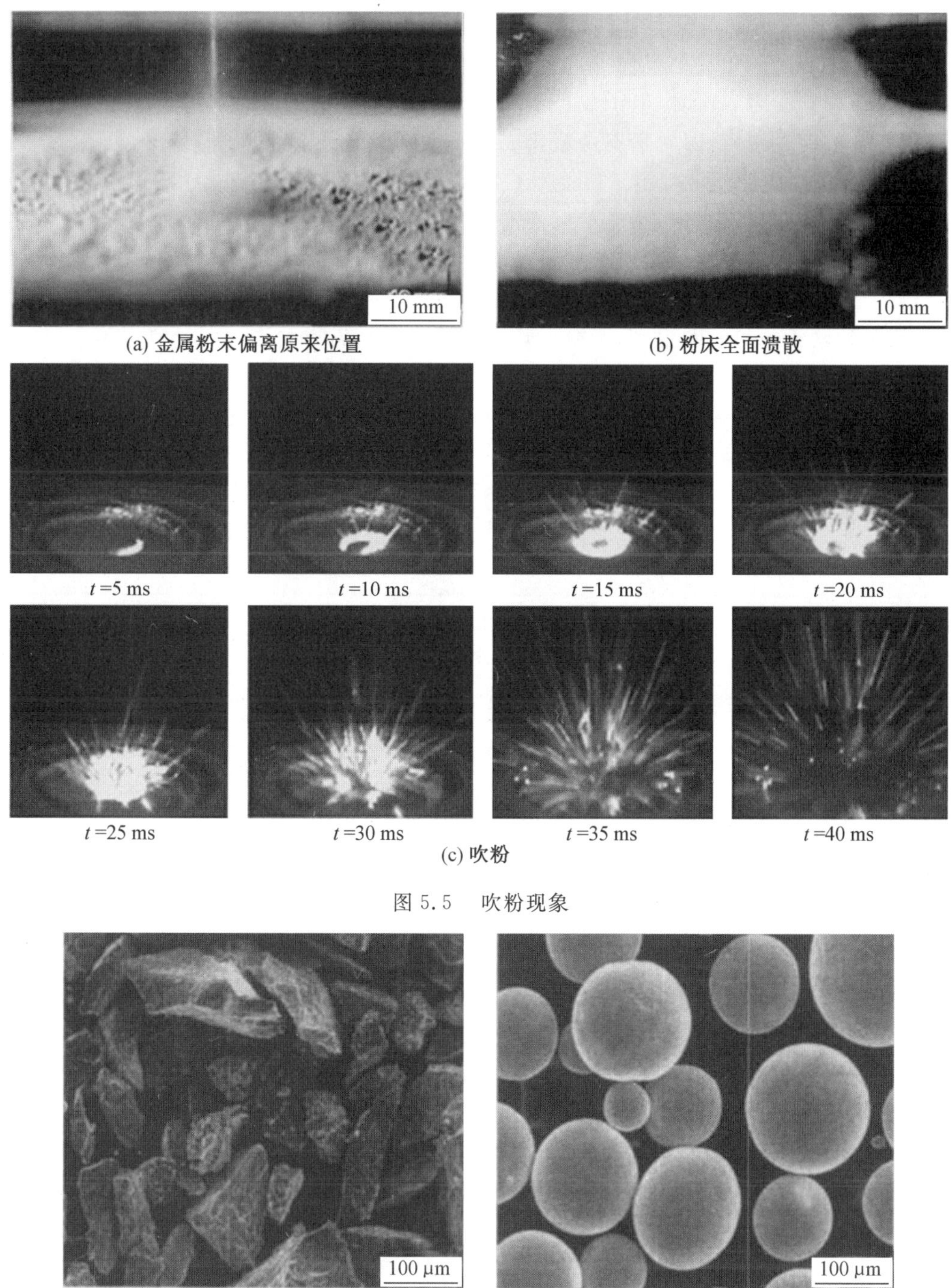

(a) 金属粉末偏离原来位置　(b) 粉床全面溃散

(c) 吹粉

图 5.5　吹粉现象

(a) 氢化脱氢法　(b) 等离子旋转电极雾化和气雾化

图 5.6　Ti－6Al－4V 合金粉末的扫描电子显微镜照片

大影响。当扫描路径不连续、断续跳越时，由于新起点粉末的温度来不及升高，极易发生吹粉现象。

(3) 电子流轰击金属粉末引起的压力。

在电子束选区熔化成型过程中，由于电子束束流是由高速运动的电子组成，当高速运动的电子作用到粉床表面时，电子轰击金属粉末产生的压力转化成粉末的机械能，粉床不能获得有效的能量输入，因此来不及熔化成型而直接被电子束推开。

(4) 粉末间的电荷斥力。

电子束选区熔化过程中，当电子束轰击金属粉末表面时会将负电荷传递至金属粉末表面使粉末带电。带电的金属粉末之间以及粉末与电子流之间产生电荷斥力，使金属粉末获得一定的加速度发生运动，同时运动的金属粉末在电子束磁场内受到洛伦兹力的作用，最终导致吹粉现象的发生，金属粉末受力情况如图 5.7 所示，其中，F_L 为洛伦兹力，F_c 为电荷斥力。

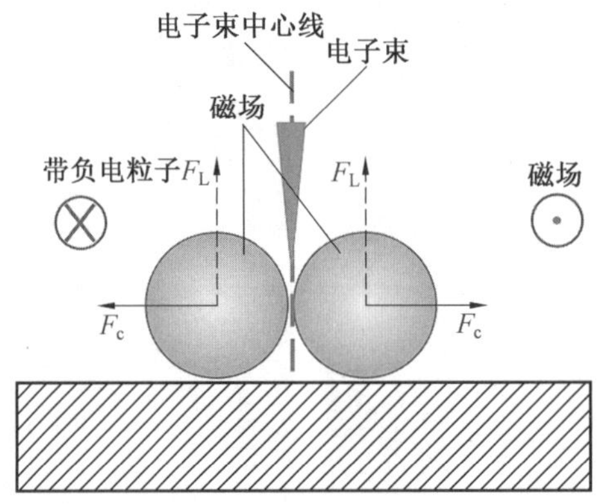

图 5.7 金属粉末受力情况

吹粉现象通常不是由单一因素导致，而是上述因素共同作用的结果。有研究结果表明，采用一定的预热工艺可以提高金属粉末的黏附性，使粉末固定在底层。同时，预热可提高金属粉末的导电性，使得选区熔化过程中金属粉末表面的负电荷迅速导走，避免产生电荷斥力，从而有效避免吹粉现象产生。

2. 球化现象

球化现象是电子束选区熔化成型过程中一种普遍存在的现象，它是指金属粉末熔化后未能均匀铺展，而是形成大量彼此隔离金属球的现象，如图 5.8 所示。球化现象的出现不仅影响成型质量，导致内部孔隙的产生，严重时还会阻碍铺粉过程的进行，导致成型零件失败。

图 5.8 球化现象

相关研究结果表明，在二维层面上，熔池长度与宽度的比值大于 2∶1 时，容易出现球化现象。球化现象的发生受粉床密度、毛细力和润湿等多重因素的影响。采用预热工艺可以增加粉末的黏度，将待熔化粉末加热到一定的温度，可有效减少球化现象的产生。

5.2.2　基板预热

基板是每一次成型的基础，为了防止电子束选区熔化过程中的吹粉现象和球化现象的产生，通常在铺第一层粉末前需要对基板进行预热，以尽快提高成型区域的温度。基板预热的方式主要分为电子束扫描预热和热传导预热两种。

1. 电子束扫描预热

电子束扫描预热是指在铺第一层粉末前，利用电子束高速扫描，对成型基板进行预热；预热到一定温度后，再将粉末铺展到基板上。这样粉末的温度可迅速升高，稳定性和抗溃散能力也得到提高，同时可使成型初期初始层的成型条件得到改善，保证成型质量。

2. 热传导预热

热传导预热是指在基板上预置加热棒或加热板，将热量传导至基板实现对基板的预热，随后通过观察监测系统反馈出基板的温度，预热到一定温度后，再将粉末铺展到基板上，其原理如图 5.9 所示。

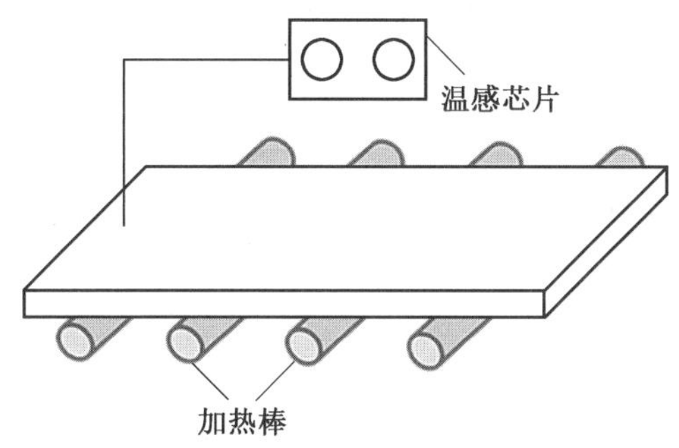

图 5.9　热传导预热原理

基板预热存在一些问题，如插入基板的加热棒经常会出现烧坏和短路现象，原因之一是加热棒通电加热后会持续发热，如果没有传热介质将热量传输，加热棒会因为温度持续上升而导致绝缘性能下降及电阻丝烧断等问题。与激光选区熔化相比，电子束选区熔化在真空环境下进行，使加热棒无法通过对流进行散热，进一步加剧了热量积累。此外，如果加热棒与加热孔为过盈配合，则加热棒不能有效与加热孔壁接触，造成热传导不足；如果加热棒与加热孔为过度配合，则加热棒发热膨胀后无法取出。

为避免上述问题可采用加热板对基板进行预热，加热板通过紧固孔与基板连接，可有效避免加热棒与加热孔过盈配合及过度配合的问题，保证热量的均匀稳定传递。

5.3　铺粉过程

铺粉是正式进行选区熔化前以及每层粉末熔化后将下一层粉末平铺于成型平台上的过程。铺粉的平整度和压实密度对制备试样的成型、致密度和性能具有较大影响。电子束选区熔化过程通常需要将金属粉末完全熔化，由于是局部加热，成型件内的残余应力较高，导致成型件发生一定的翘曲变形。因此，需要采用能在起伏表面铺粉的装置，保证铺粉精度和成型质量。水平铺粉机构通常由送粉和铺粉两部分组成。

5.3.1 送粉方式

相对于成型平面来讲，选区熔化的送粉方式分为上送粉方式和下送粉方式两种，在现有的选区熔化设备中，两种送粉方式均有应用。

1. 上送粉方式

上送粉方式的送粉装置通常位于成型平面上方，依靠金属粉末自身重力实现送粉，其结构如图 5.10 所示。上送粉装置的送粉口与成型平面基本齐平，可在很大程度上避免金属粉末、粉尘问题。此外，送粉口可设计为漏斗形，使粉末随供粉仓的移动在工作台上均匀铺展，省去铺粉结构。这种送粉方式对粉末材料的流动性要求较高。

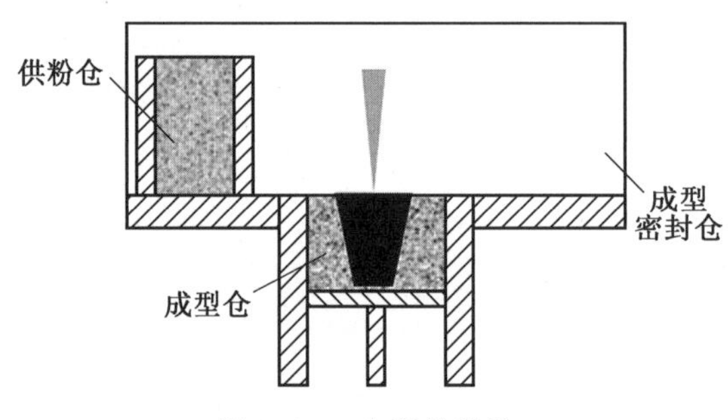

图 5.10 上送粉结构

2. 下送粉方式

下送粉方式的送粉装置通常位于成型平面下方，与成型仓并排安装，其结构如图5.11所示。下送粉装置在送粉过程中通常需要成型仓下降一个粉层厚度，供粉仓升高一个粉层厚度，以保证成型仓的粉末供给。供粉仓升高后，一般采用刮刀将粉末铺展至成型仓，多余粉末被收集在回收箱内。这种送粉方式可以精确控制粉层厚度，但是相比于上送粉方式，下送粉方式会产生多余粉末，粉末需求量增多。此外，下送粉装置需要引入活塞装置，使成本升高，设备体积增大，还导致送粉系统更为复杂。送粉过程中，供粉仓的升降运动会额外占用时间，使选区熔化效率降低。

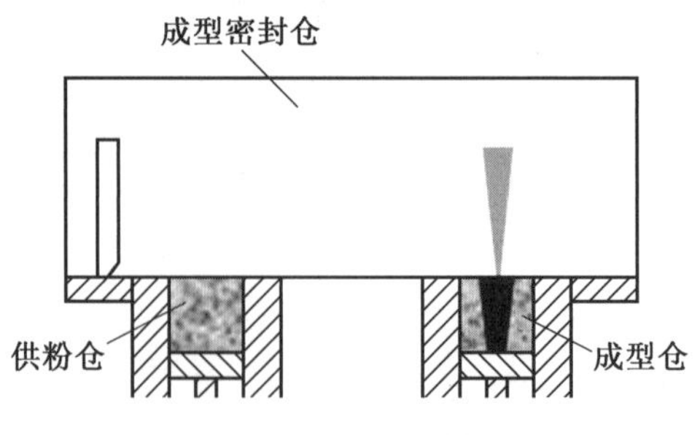

图 5.11 下送粉结构

5.3.2　铺粉方式

送粉装置完成送粉后需要采用一定措施使金属粉末均匀铺展。目前电子束选区熔化采用的铺粉方式较为多元，主要包括以刮板式、辊轮式和移动漏斗式等为代表的刚性铺粉方式以及以梳条式和金属刷式的局部柔性铺粉方式，此外还有非接触式铺粉方式。

1. 刚性铺粉方式

(1) 刮板式。

刮板式铺粉即为采用底面具有一定倒角的刮板，从成型平台一侧将粉末刮向另一侧，从而实现铺粉过程，如图 5.12 所示。刮板式的铺粉装置只能进行平动，刮板底部的倒角设计可在一定程度上起压实粉末的效果，倒角的大小对粉末流动和铺粉表面质量具有一定影响，可通过设计合适倒角来提高铺粉质量。

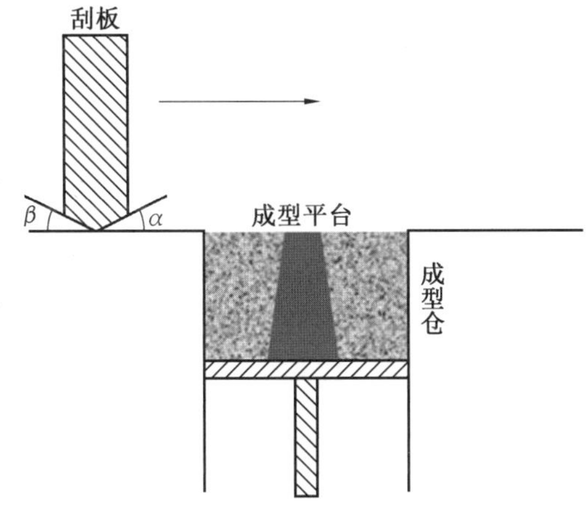

图 5.12　刮板式铺粉示意图

当采用弹性刮板时，在刮板前端有一根弹性橡胶条，橡胶条起一定的压实效果，提高粉层的致密度。由于橡胶条弹性较好，铺粉过程中对成型区的切应力较小，降低了后处理难度。

刮板式铺粉操作简单可控，但对于粉层表面不能形成有效的压实作用，导致粉层密度较低，且刮板柔性较差，遇到凸起时刮板会被卡在凸起前方使铺粉过程被迫中断。采用弹性刮板时，工作前需要手动调整橡胶条与加工平面间的距离，粉层的平整性和均匀性难以保证，影响工件的成型质量。

(2) 辊轮式。

辊轮式铺粉即采用铺粉辊轮将粉末从成型平台一侧辊向另一侧，如图 5.13 所示。相比于刮板式铺粉，铺粉辊轮既做水平运动又做自转运动，水平运动可将粉末铺平，而铺粉辊轮的自转运动则可起压实粉末的作用，提高粉层的致密度。但是辊轮式铺粉装置具有很多缺点。

① 铺粉辊轮需要与下送粉装置配合使用，使设备的体积增大。

② 辊轮式铺粉粉末消耗量大，利用率低。

③ 由于结构限制，辊轮式铺粉无法实现薄层粉末的铺设，采用辊轮式铺设的粉层厚

度一般为 0.05 ～ 0.25 mm。

④ 铺粉辊轮自身易黏粉，影响粉层的平整性及成型质量。

⑤ 当工件发生变形后，铺粉过程易造成铺粉辊轮的磨损，与刮板式铺粉装置相比，铺粉辊轮更换难度大。

⑥ 铺粉辊轮属于刚性铺粉机构，铺粉过程中在成型区域的切应力较大，需添加刚性支撑防止成型件偏离初始位置，增大了后处理难度。此外，在制作强度不高的试样时，铺粉辊轮的压实作用会导致试样产生裂纹等缺陷。

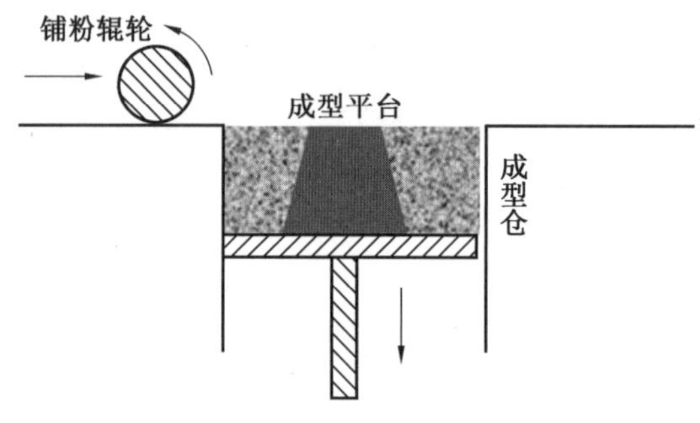

图 5.13　辊轮式铺粉示意图

(3) 移动漏斗式。

移动漏斗式铺粉即采用装有粉末材料的漏斗，在成型平台上移动的同时粉末从漏斗流出，如图 5.14 所示。移动漏斗式的铺粉装置能减少铺粉过程中粉末的流散，成型件与粉末之间的摩擦力小，对已成型件的影响较小。这种铺粉方式的粉末消耗量小，几乎不存在溢粉现象，因此可省去粉末收集装置。

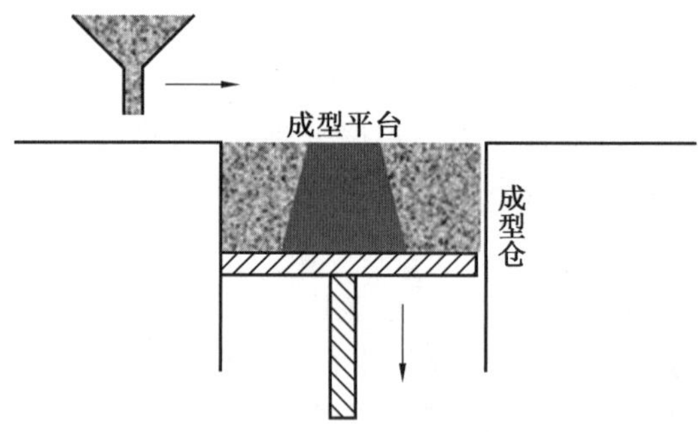

图 5.14　移动漏斗式铺粉示意图

然而，与刮板式铺粉与辊轮式铺粉相比，移动漏斗式的铺粉装置存在一定弊端。由于送粉结构位于成型仓内部，导致成型仓的尺寸增大，这种铺粉方式对粉末流动性要求较高，当材料流动性较差时，由于粉末在漏斗中的搭桥现象，不能从漏斗口流出，因此这种铺粉方式可加工的材料种类有限。此外，移动漏斗式的铺粉装置对粉末没有压实作用，粉末的致密度较低，导致成型件内易出现孔隙。

(4) 固定漏斗式。

固定漏斗式铺粉即送粉装置固定在成型仓的一侧，通过开关的开合程度以及开合时间控制送粉量，随后采用刮刀将粉末铺展开。这种铺粉方式可以在很大程度上提高成型仓的利用率，使整体结构更为紧凑。但是，采用这种送粉方式，送粉量不易控制，粉末利用率低，需要在成型仓两侧分别添加回收箱。

(5) 组合式。

上述几种常见的接触式铺粉装置各有优缺点，采用单一的铺粉方式难以保证粉末能完全铺平与压实，因此为充分利用不同铺粉方式的优点，各研究机构相继开发出组合式铺粉装置。

图 5.15 所示为刚性辊轮与刚性漏斗的组合铺粉方式。在移动漏斗向成型平台添加粉末的同时，用辊轮对粉层进行辊平和压实。为解决柔性不足的问题，可对辊轮添加弹簧，使辊轮在遇到凸起和变形时自动上升越过障碍，铺粉过程可持续进行。

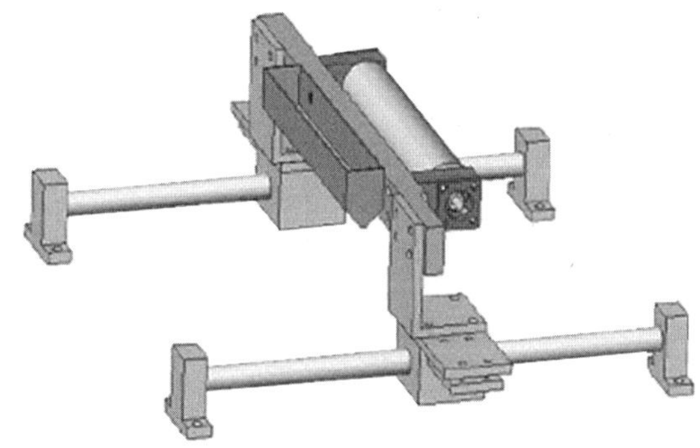

图 5.15　刚性辊轮和刚性漏斗的组合铺粉方式

图 5.16 所示为铺粉辊轮与刮板的组合铺粉模型。铺粉过程中，先采用刮板将粉末铺展开，随着铺粉装置向前运动，铺粉辊轮对铺展开的粉末进行压实操作，通过调节刮板和铺粉辊轮的运动速度等参数，使粉末的致密度满足所需的加工要求。这种组合式的铺粉装置能克服粉末松散度高、层与层之间粉末黏接不牢靠的问题，使成型件整体成型质量提高。

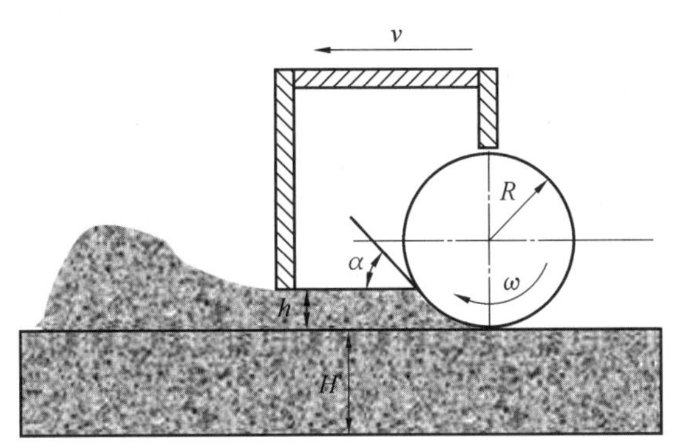

图 5.16　铺粉辊轮与刮板的组合铺粉模型

2. 局部柔性铺粉方式

(1) 梳条式。

采用一系列柔性梳条对粉层表面进行刮平处理，其实物图如图 5.17(a) 所示。当梳条遇到凸起时可自动发生弯曲以越过凸起，解决刮板柔性不足的问题。然而，梳条缝隙间的粉末不易刮平，容易在粉层上留下不平整的沟壑和凸起。由于梳条根部存在应力集中，在铺粉过程中高温的作用下，其强度发生恶化，导致当梳条过度弯曲时易形成永久变形甚至折断，从而对铺粉效果造成不良影响。为此，可采用将梳条前倾斜置的铺粉方法(图 5.17(b))，使梳条遇到障碍时发生的弯曲变形程度降低，从而抑制永久变形以及降低折断风险。

(a) 梳条式铺粉实物图

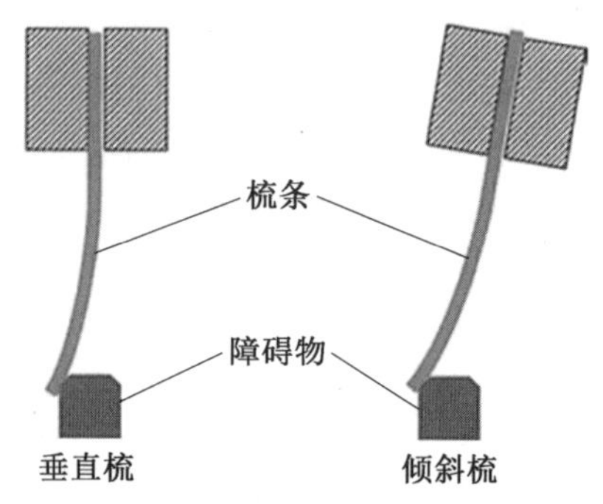

(b) 梳条前倾斜置的铺粉方法

图 5.17　梳条式铺粉

(2) 金属刷式。

金属刷式铺粉采用更细的金属丝对粉层表面进行刮平处理，其实物图如图 5.18 所示。由于金属丝之间的间隙更窄，有效解决了梳条式缝隙大导致的粉层不平整问题。且金属丝的柔性优于梳条，因此不易折断。但由于金属丝较细，在高温下更容易发生永久变形且易脱落。

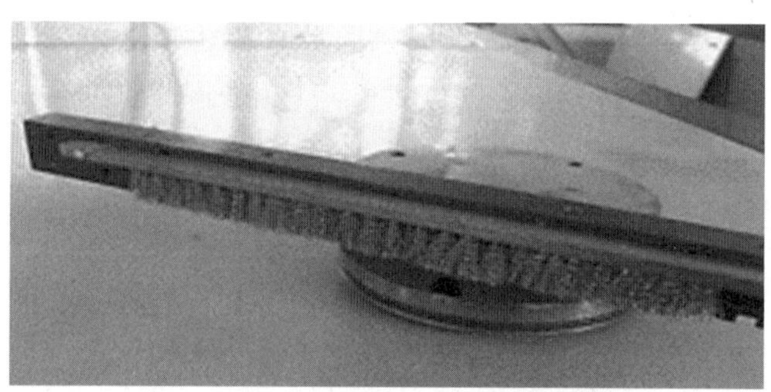

图 5.18　金属刷式铺粉实物图

3. 非接触式铺粉方式

(1) 振动落粉式。

振动落粉式铺粉属于非接触式铺粉，将接触式的铺粉过程改为撒粉过程，可避免铺粉装置遇到凸起无法越过以及由于成型件变形导致铺粉装置与成型件接触磨损的问题。此外，振动落粉可避免移动漏斗式铺粉设备存在的粉末搭桥问题。

振动落粉式铺粉示意图如图 5.19 所示，铺粉筛位于成型面上方，不与成型件接触，该方法利用粉末材料的搭桥原理，当铺粉筛静止时，依靠粉末结拱而使粉末留在铺粉筛内不向下掉落。铺粉时，通过有规律的振动铺粉筛，使搭桥被破坏，粉末从铺粉筛中掉落至成型面，实现铺粉。振动落粉大大改善了粉末铺展质量，可通过控制振动频率获得厚度较小的粉层，从而提高成型件内部的质量。此外，由于铺粉筛可进行区域选择落粉，因此可根据成型件大小对落粉范围进行调整，提高铺粉效率及粉末的利用率。

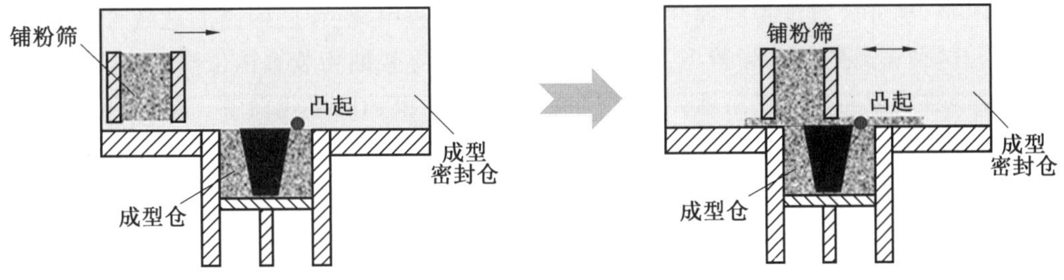

图 5.19　振动落粉式铺粉示意图

5.3.3　铺粉表面常见缺陷及解决措施

电子束选区熔化铺粉过程中，粉层厚度通常只有几十微米，而加工零件的尺寸可达到几厘米甚至几十厘米，因此需要铺设几百层甚至几千层的粉末。整个铺粉过程中，铺粉速度等参数选择不当、铺粉装置磨损，以及送粉量控制不当均会导致粉床表面不平整，出现各种缺陷，本节对主要缺陷进行介绍。

1. 粉床表面出现条形

电子束选区熔化过程中，金属粉末经过熔化凝固以后，其表面并非完全平整，通常会出现局部区域偏高的现象。在铺粉过程中，这些局部偏高区域的金属粉末会与铺粉装置相互摩擦，持续性的摩擦会导致铺粉装置局部区域发生严重磨损。而对于塑形较强的金属，在铺粉过程中摩擦的作用下，会有部分金属黏连到铺粉装置表面，最终导致粉床表面出现凹凸不平的条纹。由于这种条纹缺陷是铺粉过程中由于铺粉装置磨损导致的，即使重新铺粉，在粉床表面的同一位置仍然会形成相同缺陷，所以只能暂停设备，更换铺粉装置。

2. 供粉不足

在铺粉过程中，成型面上部分区域未铺上粉末或整个成型面未铺上粉末，即供粉不足缺陷。这种缺陷主要是储粉仓内的金属粉末消耗殆尽或送粉装置出现故障而引起的，因此在选区熔化过程中应暂停设备，补充粉末或排查送粉装置是否发生故障。

3. 堆粉

在铺粉过程中，成型面上部分区域粉层厚度高于预设粉层厚度，即堆粉缺陷。堆粉缺陷的产生主要归因于两个方面。一方面是由于选区熔化过程中送粉与铺粉是连续进行的，长时间的送粉会在铺粉装置上积累一定量的金属粉末。铺粉过程中，当铺粉装置与成型面局部偏高区域的金属粉末发生摩擦时会导致铺粉装置发生振动，积累在铺粉装置上的金属粉末在振动作用下抖落至成型面上，形成不均匀的块状粉堆。另一方面，当铺粉装置运动到局部偏高区域的金属粉末表面时，局部偏高区域的金属粉末会对铺粉装置产生一个向上的推力，在铺粉装置与成型面之间产生一定的间隙，下落的金属粉末会填充该间隙，从而会沿着铺粉装置所在位置形成一个条形的粉堆。这种缺陷不是铺粉装置或设备原因导致，因此通过重新铺粉即可消除此类缺陷。

4. 沉积层偏高

由于电子束选区熔化工艺参数选择不合理或送粉速度控制不当，造成成型后零件表面凹凸不平，部分区域沉积层偏高。在随后的铺粉过程中，沉积层偏高的区域可能无法覆盖粉末。这种偏高的沉积层若不及时处理，极有可能导致铺粉装置撞击沉积层，轻则铺粉装置抖粉，在成型面上形成粉堆，严重时可能损坏电子束选区熔化设备。针对沉积层偏高的缺陷，可以通过改进工艺参数或者选择合理的扫描路径进行消除，通常情况下会在优化相关参数后继续加工。

综合上述分析可知，电子束选区熔化铺粉过程中会产生多种缺陷，然而这些缺陷有时并非单独出现，而是在同一成型面上存在多种类型的缺陷，如电子束选区熔化工艺参数选择不当会导致成型面上出现熔覆层偏高和堆粉缺陷。不同缺陷处理的优先级别有所不同，根据缺陷的严重程度进行划分，各种缺陷处理的优先级为条形 > 堆粉 > 供粉不足 > 沉积层偏高。

5.4 粉末预热

电子束选区熔化是依靠高能量密度的电子束轰击金属粉末，将电子的动能转化为热能，使金属粉末熔化，随后凝固成型。但是，在选区熔化过程中经常出现粉末溃散的现象，原因在于电子束具有较大动能，当高速运动的电子轰击金属原子使之加热，电子的部分动能直接转化为粉末颗粒的动能，使粉末颗粒被电子束推开，形成溃散。这种粉末溃散现象出现在钛合金等高熔点材料选区熔化过程中是较为严重的。

为了防止粉末溃散，需要提高粉床的稳定性，克服电子束的推力。因此，在选区熔化成型开始前，有必要对粉末进行预热，适当提高粉层的温度，使粉末之间形成烧结，提高粉末的稳定性。

5.4.1 粉末预热的作用

电子束选区熔化采用的金属粉末粒径小、流动性好，若不经任何预处理直接对其进行扫描，则粉末在电子束的作用下极易发生溃散，形成起始线缺陷和热应力等问题。因此，为提高粉末的稳定性，需要对粉末进行预热，主要原因有以下几种。

(1) 提高粉末稳定性。

电子束选区熔化过程中，金属粉末的溃散往往受到电子束压力和库仑力的共同作用，从电子束束斑作用区域向四周飞出，导致电子束下束区域粉末缺失，后续加工过程无法进行。预热的目的是使离散的粉末之间发生轻微烧结，在后续的选区熔化过程中，金属粉末能固定在原位而不发生溃散。

(2) 提高电子束扫描区域的初始温度。

起始线缺陷的产生通常是由于电子束扫描区域的金属粉末与其周围区域的粉末温差过大导致，这在高熔点金属选区熔化过程中表现得更明显。较高的温度差导致电子束作用范围内的金属粉末迅速熔化凝固，熔融的液态金属存在较大的表面张力，导致金属熔滴缩聚在一起，发生球化现象。对金属粉末进行预热可以降低选区熔化区域内的金属粉末与其周围金属粉末的温度差，减小液态金属的表面能，从而缓解液态金属的球化现象。

(3) 缩小成型件各区域间的温差。

电子束选区熔化成型具有先后顺序，因此扫描过程中成型件的不同区域间会有一定温差，这种温差会导致成型件内部存在残余应力，当残余应力水平较高时，零件会发生翘曲变形甚至开裂。无论采用哪种扫描方式，都会由于扫描先后次序的不同使成型件不同区域存在温度差。选区熔化前对金属粉末进行预热可提高粉末的初始温度，在一定程度上缩小扫描次序导致的温度差，缓解残余应力。

5.4.2　粉末预热方式

根据电子束选区熔化特点，粉末预热装置通常需要满足以下几个条件。

(1) 可在真空条件下使用。

(2) 预热装置尺寸小，不干扰其他设备的正常运行。

(3) 加热范围应限制在成型区内，加热效率高。

结合上述要求，电子束选区熔化粉末预热的主要方式包括电子束预热、热传导预热和热辐射预热。最直接的实现方式是电子束预热，利用电子束对粉末在成型前进行预热，即在进行大束流熔化扫描之前，对未成型的薄层粉末用小束流高速扫描。由于成型过程是在真空环境中($\leqslant 2\times 10^{-2}$ Pa)进行，对流换热可以忽略，金属粉末的预热主要通过热传导预热和热辐射预热来完成。

1. 电子束预热

电子束预热过程可以分为粉末固定阶段和粉末预热阶段。

(1) 在粉末固定阶段，主要通过小束流的电子束对金属粉末进行扫描预热，使离散的金属粉末黏接在一起，为后续的选区熔化做准备。这一阶段通常采用较小的电子束束流，过大的电子束束流会导致粉末溃散或发生明显的球化现象。此外，扫描速度也会影响粉末稳定性，扫描速度过快会导致粉末溃散，扫描速度过慢则会导致粉末球化，因此需要合理选择工艺参数。

(2) 粉末预热阶段是对固定好的金属粉末进一步预热，使粉末的温度提升到一定数值。这一阶段电子束束流逐渐增大，扫描速度及扫描线间距逐渐提高，通过逐级扫描的方法使金属粉末均匀预热，图5.20所示为电子束预热示意图。

采用电子束预热的方法可迅速提高粉床表面温度。但也会带来一些问题，如：电子束预热主要集中在粉床表面区域，对于靠近底板的粉末加热不足，造成粉末在厚度方向存在较大的温度梯度；缺少其他预热方法的情况下，粉末容易在预热阶段发生溃散。因此，通常情况下不单独采用电子束预热作为金属粉末的预热方式。

2. 热传导预热

在电子束选区熔化过程中，对粉末进行热传导预热的方式主要有两种。一种是在基板位置安装加热棒或加热板，通过与基板接触的粉末将热量传递到当前粉层。这种热传导加热方式结构简单，加热均匀，能保证成型面温度场的稳定性，但是在选区熔化过程中由于成型面不断变化，并且随着粉层厚度的增加，成型面距基板的距离越来越远，预热只

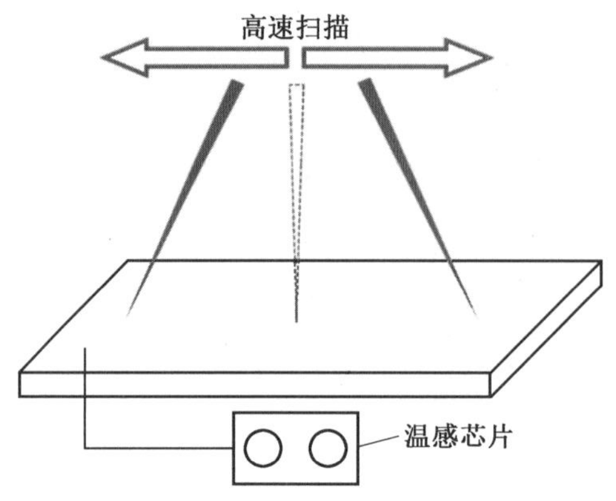

图 5.20　电子束预热示意图

对靠近基板的前几层粉末有效。对于远离基板的成型面，由于仅依靠松散粉末进行热传导，传热效率有限。对于松装密度较低的粉末材料，这种方法的预热作用有限，相关研究表明，在保证设备稳定性的前提下，采用这种预热方式的粉末温度很难超过 200 ℃。若提高加热功率，受到真空散热条件的限制，易使预热装置发生烧损。

另一种热传导预热方式是将环形预热装置安装在粉床上方靠近成型面的位置对粉末进行加热。相比于基板预热，这种预热方式直接对成型面进行加热，预热温度高，加热效率高，保证成型面上金属粉末的稳定性。

3. 热辐射预热

在辐射加热的条件下，成型面上金属粉末吸收的热量几乎全部来自于热辐射。对于导热性较差的金属粉末，表层粉末吸收的热量完全是辐射加热的结果。根据辐射加热相关计算原理，假设热源辐射的能量全部作用于成型面上，则在一定的加热温度下，表层金属粉末接受的热流密度 q_s 为

$$q_s = \frac{\sigma(T_1^4 - T_0^4)A_1}{A_2} \tag{5.1}$$

式中，A_1 为辐射表面；A_2 为粉末上表面；T_1 为加热温度；T_0 为粉末的初始温度；σ 为玻尔兹曼常数。

由式(5.1) 可以看出，辐射源的加热温度越高，金属粉末接受的热流密度越大，相应的预热效果越好。同时，增大辐射源的表面积，同样可以提高金属粉末接受的热流密度，改善预热效果。

不同波长的光具有的能量也不相同，金属材料表面对于单色光的能量吸收率为

$$\alpha_\lambda = 36.05\left(\frac{R}{\lambda}\right)^{\frac{1}{2}} \tag{5.2}$$

式中，R 为金属单位电阻；λ 为单色光波长。

由此可见，单色光的波长越短，金属粉末的能量吸收率越高，因此需要采用较短波长的光源对金属粉末进行辐射预热。与大块的金属材料相比，金属粉末相当于一个灰体，入射光照射到金属粉末表面会经过多重反射与吸收，因此金属粉末对于入射光的吸收率较高，热辐射预热的理论效果较好。

根据热辐射预热实现方式的不同，目前常见的热辐射预热装置有氙灯、卤素灯、金属卤化物灯和红外辐射灯。

(1) 氙灯。

氙灯作为辐射光源具有发光效率高、可以瞬时启动、发光稳定的特点，其最大功率可达 10 kW 以上。但是氙灯在启动时气体需要击穿放电，因此需要给氙灯配备一个启动装置和稳压电源，系统较为复杂。此外，氙灯的工作温度较高，仅靠自然冷却的散热效果较差，通常需要强迫冷却(风冷或水冷)，特别是对于大功率的氙灯，如果辐射加热装置的散热系统较差会大大缩短氙灯的寿命。对于电子束选区熔化设备，由于真空条件下不存在对流换热，需要引入水冷对辐射加热装置进行冷却，但会增加系统复杂性。

(2) 卤素灯。

卤素灯也称卤钨灯，是在钨丝灯泡里加入卤元素(通常为 Br 或者 I) 从而改变发光特性以及提升灯泡寿命的一种灯。卤钨灯的辐射强度大，寿命比白炽灯长约 50%。而且这种灯的体积比较小，在有限的空间内比较容易安置。

当使用 I 做填充时，由于 I 蒸汽的颜色是紫红色，会影响到灯的发光效率，同时在长期使用后，灯管表面会形成 WI_2 黑色沉淀，影响透光效果。但是，一般卤素灯的色温为 2 900 ～3 200 K，波长为 0.9 ～ 1 μm，对于辐射加热金属粉末来讲相对较大。

(3) 金属卤化物灯。

金属卤化物灯是将金属卤化物、稀有气体和 Hg 等充入放电管中，通过激发金属卤化物中的金属原子而发光。金属卤化物灯具有色温高(可以达到 4 000 ～ 6 000 K，相应的峰值辐射波段为 0.48 ～ 0.72 μm)、效率高、辐射强度大和节能等优点。但金属卤化物灯的一个致命缺点是启动和冷却时间长，一般小功率的金属卤化物灯启动需要 2 ～ 5 min，大功率的金属卤化物灯启动需要 3 ～ 8 min，冷却后再次启动时间在 10 min 以上。对于电子束选区熔化，由于需要反复铺粉预热，频繁开关，采用金属卤化物灯预热耗时过长，显然不能接受。

(4) 红外辐射灯。

红外辐射灯利用高温电阻丝材料制成热源，外面罩上二次辐射率很高的辐射材料(如乳白石英玻璃管等)，在辐射管中充上稀有气体。通过选择不同的电阻丝材料和辐射管材料，可以选择各种波段的辐射。

红外辐射灯的特点是辐射效率比较高(> 85%)、寿命长(3 000 ～ 10 000 h)、升温和降温快、热惯性小(在 1 ～ 3 s 内即可达全功率的 80%)、没有可见光污染以及价格便宜。此外，红外辐射灯在市场上具有各种类型的产品，可以按照不同的辐射波段需求进行辐射基体和辐射材料的搭配设计，根据设计制作成不同形状，使其在有限的空间里具有一定的优势。

5.4.3　粉末预热效果

为直观地显示粉末预热的效果，以 Ti－6Al－4V 粉末为例，采用不经预热、500 ℃ 预热30 s、600 ℃ 预热 60 s 和 800 ℃ 预热 120 s 四种情况对粉末溃散、成型精度的影响进行对比。

1. 粉末预热对粉末溃散程度的改善

为研究粉末预热对粉末抗溃散性能的改善作用，将粉末在一定电流下抗溃散临界扫描速度作为衡量粉末抗溃散性能的指标。临界扫描速度越大，粉末抗溃散性能越好，反之粉末抗溃散性能越差。图 5.21 所示为不同预热条件下，粉末抗溃散临界扫描速度与电子束束流的关系。在相同预热条件下，随着电子束束流的增大，粉末抗溃散临界扫描速度逐渐增大，这是由于较大的电子束束流使粉末的熔化量增大，相互结合，使粉末稳定性得以提高。在不同的预热条件下，当电子束束流大小相同时，随着热输入的增大，粉末的临界抗溃散扫描速度逐渐增大，证明提高预热温度和延长预热时间均能改善粉末稳定性。

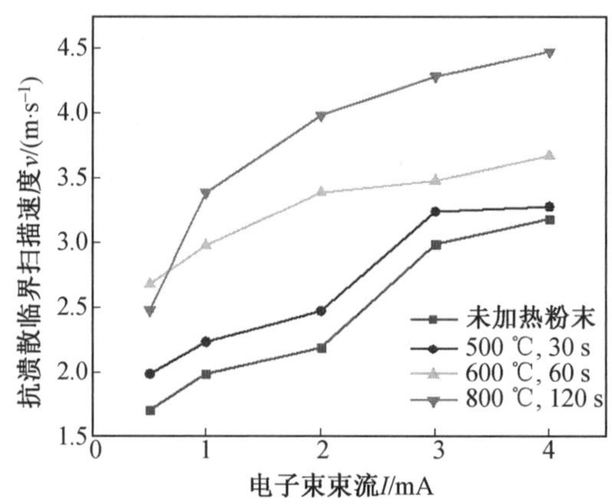

图 5.21　不同预热条件下，粉末抗溃散临界扫描速度与电子束束流的关系

采用小束流扫描时，虽然粉末的温度未达到其熔点，但由于金属粉末的形状不是规则的圆形，因此具有较高的比表面能。虽然预热温度未达到粉末熔点，但却使不规则的金属粉末发生局部熔化而结合，热输入的增加能促进更多的金属粉末发生熔化黏结，使粉末的稳定性得以提高。

2. 粉末预热对成型精度的改善

电子束选区熔化成型过程中，主要存在边缘缺陷和球化缺陷。边缘缺陷是由于电子束在边缘聚焦时形成的熔池吸附边缘外的粉末而形成凸起；球化缺陷一般存在于表面中间，主要是由成型过程中温度场不均匀和粉末状态变化导致局部粉末熔化后聚球。在后续成型过程中大部分聚球会熔化消失，一小部分聚球会吸附周围粉末不断长大，形成明显的凸起。如果不设法减小表面缺陷，随着成型层数的增加，缺陷积累将导致表面严重凹凸不平。为了进行后续铺粉和成型，必须增大层厚。但层厚增大会降低成型精度，并且影响层间结合状况。

实验表明，粉末预热对稳定层厚有明显作用。在没有预热时，后续层厚必须增大到 0.15 m(甚至 0.3 mm) 才能继续成型，而经过粉末预热后，层厚为 0.1 mm 就能继续成型。这是因为粉末预热提高了温度场的均匀性，减小成型区域和周围粉末的温度梯度，明显改善边缘缺陷；而粉末温度提高能促使粉末均匀熔化，增大熔滴接触面积，减少球化倾向，也有利于将已生成的聚球熔化、消除。此外，粉末预热还能提高层间结合质量，使层间的孔隙更细小甚至完全消失。

5.5　选区熔化加工成型

在电子束选区熔化成型过程中，成型件的表面形貌是判断工艺质量的重要指标。成型表面粗糙会对零件性能产生不利影响，需要合理优化工艺，改善零件的表面光洁度。理想的成型件表面应尽量平整，不平整的上表面形貌会出现以下问题。

（1）降低成型件的尺寸精度。

（2）成型件表面的凸起部分不利于铺粉器的移动，容易卡住甚至损坏铺粉器。

（3）不平整的上表面会导致下一层粉末厚度不均匀，粉层较厚的区域在成型中熔化不充分，形成层间孔隙缺陷。

因此，本节针对电子束选区熔化加工成型，系统地介绍表面成型及表面粗糙度的控制。

5.5.1　粉末性能对表面成型的影响

1. 异形粉对表面成型的影响

由于电子束选区熔化多采用稀有气体雾化球形粉末作为原材料，在气雾化制粉过程中不可避免形成一定含量的空心粉和卫星粉，并且由于电子束选区熔化过程中金属粉末熔化、凝固速度较快，空心粉中含有的气体来不及逸出，从而在成型件中残留形成气孔。此类气孔形貌多为规则的球形或类球形，如图5.22(a)所示，其在成型件内部的分布具有随机性，但大多分布在晶粒内部，热等静压处理难以消除这类气孔。此外，卫星粉还易造成熔合不良，如图5.22(b)所示。

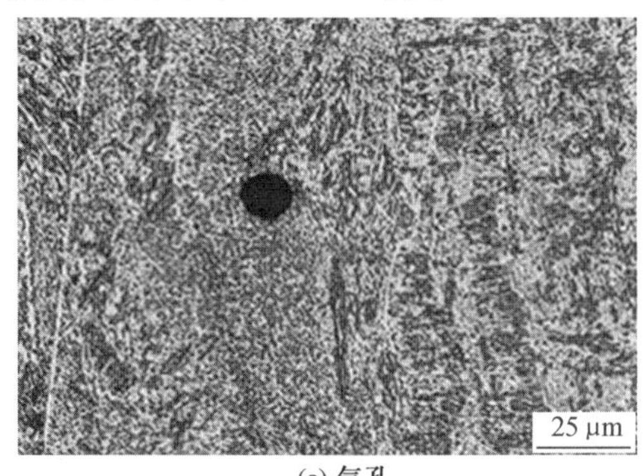

(a) 气孔　　(b) 熔合不良

图5.22　电子束选区熔化成型的材料内部缺陷

2. 粉末形状对表面成型的影响

基板预热及粉末预热均可避免粉末溃散的发生，降低粉末流动性、优化电子束的扫描方式同样能避免粉末溃散的发生。其中，影响粉末流动的一个重要因素是粉末形状。气雾化制备的粉末通常为规则形状的球形粉末，流动性好，粉末之间的摩擦因数和运动黏度小，因此粉末极易发生溃散现象，只能在较低的电子束束流和扫描速度作用下成型。水雾化制备的粉末形状不规则，比表面积大，粉末之间相互搭接，摩擦因数和运动黏度远大于气雾化制备的粉末，扫描速度的高低不会造成粉末被吹开，所以电子束束流和扫描速度可以提高。

虽然水雾化制备的粉末能避免粉末溃散，但会引起扫描线不连续的问题，主要原因是水雾化制备的粉末形状不规则，表面能高。当电子束作用到粉末上时，不规则的尖角部位迅速发生熔化，使邻近的粉末相互黏连在一起，随着电子束束流的增加和线扫描速度的降低，粉末熔化程度加剧，周围粉末被熔池大量吸收，导致周围金属粉末数量不足，产生球化和扫描线断开的现象。在较低的电子束束流和线扫描速度作用下，气雾化制备的粉末被前一点的熔池吸走了部分粉末，但由于其松装密度比水雾化高，当前点仍有足够多的粉末满足熔化需要，所以气雾化制备的粉末能形成连续的扫描线。

采用气雾化制备的粉末与水雾化制备的粉末结合的方法，不仅可以提高粉末抗溃散性能，还可以克服粉末球化现象的发生，是一种适合于电子束选区熔化成型制造材料的结合方法。从抗溃散角度出发，水雾化制备的粉末优于气雾化制备的粉末，但会导致成型件不致密，表面成型差，因此混合粉末中水雾化制备的粉末比例不能过高。目前，有关不锈钢粉末选区熔化成型的研究表明气雾化制备的粉末比例为60％～80％，水雾化制备的粉末比例为20％～40％时，直径较大的水雾化制备的粉末可作为骨架材料，而细小的水雾化制备的粉末作为填充材料。两种粉末的合理搭配不仅可以解决粉末溃散问题，还可以提高成型件的致密性，改善表面成型质量。

5.5.2 工艺参数对表面成型的影响

电子束选区熔化工艺参数的选择是决定零件成型质量最直接的因素，工艺参数选择不当往往会导致成型件内部存在多种缺陷，因此确定合理的电子束选区熔化线能量及电子束扫描方式是避免成型缺陷的关键。

1. 工艺参数不匹配导致的表面成型缺陷

(1) 气孔与熔合不良。

卫星粉的存在会导致成型件内形成气孔缺陷，工艺参数选择不当同样会导致孔洞的形成。选区熔化能量密度过大时，不同于致密度较高的金属材料，金属粉末之间的接触面积小、导热性差，在电子束选区熔化过程中，当采用较高能量密度时会导致电子束作用的局部区域温度过高，热量聚集而形成气孔。主要原因是电子束作用于金属粉末表面时产生的热量使其发生熔化，由于局部温度过高，熔池表面的液态金属蒸发，产生较大的蒸汽压力而在熔池表面形成稳定的匙孔。在熔池的末端，随着电子束的移出，液态金属开始填充匙孔，但由于金属蒸汽形成的气孔无法排出而残留在成型表面内部。值得注意的是，残余的气孔形态会随凝固条件的不同而发生变化。当电子束扫描速度较小时，会形成球形和椭圆形气孔；相反，当电子束扫描速度较快时，则会导致新层与前一层分离而形成细长的气孔。

此外，当成型工艺不匹配时，还会在成型件内出现由于熔合不良形成的孔洞，这些孔洞形状不规则，多呈带状分布于层间和相邻扫描道次搭接处，在孔洞内部分布未熔化的金属粉末。这种缺陷的产生是相邻扫描道次束斑重叠量较小或电子束选区熔化线能量较低导致的。虽然相邻道次成型面顶部没有可见孔隙，但由于熔池下部尺寸较小，在相邻熔池表面下方未能完全重叠，导致局部区域热输入过低，不足以使金属粉末发生熔化，最终残留在成型件内部形成缺陷，其形成原理如图 5.23 所示。这种缺陷可通过适当增大束斑重叠量或增大线能量避免。

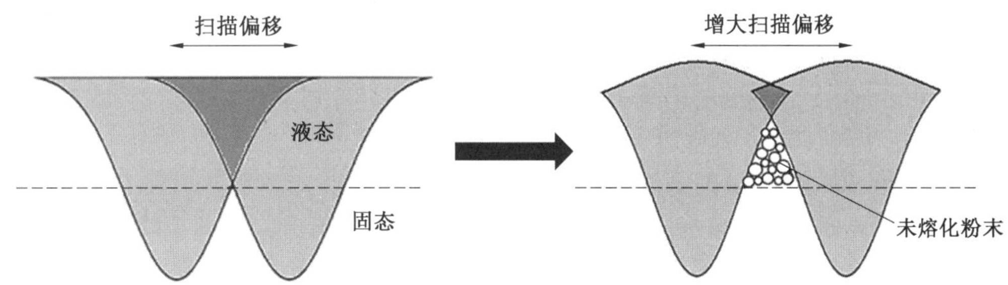

图 5.23　熔合不良形成原理图

(2) 通道状缺陷。

与熔合不良的形成类似，通道状缺陷的形成多是工艺参数不匹配导致的。图 5.24 所示为恒定扫描速度下 Ti－6Al－4V 粉末选区熔化成型通道状缺陷形成过程。由图可见，相邻沉积层间的孔隙度较高，由于粉层的随机性及热输入不足导致熔池过浅，沉积层表面不均匀(第 1 层和第 2 层)，液态金属的流动性较差，在表面张力的作用下发生聚集，使相邻道次未发生重叠，因而在第 4 层中生成缺陷，并在随后发生演变。由于工艺参数不匹配，熔化的金属粉末形成的熔池尺寸过小，无法跨越缺陷并填充液态材料，导致熔融金属粉末被缺陷侧壁吸引，并且在层间的通道内生长。

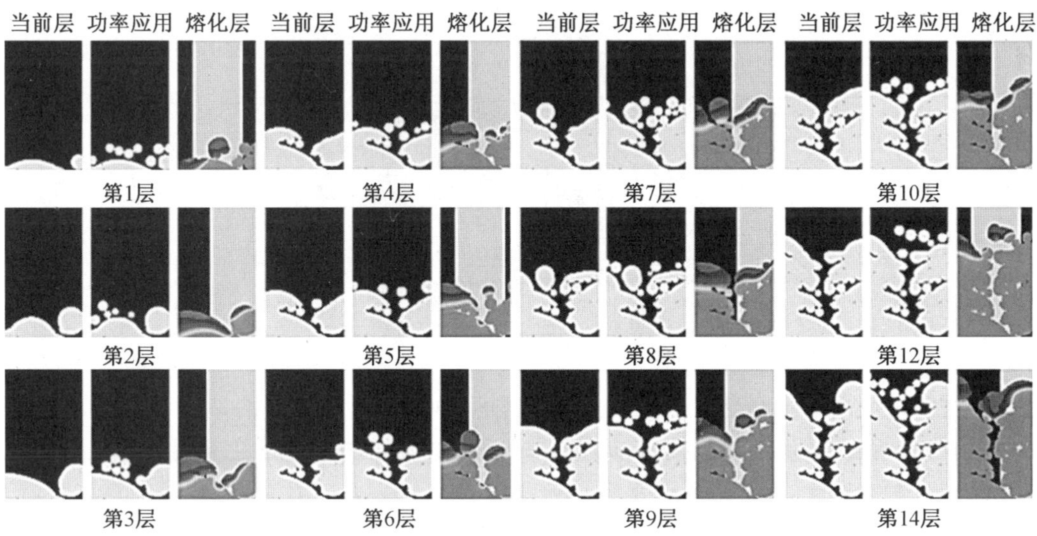

图 5.24　恒定扫描速度下 Ti－6Al－4V 粉末选区熔化成型通道状缺陷形成过程

(3) 变形与开裂。

对于形状结构比较复杂的零件，采用传统的加工方法需要付出巨大的时间成本，为了缩短加工周期，通常采用电子束选区熔化方法进行加工，简化加工流程。与焊接过程类似，电子束选区熔化也是局部加热的方法。成型过程中，随着电子束的移动，金属粉末瞬间熔化并快速凝固,在局部区域形成较大的热应力和凝固收缩应力。此外,对于钢或钛合金等已发生固态相变的金属,在快速冷却时还会发生马氏体转变,形成组织应力。随着选区熔化过程的进行,这些应力会不断积累,成型件在这些残余应力的综合作用下会发生变形甚至开裂。图 5.25 所示为镍基合金在选区熔化过程中形成的裂纹。

针对选区熔化过程中成型件的变形开裂问题,优化成型工艺参数、调整电子束扫描策略显得尤为重要。合理的工艺方法可以尽可能地提高温度场分布的均匀性,缓和局部区域的应力集中,从而减小成型件的变形,抑制裂纹的产生。

采用电子束扫描预热的方法可以提高金属粉末的稳定性,避免吹粉现象的发生。同样,电子束短时间内的高速扫描在实现对大面积粉末预热的同时,有助于减少后续加工层和粉床之间的温度梯度,从而在一定程度上降低由残余应力导致的变形开裂风险。对于脆性材料的电子束选区熔化成型,仅仅依靠粉末预热可能无法避免裂纹的产生,因此需要适当延长成型件在高温下的停留时间,缓释残余应力。

目前针对脆性材料电子束选区熔化,通常是在粉末预热的基础上,进行随形热处理,即在每一层熔化扫描完成后,通过快速扫描实现缓冷保温,使成型件在高温下发生塑性变形和蠕变以缓释残余应力,避免残余应力的不断积累,从而实现减小变形,抑制零件开裂的目的。此外,通过扫描路径的反向规划和网格规划也可以降低成型件温度分布不均匀的程度,避免成型过程中成型件的翘曲变形。

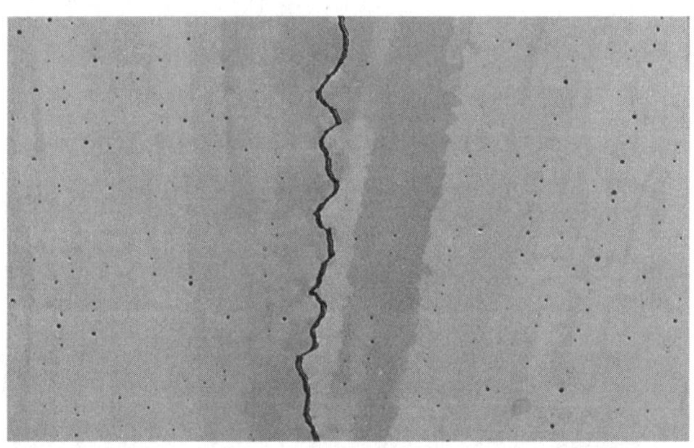

图 5.25　镍基合金在选区熔化过程中形成的裂纹

2. 线能量对表面成型的影响

成型零件的质量主要受成型过程工艺参数的影响,理想的成型件表面平整且粗糙度低,扫描线光滑连续,内部组织致密,无气孔、裂纹和未熔合等缺陷。工艺过程对表面质量和内部结合影响较大,能量输入不足容易导致扫描线不连续,表面粗糙;提高能量输入,扫描线光滑连续,但成型试样两侧有凸起,这是因为能量密度输入高,熔池作用时间长,流动性好,电子束扫描时将液相金属“推”向两侧。电子束选区熔化在真空条件下进行,有效避免了氧、氮、氢等气体对试样的不良影响。成型件内部存在孔隙,通常是由于粉末自身缺陷导致的。线能量较低时,熔池存在时间短,不利于气体的逸出。

采用不同线能量对纯铜粉末进行选区熔化,得到的试样上表面形貌如图 5.26 所示。图中三个试样(图 5.26(a)(b)(c)) 采用的线能量分别为 0.15 J/mm、0.3 J/mm 和

(a) 0.15 J/mm　(b) 0.3 J/mm　(c) 0.35 J/mm

图 5.26　不同线能量进行选区熔化后上表面形貌

0.35 J/mm。当线能量为 0.15 J/mm 时，由于线能量较小，得到的试样不够致密，显示出明显的多孔性，试样表面没有光泽，显微照片中可以看到明显的结合缺陷，证明能量输入太低时，并非所有粉末都能熔化，从而导致层间缺陷和孔洞。当线能量为 0.3 J/mm 时，试样均匀致密，无孔洞缺陷，试样表面成型光亮，具有典型的电子束选区熔化痕迹。当线能量为0.35 J/mm 时，由于热输入过大，试样不够致密，发生膨胀。光亮表面上选区熔化的熔痕消失，试样边缘向上发生弯曲。从试样侧视图可以看出，由于试样过热，铜粉在电子束扫描过程中黏附在熔融表面，导致孔洞和黏结缺陷产生。纯金属粉末在电子束扫描过程中黏附倾向较大，当采用较大线能量时需要铺设较厚的粉末，因此线能量过大易形成与线能量较小类似的层间缺陷和孔洞缺陷。

线能量的大小与电子束束流大小和电子束扫描速度有关，因此选区熔化成型件的表面质量与电子束束流和扫描速度直接相关。以 Ti－6Al－4V 成型件为例，讨论线能量对表面成型的影响，束流在2～18 mA 之间变化，阶跃为 2 mA，扫描速度在 250～2 000 mm/s之间变化，阶跃为250 mm/s，扫描线间距为0.2 mm。根据电子束束流与扫描速度的匹配关系，可以将成型件的表面形貌分为三类。

(1) 多孔表面。

当采用小电子束束流、高扫描速度(即线能量较低) 时易形成多孔表面,与纯铜粉末选区熔化形貌类似。图 5.27 所示为线能量较低时的沉积体形貌,从图中可以看出,试样上表面凹凸不平,充满了不规则团块,这是由于线能量较低时,金属粉末熔化后发生球化聚集而形成的表面形貌。在试样的横截面上可以观察到大量的空腔、未熔化的金属粉末和其他层间缺陷。其中大多数的空腔尺寸大于单层沉积层厚度,成型件的整体成型较差,没有实际应用价值。

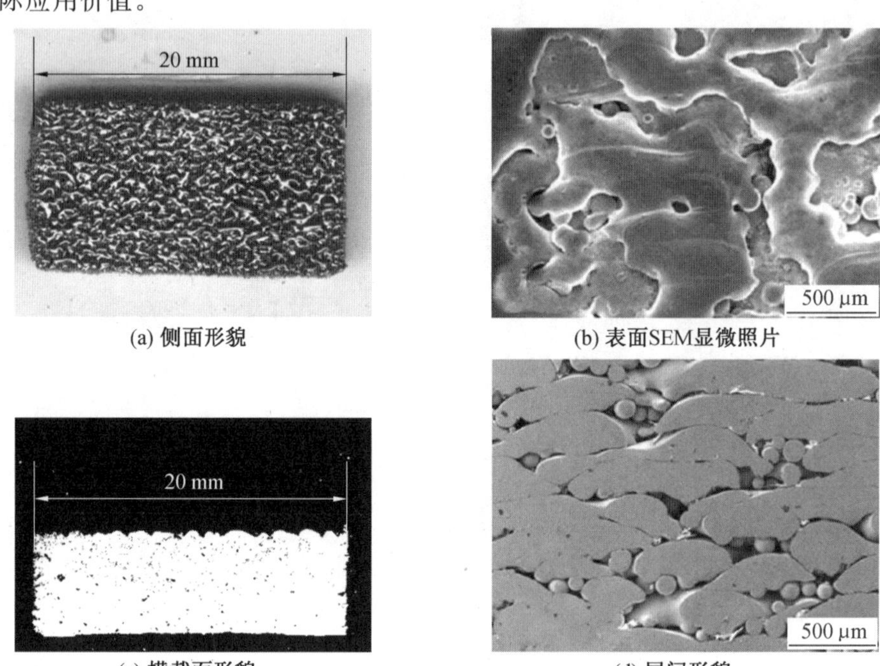

(a) 侧面形貌　(b) 表面SEM显微照片　(c) 横截面形貌　(d) 层间形貌

图 5.27　线能量较低时的沉积体形貌(扫描速度为 500 mm/s,束流为 4 mA)

(2) 平坦表面。

当采用中等程度的束流和扫描速度(即线能量中等) 时可得到平坦的表面。图 5.28 所示为线能量中等时的沉积体形貌,从图中可以看出,选区熔化过程中扫描轨迹连续重叠,成型件侧面成型良好。与线能量较低时相比,适当的增大线能量能延长熔池的存在时间,有利于液态金属填充层间间隙,获得致密的沉积体。

然而,在沉积体表面边缘,即第一层或最后一层扫描轨迹可以发现孔隙,如图 5.28(b) 所示。当完成最后一层的扫描成型后,由于不存在后续的熔化凝固过程,因此部分孔隙缺陷得不到液态金属的补充而保存下来。成型件的横截面形貌显示成型件表面基本平坦,在成型件侧面边缘存在较多层间缺陷,可通过后续机加工消除。

测量结果表明,对于采用中等线能量获得的试样具有平坦表面,表面最高峰值和最低谷值之间的垂直距离小于 0.5 mm。截面均匀致密,但存在气孔,部分气孔呈球形,小于 30 μm,部分气孔不规则。不规则气孔比球形气孔大得多,主要分布在截面底部,即成型件的前几层。

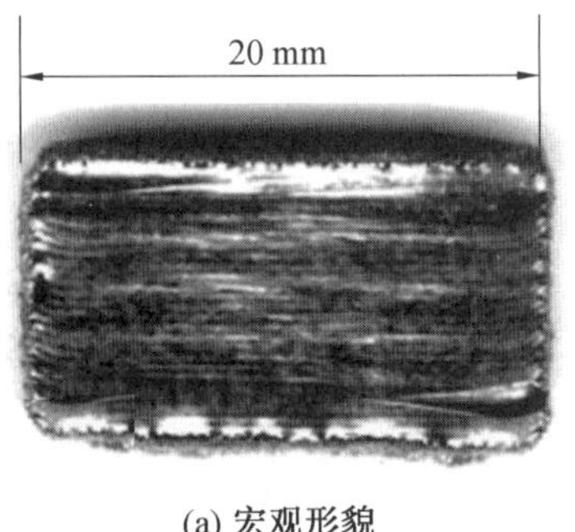

(a) 宏观形貌

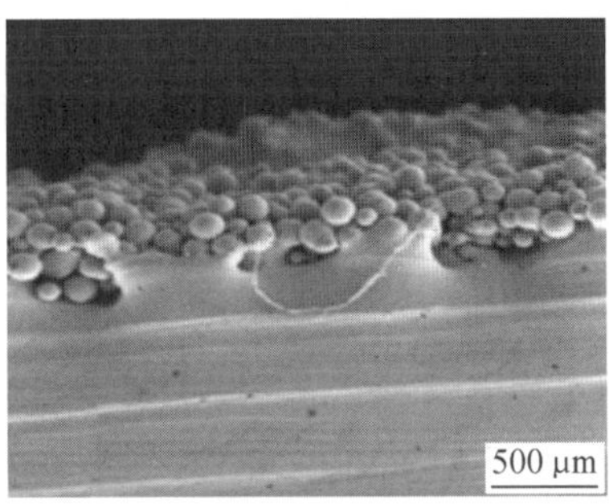

(b) 表面SEM显微照片

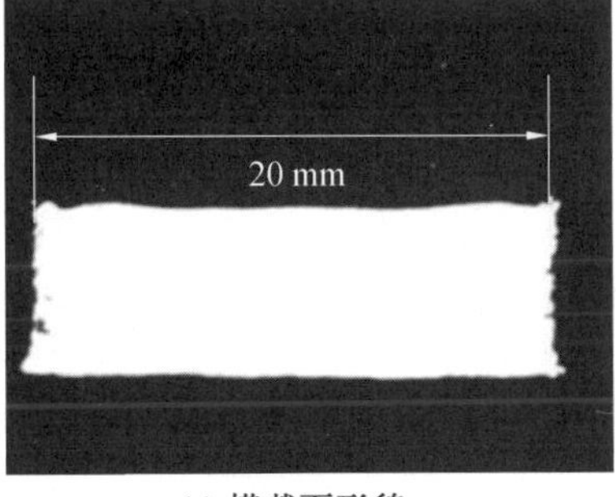

(c) 横截面形貌

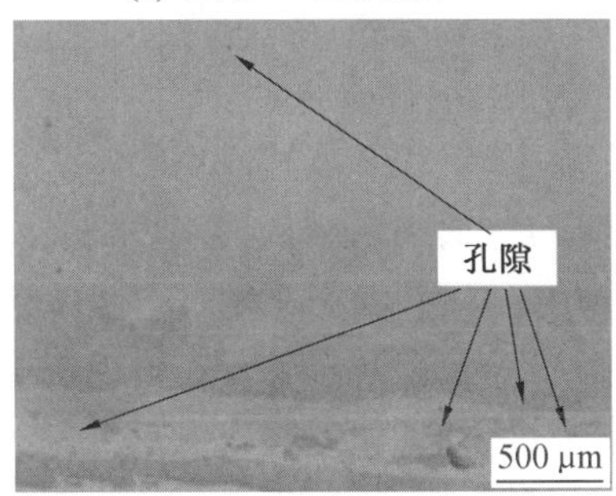

(d) 层间形貌

图 5.28　线能量中等时的沉积体形貌(扫描速度为 500 mm/s,束流为 8 mA)

(3) 波浪状表面。

波浪状表面是采用大束流、低扫描速度(即高线能量)获得的表面形貌,与采用中等线能量时类似,成型件均匀致密,宏观可观察到明显的层间分界线,沉积体边缘同样存在少量孔隙,沉积体形貌如图 5.29 所示。但是,当采用线能量较高时,沉积体表面呈明显的

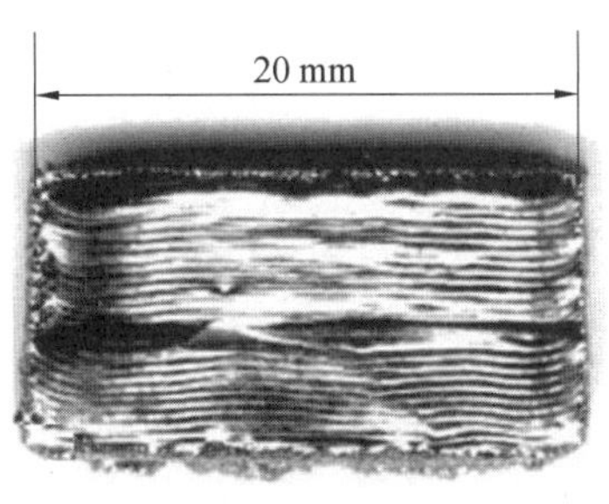

(a) 宏观形貌

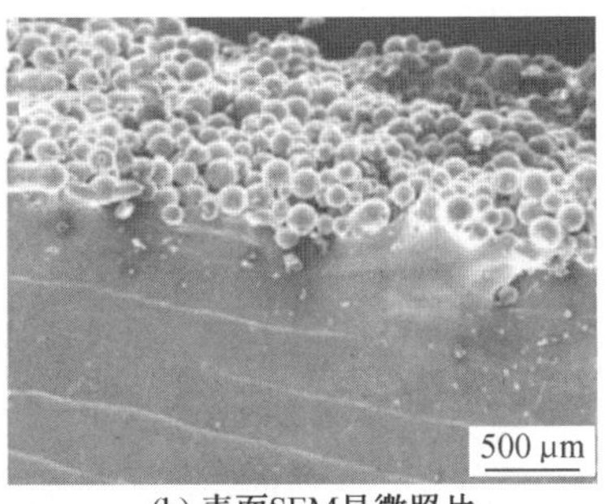

(b) 表面SEM显微照片

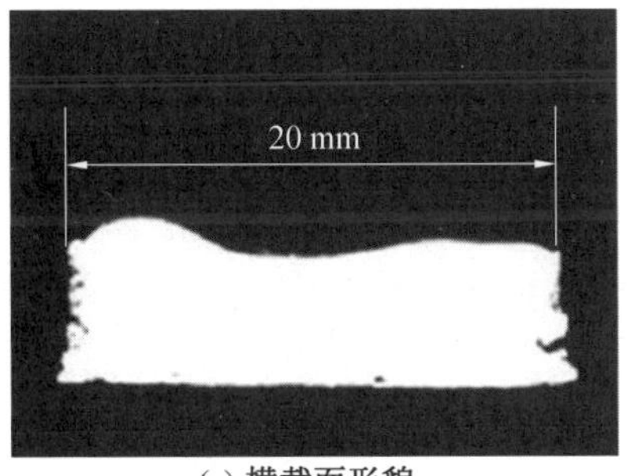

(c) 横截面形貌

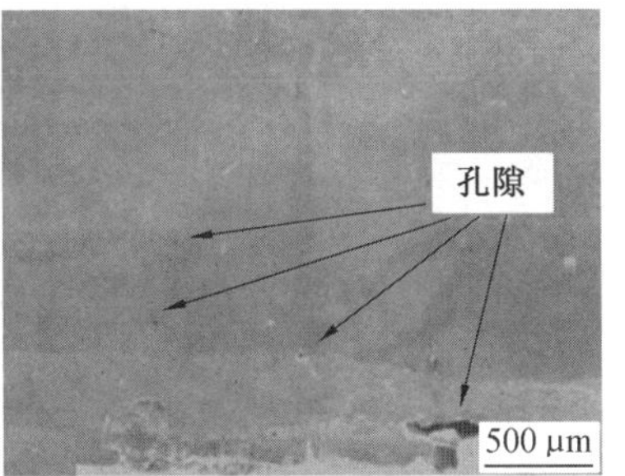

(d) 层间形貌

图 5.29　线能量较高时的沉积体形貌(扫描速度为 500 mm/s,束流为 12 mA)

波浪形，这在图 5.29(c) 中可清晰地观察到。此外，对于所有采用高线能量获得的试样，其上表面最高峰值和最低谷值之间的垂直距离大于 0.5 mm。截面上随机出现一些小的球形气孔，在截面底部发现一些较大的不规则孔隙。

综上可知，线能量对沉积体的表面形貌具有重要影响，当线能量较小时，获得的沉积体表面凹凸不平，并且存在大量的层间缺陷；当线能量适中时，沉积体表面平坦，均匀致密；当线能量过大时，沉积体表面成型较差，也会引入一定量的气孔缺陷。

3. 多次扫描对表面成型的影响

采用恒定功率的电子束对金属粉末进行单次扫描，得到致密零件的工艺对金属粉末材料要求较高的结论，并且这种工艺对不同金属粉末的适应性较差。研究结果表明，对于某些材料，电子束功率恒定、单次扫描难以找到合适的工艺参数，成型件的表面质量、内部组织不够理想。以不锈钢粉末材料为例，本节就恒定功率、单次扫描与功率递增、多次扫描对成型件上表面形貌的影响进行介绍。

(1) 恒定功率、单次扫描对成型件上表面形貌的影响。

图 5.30 所示为恒定功率、单次扫描后试样的上表面形貌，成型层数均为 50 层，表 5.1 为不同试样采用的工艺参数。从图中可以看出，相同线能量下得到的成型件上表面形貌基本相同，随着 P/v 值由 0.48 升高到 1.44，成型件上表面形貌逐渐由细密的网状过渡至

图 5.30　恒定功率、单次扫描后试样的上表面形貌

沟壑状。此外,线能量越大,粉末材料的飞溅现象越严重。飞溅的产生一方面是由于粉末材料导电性能差,在电子束作用下积累电荷,在同种电荷的斥力下飞溅;另一方面是由于熔池与周边环境剧烈的温度差,使熔池周围的粉末材料溅出。

表 5.1　不同试样采用的工艺参数

编号	速度 /($mm \cdot s^{-1}$)	功率 /W	功率速度比 P/v
1－1	250	120	0.48
1－2	250	240	0.96
1－3	250	480	1.44
2－1	500	240	0.48
2－2	500	480	0.96
2－3	500	960	1.44
3－1	750	360	0.48
3－2	750	720	0.96
3－3	750	1 080	1.44

(2) 功率递增、多次扫描对成型件上表面形貌的影响。

功率递增、多次扫描是指电子束多次扫描零件的截面区域,并且随着扫描次数的增加逐渐增大扫描功率。图 5.31 所示为功率递增、多次扫描后试样的上表面形貌。成型层数均为 50 层。图中四个零件加工过程中电子束扫描速度均为 250 mm/s,采用功率为 120 W 扫描一次得到的试样如图 5.31(a) 所示,分别采用功率为 120 W、240 W 的电子束各扫描一次得到的试样如图 5.31(b) 所示,分别采用功率为 120 W、240 W、360 W 的电子束各扫描一次得到的试样如图 5.31(c) 所示,分别采用功率为 120 W、300 W、480 W 的电子束各扫描一遍得到的试样如图 5.31(d) 所示。实验结果表明,采用不同的功率递增方式获得不同试样上表面形貌具有较大差异。当不采用多次扫描时,试样表面发生明显的球化现象,形成细密的网状形貌;采用两次扫描时,试样表面细小球化颗粒二次熔化凝固,团聚成更大的聚球;当采用三次扫描时,试样上表面成型得到较大程度的改善,但由于功率较小,部分区域呈沟壑状;当采用四次扫描后,提高电子束功率,最终获得基本平整的上表面形貌。

功率递增、多次扫描能改善成型件上表面形貌的原因在于,先用低功率的电子束扫描粉层,使粉末材料熔化聚球,同时飞溅程度最小,保证绝大部分材料留在扫描区域内;在后续扫描过程中增大电子束功率,使球化的金属发生二次熔化,当电子束功率达到一定程度时,可使熔池存在时间得以延长,液态金属充分流动,填充表面间隙,最终获得平整致密的上表面。

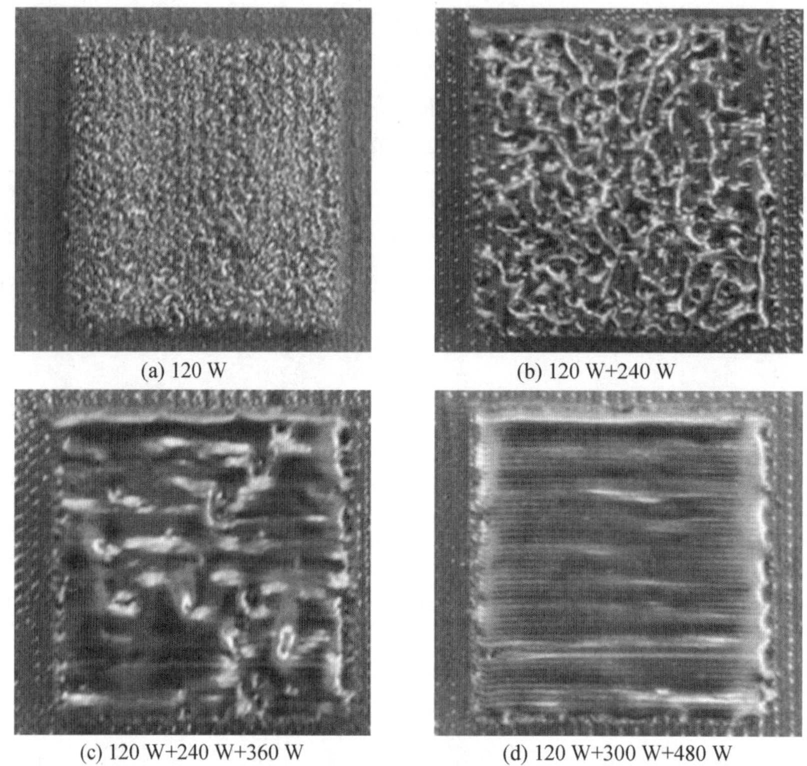

图 5.31　功率递增、多次扫描后试样的上表面形貌

5.5.3　成型高度对表面成型的影响

电子束选区熔化成型件表面形貌不仅受工艺参数和扫描方式的影响，还与成型高度相关。以不锈钢粉末选区熔化为例，图 5.32 所示为不同工艺条件下成型件上表面形貌随成型高度的变化。

当 $v=250$ mm/s、$P=120$ W 时，成型 4 层的上表面已经出现明显聚球，随着层数增加，上表面形貌不断恶化，最终成型件上表面为沟壑状，并且内部有大量孔隙。当 $v=250$ mm/s、$P=240$ W 时，成型 7 层的上表面较为平整，没有明显聚球，成型 15 层的上表面出现瘤状聚球，之后上表面形貌不断恶化，最终的成型件上表面为沟壑状，内部结合不致密。当 $v=250$ mm/s、$P=360$ W 时，成型 10 层的上表面较为平整，成型 18 层的上表面出现较大波动，成型 50 层之后的上表面则出现较大起伏，同时内部出现孔隙。

由以上结果可知，成型件上表面形貌不是一次形成的，而是在成型过程中不断积累缺陷而恶化。图 5.32(a) 中，能量密度较低，粉末材料飞溅少，基体熔化量较少，对熔池的约束作用较弱，熔池在表面张力作用下聚球；在聚球的表面铺设的粉层厚度不均匀，粉层较厚的地方能量密度低，粉末材料熔化后聚球并依附在表面的凸起处，使上一层的聚球进一步长大；如此，随着成型高度增加，上表面形貌不断恶化，最终演变为沟壑起伏的形貌。

如图 5.32(b)、(c) 所示，增加电子束功率，基体熔化量增加，对熔池约束作用较强，熔池寿命较长，与熔化的基体充分浸润，从而减弱或者消除聚球，可以暂时维持上表面的平整形貌；但增加电子束功率会使粉末材料的飞溅增加，粉末材料飞溅后，当前实际成型厚度减小，下一层粉末厚度相应增加。随着成型层数增加，粉层厚度累积至一定值，能量密度不足导致聚球，上表面不再维持平整形貌，逐渐恶化为沟壑状。另外，飞溅的粉末为成型增加了偶然因素，也会导致上表面形貌逐渐恶化。

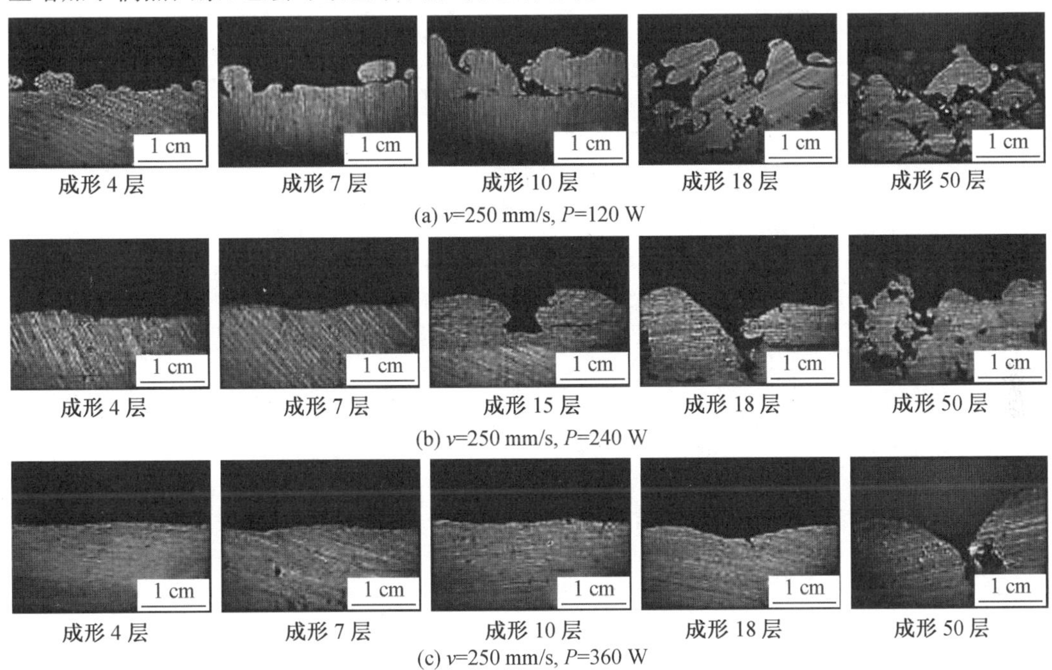

图 5.32　不同工艺条件下成型件上表面形貌随成型高度的变化

5.5.4　扫描方式对表面粗糙度的影响

电子束选区熔化成型有非多点扫描和多点扫描两种扫描方式。非多点扫描是一种连续平动熔化的加工过程，通过连续的电子束熔化沉积体表面特定层某一区域的外缘实现，如图 5.33(a) 所示。非多点扫描中，电子束扫描速度基于内建算法进行计算并由速度函数控制。这种扫描方式的可调参数包括电子束束流、电子束离焦量和扫描速度。

多点扫描即多束加工，通过快速移动电子束实现同一时间形成多个熔池，并同时移动，如图 5.33(b) 所示，因此多点扫描比非多点扫描的加工速度快。多点扫描将待加工层的每一区域分割成多个较短的部分，扫描过程中电子束先定位到待加工区域的外缘，随后通过多点同时扫描移动对粉层进行扫描加工。这种扫描方式的可调参数包括束斑数量、束斑停留时间、束斑重叠量、电子束束流和电子束离焦量。

1. 非多点扫描

表 5.2 为非多点扫描试样测量的表面粗糙度。实验结果表明，电子束选区熔化试样的表面粗糙度可通过工艺参数来改变。最低表面粗糙度为 20 μm 左右，而最高表面粗糙度为 40 μm 左右，扫描速度和束流对表面粗糙度均有显著影响，表面粗糙度最小值出现在扫描速度和束流实验值的中点。此外，表中数据显示非多点扫描的聚焦偏移对实验结果的影响有限，这可以通过观察具有相同束流和扫描速度但离焦量不同的实验趋势来揭

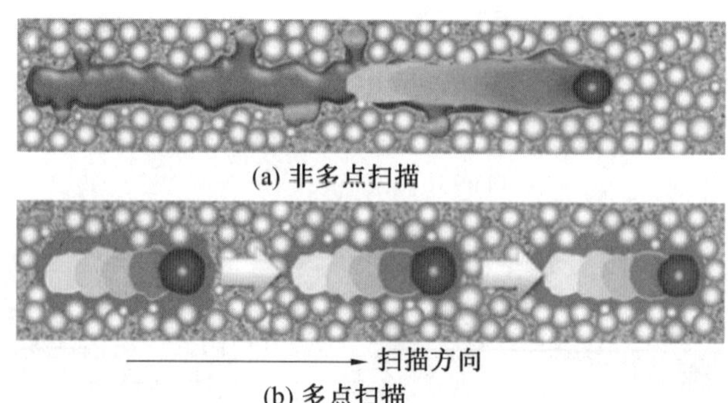

图 5.33 两种扫描方式

示。实验组之间的差异确定离焦量对表面粗糙度的影响是微不足道的。

表 5.2 非多点扫描试样测量的表面粗糙度

试样编号	束流/mA	扫描速度 E mm/s	聚焦偏移/mA	垂直表面粗糙度/μm	水平表面粗糙度/μm
N1	2	2	3	33.6±2.1	22.8±1.9
N2	2	4	3	29.3±1.3	23.1±2.2
N3	2	6	3	33.3±1.3	23.6±1.1
N4	4	2	3	28.1±1.8	21.6±1.1
N5	4	4	0	24.1±2.3	19.7±1.3
N6	4	4	3	25.4±2.1	21.7±0.7
N7	4	6	0	33.5±6.5	25.1±3.3
N8	4	6	3	32.1±4.6	31.2±4.9
N9	6	4	0	31.0±5.8	24.9±5.2
N10	6	4	3	33.0±4.9	24.3±4.7
N11	6	6	0	33.8±3.3	24.3±2.7
N12	6	6	3	39.3±6.7	30.9±2.8

非多点扫描形成的试样上表面形貌如图 5.34(a)～(c) 所示。除了试样厚度方向的差异外,实验中试样的上表面形貌是相同的。使用显微镜测量试样宽度时,观察到尺寸误差为 1 mm。从图 5.34(d) 观察到熔融 Ti－6Al－4V 的不规则聚集,导致非多点扫描试样侧面的纹理较差。产生这种现象的原因是在连续的电子束扫描加工过程中,沉积体的散热方向主要向下传递至先前沉积的层,导致先沉积层发生重熔并形成聚集。

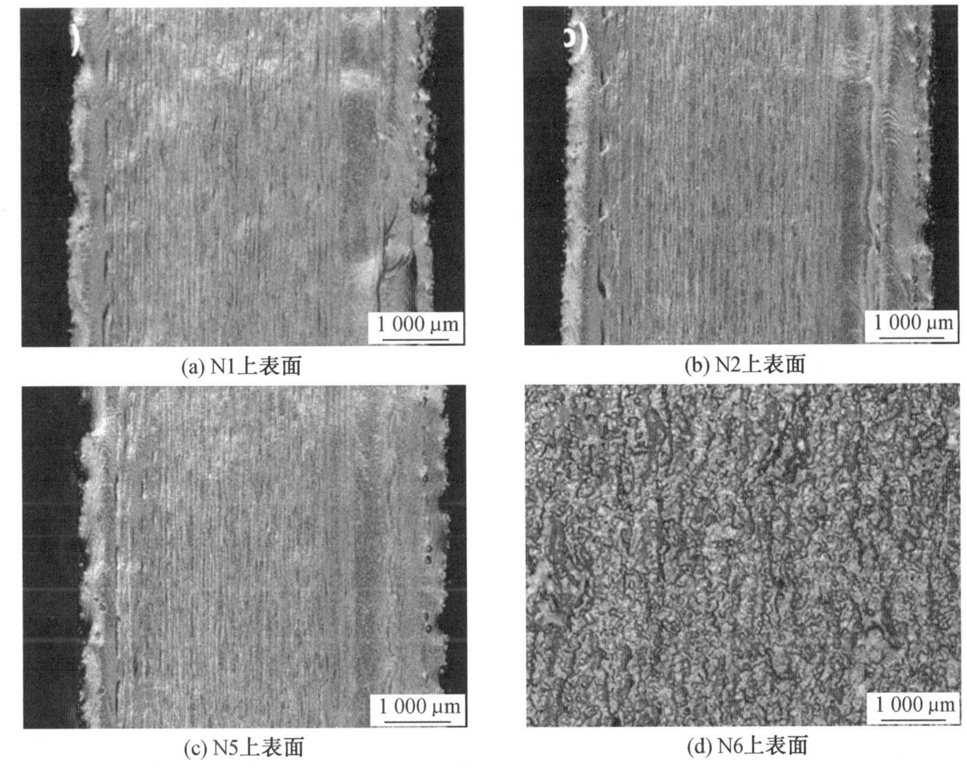

(a) N1上表面 (b) N2上表面

(c) N5上表面 (d) N6上表面

图 5.34 非多点扫描获得的试样光学显微图像

2. 多点扫描

表 5.3 为多点扫描试样测量的表面粗糙度。M16 试样在垂直方向和水平方向观察到表面粗糙度值约为 31.5 μm。与非多点扫描的结果相似,电子束选区熔化生成的试样表面粗糙度随多点扫描加工参数的变化而变化。实验结果表明,在研究的参数中,束斑数量是影响试样表面粗糙度的主要因素。在水平和垂直方向上,试样 M5 的粗糙度均低至 26.8 μm,也是使用束斑数量最多的试样。此外,束斑停留时间和束斑重叠量也对试样的表面粗糙度具有一定影响,但是其影响效果没有束斑数量对试样表面粗糙度的影响显著。

多点扫描获得的试样光学显微图像如图 5.35 所示。从图中可以看出,与非多点扫描相比,多点扫描获得的试样表面观察不到任何可见轮廓线。相反,多点扫描形成了波浪形图案。这一现象产生的原因是多点扫描过程中电子束多次出现在粉床上,使轮廓线发生熔化。从图 5.35(d) 观察到试样中有细小的粉末状特征,这些特征的形成是由电子束的束斑引起的。在多点扫描过程中,每一瞬间来自电子束的热量集中在一个点上,导致粉末在该区域周围熔化,超出轮廓线。由于没有轮廓线连续熔化和熔化区域的快速冷却,观察到的多点扫描试样超出轮廓线的熔化区域比非多点扫描试样超出轮廓线的熔化区域小,因而其尺寸精度更高,但是轮廓线不规则。

表 5.3 多点扫描试样测量的表面粗糙度

试样编号	扫描点数量	扫描时间/ms	重叠量/mm	聚焦偏移/mA	束流/mA	垂直表面粗糙度/μm	水平表面粗糙度/μm
M1	10	0.6	0.2	1	4	40.5±2.7	32.3±2.3
M2	10	0.6	0.2	1	6	37.7±2.9	29.2±2.8
M3	10	0.6	0.2	3	4	38.2±2.1	31.4±2.9
M4	10	0.6	0.2	3	6	37.3±3.5	28.4±3.9
M5	55	0.4	0.4	3	4	27.3±1.7	25.5±3.2
M6	55	0.4	0.6	3	4	26.1±0.9	27.0±2.9
M7	55	0.8	0.4	3	4	32.4±1.3	31.5±2.1
M8	55	0.8	0.6	3	4	32.9±1.3	30.6±2.4
M9	70	0.4	0.4	3	4	28.9±2.0	27.8±1.9
M10	70	0.4	0.6	3	4	28.4±1.2	25.8±1.9
M11	70	0.8	0.4	3	4	35.1±3.8	33.3±2.3
M12	70	0.8	0.6	3	4	33.6±1.9	32.3±1.6
M13	80	0.4	0.6	3	4	19.3±1.7	28.0±2.5
M14	80	0.8	0.4	3	4	34.2±1.7	32.6±2.0
M15	80	0.8	0.6	3	4	34.7±1.5	33.5±1.9
M16	40	0.8	0.2	3	4	31.7±1.9	31.0±1.9

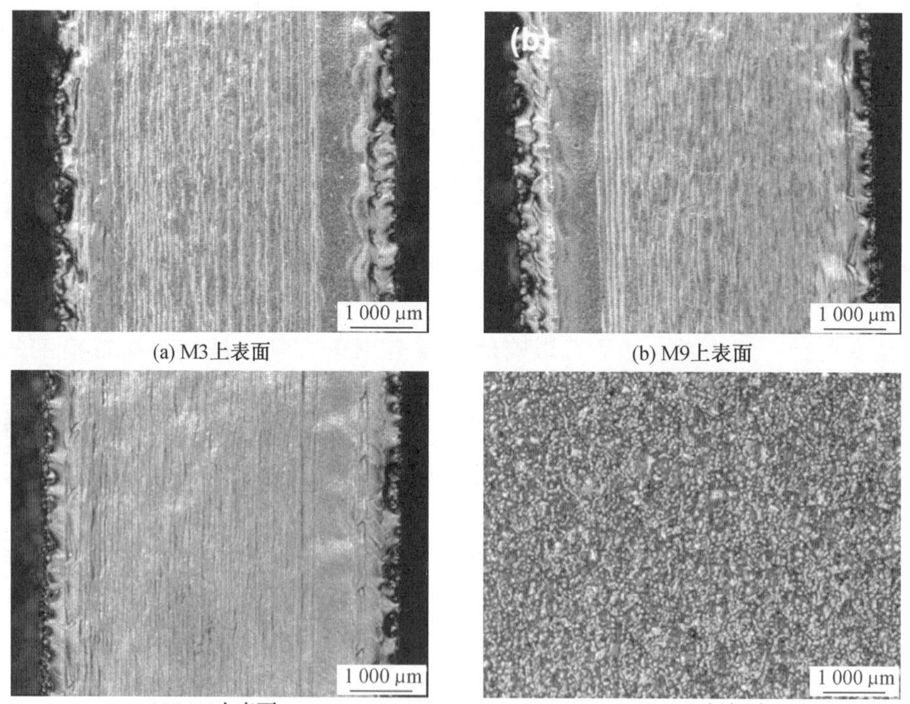

(a) M3上表面 (b) M9上表面

(c) M14上表面 (d) M10上表面

图 5.35 多点扫描获得的试样光学显微图像

5.5.5　工艺参数对表面粗糙度的影响

熔池动力学主要由毛细力、Marangoni 力、蒸发压力以及粉末和前一层的润湿能力驱动。Ti－6Al－4V 单扫描线球化现象模型表明润湿条件对成球的影响，润湿性越大，角度越大，则成球倾向越大。另外，相对密度和随机成分对熔池几何结构也有重要影响。功率为 600 W 和单线扫描速度为 1.1 m/s 的熔池演变过程如图 5.36 所示。球化的形成与大熔池或泰勒－瑞利不稳定性无关，受局部粉末排列、润湿和毛细管作用的影响，单液滴在熔融过程中直接形成。

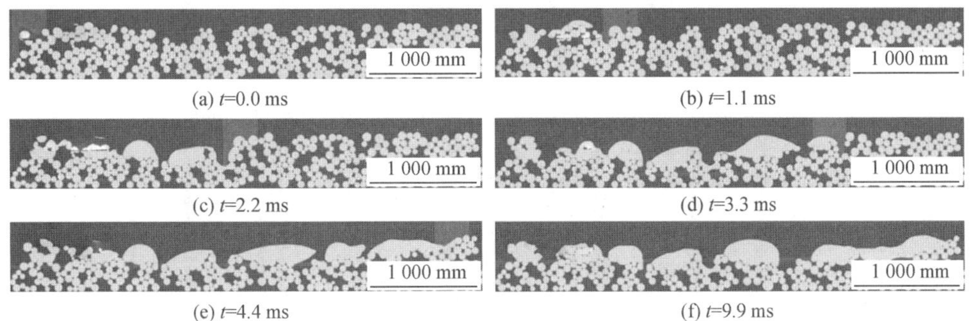

图 5.36　功率为 600 W 和单线扫描速度为 1.1 m/s 的熔池演变过程

基于以上结果，对电子束选区熔化 Ti－6Al－4V 垂直方向的表面粗糙度进行研究，结果表明，选区熔化的表面粗糙度是扫描速度、线能量和粉层厚度的函数。图 5.37 所示为模拟预测的成型件表面质量（图 5.37(a)）与实际实验结果（图 5.37(b)）的对比，由模

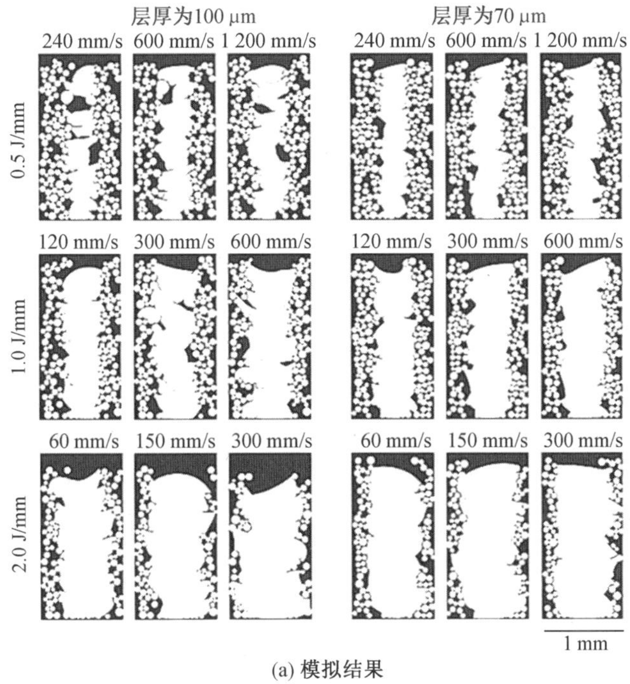

(a) 模拟结果

图 5.37　模拟预测的成型件表面质量与实际实验结果的对比

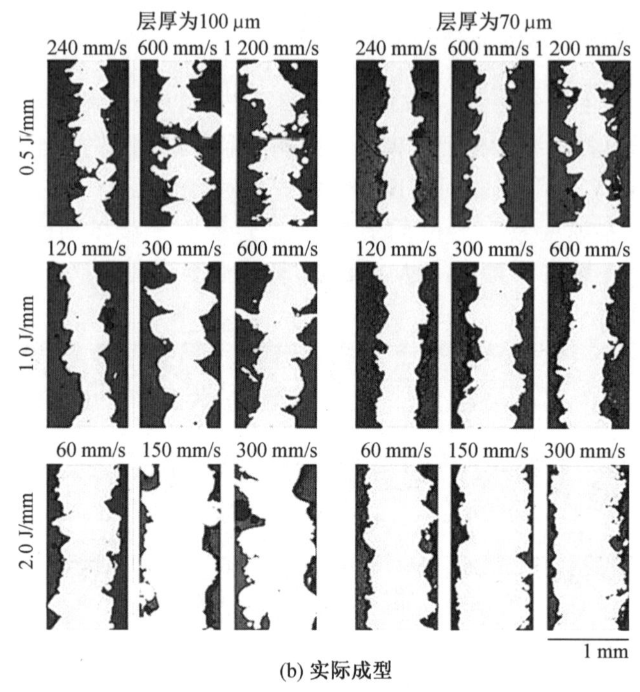

(b) 实际成型

续图 5.37

拟结果可知，线能量越大，粉层厚度越小，表面粗糙度越小。线能量与粉层厚度一定的条件下，扫描速度越快，表面粗糙度越小，与实际实验结果具有较好的一致性。此外，模拟结果表明，球化机理是导致垂直方向表面粗糙度质量较差的主要原因。

5.5.6 成型高度对表面粗糙度的影响

电子束选区熔化试样的表面粗糙度不仅受工艺参数和电子束扫描方式的影响，还随成型高度的增加发生变化。以 Ti－6Al－4V 金属粉末电子束选区熔化成型为例，学者开展了成型高度对试样表面粗糙度影响的相关研究。图 5.38 所示为不同成型高度的试样各区域表面粗糙度，每个试样分为彼此相邻的 15 个正方形区域，每个区域面积为 639 μm × 639 μm，不同成型高度的试样采用相同的工艺参数和扫描方式。从图中可以看出，同一试样表面不同区域的平均表面粗糙度不同，并在一定范围内变化。随着试样成型高度的增加，不同区域的平均表面粗糙度均增大。

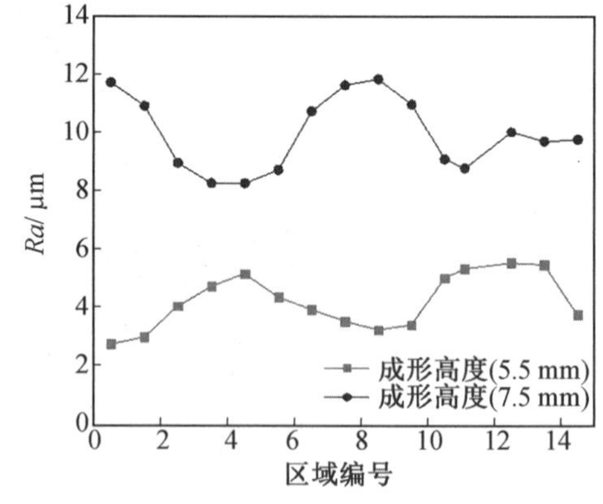

图 5.38 不同成型高度的试样各区域表面粗糙度

5.5.7　成型方向对表面粗糙度的影响

电子束选区熔化加工零件时，工程师不仅需要调节合理的参数，还需要考虑与零件成型方向相关的诸多因素。不同的成型方向对零件的表面粗糙度和力学性能有不同程度的影响，因此学者研究不同成型方向对盘状零件表面粗糙度的影响，盘状零件与水平方向的夹角分别为 0°、55° 和 90°。成型件表面粗糙度以纵坐标绝对值的算术平均值 S_a 表示：

$$S_a = \frac{1}{A}\iint_A |Z(x,y)| \, dx dy \tag{5.3}$$

图 5.39 所示为不同成型方向对应试样的表面形貌。从图中可以看出，由于逐层沉积过程中材料的各向异性，导致不同成型方向获得的试样表面形貌各不相同。对比可知，水平成型方向的试样表面粗糙度最小，主要是扫描过程中电子束与粉末近乎垂直，能保证所有金属粉末完全熔化。由于粉末的熔化和凝固过程发生在水平面上，试样表面的最大波谷值也比较小，波谷是电子束沿特定路径扫描形成的熔化轨迹。

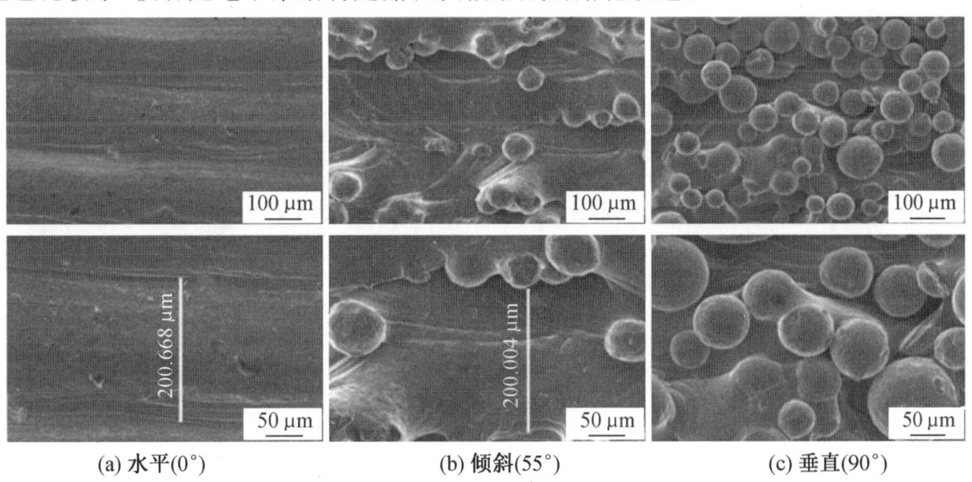

(a) 水平(0°)　(b) 倾斜(55°)　(c) 垂直(90°)

图 5.39　不同成型方向对应试样的表面形貌

倾斜 55° 和垂直成型的试样表面粗糙度较大，主要是黏附在熔融金属表面的金属粉末和分层阶梯效应，从图 5.39(b)、图 5.39(c) 中可以观察到试样表面存在黏附的未熔化金属颗粒。由于试样的倾斜导致其形成了光滑表面与未熔化颗粒粗糙表面混合的形貌。垂直成型的试样表面未熔化的金属粉末分布更为密集，主要是垂直方向单位体积内的电子束能量明显降低。倾斜成型试样的表面峰度和垂直成型试样的表面峰度明显高于水平成型试样的表面峰度。

5.6 粉末清理回收

5.6.1 影响粉末回收的因素

在电子束选区熔化过程中，粉末最初被扫描粉床表面的散焦电子束预热多次。当粉末温度上升到 700 ℃ 以上时熔化，然后热源被移除，熔化的粉末迅速凝固，整个过程粉末会经过大量的再加热和再冷却重复工艺，直到零件完成。在成型结束后，零件周围有大量的半烧结粉末，这些粉末必须带到粉末回收系统进行喷砂。喷砂时冲入与被回收粉末相同成分的气体，以保持其纯度，残留在储粉仓内的粉末经过真空净化后重新混合在一起。

粉末回收时需要控制多种因素，本节对此进行介绍。

1. 成型仓温度

采用电子束选区熔化工艺制造零件的过程中，成型仓内的金属粉末会受到高温影响（Ti－6Al－4V 受 650 ℃ 左右高温影响）。由于某些元素的蒸发，二次利用的金属粉末的化学成分可能发生变化。

2. 氧含量

在装卸沉积体期间，特别是在室温以上，金属粉末可能吸收大量氧气。此外，尽管电子束选区熔化设备在加工过程中处于深度真空状态，但是黏附在成型仓壁上的湿气并未完全抽空，并且是氧气和氢气的另一重要来源。这些元素的吸收可能会增加材料的脆性并降低粉末的流动性，可能会导致层间融合不良。

3. 粉末尺寸和形态

从成型仓中取出加工完成的零件后，在粉末回收系统内使用带有相同材料颗粒的压缩空气对成型件周围半熔化的金属粉末进行喷砂处理；随后，将粉末收集并与储粉仓内的剩余松散粉末混合均匀，混合粉末经筛选之后可重复使用。喷砂过程中带颗粒的空气会冲散零件周围的半烧结粉末。然而，喷射的颗粒与烧结颗粒碰撞后可能导致某些颗粒变形和断裂，从而使其形态发生显著改变。此外，由于粉末的比表面积较高，碰撞引起的热量可能导致粉末氧化。

对于航空航天零件，一方面需要减少原材料的消耗，另一方面又必须保证成型件的机械性能。其中一个问题是保证回收的粉末满足上述几点要求，并能与未使用的粉末相媲美。此外，必须保证新粉末和回收粉末之间可能出现的差异不会干扰零件的机械性能。

5.6.2 粉末回收流程

图 5.40 所示为电子束选区熔化过程中粉末回收流程，这一过程使 95% ～ 98% 的粉末得以回收，以供进一步使用。粉末回收时首先移去选区熔化设备的隔热板，对粉末回收系统内的松散粉末进行真空净化处理，而对于黏附在成型件上的金属粉末，将成型件置于粉末回收系统内对其进行喷砂处理，以去除成型件表面的多余粉末。随后，将喷砂处理回收的粉末与真空净化粉末混合，进行筛选，筛选完的粉末可再次作为原材料使用。值得强调的是，粉末试样是从筛分柜中采集的，在重新使用前，所有回收粉末都经过筛分后混合

在一起。这个程序是在具有受控温度(21 ～ 23 ℃) 和受控湿度(35% ～ 40%) 的室内进行，每个步骤使用的设备如图 5.41 所示。

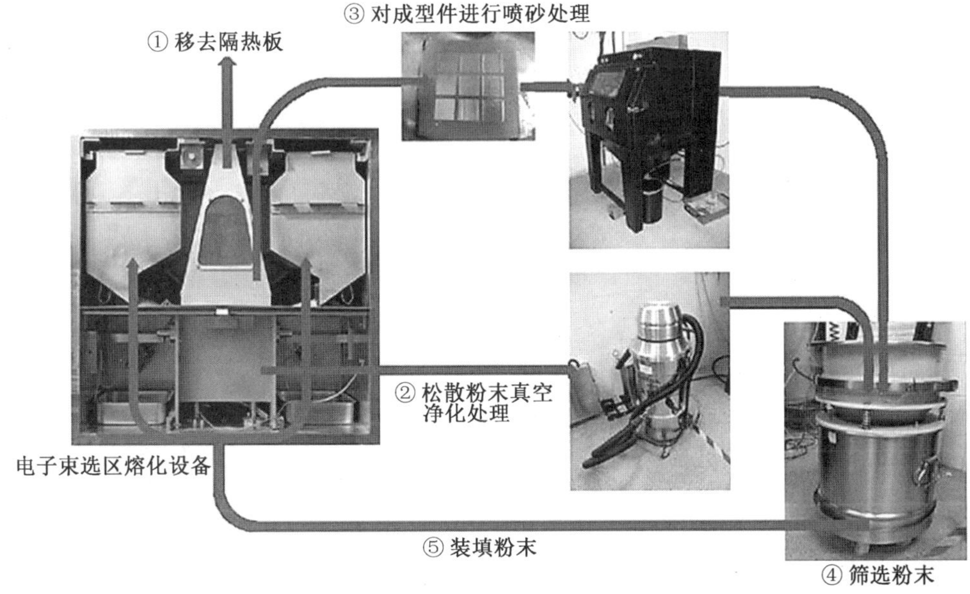

图 5.40　电子束选区熔化过程中粉末回收流程

(a) 喷砂设备

(b) 真空清洁器

(c) 筛分柜

图 5.41　电子束选区熔化粉末回收使用的设备

5.6.3　回收粉末成分及形态变化

电子束选区熔化成型件装卸过程中，金属粉末会吸收一定的气体，不同气体对成型件性能的影响各不相同，因此需要严格控制金属粉末内气体元素的含量。表 5.4 为 Inconel 718 高温合金粉末成分对比。从表中可以看出，金属粉末经过 1 次或 6 次重复使用后化学成分几乎没有变化，均在实验误差范围内。经过 6 次重复使用后，粉末的氧质量分数略有增加，从 0.014 % 增加到 0.022%。

对回收的粉末进行扫描电子显微镜观察，以了解重复使用后粉末形态的变化，扫描后粉末的电子显微镜照片如图 5.42 所示。从图 5.42(g) 中可以看出，有细小粉末已烧结成团块，在粉末回收装置中无法分解，然而，这些细小粉末烧结成的团块体积分数较小，对粉末的流动性没有明显影响。

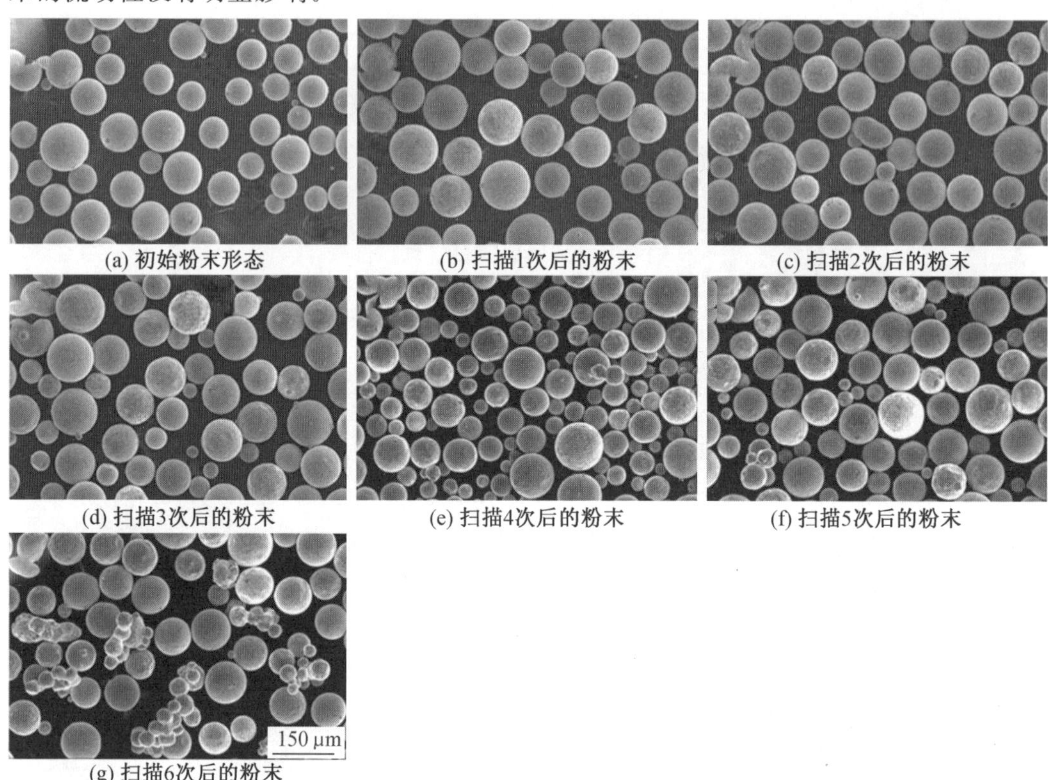

(a) 初始粉末形态　(b) 扫描1次后的粉末　(c) 扫描2次后的粉末　(d) 扫描3次后的粉末　(e) 扫描4次后的粉末　(f) 扫描5次后的粉末　(g) 扫描6次后的粉末

图 5.42　扫描后粉末的电子显微镜照片

表 5.4　Inconel 718 高温合金粉末成分对比

气体元素	未使用粉末的质量分数 /%	经过 1 次重复使用后粉末的质量分数 /%	经过 6 次重复使用后粉末的质量分数 /%
碳	0.044	0.043	0.042
硫	0.002	0.002	0.001
氧	0.014	0.014	0.022
氮	0.020	0.019	0.020
氢	0.000 2	0.000 2	0.000 2
镍	53.03	52.75	53.60
铬	18.40	18.36	18.09
钼	3.10	3.08	2.96
铌	4.86	4.95	4.84
锰	0.095	0.096	0.088
铜	0.15	0.16	0.14

续表5.4

气体元素	未使用粉末的质量分数 /%	经过 1 次重复使用后粉末的质量分数 /%	经过 6 次重复使用后粉末的质量分数 /%
铝	0.43	0.41	0.42
钛	0.89	0.91	0.86
硅	0.19	0.23	0.20
磷	0.006	0.009	0.008 3
硼	< 0.000 5	< 0.000 5	0.001 3
钴	0.14	0.16	0.13
铁	18.59	18.80	18.57

图 5.43 所示为 Ti－6Al－4V 粉末中各元素质量分数随重复使用次数的变化。随着重复使用次数的增加，O 元素质量分数逐渐增多，从最初的 0.08% 增加到 0.19%。重复使用的粉末中氧元素质量分数的逐渐增加是由于钛和氧的亲和力较强，易吸收氧气。当粉末暴露在空气、从成型件表面吹走以及粉末筛选过程中，金属粉末均会吸收氧气，氧气的吸收取决于暴露时间和环境湿度。当粉末重复使用 4 次后，Al 元素的质量分数由 6.47% 降低至 6.37%，随着使用次数的进一步增加，Al 元素的质量分数几乎不发生变化。Al 元素质量分数的降低主要是电子束选区熔化过程中 Al 元素发生了蒸发烧损。由于 V 元素的沸点较高，选取熔化过程中几乎不发生烧损，因此其质量分数基本保持不变。综上可知，除了 O 元素和 Al 元素质量分数变化较大外，其余金属粉末的成分保持稳定。

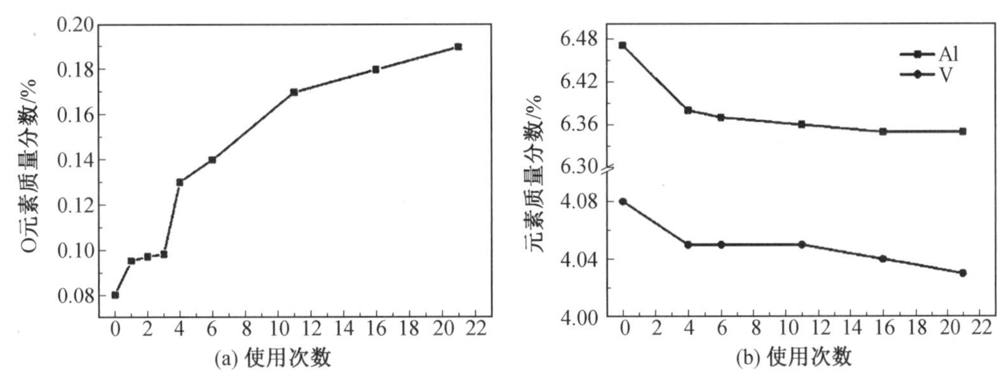

图 5.43　Ti－6Al－4V 粉末中各元素质量分数随重复使用次数的变化

图 5.44 所示为不同重复使用次数对应的金属粉末形貌。重复使用 2 次后，金属粉末保持球形且表面光滑均匀(图 5.44(a))，与原始粉末几乎没有偏差。有以下几点值得注意。

(1) 随着重复使用次数的增加,粉末的球形和粗糙度降低。

(2) 从图 5.44(a1)(重复使用 2 次) 和图 5.44(e1)(重复使用 21 次) 的比较中可以明显看出,大多数颗粒在重复使用 21 次后不再光滑。

(3) 重复使用 16 次和 21 次后,颗粒明显变形(图 5.44(d) ~ (e1))。虽然这个比例很小。

(4) 卫星颗粒在重复使用 2 次和 6 次后仍然可见(图 5.44(a) ~ (b1)),然而在低放大率(图 5.44(c) ~ (e))或高放大率(图 5.44(c1)、(d1) 和(e1))下重复使用 11 次后,几乎没有观察到卫星颗粒。

此外,随着重复使用次数的增加,金属粉末粒径分布区间越来越集中。这主要是粉末收集期间,未熔化的金属粉末从成型件表面吹落时,一些卫星颗粒被分离并被压缩气流带走。因此,随着粉末重复使用次数的增加,卫星颗粒变得越来越少。这解释了为什么在粉末重复使用 11 次后只能观察到很少的卫星颗粒。另外,随后的粉末筛分工艺会筛除附聚或部分烧结的粉末。随着粉末重复使用时间的增加,粉末粒径分布变得更窄。

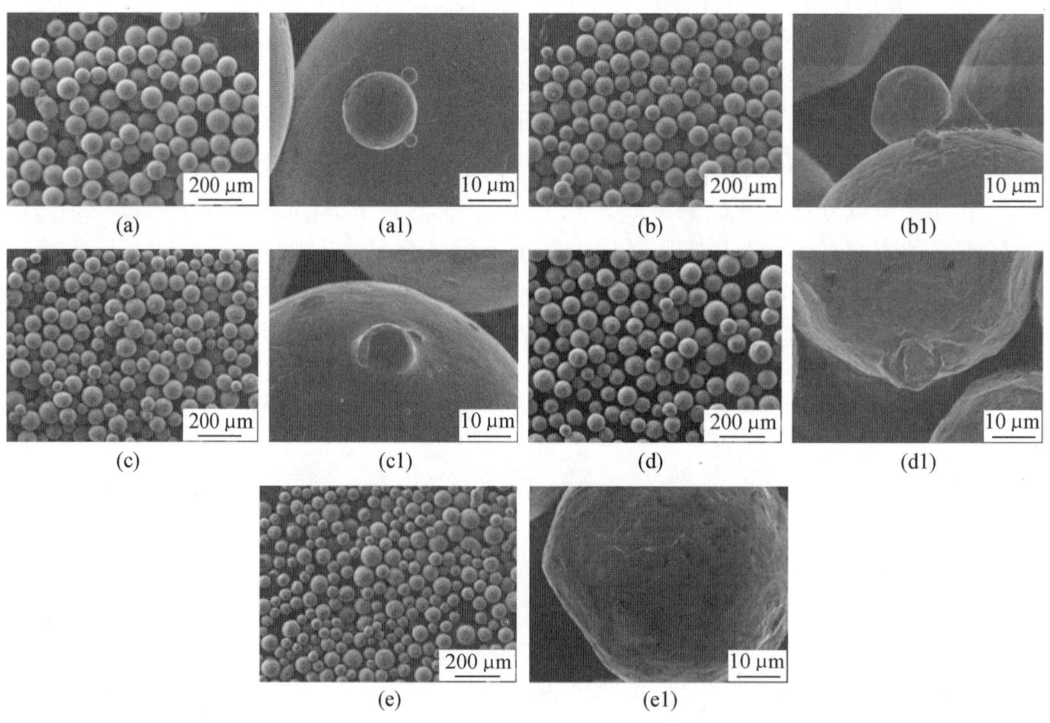

图 5.44 不同重复使用次数对应的金属粉末形貌

在电子束选区熔化过程中,将 Ti－6Al－4V 粉末预热至 730 ℃ 左右,随后使粉末保持在较高的温度,金属粉末会产生轻微的表面粗糙和变形,特别是在漫长的扫描加工过程中。成型件附近黏结的粉末在凝固过程中受到熔池和释放潜热的影响,而暴露于高温下,这可能导致金属粉末发生明显的变形和表面粗糙。此外,一些粉末轻微烧结在一起,在回收过程中,高压空气喷射破坏了粉末间的连接(包括去除卫星颗粒),在粉末表面留下破裂的斑块、突起甚至凹陷部位,其中一些特征可以在图 5.44 中看到,特别是在重复使用 16

次之后，随着粉末重复使用次数的增加，预计出现更多表面缺陷，从而导致金属粉末表面粗糙度和变形增加。

综合上述内容可以看出，电子束选区熔化是一个复杂的系统工程，它涉及底板预热、送粉、铺粉、粉末预热、选区熔化成型以及粉末回收整个工艺流程。因此，高质量、高性能成型件的获得离不开对每一个加工环节、每一道工艺的严格把控。作为一种节能、高效的成型加工技术，电子束选区熔化将表现出广阔的发展前景。

本章参考文献

[1] 张业成. 电子束选区熔化偏转扫描系统研究[D]. 南京：南京理工大学，2016.

[2] 李文涛，齐海波，杨黎，等. 电子束选区熔化技术的粉末预热系统设计[J]. 机械设计与制造，2007(11)：3.

[3] 汤慧萍，王建，逯圣路，等. 电子束选区熔化成型技术研究进展[J]. 中国材料进展，2015，34(3)：11.

[4] 冉江涛，赵鸿，高华兵，等. 电子束选区熔化成型技术及应用[J]. 航空制造技术，2019，62(1)：12.

[5] 林峰，齐海波，陆伟，等. 金属粉末电子束选区熔化技术的研究进展[C] // 第13届全国特种加工学术会议论文集. 哈尔滨：哈尔滨工业大学出版社，2009：511-517.

[6] 刘楠，贾亮，杨广宇. 预热工艺对 TC4 合金电子束快速成型组织和性能的影响[J]. 热加工工艺，2017(20)：4.

[7] 齐海波，颜永年，林峰，等. 电子束直接熔化技术中的粉末状态分析[J]. 清华大学学报：自然科学版，2005，45(8)：4.

[8] 晏耐生，林峰，齐海波，等. 电子束选区熔化技术中可控振动落粉铺粉系统的研究[J]. 中国机械工程，2010(19)：5.

[9] 王君，李书廷，郝芳，等. 选择性激光烧结铺粉辊设计与成型质量研究[J]. 现代制造工程，2018(7)：5.

[10] 张鹏. 基于视觉的激光选区熔化成型铺粉质量在线监控系统研究[D]. 武汉：华中科技大学，2017.

[11] 朱成凯. 金属选区激光熔化 3D 打印关键技术研究[D]. 南京：南京航空航天大学，2016.

[12] 王德明. 金属激光选区熔化设备关键技术研究[D]. 石家庄：河北科技大学，2017.

[13] 崔祎赟. 激光选区熔化铺粉系统设计研究[D]. 南京：南京理工大学，2016.

[14] 李文涛，齐海波，杨黎，等. 电子束选区熔化技术的粉末预热系统设计[J]. 机械设计与制造，2007(11)：3.

[15] 韩建栋，林峰，齐海波，等. 粉末预热对电子束选区熔化成型工艺的影响[J]. 焊接学报，2008，29(10)：4.

[16] 邢希学，潘丽华，王勇，等. 电子束选区熔化增材制造技术研究现状分析[J]. 焊接，2016(7)：5.

[17] 何伟,齐海波,林峰,等. 电子束直接金属成型技术的工艺研究[J]. 电加工与模具, 2006(1):4.

[18] 郭超,林峰,葛文君. 电子束选区熔化成型 316L 不锈钢的工艺研究[J]. 机械工程学报, 2014, 50(21):7.

[19] 冉江涛,赵鸿,高华兵,等. 电子束选区熔化成型技术及应用[J]. 航空制造技术, 2019, 62(1):12.

[20] 汤慧萍,王建,逯圣路,等. 电子束选区熔化成型技术研究进展[J]. 中国材料进展, 2015, 34(3):11.

[21] 葛文君,郭超,林峰. 工艺参数对电子束选区熔化成型 Ti－6Al－4V 合金显微组织的影响[J]. 稀有金属材料与工程, 2015, 44(12):4.

[22] GAYTAN S M, MURR L E, MEDINA F, et al. Advanced metal powder based manufacturing of complex components by electron beam melting[J]. Materials Technology, 2009, 24(3): 180-190.

[23] GUO C, GE W, LIN F. Effects of scanning parameters on material deposition during Electron Beam Selective Melting of Ti－6Al－4V powder[J]. Journal of Materials Processing Technology, 2015, 217:148-157.

[24] PUEBLA K, MURR L E, GAYTAN S M, et al. Effect of melt scan rate on microstructure and macrostructure for electron beam melting of Ti－6Al－4V[J]. Materials Sciences and Applications, 2012, 3(5):259-264.

[25] WANG P, SIN W J, MLS N, et al. Effects of processing parameters on surface roughness of additive manufactured Ti－6Al－4V via electron beam melting[J]. Materials, 2017, 10(10):1121.

[26] GONG H, RAFI K, STARR T, et al. The effects of processing parameters on defect regularity in Ti－6Al－4V parts fabricated by selective laser melting and electron beam melting[C]. Austin:24th Annual International Solid Freeform Fabrication Symposium—An Additive Manufacturing Conference, 2013.

[27] SAFDAR A, HE H Z, WEI L Y, et al. Effect of process parameters settings and thickness on surface roughness of EBM produced Ti－6Al－4V[J]. Rapid Prototyping Journal, 2012, 18(5):401-408.

[28] LODES M A, GUSCHLBAUER R, KOERNER C. Process development for the manufacturing of 99.94% pure copper via selective electron beam melting[J]. Materials Letters, 2015, 143(15):298-301.

[29] SIDAMB E, ALFRED T. Three dimensional surface topography characterization of the electron beam melted Ti－6Al－4V[J]. Metal Powder Report, 2017, 72(3):200-205.

[30] TANG H P, QIAN M, LIU N, et al. Effect of powder reuse times on additive manufacturing of Ti－6Al－4V by selective electron beam melting[J]. JOM: the Journal of the Minerals, Metals & Materials Society, 2015, 67(3):555-563.

[31]NANDWANA P, PETER W H, DEHOFF R R, et al. Recyclability study on inconel 718 and Ti－6Al－4V powders for use in electron beam melting[J]. Metallurgical & Materials Transactions B, 2016, 47(1): 754-762.

[32]PETROVIC V, NIÑEROLA R. Powder recyclability in electron beam melting for aeronautical use[J]. Aircraft Engineering and Aerospace Technology: An International Journal, 2015, 87(2): 147-155.

[33]JACOB G, JACOB G, BROWN C U, et al. Effects of powder recycling on stainless steel powder and built material properties in metal powder bed fusion processes[M]. Gaithersburg: US Department of Commerce, National Institute of Standards and Technology, 2017.

第6章　先进材料电子束选区熔化制造及应用

6.1　钛合金电子束选区熔化

6.1.1　钛合金

钛合金是一种新式结构材料，它拥有优越的综合性能，如密度小、质量轻、断裂韧性好、耐热性好、强度比高、疲劳强度和抗裂纹扩展能力好、韧性以及抗腐蚀性好，在航空、航天、军事、兵器、造船、车辆工程、生物医学等领域得到了广泛应用，成为人们关注的焦点。钛合金对工业发展具有非常好的推动作用，能通过改善传统材料的性能指标从而提升材料的使用质量。随着生产力的不断改善，钛合金已经成为工业生产中的第三大金属。近年来，世界钛工业和钛材加工技术得到了飞速发展，海绵钛和钛合金的生产和消费都达到了很高的水平。我国钛资源丰富，储量居世界前列，目前已经成为世界上继美国、俄罗斯、日本之后，具有完整工业体系和生产能力的第四大钛工业国，加强钛合金材料的研究和应用推广对促进我国航空工业的快速发展具有重要意义。伴随着钛工业的发展，我国钛及钛合金的标准从建立、发展历经40年，已形成较为完整的标准体系。

航空工业部门最早应用钛及钛合金材料。1935年，在道格拉斯的DC－7飞机的短舱及隔热墙上使用了钛金属。20世纪50年代初期，一些军用飞机后机身的隔热板、机尾罩、减速板等受力不大的零件也开始使用工业纯钛制造。进入20世纪60年代，飞机上的襟翼滑轨、承力隔框、中翼盒形梁、起落架梁等主要承力零件陆续采用了钛合金材料制造。近年来，航空工业对高强度、低密度材料的需求日益迫切，使钛合金材料的应用从战斗机拓展到大型军用轰炸机和运输机。钛合金材料的应用水平已成为衡量飞机先进性的重要指标之一。在战斗机的更新换代中，钛合金和复合材料的使用比例不断上升，第四代战斗机F－22使用材料中41%为钛合金，其中发动机的叶轮、盘、叶片、机匣、燃烧室筒体和尾喷管等均为钛合金材料制造。几十年来，我国外针对航空应用所研究的钛合金材料取得了很大发展，许多合金得到广泛应用，其中应用最广的是Ti－6Al－4V和Ti－6Al－2Sn－2Mo两种钛合金牌号材料。

我国钛合金材料的研制从1956年开始。近年来，我国新型钛合金研究十分活跃，研制出许多具有知识产权的新型钛合金，合金总数约为70多种，其中多数已获得广泛应用。新开发的用于航空领域的新型钛合金主要有高温钛合金、高强钛合金和阻燃钛合金等，其中高温钛合金是现代航空发动机的关键材料之一，也是钛合金的主要发展方向之一。

1. 高温钛合金

高温钛合金以其优良的热强性和高的比强度，在航空发动机中获得广泛应用，以其为材料生产的零件包括风扇盘、叶片和压气机盘等。航空工业国家先后研制出了在350～600 ℃环境中使用的高温钛合金，使用温度逐步提高。目前已成功地应用在军用和民用飞机发动机中的新型高温钛合金有英国的IMI829、IMI834合金，美国的Ti1100合金，俄罗斯的BT18Y、BT36合金等，使用温度达550～600 ℃。国外在传统高温钛合金的基础上仍在进行深化研究。另外，钛铝化合物为基的$Ti_3Al(\alpha_2)$和$TiAl(\gamma)$金属间化合物开始受到关注，成为未来航空发动机及飞机零件最具竞争力的材料，其最大优点是高温性能好（$Ti_3Al(\alpha_2)$最高使用温度为816 ℃，$TiAl(\gamma)$最高使用温度为982 ℃）、抗氧化能力强、抗蠕变性能好且质量更轻。目前，有两个以Ti_3Al为基的Ti－21Nb－14Al和Ti－24Al－14Nb－3V－0.5Mo钛合金在美国开始批量生产。近20年来，我国也自行研制了多种牌号的高温钛合金，主要有Ti－55、Ti－60、Ti－600及7715系列合金等。

2. 高强钛合金

高强钛合金一般指抗拉强度在1 000 MPa以上的钛合金。在飞机上的应用主要包括起落架的扭力臂、支柱以及机身的承力隔梁等重要零件。目前，代表国际先进水平并在航空领域获得实际应用的高强钛合金主要有β型钛合金Ti－1023、Ti－15－3、β－21S，α－β型两相钛合金BT22以及我国的TB10等。我国成功开发TB6、TB8、TB10、TC21等高强钛合金，其中TC21和TB10（Ti－5Mo－5V－2Cr－3Al）最为典型。TC21钛合金具有高强度、高韧性、高损伤容限性能（较低的疲劳裂纹扩展速率da/dN和较高的疲劳裂纹扩展门槛值ΔKth）和疲劳性能（优于普通TC4、TA15等中等强度钛合金）等综合性能匹配的特点，是目前我国高强钛合金综合力学性能匹配最佳的钛合金材料。TB10合金属于高强高韧近β型钛合金，具有比强度高、断裂韧度好和淬透性高等优点，已在航空领域得到了实际应用。

3. 阻燃钛合金

为解决航空发动机用钛合金材料钛燃烧的问题，以满足高推重比发动机的需要，美国和俄罗斯从20世纪70年代开始积极开展阻燃钛合金的研制，并先后成功研制出各自的阻燃钛合金。目前国外比较典型的合金有美国的Ti－V－Cr系阻燃钛合金Alloy C、俄罗斯的Ti－Cu－Al系阻燃钛合金BTT－1、BTT－3。BTT－1、BTT－3阻燃钛合金具有相当好的热变形工艺性能，可用其制成复杂的零件，但力学性能和熔铸性能差。Alloy C阻燃钛合金已成功地应用于F119发动机的高压压气机机匣、导向叶片和矢量尾喷管。我国在此方面的研究起步较晚，主要产品为全β型低成本阻燃钛合金Ti－40，其阻燃性能与美国的Alloy C合金相当，已研制出机匣并装机试车。

然而，钛合金的导热性差、弹性模量低、变形抗力大、加工过程对应变速率敏感、锻造温度范围窄、高氧亲和力等特点使复杂钛合金零件的制备存在许多困难，甚至由于零件结构过于复杂而无法加工成型。传统钛合金减材制造技术的加工周期长、买飞比低、耗能大等特点使加工成本占总成本的60%以上，极大限制了钛合金制品的推广应用。目前钛合金的快速成型技术主要有激光熔覆、激光选区熔化和电子束选区熔化。电子束选区熔化技术是基于离散＋堆积成型原理，通过对三维零件进行粉层切片处理，以高能量密度的电子束为热源，在计算机的控制下逐层扫描零件轮廓，选择性地熔化金属粉末材料，通过层层堆积，成型整个三维零件。与激光快速成型相比，电子束选区熔化技术具有功率大、能量利用率高、真空保护、加工材料广泛和运行成本低等优点，在国内外受到广泛的关注。

6.1.2 钛及钛合金电子束选区熔化的研究现状

1. 工艺参数对钛及钛合金微观组织的影响

葛文君等选用气雾化法制备预合金 Ti－6Al－4V 粉末，其粒径为 74 ～ 147 μm。实验采用 S 形扫描路线，铺粉层厚为 0.1 mm，采用不同扫描功率和速度的成型 Ti－6Al－4V 试样，试样的尺寸为 20 mm×20 mm×8 mm，工艺参数见表 6.1。基板选用 316 L 不锈钢板，厚为 10 mm。电子束选区熔化过程中，对基板和粉末充分预热，可以有效提高粉末抵抗电子束冲击的能力，防止吹粉和粉末飞溅。基板预热参数：电子束扫描速度为 10 m/s，束流为 20 mA，预热时间为 6 min。粉末预热采用束流渐增的方式，扫描速度为 5 m/s，预热次数为 20，束流为 1 ～ 20 mA 渐增。试样的宏观形貌如图 6.1 所示。

表 6.1 电子束选区熔化工艺参数

试样	功率 P/W	速度 v/($m \cdot s^{-1}$)	线能量 /($J \cdot mm^{-1}$)
1	120,240,360	0.5	0.24,0.48,0.72
2	240,480,720	0.5	0.48,0.96,1.44
3	60,120,180	0.2	0.3,0.6,0.9
4	120,240,360	0.2	0.6,1.2,2.4

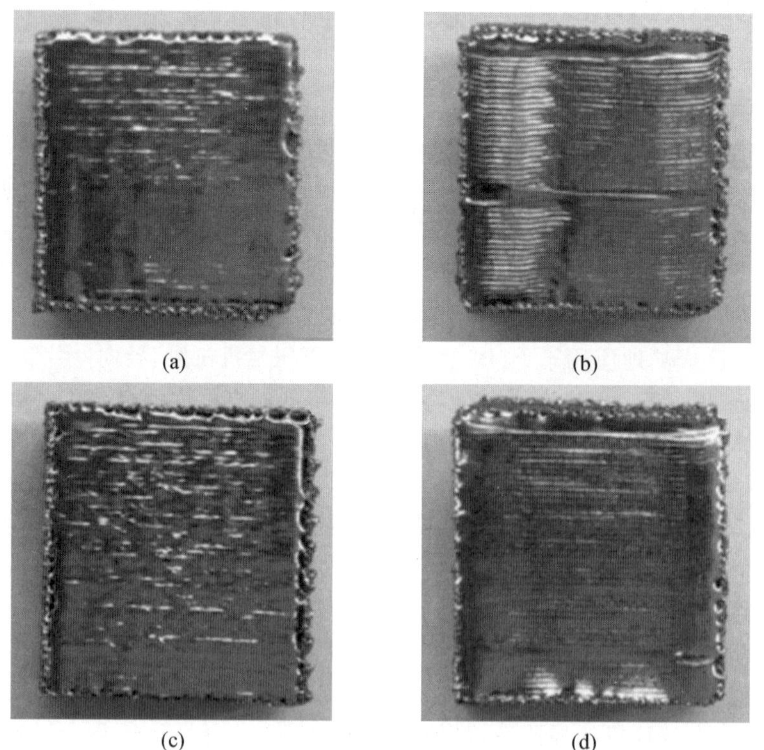

图 6.1 试样的宏观形貌

电子束快速成型是逐层堆积的过程，其熔池具有温度高、冷却速度快的特点，已凝固部分受到反复加热、冷却的再热循环过程，组织的形成和转变也随着成型过程不断进行。成型时钛合金熔池在快速冷却的作用下，β 相通过无扩散的方式转变为亚稳态的细针状马氏体组织，受再热循环作用，亚稳态的细针状马氏体发生分解，形成细长片状 α+β 相和粗短片状 α+β 相，图 6.2 所示为 Ti－6Al－4V 成型试样的 XRD 图谱。从图中可以看到明显的 β 相的衍射峰，证明了细针状马氏体发生了分解。最终组织主要由细针状马氏体组织、细长片状 α 相和粗短片状 α 相组成。组织形成过程分为以下三步。

(1) 凝固初期，液相转变为 β 相：L → β。

(2) 在快速凝固过程中，温度达到 β 相的相变点时，β 相转变为马氏体 α 相：β → α′。

(3) 在成型过程中，已凝固部分受再热循环作用，马氏体 α′ 相发生转变，形成 α + β 相：α′ → α + β。

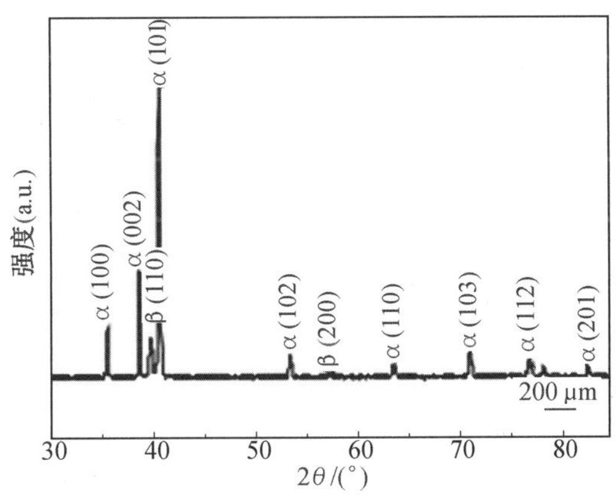

图 6.2　Ti－6Al－4V 成型试样的 XRD 图谱

体能量密度(P/v) 对细针状马氏体区和细长片状 α 相均有显著影响。随着体能量密度的升高，熔池获得的热量增加，熔池变深变宽，快速凝固后马氏体区的高度增加(图 6.3(a) 和 6.3(b))。熔池凝固时，沿高度方向的温度梯度远大于其他方向的温度梯度，晶粒呈柱状晶生长，柱状晶在体能量密度升高时发生粗化。钛合金中细针状马氏体处于亚稳定状态，在加热温度高于 300 ℃ 时会发生强烈的分解。体能量密度越大，不稳定细针状马氏体区在再热循环中得到的热量越高，细针状马氏体向魏氏组织和网篮组织转变得越充分，细长片状 α 也粗化。在体能量密度相当时，扫描速度越快，冷却速度也越快，马氏体区越高。

(1)P/v 为 0.24，0.48，0.72 和 0.3，0.6，0.9 时，细针状马氏体区内 α′ 相的尺寸为 0.1 ～1 μm(图 6.4(a))，细针状马氏体组织平行生长，在马氏体片间残留的 β 相宽约为 20 nm(图 6.5)，高度为 7 ～ 10 个层厚；原始 β 相柱状晶宽为 10 ～ 100 μm，单个柱状晶没有贯穿整个马氏体区；片状 α 相宽度为 1 ～ 2 μm，在原始 β 相晶粒内，细长片状 α 相形成不同位向的集束，并在原始 β 相晶界上连续析出，形成魏氏组织(图 6.4(b))；

(2)P/v 为 0.48，0.96，1.44 和 0.6，1.2，2.4 时，马氏体区显著变高，高度为 22 ～ 25 层厚；原始 β 相柱状晶粗大，宽为 100 ～ 400 μm，单个柱状晶贯穿整个熔覆层；片状 α 相发生粗化，宽为 2 ～ 4 μm；原始 β 相晶粒内包含片状 α 相和网篮状 α 相，原始 β 相晶界被破坏，呈魏氏组织和网篮组织的双态组织(图 6.4(c))。

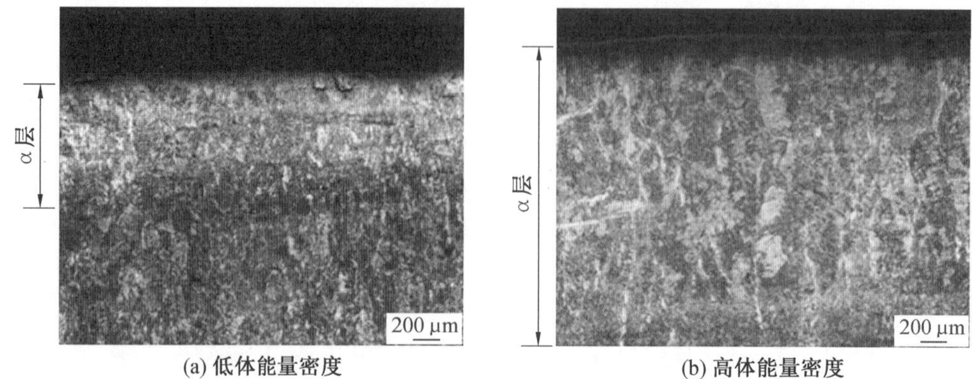

(a) 低体能量密度　　(b) 高体能量密度

图 6.3　不同成型条件下马氏体区

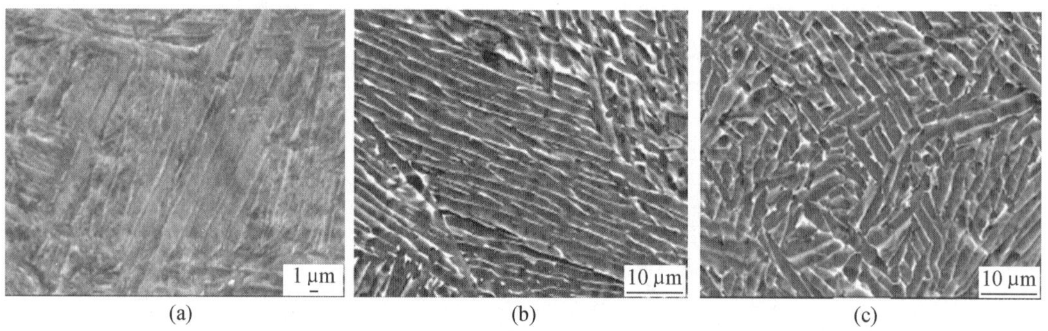

(a)　　(b)　　(c)

图 6.4　不同成型条件下获得组织的 SEM 形貌

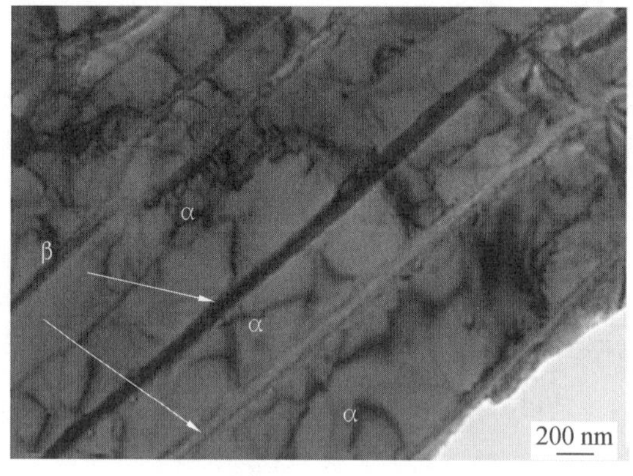

图 6.5　细针马氏体区 TEM 形貌

2. 成型角度对钛及钛合金微观组织的影响

童邵辉等选用气雾化法制备球形 TC4 合金粉末，其粒径范围为 25 ～ 100 μm。利用电子束选区熔化设备 Arcam Q10 逐层扫描和熔化 TC4 合金粉末，制备与水平成型基板夹角为 90°、60°、30° 和 0° 的薄板，电子束选区熔化成型试样示意图如图 6.6 所示，每块试样板尺寸为60 mm×60 mm× 7 mm，电子束选区熔化成型工艺参数见表 6.2。

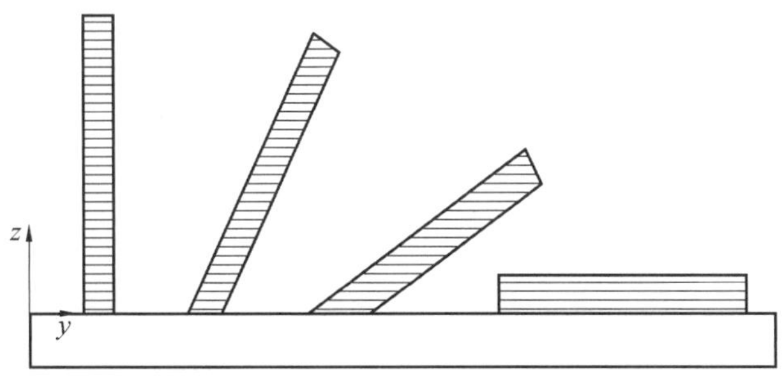

图 6.6　电子束选区熔化成型试样示意图

表 6.2　电子束选区熔化成型工艺参数

电流 /mA	扫描速度 /(mm·s^{-1})	聚焦电流 /mA	粉末厚度 /μm
15	4 530	36	60

电子束选区熔化制备不同成型取向的试样纵截面显微组织如图 6.7 所示，90° 试样、60° 试样和 30° 试样的 β 相柱状晶两侧晶界处已析出细针状的马氏体 α′ 相，在晶内形成相互交错的网篮状魏氏组织，马氏体 α′ 相的宽度随角度减小而增大；与基板呈 0° 的薄板试样无细针状马氏体 α′ 相，而是条状 α 相从细长 β 相晶粒的晶界处以相同位相析出和生长，在 β 相晶粒内平行分布形成 α 相集束，而且各个 β 相晶粒中的 α 相集束取向也不同。条状的 α 相宽度较大(为 3 ～ 8 μm)，整个显微组织具有片状组织的特点。这是因为随试样与基板夹角的减小，电子束对每一层粉末的扫描面积以及试样与基板的接触面积增大，试样

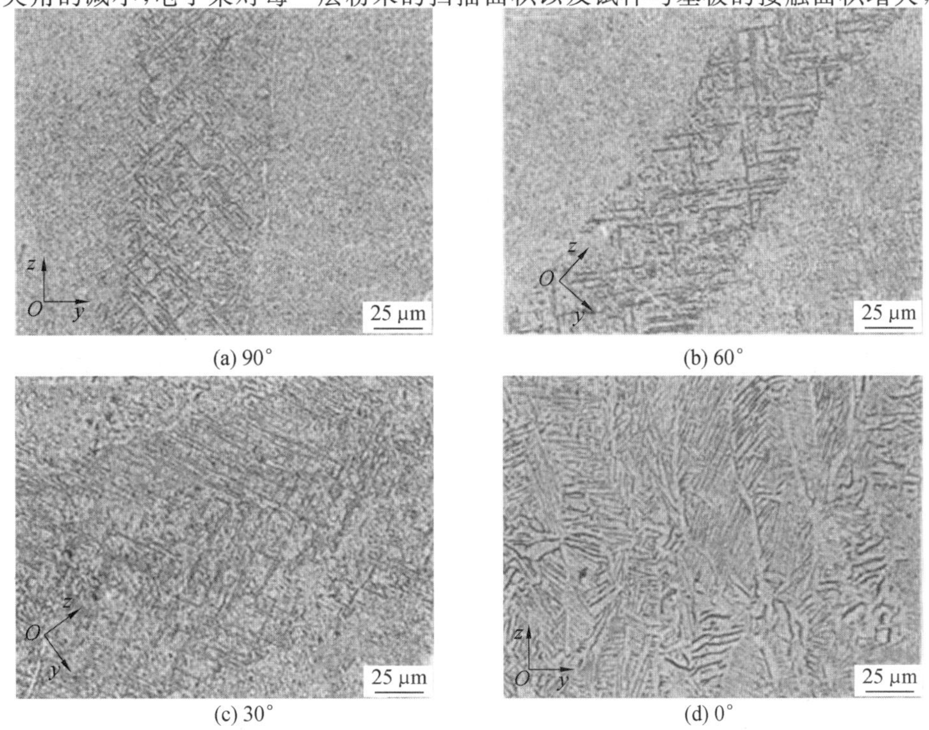

图 6.7　不同成型取向的试样纵截面显微组织

熔池的冷却速度及其产生的过冷度随之减小，导致结晶速度降低。所以，β 相晶粒中的 α 相宽度随成型角度减小而增大，从针状转变为条状，导致其组织致密度有所降低。

3. 电子束选区熔化对钛及钛合金性能的影响

徐蔚等通过电子束选区熔化增材制造的方法制备不同熔覆面积的 Ti－6Al－4V 试样，并分析了熔覆面积对组织和硬度的影响。电子枪功率为 3 000 W，电子束扫描速度为 1 000 mm/s，单层铺粉厚度为 0.1 mm。实验采用的 Ti－6Al－4V 粉末大小为 40～105 μm，其中以 70～80 μm 为主。

图 6.8 所示为 EBSM 快速成型 Ti－6Al－4V 合金 SEM 图，图中浅白色区域为基体 β 相，深灰色区域为 α 相。从图中可以看出，随着 EBSM 快速成型，Ti－6Al－4V 合金的熔覆面积由 0.5π mm^2 逐渐增加到 12.5π mm^2，图中白色区域的面积逐渐减小，灰色区域面积则逐渐增大；对应基体 β 相随着熔覆面积的增大而逐渐减少，α 相随着熔覆面积的增大而逐渐增多。

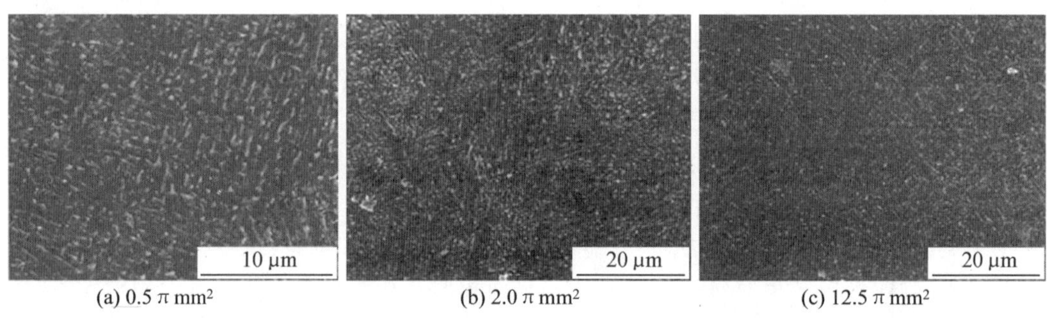

(a) 0.5 π mm^2　(b) 2.0 π mm^2　(c) 12.5 π mm^2

图 6.8　EBSM 快速成型 Ti－6Al－4V 合金 SEM 图

对 0.5π mm^2、2.0π mm^2、12.5π mm^2、32π mm^2 和 50π mm^2 五个不同熔覆面积的试样进行显微硬度测量。所有试样均在其横截面处进行采点，并沿圆周方向等间距测量显微硬度值。图6.9 所示为不同试样熔覆面积的显微硬度及对应的 α 相体积分数曲线。从图中可以看出，熔覆面积为0.5π 的试样显微硬度约为 368 HV，而随着熔覆面积的增加，试样显微硬度变化的趋势是逐步上升的，熔覆面积为 50π 的试样显微硬度约为 450 HV。主要是因为随着熔覆面积的增加，得到的试样微观组织中 α 相逐渐增加，而 α 相是钛合金的主要强化相，其显微硬度随 α 相数量的增加而增大，符合钛合金的相组成变化对物理性能影响的一般规律。根据钛合金相关实验数据，正常生产情况下 Ti－6Al－4V 铸件的硬度仅为359 HV 左右。

陈玮等采用气雾化法制备 Ti－6Al－4V 粉末，粉末的粒径范围为 50～100 μm。实验时在铺粉器铺放厚度为 50 μm 的 Ti－6Al－4V 粉末，电子束扫描并熔化粉末材料，扫描完成后成型台下降，铺粉器重新铺放新一层粉末，这个逐层铺粉－熔化的过程反复进行直到 Ti－6Al－4V 试样成型完毕。整个成型过程中，成型腔内温度保持在 730 ℃。部分试样在 910 ℃/100 MPa 条件下热等静压 2 h，与成型态试样进行显微组织与力学性能对比。

在 500 MPa、循环应力比 R=0.1 条件下对两个成型态 Ti－6Al－4V 试样进行轴向拉伸疲劳测试，其寿命分别为 29 863 次与 60 331 次。其中寿命为 29 863 次试样的断口如图

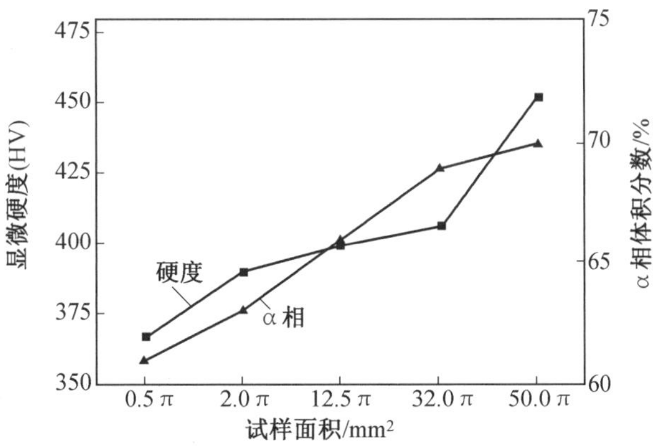

图 6.9　不同试样熔覆面积的显微硬度及对应的 α 相体积分数曲线

6.10 所示。未熔合缺陷(图 6.10(b))中残留粉末仍然清晰可见,以此处为源形成了放射性的疲劳特征,缺陷产生的应力集中导致疲劳裂纹的萌生以及迅速扩展。

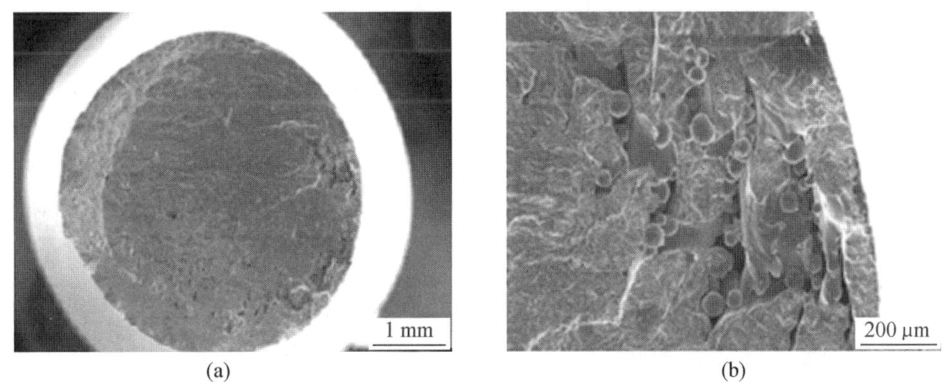

(a)　　(b)

图 6.10　成型态 Ti－6Al－4V 疲劳断口的宏观形貌和未熔合缺陷

热等静压后 Ti－6Al－4V 合金的 S－N 曲线如图 6.11 所示,其疲劳性能远远高于成型态材料。对 600 MPa 及以上每个应力水平分别进行了五个试样的测试,575 MPa 与 550 MPa 分别进行一个试样的测试。在各应力水平下,材料疲劳寿命的分散性较大,如在 750 MPa 的较高应力水平下,寿命差异仍达到两个数量级;在 650 MPa 的应力水平下,有两个试样的寿命超出了 1×10^7 次循环,但有一个试样的寿命仅为 1.1×10^5 次循环。

通过 SEM 对图 6.12 中的断裂试样进行断口分析。热等静压消除了成型态材料中的缺陷,所有断口裂纹源区域未见成型缺陷。大多数试样的裂纹源位于试样表面,所有寿命较低的试样均从表面起裂。高周疲劳裂纹萌生通常是由试样表面不可逆的周期性驻留滑移累积开始,随着位错的挤入、挤出不断进行,应变累积到一定程度后导致机械小裂纹形核,小裂纹连接,进而实现裂纹萌生过程。对于钛合金高周疲劳寿命来说,疲劳裂纹萌生阶段通常占据大部分循环周次(一般高于全寿命的 95%)。图 6.12 所示为 $\sigma_{max}=750$ MPa、$N_f=6.7\times10^4$ 试样疲劳断口形貌。它具有典型的高周疲劳断口特征,整个断口分为裂纹源区、扩展区和瞬断区三个区域,裂纹源区(图 6.12(b))位于试样表面附近。总体来说,疲劳断口较平坦,没有大的高度起伏,裂纹起源于试样表面的点源,由点源出发的

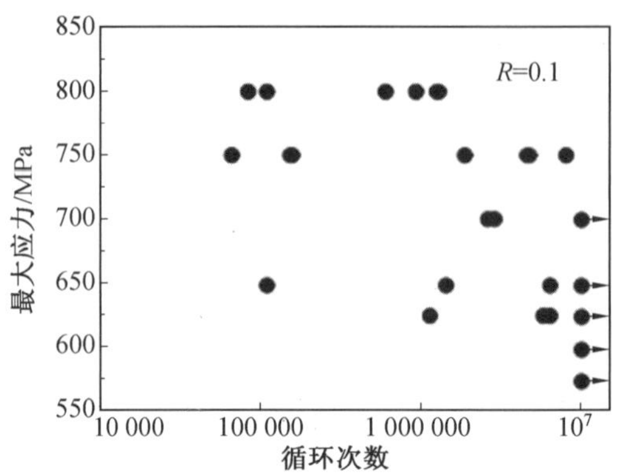

图 6.11　热等静压后 Ti－6Al－4V 合金的 $S-N$ 曲线(箭头表示超出)

疲劳沟线构成明显的放射特征。疲劳扩展区可见清晰的疲劳条带(图 6.12(c)),条带与裂纹扩展方向垂直。每一个条带代表一次循环,条带个数等于循环次数,条带间距随应力强度因子幅度而变化,同一区域的疲劳条带是连续而平行的。根据疲劳条带的宽度,可计算本试样在此阶段裂纹的扩展速率为 3.8×10^{-7} m/s。在扩展区和瞬断区交接区域,出现混合断裂的特征,疲劳条带仍然可见,并伴有沿裂纹扩展方向开口的韧窝(图 6.12(d));瞬断区起伏较大,具有剪切唇与等轴韧窝特征。

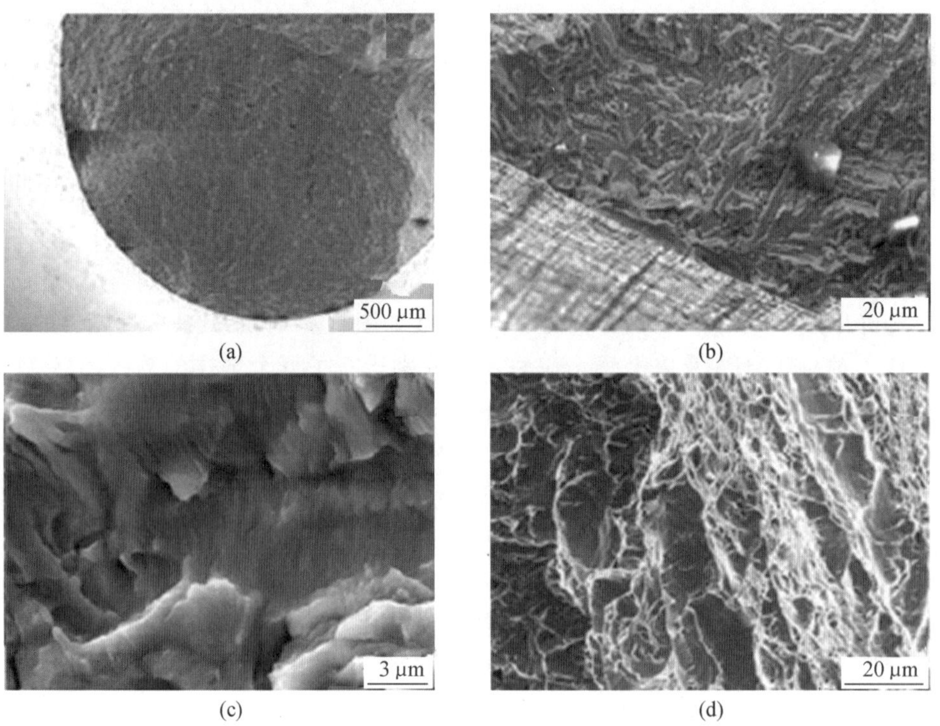

图 6.12　$\sigma_{max}=750$ MPa、$N_f=6.7\times10^4$ 试样疲劳断口形貌

Li 等研究了采用高孔率为 60%～85% 的 Ti－6Al－4V 网格阵列的压缩疲劳行为。采用瑞典 ARCAM 公司生产的电子光学系统和光束扫描系统,对平均直径为 30 μm 的预合金 Ti－6Al－4V 雾化粉末进行预热,预热扫描将粉末加热到 650 ℃。研究采用基于菱

形十二面体单元的理想网格结构，制备了 4 种密度（分别为 1.68 g/cm^3、1.12 g/cm^3、0.91 g/cm^3 和 0.73 g/cm^3）的网格阵列，相应的孔率分别为 62.0%、74.7%、79.5% 和 83.5%。

不同密度网格阵列的压缩应力－应变曲线如图 6.13 所示，随着密度的增大，抗压强度增大。从应力－应变曲线可以清楚地看出，网络阵列在屈服后立即达到应力峰值，与其他金属网格结构形成对比，后者在屈服和峰值应力之间呈应力平稳状态；达到峰值应力后，存在显著的应力波动，并进一步压缩（图 6.13）。

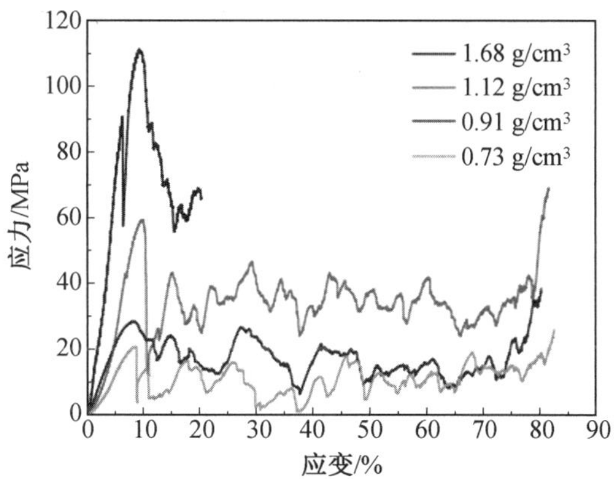

图 6.13　不同密度网格阵列的压缩应力－应变曲线

试样在压缩疲劳实验中的主要特征是逐渐的应变积累，导致试样的缩短。密度为 0.91 g/cm^3 试样的累积应变 ε 随疲劳循环次数 N 的变化如图 6.14 所示。结果表明，ε 与 N 曲线表现为三个不同的阶段，第一阶段表现为几个周期（$N < 100$）内的快速应变累积，第二阶段表现为在较宽的周期范围内相对恒定和最小的应变积累，第三阶段表现为突变应变点跳跃（N_c）后的快速应变累积。不同密度的试样均表明 N_c 随应力水平的增加而减小。由以上分析可知，Ti－6Al－4V 网格阵列的疲劳寿命主要由第二阶段决定。根据 $\varepsilon - N$ 曲线的数据，可以计算出不同密度试样在疲劳过程中每个周期的应力累积（图 6.15）。图 6.15 中清楚地表明，$d\varepsilon/dN$ 对外部施加应力非常敏感（尤其是相对密度），棘轮速率（$d\varepsilon/dN$）越低，施加应力越低，相对密度越高。

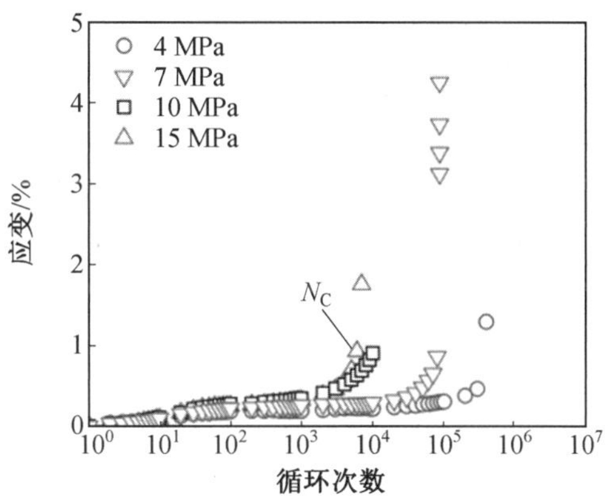

图 6.14　密度为 0.91 g/cm^3 试样的累积应变 ε 随疲劳循环次数 N 的变化

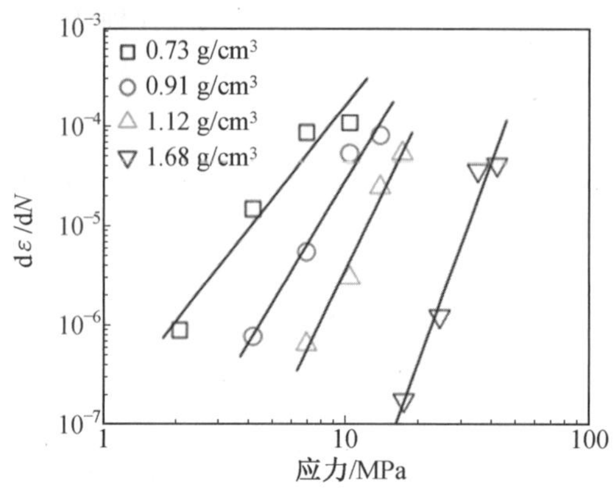

图 6.15　不同密度试样在疲劳过程中每个周期的应力累积

对其进行循环应力－应变实验，对所有密度不同的 Ti－6Al－4V 网格阵列，循环应力－应变循环表现出相似的疲劳实验特性。疲劳循环对密度为0.73 g/cm^3 的网格阵列应力－应变循环的影响如图 6.16 所示，该示例说明了以失效前杨氏模量和滞后降低为特征的循环回路。磁滞回线沿应变轴逐渐位移，表明疲劳实验中也出现了循环棘轮效应。

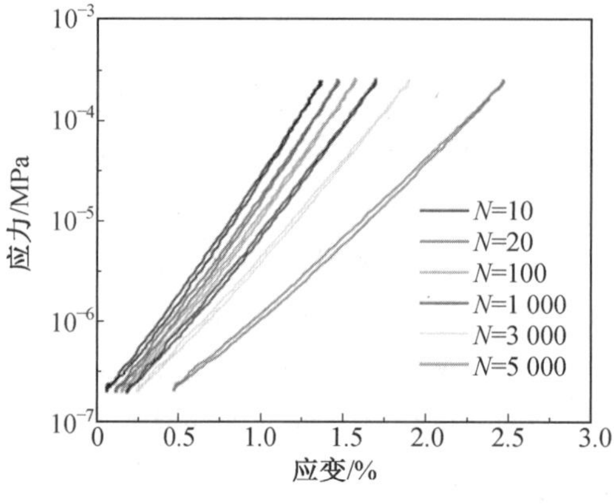

图 6.16　疲劳循环对密度为 0.73 g/cm^3 的网格阵列应力－应变循环的影响

对循环过程中的宏观变形和微观变形进行观察，对 Ti－6Al－4V 网格阵列在疲劳实验过程中的宏观变形过程进行记录。累积应变与密度为 0.91 g/cm^3 的网格阵列循环次数的典型变化如图 6.17 所示。显然，第 1 阶段和第 2 阶段的试样变形均匀，与原始试样相比没有明显变化。到达突变应变点后，变形高度集中在与加载方向呈 45° 倾角的严重破碎带中，导致沿破碎带的网格阵列失效。

为了观察压杆在循环变形过程中的形态变化，在 ε－N 曲线的不同阶段停止疲劳实验，并用扫描电子显微镜观察试样。结果表明，在第 1 阶段，结构的形态保持不变，随着实验的进行，在靠近突变应变点的部分支柱上出现疲劳裂纹(图 6.17)。此后，支柱出现了大量裂纹，许多支柱断裂。这些结果与之前报告的泡沫铝不同，后者在疲劳寿命达到之前未显示出支柱开裂。

Liu 等研究了电子束熔炼制备的 B 型 Ti2448 合金试样的气孔率变化对材料的超弹

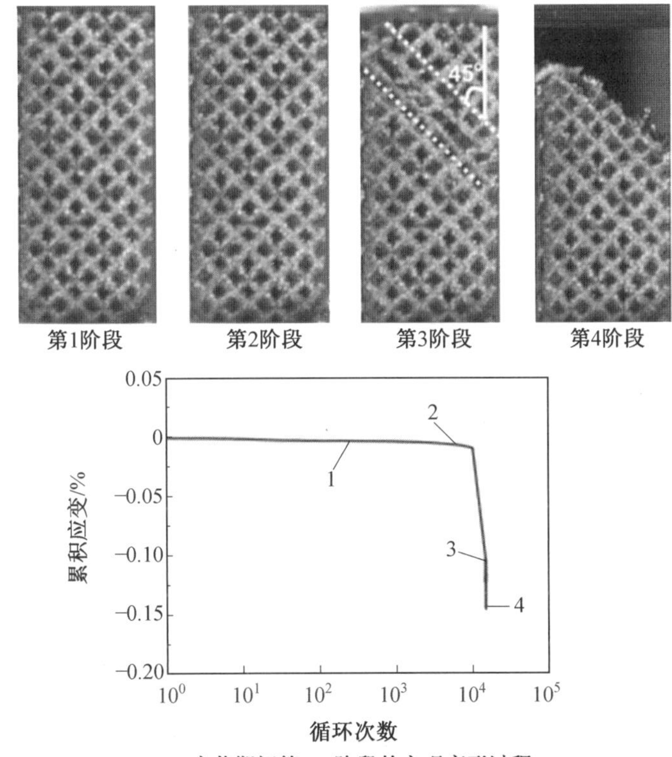

(a) 疲劳期间第1~4阶段的宏观变形过程

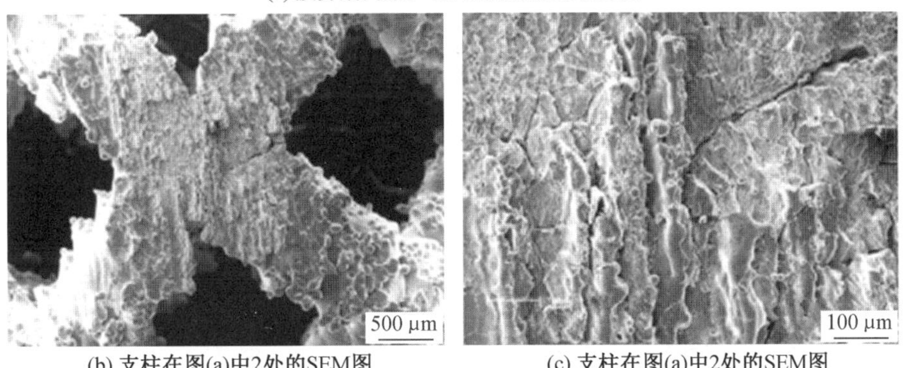

(b) 支柱在图(a)中2处的SEM图　　(c) 支柱在图(a)中2处的SEM图

图 6.17　累积应变与密度为 0.91 g/cm^3 的网格阵列循环次数的典型变化

性、杨氏模量、抗压强度和疲劳性能的影响，并观察了相邻晶粒取向角与疲劳裂纹偏转行为的关系。随着拉伸 / 压缩比的增加，试样的超弹性随孔隙率的增加而提高。根据疲劳循环回路的变化，首次在应力－应变曲线中定义了疲劳裂纹萌生的位置。EBSM 独特的制造工艺导致不同尺寸晶粒的产生，相邻晶粒间存在明显的错向，在柱状晶区的晶界处产生明显的疲劳裂纹偏转。与 Ti－6Al－4V 试样相比，Ti2448 合金试样由于具有超弹性、疲劳裂纹尖端前较大塑性区和裂纹偏转行为，表现出较高的归一化疲劳强度。

图 6.18 所示为不同孔隙试样的加载－卸载曲线。所有试样组均施加循环单轴压缩载荷，总应变为 2% ～ 3%，应变阶跃为 0.5%。结果表明，整个孔隙范围内的试样均表现出良好的超弹性(仅显示孔隙为 67.9%、77.4% 和 91.2% 的试样)。超弹性随试样孔隙

度的增加而增加。在 3% 的弹性变形下，91.2% 的试样几乎完全恢复，而 67.9% 的试样仅恢复到 0.5%，表现出弱的超弹性。通过有限元模拟分析，解释超弹性的差异。拉应力与压应力之比可影响超弹性性能。在 3% 的压应变以及 35.8 MPa(67.9%) 和 7.2 MPa(91.2%) 的压应力下，67.9% 和 91.2% 孔隙试样的模型应力分布如图 6.18(b) 和6.18(c) 所示。拉应力和压应力分别分布在每个节点的顶部和底部。气孔率为 67.9% 和 91.2% 试样的最大拉应力 / 压应力之比分别为 0.21 和0.27。据报道拉应力是超弹性的主导因素，而拉 / 压应力比随着孔隙度的增加而增加。这表明，较高的拉 / 压应力比增强了超弹性性能。拉 / 压应力比的变化可被视为在相同应力水平下具有不同孔隙度的试样应变增加的函数，因此更好的超弹性将导致更大的应变。

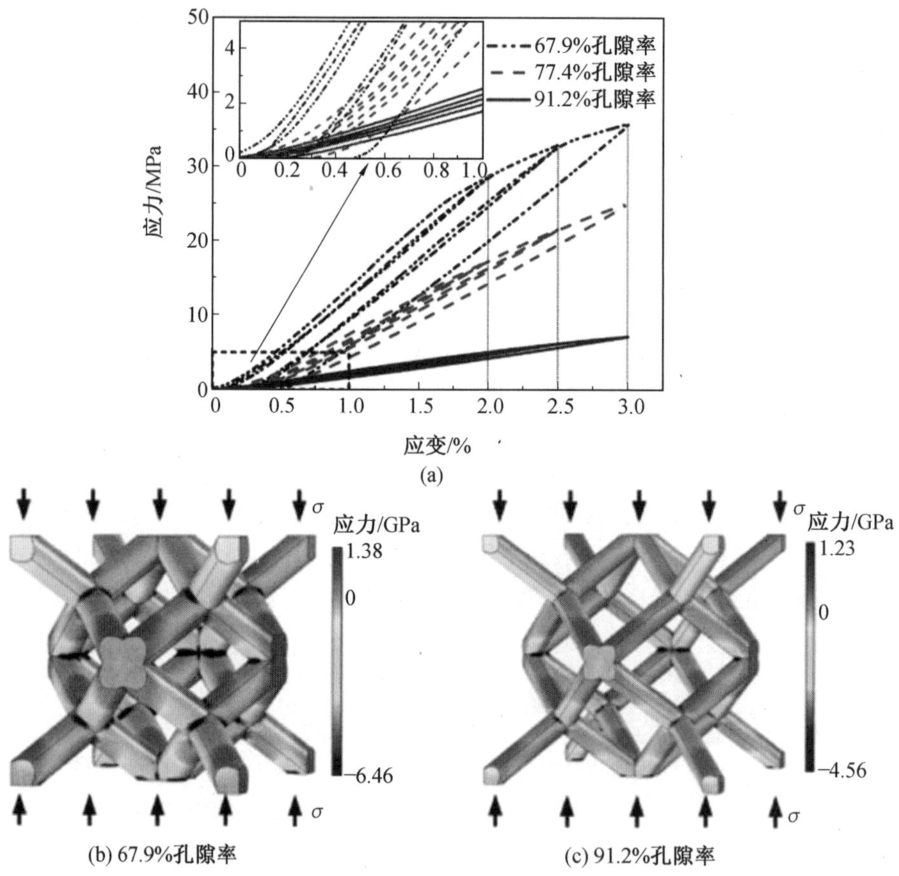

图 6.18　不同孔隙试样的加载 — 卸载曲线

6.1.3　钛及钛合金电子束选区熔化技术展望

钛合金增材制造作为一项前沿的制造技术，集设计、制造于一体，近年来引起各界广泛关注，并在航空航天、国防军事、生物医学和汽车高铁等高精尖领域展示了广阔的应用前景。但是与传统制造技术相比，钛合金增材制造起步较晚，发展历史仅 30 年左右，还存在很多问题，如钛合金零件的成型效率低，精度未能达到高精水平，设备和材料的制备成本高以及仍未实现大规模的工业、商业应用等问题，特别是成型件缺陷的抑制问题。目前我国对零件成型过程中存在的缺陷问题（如球化、裂纹、孔隙、翘曲变形等）的研究还处于初步阶段，仍有大量的研究工作急需进行。将来钛合金增材制造技术的发展趋势如下。

(1) 在材料方面，研制开发新型的球形钛合金粉末的生产设备和制备工艺，提高钛合金粉末的质量（如粒径、球形度、流动性、夹杂气体等），进而改善零件的组织和力学性能。此外，通过提高粉末的收得率和粉末的回收再利用来降低成本。

(2) 在设备方面，应提高设备的成型效率、成型精度，以及降低成本等；另外，还要研发大型的工业级打印设备，逐步实现大规模生产和应用。

(3) 在检测方面，伴随3D打印件向大型化、复杂化和精密化方向发展，很多传统的无损检测方法存在盲区，需要开发新型的无损检测技术；通过对组织、缺陷实时监控的在线检测技术是未来重点的研究方向之一；另外，建立和完善无损检测标准，是增材制造技术广泛应用的依据。

(4) 在工艺方面，进一步优化增材制造技术的工艺，抑制成型过程中的缺陷，提高成型件的力学性能。成型过程中零件内应力演变规律、变形开裂行为和缺陷产生机理等关键问题，仍然是未来需要重点研究的问题。

6.2　TiAl电子束选区熔化

6.2.1　TiAl基高温结构材料

高温结构材料用于制造在高温下工作并承受一定载荷的零件，是推动航空、航天发动机和各种燃气轮机进步的关键材料之一。目前，广泛应用的高温结构材料是以铁、镍和钴等为基的高温合金。由于航空、航天、车辆、舰船等发动机性能的不断提高，因此对高温材料的性能提出新的要求，即强度更高、刚度更大、耐热性更好、密度更小。然而，常规的高温合金不仅密度高，其使用温度也已接近目前先进航空发动机各主要零件的使用极限，因此迫切需要发展高比强、高比模和综合性能良好的新型轻质高温结构材料，金属间化合物高温结构材料正是顺应此需求而发展起来的。

金属间化合物γ－TiAl为基的合金简称为TiAl基合金。该合金具有低密度、弹性模量大以及良好的高温强度、蠕变抗力和抗氧化能力等优点，正在发展成为新一代航空发动机材料，可用于制造压气机高压叶片，燃气涡轮机的中、低压叶片，压气机定子挡风板，定子机座以及其他形状复杂的大尺寸铸造和锻造零件，以部分替代笨重的镍基高温合金，使其减重50%。同时，TiAl合金也可用于制造汽车发动机的燃气涡轮、涡轮增压器和气阀等，在能源工业和表面工程方面也有良好的应用前景，我国和世界各工业国家都在积极的开展研究。

γ－TiAl基合金的使用温度可达750～900 ℃，与镍基高温合金相近，但其密度（$<4.0\ g/cm^3$）仅为镍基高温合金的一半；γ－TiAl基合金的比刚度比航空发动机材料的比刚度高50%左右；在600～750 ℃范围内γ－TiAl基合金具有良好的蠕变抗力；该类合金还具有良好的阻燃性，可用以替换一些价格昂贵的阻燃钛合金。用γ－TiAl基合金制作零件的缺点是其较低的室温塑性、断裂韧性和高的疲劳裂纹扩展速率增加了失效的风

险性。

我国从20世纪80年代开始对γ－TiAl基合金进行研究和开发，现已在基础理论和应用研究方面取得了很大进展。中国钢研科技集团公司自主开发的可在800 ℃下使用的TiAl基合金、Ti－46.5Al－2.5V－1Cr合金（命名为TAC－2）的铸态和变形组织具有良好的室温和高温综合力学性能，并已步入工程化试用阶段。为了发展能在900 ℃使用的TiAl基合金，陈国良等在高铌TiAl基合金的研究方面取得了重要的进展。高铌TiAl基合金具有高熔点和良好的抗氧化性能，该合金800 ℃高温力学性能可以与镍基高温合金相比，而密度仅为其一半，此开创性的研究成果受到国际广泛关注。

然而，由于钛铝金属的脆性使其很难用常规的方法进行加工，该合金的主要生产方式为铸造以及粉末冶金。合金的微观组织对于合金的强度具有显著影响，但是将组织由粗铸态转变为细铸态是非常困难的。对于HIP等粉末冶金工艺，成本很昂贵；对于具有复杂形状的模具，设计师设计也较为困难。同时，钛铝合金的室温塑性差，在成型过程中易出现裂纹，加工难度大，因此属于难加工材料。近年来，随着增材制造技术的出现，基于离散－堆积原理的材料制备与成型一体化特点，使钛铝合金的增材制造引起广泛研究。由于电子束选区熔化增材制造技术具有高能量利用率、高真空环境及粉末床能预热到1 000 ℃以上等特点，可有效降低成型热应力，避免合金出现裂纹和氧化，因此很适合钛铝合金零件的直接制造，可解决其加工难题。

6.2.2 选区熔化成型及组织

1. 工艺参数对钛铝合金组织的影响

Yue等对化学成分为Ti－47Al－2Cr－2Nb采用电子感应熔化气体原子化制备了前驱体。粒径分布范围为45～200 mm。Ti－47Al－2Cr－2Nb粉末的扫描电子显微镜如图6.19所示。颗粒呈球形，如图6.19(a)所示；图6.19(b)和图6.19(c)分别所示为Ti－47Al－2Cr－2Nb粉末的表面形态和横截面，显示了短枝晶臂的等轴枝晶。选取4.5 mA、6.5 mA和8.5 mA三种不同的束流水平进行实验，扫描策略采用连续光束模式，采用“之”字形模式，在每一连续层之间旋转90°，如图6.20所示。预热温度设定为1 100 ℃，远高于从脆性材料向韧性材料转变的温度。

(a)

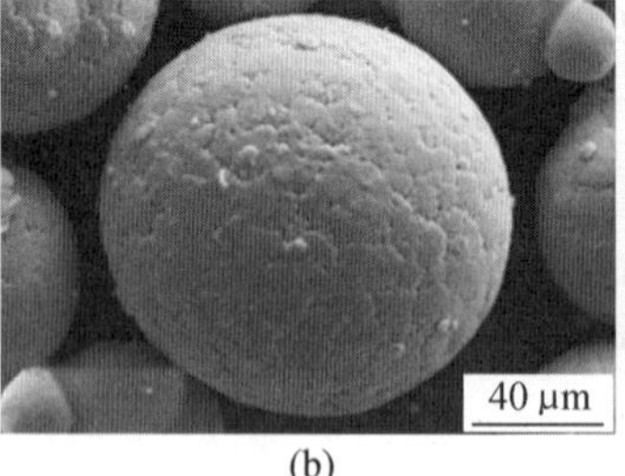

(b)

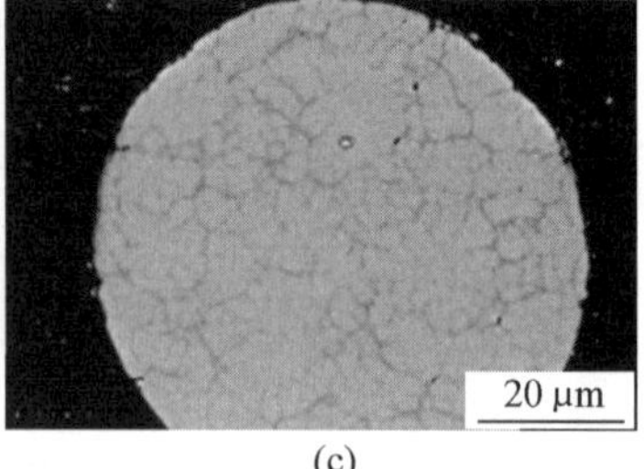

(c)

图6.19 Ti－47Al－2Cr－2Nb粉末的扫描电子显微镜

本节研究了不同的工艺参数对Ti－47Al－2Cr－2Nb组织的影响。随着束流的增加显微组织由平均晶粒尺寸为3.02 μm的细双相转变为平均晶粒尺寸为6.28 μm的近γ相结构。随着束流从4.5～8.5 mA的增大，B2相的体积分数逐渐从2.8%增大到

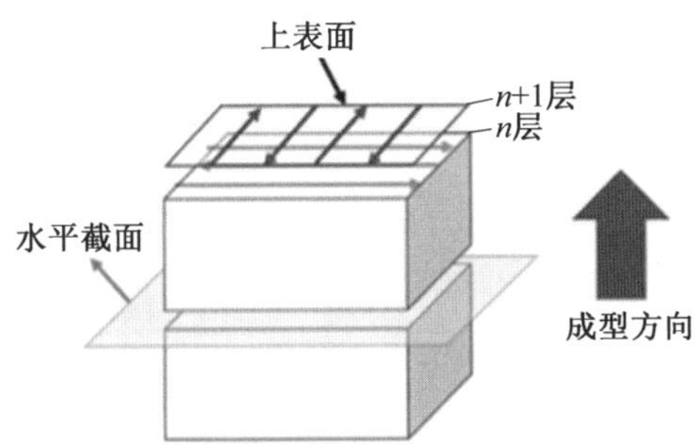

图 6.20　电子束选区熔化制备的 Ti－47Al－2Cr－2Nb 合金试样横截面形貌及扫描方式

18.8%。图 6.21 所示为在不同束流下制备的 TiAl 合金试样的微观结构变化。在电子束束流为4.5 mA 的试样中，显微结构呈双重结构，由细小的层状组织组成，等轴 γ 相（黑色对比）和块状 B2 相（白色对比）分散在晶粒的边界，如图 6.21(a) 所示。从图 6.21(b) 和图 6.21(c) 的透射电子显微镜可以看出，α_2 板条表现出明显的不连续，证明 α_2 板条发生了分解。当束流增加到 6.5 mA 时，离散的条形或棒状颗粒嵌入层状组织内，如图 6.21(d) 所示。透射电子显微镜分析进一步表明，B2 相的存在优先沿原 α_2 相板条沉淀，如图 6.21(e) 所示。此外，大量等轴 γ 相、B2 相和 α_2 相分散在晶粒边界上，如图 6.21(d) 和图 6.21(f) 所示。随着束流进一步增大到8.5 mA，显微组织主要由 γ 板条（黑对比）和 B2 板条（亮对比）交替排列组成，并伴随着等轴 γ 相和 B2 相在晶粒边界上分散。需要注意的是，在该束流下几乎没有观察到 α_2 相片晶和层状结构。此外，电子束选区熔化生产的试样中有明显的 γ 相颗粒恢复和再结晶迹象，如图6.21(b)、图 6.21(c)、图 6.21(f)、图 6.21(h) 所示。

对电子束选区熔化制备试样的相组成和晶粒特性进行研究，图 6.22 所示为不同束流下的相组成和分布。从图中可以看出，α_2 相和 B2 相的含量逐渐增加，而 γ 相的含量则随着束流的增大而减少。当束流为 4.5 mA 时，相图中以 γ 相（绿色）为主，组成为 96.3%，可见少量 α_2 相（黄色）和 B2 相（红色），质量分数分别为 0.9% 和 2.8%，如图 6.22(a) 所示。将束流增加到6.5 mA，γ 相质量分数降低到88%，α_2 相和B2 相质量分数分别增加到 3% 和 9%，如图6.22(b) 所示。随着束流进一步增加到 8.5 mA，α_2 相和 B2 相的质量分数达到最大，分别为 3.6% 和18.8%，而 γ 相的质量分数下降到 77.6%，如图 5.4(c) 所示。除此之外，通过电子背散射衍射（Electron Backscattered Diffraction，EBSD）技术可以检测透射电子显微镜图像中显示的少量 α_2 相薄片。

由于在制备 TiAl 合金试样的电子束选区熔化过程中存在明显的相变现象，很难检测再结晶分数的比值。因此，为了研究电子束选区熔化制备的 TiAl 合金试样在不同束流下的恢复和再结晶情况，进一步进行透射电子显微镜研究，结果如图 6.23 所示。当束流为 4.5 mA 时，晶粒内存在明显的堆积和位错缠结，最终形成亚晶界，可能是由于再结晶驱动力不足造成的，如图6.23(a) 和图 6.23(b) 所示。当束流增加到 6.5 mA 时，可以清楚地看到位错密度降低，出现一些再结晶 α 相，如图 6.23(c) 所示。当束流进一步增大到 8.5 mA 时，γ 晶粒内几乎没有位错缠结，出现细小的再结晶 α 相，如图 6.23(d) 所示，这一现象说明，随着束流的增大，再结晶过程受到残余应力的驱动。

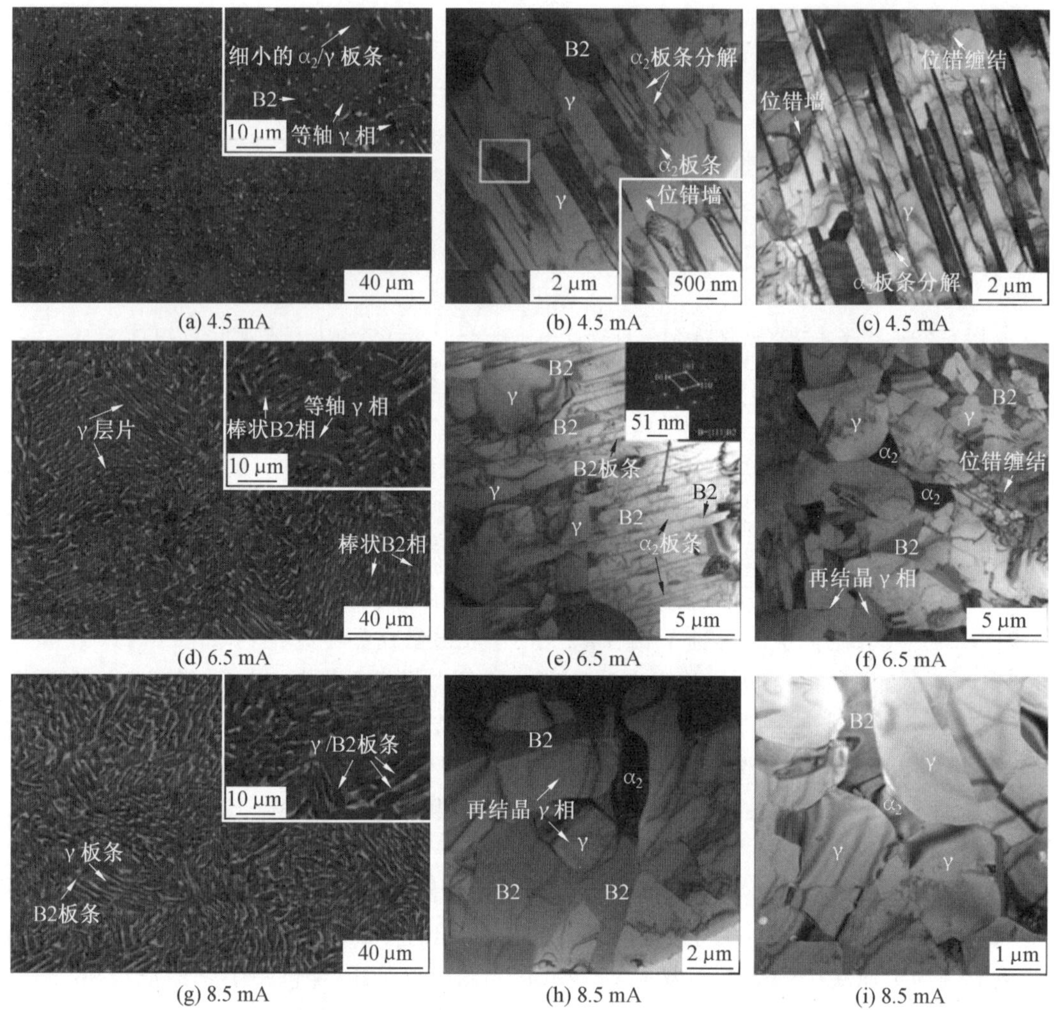

(a) 4.5 mA (b) 4.5 mA (c) 4.5 mA
(d) 6.5 mA (e) 6.5 mA (f) 6.5 mA
(g) 8.5 mA (h) 8.5 mA (i) 8.5 mA

图 6.21 在不同束流下制备的 TiAl 合金试样的微观结构变化

2. 线能量密度对钛铝合金粉末中铝元素挥发的影响

周俊等采用自制的 EBSM 250－Ⅲ 电子束选区熔化成型设备，采用气雾化的球形预合金 Ti47Al2Cr2Nb 粉末，平均粒径为 74.8 μm，其显微形貌和粒径分析如图 6.24 所示。成型基板是尺寸为 96 mm×96 mm×20 mm 的 TC4 钛合金，预热温度为 1 000 ℃，扫描线间距为 0.1 mm，铺粉厚度为 0.05 mm，扫描路径为 S 形，如图 6.25 所示。电子束加速电压为 60 kV，扫描速度为 0.25 m/s，电子束束流分别为 7 mA、8 mA、9 mA、10 mA、11 mA 和 12 mA。整个制备室通过持续通入高体积分数氩气（99.996%）并保持在 1 Pa。

当电子束线能量密度从 1 680 J/m 增加到 2 880 J/m 时，制备试样的铝元素原子比例从 43% 逐渐减小到 35%，随后又变大到 37%；当电子束线能量密度为 2 160 J/m、2 400 J/m 时，电子束选区熔化试样的显微组织出现等轴化倾向，变为椭圆状组织。为了减少铝元素的挥发，电子束选区熔化输入的线能量密度控制在 1 680 J/m 左右。不同电

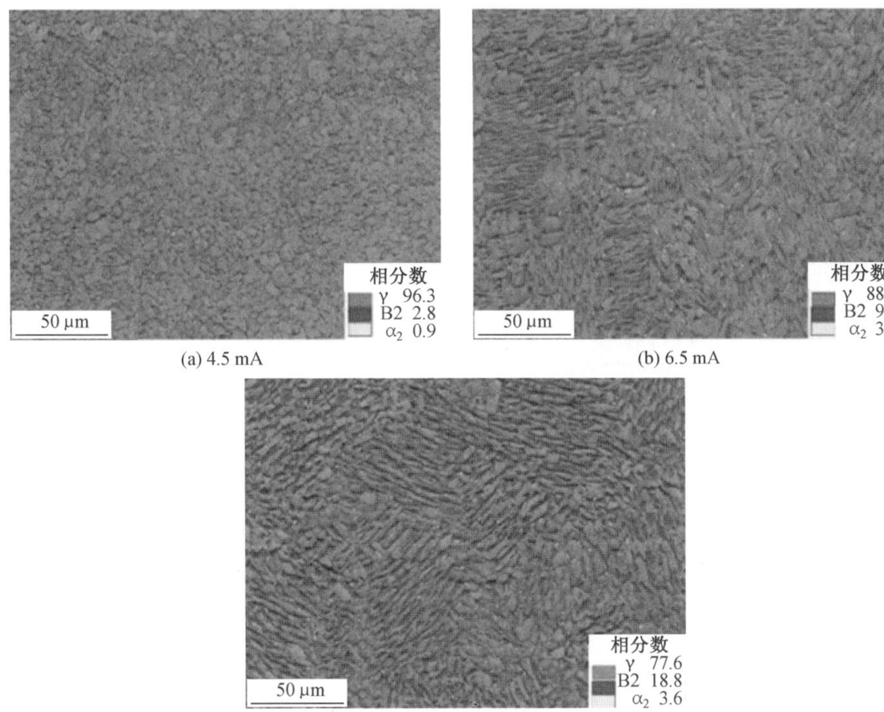

图 6.22　不同束流下的相组成和分布

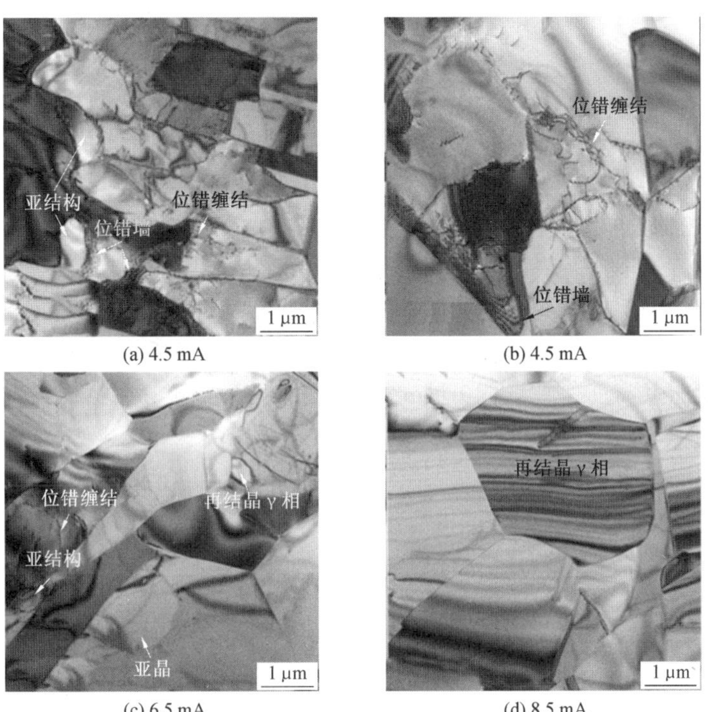

图 6.23　TiAl 合金试样在不同束流下的恢复和再结晶情况

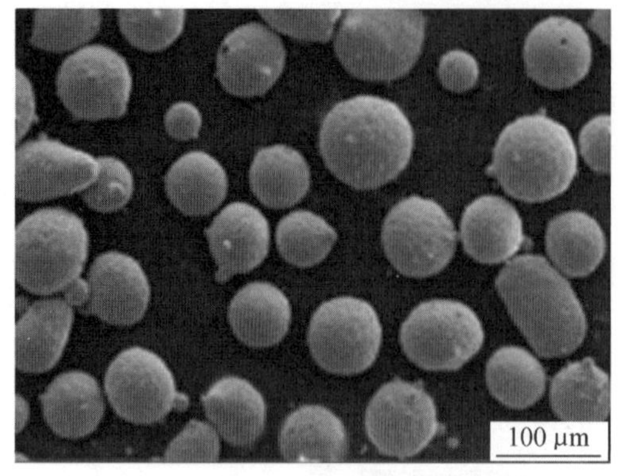

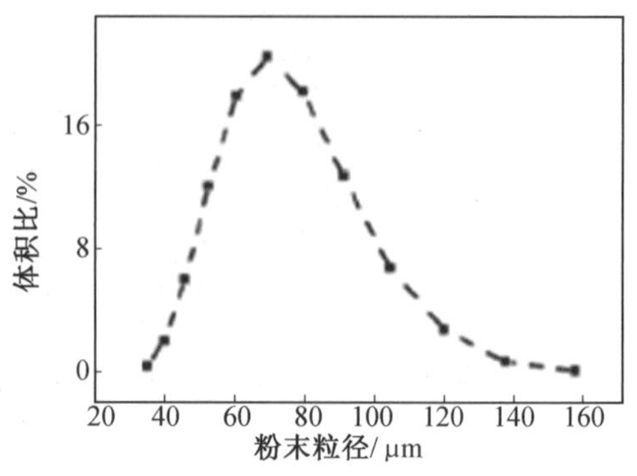

图 6.24 Ti47Al2Cr2Nb 粉末的显微形貌和粒径分析

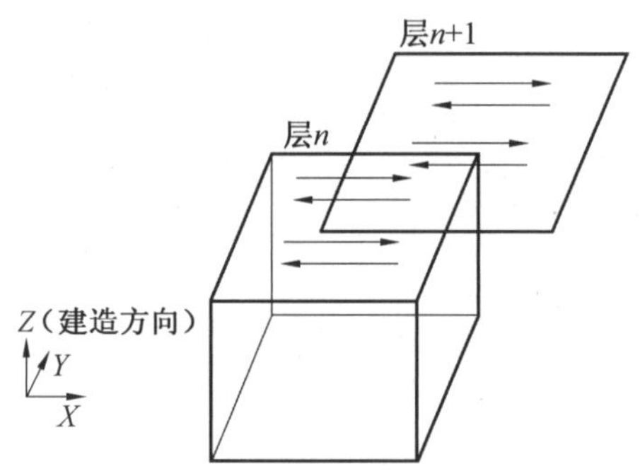

图 6.25 电子束选区熔化原理

子束线能量密度横截面显微组织如图 6.26 所示。

随着电子束线能量密度的增加,熔池的温度升高,铝元素、钛元素的挥发速率变大;但随着温度提高,铝元素、钛元素挥发速率的相对比例先快速下降、后缓慢下降。钛元素、铝元素挥发速率的相对比例与温度的关系如图 6.27 所示。当熔池温度较低时,虽然铝元素、钛元素挥发速率的相对比例很大,但实际铝元素的挥发速率较小,熔池凝固后的铝元素变化较小;当熔池温度较高时,虽然铝元素、钛元素的挥发速率都变大,但二者的相对比例却很小,熔池凝固后的铝元素变化较小;当熔池温度处于某一中间值时,铝元素、钛元素挥发速率的数值和二者相对比例之间达到平衡,使熔池凝固后铝元素下降幅度最大。因此,当电子束线能量密度达到 2 640 J/m 时,熔池凝固后试样中的残留铝元素相对原子比例出现最小值。

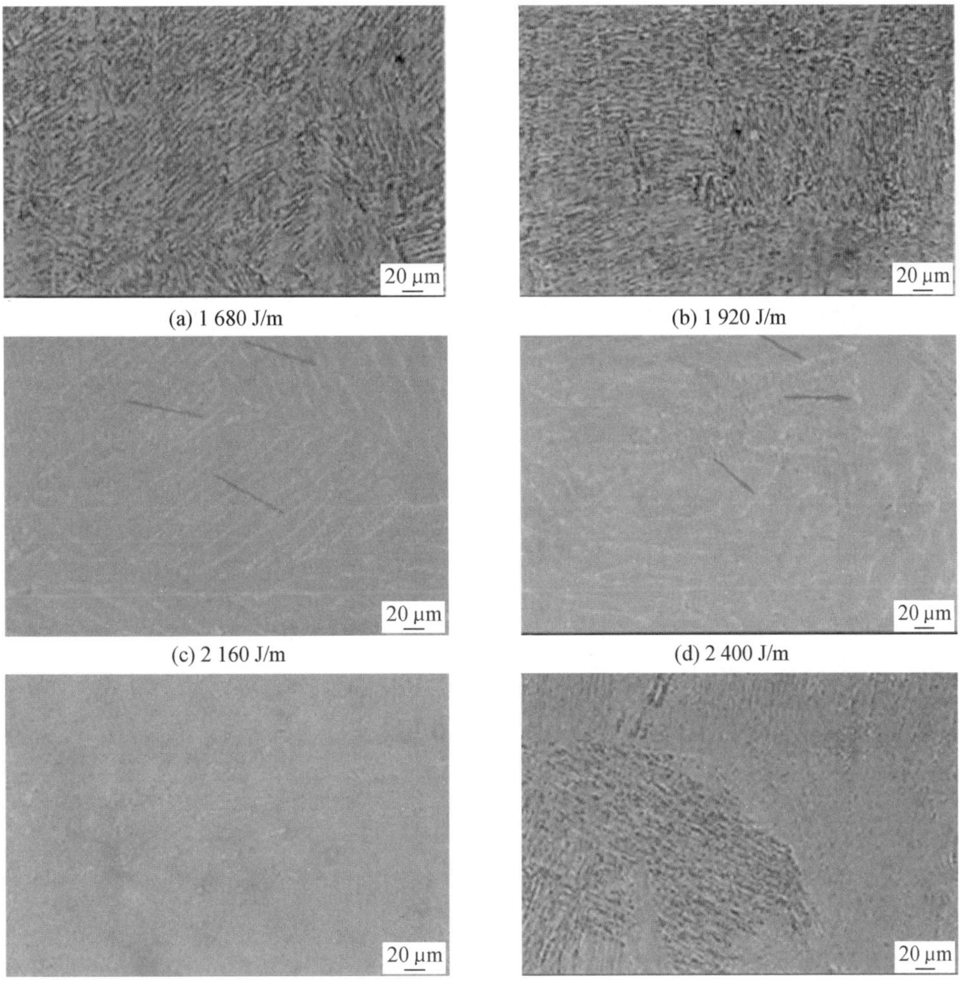

(a) 1 680 J/m

(b) 1 920 J/m

(c) 2 160 J/m

(d) 2 400 J/m

(e) 2 640 J/m

(f) 2 880 J/m

图 6.26　不同电子束线能量密度横截面显微组织

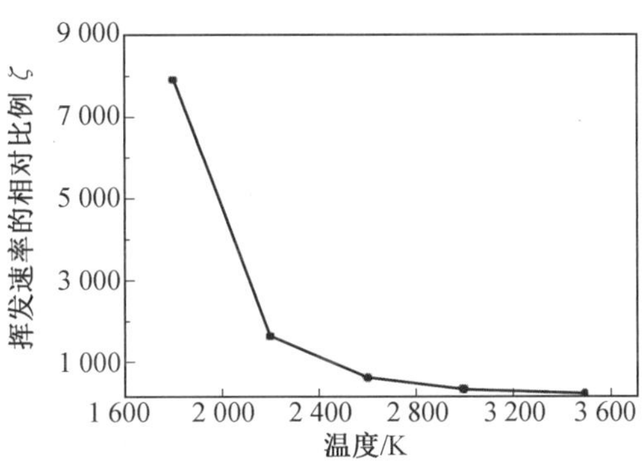

图 6.27　钛元素、铝元素挥发速率的相对比例与温度的关系

6.2.3 成型体力学性能

相关学者研究电子束选区熔化制备的 TiAl 合金在不同束流下的显微硬度。图 6.28 所示为不同束流下显微硬度随束流的变化，从图中可以观察到，随着束流从 4.5 mA 增加到8.5 mA，显微硬度逐渐增加。当束流为 4.5 mA 时，显微硬度为 330.45 HV。当束流为 6.5 mA 时，显微硬度增加到 339.38 HV。当束流为 8.5 mA 时，显微硬度增加到 368.98 HV，比束流为 4.5 mA 的试样高 11.66%。在 TiAl 合金中，B2 相是最硬的相，B2 相的体积分数随束流的增大而不断增大。因此，随着束流的增大，显微硬度有增大的趋势。值得指出的是，尽管在 4.5 mA 的束流下，晶粒内细小的 A2 相片层会阻碍位错的迁移，提高显微硬度，但 B2 相含量的明显提高是大束流下提高显微硬度的作用机理。

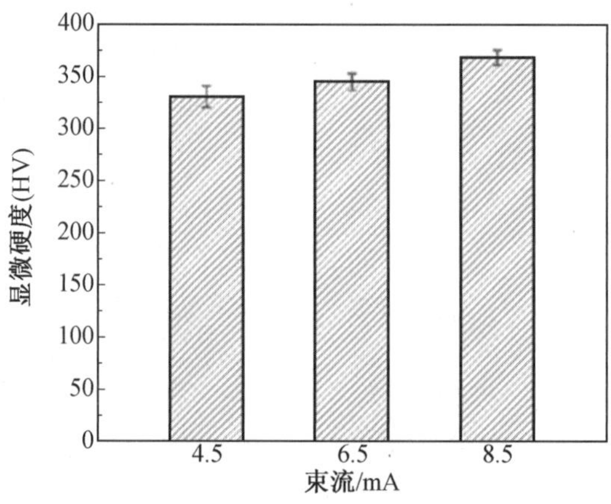

图 6.28 不同束流下显微硬度随束流的变化

室温不同束流下 TiAl 合金试样的应力－应变曲线如图 6.29 所示。从图中可以看出，当束流从 4.5 mA 增加到 8.5 mA 时，极限抗压强度从 2 930.9 MPa 逐渐降低到 2 456.8 MPa。压缩应变与压缩强度的变化趋势相同，从 34.81% 降至 27.50%。此外，试样的压缩性能比铸态和固态 TiAl 合金的压缩性能高。TiAl 合金试样在压缩过程中发生宏观塑性变形，其主要变形机制为晶内位错滑移、变形孪晶和边界滑移。多相合金在变形过程中产生高内部约束应力。在 TiAl 合金中，多晶层状材料的变形非常不均匀，并且很容易在晶粒边界三个点处产生高的拉伸应力。B2 相是一种硬脆相，在室温下很难发生塑性变形。此外，B2 相实际上削弱了晶界的黏聚力，由于 B2 相在压缩过程中产生明显的滑动限制，晶界上的应变调节显得困难，很容易导致较大的应力集中，在晶界产生裂纹，从而限制延性，因此在高束流下的试样具有较低的极限强度。此外，上述现象与晶粒尺寸密切相关，可以用霍尔－佩奇(Hallpatch) 公式来解释。

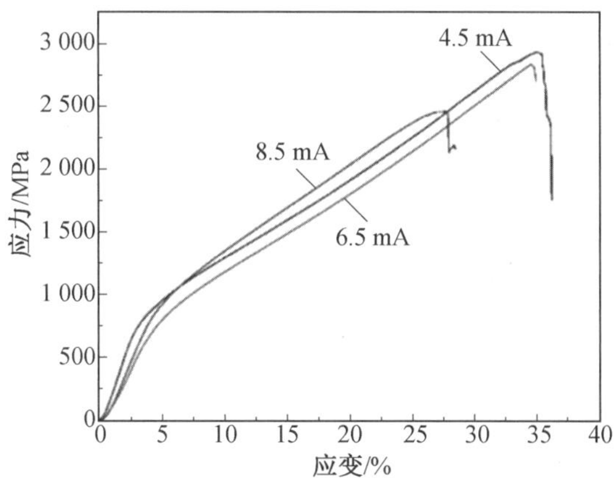

图 6.29　室温不同束流下 TiAl 合金试样的应力－应变曲线

6.3　镍基高温合金电子束选区熔化

6.3.1　镍基高温合金电子束选区熔化工艺

镍基高温合金是以镍为基体(质量分数一般大于 50%),在 650 ～ 1 000 ℃ 范围内具有较高强度、良好的抗氧化和抗燃气腐蚀能力的高温合金,如图 6.30 所示。它是在 Cr20Ni80 合金基础上发展而来的,为了满足 1 000 ℃ 左右高温热强性(高温强度、蠕变抗力、高温疲劳强度)和气体介质中的抗氧化、抗腐蚀的要求,加入大量的强化元素,如 W、Mo、Ti、Al、Nb 和 Co 等,以保证其优越的高温性能。镍基高温合金具有良好的综合性能,已被广泛地用于航空航天、汽车、通信和电子工业部门等领域。

图 6.30　镍基高温合金

随着对镍基高温合金潜在性能的发掘,研究人员对镍基高温合金的使用性能提出更高要求。在铸态条件下,镍基高温合金微观组织多为树枝晶,树枝晶间存在共晶组织,而各种强化元素(如 W、Mo、Ti、Al 等)会在晶间产生偏析或贫化,导致元素分布不均,恶化材料的高温性能,且树枝晶壁越发达,元素分布越不均匀。由于电子束选区熔化过程具有极高的温度梯度和凝固速度,因此镍基高温合金凝固后树枝晶壁长度显著降低,元素更为均匀,力学性能更佳。并且电子束选区熔化在真空中进行,对粉末的保护作用较强,因此在镍基高温合金增材制造领域具有较大的发展潜力。然而,由于镍基高温合金极易出现热裂纹等缺陷，因此在电子束选区熔化后通常采用热等静压等热处理方法消除零件内部裂纹等缺陷并均匀组织，提升零件性能。

在进行镍基高温合金电子束选区熔化时，采用的镍基高温合金金属粉末一般呈球状，球状的镍基高温合金粉末有利于铺粉过程均匀化和有序化，同时有利于铺粉密实程度的提升以及加工件致密性的提高，因此采用球状镍基高温合金粉末进行电子束选区熔化更有利于获得满足使用条件的加工件。此外，细小的球状金属粉末受毛细管力影响较大，有利于镍基高温合金粉末的重排。在进行镍基高温合金电子束选区熔化时，所用的金属粉末按照需要的牌号进行不同元素粉末的配比，从而获得所需牌号的加工件。此外，在进行不同元素粉末配比时，对粉末尺寸按照一定方式进行配比。电子束选区熔化过程对粉末尺寸的要求较高，由于电子束能量密度较高、功率较大，当粉末尺寸过小时，粉末在电子束的作用下极易发生汽化，形成的金属蒸气反作用力容易导致熔池飞溅的产生；当粉末尺寸过大时，导致铺粉厚度的均匀性较差，并影响电子束扫描的稳定性，加工件的致密度大大降低。

此外，不同元素的热物理参数（如热导率、比热容和熔点等）对金属粉末的熔化烧结过程具有较大影响。由于金属粉末尺寸不一，尺寸较大的金属粉末比表面积较小，在镍基高温合金电子束选区熔化过程中不易烧结熔化；尺寸较小的金属粉末比表面积较大，在选区熔化过程中易于烧结熔化。因此可根据不同元素的热导率、熔点等热物理参数对不同元素粉末的尺寸进行设计，从而确保不同粉末熔化烧结过程的同步性，加速烧结过程，并保证选区熔化所获得的加工件具有较高的致密度。

6.3.2 材料成型及组织分析

1. 成型缺陷

Edouard Chauvet 等通过电子束选区熔化制备出一种不可焊镍基高温合金（图6.31），加工件尺寸为23 mm×23 mm×30 mm，并对其组织及缺陷进行研究。选区熔化所用粉末为采用真空感应熔融气相雾化法制备的预合金化粉末，其形貌如图 6.32 所示，粉末大多呈球状，少数形状不规则，粉末均为多晶体，某些颗粒存在孔洞，容易导致加工件产生气

图 6.31 电子束选区熔化制备的不可焊镍基高温合金

孔缺陷，粉末的平均粒径为 75 mm，相对粉末密度为 53.6%，通过霍尔流量计测得粉末流动性是 50 g 粉末流过直径为 2.54 mm 气孔的时间为(16.0±0.1) s。粉末组成包含大量 Cr、Co 和 Mo 粉末以及质量分数为 8.6% 的 Ti 和 Al 粉末。首先将厚为50 μm 粉层预置于不锈钢板上，铺粉后对粉床预热进行轻微烧结，以改善机械性能和导电性，并防止吹粉现象的发生，从而提高电子束选区熔化过程的稳定性，预热温度大约为1 050 ℃。为实现平面区域制造，制造过程中电子束扫描路径为蛇形曲线，直线偏移量为0.1 mm。

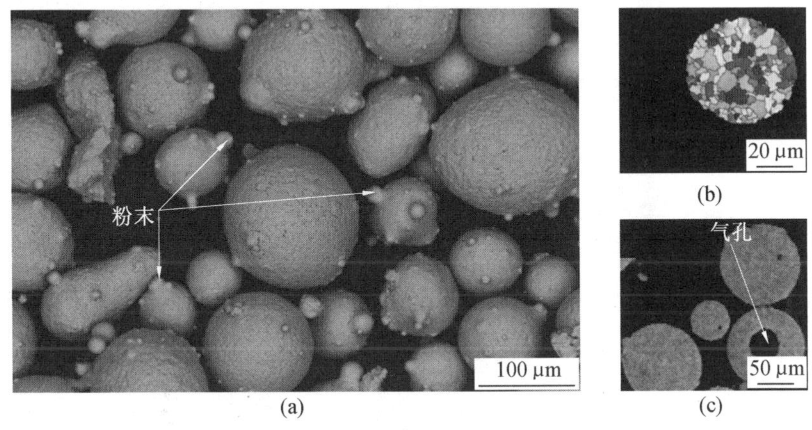

图 6.32　选区熔化所用粉末形貌

研究表明，试样内部存在缩孔和裂纹缺陷，如图 6.33 所示。在试样沿构建方向上呈现出不均匀的微观结构，即在构建方向上存在柱状晶尺寸梯度以及晶粒内部 γ′ 析出相的尺寸梯度，沿构建方向存在延伸数层的柱状晶粒，具有较强的织构特征，及沿 Z 轴的 < 001 > 方向存在择优生长的取向，在 XY 平面中呈随机生长的取向。沿构建方向上柱状晶尺寸逐渐增大，当 Z=1 mm 时，柱状晶的宽度为 30 μm；当 Z=10 mm 时，柱状晶的宽度增大到 150 μm；当 Z=20 mm 时，柱状晶的宽度增大至 1 mm，同时晶界密度沿构建方向逐渐降低。而 γ′ 析出相的尺寸沿构建方向逐渐减小，当 Z=5 mm 时，γ′ 析出相的尺寸为(600±100) nm 左右；当 Z=29 mm 时，γ′ 析出相的尺寸减小至(100±20) nm。可见，γ′ 析出相的尺寸沿构建方向的减小而逐渐增大，如图 6.33 所示。γ′ 析出相沿构建方向的尺寸梯度与沿构建方向的显微硬度分布一致，当 Z=29 mm 时，γ′ 析出相的尺寸较小，因此该处显微硬度最大，可达到 490 HV，而当 Z=0～27 mm 时，试样的显微硬度基本维持在 400 HV 不变。

试样中存在孔洞、裂纹缺陷，其中裂纹沿晶界不断扩展，如图 6.34 所示。通过对试样断口(图 6.35) 的观察发现断口存在液膜，因此裂纹为热裂纹。研究表明，热裂纹敏感性取决于晶界性质，即热裂纹与试样中大角度晶界具有明显的相关性。热裂纹形成的原因是凝固最后阶段由于晶界处液膜的存在以及存在较大热应力。此外，相比于传统铸造过程，虽然电子束选区熔化的凝固速度和温度梯度相对较高，其晶界偏析程度比常规铸造试样晶界偏析程度大大降低，但在电子束选区熔化试样中，晶界处依然存在 Cr、Mo 的富集，与其他在晶界处偏析的微量元素(特别是硼) 形成 MB、M_2B、M_5B_3 等低熔点硼化物，硼化物的出现对液膜的形成具有重要影响。

为减少或避免高温合金中的热裂纹，首先降低硼含量以限制晶界液膜的形成，并调整

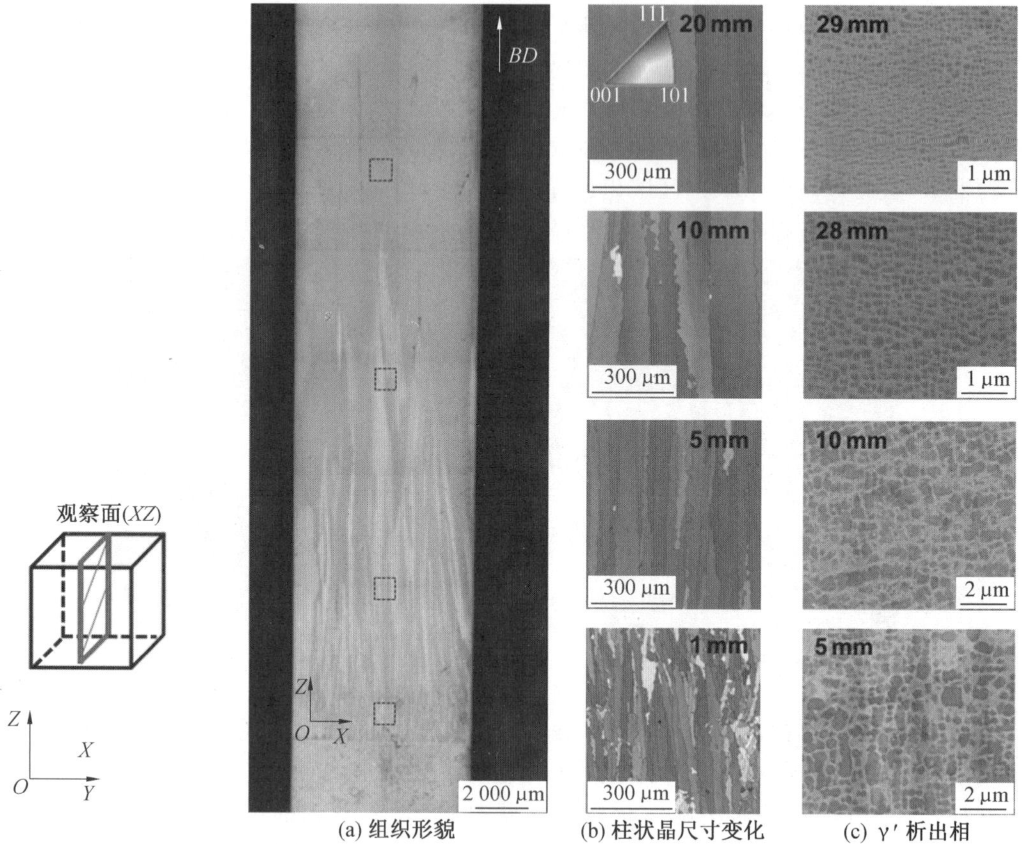

(a) 组织形貌　(b) 柱状晶尺寸变化　(c) γ′ 析出相

图 6.33　沿构建方向上柱状晶尺寸及 γ′ 析出相尺寸变化

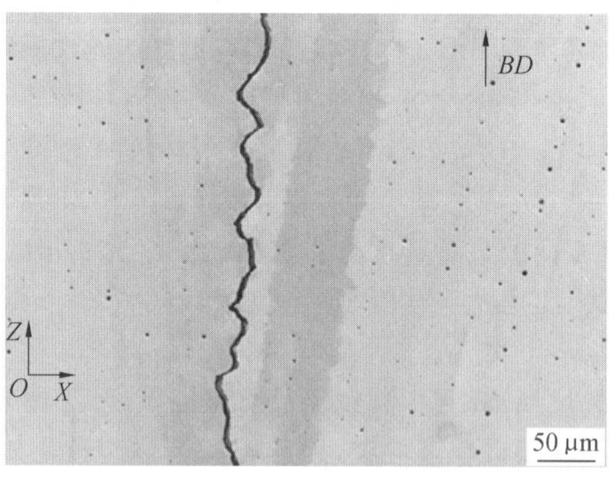

图 6.34　试样内部沿晶界扩展的裂纹

工艺参数，实现试样中组织的细化，使其更耐高温开裂并能限制热裂纹的扩展。此外，试样中存在气孔、缩孔等缺陷导致试样致密度降低，这与粉末不完全熔化以及粉末中存在的气孔和缩孔有关。基于孔洞的形态和位置的观察，将孔洞分为两种类型，第一种类型为随机分布的圆球状孔洞，其直径为 20 ～ 50 μm，其形态与粉末中的孔洞一致，表明这些孔洞是由粉末引入加工件中的，称其为气孔。对初始粉末进行检测，其孔隙率为 0.5%，然而，加工件的孔隙率为 0.4%，孔隙率降低，可见在电子束选区熔化过程中，一些孔洞中的气

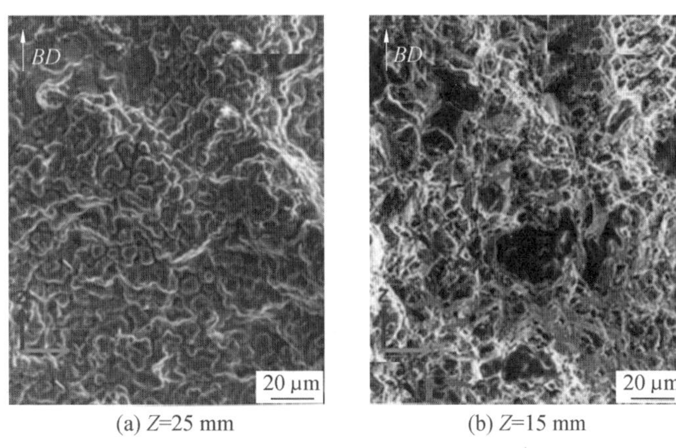

(a) Z=25 mm　　(b) Z=15 mm

图 6.35　试样断口

体有足够的时间逃逸到外部环境中，有利于致密度的提高。第二种类型的孔洞为沿柱状晶生长方向规则排列的圆形孔链，每个孔洞的直径在5 μm 以下，因为凝固的最后阶段，树枝状的二次晶壁互相接触桥接过程导致液相不能充分到达枝晶间来补偿凝固收缩，因此这些孔洞称为缩孔。

2. 显微组织

MURR 等通过预合金化前驱体粉末电子束选区熔化制备了直径为 20 mm、长度为 80 mm 的圆柱形 Inconel 625 镍基高温合金零件。粉末由旋转雾化法制备的平均粒径为 22 μm 的球状粉末(图 6.36)，粉末呈细小枝晶结构，每层铺粉厚度为 50 μm 左右。研究表明，试样的致密度较高，内部未发现裂纹缺陷。试样组织主要为 γ(fcc) Ni－Cr 相，在平行于构建方向的截面上，加工件形貌为典型的柱状树枝晶组织，在柱状晶粒中存在较多 γ″(bct) 针状析出相，呈垂直交叉分布，该析出相为针片状的金属间化合物 Ni_3Nb(图 6.37)。在垂直于构建方向的截面上，加工件组织为等轴晶组织，析出相分布于晶粒内部。加工件中的物相组成与前驱体粉末的物相组成存在差别，在前驱体粉末中，由于柱状晶晶内不存在析出相，因此粉末中仅存在面心立方的 γ－NiCr 固溶体相，其中 γ－NiCr 固溶体相的(111) 衍射峰强度较高，对应柱状树枝晶结构及基体相织构。然而，在电子束选区熔化加工件垂直于构建方向的平面内，面心立方的 γ－NiCr 固溶体相的(111) 衍射峰强度很小，其主要衍射峰变为(200)，此外，出现了前驱体粉末中不存在的 γ－NiCr 固溶体相的(400) 衍射峰。除 γ－NiCr 固溶体相的衍射峰强度变化外，加工件垂直于构建方向的平面内出现了体心四方的 γ″－Ni_3Nb 相，其主要衍射峰对应于(200)[200] 平面织构，[200] 织构表明柱状晶沿平行于构建方向，即圆柱体加工件轴线方向生长。在平行于构建方向的平面内，γ－NiCr 固溶体相的主要衍射峰变为(200)，没有垂直于构建方向的平面内存在(400) 衍射峰以及体心四方 γ″－Ni_3Nb 相的(226) 衍射峰，但物相组成不变。此外，晶粒中存在较多的层错。

为均匀组织，在 1 120 ℃ 下进行热等静压处理后，针状析出相溶解，柱状 γ 相晶粒发生再结晶，其在[200] 方向上的织构(直径为 20 μm 左右，沿[200] 方向上的长度在 500 μm 左右) 消失，形成一般等轴晶粒(图 6.38)，其平均晶粒直径为 50 μm，等轴晶中存

图 6.36　选区熔化用粉末

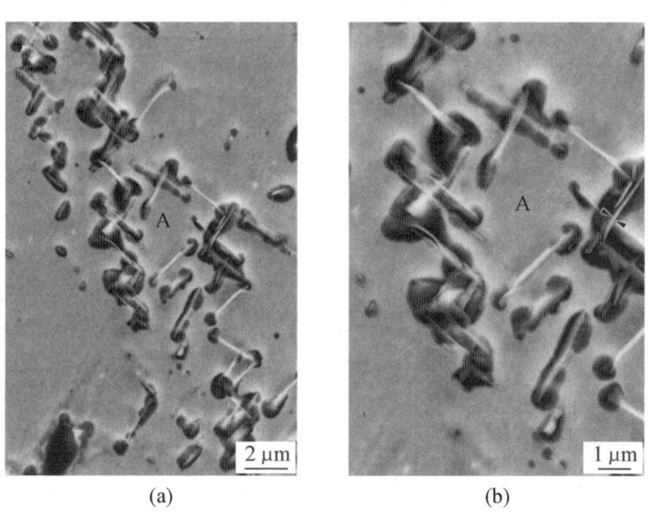

图 6.37　柱状晶粒中的针状析出相

在大量具有惯习面{111}的退火孪晶，且孪晶有 $NbCr_2$ 莱氏体沉淀析出。经过热等静压处理后，晶粒内部的层错消失，但出现了较多复杂的位错团簇，并出现了偶极子阵列，该阵列由莱氏体沉淀相的{111}平面发出，此外，在{111}面上还存在扩展位错，表明层错能较低。在经过 4 次热等静压处理后，试样显微硬度由 2.7 GPa 下降到 2.2 GPa，抗拉强度从 0.75 GPa 提高到 0.77 GPa，屈服强度由 0.41 GPa 降低到 0.33 GPa，延伸率由 44% 增加到 69%。

KIRKA 等利用电子束选区熔化制造了圆柱形 Inconel 718 镍基高温合金，加工件直径为 5.6 mm，轴线方向的长度为 42 mm，并对其组织进行分析。选用粒径为 40 ～ 120 μm 的等离子雾化的 Cr－Ni－Fe 合金粉末，预热粉层厚度为 75 μm，当预热温度达到 975 ℃ 时开始进行制造。制造过程平均束流为 32 mA，加速电压为 60 kV。研究表明，试样致密度高达 99%，试样内沿构建方向存在微观组织结构梯度。根据组织形貌的差异，可由上到下将试样分为三个区域，如图 6.39 所示。试样顶部的区域 1 包括最后的 8 ～ 10 层，由细小的树枝状结构组成（图 6.40），枝晶内部存在尺寸为 80 nm 的 γ'' 析出相，其形态为互相垂直的细片状组织，由于构建最后两层间隔的时间很短，因此 γ'' 析出相是在加工件制造完成后析出的，如图 6.41 所示。

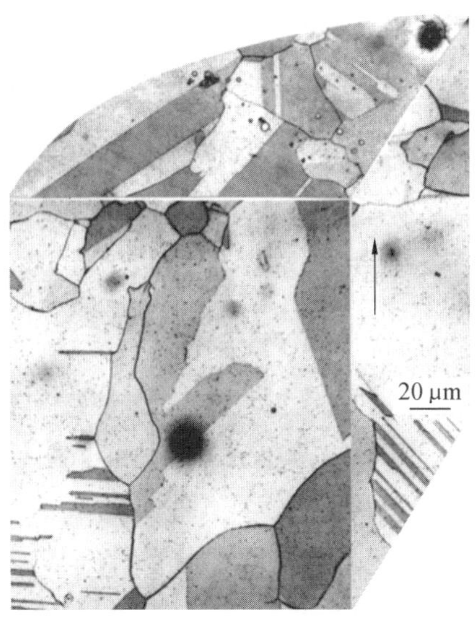

图 6.38　热等静压后高温镍基合金的三维组织形貌

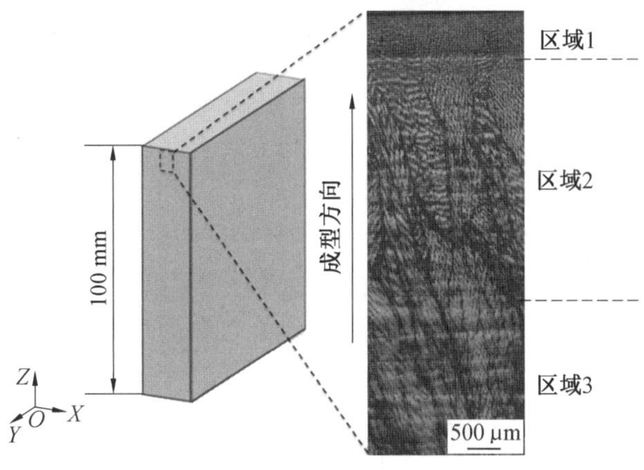

图 6.39　试样沿构建方向的组织结构梯度

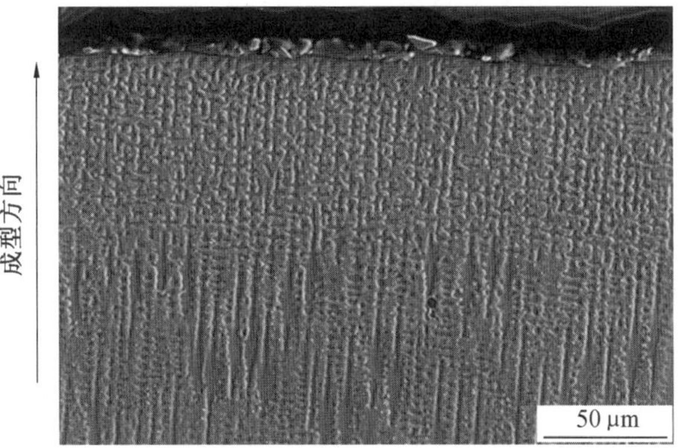

图 6.40　区域 1(试样顶部)树枝状结构

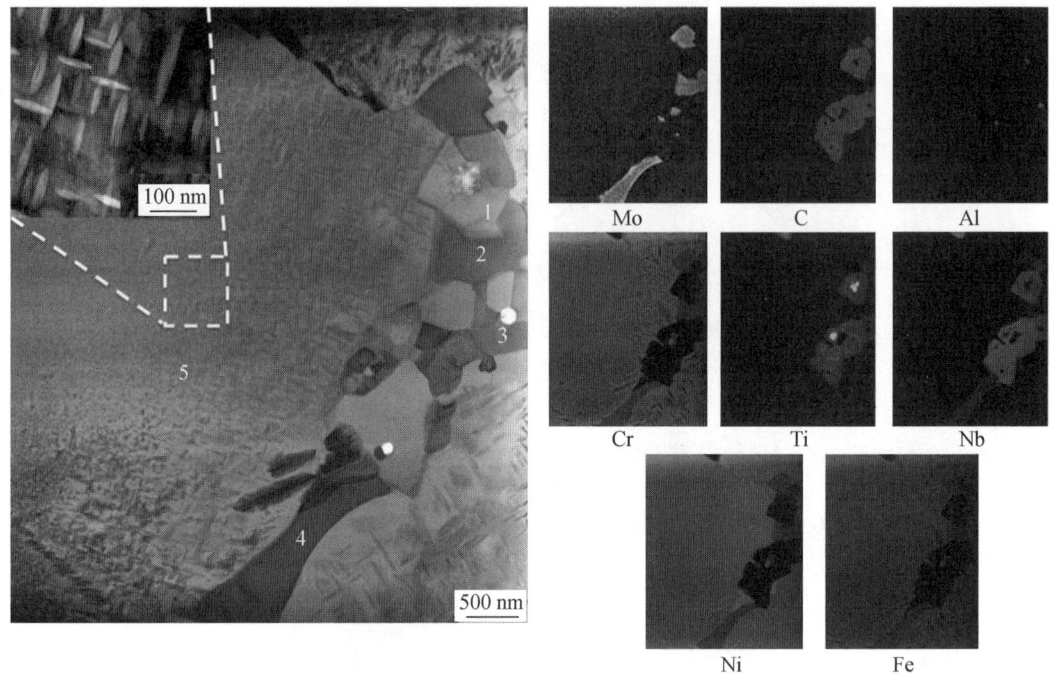

图 6.41 区域 1 EDS 面元素分布

由于发生晶界偏析，枝晶间包含 Laves 相以及各种碳化物。与 Inconel 718 焊接试样相比，Inconel 718 电子束选区熔化加工件晶间的 Laves 相中存在更多的 Nb 元素和 Mo 元素，这是由于电子束熔丝沉积过程的冷却速度低于电子束焊接过程的冷却速度。区域 1 的形成是在厚为 50 μm 的熔化层中柱状树枝晶的[001] 生长方向发生变化所致。由于熔池顶部的热量梯度取向发生变化，使熔池顶部存在足够的热量梯度，此外非均匀形核促进了该处细小树枝晶的形成。

区域 2 是一个中间过渡区，其宽度在 3.5 mm 左右，区域 2 的组织特征为树枝状结构，相较于区域 1 相对分散，即数量有所减少，尺寸增大，其尺寸由区域 1 的 7 μm 逐渐过渡到区域 3 中的 10 μm。区域 2 中组织的二次枝晶有所减小，且枝晶间 Laves 相发生溶解，鉴于 Laves 相的脆性且易形成裂纹的特性，Laves 相的溶解有利于加工件性能的提升。树枝晶间存在明显的元素偏析，形成相互平行的针状 δ 相，并相互连接形成网络，针状 δ 相的长度为 500 nm 左右。针状 δ 相析出是因为 Laves 相的溶解释放出的 Nb 元素含量升高，其组织形貌如图 6.42 所示。

试样底部为区域 3，其范围为距离加工件顶部 5 mm 开始一直延伸到加工件最底部。区域 3 的树枝状结构不明显，晶粒不存在二次枝晶，呈柱状晶结构生长，晶界偏析现象消失(图 6.43)，区域 3 组织的均匀性主要归因于细尺度微观组织中较短的扩散距离以及较长的高温作用时间(最少 3 小时)。然而，由于较高的温度和较长的高温停留时间，在柱状晶粒内部 Nb 元素浓度较高的位置出现大量的 δ 相，并相互连接形成网络，除网络状 δ 相外，晶粒内部存在弥散分布的较小针状 δ 相，其组织形貌如图 6.44 所示。所有 γ'' 析出相沿惯习面以及生长方向 ($\{100\}\gamma'' \mathbin{/\!/} \{100\}\gamma\{100\}\gamma'' \mathbin{/\!/} \{100\}\gamma[001]\gamma'' \mathbin{/\!/} \{001\}\gamma[001]\gamma'' \mathbin{/\!/} \{001\}\gamma$) 不变。

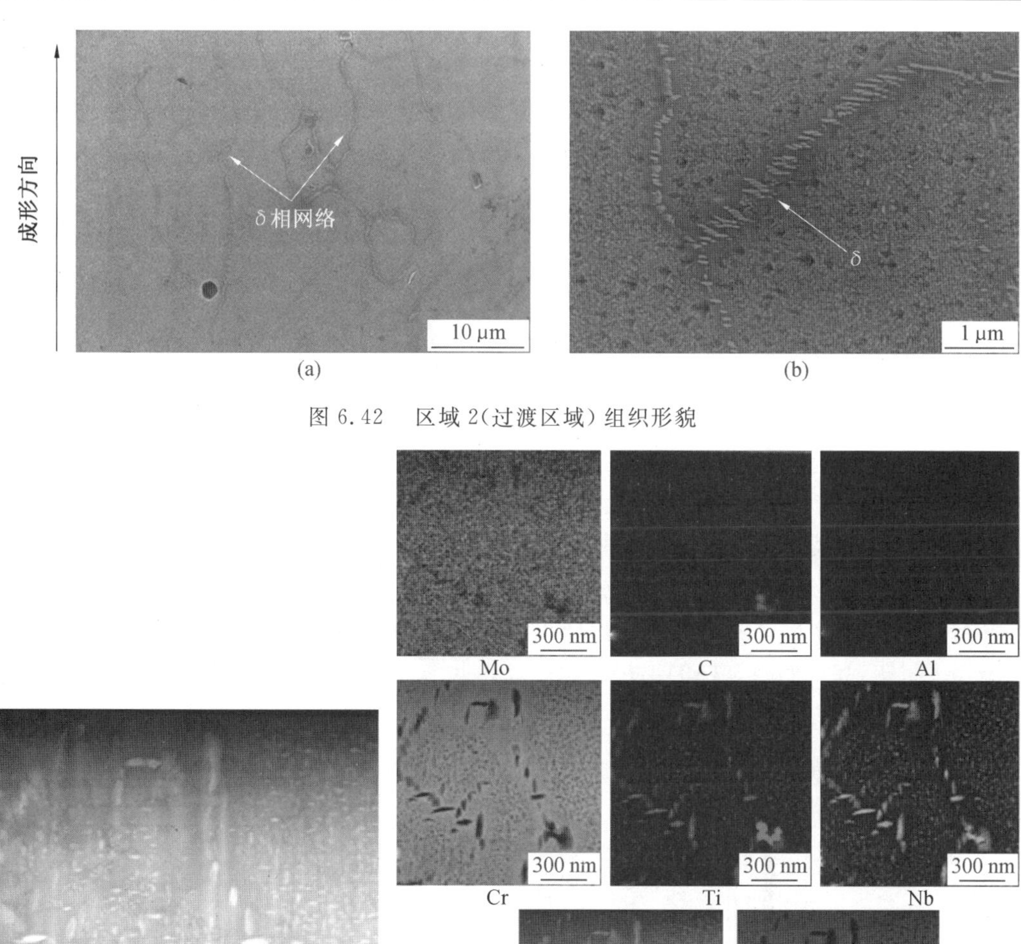

图 6.42　区域 2(过渡区域)组织形貌

图 6.43　区域 3 EDS 面元素分布

由于沿构建方向上组织形貌的不同,加工件沿构建方向上的力学性能存在差异,随着距离基板的距离逐渐增大,加工件的屈服强度、抗拉强度和断后延伸率逐渐增大,即由区域 1 至区域 3 加工件的力学性能逐渐变差,且区域 1 和区域 2 的力学性能差别较小,区域 3 力学性能恶化较严重。原因是区域 1 和区域 2 中的脆性 δ 相较少,而 γ'' 强化相较多,在区域 3 中,加工件中的 δ 相逐渐增多,γ'' 析出相大为减少,且随着与加工件顶部的距离逐渐增大,γ'' 析出相在热输入的影响下尺寸逐渐增大,不利于加工件力学性能的提升。

Ruttert 等采用气体雾化预合金粉末法制备了圆柱形 CMSX－4 镍基高温合金零件,粉末粒径为 45 ～ 105 μm,粉末流动性是 50 g 粉末通过直径为 2.54 mm 气孔的时间为(21.3+0.3) s。采用散焦电子束预热粉床至 950 ℃ 时进行选区熔化制造,预热所得粉层厚度为 50 μm。熔化过程中,电子束在试样上以之字形进行扫描,直线偏移量为

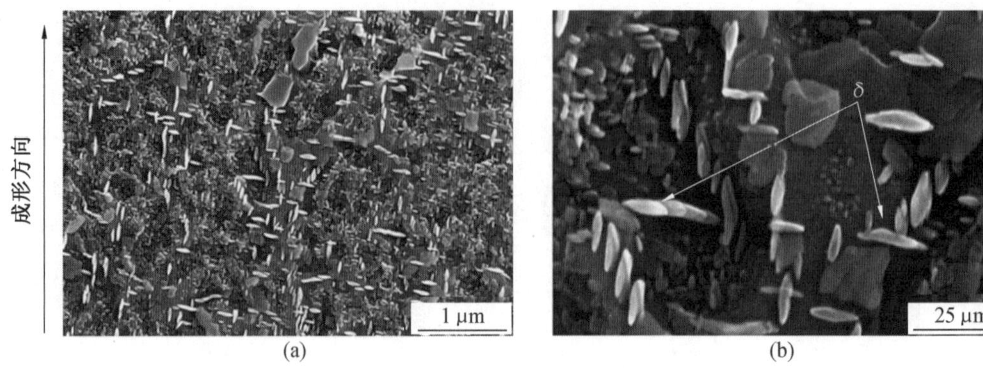

图 6.44 区域 3 组织形貌

0.1 mm。由于试样的致密性较低,存在较多的孔隙缺陷,因此研究了热等静压对电子束选区熔化制备的 CMSX－4 镍基高温合金组织的影响,图 6.45 所示为 CMSX－4 镍基高温合金电子束选区熔化制造流程。电子束选区熔化由于其在凝固过程中的高温梯度有利于精细微观结构的形成(比传统铸造材料小几个数量级),但由于其结构的非均质性(成分偏析导致晶界处分布较多 γ' 相,γ' 相分布不均匀,以及形成拓扑密堆相、孔隙率较高、热裂纹等)问题,导致制备试样的焊接性较差。因此考虑通过热等静压处理试样,对试样进行热处理并消除气孔等缺陷。

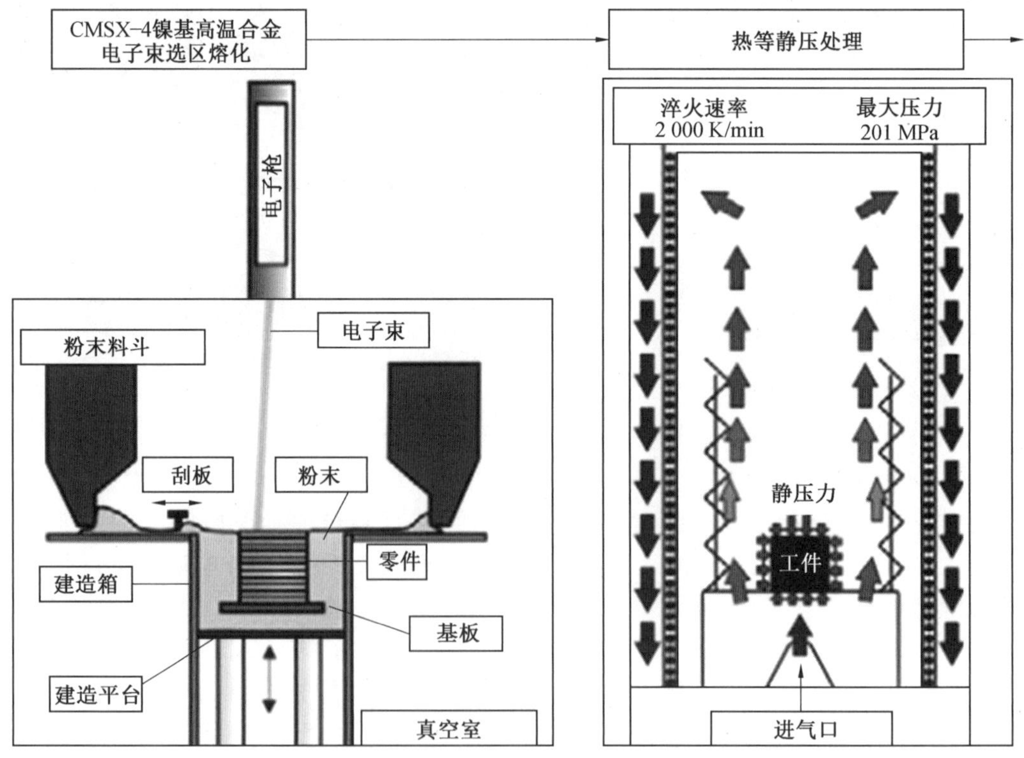

图 6.45 CMSX－4 镍基高温合金电子束选区熔化制造流程

较高的线能量可以有效避免 CMSX－4 镍基高温合金在电子束选区熔化制造中沿晶热裂纹的敏感性，同时避免了试样层间的开裂。因此在热等静压处理过程中，裂纹的形核与再结晶受到抑制，使试样的开裂倾向减小。经过热等静压处理后，加工件内部孔隙率显著降低，存在孔洞的区域减少，在 1 300 ℃ 下进行 4 分钟热等静压处理后，99.9% 的区域均未出现孔洞，平均孔径显著减小，由热等静压处理前孔径的 1.74 μm 减小至 0.989 μm。此外，经过热等静压处理后，γ′ 析出相充分溶解，且 γ′ 析出相的分布更均匀，成分偏析得到抑制，导致 γ′ 相沿晶沉淀析出倾向减小，同时热等静压处理后高的淬火率抑制了拓扑密堆相的再析出。当热等静压处理温度为 1 315 ℃、压力为 100 MPa、处理时间为 4 min 时，沿晶界析出的 γ′ 相可完全溶解，试样内元素分布十分均匀，晶界处无偏析。

除热等静压处理以外，Sames 对电子束选区熔化制备的镍基高温合金进行原位热处理＋时效处理，即电子束选取熔化制备后立即将镍基高温合金加工件采用扫描电子束进行重新加热，从而实现原位热处理过程。对电子束选取熔化镍基高温合金 Inconel 718 的性能测试证明了冷却速率对加工件拉伸性能的影响，与快速冷却时相比，较慢的冷却速度下加工件具有更好的强化效果(强度更高，伸长率下降)。快速冷却时，加工件的抗拉强度为(942±61) MPa，屈服强度为(590±40) MPa，伸长率为(34±2.6) %；当采用慢冷却速度时，加工件的抗拉强度为(1 108 ± 50) MPa，屈服强度为(869 ± 32) MPa，伸长率为(22 ± 1.8) %。由 CCT 图可知，无论快速冷却还是慢速冷却，在 800 ℃ 以上时的变化基本相同，且其路径都通过 γ″ 沉淀相析出区，在 800 ℃ 以下两种冷却速率的路径曲线才发生变化，即低冷却速率时比高冷却速率多需要 45 分钟到达 600 ℃，因此降低冷却速度导致强度提升的现象归因于高温停留时间差异引起的时效强化。在此基础上，考虑采用将电子束选区熔化过程中冷却速率控制与热处理结合的原位热处理方法，冷却路径示意图如图 6.46 所示。

原位热处理的峰值温度高于未经原位热处理的选区熔化，最高达到 1 065 ℃，这种加工温度的持续升高导致晶粒粗大，但晶粒取向和柱状晶结构保持不变。与晶粒同样粗大的电子束选区熔化加工件不同，经过原位热处理后加工件内部不存在退火孪晶。此外，经过原位热处理后的加工件内部出现明显的裂纹缺陷，且并非沿晶界开裂，这与碳化物时效析出产生应变时效裂纹或液化裂纹有关。从组织形貌角度来看，原位热处理并未产生改善效果。

然而，经过原位热处理后，γ″ 沉淀相大量析出，且由球形变为圆盘状，其尺寸略高于时效处理后的沉淀相尺寸(时效处理后 γ″ 沉淀相直径为 25 ～ 35 nm，厚度为 7 ～ 12 nm，原位热处理后 γ″ 沉淀相直径为(39±13) nm，厚度为(13±3) nm)，原位热处理实现了时效处理效果。此外，经过原位热处理后的电子束选区熔化镍基高温合金晶内并未出现脆性针状 δ 相，这是由于原位热处理较长时间停留的温度区段不是 δ 相析出的温度范围(＜ 700 ℃)，并且无 γ″ 沉淀相转变为 δ 相(750 ～ 800 ℃)。

经过原位热处理后加工件的显微硬度提高至 478 HV，高于缓慢冷却时的 392 HV 以及快速冷却时的 324 HV，如图 6.47 所示。此外，经过原位热处理的显微硬度甚至高于峰值时效后的显微硬度(466 HV)，证实原位热处理的原位时效效果。然而，由于经过原位

热处理后加工件内部产生裂纹，因此加工件抗拉强度较低，低于 400 MPa。

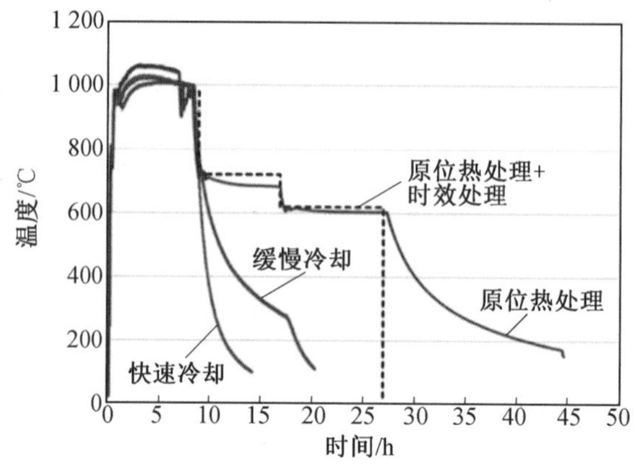

图 6.46 冷却路径示意图

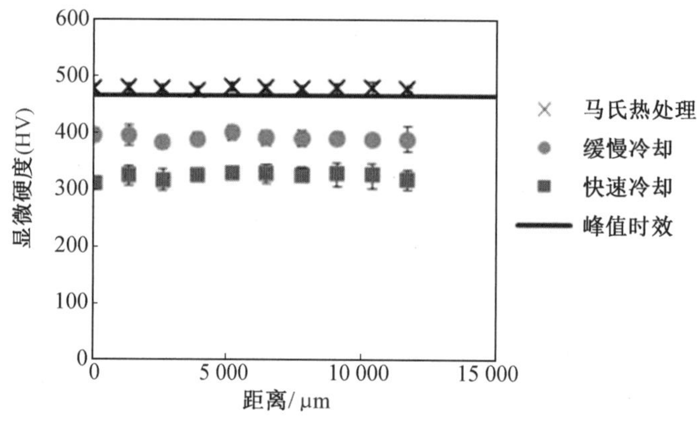

图 6.47 Z 方向上显微硬度分布对比

6.4 梯度材料电子束选区熔化

6.4.1 梯度材料电子束选区熔化工艺

梯度材料是指将两种或几种材料结合组成成分和结构呈现连续梯度变化的一种新型材料，由于成分和结构的不同，梯度材料表现出的功能和性能随位置的变化发生改变，因此也称之为功能梯度材料(Functionally Graded Materials)。由于沿梯度方向上梯度材料的机械性能和热力学性质不断发生变化，组成梯度材料的两种或多种材料较大的物理性质的差别被消除，因此材料内部的热应力得到有效缓和。梯度材料由成分梯度材料、晶粒径梯度材料和相成分梯度材料等组成。在特定的服役条件下，零件服役的工作环境随零件的位置变化而变化，需要零件不同部位具备不同的性能。例如：用于飞机发动机的涡轮叶片，要求叶片外部有优良的抗腐蚀性和耐热性，而叶片内部和根部要有优良的强度和韧性；生活中所用的刀具，刀刃要有优良的硬度和耐磨性，同时其他部位要求有优良的韧性；与此相似，在自润滑轴承中，在保证轴承中较大的孔隙率尽可能填充润滑剂的同时，还要保证轴承具有较高的强度。若满足同一零件不同服役功能的要求，可以采用梯度材料的方法，使零件的组成成分沿梯度方向发生连续变化，因此零件的不同部位可以呈现不同的性能，不仅能确保该零件最大限度地满足工作环境的要求，发挥出最佳效果，还能起到提高使用效率、节省成本的效果。

功能梯度材料是一种与均质材料、复合材料完全不同的全新型非均质材料，其主要思想是将金属、陶瓷和塑料等不同物质复合在一起，形成具有梯度功能的材料，主要方式包括表面改性和整体层状结构两大类。表面改性的原理是以金属或陶瓷为基体，利用物理方法或化学方法组成具有新性能的单层、多层或连续梯度结构；整体层状结构的中心思想是利用逐层分布的方法将不同种类材料结合，形成具有多种功能的新型材料。功能梯度材料最早是在20世纪80年代末提出的。制造功能梯度材料的主要目的是优化机械性能的分布，以满足复杂工况的要求。功能梯度材料已广泛应用于航空航天工业和生物领域中，是一种极其重要的材料。

虽然增材制造方法可用于制造功能梯度材料，但研究领域主要集中在激光加工，如激光熔化沉积(Laser Metal Deposition，LMD)和激光选区熔化。然而，梯度材料的激光增材制造涉及两个明显的问题：① 不同材料对激光能量的吸收有很大差异，因此随着材料成分的变化，需要实时调整激光功率，以保持熔融状态一致，激光功率的调节增加过程控制的难度；② 激光加工过程中的热应力高，导致工件产生裂纹，特别是在两种不同材料的界面处。

电子束选区熔化增材制造是一种很有前途的制备高质量梯度材料的技术。不同材料对电子束能量的吸收差异较小，电子束选区熔化过程中构建温度越高，热应力裂纹风险越小。

电子束选区熔化制备梯度材料主要有两种方法。一种是直接熔化法，即将两种或两种以上的材料按顺序进行熔化，每种粉末材料的熔敷层数可调，利用熔敷材料的变化在试样中实现成分梯度，从而实现功能梯度；另一种方法是双粉末(或多种粉末)按规定比例混合，即在进行选区熔化前对两种或多种粉末材料按比例混合，每层熔敷的成分可以通过粉末材料的混合比例进行调整，零件可以用一种比例逐渐变化的材料来制造。针对第二种制备方法，Guo等设计出一种采用振动而实现的混合方法。图6.48所示为粉末混合器示意图，两个基于振动的粉末储存箱面对面并排放置。将混合箱直接置于振动板边缘下方，利用质量传感器实时测量混合箱内的粉末质量，当粉末质量达到所需值时，振动器停止工作。将两种粉末精确地送入混合箱中，以获得具有特定比例的混合料。如图6.49所示，混合箱前后旋转，将两种粉末混合，最后将混合物倒入工作台上。撒粉机将粉末推入建造箱，即沉积层平台上。

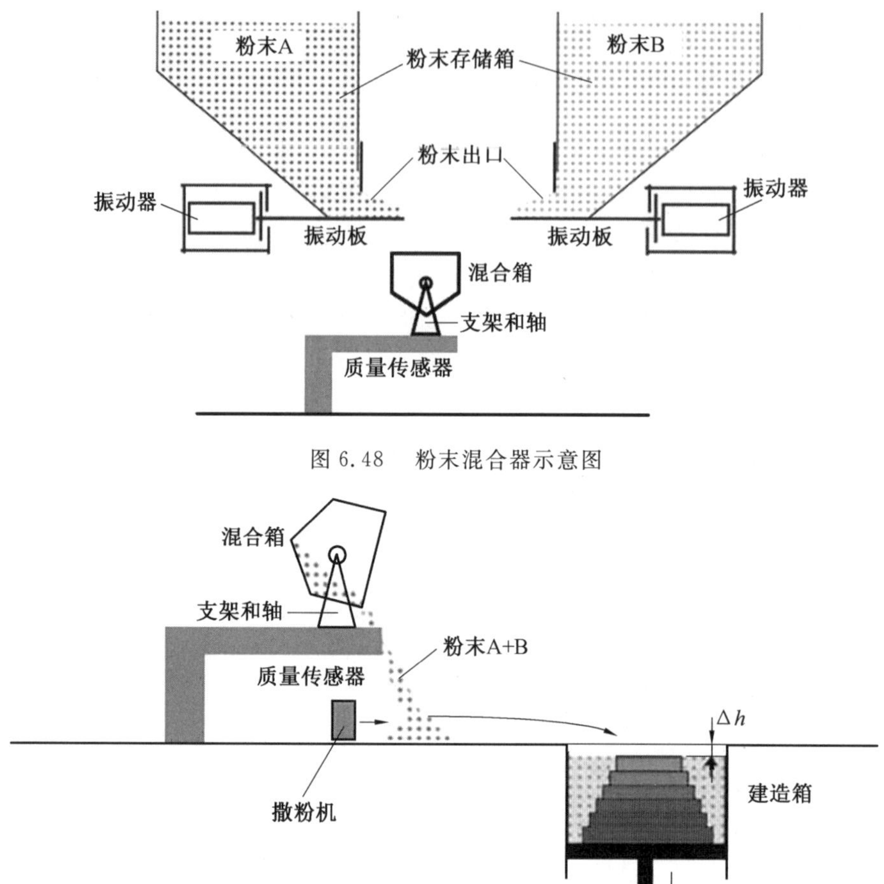

图 6.48　粉末混合器示意图

图 6.49　粉末混合装置

6.4.2　材料成型及性能分析

由于 Ti－6Al－4V 在室温下具有优异的强度和塑性，而 Ti47Al2Cr2Nb 在高温下具有优异的性能，Guo 等利用电子束选区熔化制备了 Ti－6Al－4V/Ti47Al2Cr2Nb 梯度材料，底部 10 层材料为 Ti47Al2Cr2Nb，顶部 20 层材料为 Ti－6Al－4V，其中 Ti－6Al－4V 粉末粒径分布为 50 ～ 260 μm，平均粒径为 125 μm，Ti47Al2Cr2Nb 粉末粒径为 40 ～ 150 μm。采用振动供粉以及双粉末混合装置进行铺粉，在粉床上预置 316 L 不锈钢板，采用束流为15 mA、散焦电流为 150 mA、扫描速度为 10 m/s 和扫描偏移量为 1 mm 的预热参数对粉床进行预热，持续时间为 20 分钟，得到厚度为 100 μm 的预热粉层。通过光学显微镜、扫描显微镜和电子探针对其显微结构和化学成分进行表征，结果表明，试样致密度较高(99%)，存在厚度约为 300 μm 的界面，界面无裂纹，如图 6.50 所示，界面内化学成分呈阶梯状变化。

Ti－6Al－4V 层的微观结构主要为 α/β 相，在局部区域观察到 α′ 马氏体，如图 6.51 所示。Ti47Al2Cr2Nb 层的微观结构主要为层状结构 α_2－Ti_3Al 以及 γ－TiAl，同时残留少量 β 相，如图 6.52 所示。

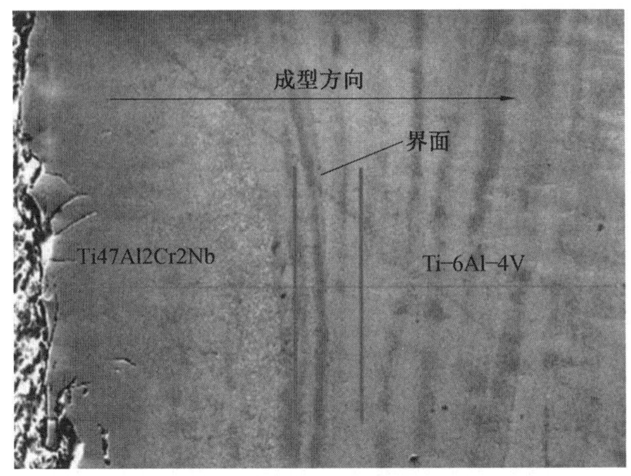

图 6.50　Ti－6Al－4V/Ti47Al2Cr2Nb 界面

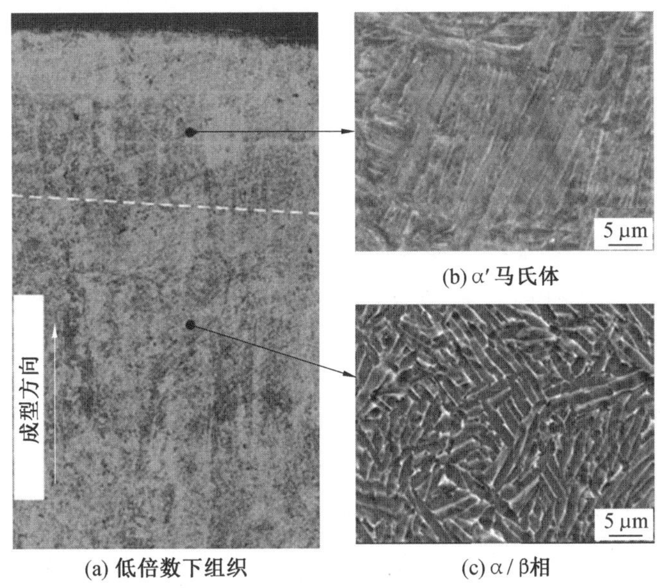

(a) 低倍数下组织　(b) α′ 马氏体　(c) α / β相

图 6.51　Ti－6Al－4V 层的微观结构

Ti－6Al－4V/Ti47Al2Cr2Nb界面内Ti元素和Al元素发生变化，然而变化趋势并非线性变化，而是呈阶梯状变化，如图6.53所示。这是由于在新层的融化过程中，前几层被重新融化，所以呈楼梯状变化。图6.54所示为Ti－6Al－4V/Ti47Al2Cr2Nb界面不同区域的微观结构。结果表明，界面中心处由层状微观组织 α_2－Ti_3Al 组成，γ－TiAl形成于Ti47Al2Cr2Nb侧，而粗网篮组织存在于Ti－6Al－4V侧。网篮组织中的α相厚度约为2 μm。在前五层Ti－6Al－4V中，微观结构是针状的α′板条马氏体，宽度约为1 μm。

Cesar等利用电子束选区熔化制备铜/Ti－6Al－4V圆柱形梯度材料，如图6.55所示。采用气雾化法进行粉末制备，其中Ti－6Al－4V的粒径分布为45～100 μm，Cu粉末的粒径分布为45～125 μm。采用不锈钢作为基板，通过对每层粉末进行预热和熔融一定几何形状的粉层进行构建试样，熔敷层厚度为70～200 μm。具体实施方案是首先利用电子束熔化Ti－6Al－4V进行成型操作，然后通过向构建好的Ti－6Al－4V组件插

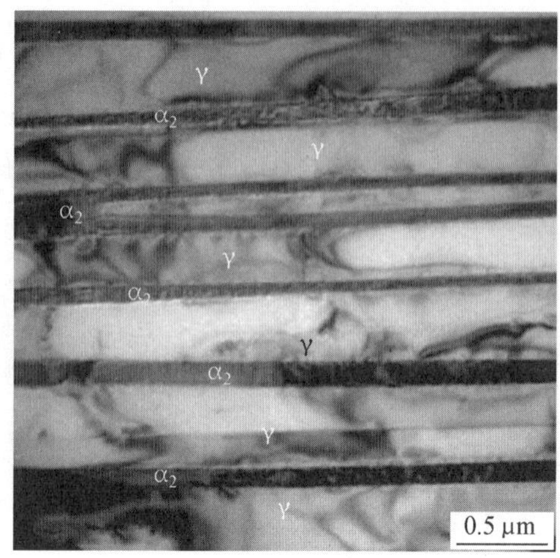

图 6.52 Ti47Al2Cr2Nb 层的微观结构

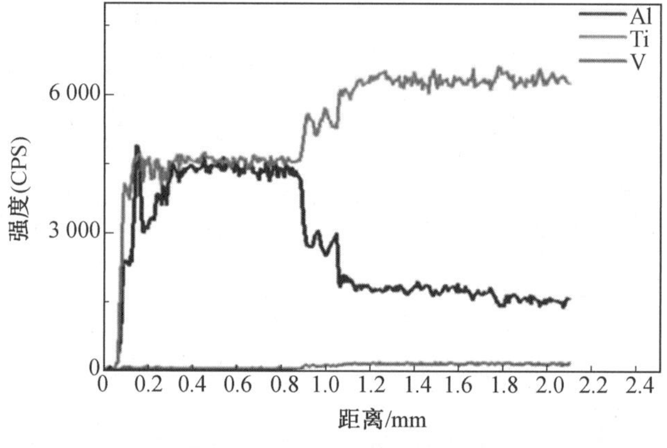

图 6.53 界面处沿元素线扫描

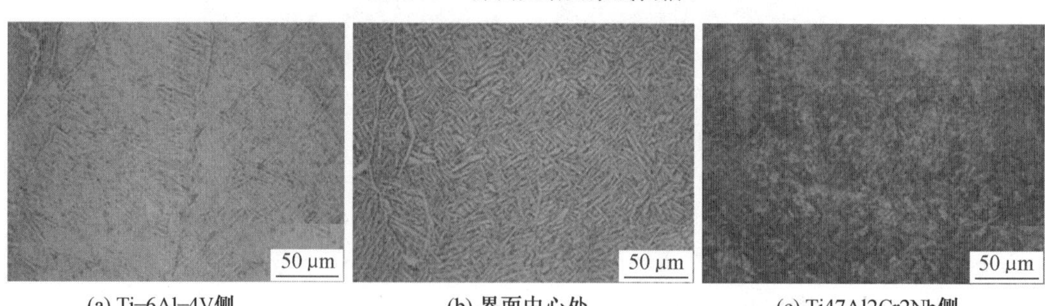

(a) Ti–6Al–4V侧 (b) 界面中心处 (c) Ti47Al2Cr2Nb侧

图 6.54 Ti－6Al－4V/Ti47Al2Cr2Nb 界面不同区域的显微组织

入一个掩模启动板作为构建铜的基体，从而熔化铜粉末进行进一步构建，所得构建试样实物如图 6.56 所示，铜/Ti－6Al－4V 梯度材料界面分为两种，一种是以圆柱表面为界面进行构建，一种是以圆柱轴所在平面为界面进行构建。

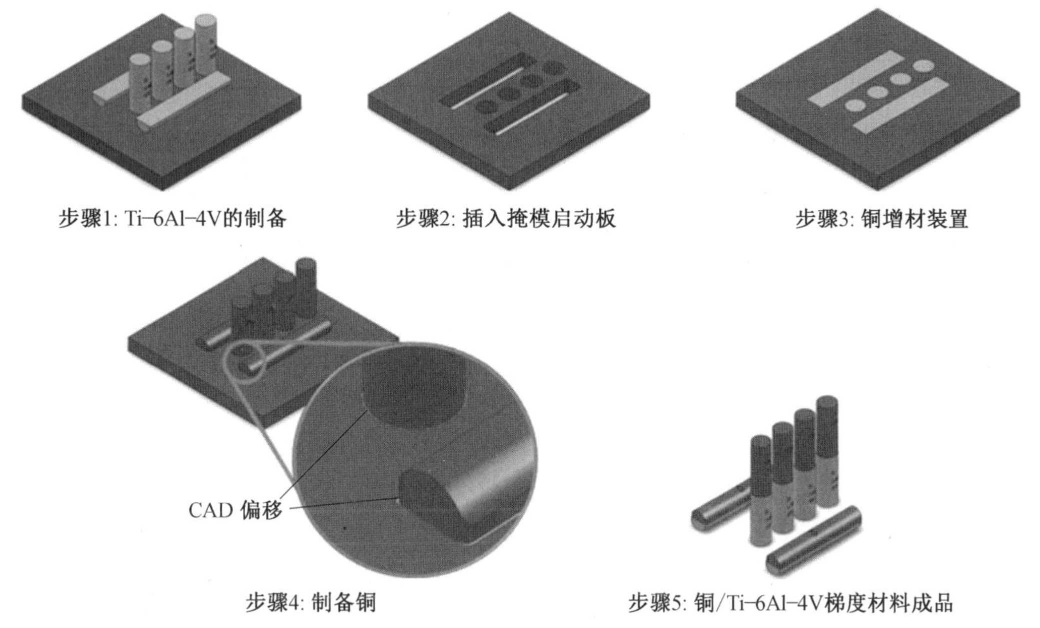

图 6.55　铜 /Ti－6Al－4V 圆柱形梯度材料制备步骤

图 6.56　铜 /Ti－6Al－4V 圆柱形梯度材料实物

对铜 /Ti－6Al－4V 圆柱形梯度材料界面组织进行分析，如图 6.57 所示，Ti－6Al－4V 侧显微组织为针状的 α＋β 相，晶粒宽度仅为 0.69 μm，明显低于 Ti－6Al－4V 单一材料电子束选区熔化时的晶粒宽度(3.2 μm)。在铜一侧，随着界面距离的增加，显微组织逐渐由等轴晶转变为柱状晶，这种效应可能是在距离界面较近时，Ti－6Al－4V 基体作为外延生长引发剂，使铜形成沿生长方向持续的等轴晶，随着铜熔敷层的增加，试样热积累逐渐增强，从而产生更高的热流量，促进液态金属的定向凝固，为柱状晶生长提供条件。在经过热等静压处理后，Ti－6Al－4V 侧的组织无变化，仅晶粒尺寸有所增加，晶粒宽度由 0.69 μm 增加到 3.71 μm。铜侧组织发生再结晶，形成了退火孪晶，界面过渡组织增加，界面区域扩大，如图 6.58 所示。

对试样进行显微硬度测试(图 6.59)，结果表明热等静压处理后铜侧以及 Ti－6Al－4V 侧显微硬度均提高，界面处硬度变化趋势有所平缓。此外，无论是否进行热等静压处理，在 Ti－6Al－4V 侧靠近界面区域均出现显微硬度高于基体的现象。

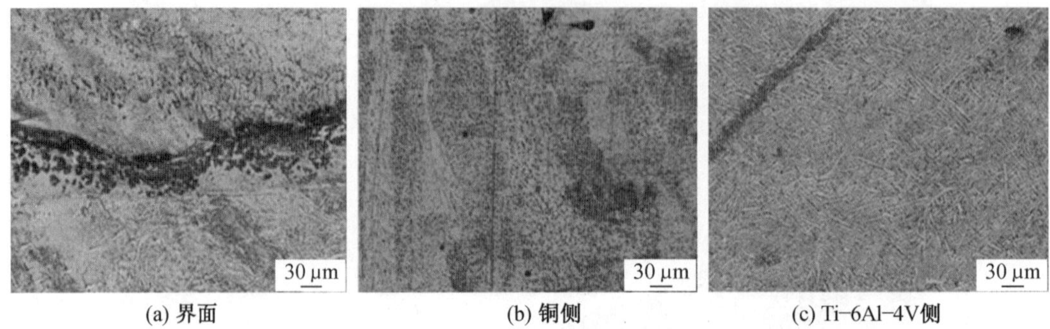

(a) 界面　(b) 铜侧　(c) Ti–6Al–4V侧

图 6.57　铜 /Ti－6Al－4V 梯度材料显微组织

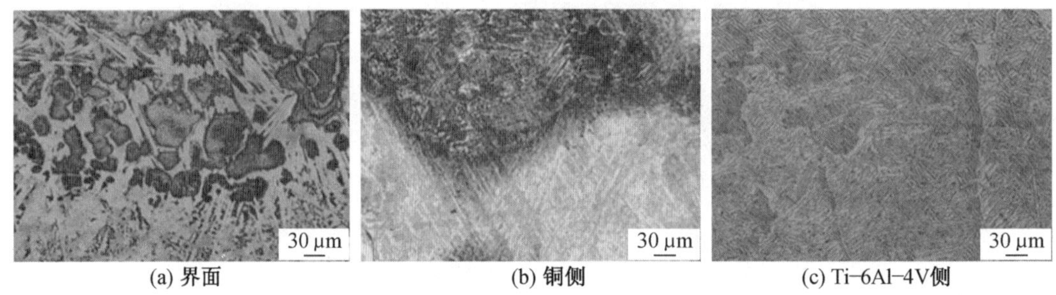

(a) 界面　(b) 铜侧　(c) Ti–6Al–4V侧

图 6.58　热等静压处理后铜 /Ti－6Al－4V 梯度材料显微组织

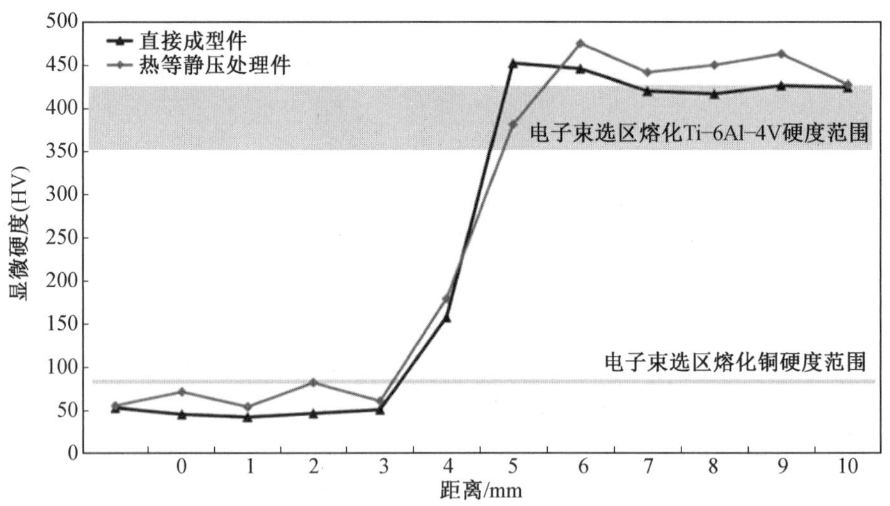

图 6.59　铜 /Ti－6Al－4V 梯度材料显微硬度

综上所述，目前电子束选区熔化制备梯度材料的研究鲜有报道，仍处于探索阶段，但由于制备过程中不同材料对电子束能量的吸收差异较小、加热温度高、热裂纹倾向小等优势，电子束选区熔化制备梯度材料将会受到学者重视并迅速发展。

6.5 钴基合金电子束选区熔化

6.5.1 钴基合金选区熔化工艺

钴基合金作为医用金属材料，适合于制造体内负重的植入体。主要用于：各种人工关节、人工骨及骨科内外固定件的制造；齿科修复中的义齿、各种铸造冠、嵌体及固定桥的制造；可用于心血管外科和整形外科等。钴基合金全金属髋关节的使用已经有五十多年的历史。由于早期产品设计和加工工艺方面的不足以及较高的摩擦扭矩等原因，全金属髋关节的临床效果并不理想，取而代之的是金属超高分子量聚乙烯髋关节产品，这种产品在20世纪70～80年代开始广泛应用。二十多年的临床使用表明，聚乙烯髋臼磨损较快，磨屑与人体的生物学反应是骨质溶解和髋关节植入体松动的重要原因。使用全金属髋关节植入体能有效减少磨屑的产生，提高植入体的使用寿命，因此近十年来具有耐磨表面的钴基合金全金属髌关节的研究重新得到了广泛的重视。

钴铬钼合金属于钴基合金的范畴，是从最初钴铬二元合金以及之后钴铬钨三元合金发展起来的。钴铬钼合金的主要成分为钴，此外还有较多的铬、钼和少量的镍、碳等合金元素。钴铬铝合金具有优良的力学性能、耐腐蚀性能和生物相容性，在金属髋关节植入材料中得到了普遍使用。铸态合金由钴基面心立方基体相和共晶碳化物相组成。随后的热处理将引起合金中碳化物数量和分布的变化，同时基体发生 $\gamma \rightarrow \varepsilon$ 的马氏体相变。我国从20世纪80年代开始研究钴铬铝合金，当时主要关注点是回收料的使用、铸态合金本身的性能及组织研究。近年来科研工作者主要将钴铬铝合金研究方向集中在医学应用领域。研究表明铬质量分数不少于25%、铝质量分数不少于4%、钴铬质量分数不少于85%的合金比较适用于制作烤瓷牙，此种合金具有美观、自然、牢固、耐磨和抗腐蚀强度高等优点。

在进行钴铬钼合金选区熔化工艺时，由于其含有熔点较高的Mo、Cr元素，因此采用激光选区熔化时，由于激光功率以及材料对激光能量吸收率的限制，熔点高元素的粉末的熔化烧结存在一定难度，因此激光选区熔化时粉末的粒径在30 μm左右，且铺粉厚度要求极薄，一般为30 μm，无疑对粉末制备和铺粉工艺提出了更高要求，同时粉末的重叠对熔化烧结效果存在影响。当采用电子束选区熔化制备钴铬钼合金时，由于电子束功率较大、能量密度较高且不存在反射等问题，因此对于熔点较高的Mo、Cr元素的粉末的熔化烧结较易，粉末最大可达到100 μm以上，同时铺粉厚度可适当提高，工艺难度大大降低且获得的加工件质量较好，因此电子束选区熔化制备钴铬钼合金具有较大优势。

6.5.2 材料组织及性能分析

Wei等采用电子束选区熔化工艺制备圆柱形Co－Cr－Mo合金加工件，其直径为16 mm，沿轴线方向的长度为160 mm。采用气雾化法制备的球状粉末进行制备，粉末的组成为Co－28Cr－6Mo－0.4Si－0.6Mn－0.23C－0.2N，粉末中氧的质量分数为0.005 8%，粉末直径为45～150 μm，平均直径为64 μm，每层粉层厚度为70 μm，底板为

304 不锈钢板，预热温度为 875 ℃。对电子束选区熔化制备的Co－Cr－Mo 合金加工件进行以下 4 种后处理方式。

（1）不进行热处理。

（2）在 750 ℃（ε 相稳定温度）进行 12 小时热处理（称为 HT）。

（3）首先在 750 ℃ 下进行 12 小时热处理，然后在 1 000 ℃（γ 相稳定温度）进行 10 分钟热处理（称为 RT）。

（4）首先在 750 ℃ 下进行 12 小时热处理后，然后在 1 000 ℃（γ 相稳定温度）进行 10 分钟热处理，并将此步骤再循环一次（称为 CT）。

制备好的Co－Cr－Mo合金加工件沿构建方向的晶粒形态以及物相组成均存在明显的不均匀性。加工件顶部主要为几乎互相平行的细长 γ 相柱状晶粒，加工件的中间部分由 γ/ε 双相组成，两相含量基本相等；加工件底部主要为 ε 相，柱状晶形态不明显，具有等轴晶粒的特征。不同位置晶粒形态及相组成如图 6.60 所示，在进行逐层构建的过程中，构建好的圆柱底部已经发生了由 γ 相到 ε 相的转变，由于塑性变形并未发生，因此该相变不是由应变诱发的马氏体相变引起的，由于加工件中底部的温度起伏较小，因此该相变是恒温发生的。

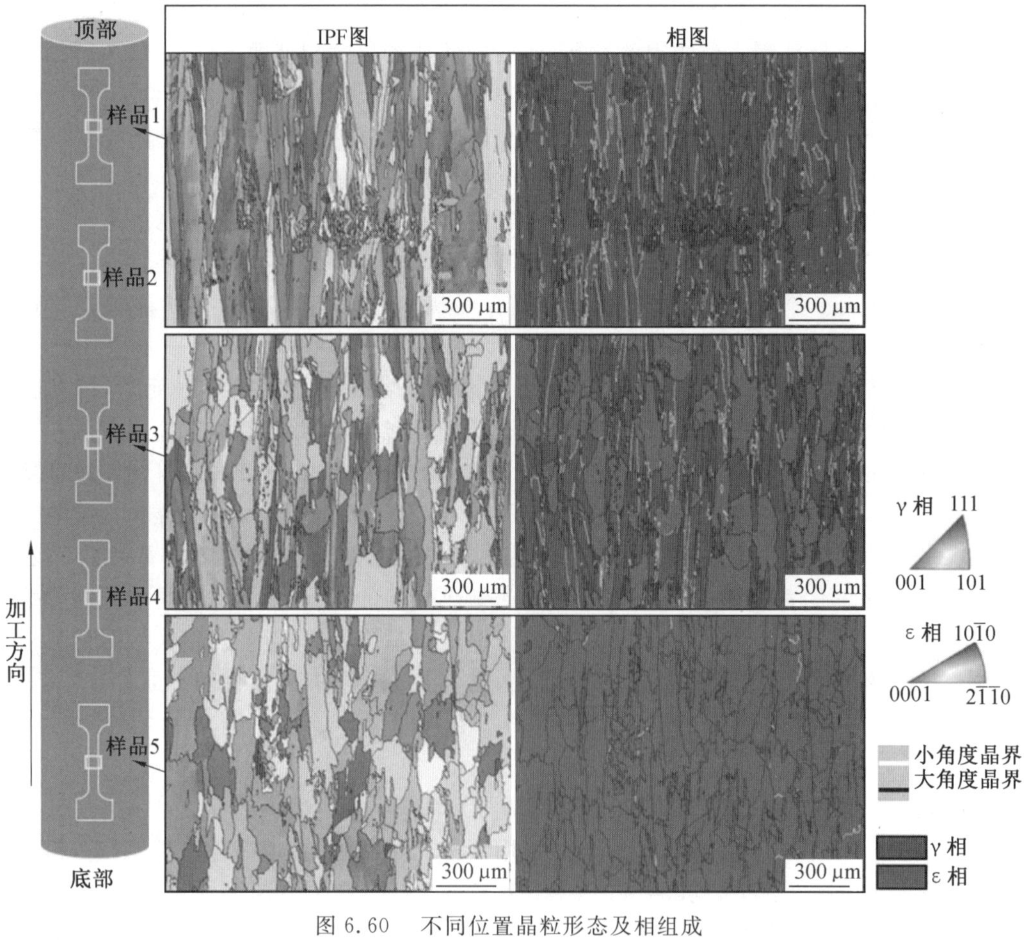

图 6.60　不同位置晶粒形态及相组成

在 750 ℃(ε 相稳定温度)进行 12 小时热处理后,加工件中的 γ 相几乎全部转变为 ε 相,整个加工件不同位置均为 ε 相,表现出较好的物相均匀性;在 750 ℃ 下进行 12 小时热处理,然后在 1 000 ℃(γ 相稳定温度)进行 10 分钟热处理以及循环处理后,加工件中均发生了 ε 相的反向转化,转变为 γ 相,γ 相的比例高达 99%,且经过反向转变后,晶粒逐渐细化,在循环处理后晶粒尺寸小于 30 μm,热处理后不同位置晶粒形态及相组成如图 6.61 所示。经过反向转变处理后,成功实现了电子束选区熔化制备的 Co－Cr－Mo 合金均质化和晶粒细化,并伴随着物相的改变。

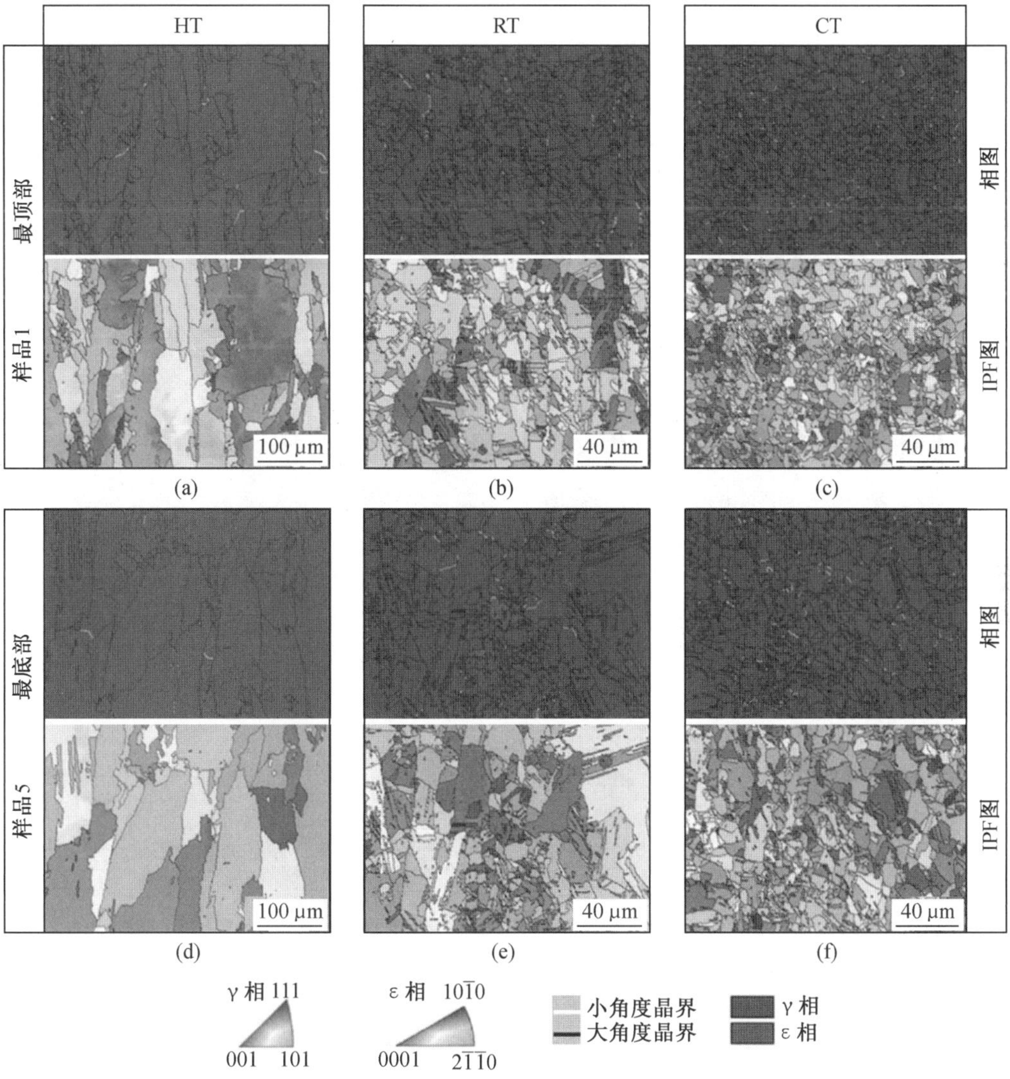

图 6.61　热处理后不同位置晶粒形态及相组成

在不进行热处理时,电子束选区熔化制备的 Co－Cr－Mo 合金的拉伸性能具有较大的不均匀性,断后延伸率从 4.9% 到 19% 不等,这是由于不进行热处理时加工件内部的组织不均匀性造成的。在 750 ℃(ε 相稳定温度)进行 12 小时热处理后,加工件的组织均匀性明显改善，拉伸性能的均匀性提高，但由于 ε 相的脆性，断后延伸率降低到 9%。在 750 ℃下进行 12 小时热处理，然后在 1 000 ℃(γ 相稳定温度)进行 10 分钟热处理以及循环处理后，加工件晶粒细化，且 ε 相全部转变为 γ 相，因此加工件的抗拉强度提高，其数值超过了 1 000 MPa，断后延伸率达到 11%。

晶粒内部以及晶界处可观察到大量的沉淀相如图 6.62 所示。通过在背散射成像图像中的颜色区分可将沉淀相分为三种，分别为白色沉淀相、灰色沉淀相和黑色沉淀相。相比于基体，沉淀相中存在更多的 Cr 元素，同时 Co 元素的含量较少。白色沉淀相中 Mo 元素、C 元素和 Si 元素的含量较高，灰色沉淀相中 Mo 元素含量低于白色沉淀相中 Mo 元素含量，但灰色沉淀相中 Cr 元素、Co 元素含量高于白色沉淀相中 Cr 元素、Co 元素含量，同时灰色沉淀相中存在含量较多的 Si 元素，黑色沉淀相中存在 C 元素和 Cr 元素富集，但 Si 元素含量低于基体。基于物相组成分析，白色沉淀相为 η 相；灰色沉淀相为 π 相，该相为具有 β－Mn 晶体结构的 M_2T_3X(M、T 分别为与 X(C 或 N)具有较低亲和力和较高亲和力的金属元素)；黑色沉淀相为 $M_{23}X_6$ 型碳化物。在 750 ℃(ε 相稳定温度)进行 12 小时热处理后，加工件中沉淀相的面积占比提高；在 750 ℃下进行 12 小时热处理，然后在 1 000 ℃(γ 相稳定温度)进行 10 分钟热处理以及循环处理后，沉淀相的面积占比减小。γ 相到 ε 相的转变伴随沉淀相的生成，但 ε 相到 γ 相的转变伴随沉淀相的溶解。

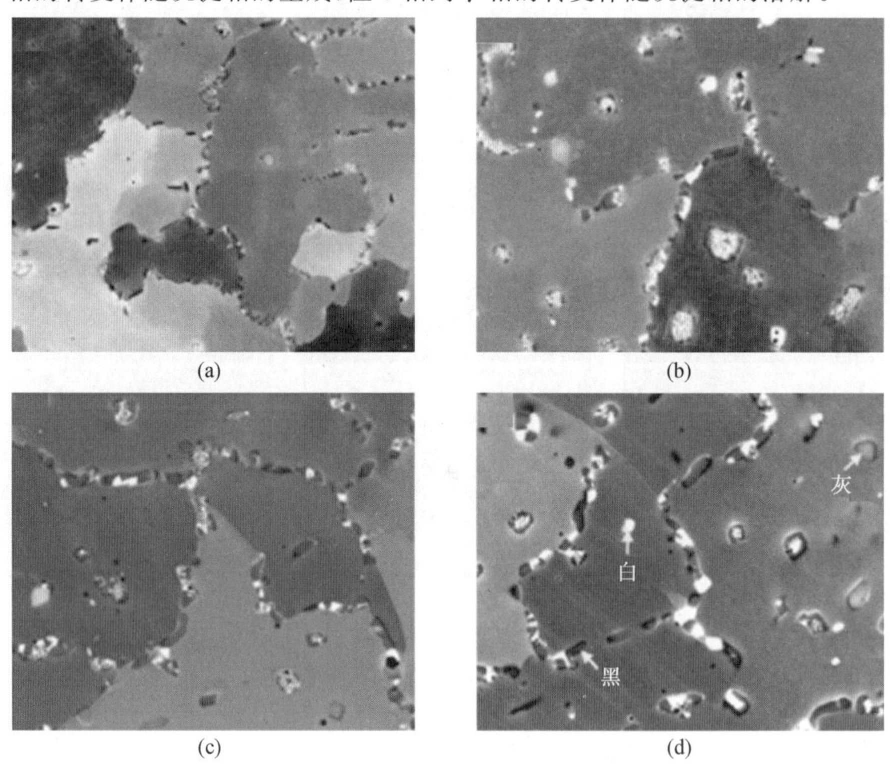

图 6.62　沉淀相形貌

Koizumi等采用电子束选区熔化工艺制备一种蜂窝状多孔的反体心立方结构的Co-Cr-Mo合金加工件，用来实现一种高度生物相容性且性能可靠的人工髋关节植入体。该结构由与体心立方结构的硬球模型中原子相同排列的球形孔组成，除去球形孔外的实体区域由金属粉末熔化烧结进行制造，通过改变球形孔的直径来获得不同加工件的孔隙率，分别制造了孔隙率为70%和80%的Co-Cr-Mo合金加工件，每种孔隙率对应的加工件包括d_z/d_x为1和2两种孔隙的长宽比，单个单元格和整个加工件长度分别为5 mm和20 mm，如图6.63所示。制备Co-Cr-Mo合金加工件所用粉末为Co-Cr-Mo合金粉末，该粉末的化学组成为Co-28Cr-6Mo-0.23C-0.17N，该粉末为具有附着的小卫星颗粒的圆球形颗粒，粉末的粒径为45～150 μm，平均粒径为64 μm，预热温度为850 ℃。

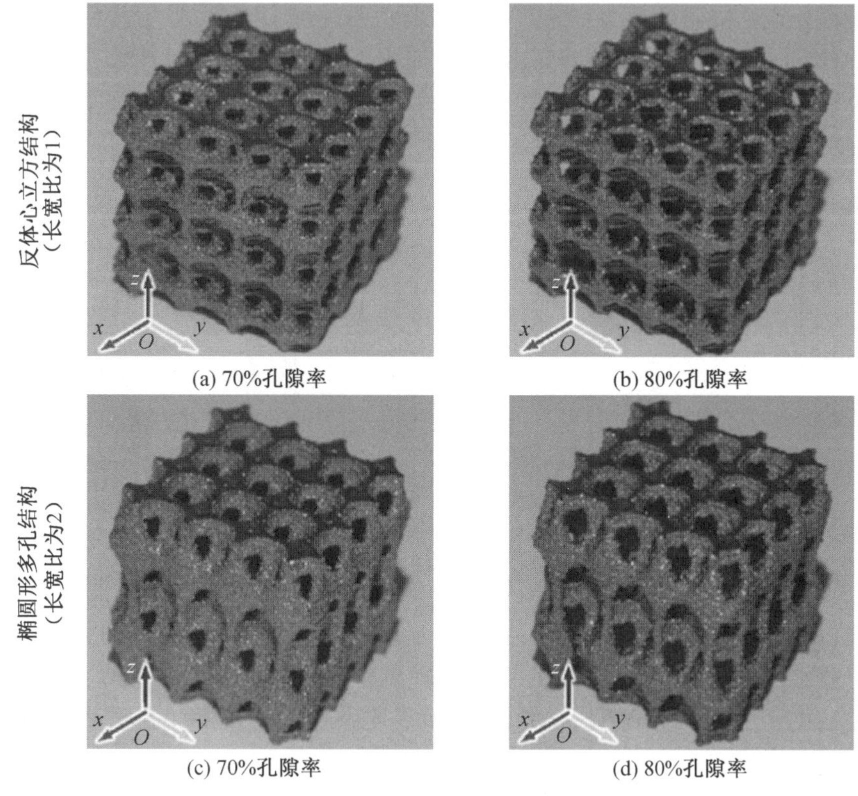

(a) 70%孔隙率　(b) 80%孔隙率
(c) 70%孔隙率　(d) 80%孔隙率

图6.63　多孔反体心立方结构加工件

当加工件的孔隙率为70%、孔隙的长宽比为2时，沿z轴方向获得最大的抗拉强度，其数值接近240 MPa。在进行加工件的压缩性能测试时，70%孔隙率的加工件比80%孔隙率的加工件具有更高的模量和压缩强度，但孔隙长宽比与加载方向并未显示出明显的规律性。在z方向上进行压缩时，细长孔结构件($d_z/d_x=2$)比各向同性孔隙零件($d_z/d_x=1$)具有更高的压缩强度；在x方向上进行压缩时，细长孔结构件($d_z/d_x=2$)比各向同性孔隙零件($d_z/d_x=1$)具有更低的压缩强度。同时各向同性孔隙零件在x方向上的压缩强度(孔隙率为70%时压缩强度为210.1 MPa)高于z方向上的压缩强度(孔隙率为70%时压缩强度为181.8 MPa)。将多孔零件的模量和强度与人体髋关节所需的模量和强度进行对比，多孔 Co－Cr－Mo 合金加工件的模量为10 ～ 35 GPa，该数值类似于皮质人骨的模量(10 ～ 30 GPa)，因此多孔 Co－Cr－Mo 合金加工件的模量满足插入股骨骨腔中的人造髋关节柄的要求。然而，其拉伸强度以及压缩强度太低，不能满足人造髋关节的使用要求。因此，必须在保证模量数值水平或少量减小的基础上提升强度，具体可采用以下三种方式进行加工件强度的提升。

(1) 降低多孔 Co－Cr－Mo 合金电子束选区熔化加工件的表面粗糙度。

(2) 制造完成后进行热处理以改善微观组织的均匀性，实现组织的各向同性。

(3) 开发与电子束选区熔化结合的新方法。

Zhao 研究了电子束选区熔化制备 Co－Cr－Mo 合金熔池凝固过程中流体流动对晶粒形态的影响，基于凝固结构形态随凝固条件变化的规律，采用显示凝固结构的凝固图作为基本凝固公式对凝固形态与 $G-R$ 值之间的关系进行了阐述，采用长宽比对晶粒形态进行描述，当长宽比减小时，晶粒从柱状晶转变为等轴晶，通过模拟计算得到的凝固图与晶粒形态的关系如图 6.64 所示。

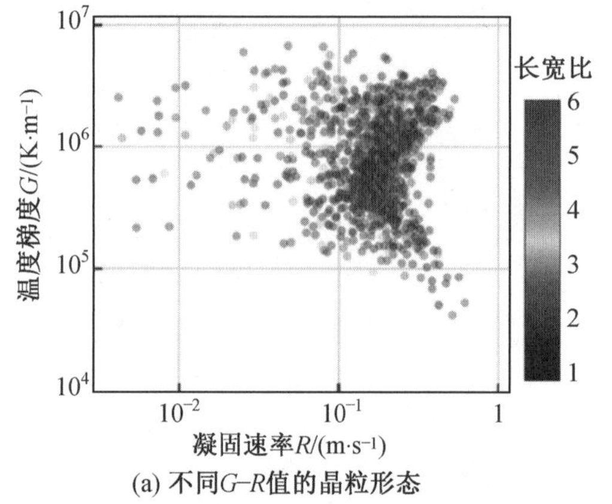

(a) 不同$G-R$值的晶粒形态

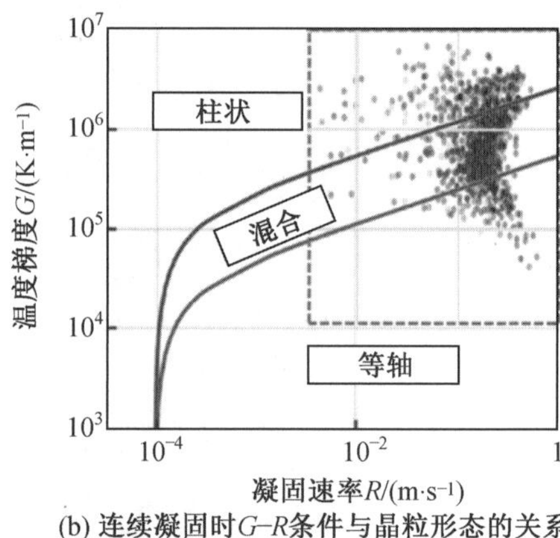

(b) 连续凝固时$G-R$条件与晶粒形态的关系

图 6.64 $P = 800$ W、$V = 300$ mm/s 条件下凝固图与晶粒形态的关系

由模拟结果可知，长宽比较小的晶粒，即等轴晶粒主要存在于两个区域，一个位于熔池最顶部较小区域，另一个位于 G 值和 R 值较高凝固区域的侧部；而长宽比较大的晶粒，即柱状晶粒主要垂直于电子束扫描方向生长，表明扫描破碎效果并不明显。对熔池的晶粒形态进行分析(图 6.65)可知，该分析模型与实际晶粒形态相符。此外，在 G 值和 R 值均较大的熔池侧部，即等轴晶粒存在区域，液态金属的流速较大，如图 6.66 所示，因此较大的流速有利于等轴晶粒的形成。

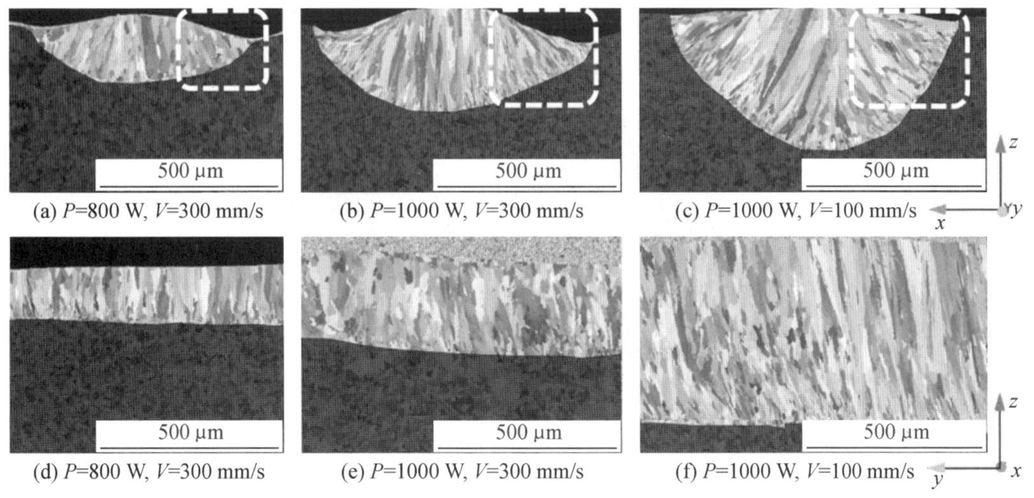

图 6.65　熔池不同区域晶粒形态

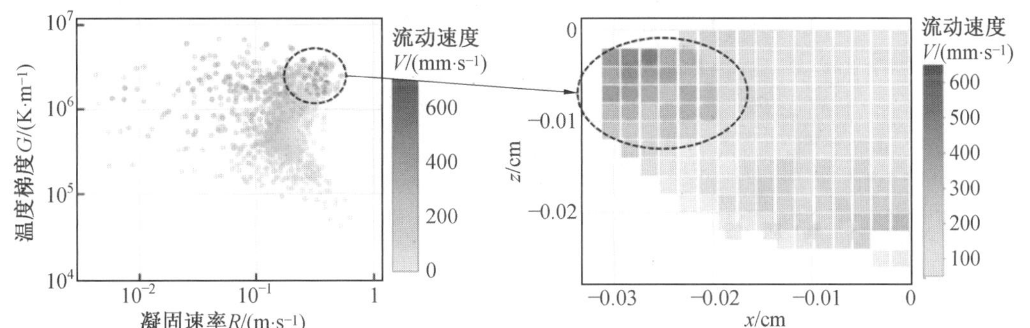

图 6.66　$P = 800$ W、$V = 300$ mm/s 条件下凝固图与流速关系

6.6　电子束选区熔化应用实例

自 2005 年以来，许多公司先后购买 Arcam AB 公司的 EBSM 成型系统用于相关航空航天零件的制造。图 6.67 所示为 CalRAM 公司利用 Ti－6Al－4V 粉末通过 EBSM 工艺为美国海军无人空战系统项目制造火箭发动机叶轮，叶轮具有复杂的内流道，尺寸为 140 mm×80 mm，制造时间仅为 16 小时。

EBSM 成型的具有多孔外表面的髋臼杯钛合金医疗植入体(图 6.68)，目前已经进入临床应用阶段。2007 年，该产品通过 CE 认证；2010 年，获美国 FDA 批准，截至 2014 年，已有超过 4 万例植入手术。2015 年，北京爱康宜诚医疗器材股份有限公司利用 EBSM 系统制造的髋臼杯已获得国家市场监督管理总局批准，得到 CFDA 三类医疗器械上市许可。未来，相信有越来越多的 EBSM 医疗产品(如膝关节、腰椎融合器等)进入临床应用。

美国增材制造研究中心对电子束增材制造的钛合金牙移植零件的疲劳性能进行研究。实验结果表明，在零件上加载频率为 15 Hz 的四种不同振幅的正弦波周期性载荷，当载荷为 100 N 时，可以承受 500 万次的循环疲劳。断口图像(图 6.69、图 6.70)显示疲劳裂纹发生在与支撑杆表面连接的烧结颗粒处。

图 6.67　EBSM 技术制造的火箭发动机叶轮

图 6.68　EBSM 技术制造的髋臼杯钛合金医疗植入体

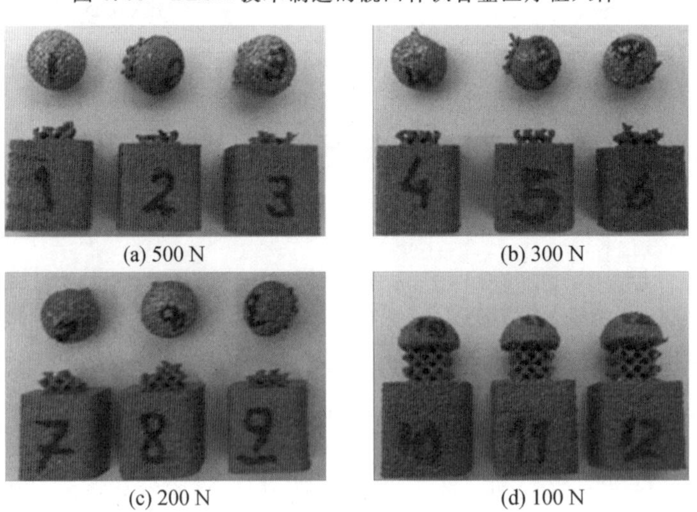

(a) 500 N　(b) 300 N　(c) 200 N　(d) 100 N

图 6.69　不同载荷作用下试样疲劳断口宏观形貌

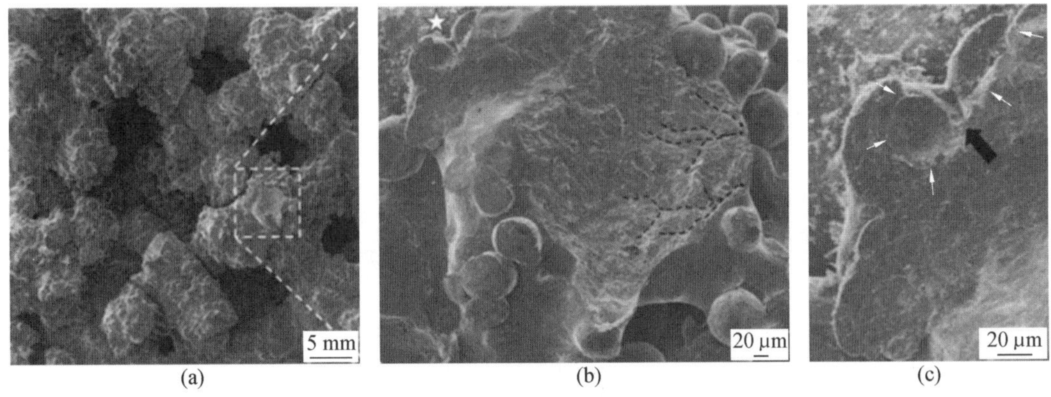

图 6.70　100 N 作用下试样疲劳断口微观形貌

欧洲宇航防务集团采用在 EBSM 技术直接成型空客 A320 的驾驶室铰链托架，如图 6.71 所示。在保证零件的强度和性能的基础上，使其质量减轻了 35% ～ 55%，成本节约了 60%，生产周期缩短了 80%。

图 6.71　A320 的驾驶室铰链托架

EBSM 不仅可以大大缩短成型时间，降低成本，还可以一次性整体制造出传统工艺难以实现或无法实现的复杂几何构造和复杂曲面，因此 EBSM 系统被越来越多的应用在航空航天领域。GE 旗下的意大利航空航天引擎制造商 Avio Aero 利用 EBSM 技术成功制造出γ－TiAl 材料的涡轮发动机叶片，如图 6.72 所示，尺寸为 8 mm × 12 mm × 325 mm，质量为0.5 kg，比传统镍基高温合金轻 20%，平均每片叶片的制造时间仅需 7 小时，而成本与精密铸造成本接近。2013 年，该公司建立了新的增材制造工厂，拟装备 60 台 EBSM 增材制造系统，并计划在未来替代所有的铸造叶片。

GE 公司采用电子束选区熔化技术制备新一代 LEAP 引擎的不锈钢燃油喷嘴，使零件数量大大减少，过去的发动机燃料喷嘴由 20 多个零件组装或焊接组成，而采用增材制造技术，零件的数量减少到 3 个，使装配程序明显简化，质量减轻 25%，显著提高飞行效率并降低燃油消耗，如图 6.73(a) 所示。目前世界上最大的电子束选区熔化成型 Ti－48Al－2Cr－2Nb 合金零件尺寸为 ϕ250 mm × 430 mm，由 GE 公司采用 Acram 设备制造，若采用传统的铸造工艺制备该尺寸的 TiAl 合金零件时，面临的最大问题是 TiAl 合金成型过程中易产生开裂。Korner 团队采用电子束选区熔化技术成型镍基单晶材料，成功制备出尺寸为 ϕ12 mm × 25 mm 的致密无缺陷的单晶试样。意大利航空公司 Avio 采用电子束选区熔化技术制造了航空发动机低压涡轮用 TiAl 叶片，如图 6.73(b) 所示。

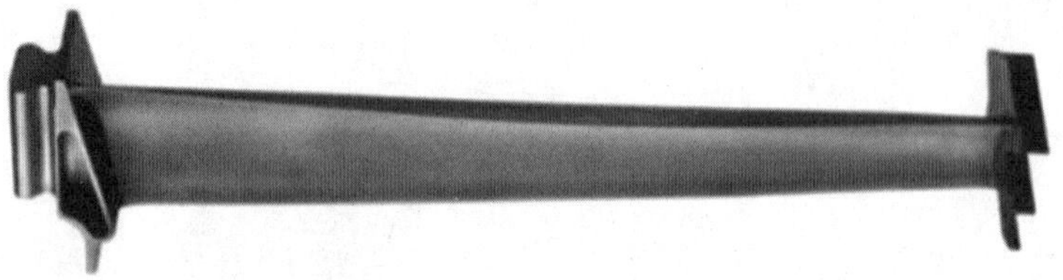

图 6.72 EBSM 技术制造的涡轮发动机叶片

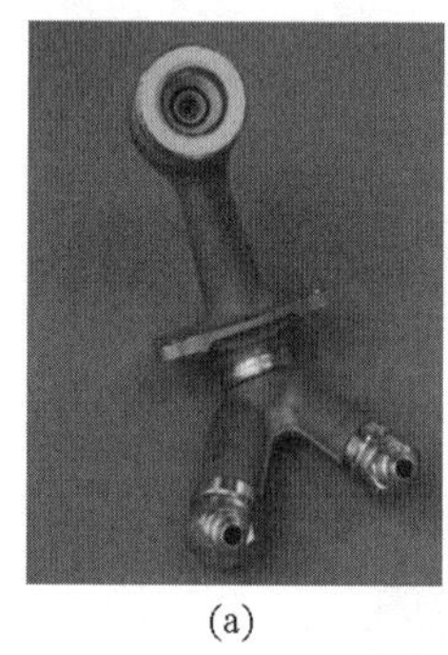

(a)

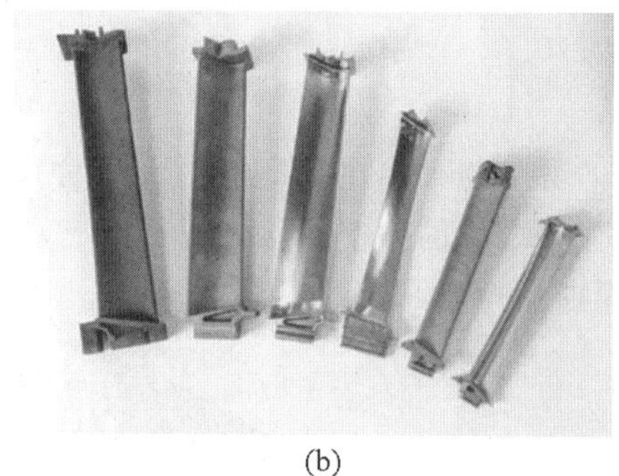

(b)

图 6.73 EBSM 技术成型的金属零件

在显微组织方面，与传统铸造方式相比，采用电子束选区熔化制备的镍基高温合金零件最显著的差异是由于温度梯度和冷却速度的不同导致树枝晶壁的间距小两个数量级，因此偏析范围明显降低，组织均匀性较好，性能更优异，而且在对电子束选区熔化制备的镍基高温合金进行热处理时，实现组织均匀化需要的原子扩散距离和加热时间都大大减小，传统铸造零件热处理时间需要 6 ～ 10 小时，但电子束选取熔化零件仅需要几分钟的热处理时间便可实现材料的均匀化处理，大大提高了加工效率。由于镍基高温合金易存在裂纹的特点，热处理对镍基高温合金提升性能和满足服役条件具有重要作用，因此电子束选区熔化制备镍基高温合金较高的热处理效率有利于其广泛应用。此外，由于较快的冷却速率，电子束选区熔化制备的镍基高温合金树枝晶壁间距较小，因此零件内部孔隙率较小，孔隙直径较小(传统铸造工艺制备的镍基高温合金平均孔径为 10 μm，电子束选区熔化制备的镍基高温合金平均孔径为 1 ～ 1.5 μm，减小了一个数量级)，致密度较高(电子束选区熔化制备的镍基高温合金致密度高于传统铸造工艺制备的镍基高温合金两个数量级)，同样有利于其广泛应用。

目前电子束选区熔化制造镍基高温合金仍然处于技术探索阶段，未广泛应用于生产。然而，由于电子束选区熔化制造镍基高温合金优良的高温性能以及镍基高温合金在航空航天领域的广泛应用(如涡轮发动机等，如图 6.74 所示)，在不久的将来，电子束选区熔化制造镍基高温合金必将广泛地应用于生产。

功能梯度材料在许多领域都有极高的使用价值和广阔的应用前景。由于功能梯度材料具有组成和显微结构连续变化、适应环境以及可设计性的特点，近几十年来，功能梯度

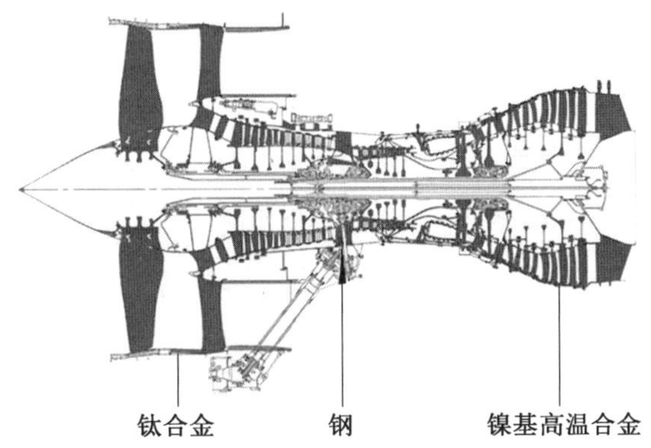

图 6.74　镍基高温合金在涡轮发动机的应用

材料的应用已经分布于诸多领域。如航空航天领域中所用的发动机，在承受高温的表面配置耐高温陶瓷；在与冷却气体接触的表面，采用导热性和强韧性良好的金属；而在承受高温和与冷却气体接触的两个表面之间，采用先进的材料复合技术，通过控制金属和陶瓷的相对组成及组织结构，使其无界面、连续地变化，就可得到一种呈梯度变化的材料。材料成分的连续变化降低两种成分间的热应力，使结合更牢固，不容易变形、脱落和破坏。另外，梯度材料组成和结构的连续变化会改进两种材料之间的黏结力。

虽然梯度材料已经获得较为广泛的应用，但获得实际应用的梯度材料主要通过化学气相沉积、等离子喷涂、放电等离子烧结以及粉末冶金等方法进行制备，由于现阶段采用电子束选区熔化制造梯度材料仍然处于初步探索阶段，目前仍未见电子束选区熔化制造梯度材料实际生产应用的报道。随着电子束选区熔化技术发展，未来电子束选区熔化制备的梯度材料将广泛用于航空航天、生物医疗、化学工程和电气工程等领域。

赵培对于脚踝骨因病变切除后的重建手术，植入假体模型由 CT 重建脚踝骨假体模型和固定用腿骨插入棒组成(图 6.75)。初始设计并加工完成后质量为 360 g，质量较重，于是借助 Materilise3 － matics 对实体棒进行轻量化设计，使该插入固定棒由实体更改为镂空桁架结构，孔隙率为 60%，丝径为 2 mm，经过力学性能模拟该桁架结构可承受 500 kg 以上的纵向载荷，满足人体载荷需求。EBSM 打印加工完成后该假体质量为 255 g，该假体植入手术已顺利完成，患者术后行走正常。该假体模型的设计采用个性化 CT 扫描重建模型＋人工绘图设计的方案，假体与人体自体骨配合良好，手术创伤较小，借助多孔结构的轻量化设计使假体在保证力学强度的同时成功减重 30% 以上，降低了患者行走负担。

钴铬钼合金是目前应用最广泛的钴基合金，由于其优异的机械性能、优异的疲劳耐磨性和良好的生物相容性，被作为制作涡轮叶片、燃气轮机和金属骨科植入体的材料。采用电子束选区熔化制备的钴铬钼合金在生物医学方面具有一定应用，有学者采用电子束选区熔化制备开槽的钴铬钼合金圆柱体，采用电子束选区熔化制备的钴铬钼合金对骨生长进行研究，当植入体表面形成氧化层而钝化时，植入体的生物学性能显著提高，有利于骨纤维的生长，因此通过添加质量分数为 0.04% 的 Zr 元素形成 Zr 基氧化物的形式提高细胞活力并促进细胞增殖，在保证钴铬钼合金植入体机械性能的前提下，成功实现了兔体电

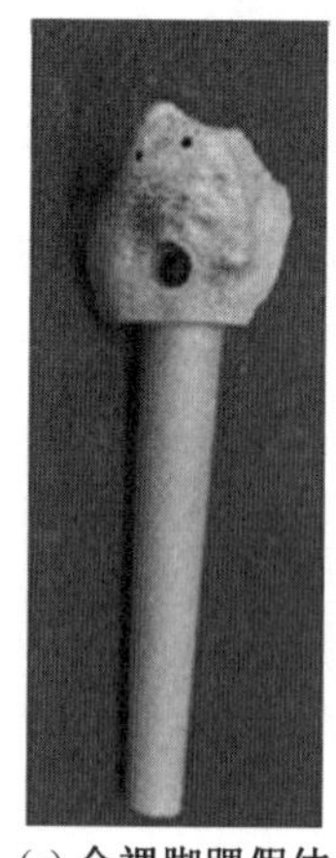
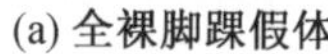
(a) 全裸脚踝假体

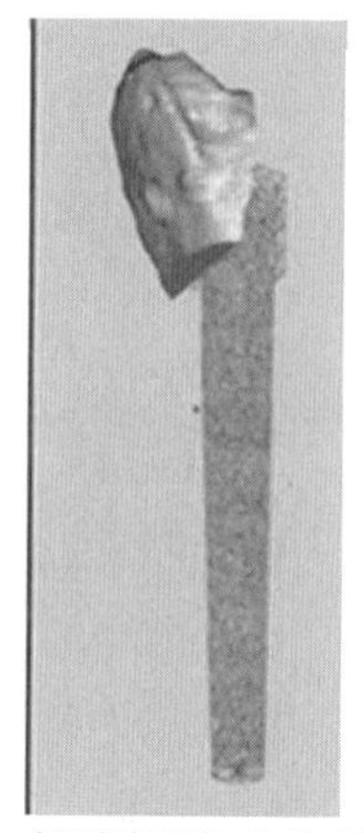
(b) 轻质脚踝架体模型

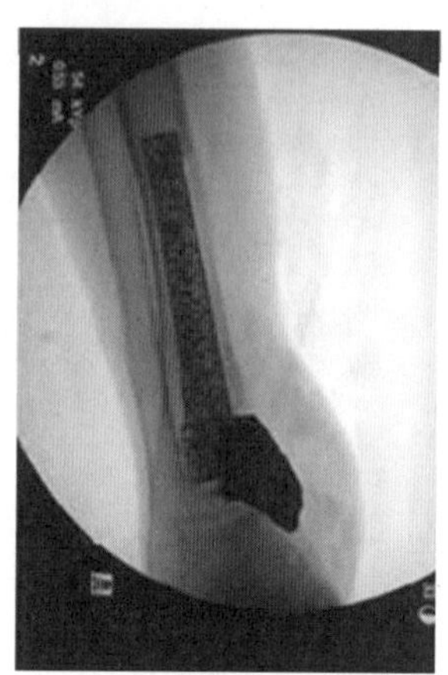
(c) 打印轻质踝关节假体

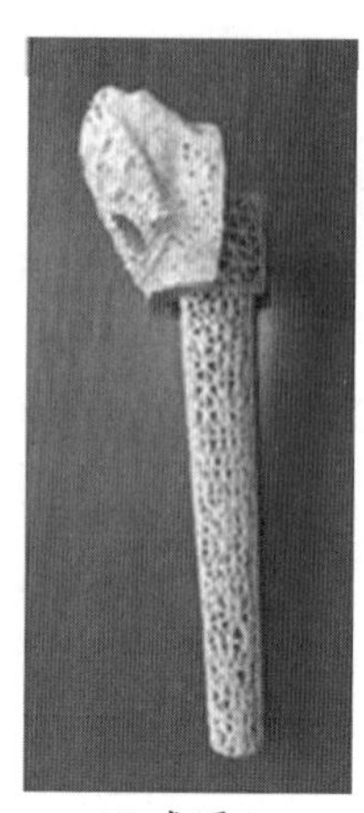
(d) 术后CT

图 6.75　脚踝骨假体模型

子束选区熔化钴铬钼合金髋关节的植入，植入体顶部的皮质骨原始皮质重塑，更多骨纤维依附于植入体生长，如图 6.76 所示。此外，在电子束选区熔化过程中添加质量分数为 0.04% 的 Zr 元素后，钴铬钼合金植入体的机械性能依然保持较高水平，其服役效果并未受到影响。电子束选区熔化制备钴铬钼合金关节植入体在动物体内表现出极好的生物功能性，获得了较好的应用效果，因此在不久的将来将会在人体关节植入领域获得广泛应用。

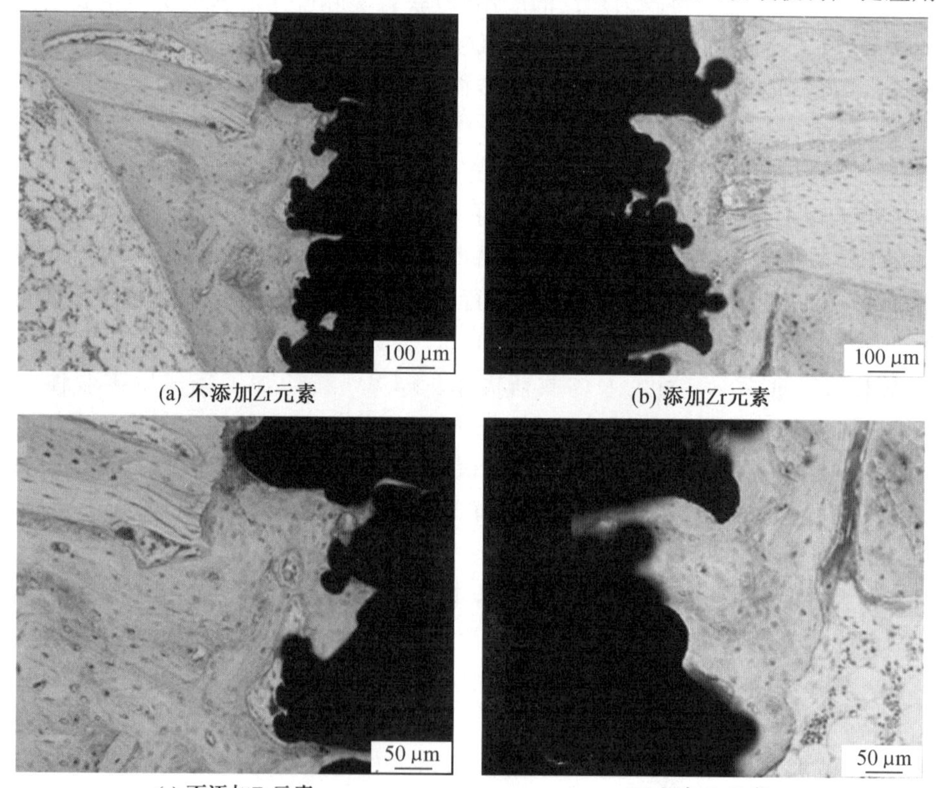

(a) 不添加Zr元素　(b) 添加Zr元素

(c) 不添加Zr元素　(d) 添加Zr元素

图 6.76　胫骨近端处植入体附近骨生长情况

本章参考文献

[1] 陈玮，陈哲源，由洋，等. 电子束选区熔化Ti－6Al－4V合金的显微组织与疲劳性能[J]. 稀有金属材料与工程，2017，46(S1)：25-30.

[2] 周斌，张婷，林峰，等. 电子束选区熔化成型Ti－6Al－4V和316L不锈钢叶轮体微观组织和力学性能的研究[J]. 稀有金属材料与工程，2018，47(1)：175-180.

[3] 宁娅硼. 电子束选区熔化成型大尺寸Ti－6Al－4V合金的性能研究[D]. 沈阳:东北大学,2015.

[4] 郭超，张平平，林峰. 电子束选区熔化增材制造技术研究进展[J]. 工业技术创新，2017，4(4)：6-14.

[5] 童邵辉，李东，邓增辉，等. 电子束选区熔化成型角度对TC4合金组织的影响[J]. 热加工工艺，2017，46(18)：83-85.

[6] 杨鑫，奚正平，刘咏，等. 电子束选区熔化技术对钛合金组织和力学性能的影响[J]. 稀有金属材料与工程，2009，38(7)：1272-1275.

[7] 葛文君，郭超，林峰. 工艺参数对电子束选区熔化成型Ti－6Al－4V合金显微组织的影响[J]. 稀有金属材料与工程，2015，44(12)：3215-3218.

[8] 徐蔚，常辉，李东旭，等. 熔覆面积对电子束选区熔化Ti－6Al－4V合金组织及硬度的影响[J]. 热加工工艺，2015，44(13)：53-56.

[9]YUE H，CHEN Y，WANG X，et al. Effect of beam current on microstructure，phase，grain characteristic and mechanical properties of Ti－47Al－2Cr－2Nb alloy fabricated by selective electron beam melting[J]. Journal of Alloys and Compounds，2018，750：617-625.

[10] LI S J，MURR L E，CHENG X Y，et al. Compression fatigue behavior of Ti－6Al－4V mesh arrays fabricated by electron beam melting[J]. Acta Materialia，2012，60(3)：793-802.

[11]LIU Y J，WANG H L，LI S J，et al. Compressive and fatigue behavior of beta－type titanium porous structures fabricated by electron beam melting[J]. Acta Materialia，2017，126：58-66.

[12]CHEN Y Y,YUE H Y,WANG X P,et al. Selective electron beam melting of TiAl alloy：Microstructure evolution，phase transformation and microhardness[J]. Materials Characterization，2018，142：584-592.

[13] 汤慧萍，王建，逯圣禄，等. 电子束选区熔化成型技术研究进展[J]. 中国材料进展，2015，34(3)：225-235.

[14] 黄天娥，范桂彬，闫海，等. 航空用钛合金材料及钛合金标准发展综述[J]. 航空标准化与质量，2010，3：30-33.

[15] 张小伟. 金属增材制造技术在航空发动机领域的应用[J]. 航空动力学报，2016，31(1)：10-16.

[16] 何阳，屈孝和，王越，等. 钛合金的发展及应用综述[J]. 装备制造技术，2014，10：160-161.

[17] 冉江涛，赵鸿，高华兵，等. 电子束选区熔化成型技术及应用[J]. 航空制造技术，2019，62(Z1)：46-57.

第 7 章　电子束熔丝沉积原理及特点

电子束熔丝沉积是以丝材作为原材料进行电子束增材制造的一种方法。本章内容从电子束熔丝沉积原理出发，以电子束熔丝沉积设备组成为基本点，对电子束熔丝沉积过程进行详细的机理性分析。针对电子枪、高压电源、真空系统、运动系统和视觉系统等不同设备的工作原理和工作特点，阐明电子束熔丝沉积过程的实现机制。对电子束熔丝沉积的技术特点以及不同工艺参数对沉积过程和沉积质量的影响进行详细分析，并结合电子束熔丝沉积工艺实例进行佐证，对电子束熔丝沉积原理及特点进行了全面论述。

7.1　电子束熔丝沉积原理

电子束熔丝沉积是将金属丝材送入真空环境下由聚焦的电子束束流在基板上形成的熔池中，在分层软件的控制下，材料逐层累积，最终实现零件的近净成型。电子束熔丝沉积原理如图 7.1 所示。

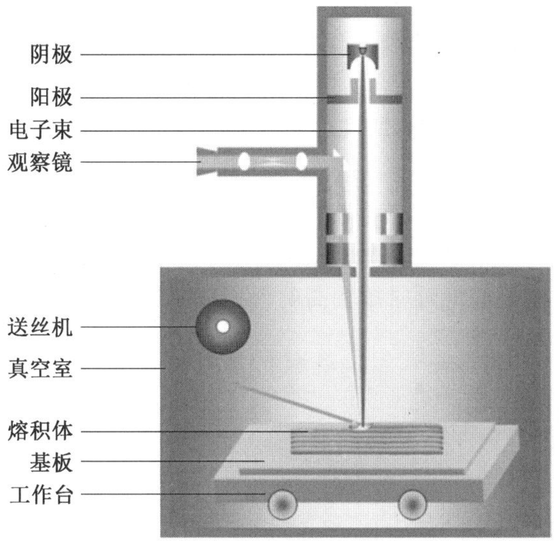

图 7.1　电子束熔丝沉积原理

与传统电子束焊接相似，电子束熔丝沉积也是由电子束熔化材料凝固后形成的，两者不同的是，电子束熔丝沉积过程中有额外的丝材源源不断的加入，在高度方向上形成材料的累加，最终制备出完整的零件。传统电子束焊接一般采用表面聚焦的方式，以获得足够的能量熔化金属以及避免对母材的热影响；而电子束熔丝沉积一般采用上聚焦的方式，保证电子束的能量范围大于丝材直径，避免丝材过热导致沉积过程中断的现象发生。

在电子束熔丝沉积过程中，电子束与工件须相对运动，一般分为两种情况。一种为定枪式，如图 7.2(a) 所示，沉积过程中电子枪固定不动(即电子束不动)，而是搭载有工件的工作台相对电子枪按照预设的轨迹运动，最终实现零件的制备，这种情况下由于工作台的面积较大，因此在有限的真空室内，其运动范围较小；另一种为动枪式，如图 7.2(b) 所示，搭载有送丝机的电子枪在空间内进行三维运动，工件一般不动(也可能配合电子枪进行第四轴或第五轴运动)，这种情况下由于电子枪的体积相对较小，在相同的真空室内，其能制备零件的尺寸比定枪式能制备零件的尺寸大得多。

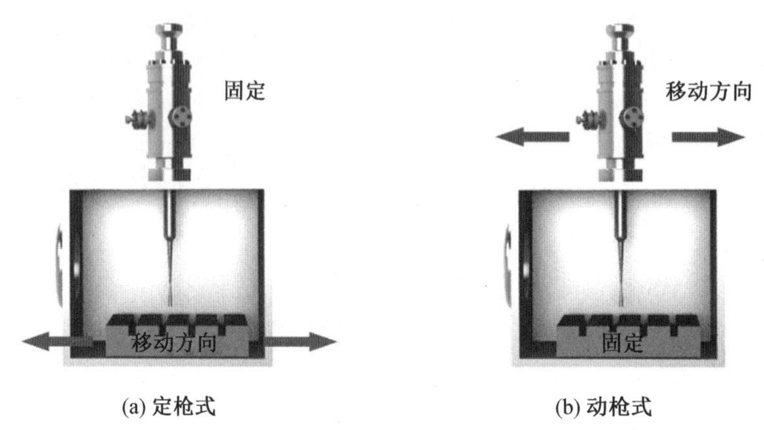

图 7.2　电子束熔丝沉积设备

与激光或者电弧增材制造相比，电子束熔丝沉积由于在真空环境下，散热变得比较困难，因此需要考虑沉积过程中的热积累。传统电子束焊接只有一道或者几道焊缝，且焊缝一般不重合，热量可通过夹具、工作台等散失。而电子束熔丝沉积工艺是热源多次作用的过程，且相邻层间的轨迹几乎重合，即某一位置会受到多次热源的作用，此条件下热量积累较为严重。为了减小热量对工作台的影响，工作台上一般会设有冷却水管，用于保护工作台的轴承、电机等零件。冷却水管会在一定程度上减缓沉积体的热积累，但当沉积层数较高时，由于真空环境无气体等介质散热，散热路径会被限制在现有的沉积体内部，如图 7.3 所示，此时底部的冷却水管对层数较高的沉积体顶部的冷却效果较差。

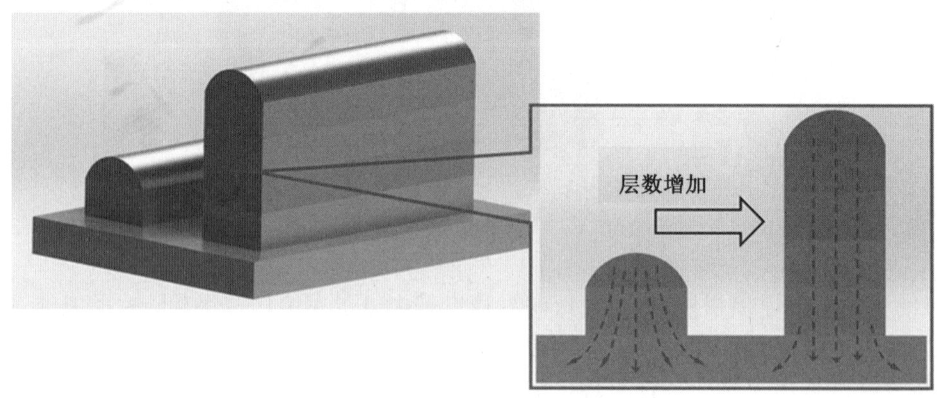

图 7.3　不同层数散热路径示意图

7.2　电子束熔丝沉积特点

传统的零件加工流程一般是从铸锭开始，然后经过锻压形成钢坯板，再经过锻压、预成型、成型、轧制和机加工，最后形成产品。而电子束熔丝沉积的生产流程一般直接由铸锭开始，经过拉丝技术形成丝材，通过电子束熔丝沉积技术制备零件，最后通过精加工形成最终的产品，传统的零件加工和电子束熔丝沉积加工流程如图 7.4 所示。

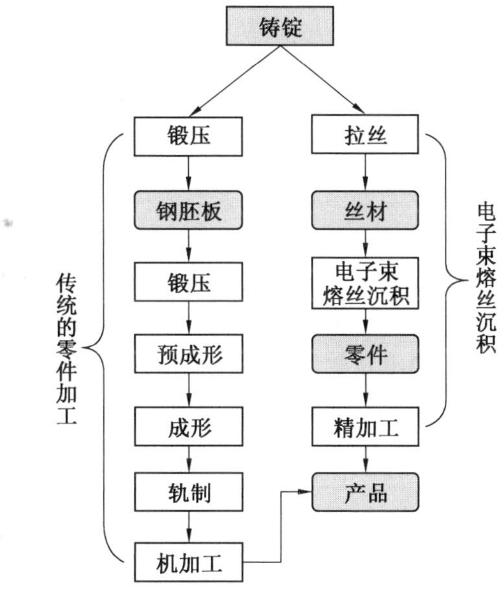

图 7.4　传统的零件加工和电子束熔丝沉积加工流程

7.2.1　电子束熔丝沉积技术优点

1. 近净成型

传统减材制造的零件是由一整块材料通过机械加工而成，此过程对零件以外的材料需要全部去除。目前很多零件的设计以轻量化为原则，即通过优化结构设计去除不承力部位的材料，满足结构服役要求，此原则设计的零件通常为镂空等结构，整个空间上材料的占比较少。使用传统减材加工技术需要去除大量材料，造成极大的浪费；而采用电子束熔丝沉积技术制造零件，可避免在镂空部位沉积，零件在后期的精加工过程中仅需要去除少量的材料即可获得成品。NASA 兰利研究中心将电子束熔丝沉积技术与传统减材制造技术进行对比，针对某一零件，传统减材制造技术的材料利用率仅为 5%，电子束熔丝沉积技术的材料利用率可达 75%，如图 7.5 所示（1 lbs＝0.45 kg）。

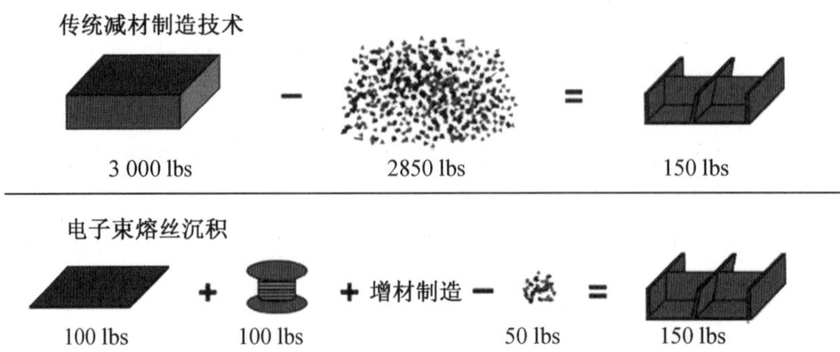

图 7.5 采用传统减材制造技术和电子束熔丝沉积技术的材料利用率对比

2. 高效设计及制造

由于传统零件加工技术的限制，设计者最初的设想常常向实际的加工过程或成本妥协。而使用增材制造技术，零件的复杂程度不会影响设计者的思路，几乎所有设计者想象的结构都能通过增材制造还原出来。

对于一些零件，可能需要多版本的设计改进才能满足实际的需求。版本升级过程中，需要零件进行预估和改进，每次设计都需要少量的零件进行验证，从而发现问题。而采用传统铸造或者机加工技术，材料浪费较为严重，成本高。采用增材制造技术只需要三维模型即可，制造成本与零件的制造数量成正比，极大的方便了设计者，使零件的设计和制造周期大大缩短，提升了设计的灵活性。

3. 高质量

电子束熔丝沉积制造零件的致密度高于选区熔化等粉末制备零件的致密度。选区熔化过程中，部分粉末易出现未熔化完全的现象，导致孔洞等缺陷的形成，无法获得完全致密的零件；而丝材内部较为致密，且在整个熔丝沉积过程中完全熔化，沉积体内部几乎是完全致密的。由于粉末的比表面积较大，存放过程中很容易被污染，需要放置在特殊的容器中；而丝材的存放与焊丝类似，无须特殊保护。从另一个方面说明了电子束熔丝沉积内部缺陷少于选区熔化内部缺陷。

与电弧增材制造和激光增材制造相比，电子束熔丝沉积是在真空条件下进行的，避免了气体污染。电弧增材制造和激光增材制造过程中，一旦保护气体发生紊流，空气与液态金属接触，导致缺陷的产生；电子束熔丝沉积在真空环境中进行，杜绝了液态金属与空气的接触，因此可获得内部质量较好的零件。有研究表明，电子束熔丝沉积直接获得零件的抗拉强度高于同种材料退火状态的强度，而经过同样的处理后，2219 铝合金的屈服强度和抗拉强度均高于常规材料的强度，如图 7.6 所示（1 ksi＝6.895 MPa）。

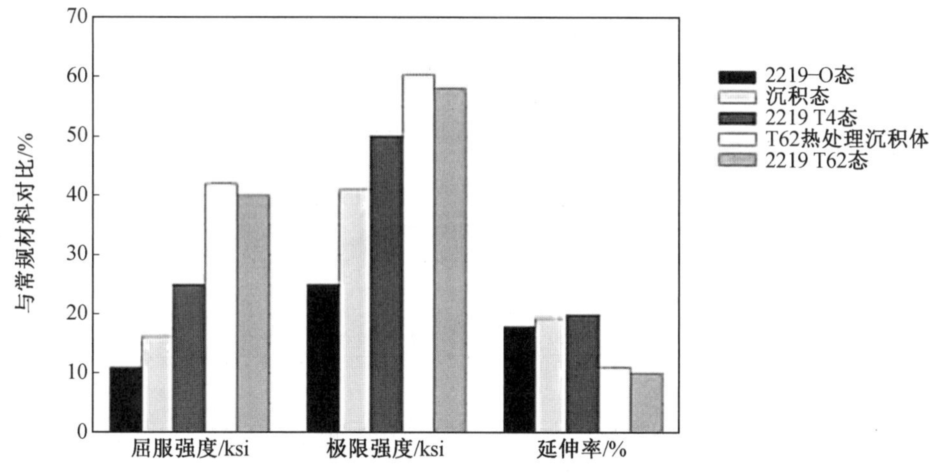

图 7.6　电子束熔丝沉积零件性能与常规材料性能对比

7.2.2　电子束熔丝沉积技术缺点

1. 表面粗糙度低

电子束熔丝沉积获得的沉积体表面粗糙度比选区熔化获得的沉积体表面粗糙度低，这是由其工艺决定的。选区熔化是通过热源烧结粉末，而电子束束斑可达到 0.1 mm，因此选区熔化制造的零件表面粗糙度较高；而电子束熔丝沉积制备零件会在基体金属上形成较大的熔池，无法保证精度，因此其表面粗糙度一般较低，通常需要沉积较大的尺寸，以保留后续精加工的余量。

2. 成本高

与电弧增材制造或者激光增材制造技术相比，电子束熔丝沉积过程在真空条件下进行，需要额外增加真空室的制作费用，且沉积前需要抽真空，保证一定的真空度才能进行沉积，时间成本较高。真空条件能获得质量比较好的沉积体，但沉积体的尺寸受真空室的影响。沉积较大的尺寸零件，对激光增材制造或者电弧增材制造工艺影响不大，但对电子束熔丝沉积工艺就需要更大的真空室，因此成本会提升。

3. 散热效率低

正常大气环境下，空气对流作用较为强烈，多层沉积体散热较好；而在真空环境下，沉积体仅通过接触热传导和辐射散热。当沉积层数较高时，沉积层的散热较差，因此真空环境下的电子束熔丝沉积过程热量积累较为严重。热量积累一方面对组织产生影响，另一方面会直接影响熔池形貌(图 7.7)，从而影响沉积过程。初始沉积时，沉积体无热量积累，熔池较小，随着沉积层数的增加，热量不断积累，熔池前部稍有变宽，但长度明显增加，熔池尺寸增大会降低沉积过程的稳定性。

真空环境下不仅沉积体的散热较为困难，丝材或导流嘴也会产生热量的积累。熔丝在加热过程中会受热膨胀，由于丝材受热的不均匀导致熔丝内部各晶粒膨胀不一，引起内应力，从而引起丝材发生不规则的弯曲变形。图 7.8 所示为变形前后的熔丝在 XOZ 平面的投影图，学者分别讨论了干伸长、连续沉积时间及送丝角度对熔丝受热变形的影响。

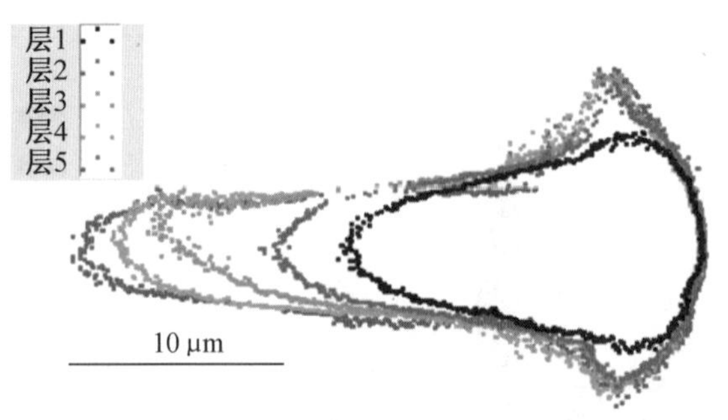

图 7.7 电子束熔丝沉积不同层数熔池形貌的变化

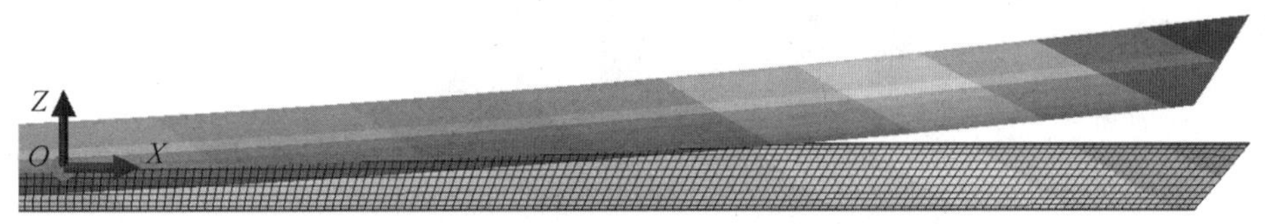

图 7.8 变形前后的熔丝在 *XOZ* 平面的投影图

4. 干伸长

图 7.9 所示为送丝角度为 40°、连续沉积时间为 20 s 情况下，干伸长与温度、丝材变形的关系。从图中可以看出，干伸长越长，干伸长部分丝材的温度差越大，引起内应力越大，导致弯矩变大，从而使丝材末端的变形越大。

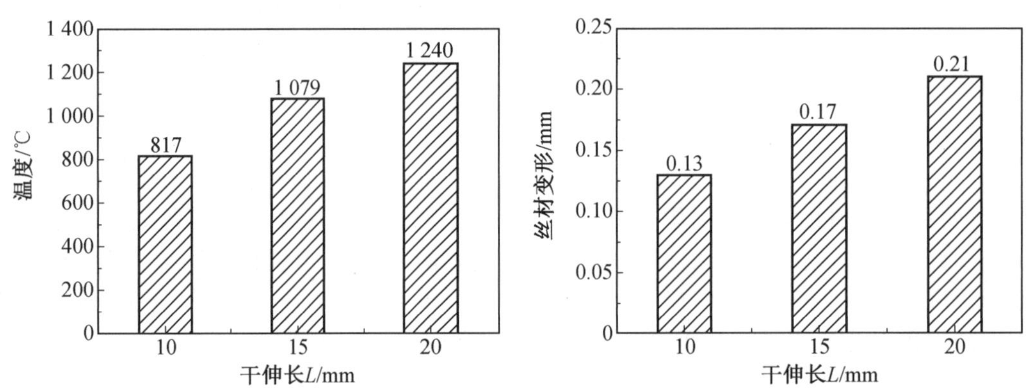

图 7.9 送丝角度为 40°、连续沉积时间为 20 s 情况下，干伸长与温度、变形的关系

5. 连续沉积时间

图 7.10 所示为送丝角度为 40°、干伸长为 20 mm 情况下，沉积时间与丝材变形的关系。从图中可以看出，随着加热时间的延长，丝材的变形量有所增大，增大幅度相对较小，即加热时间对丝材变形的影响程度不高。

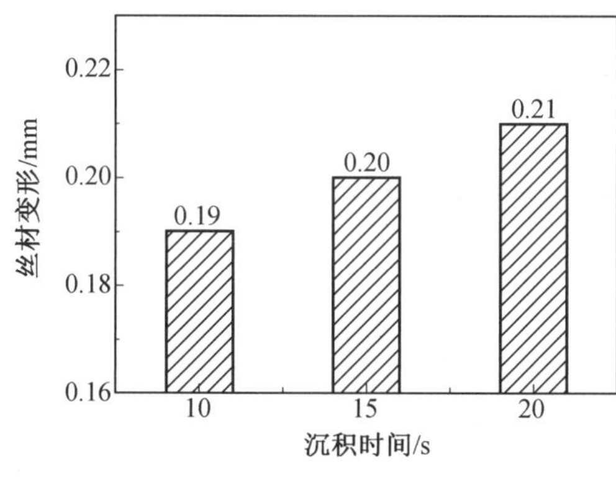

图7.10 送丝角度为40°、干伸长为20 mm情况下,沉积时间与丝材变形的关系

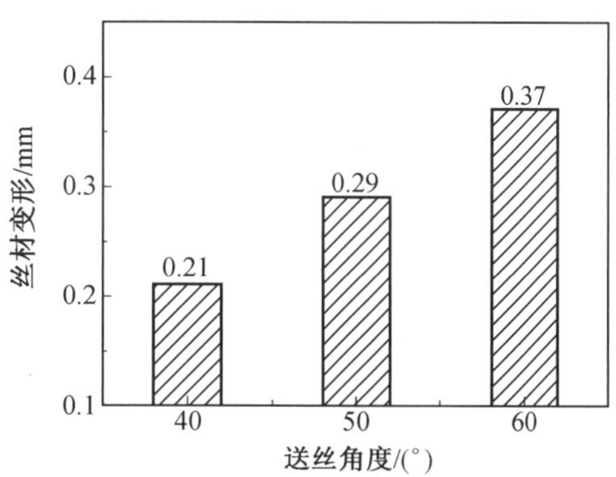

图7.11 沉积时间为20 s、干伸长为20 mm情况下,送丝角度与丝材变形的关系

6. 送丝角度

送丝角度对丝材的变形影响较大。图7.11所示为沉积时间为20 s、干伸长为20 mm情况下,送丝角度与丝材变形的关系。从图中可以看出,送丝角度为60°时变形最大,丝材的变形量接近丝材半径,很可能偏离电子束与熔池,此时丝材的变形对沉积过程的稳定性有极大的影响。

以上分析了干伸长、沉积时间与送丝角度对丝材变形的影响,丝材的变形量也会影响熔池的稳定性,进而影响沉积过程的稳定性。图7.12(a)所示为送丝角度较大、干伸长较长情况下,丝材变形造成沉积过程中断的形貌。实际沉积过程的稳定性还受多种因素影响,如丝材直径、丝材末端与熔池表面距离及振动等其他因素,丝末端与熔池表面距离过大时(即丝材末端受电子束的加热熔化后滴落),易形成不连续的滴状沉积体,如图7.12(b)所示。

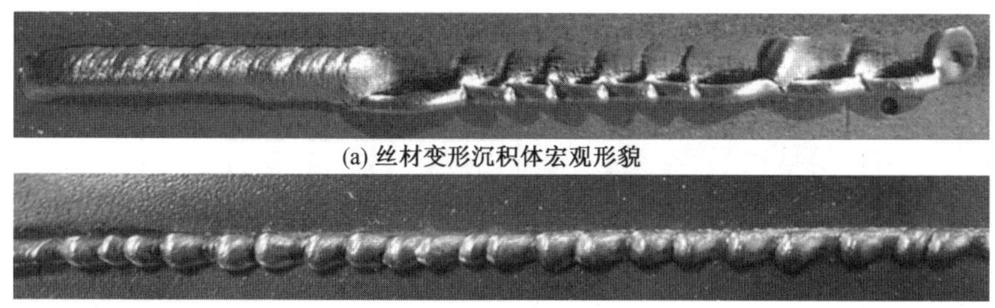

(a) 丝材变形沉积体宏观形貌

(b) 滴状沉积体形貌

图7.12 不良沉积体宏观形貌

真空室内部的热积累对沉积过程会造成不利影响,一般需要采取额外措施来降低或者消除热积累的不利影响,主要有以下三种方式。

(1) 工作台水冷。采用水冷工作台的方式冷却基板,水流不断带走热量,减缓热积累。

(2) 控制层间温度。采用断续的沉积方式,每层控制层间温度在一定范围内,以此来保证每层沉积层的初始条件是相同的。

(3) 竖测沉积体的温度,实时调节热输入。以 定的算法反馈调节束流等热输入,以此保证熔池尺寸几乎不变。

以上三种方式均可减缓真空室内部热积累的问题，有时可多种方式同时使用，以达到最佳效果。

7.3　电子束熔丝沉积设备组成

电子束熔丝沉积设备包括电子束发射系统（电子枪、高压电源）、真空系统、运动系统、送丝系统、控制系统和视觉系统，如图 7.13 所示。电子枪和送丝机构一般固定安装在真空室的顶部。电子枪按照运动方式分为定枪式和动枪式，运动机构位于电子枪与送丝机构下方，根据电子枪运动方式分别对应定枪电子束熔丝沉积机构和动枪电子束熔丝沉积机构。电子束熔丝沉积设备与电子束焊接设备组成大体相同，相比于电子束焊接设备，熔丝沉积设备有送丝机构。

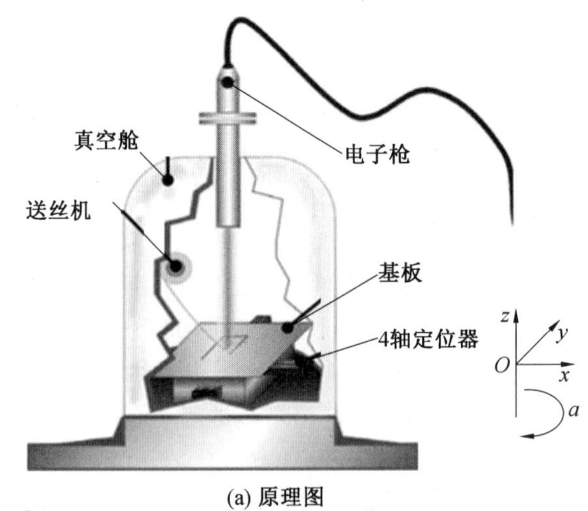

(a) 原理图

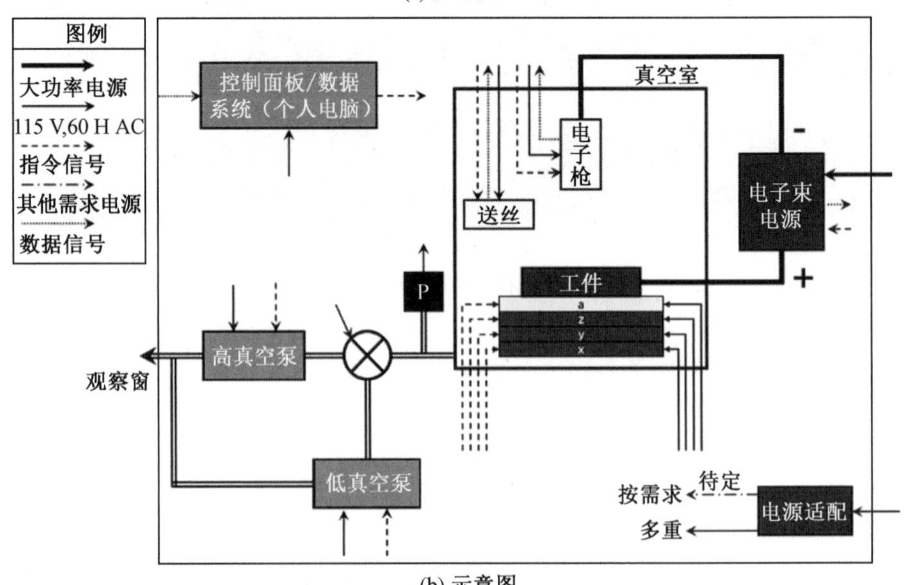

(b) 示意图

图 7.13　电子束熔丝沉积设备组成

7.3.1　电子束发射系统

电子枪系统将自由电子转换成集中的高功率电子束，并引导电子束穿过空间。电子枪系统的内部结构较为复杂，主要由阴极、阳极、聚焦系统和偏转系统组成，如图 7.14 所示。其中，聚焦系统和偏转系统属于电子枪的电子光学部分，分别由聚焦线圈（用于将电子束收缩到集中的焦点）和一组偏转线圈（用于使电子束在工件表面偏转）组成。

(a) 电子枪实物图

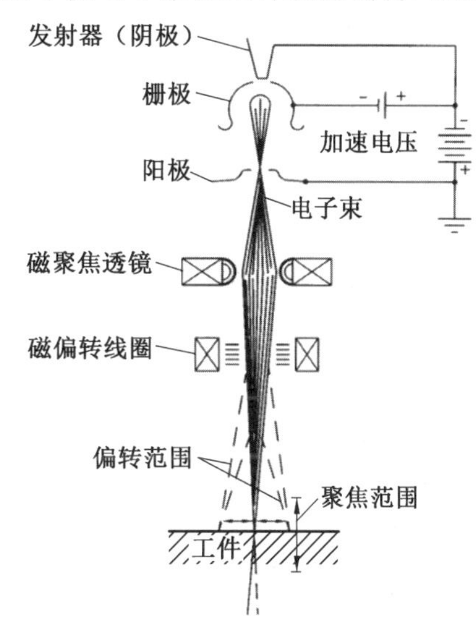

(b) 电子枪内部结构示意图

图 7.14　电子枪系统

(1) 阴极。

阴极的主要作用是提供电子，阴极具有最小的加热功率和较长的使用寿命，并通过发射最大数量的电子来提供较大的电子束束流。电子束束流随发射体温度的升高而迅速扩大，因此阴极通常由高温材料制成。随着发射体温度的升高，电子快速运动。首选的阴极材料是钨与钨铼合金，因为它在真空中具有较低的蒸气压和较长的使用寿命。

(2) 阳极。

从阴极发射出的自由运动的电子动能较低，不足以进行电子束焊接，因此电子必须通过一个很高的负电压，加速到一个极高的速度，以达到所需的动能。阳极电位是大地电位，远离阴极，吸引着电子云。阴极和阳极之间的电场使电子加速，并给予它运动所需的动能。高压发生器不断地驱动阴极产生新的电子形成电流。当工件和设备接地时，电流形成一个安全的回流电路，与高压发生器一起形成闭合电路。

(3) 偏压杯。

最简单的电子枪只有阴极和阳极，它有一个明显的缺点是只能通过改变加速电压或阴极温度来控制电子束束流，完全不适用于工业焊接，因此需要引入第三极（也称偏压杯）。三级枪有更高的单独可控、比阴极电压还低且围绕阴极的负电压，可以显著改善电子束束流。

(4) 聚焦系统。

电子在通过阳极后被加速到最终速度,但是由于此时的电子束未达到焊接所需的功率密度,因此仍然需要被再次聚焦。电子的轨迹被通过环形线圈产生的磁场聚焦在工件表面。聚焦线圈由许多铜线圈组成,直流电通过环形线圈,线圈中间产生磁场,使电子束聚焦,与光学透镜一样。为了实现穿透电子束焊接所需的 0.1 ~ 1.0 mm 的小直径束斑,采用磁透镜使电子形成不影响电子速度的大半径弯曲螺旋运动路径。

(5) 合轴系统。

通过彼此相对排列的四个不同极性的线圈组成的合轴系统可以对偏心的电子束进行合轴。当改变焦点、束斑不再移动时,通过合轴系统控制电子束,使其轴线垂直于工件。在工艺操作过程中,通常只在需要进行束流检查时才会对合轴系统进行调整。

(6) 消像散器。

经过聚焦的电子在运动后不会全部相遇在一个特定的点上,而是会落在不同高度的水平面上,形成不同形状的椭圆。通过监测发现,当聚焦状态从上到下或者从下到上发生改变时,像散椭圆就会出现。为了避免像散椭圆的出现,在电子枪内安装像散校正线圈(消像散器)系统。该系统由两对线圈来推动和拉动电子,以改变电子运动的路径,获得具有均匀孔径角的圆形束斑。

(7) 偏转系统。

在焊接过程中,电子束可以通过聚焦透镜下的一对线圈实现静态偏转。若束流很难到达接头的焊接位置,则通过偏转功能可以实现焊接,同时由于束斑变形量增加的限制以及电子枪下部防护罩或者光学观察系统的限制,通常最大允许的偏转角为 5°。

1. 电子束的形成

电子是在真空室中通过将阴极(一个带负电荷的发射极)加热到其热发射温度而产生的。随着温度的升高,更多的电子从阴极发射,直至达到最大发射水平。这个电子云是由一个适当形状的偏压杯和一个带正电的阳极产生的静电场形成的电子束。阴极、阳极和偏压杯构成了电子束枪。

在二极枪中,偏压杯和发射极具有相同的电势,称为阴极。在三极枪中,阴极处于一个电位,偏压杯处于另一个电位,两个电位差(偏压)用于控制束流。当偏压杯的偏压大于阴极时,电子流受到抑制,束流减小。相反,随着负偏压差的减小,电子束束流输出也会增大。在两种枪的设计中,电子被加速到一个阳极,并通过它离开电子枪。二极枪和三极枪之间的区别在于,用三极枪可以独立地改变电子束束流和电子束电压(在一定范围内)。

2. 电子束的控制

由于电子是带电颗粒,因此它的运动方向可以由电磁场控制。当加速电子束从阳极的孔中出现时,由于相互排斥等原因,它开始发散。电磁线圈(位于阳极下方)用于聚焦电子束,通过简单地改变聚焦线圈施加的电流,电子束可以聚焦在聚焦线圈平面以外任何所需的位置。

偏转线圈可以加在聚焦线圈的下方,使电子束移动到预定的位置。现代电子束加工系统通常包括一个函数发生器或其他方法来控制偏转线圈,从而提供一种控制电子束运动的通用方法。高速电子束偏转的最新研究促进了动态预热和后热的使用，从而提供了改变电子束束斑附近温度 / 应力分布的能力。

电子束聚焦和偏转可以通过手动和自动输入控制方式改变。这种可变控制与加工区域的光学或视频视图结合，是电子束加工工艺一个特别强大的特点，用于参数的开发和选择。通过实时调整这些参数来稳定和微调工艺条件，大大提高工艺稳定性。

3. 高压电源

高压电源通常安装在充满油的油箱中，还可以包括束流控制（偏压）和阴极加热（灯丝）电源。与之相关的控制系统可将电源的输出保持在恒定水平，在一定的范围内与线电压或负载变化无关。一些高压电源还包括用于控制信号的光纤，以实现快速响应时间和电气隔离。此外，固态电源已被用作低压电子束焊接设备的高压电源。

7.3.2　真空系统

真空系统包括真空泵和真空室。一般真空电子束设备有一个或两个真空泵系统。使用一个真空泵系统时，电子枪和真空室一起排空；使用两个真空泵系统时，电子枪和真空室分开排空。一般来说，两个真空泵系统是首选的，可以尽量减少抽真空时间，并能保证电子枪的真空性能。对于电子枪，只需要一个小容量（扩散泵或涡轮分子）辅助式真空泵，以确保高真空水平。真空室需要更大容量的真空泵系统，可以使用由机械增压泵组成支撑的扩散泵、涡轮分子泵或低温泵，以确保在合理时间内将真空室抽真空至所需的真空水平。

泵组的选择多种多样，目前电子束熔丝沉积设备真空系统常采用的泵组有三种。第一种为扩散泵串联机械泵，该泵组的优点为结构简单，工作可靠性强，且购买成本低，但该泵组同样存在启动时间长、预抽时间长以及容易返油的缺陷；第二种为扩散泵串联油增压泵再串联机械泵，该泵组预抽时间短，但启动较慢，因此在实际电子束熔丝沉积时并不常用；第三种为扩散泵串联罗茨泵再串联机械泵，该泵组预抽时间极短，且启动速度不慢。

在电子束熔丝沉积设备真空系统泵组中，机械泵的气压范围在 1 000 mbar（1 mbar＝100 Pa）量级，罗茨泵的气压范围在 10 mbar 低至 10^{-2} mbar 量级，扩散泵的气压范围在 10^{-2} mbar 低至 10^{-4} mbar 量级。除泵组外，真空系统还包括挡板阀、气动蝶阀、真空测量系统和真空控制系统等零件。

在真空电子束设备中，真空室在工件周围提供了一个 X 射线密封的外壳。小真空室是专门用于特定焊接任务的中型真空机器的典型特征，其中外壳和运动系统可能是一个单元。用于大型真空机器或中型真空机器的较大真空室可适应各种不同的任务。

7.3.3　控制系统及运动系统

1. 控制系统

控制系统由高压控制系统、束流控制系统、聚焦控制系统、阴极加热电流控制系统、真空及阀门控制系统、工作台运动控制系统、计算机联机控制系统、偏转扫描控制系统、测量及故障显示系统等组成。本节对工作台运动控制系统和计算机联机控制系统的具体原理进行介绍。

(1) 工作台运动控制系统。

工作台运动控制系统由脉冲宽度调制信号(Pulse Width Modulation,PWM) 信号发生器、驱动电源、步进电机、运动机构和夹具组成。工作台运动控制分为手动控制和计算机的联机控制，手动时 PWM 信号由可编程逻辑控制器(Programmable Logic Controller,PLC) 产生，具体的工作过程是速度模拟量经 A/D 转换输入给 PLC,PLC 通过内部功能处理，产生的 PWM 信号经高速信号输出口(y_0、y_1) 分别送到 X、Y 轴驱动电源的接口上，速度大小的调节通过改变模拟量给定的大小实现，模拟量给定的大小改变后，经 A/D 转换后到 PLC 内部的数字量也发生改变，经 PLC 运算后形成的 PWM 信号频率也发生改变，从而实现对工作台运动的控制。

(2) 计算机联机控制系统。

计算机联机控制是由计算机控制和管理工作台的各种运动、焊接过程及焊接工艺组成。计算机联机控制是用来连接 PLC 和计算机之间的指令传输，PLC 指令通过 RS232 通信输入给计算机，计算机控制指令通过开关板和隔离板将计算机信号输入给 PLC，实现 PLC 对计算机和焊接过程的实时控制。

(3) 测量及故障显示系统。

测量及故障显示系统用来测量有关焊接工艺参数，显示故障类型供操作人员调整和控制。

现代电子束设备具有可编程逻辑控制功能和参数模拟输入 / 输出功能。单个操作参数的调节通常通过固态控制单元完成，以确保参数持续保持在设定值的 1% 以内。电子束控制模块用于瞬间打开 / 关闭电子束(如以重复或非重复方式的脉冲电子束)，并以渐变或阶梯方式改变(向上或向下) 电子束束流的大小。单独聚焦和偏转控制模块可用于间歇或连续改变光束焦点所在的平面，并可以直流(固定) 或交流(振荡) 方式或同时以直流(固定) 和交流(振荡) 方式移动该光束焦点。

计算机数控(Computer Numerical Control,CNC) 技术允许使用单个参数命令控制或教学 / 学习方式输入零件程序，这种数控控制单元是工业型控制系统，它能在正常的制造环境条件下可靠地工作，而这些条件通常对普通计算机来说过于不利。电子束加工工业 CNC 操作控制挂件和控制台如图 7.15 所示。

2. 运动系统

为了保证电子束能作用到整个工件，工件应在电子枪下运动，反之，电子枪应在工件上方运动。真空电子束设备制造商通常提供固定(外部安装) 和移动(内部安装) 的枪系统，如图 7.16 所示。移动式电子枪系统通常安装在低压机器上，而固定式电子枪系统则安装在高压或低压机器上。与移动式电子枪系统相比，固定式电子枪系统需要更大的真空室和更长的抽真空时间，较大的真空室提供了额外的空间，以适应工件移动。

7.3.4 视觉系统

视频和光学视觉系统可以提供电子束作用区域的放大视图，允许对零件进行加工前检查、加工过程中的监控和加工后检查。虽然视频视觉系统可以实现记录和回放功能，但电子枪光学系统可以提供焊接接头的近同轴视图，放大可提供高达 40 倍的视图，可以在

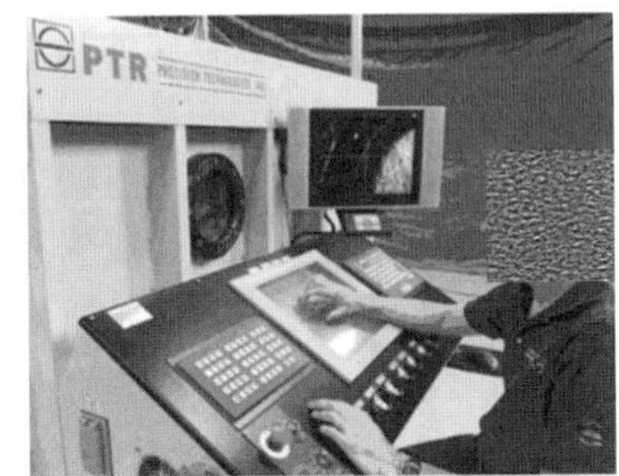

图 7.15　电子束加工工业 CNC 操作控制挂件和控制台

(a) 移动式电子枪系统

(b) 固定式电子枪系统

图 7.16　两种电子枪系统

加工前、加工过程中以及加工后对零件进行高分辨率视图，以确保接头装配、识别工艺干扰，从而检查零件表面是否存在不规则或缺陷。在加工过程中观察零件可以手动调整工艺参数（如零件位置或焦点）和手动干预。在参数摸索过程中，可以在查看加工时手动调整焊接参数，以优化加工条件。

对电子束熔丝沉积实时监测，需要能准确地检测出影响熔丝沉积过程特征量的传感器。实时在线监测采用多种介质作为传感器，如温度场传感器和视觉传感器等，其中视觉传感器获得的信息量大，并且结合了计算机视觉与图像处理的最新技术。视觉传感器是一种直接地测量熔池、获得数字图像表象的监测方法，其特点是直观信息丰富，且数字化的图像数据可实现与计算机高速内存实时传输，进行实时图像处理，提取熔池的特征信息，并以此作为判断依据做出在线实时判决，从而实现质量的实时检测闭环反馈控制。目前，用机器视觉图像直接测量熔池特征信息的方法已成为重要的研究和应用方向，它在电子束熔丝沉积过程稳定性监测、熔化控制以及路径跟踪等方面具有独特优势。

7.4 电子束与固态金属的相互作用

电子束的最大特点是具有极高的功率密度($10^3 \sim 10^5$ W/mm²)。在电子束熔丝沉积过程中,熔池的液态金属表面极不稳定,因此倾斜的熔池表面影响电子束沉积到材料中的能量。本节主要对电子束与固态金属的相互作用形式进行介绍。

7.4.1 电子束吸收模型

假设一束平行的电子轰击固态金属。在材料内部,入射电子与原子核及其电子发生多次弹性和非弹性碰撞。在几乎弹性核散射的情况下,电子可以从其原始路径经历大角度偏转,通过辐射光子损失一小部分动能。电子动能的损失主要为与原子内部电子的非弹性碰撞,电子的散射使电子束能量从中心向外部分布。图 7.17(a) 所示为低原子序数材料(如铝)的灯泡形电子-物质相互作用的横截面,原子序数较高的材料显示出来的形状更接近于球形。对于电子束,电子能量的横向扩散相比于相邻电子的直接作用可忽略不计,有效地将问题减少到一个空间尺寸,如图 7.17(b) 所示。因此,式(7.1)的控制方程以 z 方向表示,在电子束外围引入的误差通常可以忽略不计,特别是在应用高斯分布时。

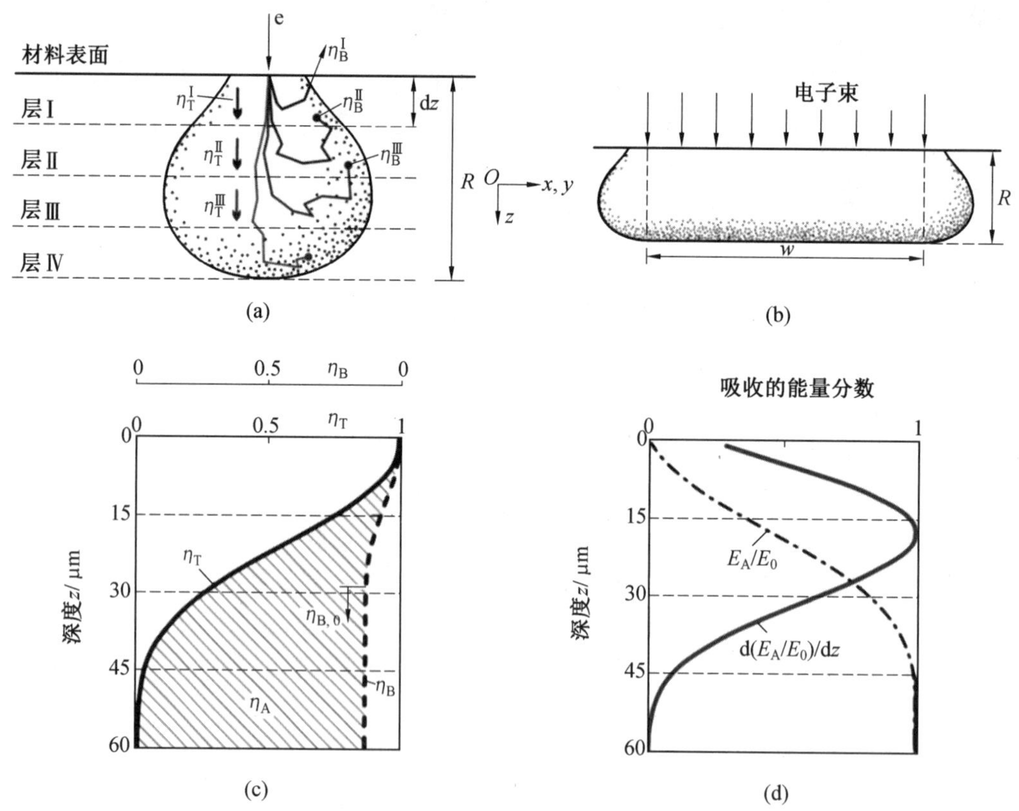

图 7.17 电子束能量散失示意图

撞击固态金属的电子要么被吸收,要么由于大角度偏转而散射,要么被传输到更深的层。这些电子分数分别用 η_A、η_B 和 η_T 表示，其总和为单位1：

$$\eta_A + \eta_B + \eta_T = 1 \tag{7.1}$$

图7.17(c)所示为深度 z 函数的透射系数 η_T 和散射系数 η_B 的典型曲线，封闭区域(阴影区域)为给定深度产生吸收电子的分数 η_A。由于碰撞和频繁的动能损失，η_T 服从指数衰减。透射电子的平均能量减至零的深度称为平均穿透深度 R；相反，散射系数 η_B 增加，直到达到饱和值 $\eta_{B,0}$ 时，没有散射电子能从目标逃逸，该饱和点深度通常为 $0.3R \sim 0.5R$。

已知电子的透射和散射特性，可以用差分法测定吸收的电子分数和能量分数(η_A 和 E_A/E_0)，如图7.17(d)所示。Cosslett和Thomas获得了表面和深度 z 之间材料层吸收的能量分数 E_A/E_0 的表达式：

$$\frac{E_A(z,Z,E_0,\varphi)}{E_0} = \left(1 - \eta_{B,0}\frac{E_{B,0}}{E_0}\right)\cdot\left(1 - \eta_T\frac{E_T}{E_0}\frac{1}{C}\right) \tag{7.2}$$

$$C = 1 - \eta_B\frac{E_B}{E_0}\eta_{B,0}\frac{E_{B,0}}{E_0} \tag{7.3}$$

式中，E_A、E_B、E_T 为深度 z 内吸收、散射和透射电子的平均能量；Z 为原子序数；E_0 为电子能量。

其中

$$\eta_B = \eta_B(z,Z,E_0,\varphi)$$
$$\eta_{B,0} = \eta_{B,0}(Z,E_0,\varphi)$$
$$\eta_T = \eta_T(z,Z,\varphi)$$
$$E_B = E_B(z,Z,E_0,\varphi)$$
$$E_{B,0} = E_{B,0}(Z,E_0,\varphi)$$
$$E_T = E_T(z,Z,\varphi)$$

7.4.2　平均穿透深度

平均穿透深度 R 被定义为电子减速到静止的最大深度。采用Kanaya和Okayama提出的表达式，该表达式是基于散射造成的能量损失得出的，其中包括对能量项的相对论修正：

$$R(Z,E_0,\rho) = \frac{2.76\times10^{-2}m_A N_A(E_0)^{\frac{5}{3}}}{Z^{\frac{8}{9}}}\cdot\frac{(1-0.978\times10^{-3}E_0)^{\frac{5}{3}}}{(1+1.957\times10^{-3}E_0)^{\frac{4}{3}}}\frac{1}{\rho} \tag{7.4}$$

式中，R 与入射角无关(m)；E_0 为电子能量(keV)；m_A 为原子质量(kg)；N_A 为阿伏伽德罗常数；ρ 为密度(kg/m^3)。

7.4.3　电子背散射

入射到试样上的电子会发生大角度的偏转，从而离开试样。电子逸出试样表面的概率可以通过散射系数 η_B 来定量，该散射系数是深度 z、原子序数 Z、电子能量 E_0 和入射角 θ 的函数。由于式(7.2)中的近似值 $C=1$，因此仅需考虑饱和散射系数 $\eta_{B,0}(Z,E_0,\varphi)$。$\eta_B$ 的实验和分析测定一直是许多研究工作的主题。对于 $\eta_{B,0}(Z,E_0,0°)$，可以采用Ito等的经验表达式。散射系数的角度依赖性是通过一个简单的余弦函数实现的，该函数是拟合下式得到的：

$$\eta_{\mathrm{B},0}(Z,E_0,\varphi)=\left[\frac{a_1(Z)}{\tau_0^{a_2(Z)}\cdot\left(1+\left(\frac{a_3(Z)}{\tau_0}\right)^{a_4}\right)\cdot\left(1+\left(\frac{\tau_0}{a_5(Z)}\right)^{a_6(Z)-a_2(Z)}\right)}\right]^{\cos\varphi} \tag{7.5}$$

式中，τ_0 为 E_0 与电子剩余能量 $m_e c^2=511$ keV之比，其中 m_e 为电子剩余能量，c 为光速；a_4 不是 z 的函数。

式(7.5)适用于介于1 keV～100 MeV的 E_0 值。图7.18所示为铝、钛和银的饱和散射系数 $\eta_{\mathrm{B},0}$ 与电子能量 E_0 的函数关系，在10～200 keV的能量范围内，存在一个非常明显的平台，从图中可以看出，$\eta_{\mathrm{B},0}$ 与 E_0 的函数关系弱。

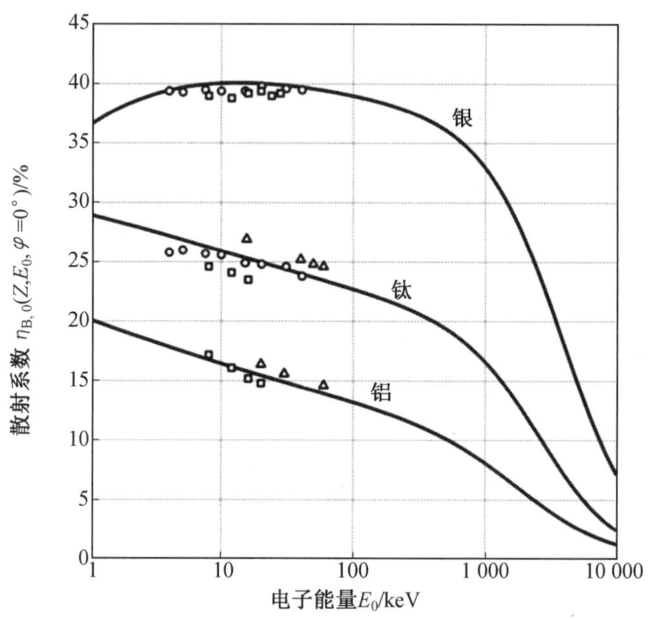

图7.18 铝、钛和银的饱和散射系数 $\eta_{\mathrm{B},0}$ 与电子能量 E_0 的函数关系

当电子穿过试样物质时，它会损失相当大一部分初始能量。对于中等电子能量的轻元素，背散射电子的平均剩余能量部分 $E_{\mathrm{B},0}/E_0$ 取值大约为0.5。Tabata等通过大量不同材料测量，电子能量为5 keV～100 MeV，通过实验数据的最小二乘法，得出以下经验关系：

$$\frac{E_{\mathrm{B},0}(Z,E_0)}{E_0}=\frac{d_1 Z^{d_2}\tau_0^{d_3}}{1+(\tau_0/d_4)^{d_3}+(\tau_0/d_5)^{d_3+d_6}+(\tau_0/d_7)^{d_3+d_8}} \tag{7.6}$$

式中，参数 $d_i(i=1,\cdots,8)$ 可从文献[9]中获得。

7.4.4　电子深穿度

穿透的电子在深度 z 中的比例可通过下式精确表达：

$$\eta_{\mathrm{T}}(z,Z,\varphi)=\exp\left(-m_1(Z,\varphi)\left(\frac{z}{R}\right)^{m_2(Z,\varphi)}\Bigg/\left(1-\left(\frac{z}{R}\right)^{m_3(Z,\varphi)}\right)\right) \tag{7.7}$$

Neubert 和 Rogaschewski 对参数 m_i 进行了实验，他们采用 $m_i=\cos^{n_{i1}}\varphi(n_{i2}\cdot\sin^{n_{i3}}\varphi+n_{i4})$ 作为假设函数。通过这个函数确定获得的实验数据(图 7.19)，这些数据是在不同入射角的情况下用 15～60 keV 电子轰击铝和金得到的。然而，由 Neubert 和 Rogaschewski 计算出的原始 m_i 值仅适用于两种元素吸收剂。再次对他们的数据进行最小二乘分析，但这次使用另一种假设函数 $m_i(Z,\varphi)$，它依赖于原子序数 Z：

$$m_1(Z,\varphi)=4.17Z^{0.04}-3.28(\sin\varphi)^{0.77Z^{0.2}} \tag{7.8}$$

$$m_2(Z,\varphi)=\frac{6.12}{Z^{0.4}}(\cos\varphi)^{Z^{0.72}/85}-\frac{10}{Z^{0.7}}(\sin\varphi)^2 \tag{7.9}$$

$$m_3(Z,\varphi)=\frac{Z^{0.92}}{72}+0.72Z^{0.14}(\sin\varphi)^{1.23Z^{0.2}} \tag{7.10}$$

式中，η 的单位为(°)。

式(7.8)、式(7.9)和式(7.10)计算透射电子的深度分数结果与 Neubert 和 Rogaschewski 的曲线以及不同作者在正常入射下的实验结果非常一致，如图 7.19 所示。在 20～60 keV 范围内，透射系数几乎独立于 E_0。根据 Seliger 的测量结果，对于高达 1 兆电子伏的电子能也是有效的。

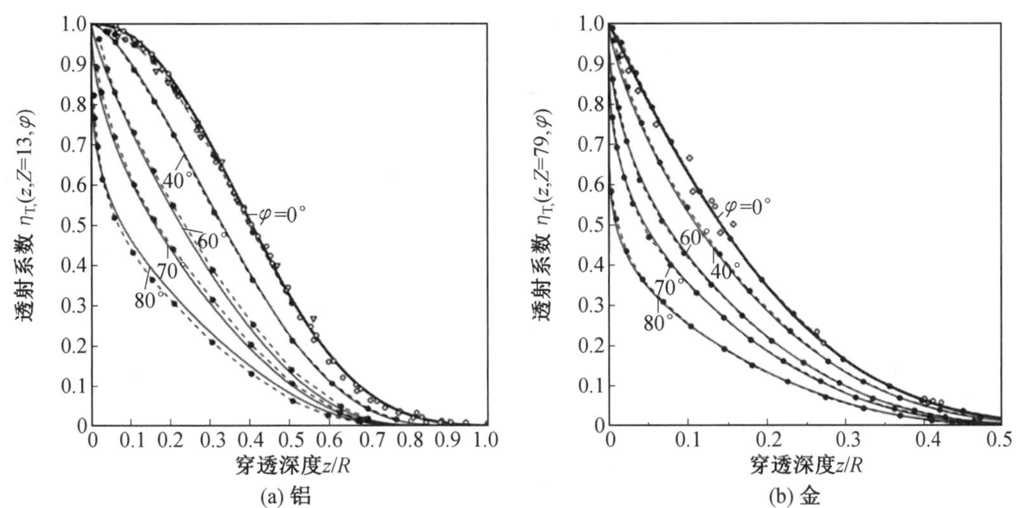

图 7.19　铝和金中的透射系数 η_{T} 与穿透深度 z/R 和电子束入射角 φ 的关系

7.5　电子束熔丝沉积技术工艺实例

电子束熔丝沉积的原理决定了其设备组成的复杂性和精密性，电子束熔丝沉积设备各组成部分工作原理及配合机制使电子束熔丝沉积表现出近净成型、高效率、高质量的特点。

电子束作为一种高能束，常与激光进行比较。电子束相比于大功率激光器（最小输出功率为 10 kW）有许多优点。电子束可电子聚焦，输出功率可在很宽的范围内变化，可以使用低全儿白瓦的功率沉积精细细节，还可以在更高功率水平下实现高沉积速率。电子束过程本质是节能的，能量利用率在 90% 以上。与激光相比的另一个关键优势是电子束与沉积材料的耦合效率。对于光能（如激光束），金属在室温下的反射率在 40% ～ 95% 或以上，因此一部分入射能量从熔池中反射，并损失到大气中，阻止了一些材料（如铝、铜等）被激光有效沉积。电子束的耦合效率很高，可以有效沉积高反射材料。此外，由于电子束工艺通常在高真空环境中运行，因此提供了无氧环境，不需要二次稀有气体来确保材料的纯洁度。

本节对两个电子束熔丝沉积案例进行介绍，并且与传统制造方法进行比较。在每个案例中，分析了零件完整性和经济模型，以确定工艺的可行性。

7.5.1 万向节电子束熔丝沉积制造

与传统工艺相比，万向节电子束熔丝沉积制造需要去除大量材料，该案例还体现了很强的供货周期性，即原始设备制造商供货周期很长。图 7.20 所示为电子束熔丝沉积制造万向节过程。万向节的主体是用电子束熔丝沉积工艺制备的，耳轴是从沉积体上切割下来的，然后利用电子束焊接到主体上。这种双重处理能力是电子束加工提供的独特功能之一，即允许用户利用最具成本效益的方法来制造零件。一个电子束焊接系统同样能使用送丝系统沉积新零件，并具有典型高深宽比的焊缝。

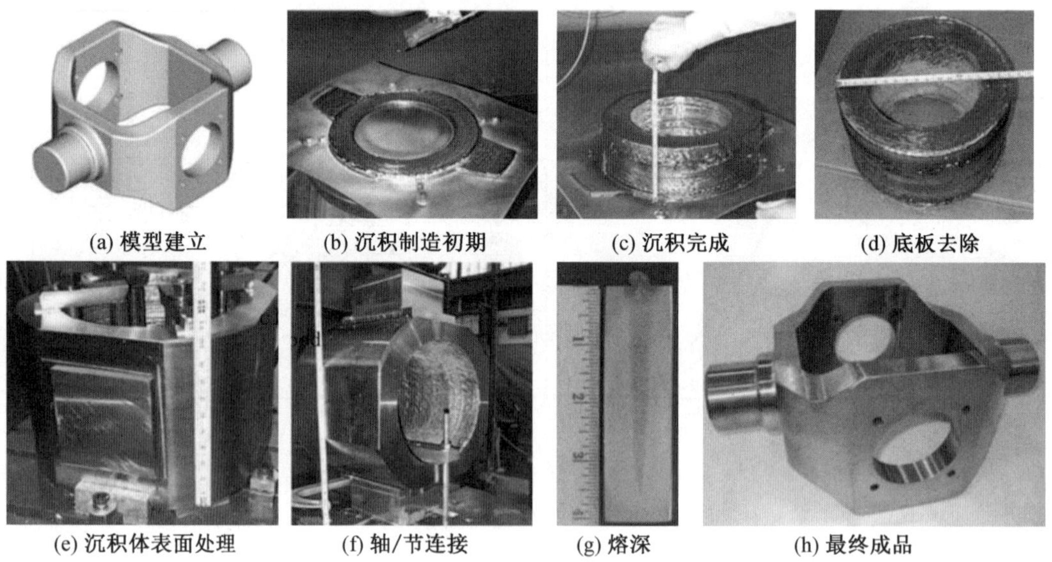

(a) 模型建立　(b) 沉积制造初期　(c) 沉积完成　(d) 底板去除

(e) 沉积体表面处理　(f) 轴/节连接　(g) 熔深　(h) 最终成品

图 7.20　电子束熔丝沉积制造万向节过程

这项工作使用的设备是一台带标准 60/60 型号（60 kW/60 kV）电子枪装置的低压电子束焊机和一个送丝组件来完成的。使用直径为 2.4 mm 的 Ti－6Al－4V 丝材，送丝速度为1 780 mm/min。选择主要沉积参数，包括束流为 70 mA、加速电压为 40 kV、工件相对于电子枪的移动速度为 510 mm/min、工作距离为 230 mm 以及电子束扫描频率为 1 000 Hz，在厚度为 6.4 mm、宽度为 610 mm、长度为 760 mm 的钛板上进行沉积。沉积前经过化学清洗，并通过四个螺栓固定安装在转盘上，该工艺的沉积速率约为2.3 kg/h。机械加工前沉积的万向节的最终尺寸是高约为 279 mm，直径约为 432 mm，壁厚约为 76 mm，沉积体质量约为 100 kg。如果该万向节是由实心块坯机械加工而成，与传统的减材加工相比，节省了 50% 以上的材料。

7.5.2　弦杆电子束熔丝沉积制造

获得 Ti－6Al－4V 制备的弦杆需要很高的成本和很长的加工周期，以及生产改成品零件耗费的大量材料，选择该零件的原因与万向节相似。CAD 模型用于离线生成沉积路径，如图 7.21 所示。沉积至少 5 m 材料，以便可以从预制件加工出最终形状的零件。将尺寸为1 500 mm×150 mm×13 mm的 Ti－6Al－4V 材料夹紧到工作台上，并使用控制系统进行处理。系统配备 *XYZ* 轴、送丝机和标准 60/60 型号电子枪，该系统能提供高达 42 kW 的电子束功率。以超过 3.18 kg/h 的速率沉积预制体，对预制体进行热处理后，将其加工成净尺寸，图 7.22 所示为正在进行机加工的弦杆及其最终形状。

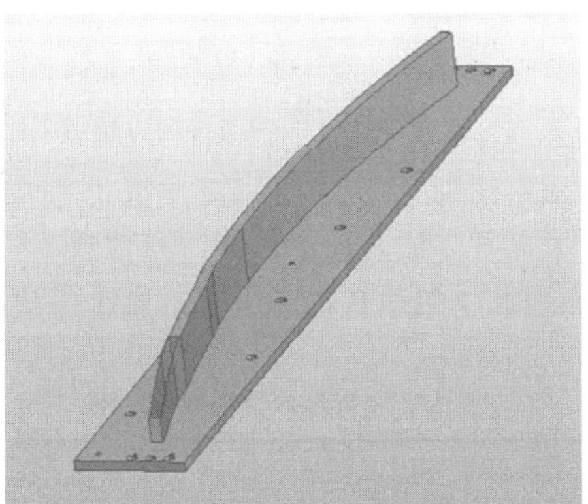

图 7.21　弦杆的 CAD 模型

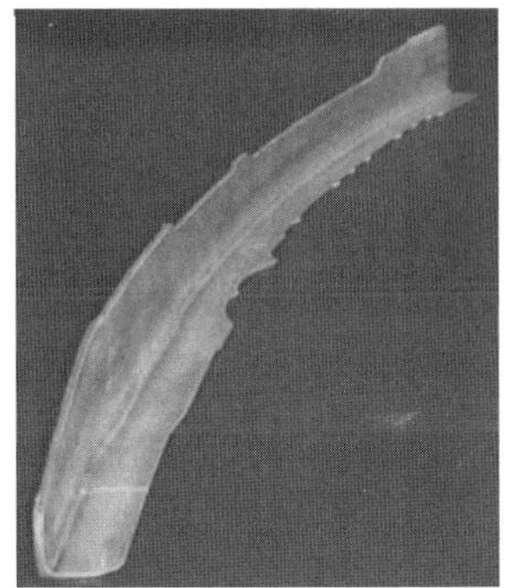

图 7.22　正在进行机加工的弦杆及其最终形状

电子束熔丝沉积与传统机械加工比较如图 7.23 所示，电子束熔丝沉积材料使用效率比传统机械加工使用效率高 79% 左右。利用 Ti－6Al－4V 材料的典型加工参数进行估算。使用电子束熔丝沉积的成本取决于几个相互关联的变量，成本与原材料市场价格和沉积速率有关。原材料成本与工艺无关，已证明钛的沉积速率高达 18 kg/h。根据目前的经验和电子束系统的功率可用性，电子束熔丝沉积速率最高可达 23 kg/h。

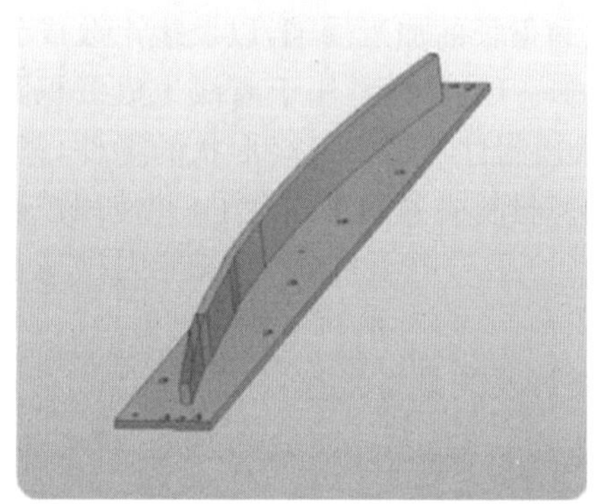

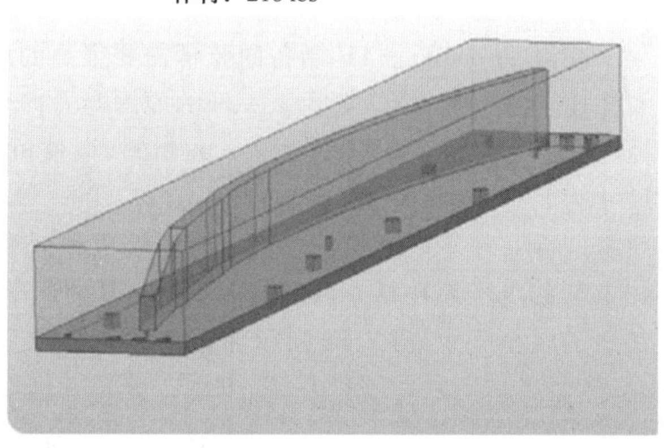

图 7.23 电子束熔丝沉积与传统机械加工比较

为了完成本节研究的成本论证，生成电子束熔丝沉积预成型件的总成本必须包括在最终加工成本中。表 7.1 为每种方法的成本估算。其他成本(如 CNC 编程和项目管理)对任何一个过程是一样的，因此不包括在表 7.1 中。电子束熔丝沉积成本与沉积速率之间的关系如图 7.24 所示。

表 7.1 每种方法的成本估算

成本分类	电子束熔丝沉积 / $	传统机械加工 / $
板材	1 500	10 900
丝材	4 500	—
热处理	2 500	—
机加工	1 310	6 530
合计	9 810	17 430

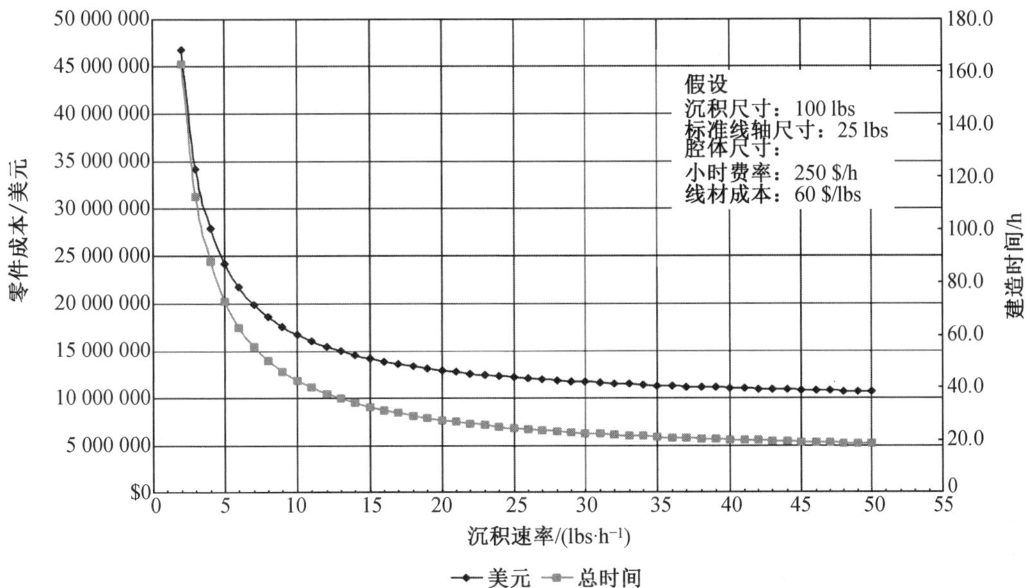

图 7.24　电子束熔丝沉积成本与沉积速率的关系

本章参考文献

[1] 陈哲源，锁红波，李晋炜. 电子束熔丝沉积快速制造成型技术与组织特征[J]. 航天制造技术，2010(1)：40-43.

[2]NELSON E W. Combined compression and shear structural evaluation of stiffened panels fabricated using electron beam freeform fabrication[D]. Virginia:Virginia Tech，2008.

[3]TAMINGER K M B，HAFLEY R A. Characterization of 2219 aluminum produced by electron beam freeform fabrication[D]. Austin:University of Texas at Austin，2002.

[4] 树西. 304 不锈钢电子束熔丝沉积工艺及稳定性研究[D]. 哈尔滨：哈尔滨工业大学，2016.

[5]WATSON J K，TAMINGER K M，Hafley R A，et al. Development of a prototype low-voltage electron beam freeform fabrication system[C]. Austin:13th Solid Freeform Fabrication Symposium,2005.

[6]SCHULTZ H. 电子束焊接技术[M]. 武汉：华中科技大学出版社，2020.

[7] 叶汉民. 数控型高真空电子束焊机的设计[J]. 焊接，2002，7：15-18.

[8] 石美玲. 电子束深熔焊熔池视觉采集系统与视觉特征研究[D]. 南京：南京理工大学，2014.

[9]KLASSEN A，BAUEREIβ A，KORNER C. Modelling of electron beam absorption in complex geometries[J]. Journal of Physics D: Applied Physics，2014，47(6)：065307.

第8章　电子束熔丝沉积工艺过程

电子束熔丝沉积与电子束选区熔化存在很大区别，两者的工艺特点基本形成互补的状态，电子束选区熔化适合小且精密的零件，而电子束熔丝沉积适合成型较大的零件。本章内容主要介绍电子束熔丝沉积的工艺过程及特点，首先介绍了用于电子束熔丝沉积工艺丝材的制备及特点，之后介绍了电子束熔丝沉积路径规划。基于以上基础内容的介绍，简述了电子束束流、移动速度等工艺参数对沉积体成型、组织及性能的影响，最后简要概括了几种沉积体的表面处理方法及其优缺点。

8.1　丝材的分类

电子束熔丝沉积工艺所用原材料为金属丝材，通过直接熔化金属丝材或者将金属丝材插入熔池中熔化后凝固形成的沉积金属，最终实现增材制造。丝材在电子束熔丝沉积工艺中扮演重要角色，用于电子束熔丝沉积工艺的丝材主要有合金丝材和药芯丝材两大类。通过丝材的合金化或者更改药芯丝材可以实现沉积金属内部成分的控制，进而调控沉积体力学性能。

8.1.1　合金丝材

采用电子束对合金丝材进行增材制造，可以提高沉积速率制备较大尺寸的零件。一方面，与粉末相比，使用电子束熔丝沉积工艺可获得更高的沉积速率。不同合金和尺寸的金属丝材是通过拉丝工艺制成的，其成本比相同成分的粉末便宜。然而，由于电子束熔丝沉积工艺通常需要去除大量的加工余量，以达到所需的精确形状，每千克节约的成本会被后续加工过程中浪费的材料抵消。另一方面，金属丝材可以采用丝盘形式存储，且丝盘具有成熟的生产工艺。与电子束熔丝沉积相比，电子束选区熔化还具有另一个优点，即金属丝材每千克的表面积比粉末每千克的表面积小得多，并且不太容易氧化，不容易吸收水分或污染物。

电子束熔丝沉积工艺会产生较大的熔池尺寸，导致最终零件的表面较粗糙。与金属粉末相比，金属丝材形状更易于储存和处理，并且对环境、安全和健康造成的危害更小。并非所有的合金都可同样用于增材制造，必须选择适当的合金，以制造无缺陷且结构完好的零件。表8.1为电子束熔丝沉积常用合金丝材化学成分。

表 8.1　电子束熔丝沉积常用合金丝材化学成分

合金	Ti	Al	V	Fe	Ni	Cr	Mn	Mg	Si	Mo
SS 316	—	0.005	—	余量	8.26	17.2	1.56	—	0.33	—
TC4	余量	6.28	3.97	0.052	—	—	—	—	—	—
IN 718	1.02	0.50	—	余量	53.4	18.8	0.07	—	0.12	2.99
800H	0.35	0.25	—	余量	31.0	20.6	0.85	—	0.32	—
H13	—	—	1.20	余量	—	5.50	0.60	—	1.25	1.75
AA6061	0.15	余量	—	0.7	—	—	0.15	1.2	0.8	—

8.1.2　药芯丝材

电子束熔丝沉积所用丝材的成分决定了沉积体性能，传统的合金丝材很难添加大量合金元素，因此可采用药芯丝材的方式，向沉积体中添加合适的元素，改善沉积体的性能。金属型药芯丝材是用金属包覆合金粉再经过多道拉拔而成的一种金属丝材，其成分调控方便，制造工艺简单，沉积效率高，且沉积过程中无熔渣等缺陷，因此金属型药芯丝材也适合于电子束熔丝沉积。按药芯丝材外层结构，其分为冷轧薄钢带的有缝药芯丝材和焊成钢管形的无缝药芯丝材两类。有缝药芯丝材的断面结构多种多样，有缝药芯丝材常用截面形状如图 8.1 所示。

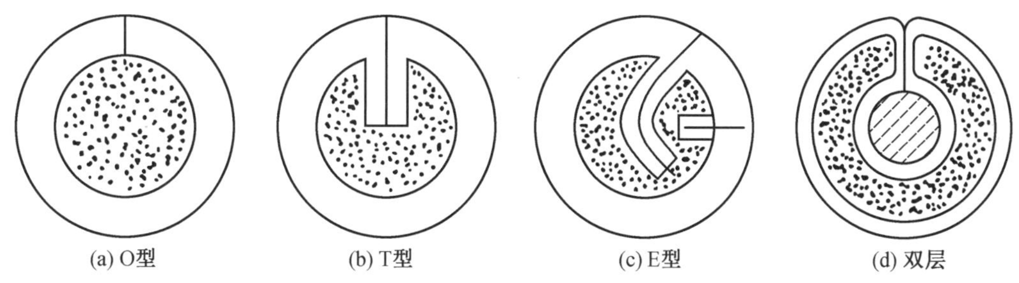

图 8.1　有缝药芯丝材常用截面形状

合金丝材在金属化学成分方面(尤其是在沉积体机械性能方面)受到限制；而由于药芯丝材芯部的粉剂实质上起涂料焊条药皮的作用，可以进行充分的冶金反应，获得高质量的沉积体。

8.2　丝材的制备

8.2.1　合金丝材制备

合金丝材生产包括多种工艺。各工序工艺参数的选用需满足用户使用性能和最终性能的要求，使用性能包括丝材的尺寸、外观和机械性能等，最终性能包括化学成分和相应的金相组织。

1. 黑色金属丝材

本节对典型的低合金珠光体类钢 H08Mn2SiA 丝材生产工艺各工序进行分析。

(1) 热处理。

热处理是控制成品丝材强度的重要工序，丝材一般依靠机械送进，太软则容易引起小弯头，造成送丝不稳，影响沉积的正常进行；太硬则使操作不便；强度适中才能稳定沉积过程。

(2) 表面准备。

表面准备的目的是去除氧化皮和涂覆润滑载体，特别是成品线坯表面氧化皮去除不净，将影响沉积体质量和沉积过程的顺利进行。

尽管此类钢只需采用常规的盐酸(质量分数为 15% ~ 20%) 常温酸洗或硫酸(质量分数为 8% ~ 10%) 加热酸洗，但钢丝大都在间隙式加热炉中处理，操作不慎将会因盘卷不整而引起中间线坯氧化皮去除不净，必须引起重视。

(3) 拉拔。

钢丝表面的光洁度和清净度影响沉积体质量。为提高表面光洁度，成品钢丝拉拔应采用较高的总压缩率和较多的拉拔道次，表面光洁使导电接触良好、防锈能力增强，从而提高焊接质量。润滑剂的选择会影响钢丝表面的清净度。

(4) 镀层。

丝材的表面状态有光面和镀铜两种。一般采用化学镀铜，即利用硫酸铜中的铜离子被铁置换而沉积于钢丝表面。

2. 有色金属丝材

本节对典型的铝镁锆合金丝材生产工艺各工序进行分析。

(1) 均匀化退火。

铸态合金存在明显的枝晶组织，且枝晶间存在较粗大的非平衡相，成分偏析严重。随着均匀化温度升高，枝晶逐渐消失，非平衡相也逐渐回融到合金基体中。470 ℃/24 h 均匀化处理后，枝晶基本消失，非平衡相完全回溶；490 ℃/24 h 均匀化处理后，合金晶粒出现部分长大。

(2) 热挤压。

一般而言，高镁铝合金挤压时的变形抗力较大，挤压温度应选择其合金的上限温度。传统铝合金的热挤压温度为 380 ~ 450 ℃，铝镁锆合金的热挤压温度为 420 ~ 430 ℃。

(3) 拉拔。

尺寸为 $\phi 8.5$ mm 挤压毛料加工到尺寸为 $\phi 2.6$ mm 的丝线，需要经过多道次的拉拔。由于在拉拔过程中会产生很强的加工硬化，两道次拉拔之间必须进行中间退火。中间退火的次数与软化程度有关，软化程度越高，进行中间退火的次数越少。

(4) 表面处理

为了提高沉积质量，沉积前需对丝材进行表面处理。采用微刮削技术去除丝材加工过程中的油污和吸潮层，消除丝材表层氧化膜，控制沉积体中的气孔和氧化夹渣，以改善沉积体内部冶金质量。

8.2.2　药芯丝材制备

世界各国用于制造药芯丝材的工艺方案和设备有很多,已申请专利就有数十种。按照产品的结构,药芯丝材可分为有缝药芯丝材(图 8.2) 和无缝药芯丝材;按照使用原材料,药芯丝材可分为冷轧钢带法、盘元法和钢管拔制法;按照成型工艺,冷轧钢带法可分为模拔法、连轧法和轧—拔法。本节对药芯丝材制备进行介绍。

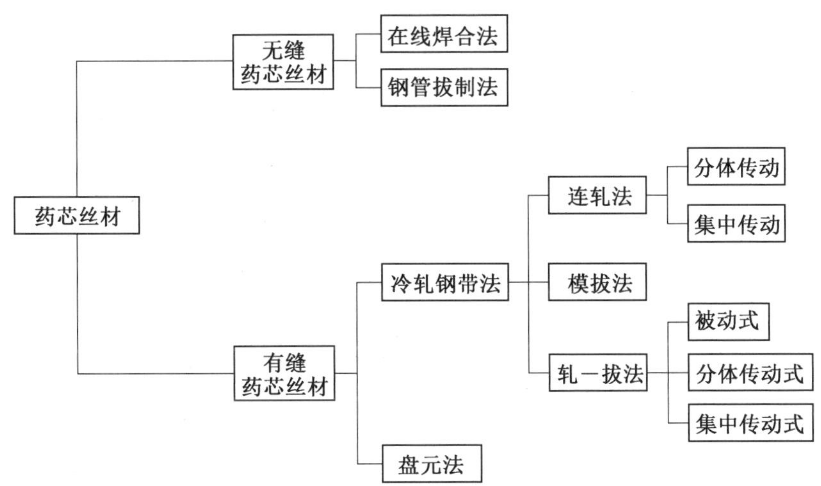

图 8.2　有缝药芯丝材常用截面形状

1. 连轧法

药芯丝材从钢带到成品丝材的全部加工过程都在一套连轧机上完成,其示意图如图 8.3 所示。

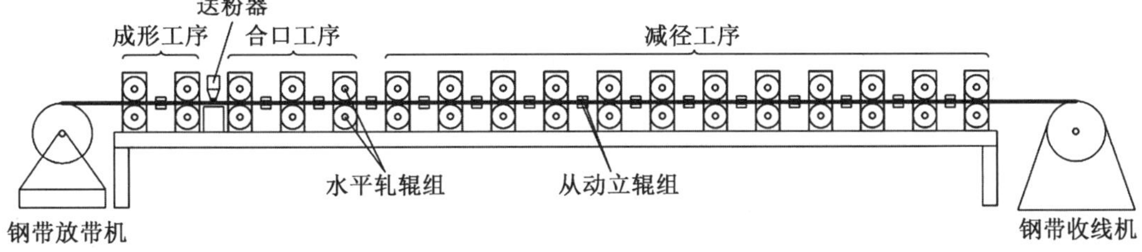

图 8.3　连轧法示意图

为了将丝材减径至较细的成品尺寸所需轧辊组很多,通常水平轧辊组多达 16 架以上,同时还要配置相当数量的从动立辊组。轧辊组配置的多少取决于原料钢带尺寸和成品丝材的尺寸。

全连轧法生产工艺具有以下特点。

(1) 药芯丝材成型和减径完全在一台机组上完成,因此工艺简洁,设备紧凑,设备费用相对较少,占地面积小。

(2) 丝材越细,轧制越困难,若不经拉拔工艺,很难直接轧至 $\phi 1.2$ mm 以下的细径丝材。

(3) 轧辊尺寸有限,生产效率不如轧—拔法工艺高。

(4) 轧辊对材质和加工精度要求很高,本身轨辊是易损件,因此备品、备件费用较高。

2. 轧—拔法

轧—拔法是将药芯丝材的成型、加粉、合口工序放在轧丝机上完成，而将减径的全部工序或大部分工序移至另一台拉丝机上完成，即采用先轧后拉的工艺，其示意图如图8.4所示。

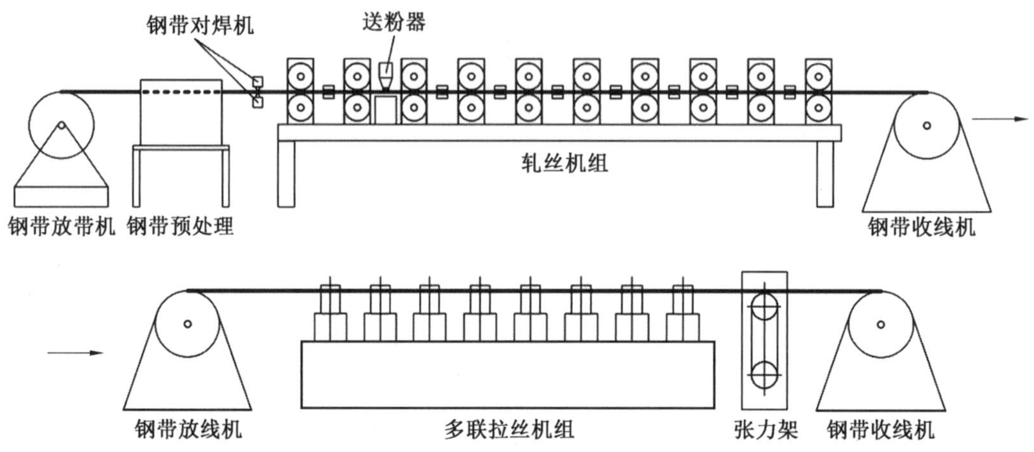

图8.4 轧—拔法示意图

图8.4可将轧丝和拉丝工序分开，也可合在一起，即可省去钢带收、放线机各一台。采用轧—拔法的好处是拉丝工艺比轧丝工艺更简单，生产速度更高，成本更低，丝材表面质量也更好。近年来由于各类新型高速直线拉丝机、拉丝模、润滑剂的不断改进，使拉丝速度可达12～14 m/s，最快甚至可达25 m/s。易损件拉丝模又是标准件，有专业工厂可批量生产，价格大大低于轧辊，所以将丝材减径的全部工序或大部分工序放在拉丝机上完成是合理的。

3. 盘元法

第一个提出采用盘元为原料生产药芯丝材的是美国林肯公司，其申请的专利中提出一种完全采用冷轧工艺使盘元成型的药芯丝材方法，这种方法的主要出发点有以下两种。

(1) 冷轧钢带无论在长度还是在宽度方向都存在较大的化学不均匀性和厚度公差。

(2) 冷轧钢带价格是盘元价格的几倍。

4. 钢管拔制法

采用钢管拔制法连续生产无缝药芯丝材是瑞士奥林康公司于1971年提出的，专利未给出相关示意图，有学者根据该专利文字，结合近年来参观过生产线的学者介绍，给出示意图，如图8.5所示。

钢管拔制法除生产成本高以外，还有以下两个潜在的问题。

(1) 振动加粉能否保证管内各处药粉密度完全一致。

(2) 生产过程仍是间断的，不是全流水线作业。

5. 在线焊合法

国外从20世纪80年代以来，提出一系列采用在线焊合制造药芯丝材的新工艺，其工艺要点是在轧—拔生产线的钢带合口处将已装入药粉的有缝钢管用高能密度热源在运

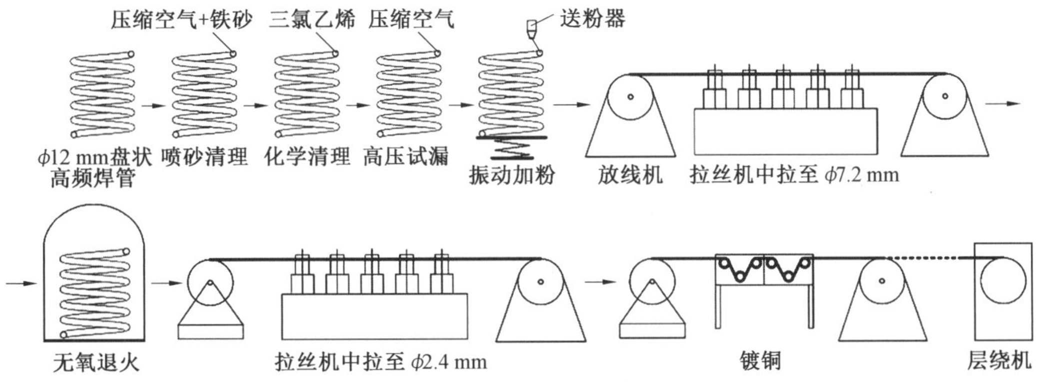

图 8.5　钢管拔制法示意图

动状态下焊合，所采用的焊接方法可以是激光焊、脉冲氩弧焊或高频感应电阻焊。

在线焊合法是综合轧－拔法生产有缝药芯丝材和钢管拔制法生产无缝药芯丝材的共同特点而产生的一种崭新工艺。该工艺可以生产无缝药芯丝材，生产效率很高，新日铁公司采用该工艺每月产量达 1 500 t 之多，因此这种新工艺代表了药芯丝材发展的方向。

8.3　分层处理及路径规划

8.3.1　模型设计

对三维模型的设计需要考虑其可行性、可靠性及成本。与电子束选区熔化相比，虽然电子束熔丝沉积属于增材制造，但其技术特点只能实现较为简单模型的增材制造，所以复杂模型(镂空结构等)不适用于电子束熔丝沉积。对于电子束熔丝沉积工艺(特点为近净成型)，仍需要后期的少量机加工才能达到精度要求，所以前期设计需要考虑加工余量才能保证结构的可靠性。一般来说，要达到相同的结构稳定性，有多种结构设计方案，但需考虑整个零件的材料成本、加工成本及质量特征，有时需要对结构进行优化，通常以最少的材料及后续机加工、最轻的质量设计为目标对零件结构进行优化设计，如图 8.6 所示。

(a) 优化前

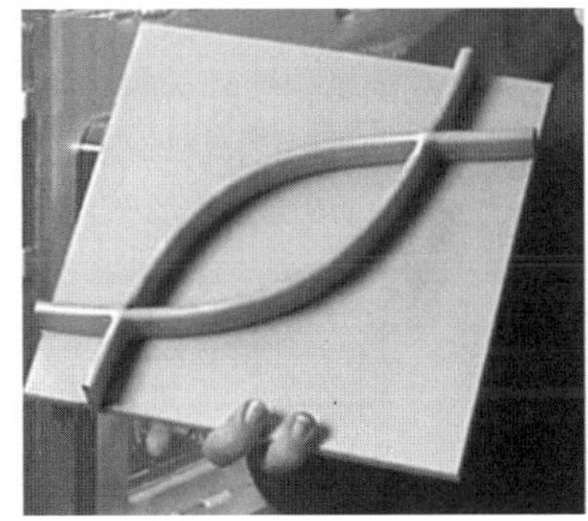
(b) 优化后

图 8.6　模型设计实例

8.3.2　分层处理

电子束熔丝沉积可以以完全自动化的方式从 CAD 模型中生成物理对象。复杂的几何图形被分割成多层，从而实现了简化的子几何图形的高度自动化制造，如图 8.7 所示。在过去的半个世纪里，人们已经做了大量工作，用逐层的方法开发利用沉积体生产零件的能力，然而一个完全自动化的 CAD 零件增材制造系统尚未商业化。

从 CAD 模型开始(图 8.8)，使用三维切片模块将输入的 CAD 模型切片为一组图层；然后通过二维路径规划模块的每一层生成沉积路径，将沉积路径和确定的沉积参数转换为代码进行沉积；最后，制作出近净形状，必要时进行后处理加工。

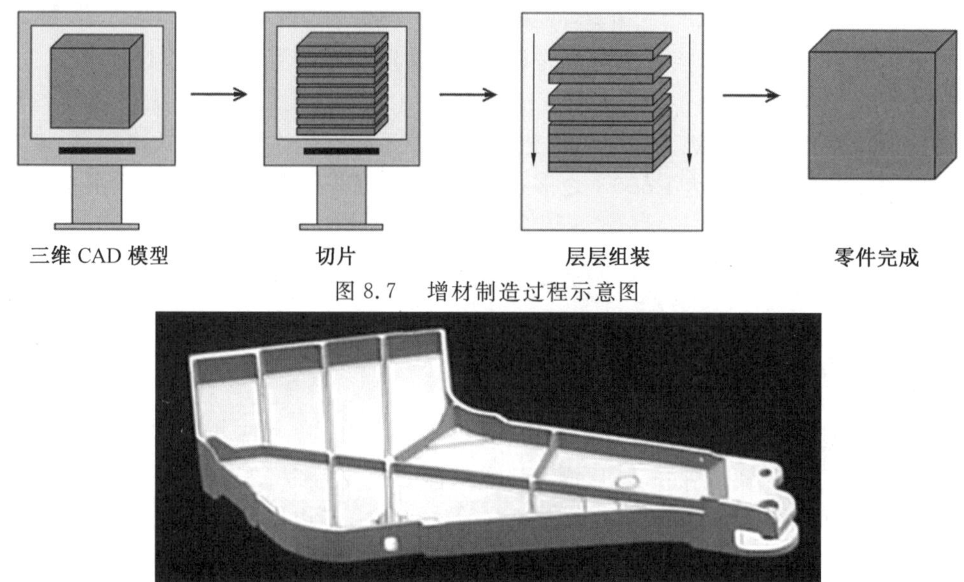

图 8.7　增材制造过程示意图

图 8.8　CAD 模型

8.3.3　路径优化

对于同一个三维模型，沉积路径的规划很重要，不同的沉积路径导致沉积体内部应力及变形差异较大。对于沉积路径的设计需要对零件的层间温度、熔池稳定性、应力及变形等因素进行综合考虑，以达到最优的效果。图 8.9 所示为两种典型的沉积路径示意图。

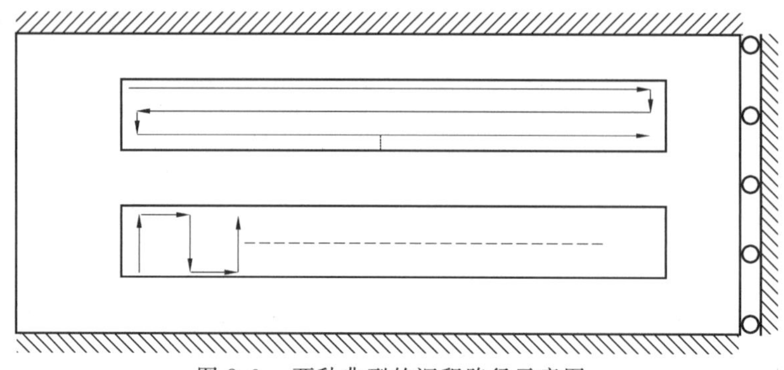

图 8.9　两种典型的沉积路径示意图

8.4　电子束熔丝沉积

计算机处理好三维模型之后，在指定的基板上进行沉积过程，电子束能量、送丝速度和移动速度等工艺参数匹配才能实现稳定的电子束熔丝沉积过程。对于体积较小的零件，热量很容易传导至整个零件，先沉积的部分无法得到有效冷却，在连续沉积过程中易产生过热现象，所以需要层间的冷却(即非连续沉积)保证层间温度的一致性；而对于体积较大的零件，同一层后沉积部分对先沉积部分影响较小，所以可实现连续沉积。沉积完成后的零件形貌如图 8.10 所示，零件表面通常会存在明显的沉积痕迹。

图 8.10　沉积完成后的零件形貌

8.4.1　电子束束流对成型的影响

图 8.11 所示为不同电子束束流下单道 5 层沉积体的宏观形貌，保持加速电压 $U=60$ kV，聚焦电流 $I=500$ mA，送丝速度 $V=20$ mm/s，移动速度 $V_b=240$ mm/ min，电子束束流 I_b 为 10～14 mA。从图中可以看出，在电子束束流较小时，如图 8.11(a) 所示，沉积体的宽度十分不均匀，最窄处和最宽处差异十分明显；随着电子束束流增加至 12 mA 时，如图 8.11(b) 所示，沉积体的宽度有趋于一致的趋势；当电子束束流增加至 14 mA 时，如图8.11(c) 所示，沉积体的宽度完全一致。同时从图中可以看出，沉积体表面有明显的鱼鳞纹，电子束束流为 10 mA 时鱼鳞纹的间隔不均匀，当电子束束流逐渐增大后，鱼鳞纹的间隔逐渐均匀一致，但沉积时产生的飞溅随着电子束束流的增加而显著增大。

沉积时产生飞溅的主要原因是束流增大后，单位时间内熔化更多丝材，在丝材末端形成的熔滴直径增加，熔滴被重力拉得窄且长，与熔池接触后通过表面张力过渡到熔池中。在此过程中，丝材端部的残留金属产生细小颗粒的飞溅。当束流持续增大后，单位时间内丝材的熔化量持续增加，熔滴直径过大而受重力作用滴入熔池，在这个过程完成后，丝材再熔化形成熔滴通过表面张力进入熔池，产生的主要是大颗粒飞溅，飞溅程度增加。

不同电子束束流下沉积体高度和宽度的变化曲线如图 8.12 所示，随着电子束束流增

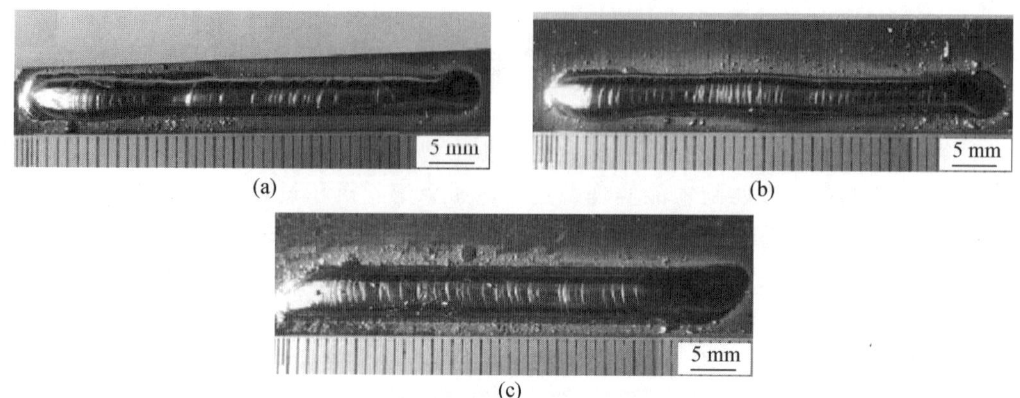

图 8.11 不同电子束束流下单道 5 层沉积体的宏观形貌

大,沉积体高度几乎呈线性减少,宽度呈线性增加。因为在电子束束流较小时,丝材还未完全熔化或者刚好熔化,此时熔化的丝材表面张力大,流动性不佳,在宽度方向的铺展不多而累积在高度方向上,凝固后表现出宽度较窄,高度较高。当电子束束流增加时,熔化的金属表面张力降低,流动性随之增加,于是在沉积体宽度方向上铺展更加完整,由于送丝速度保持不变(即送入熔池的丝材总量恒定),沉积体宽度线性增加必然导致高度线性减少,从而在凝固后表现出宽度较宽而高度较低。综上所述,电子束束流改变沉积体的高度和宽度,尤其是沉积体宽度受电子束束流的影响很大,同时过大的电子束束流会使飞溅增大。在电子束熔丝沉积中,希望沉积体能保持较窄的宽度,因此不适合使用大电子束束流进行沉积。

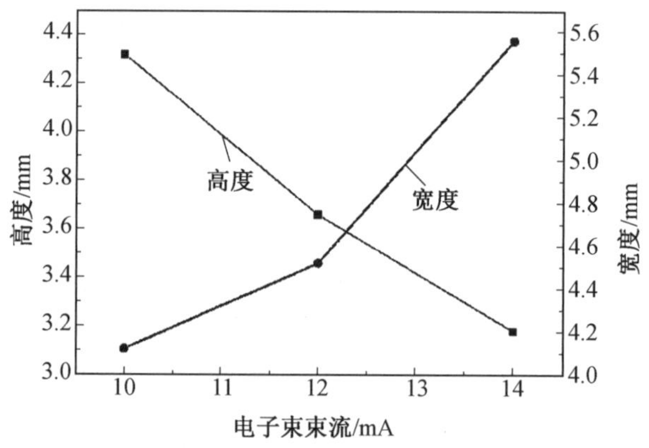

图 8.12 不同电子束束流下沉积体高度和宽度的变化曲线

图 8.13 所示为不同电子束束流下单道 20 层沉积体的宏观形貌。为描述方便,本节将沉积体最初的凸起段(图 8.13 中 Ⅰ 区域)称为起始段,中间的平整段(图 8.13 中 Ⅱ 区域)称为稳定段,末尾的下塌段(图 8.13 中 Ⅲ 区域)称为结束段。图 8.13(a) 所示为当电子束束流为 12 mA 时的宏观形貌,沉积体总体高度一致,在沉积体的中间成型稳定段处,沉积体高度平稳且表面光滑平整。起始段由于散热条件较好而略微突起。结束段则由于沉积体温度升高,金属液流动性增加而呈弧形下塌。随着电子束束流的增加,起始段没有明显变化,但结束段的长度变大,下塌现象越来越明显,从弧形下塌逐渐转变为线性下塌,

如图 8.13(b)、图8.13(c) 所示。在沉积体中间区域的稳定段，尽管电子束束流的增加依然能保证其高度均匀一致，但稳定段的长度逐渐变小，在共沉积长度为 80 mm 的沉积体中，其长度由12 mA 时的 45 mm 减小至16 mA 时的 30 mm。

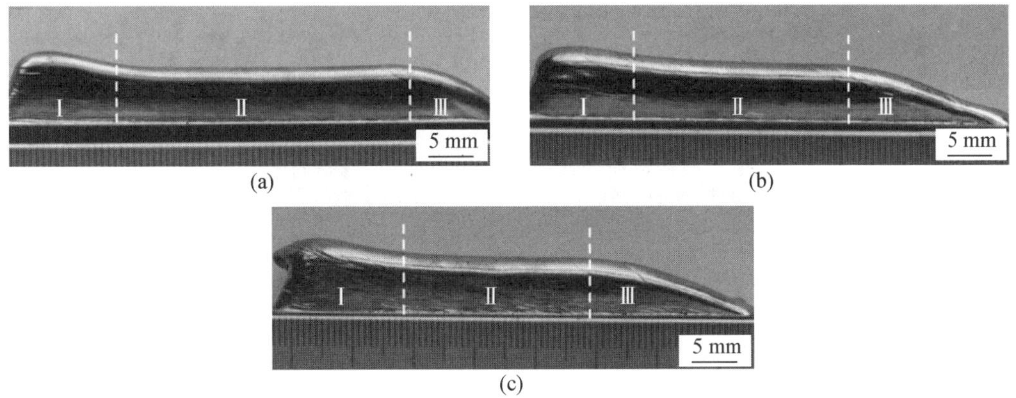

图 8.13　不同电子束束流下单道 20 层沉积体的宏观形貌

8.4.2　移动速度对成型的影响

图 8.14 所示为不同移动速度下单道 5 层沉积体的宏观形貌。保持加速电压 $U=60$ kV，聚焦电流 $I=500$ mA，送丝速度 $V=20$ mm/s，电子束束流 $I_b=12$ mA，移动速度 V_b 为 216 ~ 270 mm/ min。从图中可以看出，当移动速度较低时，沉积体宽度均匀一致且表面光滑平整，仅有少量鱼鳞纹的存在；随着移动速度的增加，如图8.14(b)、图8.14(c) 所示，沉积体宽度逐渐变窄且不一致，最大宽度和最窄宽度差值逐渐增大，但沉积体表面的鱼鳞纹逐渐增多且间距逐渐趋于一致。这是由于电子束束流和送丝速度等其他参数一定时，较慢的移动速度意味着在单位时间内单位长度沉积体受到的热输入更高，丝材有更多的能量充分熔化，在沉积体宽度方向上能更加充分的铺展，所以宽度均匀。随着移动速度的增加，单位长度的沉积体受到的热输入减少，丝材熔化不充分，宏观表现为沉积体宽度和高度不一致。同时从图中可以看出，移动速度改变后沉积体周围飞溅均不明显，仅在图 8.14(b) 的结束段产生少量飞溅，表明移动速度对电子束熔丝沉积飞溅影响不大。

图 8.15 所示为不同移动速度下沉积体高度和宽度的变化曲线，随着移动速度的增加，沉积体宽度呈线性降低，而沉积体高度几乎保持不变。因为电子束束流和送丝速度保持不变，随着移动速度的增加，单位长度中的热输入减少，丝材没有足够的能量熔化并充分铺展，所以沉积体宽度降低，尽管单位长度的沉积体内熔化的丝材量随移动速度的增加而线性减少，但在沉积体宽度也减小的情况下，沉积体高度几乎没有明显变化。综上所述，移动速度增加，沉积体宽度减少，对沉积体高度和沉积时产生的飞溅影响不大。

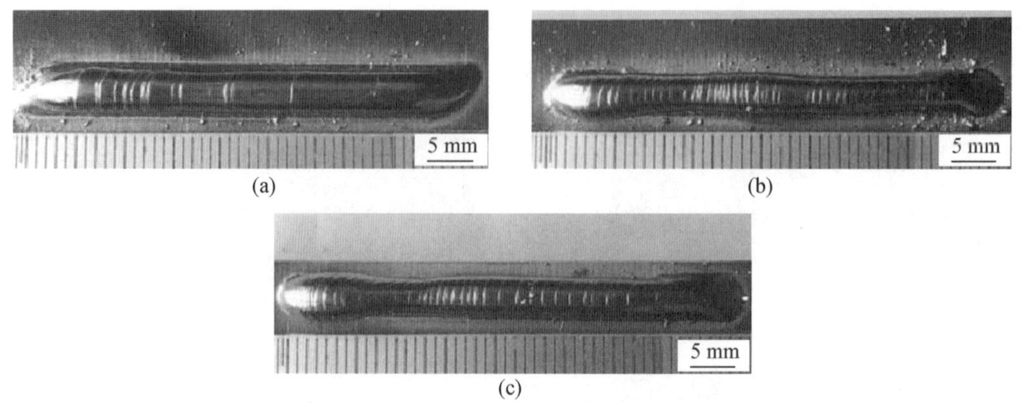

图 8.14　不同移动速度下单道 5 层沉积体的宏观形貌

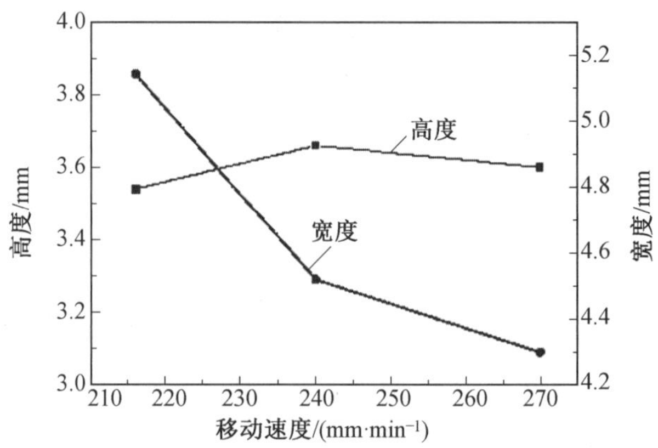

图 8.15　不同移动速度下沉积体高度和宽度的变化曲线

8.4.3　送丝速度对成型的影响

图 8.16 所示为不同送丝速度下单道 10 层沉积体的宏观形貌，保持加速电压 $U=60$ kV，聚焦电流 $I=500$ mA，移动速度 $V_b=240$ mm/min，电子束束流 $I_b=12$ mA，送丝速度 V 为 20 ～ 30 mm/s。从图中可以看出，不管是较慢还是较快的送丝速度，均未产生明显飞溅，经过 10 次热循环作用，沉积体表面均光滑平整，已经看不到明显的鱼鳞纹，沉积体宽度也没有出现宽窄不一的现象。这是因为在合适的参数下沉积 10 层，沉积体温度已经达到完全熔化的稳定温度，在这个温度下沉积，丝材充分熔化并铺展，使沉积体宽度保持一致。从图 8.16(b) 中可以看出，在送丝速度为 30 mm/s 时，沉积体的两端均出现未熔入熔池的丝材，而在送丝速度为20 mm/s(图 8.16(a)) 时则未出现这种现象，表明在该热输入下，30 mm/s 的送丝速度相对过快，来不及熔化的丝材累积在沉积体起始段和结束段，冷却凝固后形成两端都有未熔丝材的现象。在送丝速度较慢时，丝材能完全熔化过渡到沉积体中，使沉积体稳定段的高度几乎保持不变；而当送丝速度过快时，沉积体出现高度上的略微起伏，说明在该送丝速度下，丝材的熔化速度不稳定，单位时间内熔化的丝材多时沉积高度高，熔化的丝材少时沉积高度相对更低。

图 8.17 所示为不同送丝速度下单道 20 层沉积体宏观形貌。图 8.17(a) 所示为送丝

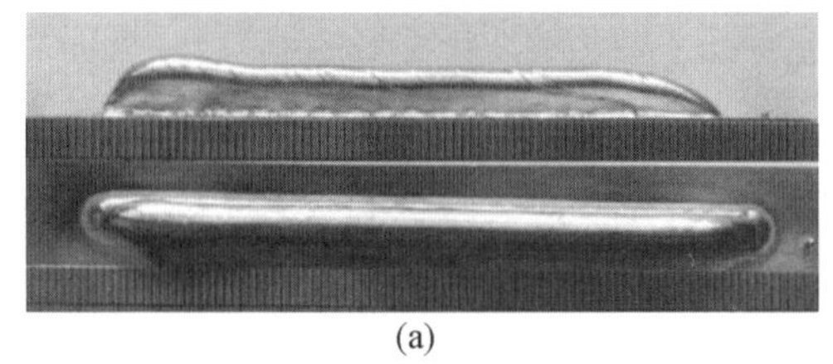
(a)

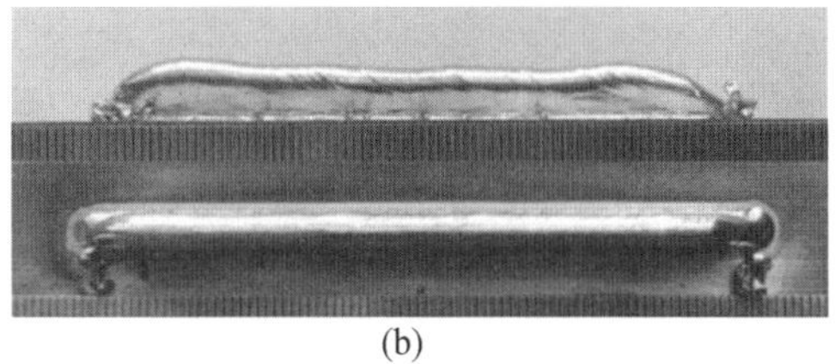
(b)

图 8.16　不同送丝速度下单道 10 层沉积体的宏观形貌

速度为 15 mm/s 时的宏观形貌，由于没有足够的丝材熔入沉积体中，导致沉积体高度极不均匀，起始段(图 8.17(a) 中 I 区域) 最高，之后高度一直降低，直至结束段(图 8.17(a) 中 Ⅲ 区域)，沉积体前后高度差明显；随着送丝速度增加至 20 mm/s 后，如图 8.17(b) 所示，沉积体高度差得到改善，中间成型稳定段(图 8.17(b) Ⅱ 区域) 的高度几乎保持一致，仅在沉积体的起始段和结束段高度有所差异；继续增大送丝速度至 25 mm/s 后，如图 8.17(c) 所示，发现沉积体的稳定段和结束段高度均有所增加，与起始段几乎保持平齐，结束段的下塌也得到了改善。与送丝速度为 30 mm/s时相比，送丝速度为 25 mm/s时沉积体中没有出现未熔丝材，全部熔入沉积体中，表明在该热输入下，与之相匹配的最快送丝速度为 25 mm/s。

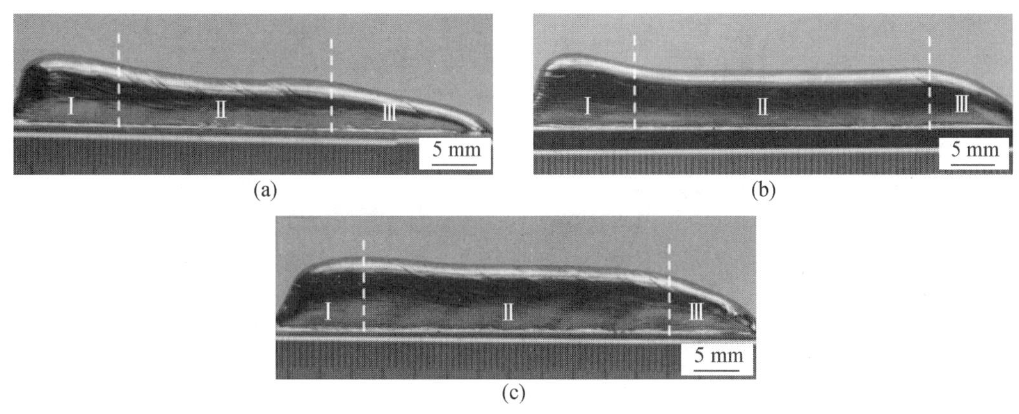

图 8.17　不同送丝速度下单道 20 层沉积体宏观形貌

8.4.4　热输入对成型的影响

图 8.18 所示为热输入不当时单道单层沉积体的宏观形貌。由图8.18(a) 可知，当热输入为 120 J/mm 时，由于热输入过小，沉积体初始阶段电子束不足以将丝材完全熔化，而产生类似假焊现象，将丝材直接敷在基材上；后半段由于热量累积的作用，使基材温度升高，丝材有足够的热量熔化在基材上，但整体成型效果较差，不能满足实际使用要求。由图 8.18(b) 可知，当热输入为 260 J/mm 时，由于热输入过大，在沉积过程中丝材产生严重飞溅，导致无法成型。只有当热输入在合适的参数范围内时，电子束熔丝沉积才能顺利进行。

图 8.19 所示为在热输入合适时单道 5 层沉积体的宏观形貌。由于送丝系统不稳定，导致沉积体表面产生不均匀的鱼鳞纹，随着热输入的增加，电子束对前一层熔敷金属重熔

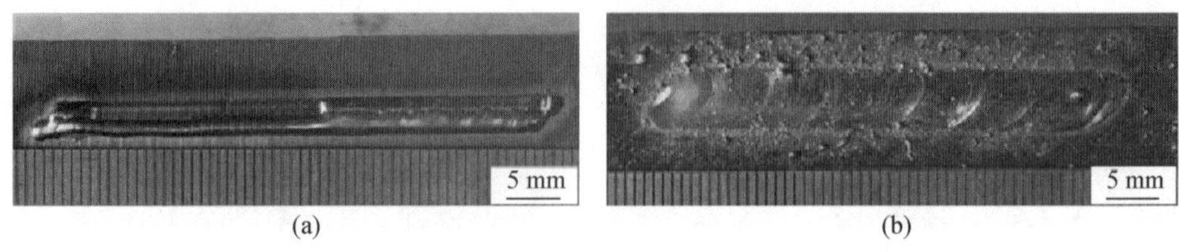

图 8.18 热输入不当时单直单层沉积体的宏观形貌

更加充分，使不均匀的鱼鳞纹现象逐渐改善。从图 8.19(a) ～ (c) 中可以看出，在热输入较小时，沉积体宽度不稳定，中间部分相对于两端更宽；随着热输入增加至200 J/mm 时，如图 8.19(d) 所示，沉积体宽度逐渐增加且保持稳定，同时表面更加光滑平整；热输入继续增大至210 J/mm后，如图8.19(e) 所示，飞溅逐渐增多，成型效果下降。沉积体起始段存在一个类似“大头”的部分，这是由于本实验采用单向沉积方式，初始沉积时，电子束束流需要重新由 0 mA 线性增大至设定值，会对沉积体的起始段产生热量累积，熔化更多的金属丝材，导致沉积体的起始段粗大。在沉积体的末端，由于电子束束流对沉积体的不断加热，使沉积体整体已达到较高温度状态，熔化的金属表面张力随着温度的升高而减小，金属液流动性增加，导致沉积体末端产生弧形下塌。

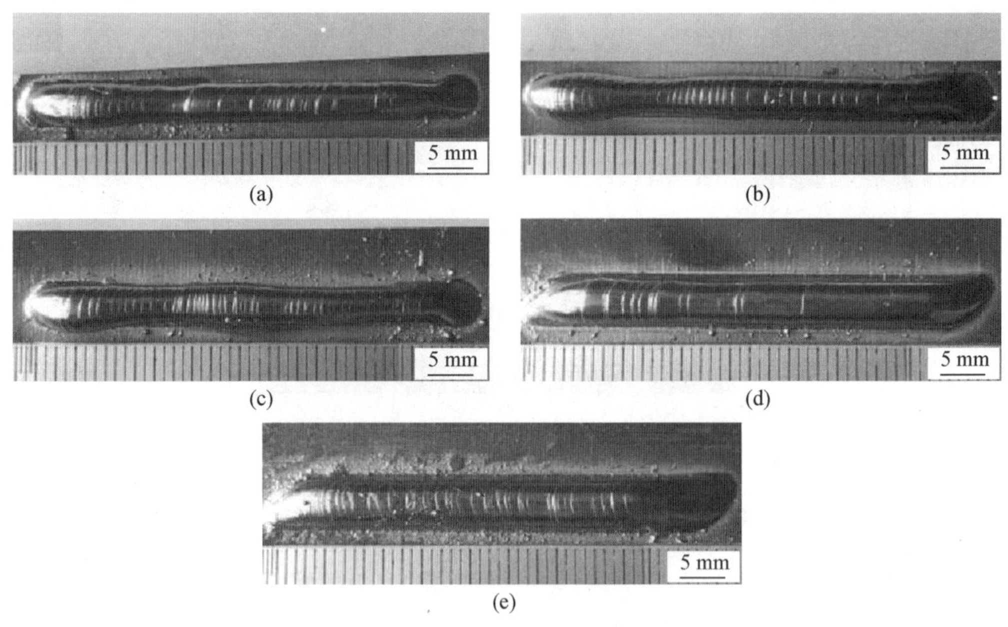

图 8.19 热输入合适时单道 5 层沉积体的宏观形貌

对以上沉积体的高度和宽度进行统计后制成折线图，如图 8.20 所示。随着热输入的增加，沉积体高度逐渐降低，而沉积体宽度逐渐增大。热输入为 150 J/mm 时，沉积体高度最大；当热输入增至 160 J/mm 时，沉积体高度明显降低；当热输入继续增加至 200 J/mm 时，沉积体高度基本保持不变，仅有少量降低；当热输入增加至 210 J/mm 时，沉积体高度明显降低。当热输入小于 180 J/mm 时，沉积体宽度缓慢增加；当热输入大于 180 J/mm 时，沉积体宽度明显增加。

对于多层单道(薄壁墙体) 沉积体，工艺参数一般为常规的电子束能量、送丝速度、移

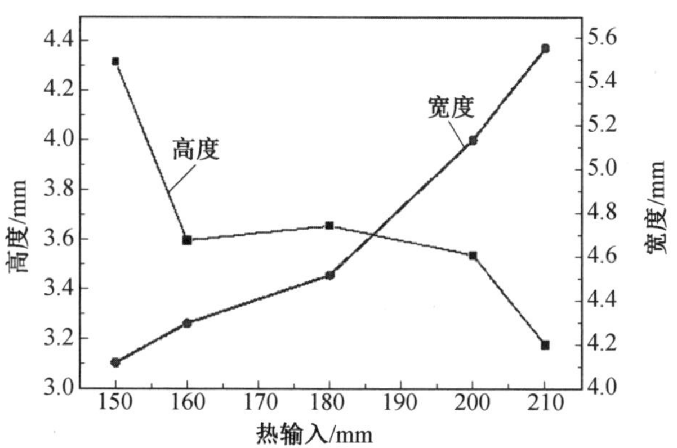

图 8.20　不同热输入下沉积体高度和宽度的变化曲线

动速度及层间温度等；而对于多层多道沉积体，还需考虑相邻两道之间的距离。

在电子束熔丝沉积多层多道沉积体时，需进行多道搭接以覆盖整个表面。液态金属向熔池的过渡方式对实体结构成型过程的稳定性及成型质量有重要影响。当丝端距工件表面的高度趋近于零，且熔化位置处于束斑中心与熔池前缘之间时，易形成搭桥过渡，成型过程稳定，表面光滑美观。熔池距工件表面的高度过大则可能导致大滴过渡现象，沉积体表面呈“串珠”状，在进行下一层加工时，熔池时大时小，过程很不稳定，在串珠状突起的根部，极易出现串状未熔合缺陷。当送丝嘴距离工件表面过近或送丝速度过快时，丝材可能撞击熔池底部或边缘，导致送丝不稳定，严重时，丝材可能偏离熔池；二者的刚性接触还会增大送丝系统的负载，可能导致送丝机电机停转。当前一层沉积层面比较平整，进行下一层沉积时，丝材距工件表面的高度比较一致，沉积过程也更稳定；如前一层面有较大起伏，在下一层面堆积时，起伏程度有进一步增大的趋势。因此，选择合理的工艺参数和相邻两道沉积体的间距对成型过程和成型质量十分重要。沉积间距示意图如图 8.21 所示，一般当多道沉积的间距＝单缝半宽＋丝材半径时，层面具有较为理想的平整度。

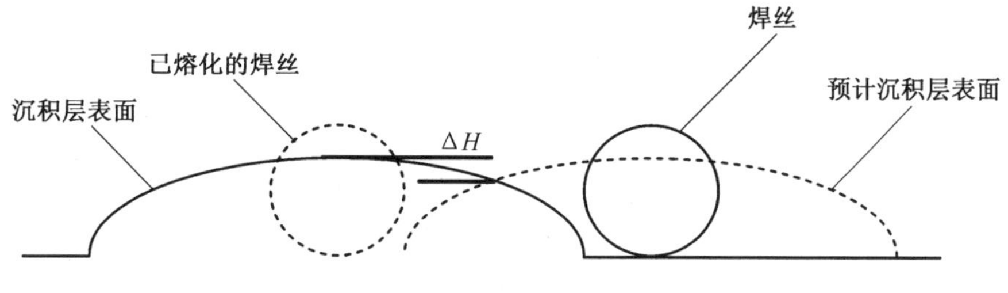

图 8.21　沉积间距示意图

8.5　沉积体组织及性能

电子束熔丝沉积工艺不仅对沉积体成型影响较大，不同的工艺参数还会影响沉积体的微观组织及性能。本节以铝合金和钛合金两种典型的材料为例，说明电子束熔丝沉积工艺对沉积体组织及性能的影响。

8.5.1 铝合金沉积体

本节采用 2219 铝合金丝材作为原料分别研究移动速度、送丝速度和沉积速率对沉积体组织及性能的影响。

1. 移动速度对沉积体组织及性能的影响

为了评估移动速度对沉积体组织及性能的影响，采用恒定的电子束功率和送丝速度进行沉积，在每次沉积过程中，移动速度从 6.8 mm/s 持续增加到 13.5 mm/s。图 8.22(a) 所示为不同移动速度下沉积体 2219 铝合金横截面。对于较高的移动速度，较低的热输入和较低的送丝速度会获得直径较小和较浅的熔池；随着移动速度的增加，这种综合效应使沉积层的宽度和高度都减小。图 8.22(b) 和图 8.22(c) 所示为最低移动速度和最高移动速度下沉积体端部的微观结构。枝晶穿过晶界的亮带为层间区域，在层间区域中上一层的一部分在下一层沉积时被重熔。图 8.22(b) 和图 8.22(c) 的比较表明，较高的移动速度产生更快的冷却速度，并导致沉积体形成较小等轴晶粒的均匀微观结构。虽然从图 8.22(c) 可以看到沉积体内含有枝晶，但在以较高移动速度产生的层间区域，普遍形成尺寸较小的枝晶。

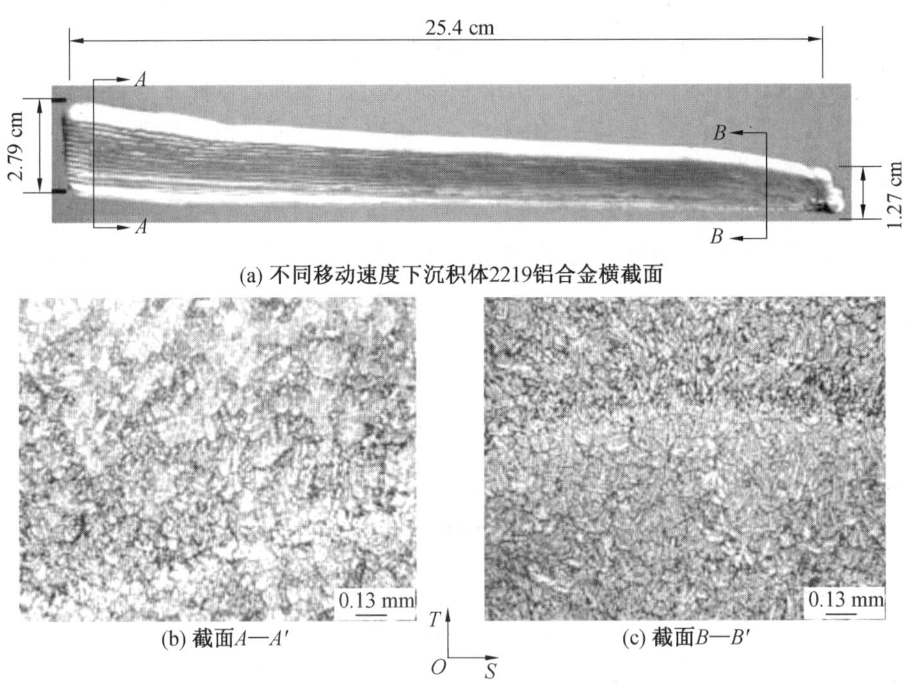

(a) 不同移动速度下沉积体2219铝合金横截面

(b) 截面A—A′

(c) 截面B—B′

图 8.22 不同移动速度对 2219 铝合金沉积体形貌和组织的影响

2. 送丝速度对沉积体组织及性能的影响

为了评价送丝速度对沉积体组织及性能的影响，采用恒定的电子束功率和移动速度进行沉积，在每次沉积过程中，送丝速度从 50.8 mm/s 持续降低到 25.4 mm/s。图 8.23(a) 所示为不同移动速度下沉积体 2219 铝合金横截面。在这种情况下电子束功率和移动速度是相同的，所以整个沉积层的能量密度是恒定的。增加送丝速度会增加被送入熔池的材料体积，从而增加用于熔化金属丝的能量，并减少被零件吸收的能量，这会导致熔池变窄，从而导致沉积体宽度减小，但随着送丝速度的增加，沉积体高度显著增加。图 8.23(b) 和图8.23(c) 所示为最高送丝速度和最低送丝速度下沉积体末端的微观组织。与较低送丝速度下形成的微观结构相比，随着送丝速度的增加，冷却速率增加，铝合金丝材获得了均匀性良好的较小等轴晶粒结构，并且在层间区域没有枝晶生长的迹象。对于铝合金丝材较低的送丝速度，铝合金丝材晶粒尺寸大得多且晶界不明显。

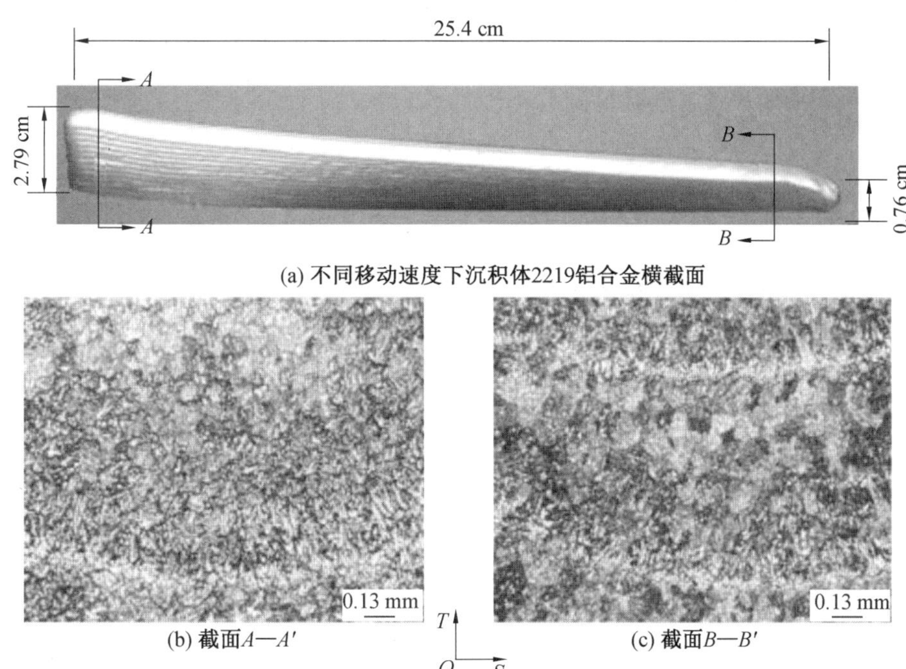

(a) 不同移动速度下沉积体2219铝合金横截面

(b) 截面A—A'　　(c) 截面B—B'

图 8.23　不同送丝速度对 2219 铝合金沉积体形貌和组织的影响

3. 沉积速率对沉积体组织及性能的影响

通过比较两个沉积体来检验沉积速率对沉积体组织及性能的影响，每个沉积体在整个沉积过程中都有恒定的参数。如图 8.24(a) 所示，具有较低沉积速率的沉积体是使用中等电子束功率、中等送丝速度和较低移动速度进行沉积的。图 8.24(b) 所示为高沉积速率的沉积体，采用相同的移动速度，但电子束功率提高 50%，送丝速度提高 67%。更高的电子束功率和更高的送丝速度的共同作用是增加沉积层宽度和高度的条件。增加电子束功率会增加热输入，从而产生更深、更宽的熔池；增加送丝速度会向熔池中添加更多的材料，从而产生更大的沉积速率。图 8.24(c) 和 8.24(d) 所示为沉积速率较低和沉积速率较高下沉积体的微观结构特征。较高的沉积速率(图 8.24(d)) 产生较大的晶粒尺寸，具有显著的枝晶生长和层间区域的不均匀性。有研究表明，在已有的沉积体侧面存在金属液流淌的痕迹，特别是在较高沉积速率的零件上，这是由于较高的热输入增加了熔池尺寸，从而使重力的影响大于表面张力，且铝的流动性增加，最终导致熔池侧漏。

图 8.25 显示了电子束熔丝沉积获得的 2219 铝合金沉积体的抗拉强度强度、0.2% 屈服强度和伸长率，与薄板和板材产品的常规室温力学性能对比。在 7 种电子束功率、移动

速度和送丝速度组合的实验中，对沉积数据进行平均。尽管处理条件的范围很广，如图8.25所示，大多数已沉积的2219铝合金数据落在一个很窄的带中，2219铝合金沉积体的性能介于2219铝合金板材在固溶和自然时效状态下的性能。

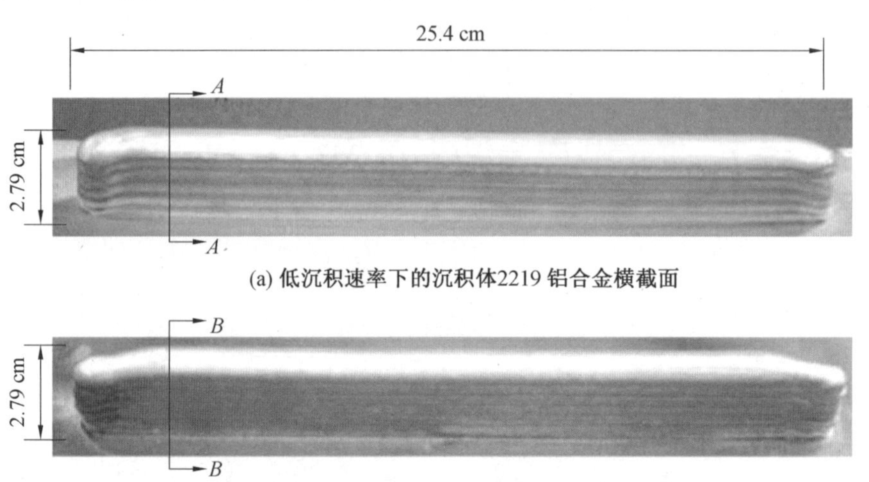

(a) 低沉积速率下的沉积体2219铝合金横截面

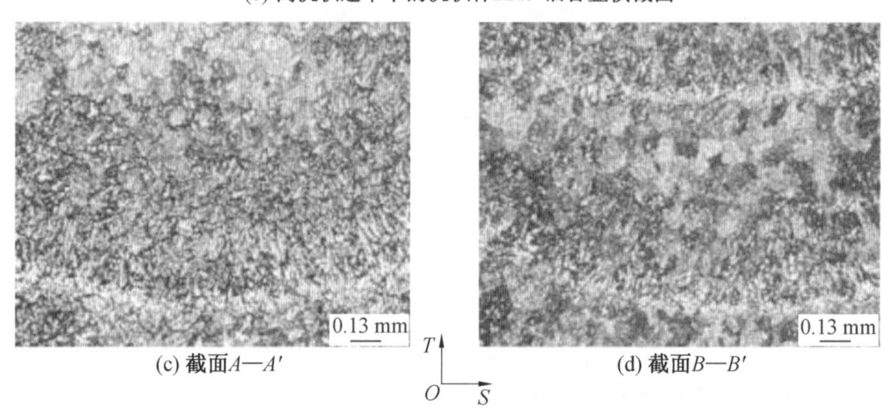

(b) 高沉积速率下的沉积体2219铝合金横截面

(c) 截面A—A′　　(d) 截面B—B′

图8.24　不同沉积速率对2219铝合金沉积体形貌和组织的影响

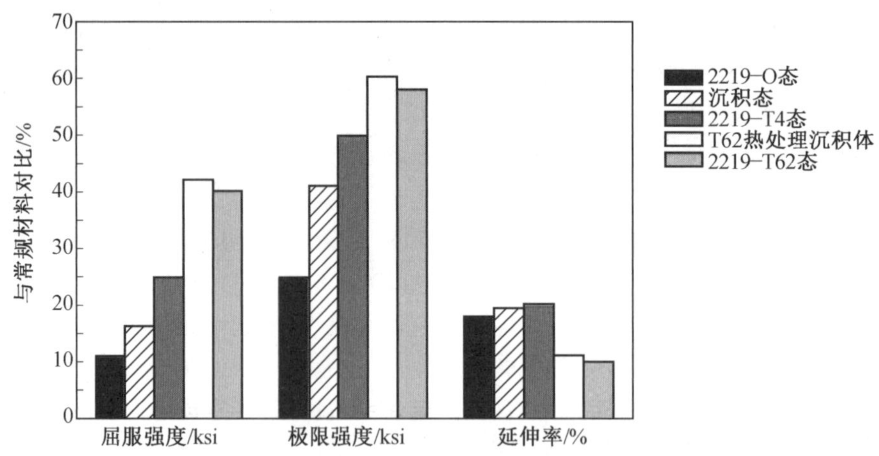

图8.25　2219铝合金沉积体与常规室温力学性能对比

8.5.2　钛合金沉积体

1. 热输入对沉积体组织和性能的影响

(1) 热输入对沉积体宏观组织的影响。

图 8.26 所示为不同热输入下沉积层横截面原始 β 晶粒形貌，随着热输入增加，基材上的热影响区范围有增加趋势，沉积层的底部宽度也逐渐增加。

从图 8.26(a) 中可以看出，当热输入为 180 J/mm 时，原始 β 晶粒(晶粒 A 与晶粒 B)并非定向向上外延生长，而是在沉积高度方向上有所偏移；随着热输入增大至 210 J/mm，如图 8.26(b) 所示，晶粒变成垂直于基材向上生长的柱状晶，如晶粒 C 与晶粒 D，且晶粒 D 在接近基材处宽度较小，随着高度增加，柱状晶的宽度增加；当热输入增加至 240 J/mm 后，如图 8.26(c) 所示，β 晶粒依然为定向向上生长的粗大柱状晶，并且柱状晶具有明显的对称性。

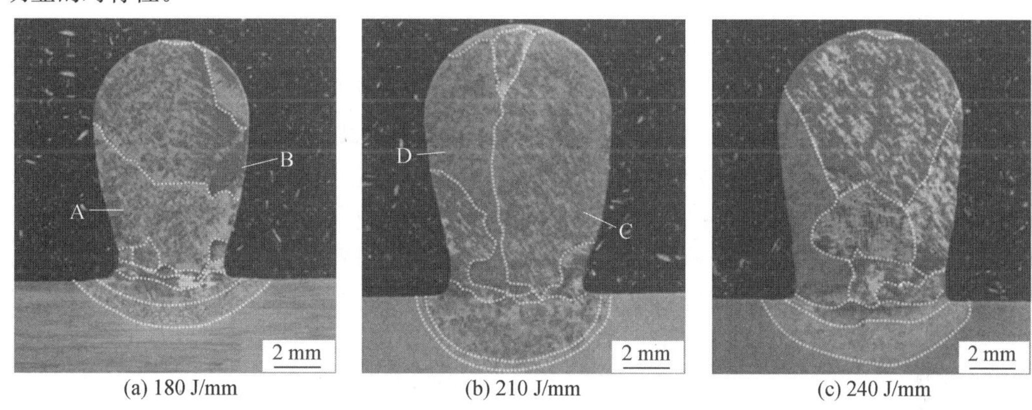

(a) 180 J/mm　(b) 210 J/mm　(c) 240 J/mm

图 8.26　不同热输入下沉积层横截面原始 β 晶粒形貌

分析认为，当热输入较小时，熔池温度梯度相对较低，且在熔池内中心温度高。表面张力小，金属液流动性好，边缘温度低；表面张力大，金属液流动性差，在表面张力大的作用下，金属由熔池中心流向熔池边缘，熔池中心金属液流开后会形成一个空腔，导致压力差的产生。在压力差的作用下，熔池边缘金属会流回中心，在熔池内部形成一个内部环流，金属的流动带动热量的传递，熔池中心的热量传向熔池边缘，使熔池中心的温度降低，熔池边缘和底部的温度升高，从而使熔池温度梯度进一步降低，虽然该温度梯度还不足以使沉积层形成等轴晶，但可以改变柱状晶的定向向上生长特性。随着热输入增大，熔池温度梯度增加，最大温度梯度沿沉积层的传热方向垂直向下，导致晶粒垂直于基材向上生长。晶粒 D 下部宽度小而上部宽度大，主要因为散热条件发生变化，沉积层冷却速度随高度的增加而降低，导致沉积层内热量累积增加，使柱状晶上部有所长大。当热输入进一步增加，熔池温度梯度随之增加，该条件更有利于柱状晶的生长，从而在沉积层中形成具有对称性的柱状晶。

(2) 热输入对沉积体微观组织的影响。

图 8.27 所示为沉积体的显微组织观察位置示意图，图中 Ⅰ 区为在基材上形成的热影响区，Ⅱ、Ⅲ、Ⅳ 区分别代表沉积层底部、沉积层中部和沉积层顶部。各组参数试样分

别选取沉积层中四个区域进行显微组织观察。

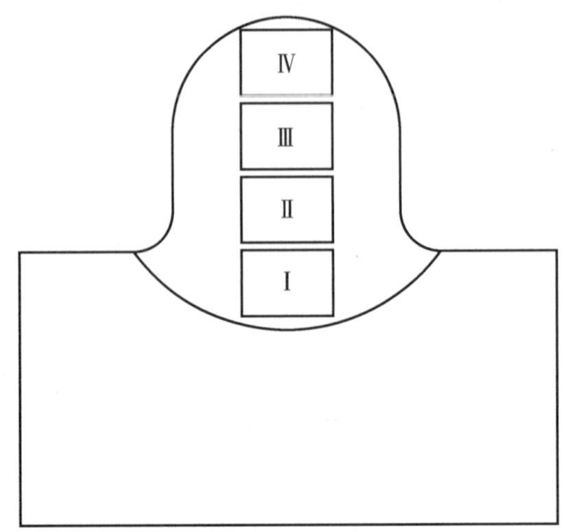

图 8.27　沉积体的显微组织观察位置示意图

图 8.28 所示为不同热输入下热影响区(Ⅰ 区)的显微组织。从图 8.28(a) 中可以看出,当热输入为 180 J/mm 时,基材中的原始等轴 α 相含量随着向热源靠近而逐渐转化成片层 α 相,同时晶界发生迁移,原始β晶粒有长大的趋势。从图 8.28(b) 可以看出,原始等轴 α 相已完全消失,原始 β 晶粒基本粗化为大小均匀的等轴晶,将 A 处放大可以看出,在原始 β 晶粒的晶界上开始析出不连续的 α 相,在 β 晶粒内部,主要是平行排列的片层 α 相以及还未转变成片层的块状 α 相,片层 α 相主要受原始 β 晶粒大小的限制以及片层之间的相互制约,从而长短不一。当热输入增加至 240 J/mm 后,从图 8.28(c) 中可以看出随着

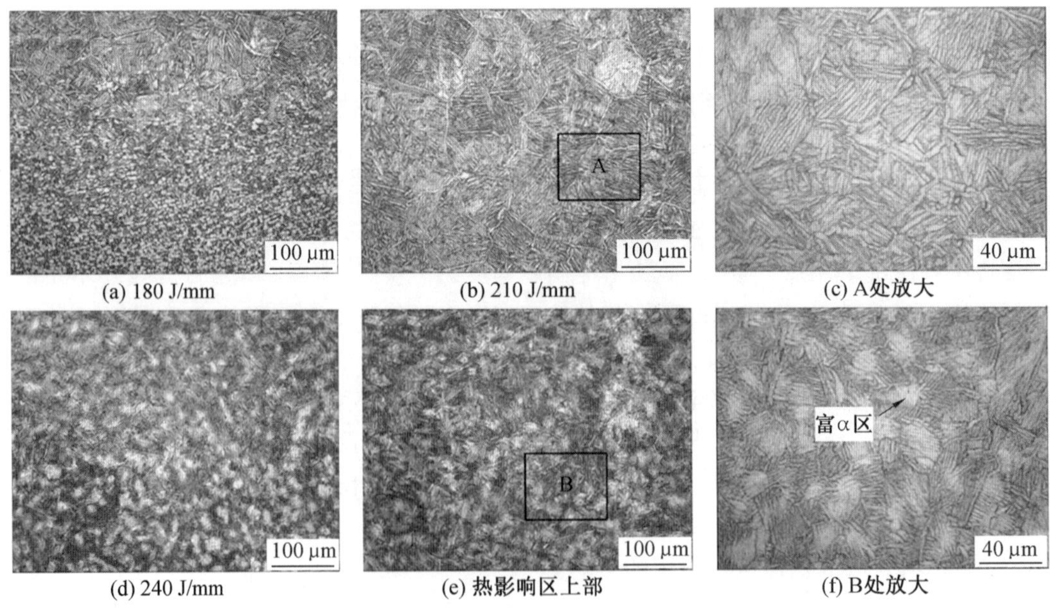

(a) 180 J/mm　(b) 210 J/mm　(c) A处放大

(d) 240 J/mm　(e) 热影响区上部　(f) B处放大

图 8.28　不同热输入下热影响区(Ⅰ 区)的显微组织

向热源靠近，等轴 α 相从边缘开始溶解，进入逐渐粗化长大的原始 β 晶粒中，到热影响区上部(图 8.28(e))时，原始等轴 α 相同样完全消失，但遗留下许多大小不一的白色斑点，将图中 B 处放大可以清楚地看到这些斑点实际上是等轴 α 相溶解后所形成的富 α 区。对比 B 处与 A 处的放大图可以看出，B 处原始等轴 β 晶粒内部的片层 α 相宽度明显小于 A 处的片层宽度，同时 B 处晶界上析出的不连续 α 相宽度小于 A 处晶界上析出的不连续 α 相。

图 8.29 所示为不同热输入下沉积层(Ⅱ、Ⅲ、Ⅳ 区)的显微组织。对比图 8.29(a)～(c)可以看出，在沉积层底部，晶粒边缘有明显的晶界，在晶界上有 α 相沿晶界的方向生长，这种在原始 β 晶粒的晶界处析出的 α 相称为晶界 α 相，将其统称为 α_{GB}。晶粒内部存在两种差异明显的 α 相，一种是在晶粒内部生长的条状 α 相，其相互交织排列在原始 β 晶粒中构成网篮组织，记为 α_{WM}；另一种是在晶界处开始形核，平行向原始 β 晶粒内部生长的 α 相集束，记为 α_{GWM}。当热输入为 180 J/mm 时，如图 8.29(a) 所示，在原始 β 晶粒内部的 α 相主要以 α_{WM} 形态分布，只有少量片层 α′ 相存在，同时晶界处分布少量细小的 α_{GWM}；当热输入增加至 210 J/mm 后，如图 8.29(b) 所示，α_{WM} 数量减少，之前少量分布的片层 α′ 相数

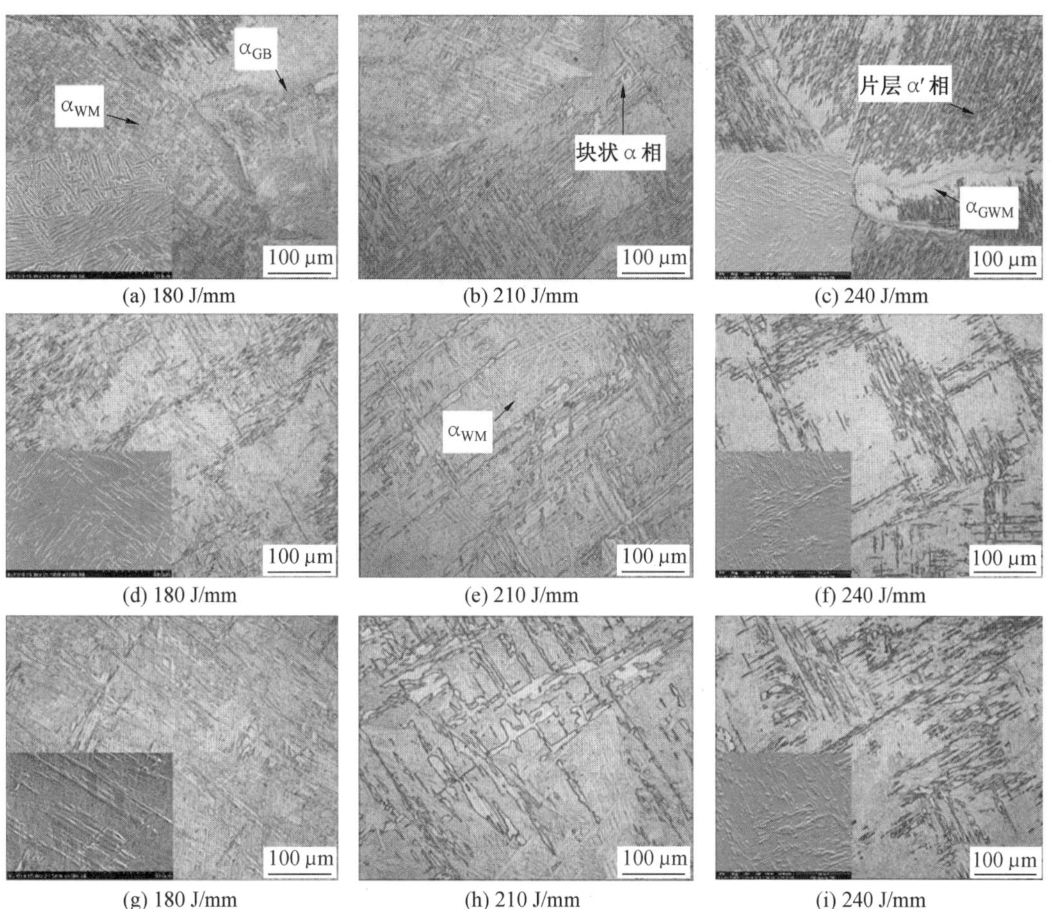

(a) 180 J/mm　(b) 210 J/mm　(c) 240 J/mm

(d) 180 J/mm　(e) 210 J/mm　(f) 240 J/mm

(g) 180 J/mm　(h) 210 J/mm　(i) 240 J/mm

图 8.29　不同热输入下沉积层(Ⅱ、Ⅲ、Ⅳ 区)的显微组织

量增多，同时有部分条状 α 相粗化或相互融合，从而形成块状 α 相；当热输入增加至 240 J/mm 后，如图 8.29(c) 所示，α_{WM} 数量急剧减少，取而代之的是全片层 α′ 相，其与原始 β 晶粒有明显方向相关性。同时从图 8.29(c) 中可以发现，在晶界处除了 α_{GB} 外还有大量 α_{GWM}。

对比图 8.29(d) ～ (f) 可以发现，在沉积层中部，组织主要由深色区域和浅色区域相互组成，其中深色区域为十字交错的片层 α′ 相，浅色区域为条状 α 相相互编织在原始 β 晶粒中。当热输入为 180 J/mm 时，如图 8.29(d) 所示，与沉积层底部类似，大部分组织为 α_{WM}，片层 α′ 相数量只占很少一部分，且片层短且窄；当热输入增加至 210 J/mm 时，如图 8.29(e) 所示，条状 α 相宽度和图 8.29(d) 相比没有明显变化，但长度有所增加，同时块状 α 相含量显著增加；当热输入进一步增大至 240 J/mm 后，如图 8.29(f) 所示，块状 α 相含量与图 8.29(e) 相比有所减少，但片层 α′ 相数量随着热输入的增大进一步增加，片层长度也有增加的趋势。

对比图 8.29(g) ～ (i) 可以发现，热输入较小时，沉积层顶部有少量条状 α 相破碎长大形成块状。随着热输入增加，如图 8.29(h) 所示，块状 α 相数量和大小显著增加；当热输入增大至 240 J/mm 后，如图 8.29(i) 所示，与图 8.29(h) 相比块状 α 相含量降低，但片层 α′ 相增多。

(3) 热输入对沉积体性能的影响。

图 8.30 所示为不同热输入下沉积层显微硬度。从图中可以看出，由于使用同种 TC4 基材，因此在图中右侧的基材区域硬度无明显区别，均为 350 HV 左右。随着沉积层高度的增加，显微硬度值逐渐呈现离散分布，但总体为下降趋势。当热输入为 180 J/mm 和 210 J/mm 时，总体显微硬度差别不大，均在 310 ～ 360 HV 内波动；但当热输入增加至 240 J/mm 时，沉积层内显微硬度有所降低，整体显微硬度值在 280 ～ 340 HV 内波动。

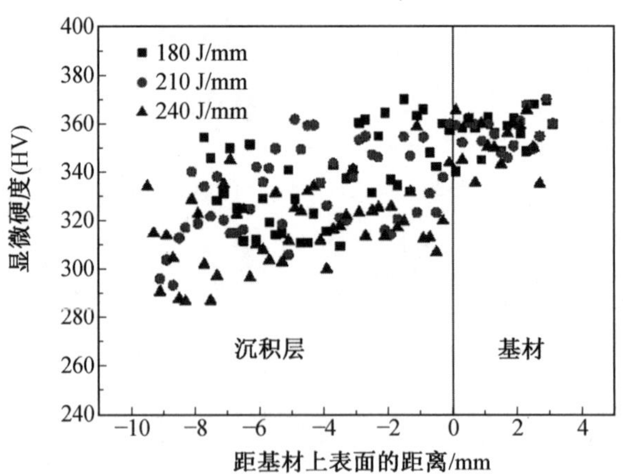

图 8.30　不同热输入下沉积层显微硬度

2. 送丝速度对沉积体组织和性能的影响

(1) 送丝速度对沉积体宏观组织的影响。

图 8.31 所示为不同送丝速度下沉积层横截面原始 β 晶粒形貌。从图中可以看出，在靠近基材侧的沉积层内晶粒普遍较小，当送丝速度为 15 mm/s 时，如图 8.31(a) 所示，原

始 β 晶粒形貌为典型的外延生长柱状晶，晶粒自基材开始生长，贯穿整个沉积层直至顶端；当送丝速度增加至20 mm/s，如图 8.31(b) 所示，晶粒不再垂直向上生长，而是与沉积高度方向呈一定角度偏移；随着送丝速度进一步增大至 25 mm/s，如图 8.31(c) 所示，沉积层内柱状晶被细化为众多细小晶粒，只在沉积层中部出现一个较大的晶粒。

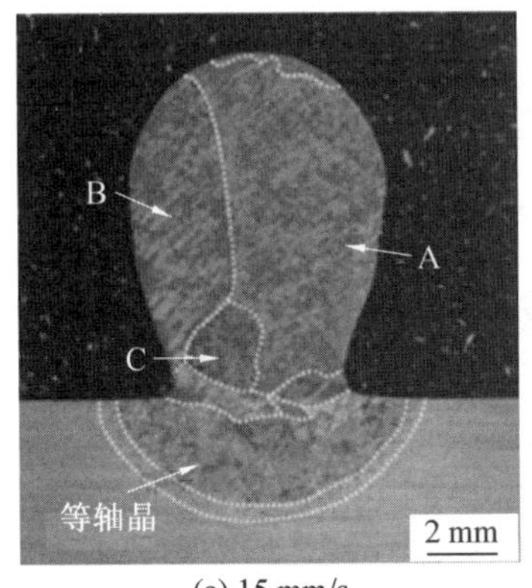

(a) 15 mm/s

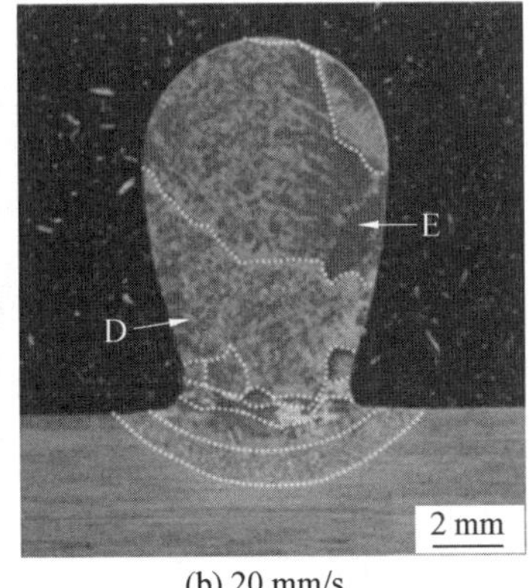

(b) 20 mm/s

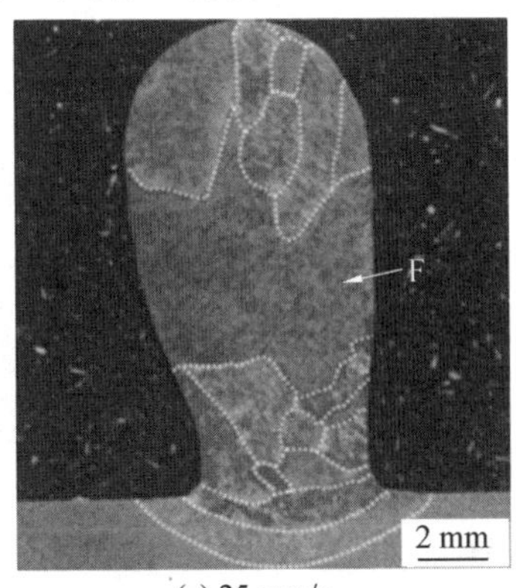

(c) 25 mm/s

图 8.31　不同送丝速度下沉积层横截面原始 β 晶粒形貌

分析认为，当送丝速度为 15 mm/s 时，由于送丝速度较慢，丝材对熔池的作用较弱，熔池内温度梯度较高且最大温度梯度垂直于基材，由于高温 β 相为体心立方结构，[100] 晶向为晶体的优先生长方向。在沉积过程中，在[100] 晶向和最大温度梯度方向接近的 β 晶粒占据生长有利位置，生长速度最快，而[100] 晶向与最大温度梯度偏差较大，甚至与[100] 晶向相反的晶粒在生长过程中占据不利位置，生长速度缓慢，因此占据有利位置的晶粒会将其他不利位置的晶粒淘汰，如图 8.31(a) 所示。C 晶粒在生长过程中被处于生长有利位置的 A 晶粒和 B 晶粒淘汰，最后停止生长，A 晶粒和 B 晶粒最终越过 C 晶粒而相互接触并共同向上外延生长直至顶端，同时晶粒边界逐渐整齐规则。当送丝速度增加至 20 mm/s 后，丝材对熔池略微冲击，该冲击力对熔池有少许搅拌作用，使熔池内的最大温度梯度方向产生略微偏移，不再严格沿垂直于沉积高度方向，于是在沉积高度方向上形成发生偏移的 D 晶粒和 E 晶粒(图 8.31(b))。随着送丝速度进一步增大至 25 mm/s，由于送丝速度较快，单位长度丝材吸收的热量较少，丝材只能被加热而无法被熔化，透过丝材的电子束将基材熔化形成熔池，丝材进入熔池吸收热量熔化形成沉积层，该丝材对熔池的作用力可以显著增加熔池内金属的流动作用，从而降低熔池内温度梯度，温度梯度(G) 与生长速度(R) 的比值(G/R) 低，有利于形成等轴晶，所以相比其他两组参数，图 8.31(c) 中沉积层内部等轴晶的数量明显增加，柱状晶得到了显著的改善。从图 8.31(c) 中还可以看出，沉积层中部有一个粗大的 F 晶粒，这是由于底部和中部是受热循环次数较多的部分，在沉积层底部散热条件好，最大温度梯度朝多个方向，因此形成较小的等轴晶，但沉积层中部的散热只能依靠已形成的沉积层传热，散热为单向，散热速度较慢，最终温度累积导致沉积层中部形成粗大晶粒，间接说明了连续沉积层数不宜过高，防止沉积层内形成粗大晶粒。

(2) 送丝速度对沉积体微观组织的影响。

图 8.32 所示为不同送丝速度下热影响区(Ⅰ 区) 的显微组织。从图中可以看出，当

送丝速度为 15 mm/s 时，如图 8.32(a) 所示，在靠近基材部分的热影响区 A 处，大量原始等轴 α 相转变成片状 α 相，在片状 α 相之间夹杂部分还未发生转变的等轴 α 相。随着热源进一步靠近 B 处时，β 晶粒有所长大，晶粒内部主要分布平行排列的片状 α 相，在片状 α 相中夹杂少部分未发生转变的原始等轴 α 相。当送丝速度为 25 mm/s 时，如图8.32(d) 所示，此时在靠近 C 处可以看到，等轴 α 相同样转变成片状 α 相，但未发生转变的原始等轴 α 相之间发生融合，导致等轴 α 相在形态上明显粗化。当热源靠近 D 处时，晶粒内等轴 α 相全部转化成片状 α 相，其宽度略大于送丝速度较慢时的片状 α 相宽度。

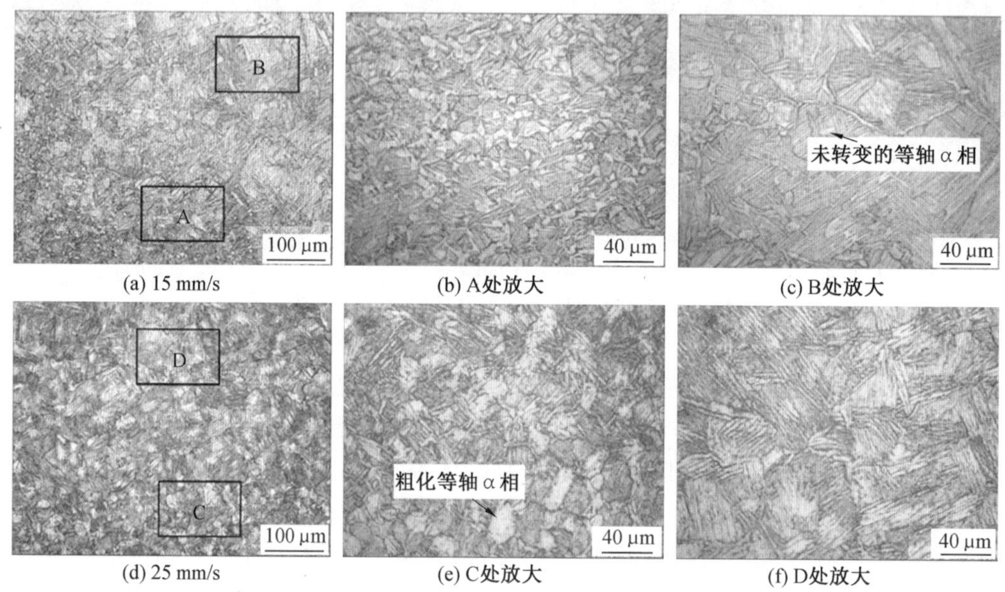

(a) 15 mm/s (b) A处放大 (c) B处放大

(d) 25 mm/s (e) C处放大 (f) D处放大

图 8.32 不同送丝速度下热影响区（Ⅰ 区）的显微组织

图 8.33 所示为不同送丝速度下沉积层（Ⅱ、Ⅲ、Ⅳ 区）的显微组织，对比图 8.33(a) ～ (c) 可以看出，在沉积层底部，随着送丝速度的增加，条状 α 相向针状 α 相和片状 α 相转变。在沉积层中部，当送丝速度较小时，如图 8.33(d) 所示，沉积层内主要为条状 α 相；当送丝速度增加至20 mm/s，如图 8.33(e) 所示，沉积层内出现部分由针状 α 相相互融合而成的块状 α 相，但块状 α 相较小且呈不连续分布；当送丝速度增大至 25 mm/s，不连续的小块状 α 相消失，α_{WM} 内条状 α 相与图 8.33(e) 相比略有粗化。在沉积层顶部，对比图 8.33(g) ～(i) 可以看出，随着送丝速度的增加，块状 α 相含量逐渐减少，α_{WM} 和片状 α′ 马氏体的含量逐渐增多，同时构成 α_{WM} 的条状 α 相宽度逐渐均匀一致。

分析认为，随着送丝速度的增加，丝材对熔池的作用使熔池金属的流动作用加剧，从而使熔池中的温度梯度与冷却速度降低，块状 α 相有足够的时间发生转变，同时条状 α 相略有粗化，所以送丝速度较快时沉积层内块状 α 相含量有所减少，但条状 α 相宽度增加。

(3) 送丝速度对沉积体性能的影响。

图 8.34 所示为不同送丝速度下沉积层显微硬度。与不同热输入时显微硬度测量结果类似，沉积层整体显微硬度随高度的增加有降低趋势。在图中右侧基材处，由于使用同种基材，硬度差异较小，均为 350 HV 左右。当送丝速度为 15 mm/s 时，沉积层内整体硬度值最小，在 290 ～ 330 HV 之间波动；当送丝速度为 20 mm/s 时，沉积层内显微硬度值

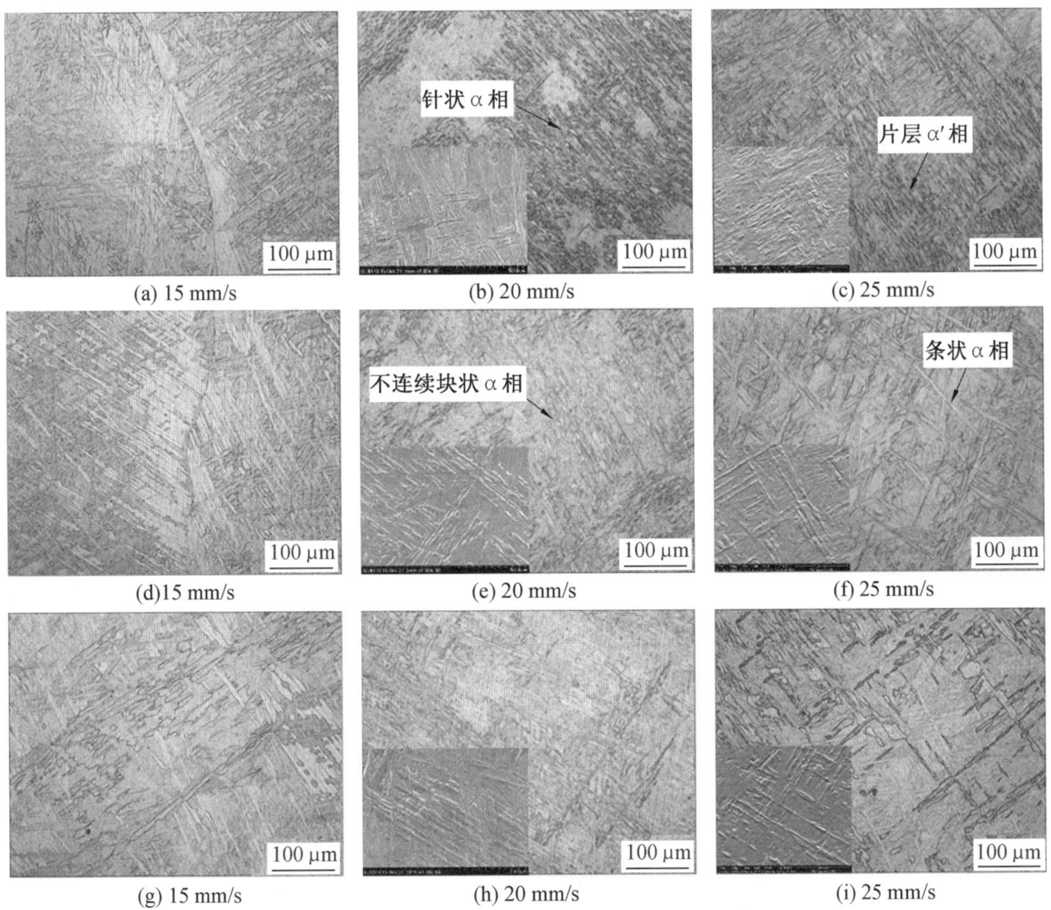

图 8.33 不同送丝速度下沉积层(Ⅱ、Ⅲ、Ⅳ 区)的显微组织

有所增加,整体显微硬度值在 300 ~ 360 HV 之间波动;但当送丝速度为 25 mm/s 时,随着沉积高度的增加,沉积层显微硬度值先增加后减小,即在沉积层中部显微硬度值出现一个波峰,从图 8.31(c) 可知,沉积层底部及顶部均为等轴状晶粒,但在沉积层中部区域为单个大块状晶粒,该区域由于散热困难且重复受到后续沉积过程的加热作用,相当于对中部不断进行退火热处理,从而使得硬度值上升,其整体硬度值在 310 ~ 380 HV 之间波动。

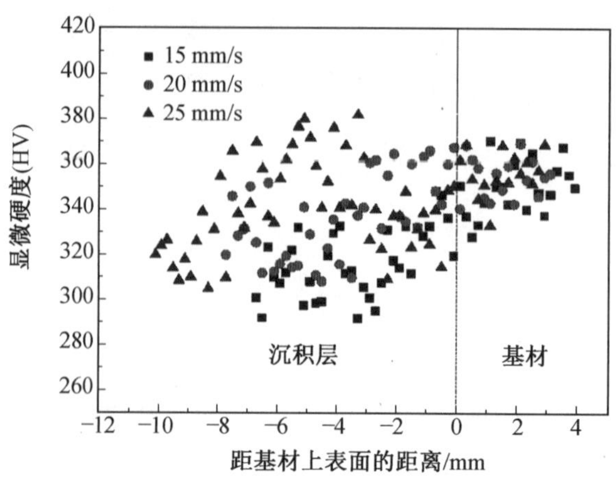

图 8.34 不同送丝速度下沉积层显微硬度

8.6 沉积体表面处理

电子束熔丝沉积后一般需要对沉积体进行精加工，已达到使用要求，一般的表面处理方法包括高速铣削、线切割、喷丸处理及电子束表面重熔。以 2219 铝合金为例，本节讨论不同表面处理方法的优缺点，2219 铝合金表面未处理的原始沉积体如图 8.35 所示。在未处理试样中，两个沉积层和这两层之间的重熔区域如图 8.36(a) 所示，局部表面光滑，与层高对应的周期性表面波动范围较长，约为 0.76 mm。图 8.36(b) 所示的表面微观结构是典型的全厚度微观结构，出现相对较大的晶粒，在晶粒内有凝固枝晶结构。

图 8.35 2219 铝合金表面未处理的原始沉积体

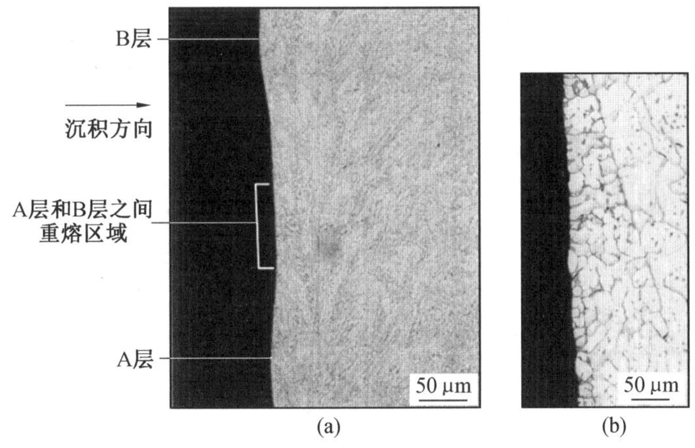

图 8.36　未处理沉积体近表面微观结构

8.6.1　高速铣削

图 8.37 所示为内外表面高速铣削后的沉积体形貌。高速铣削操作包括两道工序，一道粗加工工序和一道精加工工序，大约需要 4 分钟的加工时间，去除厚度为 0.25 ～ 0.05 mm 的材料。用于电子束熔丝沉积的三维模型也可用于铣削加工，因此铣削操作编程所需的时间最少，但仍然需要花费其他时间，如：从电子束熔丝沉积设备中移除零件；在高速铣床中安装零件；定位沉积体以执行高速铣削加工；从夹具中移除。

电子束熔丝沉积铝合金零件的可加工性与传统铝合金的可加工性相当。

图 8.37　内外表面高速铣削后的沉积体形貌

图 8.38(a) 所示为高速铣削后沉积体近表面微观结构，铣削段侧壁光滑，表面无变化。图 8.38(b) 表明 2219 铝的晶粒结构不受铣削的影响。

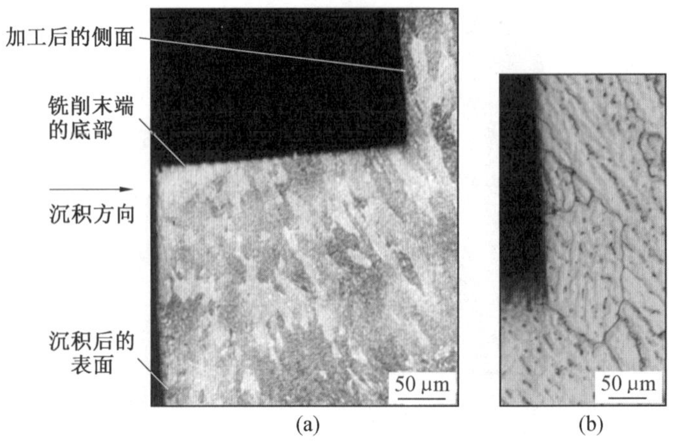

图 8.38 高速铣削后沉积体近表面微观结构

8.6.2 线切割

图 8.39 所示为线切割加工后的 2219 铝合金沉积体表面。实际的线切割加工时间约为 10 分钟，去除厚度约为 1.27 mm 的材料。在加工沉积体表面之前，需在沉积体中心的底板上钻一个导电孔，保证线切割的稳定性。此外，还需要对沉积体进行装夹。与高速铣削一样，电子束熔丝沉积的三维模型也被用于对线切割加工进行编程，从而缩短编程时间，但仍然需要花费其他时间，如：从电子束熔丝沉积设备中移除零件；在线切割设备中安装零件；定位沉积体以执行高速铣削加工；从夹具中移除。

尽管线切割加工后通常会进行研磨操作，以去除加工痕迹，但线切割加工痕迹并未从沉积体上去除，其加工表面可用来进行表面光洁度分析。利用线切割对电子束熔丝沉积工艺制造的铝合金零件进行加工也没有问题。

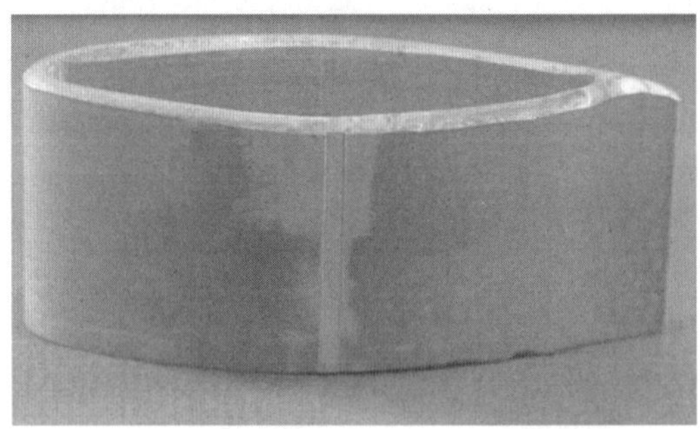

图 8.39 线切割加工后的 2219 铝合金沉积体表面

电火花线切割后没有任何长距离表面波动的迹象，如图 8.40(a) 所示。线切割加工层小于 0.005 mm，这一层会在很小的范围内引起微凸。

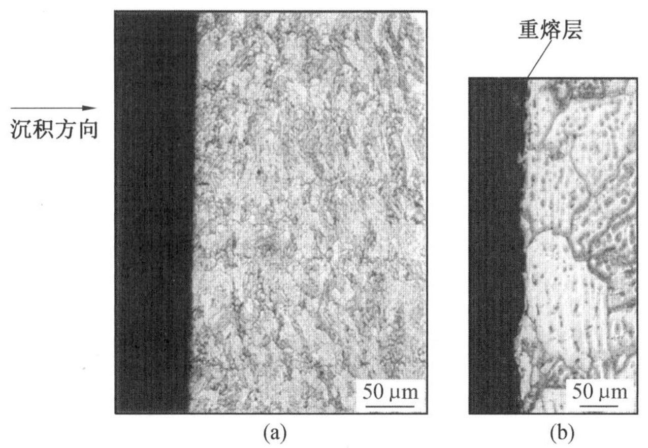

图 8.40　电火花线切割后沉积体近表面微观结构

8.6.3　喷丸处理

图 8.41 所示为喷丸处理后 2219 铝合金沉积体的表面形貌。使用直径为 0.38 mm 的陶瓷珠以约为127 mm/min 的速度对沉积体喷丸 4 分钟，因沉积体的几何结构特殊，喷丸无法有效到达沉积的内表面。

图 8.41　喷丸处理后 2219 铝合金沉积体的表面形貌

图 8.42(a) 所示为喷丸处理后的表面形貌，与未处理沉积层相关的长范围波动保持不变。此外，图 8.42(b) 中的局部表面粗糙度比图 8.36(b) 中未处理局部表面粗糙度更高。

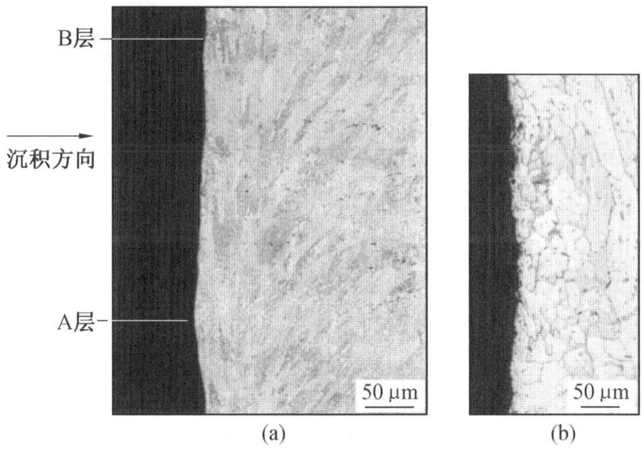

图 8.42　喷丸处理后沉积体近表面微观结构

8.6.4　电子束表面重熔

图 8.43 所示为电子束表面重熔后 2219 铝合金沉积体形貌。表面重熔在沉积完成后立即进行，沉积体从沉积方向旋转 90°，利用低功率散焦电子束垂直于沉积方向进行重熔，以去除电子束熔丝沉积的表面特征。总处理时间约为 5 分钟，执行电子束重熔处理的装配操作无须额外的时间。然而，在电子束重熔处理过程中，电子束只能到达沉积体的外表面，因此无法有效地对沉积体内表面进行处理。

图 8.43　电子束表面重熔后 2219 铝合金沉积体形貌

在电子束表面重熔处理后，图 8.44(a) 所示的表面看起来光滑，没有长范围的波动。更明显的是，图 8.44(a) 表面能观测到等轴细晶结构。电子束表面重熔处理(图 8.44(b))后近表面区域的微观结构比图 8.36(b) 中近表面区域的微观结构精细得多。

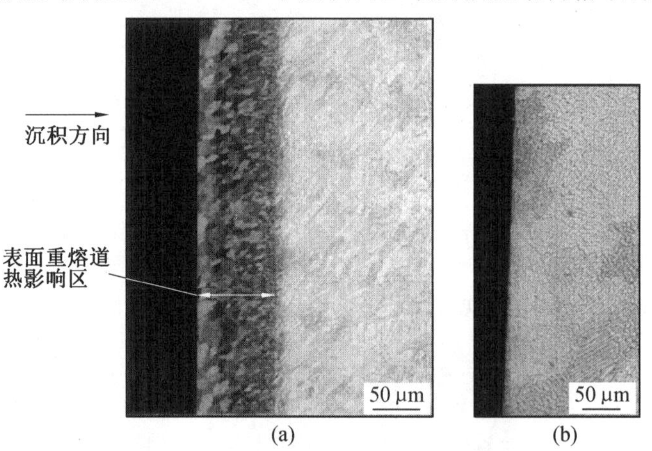

图 8.44　电子束表面重熔处理后沉积体近表面微观结构

电子束熔丝沉积后表面处理方法相关参数见表 8.2，沉积体表面的状态可以达到相对较低的表面粗糙度，但表面平整度波动较大。由于熔池凝固的平滑性，电子束熔丝沉积未处理表面粗糙度值较低，但是会产生非常高的表面波动值。在涉及的表面处理方法中，电子束表面重熔产生的表面粗糙度最低。

表 8.2　电子束熔丝沉积后表面处理方法相关参数

表面处理方法	粗糙度均方根 /μm	波纹度 /μm
未处理	2.34	762.0
高速铣削	0.2 ～ 1.42	10.2
线切割	4.98	38.1
喷丸处理	5.92	304.8
电子束表面重熔	0.46	101.6

在图 8.45 中，所有表面波动都以相同比例显示，方便不同表面处理方法的直接比较。除喷丸处理外，所有表面处理方法均显著降低了电子束熔丝沉积未处理的表面波动值。

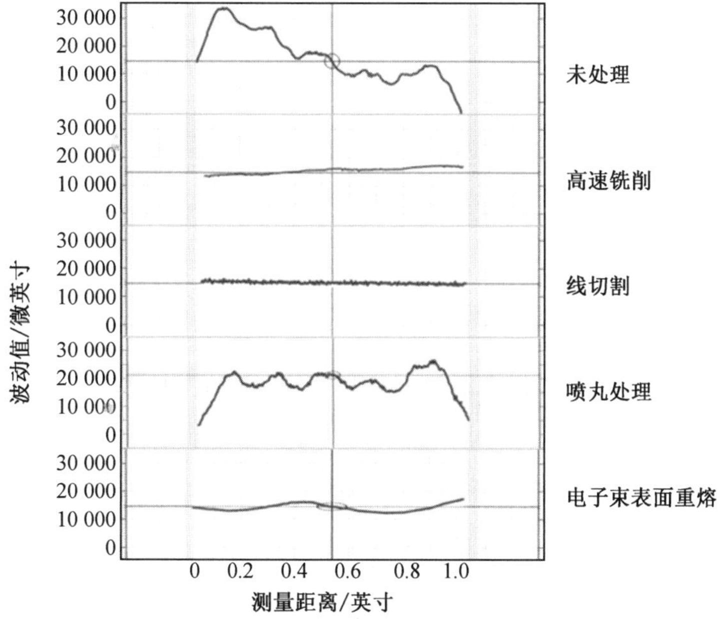

图 8.45　不同表面处理方法获得的表面波动值(1 英寸 = 2.54 cm)

本章参考文献

[1] DEBROY T, WEI H L, ZUBACK J S, et al. Additive manufacturing of metallic components-process, structure and properties[J]. Progress in Materials Science, 2018, 92: 112-224.

[2] 宋守亮，余圣甫，史玉升，等. 舰船艉轴架电弧熔丝 3D 打印用金属型药芯丝材的研制[J]. 机械工程材料，2019，43(1)：40-49.

[3] 王有祁，奠永文. 国内外药芯焊丝发展概况[J]. 兵器材料科学与工程，1991，4：54-57.

[4] 孙金茂. 合金焊条钢丝生产综述[J]. 上海金属，1991，13(1)：60-64.

[5] 蹇海根，谢幸儿，单彪，等. 铝镁锆合金焊丝制备工艺研究[J]. 湖南工业大学学报，

2013，27(1)：81-85.

[6] 陈邦固，王秀文，刘继元，等. 药芯焊丝生产工艺及设备的国内外进展[J]. 焊接技术，1997(5)：36-40.

[7] 刘元康. TC4 钛合金电子束熔丝沉积组织及其性能的影响因素研究[D]. 南昌：南昌航空大学，2018.

[8]TA MINGER K M B，HAFLEY R A. Characterization of 2219 aluminum produced by electron beam freeform fabrication[D]. Austin：University of Texas at Austin，2002.

第9章　预熔化式电子束熔丝沉积

9.1　预熔化式电子束熔丝沉积原理

电子束熔丝沉积是将金属丝材送入由聚焦的电子束在基体材料上形成的熔池中，通过丝材的熔化实现电子束熔丝过程。但电子束熔丝沉积过程中电子束直接作用于丝材和基体金属上，存在以下问题。

(1) 要求丝材准确插入已形成的熔池中，产生较小偏差也会使电子束熔丝沉积过程不连续，甚至发生黏丝现象。

(2) 当丝材弹性模量较小时极易受热弯曲变形，导致丝材偏离熔池，使熔丝过程中断。

(3) 在电子束的直接作用下，产生大量金属蒸汽形成钉尖、冷隔等缺陷。

由此可见，电子束熔丝沉积加工质量较差，主要影响因素是熔丝过程的稳定性及连续性。

造成电子束熔丝沉积加工稳定性差的本质原因是：加工过程实质为丝－束－熔池三者直接耦合过程，三因素耦合过程控制难度较高，且各因素可调节窗口区间很小，导致熔丝过程稳定性和连续性较差。图9.1所示为不同丝－束－熔池配合关系对液滴过渡的影响。从图中可知，如果由于外界干扰导致填丝、电子束及熔池三者位向关系发生很小的变化（毫米级），就会导致黏丝、丝不熔化和飞溅等问题，严重情况则导致熔丝过程中断。

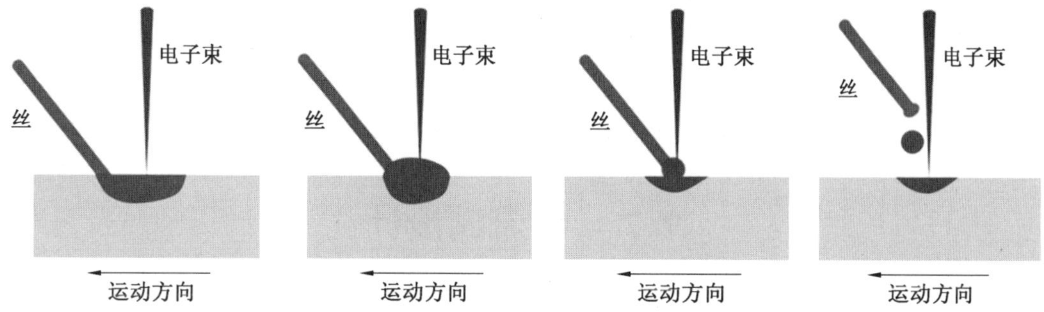

图9.1　不同丝－束－熔池配合关系对液滴过渡的影响

电子束熔丝沉积中电子束与基板直接接触，当沉积梯度复合材料时，由于材料的物化性能不同，前层沉积体会在电子束的冲击作用下形成碎块。并且由于强烈的搅拌作用，碎块最终分布于沉积体中形成不连续的块状分布。电子束熔丝沉积铜钢梯度复合材料内部的块状分布如图9.2所示，沉积体内部存在物化性能不同的大块状材料会对沉积体的力学性能造成不利影响。

基于直接电子束熔丝沉积过程中的弊端，采用降低和分离影响因素的方式，即将丝－

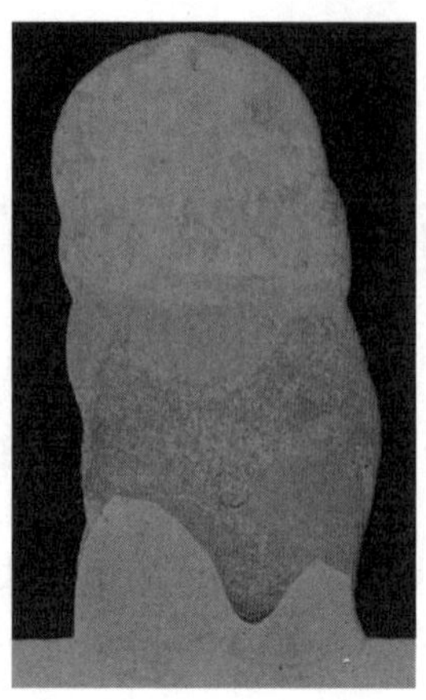

图 9.2 电子束熔丝沉积铜钢梯度复合材料内部的块状分布

束－熔池三因素分解成双因素作用，即丝－束作用，采用预熔化方式（丝材在导流嘴内部被电子束加热熔化）形成液态金属，再控制液态金属过渡到基体上形成熔池，最终凝固成型，实现连续稳定的电子束熔丝沉积加工过程。具体分解过程可简化两步。特制一个送丝导流嘴，在其侧壁加工小孔或者开槽，如图 9.3 所示。电子束穿过小孔在导流嘴内部将丝材熔化得到液态金属，液态金属在导流嘴的引流作用下过渡到基体金属上，最终实现电子束熔丝加工。

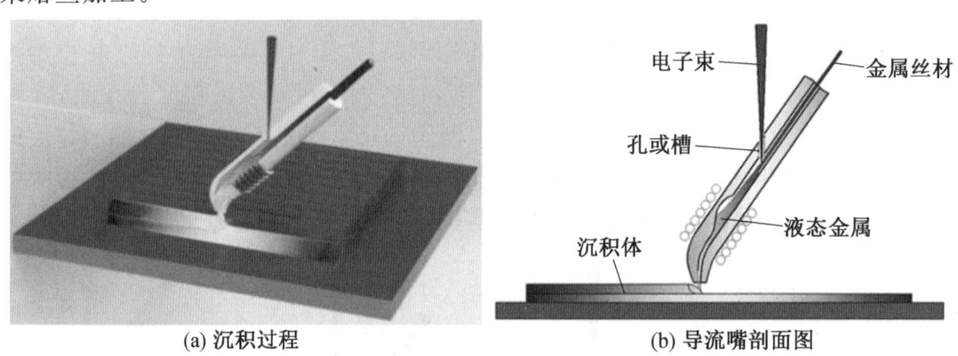

(a) 沉积过程　　(b) 导流嘴剖面图

图 9.3 预熔化式电子束熔丝沉积过程示意图

9.2 导流嘴设计

导流嘴是预熔化式电子束熔丝沉积方法的核心，导流嘴的设计对该方法起决定性作用，导流嘴的设计需要考虑以下几个方面。

(1) 电子束热冲击作用下不发生熔化或碎裂。

(2) 不与液态金属发生反应。

(3) 加工性能好。

针对以上选用原则，合适的常见材料有石墨（熔点为 3 652 ℃）和钨（熔点为 3 410 ℃）两种。预熔化式电子束熔丝沉积利用电子束散焦模式进行加热，加热过程中导流嘴的应力状态无法通过实际测量获得，利用有限元软件对导流嘴进行温度场及应力场的计算。

采用开槽导流嘴进行实验，通过设计导流嘴开槽尺寸使熔滴与导流嘴开槽部位的三个侧面接触，形成自适应过渡支撑的液桥，因此导流嘴的热量主要为液态金属通过开槽部位的三个侧面向导流嘴传递获得的。液态金属接触到导流嘴开槽部位的三个侧面时，其温度应接近于固相线，具有足够大的表面张力系数，使得与导流嘴开槽部位侧面接触的液态金属具备足够的力支撑整个液桥的自身重力。假设导流嘴开槽部位的三个侧面温度始终为 1 800 ℃，由于在真空环境下，不存在对流换热，导流嘴的温度边界条件仅为辐射换热，辐射换热系数为 0.3。导流嘴热学及力学边界条件如图 9.4 所示。

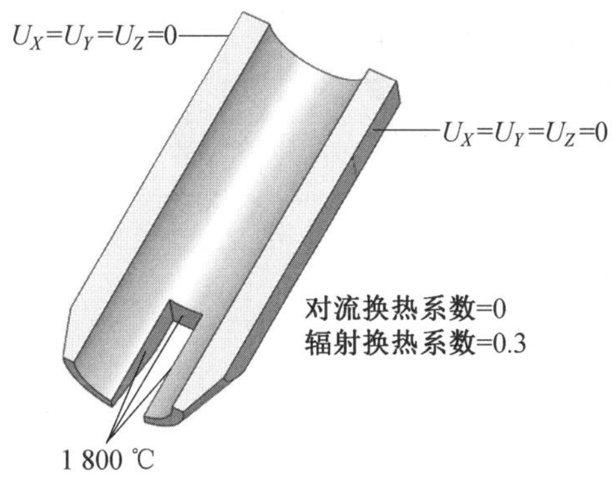

图 9.4　导流嘴热学及力学边界条件

9.2.1　导流嘴温度场分析

相同尺寸、不同材质的导流嘴的温度分布如图 9.5 所示。导流嘴开槽部位的三个侧面温度最高，随着距开槽部位距离的增加，温度逐渐降低，但导流嘴非开槽部位温度沿导流嘴的径向方向近均匀分布。具体温度梯度由导流嘴材料的导热系数决定，其温度分布规律如图 9.5 所示，由于石墨导流嘴导热系数较小，因此存在较大的温度梯度。石墨导流嘴温差为 1 100 ℃，纯钨导流嘴温差为 453 ℃。

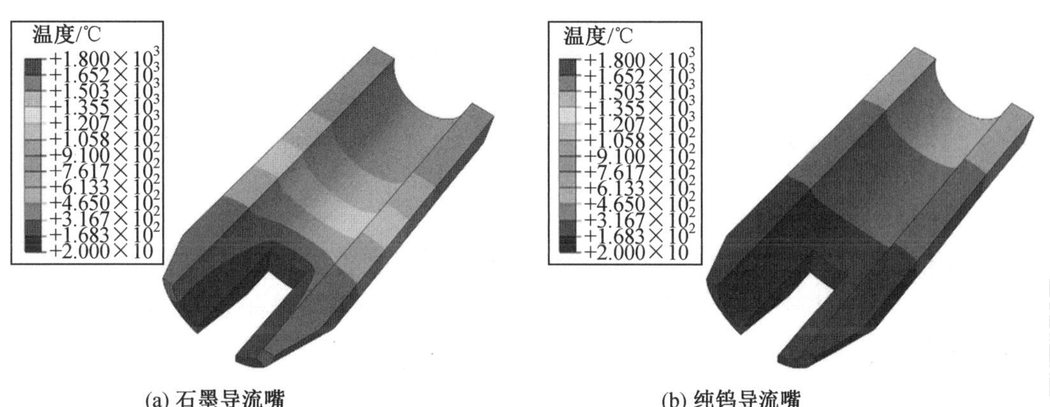

图 9.5　相同尺寸、不同材质的导流嘴的温度分布

9.2.2 导流嘴应力场分析

导流嘴由温度场产生的应力分布如图 9.6 所示。从图中可以看出,石墨和纯钨导流嘴应力分布相对较为均匀,石墨导流嘴存在较大的温度梯度,因此其应力均匀性比纯钨导流嘴应力均匀性较差,导流嘴存在较大的应力梯度。

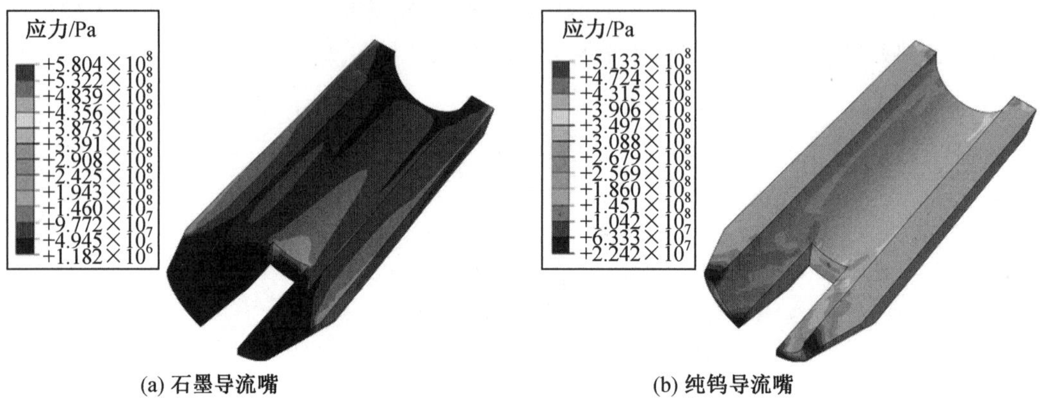

(a) 石墨导流嘴　　(b) 纯钨导流嘴

图 9.6　导流嘴由温度场产生的应力分布

以上导流嘴的温度及应力分析结果表明,石墨和纯钨导流嘴均能满足预熔化式电子束熔丝沉积要求。9.3 节采用石墨和纯钨两种材料制作的导流嘴,对沉积过程中导流嘴材质对沉积体内部组织的影响进行分析。

9.3 预熔化式电子束熔丝沉积传热传质

9.3.1 液桥过渡条件

导流嘴在预熔化式电子束熔丝沉积过程中发挥重要作用,其形成的液桥一方面阻挡了电子束直接作用于基板,避免电子束在基板上剧烈的搅拌作用,还降低了基板的热输入;另一方面,作为金属熔滴过渡至基板的"中继站",将传统电子束熔丝沉积的丝 - 束 - 熔池三因素耦合降低为丝 - 束及液态金属 - 基板双因素耦合,降低了工艺难度,同时缓冲金属熔滴的过渡,提升沉积过程的稳定性及沉积体表面成型。因此本节主要探讨导流嘴液桥过渡条件。

预熔化式电子束熔丝沉积过程中液桥主要受几个力的影响,包括导流嘴开槽部位内部表面张力 F_{σ}^{up}、液态金属重力 G、导流嘴开槽部位外部与轴线平行部分的表面张力 $F_{\sigma}^{\mathrm{down1}}$ 和斜口部分的表面张力 $F_{\sigma}^{\mathrm{down2}}$。液桥受力分析模型如图 9.7 所示,导流嘴参数化模型如图 9.8 所示。

实现液桥过渡条件为

$$G + F_{\sigma}^{\mathrm{down1}} \cos\theta + F_{\sigma}^{\mathrm{down2}} \cos(\theta - \alpha) \geqslant F_{\sigma}^{\mathrm{up}} \cos\theta \tag{9.1}$$

式中,θ 为导流嘴轴线与基板上表面之间的夹角,(°);α 为导流嘴轴线与导流嘴开槽部位斜口之间的夹角,(°)。

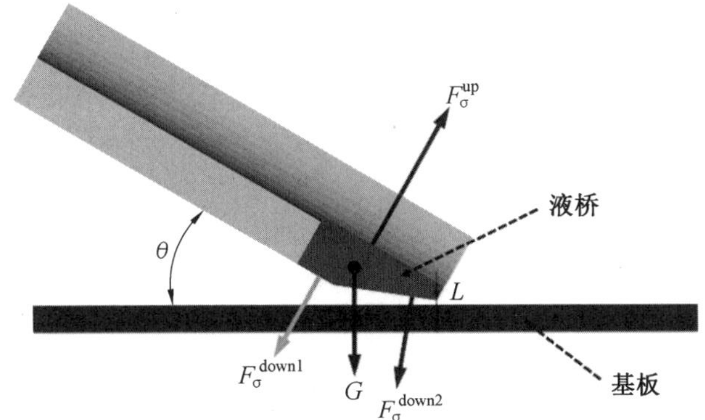

图 9.7　液桥受力分析模型

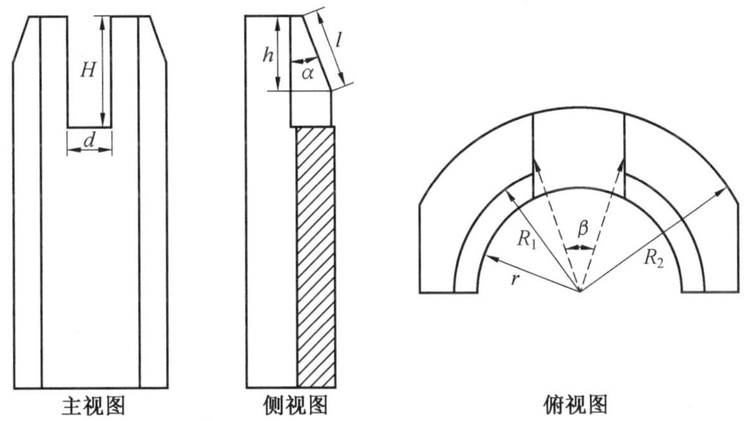

图 9.8　导流嘴参数化模型

假设开槽部位填满液态金属，液态金属的重力为

$$G=\rho g\ \frac{\beta}{360}\left(\frac{1}{3}\pi h\left(R_1^2+R_2^2+R_1R_2\right)+\pi R_2^2(H-h)-\pi r^2 H\right) \tag{9.2}$$

式中，ρ 为液态金属密度，kg/m^3；g 为重力加速度，$g=9.8\ m/s^2$；β 为导流嘴开槽宽度对应的近似圆心角，由于开槽部位的两个侧面不为直径方向，因此通过导流嘴内外径之间的中性面宽度对应的圆心角近似导流嘴开槽宽度对应的圆心角，(°)；h 为导流嘴开槽部位斜口部分在轴向上的投影长度，m；H 为导流嘴开槽沿轴向长度，m；R_1 为导流嘴端部外径，m；R_2 为导流嘴外壁半径，m；r 为导流嘴内壁半径，m。

导流嘴开槽宽度对应的近似圆心角表达式为

$$\beta=2\arcsin\frac{d}{r+R_2} \tag{9.3}$$

式中，d 为导流嘴开槽宽度，m。

导流嘴开槽部位外部与轴线平行部分的表面张力 F_σ^{down1} 为液固界面接触边线长度与液态金属表面张力的乘积之和：

$$F_\sigma^{down1}=2\sigma_w(H-h)+\sigma_w\pi R_2\ \frac{\beta}{180} \tag{9.4}$$

式中，σ_w 为液态金属表面张力系数，N/m。

导流嘴开槽部位斜口部分的表面张力 F_σ^{down2} 为液固界面接触边线长度与液态金属表面张力的乘积：

$$F_\sigma^{down2} = 2l\sigma_w \tag{9.5}$$

式中，l 为导流嘴开槽部位斜口部分长度，m。

导流嘴开槽部位内部表面张力 F_σ^{up} 表达式为

$$F_\sigma^{up} = 2\sigma_w H + \sigma_w \pi r \frac{\beta}{180} \tag{9.6}$$

将式(9.2)～(9.6)代入式(9.1)可得液桥过渡条件：

$$\rho g \frac{\beta}{360}\left(\frac{1}{3}\pi h(R_1^2 + R_2^2 + R_1R_2) + \pi R_2^2(H-h) - \pi r^2 H\right) + \left(2\sigma_w(H-h) + \sigma_w \pi R_2 \frac{\beta}{180}\right) \cdot$$

$$\cos\theta + 2l\sigma_w \cdot \cos(\theta - \alpha) \geqslant \left(2\sigma_w H + \sigma_w \pi r \frac{\beta}{180}\right) \cdot \cos\theta \tag{9.7}$$

以 TC4 为例，由上述对液桥过渡条件进行计算，可知导流嘴开槽宽度为 3 mm、4 mm 和 5 mm 时，液态金属合力方向与重力方向同向，并且随着开槽宽度的增加，其合力大小越大。

不同开槽宽度的导流嘴沉积后形貌如图 9.9 所示。从图中可以看出，沉积过程中液态金属与导流嘴整个开槽部位接触，进一步验证了液桥受力分析模型的正确性。当导流嘴开槽宽度为 3 mm 和 4 mm 时，沉积结束后液桥在表面张力的作用下并未消失，而是残留在导流嘴开槽部位；当导流嘴开槽宽度为 5 mm 时，沉积结束后液桥消失。造成这种差异的原因可能与沉积结束的工艺有关，预熔化式电子束熔丝沉积结束时，首先会增大导流嘴与沉积体之间的距离（导流嘴高度为 L），然后关闭电子束，最后停止送丝。在这三个步骤中，增大导流嘴与沉积体之间的距离用时最长约为 2 s，关闭电子束和停止送丝步骤几乎同时进行，并且用时较短（为 0.2～0.5 s）。因此沉积刚结束时，导流嘴上的液桥仍然与基板上的沉积体接触，随着导流嘴与沉积体之间的距离增大，基板上沉积体对液桥的拉扯力（表面张力）逐渐减小，直至液态金属断开连接；此时液桥上的 F_σ^{down1} 和 F_σ^{down2} 消失，导流嘴对液桥的表面张力和液桥自身重力平衡，液桥可稳定存在于导流嘴的开槽部位；当开槽宽度增加时，液桥自身重力增加，而导流嘴对液桥的表面张力几乎不变，此时液桥无法稳定存在，最终形成如图 9.9(c) 所示的导流嘴形貌。临界熔滴直径为 4.6 mm 左右，理论上开槽宽度为 5 mm 的导流嘴沉积后形貌应该与开槽宽度为 6 mm 的导流嘴沉积后形貌类似，液态金属应该仅与开槽部位一侧接触。但实际沉积过程中熔滴不可能是正球形，其在电子束的作用下存在一定变形和摆动，而开槽宽度为 5 mm 与临界熔滴直径为 4.6 mm 接近，因此实际沉积过程中开槽宽度为 5 mm 的导流嘴能产生液桥。一旦液桥产生，在后续的沉积过程中会有源源不断的液态金属补充，用以维持液桥的存在，直至沉积结束，因此开槽宽度为 5 mm 的导流嘴在沉积过程中液态金属能与开槽部位两侧面接触。而随着开槽宽度的增加，其值与临界熔滴直径差异增大，即使丝材末端的熔滴存在变形及摆动，也较难同时与导流嘴开槽部位两侧面接触，即无法形成液桥，因此使用开槽宽度为 6 mm 的导流嘴沉积时金属熔滴只与开槽部位单侧接触。

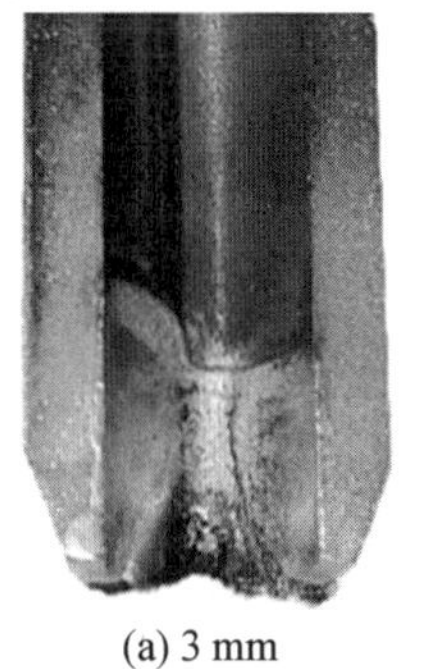
(a) 3 mm

(b) 4 mm

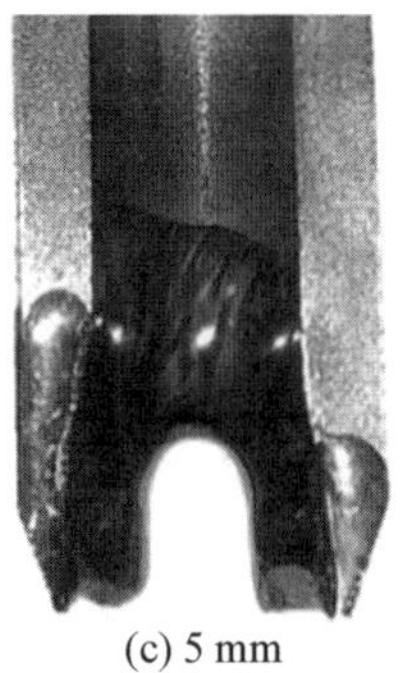
(c) 5 mm

(d) 6 mm

图 9.9　不同开槽宽度的导流嘴沉积后形貌

9.3.2　工艺参数对成型影响

分别计算导流嘴开槽宽度为 3 mm、4 mm、5 mm 和 6 mm 四种状态下对沉积体成型的影响。不同电子束功率影响液态金属的温度，通过设置不同液态金属的初始温度模拟不同电子束功率下沉积体成型，从而探求最佳导流嘴开槽尺寸和工艺参数。不同导流嘴开槽宽度及金属熔滴温度下模拟结果（$\theta=30°$，$L=0.1$ mm）见表9.1。

表 9.1　不同导流嘴开槽宽度及金属熔滴温度下模拟结果

金属熔滴温度/℃	导流嘴开槽宽度d/mm			
	d=3 mm	d=4 mm	d=5 mm	d=6 mm
2 000	2 000.0 1 500.3 500.8 1.0 温度/℃	2 000.0 1 500.3 500.8 1.0 温度/℃	2 000.0 1 500.3 500.8 1.0 温度/℃	2 000.0 1 500.3 500.8 1.0 温度/℃
2 100	2 100.0 1 575.3 1 050.5 525.8 1.0 温度/℃	2 100.0 1 575.3 1 050.5 525.8 1.0 温度/℃	2 100.0 1 575.3 1 050.5 525.8 1.0 温度/℃	2 100.0 1 575.3 1 050.5 525.8 1.0 温度/℃
2 200	2 200.0 1 650.3 1 100.5 550.8 1.0 温度/℃	2 200.0 1 650.3 1 100.5 550.8 1.0 温度/℃	2 200.0 1 650.3 1 100.5 550.8 1.0 温度/℃	2 200.0 1 650.3 1 100.5 550.8 1.0 温度/℃
2 300	2 300.0 1 725.3 1 150.5 575.8 1.0 温度/℃	2 300.0 1 725.3 1 150.5 575.8 1.0 温度/℃	2 300.0 1 725.3 1 150.5 575.8 1.0 温度/℃	2 300.0 1 725.3 1 150.5 575.8 1.0 温度/℃

相同金属熔滴温度下，不同导流嘴开槽宽度模拟结果表明，随着导流嘴开槽宽度的增加，熔滴过渡至导流嘴的过程对沉积体成型的影响程度逐渐增加，沉积体的连续性逐渐变差。这是由于临界熔滴直径理论计算值为 4.6 mm，当开槽宽度为 3 mm 和 4 mm 时，临

界熔滴直径大于开槽宽度，熔滴过渡至导流嘴时先与开槽处两个侧面接触，形成连续的液桥，再过渡至基板，连续的液桥对后续的熔滴过渡具有一定缓冲作用，并且提升了沉积体的连续性；而当开槽宽度为 5 mm 和 6 mm 时，临界熔滴直径小于开槽宽度，熔滴过渡时先与基板接触，再与导流嘴末端接触，此时导流嘴对熔滴过渡几乎不起作用，与传统电子束熔丝沉积的滴状过渡类似。

相同导流嘴开槽宽度下，随着金属熔滴温度的增加，液态金属的流动性增加，并且液态停留时间延长，沉积体表面逐渐平滑，但 2 300 ℃ 时沉积体侧面与基板熔合状态比 2 200 ℃ 时沉积体侧面与基板熔合状态差。

基于上述模拟结果，当开槽宽度为 3 mm 和 4 mm 时，沉积体成型较好，导流嘴开槽宽度增加会削弱导流嘴的引流和缓冲作用；金属熔滴温度计算结果表明，液态金属温度的增加使液态金属的流动性增加，对沉积体表面成型具有改善作用，但会导致沉积体与基体之间的结合界面相对不平整。

相同工艺参数，不同导流嘴开槽宽度下沉积体成型如图 9.10 所示。导流嘴开槽宽度为3 mm 时，沉积体与基体之间出现咬边现象，润湿角大于 90°；导流嘴开槽宽度为 4 mm 时，沉积体成型较好，表面鱼鳞纹均匀。随着导流嘴开槽宽度的增加，沉积体成型恶化，并且表面鱼鳞纹不均匀，与表 9.1 的模拟结果一致。造成这种现象的原因主要是液桥缓冲作用的不同，液态金属在导流嘴开槽部位形成的液桥起中继的作用，一方面与后续金属熔滴连接，另一方面与基板上已沉积的金属连接。在重力和表面张力的作用下，丝材末端的金属熔滴首先与液桥内部金属混合，再在表面张力的“拖拽”作用下过渡至基板，凝固后形成沉积体。随着开槽宽度的增加，液桥自身支撑力逐渐减弱，抵御后续金属熔滴过渡时的冲击能力减弱，即液桥的缓冲作用下降，最终形成不均匀的表面鱼鳞纹。基于模拟和实验结果，导流嘴开槽宽度为 4 mm 时沉积体成型较优。

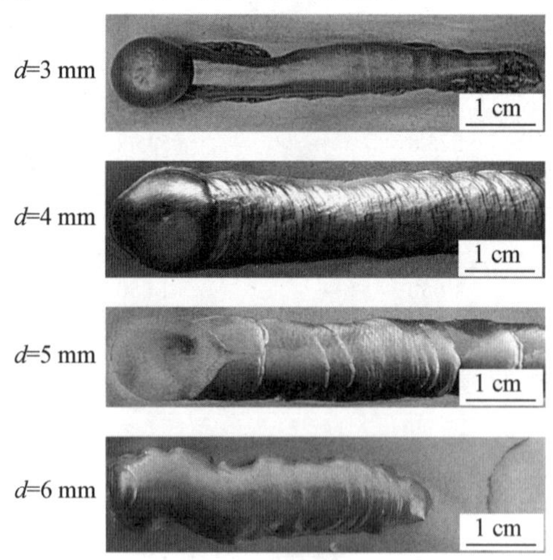

图 9.10　不同导流嘴开槽宽度下沉积体成型($\theta = 30°, L = 0.1$ mm)

不同导流嘴角度使过渡的液态金属速度发生变化，也会影响液桥的稳定性。不同导流嘴角度模拟结果见表 9.2。

表 9.2　不同导流嘴角度模拟结果(d = **4** mm, L = **0.1** mm)

视图	导流嘴角度/(°)			
	25°	30°	35°	40°
三维云图	2 200.0 1 656.3 1 112.5 568.8 25.0 温度/℃	2 200.0 1 656.3 1 112.5 568.8 25.0 温度/℃	2 200.0 1 656.3 1 112.5 568.8 25.0 温度/℃	2 200.0 1 656.3 1 112.5 568.8 25.0 温度/℃
剖切云图	2 200.0 1 656.3 1 112.5 568.8 25.0 温度/℃	2 200.0 1 656.3 1 112.5 568.8 25.0 温度/℃	2 200.0 1 656.3 1 112.5 568.8 25.0 温度/℃	2 200.0 1 656.3 1 112.5 568.8 25.0 温度/℃

随着导流嘴角度的增加,沉积体成型逐渐变差,沉积体表面出现明显的间断波纹。导流嘴角度的增加导致金属熔滴高度增加,金属熔滴过渡过程中,其重力势能转化为动能。根据能量守恒定律,金属熔滴高度增加使其重力势能增加,进而增加了其动能,因此对液桥的冲击作用增强,导致沉积体表面的不均匀性。

相同工艺参数,不同导流嘴角度下沉积体成型如图 9.11 所示。不同导流嘴角度形成的沉积体成型均存在明显的鱼鳞纹。导流嘴角度的增加导致沉积体表面鱼鳞纹不均匀性增加,并且使沉积体宽度不均匀,与表 9.2 的模拟结果一致。

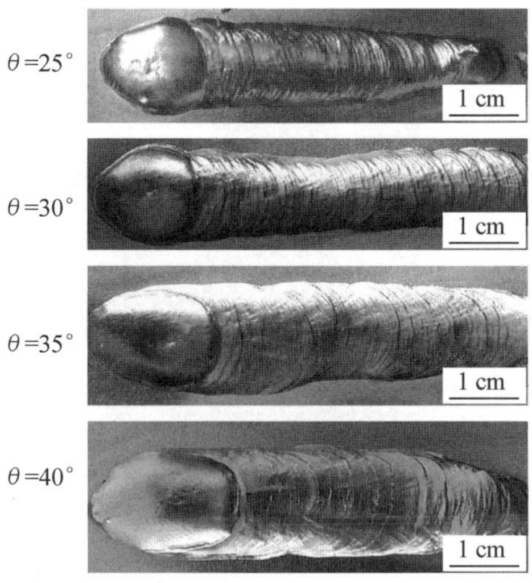

图 9.11　不同导流嘴角度下沉积体成型(d = 4 mm, L = 0.1 mm)

液态金属存在表面张力,导流嘴上液态金属过渡的主要作用力为表面张力和重力,导流嘴高度的增加使液态金属的重力势能增加,并且会增加导流嘴与基体之间存在的液态金属黏度,随着高度的增加,液态金属的连续性会降低。表 9.3 为不同导流嘴高度模拟结果。模拟结果表明,导流嘴高度的增加使液态金属从连续的液桥过渡转变为断续的滴状过渡,最终导致不连续的沉积体;并且导流嘴高度的增加,增加的重力势能最终转变为动能，过渡至基板时沉积体的宽度增加，而层高降低。

表 9.3　不同导流嘴高度模拟结果($\theta = 30°$, $d = 4$ mm)

视图	导流嘴高度L/mm			
	L=0.1 mm	L=1 mm	L=2 mm	L=3 mm
三维云图	2 200.0 1 656.3 1 112.5 568.8 25.0 温度/℃	2 200.0 1 656.3 1 112.5 568.8 25.0 温度/℃	2 200.0 1 656.3 1 112.5 568.8 25.0 温度/℃	2 200.0 1 656.3 1 112.5 568.8 25.0 温度/℃
剖切云图	2 200.0 1 656.3 1 112.5 568.8 25.0 温度/℃	2 200.0 1 656.3 1 112.5 568.8 25.0 温度/℃	2 200.0 1 656.3 1 112.5 568.8 25.0 温度/℃	2 200.0 1 656.3 1 112.5 568.8 25.0 温度/℃

相同工艺参数，不同导流嘴高度下沉积体成型如图 9.12 所示。导流嘴高度为 0.1 mm 时成型较好，表面存在较为均匀的鱼鳞纹，同时沉积体宽度较窄但较为均匀；导流嘴高度为 1.0 mm 时的沉积体比导流嘴高度为 0.1 mm 时的沉积体成型稍差，表面鱼鳞纹的均匀性降低，同时沉积体宽度增加，高度降低；导流嘴高度继续增大至 2.0 mm 后，沉积体成型较差，宽度不均匀，且高度也存在不均匀的现象；当导流嘴高度为 3.0 mm 时，其沉积体成型与导流嘴高度为 2.0 mm 时的沉积体成型相差不大，成型较差，且沉积体宽度波动较大。综上所述，导流嘴高度为 0.1 mm 时形成的沉积体效果最好，随着导流嘴高度在一定范围内增大，成型变差。

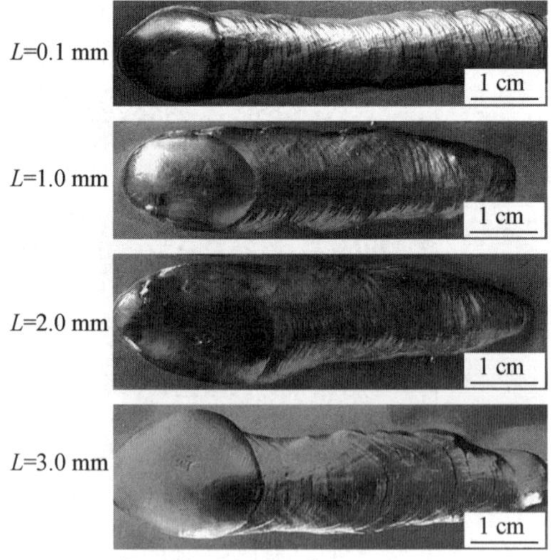

图 9.12　不同导流嘴高度下沉积体成型($\theta = 30°$, $d = 4$ mm)

9.3.3　单层沉积过程传热传质分析

单层沉积过程的温度场及流场分布如图 9.13 所示。$t = 0$ s 时，金属熔滴达到临界尺寸并从丝材末端脱落，此时液态金属与导流嘴和基板均不接触。$t=0.5$ s 时，液态金属两侧与导流嘴接触，中间部分与金属基板接触，并且基板受到液态金属的热作用，在接触部位温度升高。$t=1$ s 时，基板上的液态金属逐渐远离导流嘴，导流嘴上的液态金属在表面张力和重力的作用下逐渐过渡至基板，液态金属的热量进一步传导至基板。$t=1.5$ s 时与 $t=1$ s 时状态相似，液态金属进一步远离导流嘴，并且液态金属的温度进一步降低。$t=2$ s 时，第二滴熔滴过渡至基板，并且与导流嘴、基板及第一滴已过渡至基板的液态金属接触，此时之前过渡至基板的第一滴熔滴的液态金属并未完全凝固，与第二滴熔滴混合，并且在表面张力的作用下促进第二滴熔滴的过渡，但是两熔滴的液态金属之间存在一定间隙。$t=2.5$ s 时，第二滴熔滴与第一滴熔滴完全接触，并且两熔滴之间的间隙已消除，间隙消除的详细过程如图 9.14 所示，第一滴熔滴基本凝固。$t=3$ s 时，两熔滴在基板的运动下远离导流嘴，并且基板受到熔滴的热作用，局部温度逐步上升。$t=3.5$ s 时，第三滴熔滴过渡，此过程与第二滴熔滴过渡过程类似。在后续熔滴过渡过程中不断重复以上过程，最终实现沉积体成型。

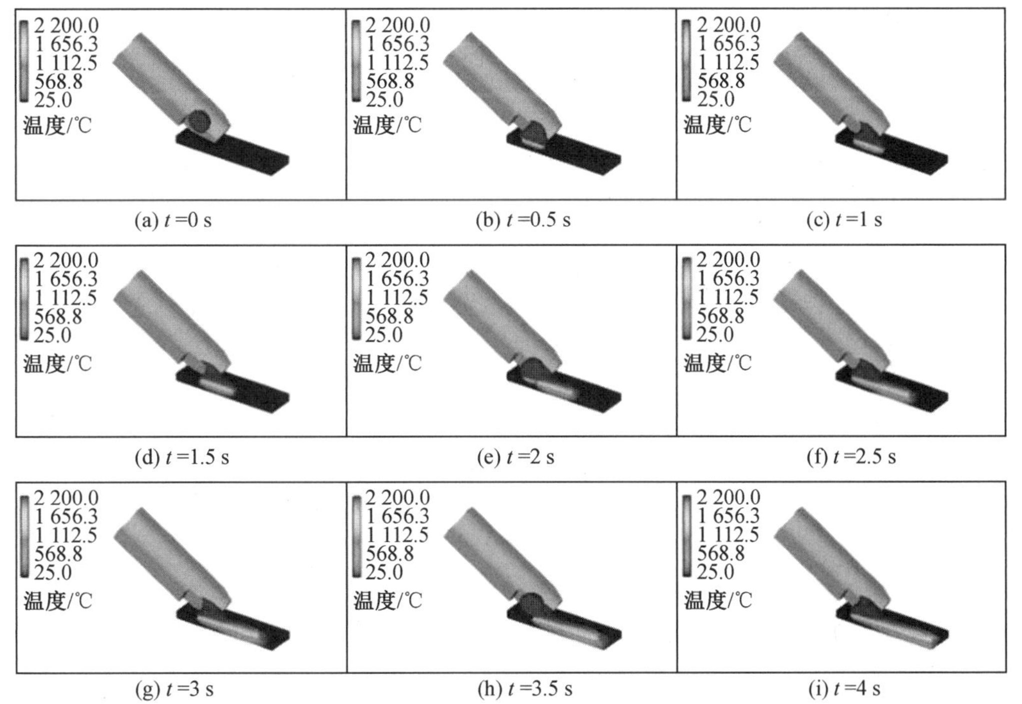

图 9.13　单层沉积过程的温度场及流场分布

单层沉积相邻熔滴过渡过程如图 9.14 所示，金属熔滴达到临界状态($t=1.8$ s) 后向导流嘴过渡，在过渡过程中首先与导流嘴及已过渡的液态金属接触($t=1.9$ s)，然后在重力及表面张力的作用下继续向下运动，同时由于金属基板持续向前运动，带动已过渡的金属熔滴向前运动，导致前后两滴液态金属之间存在一定的间隙($t=2$ s)，这个间隙的大小取决于基板的运动速度及金属熔滴的过渡频率。基板运动速度越快，或者金属熔滴过渡频率越低，前后两滴液态金属之间的间隙就越大。 刚过渡至基板的液态金属并未完全凝

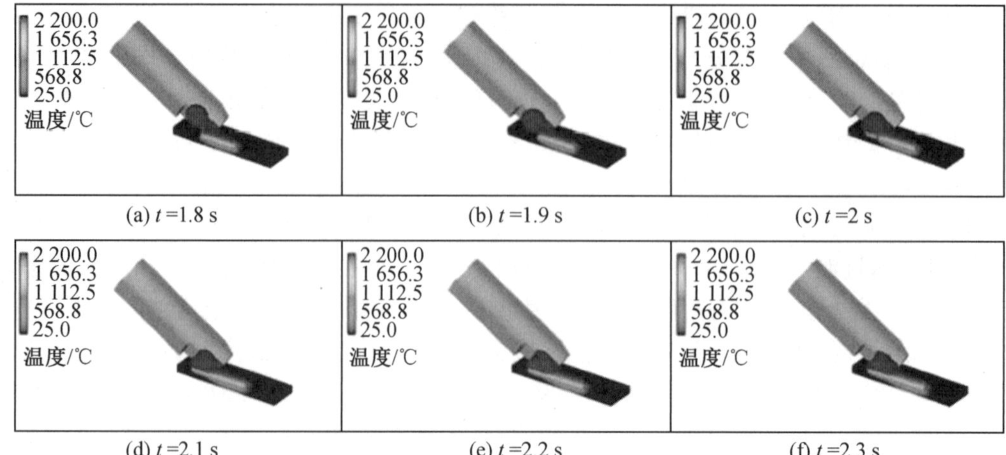

(a) t=1.8 s　(b) t=1.9 s　(c) t=2 s
(d) t=2.1 s　(e) t=2.2 s　(f) t=2.3 s

图 9.14　单层沉积相邻熔滴过渡过程

固，存在一定的流动性，在表面张力的作用下，后过渡的液态金属逐渐与之前的液态金属融合，消除了之前产生的间隙(t=2.1 s)，然后在基板运动的带动下，已过渡的两滴液态金属随基板远离导流嘴并凝固成型(t = 2.2 ～ 2.3 s)。

9.3.4　多层沉积过程传热传质分析

多层沉积过程与单层沉积过程存在以下几点主要差异。

(1) 沉积过程中液态金属边界条件不一样。单层沉积过程中液态金属可以向水平方向铺展；多层沉积过程中液态金属左右无支撑边界，在重力的作用下向下流淌。

(2) 基体表面形貌不一样。单层沉积时，基体金属为基板，表面是平的；多层沉积时，基体金属为已有的沉积体，表面是拱形的，不利于液态金属的停留。

(3) 散热条件不一样。单层沉积时，基板为室温状态，并且热量可沿基板传递至工作台，散热速度较快；多层沉积时，由于沉积过程为真空条件，大部分热量只能通过已有的沉积体传导至基板，再传导至工作台，并且已有的沉积体存在一定余温，相比于单层沉积体，其散热速度较慢。

基于以上三点，多层沉积时基体为拱形形貌，并且散热条件较差，金属处于液态时间较长，在重力作用下液态金属易向下流淌，因此其工艺难度比单层沉积工艺高。

表 9.4 为四组沉积工艺参数，旨在探究不同工艺参数对多层沉积过程的影响，其中移动速度和送丝速度作用相同，均影响单位长度的沉积量，因此本节仅变化送丝速度。

表 9.4　四组沉积工艺参数

编号	熔滴温度 /℃	移动速度 /(mm・s^{-1})	送丝速度 /(mm・s^{-1})
A1	2 200	4	20
A2	2 200	4	30
A3	2 500	4	20
A4	2 500	4	30

A1 ～ A4 工艺参数及其横截面模拟结果如图 9.15 和图 9.16 所示，整体沉积体成型及温度分布状态随工艺参数的不同而不同。分别对比 A1 ～ A2、A3 ～ A4 两组沉积体成型，即熔滴温度不变，送丝速度增加 50%，沉积层高温区域沿沉积方向长度的变化不大，但沉积层宽度明显增加(图 9.17)。随着送丝速度的增加，单位时间过渡至基体的液态金属量增加，在重力作用下向基体两侧流淌，最终增加了沉积层的宽度。对比 A1 ～A3、A2 ～A4 两组沉积体成型和横截面形貌，即送丝速度不变，熔滴温度增加(电子束功率增加)，沉积层高温区域沿沉积方向长度增加，层高降低，层宽增加，如图 9.17 所示。

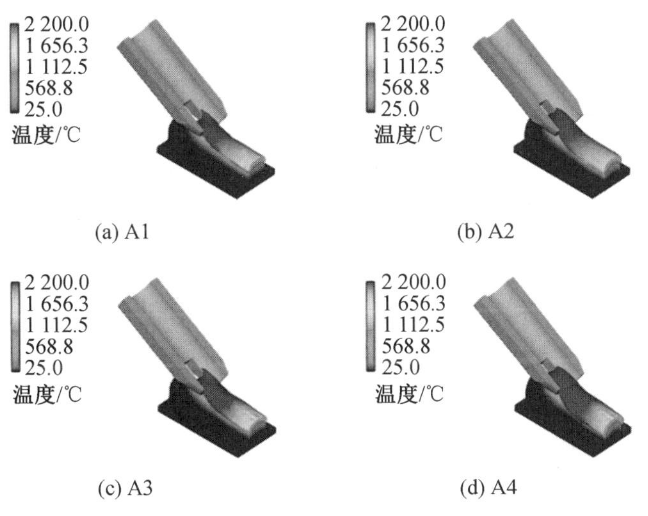

(a) A1　(b) A2

(c) A3　(d) A4

图 9.15　A1 ～ A4 工艺参数模拟结果

图 9.15 ～ 图 9.17 分析结果表明，送丝速度对沉积层宽度和高度的影响程度小于熔滴温度(电子束功率)对沉积层宽度和高度的影响程度。因为沉积过程中，基体形状为半圆形，液态金属在重力作用下极易向沉积体两侧流淌，液态金属温度低，沉积层液态停留时间较短，即向下流淌的时间较短，而液态金属温度较高时，沉积层液态停留时间较长，液态金属有足够的时间向下流淌，导致沉积层的厚度减小，宽度增加。

A1 ～ A4 工艺参数模拟结果(纵截面)如图 9.18 所示。随着送丝速度的增加，过渡至基体的液态金属增加，如图 9.18(b) 和图 9.18(d) 所示。与低送丝速度相比，送丝速度的增加使沉积层高度和宽度均增加。但熔滴温度的增加仅会增加高温液态金属的区域，反而会降低沉积层高度，增加沉积层宽度，增加沉积过程工艺难度。电子束功率对沉积体成型的影响高于送丝速度和移动速度对沉积体成型的影响。

多层沉积体沉积过程如图 9.19 所示。$t = 0.5$ s 时，液滴经过导流嘴与基体接触并发生传热，随着温度降低，靠近基体的液态金属发生凝固，并且随着基体的移动而远离导流嘴($t = 1 \sim 1.5$ s)。随着沉积过程的稳定进行，金属熔滴持续向基体过渡，并与已过渡的沉积金属熔合，形成稳定的沉积层。但沉积过程初始时，相邻过渡的熔滴在形成沉积层时存在明显的过渡坑($t = 2$ s)，但液态金属过渡后，液态金属在表面张力的作用下会逐步平缓过渡坑($t = 2.5$ s)。过渡坑的存在及大小与沉积工艺参数有关，电子束功率高、移动速度慢和送丝速度快均会降低过渡坑产生的可能性，相反则会增加过渡坑产生的可能性。

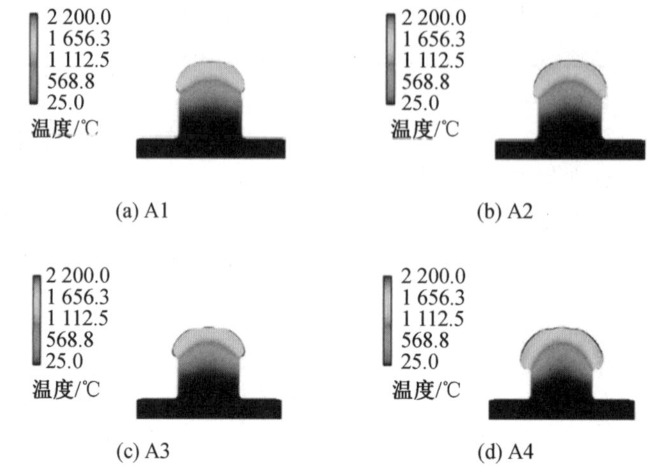

图 9.16　$A1 \sim A4$ 工艺参数模拟结果(横截面)

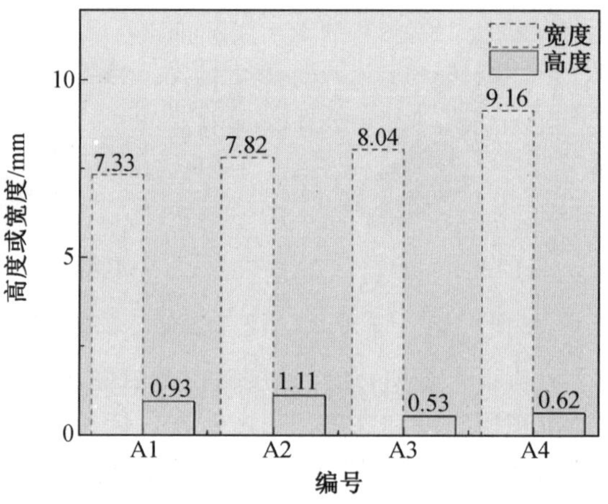

图 9.17　不同工艺参数沉积层变化

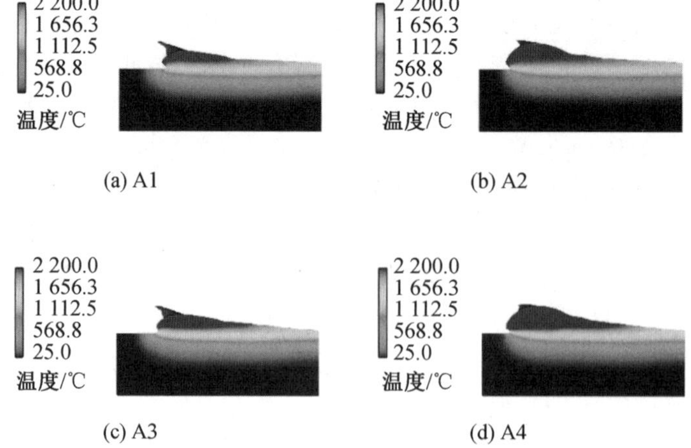

图 9.18　$A1 \sim A4$ 工艺参数模拟结果(纵截面)

稳定沉积过程是形成光滑的表面成型，避免产生过渡坑，便于提升后续沉积过程的稳定性。

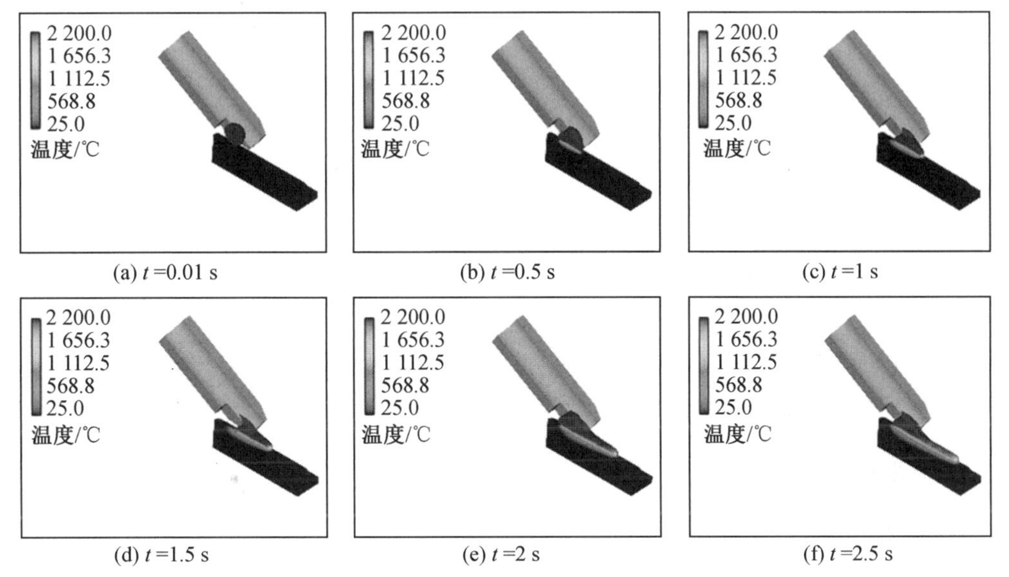

(a) t=0.01 s　(b) t=0.5 s　(c) t=1 s

(d) t=1.5 s　(e) t=2 s　(f) t=2.5 s

图 9.19　多层沉积体沉积过程

多层沉积相邻熔滴过渡过程如图 9.20 所示。$t=(t_0+0.5)$ s 时，第 n 个金属熔滴生成并与已过渡的液态金属接触；$t=(t_0+1)$ s 时，第 n 个金属熔滴部分熔入已过渡的液态金属中，并部分凝固；$t=(t_0+1.5)$ s 时，第 n 个金属熔滴完全熔入已过渡的液态金属中，其状态与 $t=t_0$ 时状态基本相似；$t=(t_0+2)$ s 时，第 $n+1$ 个金属熔滴生成，重复第 n 个金属熔滴过渡过程。相比于沉积的初始过程，连续稳定沉积过程基体的散热和产热达到准稳态，沉积层几乎无过渡坑产生，新过渡的金属熔滴在接触已有的沉积金属时能在表面张力

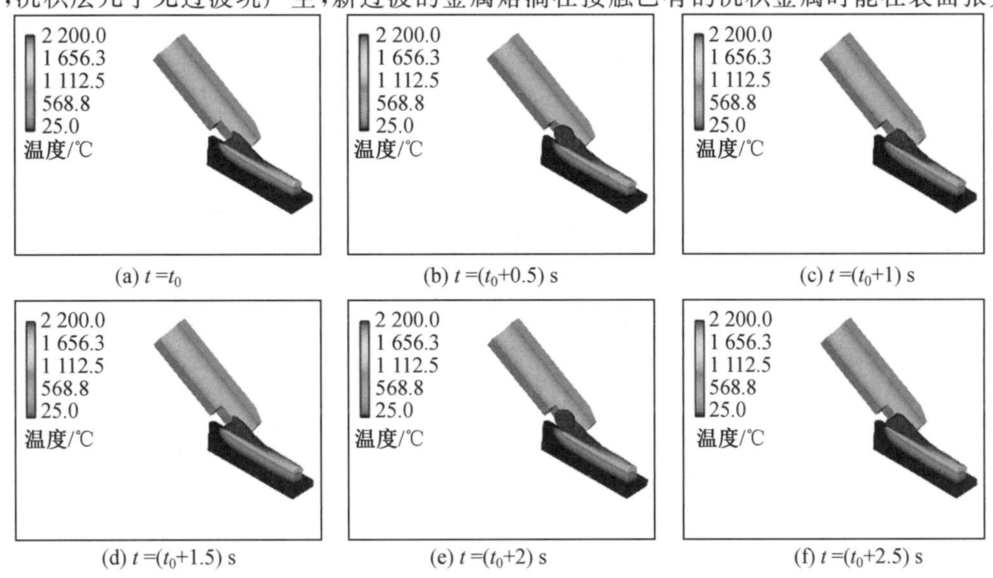

(a) $t=t_0$　(b) $t=(t_0+0.5)$ s　(c) $t=(t_0+1)$ s

(d) $t=(t_0+1.5)$ s　(e) $t=(t_0+2)$ s　(f) $t=(t_0+2.5)$ s

图 9.20　多层沉积相邻熔滴过渡过程

的作用下迅速熔入已有的沉积金属，并且相比于初始沉积过程，液态金属温度较高，流动性较好，因此不产生过渡坑。

9.4　沉积体组织及性能分析

丝材与基板的选择对预熔化式电子束熔丝沉积工艺具有很大影响，其匹配关系有以下三种。

(1) 丝材熔点低于基板。此种方式下液态金属过渡至基板无法实现基板的熔化，界面结合类似于钎焊，此时母材中的元素仅通过扩散进入沉积体。

(2) 丝材熔点与基板相近。此种方式可实现液态金属对基板的熔化，形成有效的冶金结合。

(3) 丝材熔点高于基板。此种方式下液态金属温度较高，过渡至基板时可将基板熔化。如果熔化量较少，则可实现有效的连接；如果熔化量较多，则沉积体的稀释率较高，并且存在将基板熔穿的可能。

本节对三种丝材与基板的匹配关系进行研究。

9.4.1　丝材熔点低于基板

1. 成型分析

采用Er5356铝丝与TC4板材进行实验，Al－TC4沉积工艺参数见表9.5。Al－TC4沉积体成型如图9.21所示，沉积体宽度分布比较均匀，液态Al与TC4基板得到充分熔合，熔合边界过渡圆滑。沉积体尾部存在一定塌陷，并且存在未完全熔化的金属。沉积过程快结束时，电子束束流逐渐减小，丝材冷却较快产生较大变形，丝材开始逐渐偏离电子束，并且插入过渡至基板的沉积体中，最终形成未熔化的金属残留于沉积体中。

表9.5　Al－TC4沉积工艺参数

加速电压 /kV	电子束束流 /mA	聚焦电流 /mA	移动速度 /($mm \cdot s^{-1}$)	送丝速度 /($mm \cdot s^{-1}$)
60	13	480	6.67	15.5

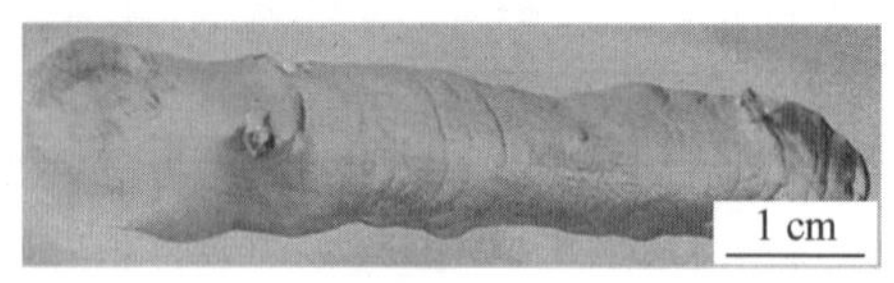

图9.21　Al－TC4沉积体成型

2. 组织分析

Al－TC4沉积体横截面形貌如图9.22(a)所示。Al沉积体与TC4基体之间存在明显的界面，TC4基体未发生熔化，液态Al在TC4基体上充分润湿、铺展。沉积体内部存在较多白色针状相，无序分布于Al沉积体中，部分针状相存在交叉。中间的针状相尺寸较大，两侧针状相尺寸较小，这与元素扩散有关，液态金属过渡至TC4基体上，热量通过

TC4基体迅速散失，而中间液态金属多，两侧金属少，导致两侧迅速凝固，而中间的沉积体凝固相对缓慢，原子有充分的时间进行扩散，最终导致沉积体中间的针状相较为粗大，而两侧的针状相尺寸较小。图9.22(b)～(d)所示为沉积体内部及界面组织，Al沉积体与TC4界面处形成了一层均匀连续的反应层，其厚度为3 μm左右。不同区域元素的原子数分数见表9.6。Ⅰ区域为TC4母材，Ⅱ区域为沉积体，主要由Al元素组成，Ⅲ区域与Ⅳ区域元素组成相近，主要由Ti元素和Al元素组成，推测其为Ti和Al组成的Ti_xAl_y金属间化合物。连续反应层的存在表明Al沉积体与TC4基体之间形成了有效的冶金结合。

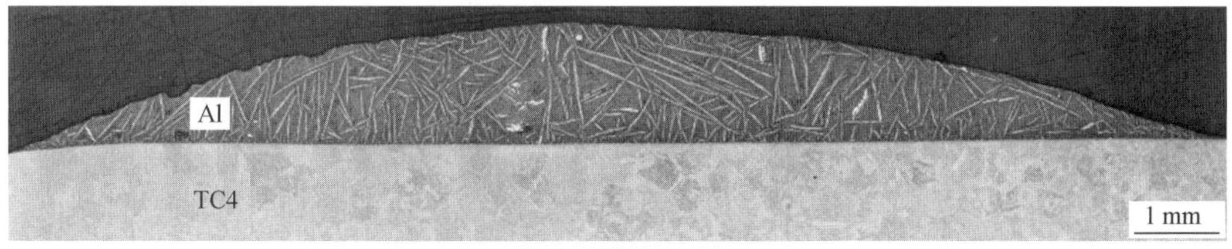

(a) 沉积体横截面形貌

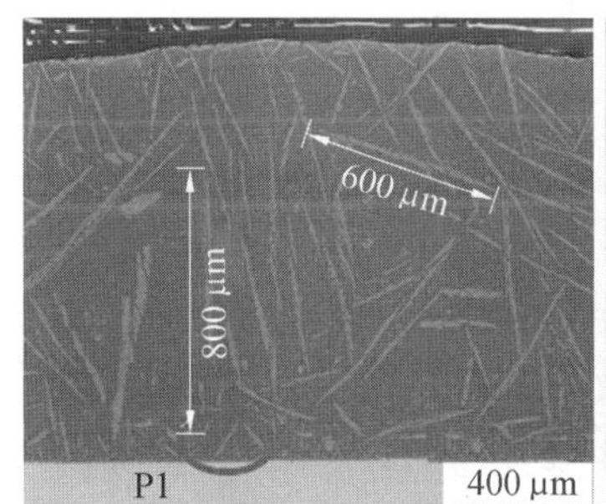

(b) 沉积体内部组织

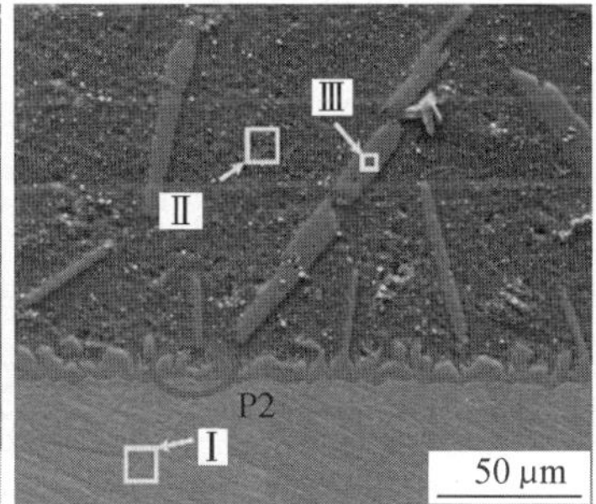

(c) 沉积体界面组织1

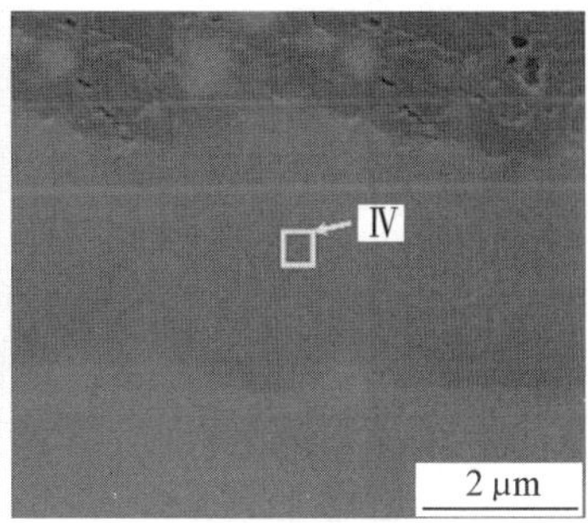

(d) 沉积体界面组织2

图9.22　Al－TC4沉积体形貌及组织

表9.6　不同区域元素的原子数分数　%

元素	Ⅰ	Ⅱ	Ⅲ	Ⅳ
Al	13.11	97.28	75.98	76
Ti	77.91	0.63	20.51	21.38
Mg	1.68	0.82	1.05	0.61
V	3.87	0.21	0.69	1.05
其他	3.43	1.06	1.77	0.96

Al－TC4形貌及线扫描结果如图9.23所示。TC4侧界面呈锯齿状，元素在扩散层内部均匀分布，呈水平台阶状，Ti元素及Al元素在反应层/沉积体和反应层/基体两界面处发生改变。针状相邻近的元素分布与连续扩散反应层的元素分布类似，表明了连续扩散反应层与针状相组成相同。

Al－TC4沉积体内部元素面分布如图9.24所示，Al元素含量在针状相位置有所下降，而Ti元素几乎只存在于针状相，进一步确定了针状相内部含有Ti元素，即由Al和Ti组成的化合物。靠近界面处的针状相尺寸较小，而远离界面处的针状相尺寸较大，这与液

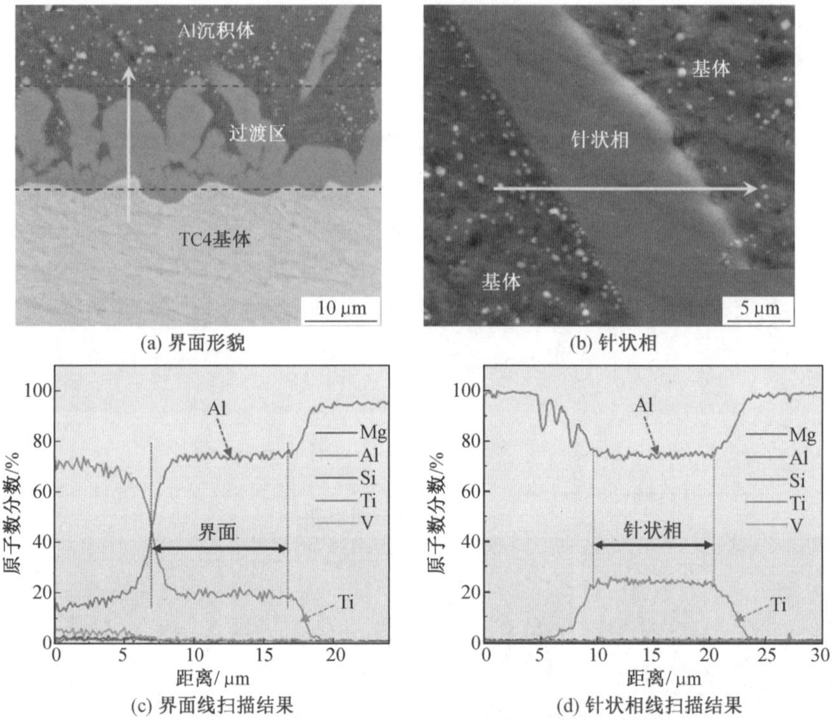

(a) 界面形貌

(b) 针状相

(c) 界面线扫描结果

(d) 针状相线扫描结果

图 9.23 Al－TC4 形貌及线扫描结果

(a) Al

(b) Ti

(c) V

(d) 扫描区域

图 9.24 Al－TC4 沉积体内部元素面分布

态 Al 的冷却有关。液态 Al 与 TC4 基体表面接触时，Ti 元素迅速扩散至液态 Al 内部，与 Al 原子反应生成针状相，而近界面处的液态 Al 由于与 TC4 基体直接接触，散热较快，相比于远离界面处的液态 Al 先凝固，Ti 元素在固体 Al 中的扩散速度远低于在液态 Al 中的扩散速度，近界面处的液态金属凝固时，远离界面处仍然为液态，Ti 原子有较多的时间扩散，且其扩散速度较快，因此针状相在近界面处尺寸较小，而在远离界面处的尺寸较大。

利用 XRD 技术分析沉积体的物相组成。从图 9.25 中可以看出，广角 XRD 和微区 XRD 的分析结果一致，沉积体主要由 Al、$TiAl_3$ 及 Ti_3Al 组成。由于沉积体是在 TC4 基体上沉积 Al 形成的，因此可推测沉积体主要由 Al 组成，而针状相可能为 $TiAl_3$ 或 Ti_3Al。

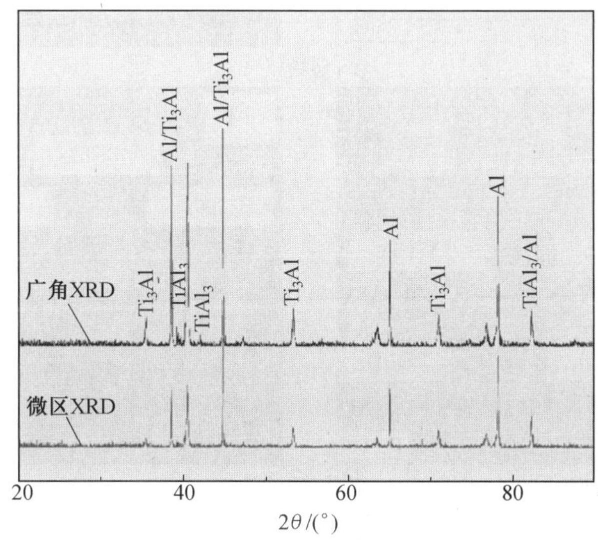

图 9.25　Al－TC4 沉积体 XRD 结果

为了进一步分析针状相的组成，分析其衍射斑点，如图 9.26 所示。

图 9.26(a) 所示为 Al－TC4 沉积体 XRD 结果，P3 和 P4 分别为针状相和基体，其衍射斑点如右图所示。P3 位置处为两套重合的斑点，通过使用化合物标准 PDF 卡片分析其为 $TiAl_3$ 和 Al，可以确定针状相主要为 $TiAl_3$，且 $(1\ 0\ 1)_{TiAl_3} // (0\ 2\ 0)_{Al}$。但图 9.26(b) 表明在 $TiAl_3$ 针状相与 Al 基体 $(1\ 0\ 1)_{TiAl_3}$ 与 $(2\ 0\ 0)_{Al}$ 并不垂直，两个晶面之间的实际夹角为 65°，这可能是由于晶格之间的错配引起的。$TiAl_3$ 针状相与 Al 基体的实际晶格尺寸可通过其衍射斑点推算得出，$TiAl_3$ 针状相与 Al 基体晶格尺寸见表 9.7，通过计算得出 $TiAl_3$ 针状相与 Al 基体晶格错配度 $f=0.018\ 9$，为共格界面，但界面处会存在应变。对比 $TiAl_3$ 与 Al 两相的实际晶格尺寸与化合物标准 PDF 卡片尺寸可以发现，Al 基体的实际晶格尺寸减小，而 $TiAl_3$ 针状相的实际晶格尺寸增大。界面处应变的积累导致部分位置处的 $TiAl_3$ 针状相与 Al 基体 $(1\ 0\ 1)_{TiAl_3}$ 与 $(2\ 0\ 0)_{Al}$ 不垂直，产生一定的偏转角度。

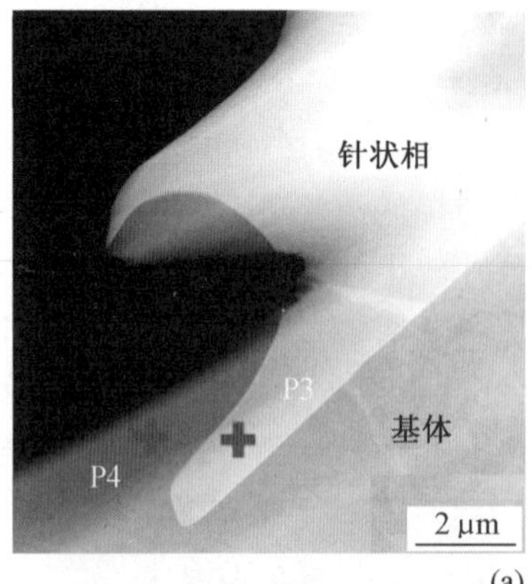

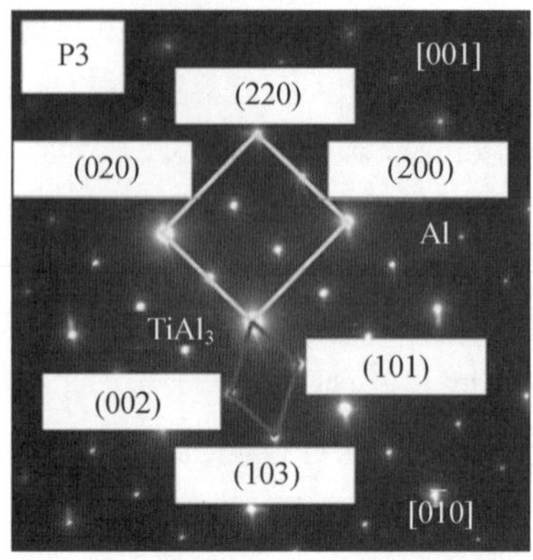

(a) 明场相

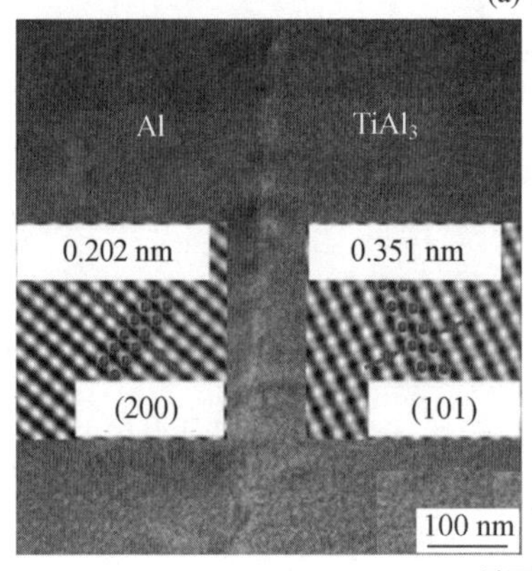

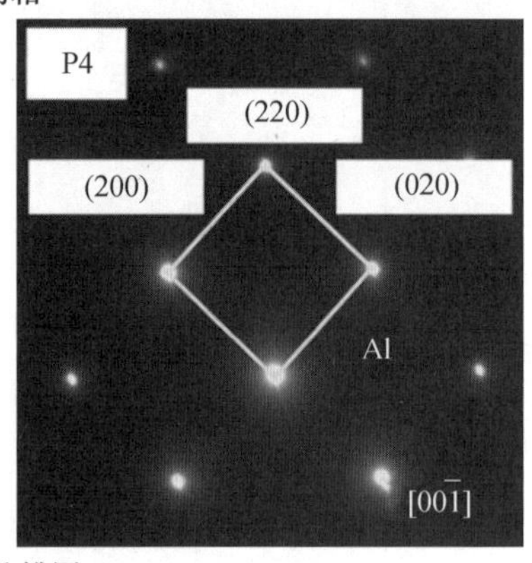

(b) 界面高分辨图

图 9.26 Al－TC4 沉积体 TEM 结果

表 9.7 $TiAl_3$ 针状相与 Al 基体晶格尺寸 Å

Al		$TiAl_3$	
实际	PDF 卡片	实际	PDF 卡片
4.23	4.409 4	4.15	3.848
4.23	4.409 4	4.15	3.848
4.23	4.409 4	9.02	8.596

3. 力学性能分析

图 9.27(a) 所示为 $TiAl_3$ 针状相与 Al 基体的纳米压痕结果，$TiAl_3$ 针状相的弹性模量和硬度分别是 Al 基体的 2.6 倍和 11.9 倍，可知 $TiAl_3$ 针状相是一种较硬的金属件化合物，因此推测针状相的存在可增强 Al 基体的部分力学性能。图 9.27(b) 中红色和蓝色曲线分别为 Al 基体和 $TiAl_3$ 针状相增强的 Al 沉积体的摩擦系数。摩擦实验前，原沉积体的弧形上表面均被铣削成一个平面，并进行打磨和抛光，直至待摩擦区域为镜面位置，然后进行微动摩擦实验。在相同的摩擦副及摩擦条件下，摩擦系数越小，材料的耐磨性越好。从图9.27(b) 中可以看出，$TiAl_3$ 针状相增强的 Al 沉积体的摩擦系数均小于 Al 基体的摩擦系数，可以推断出 $TiAl_3$ 针状相增强的 Al 沉积体的耐磨性能优于 Al 基体的耐磨性能，

表明 $TiAl_3$ 针状相的生成提升了 Al 沉积体的耐磨性。从图中还可以看出，Al 基体的摩擦系数曲线最终趋于稳定，而 $TiAl_3$ 针状相增强的 Al 沉积体的摩擦系数随时间产生周期性的变化，表明 $TiAl_3$ 针状相对沉积体的摩擦性能产生影响，其影响机制在之后进行详细分析。

图 9.28 所示为 Al－TC4 沉积体摩擦区域形貌。从图中可以看出，$TiAl_3$ 针状相增强的 Al 沉积体和 Al 基体的摩擦区域形貌存在明显差异。含 $TiAl_3$ 针状相的 Al 沉积体摩擦区域存在较多的磨损颗粒，而 Al 基体的摩擦区域则含有较多的剥落块。摩擦区域形貌与材料的塑性有关，图 9.27(a) 的数据表明，$TiAl_3$ 针状相为硬脆的金属间化合物，硬度远高于 Al 基体，在摩擦过程中 Al 基体很容易发生塑性变形，呈块状剥落，且边缘处会产生褶皱。而 $TiAl_3$ 针状相塑性很差，在摩擦过程中很难发生塑性变形，直接脆断产生磨损颗粒。

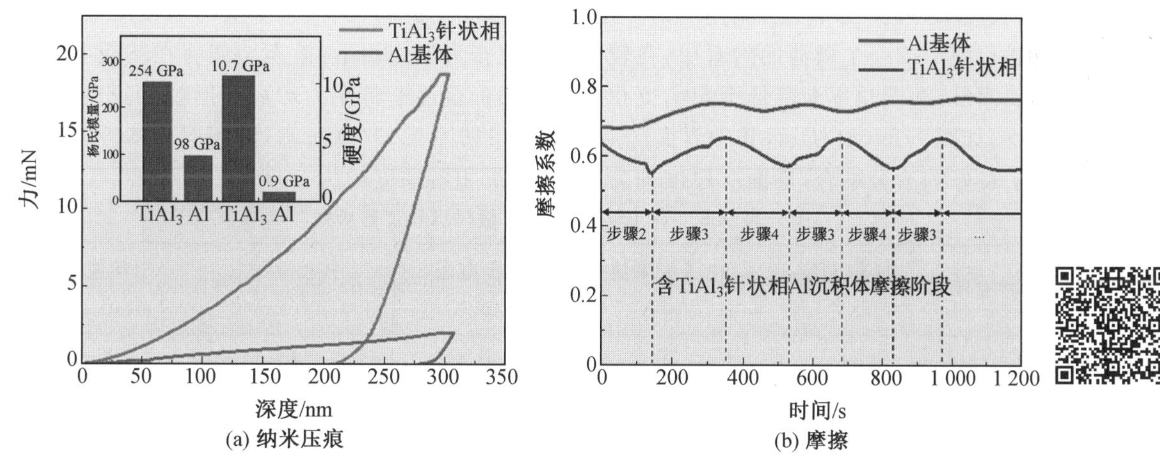

(a) 纳米压痕　　(b) 摩擦

图 9.27　Al－TC4 沉积体力学性能

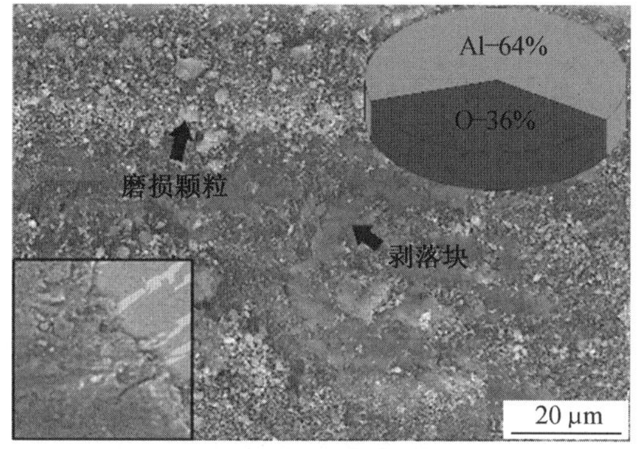

(a) 含$TiAl_3$针状相沉积体

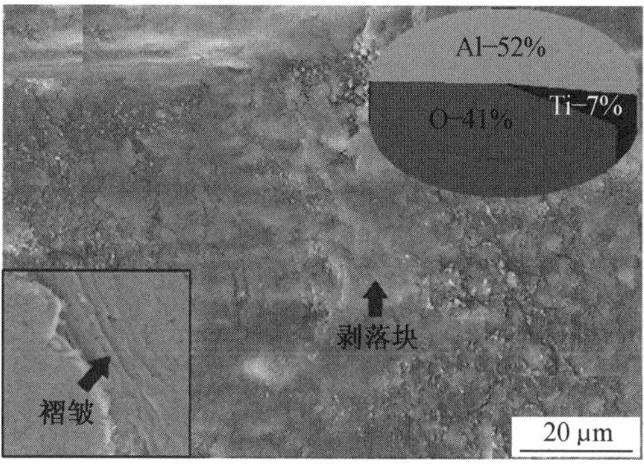

(b) Al基体

图 9.28　Al－TC4 沉积体摩擦区域形貌

9.4.2 丝材熔点与基板相近

1. 成型分析

采用TC4丝材与TC4板材进行预熔化式电子束熔丝沉积进行实验，TC4丝材－TC4板材沉积工艺参数见表9.8。不同工艺下沉积层横截面形貌如图9.29所示。当基板的运动速度较快时，整个沉积进程速度较快，电子束线能量较低，导致液态金属具有较大的黏滞系数，进而形成较大的表面张力。当液态金属与基板接触时，由于液态金属较大的表面张力以及较小的润湿张力使其与基板基本不发生润湿，因此形成了较大的润湿角，润湿角$\theta=140°$，沉积体整体呈球形形貌，如图9.29(a)所示。除此之外，在沉积体与基板的接触截面位置存在熔合不良的缺陷，并未形成良好的冶金结合，如图9.29(b)区域I_1所示(区域I_1高倍图如图9.29(e)所示)。随着基板移动速度的逐渐降低，液态金属的温度逐渐升高，表面张力进一步降低，流体的内摩擦力逐渐减小。此时，当液态金属与基板接触时，在接触位置形成一个极薄的附着层，在较大的润湿张力的作用下，液态金属将在基板上发生铺展润湿，润湿角逐渐降低至50°，沉积体由球形形貌逐渐转变为球冠形形貌，沉积层成型良好，如图9.29(d)所示，其中界面区域I_2高倍图如图9.29(f)所示，沉积层与基板之间形成了良好的冶金结合，界面层厚度约为70 μm，沉积层厚度约为2 mm。

表9.8 TC4丝材－TC4板材沉积工艺参数

实验编号	加速电压 /kV	电子束束流 /mA	聚焦电流 /mA	移动速度 /(mm·s^{-1})	送丝速度 (mm·s^{-1})
TC4－1	60	20	515	7	20
TC4－2	60	20	515	5	20
TC4－3	60	20	515	3	20
TC4－4	60	20	515	2	20

2. 组织分析

TC4丝材－TC4板材沉积体微观组织如图9.30所示。TC4基板为均匀分布(α＋β)等轴组织，如图9.30(a)所示。由于基板表面受沉积金属的热作用，在界面位置的等轴晶受热发生轻微长大；而与基板接触的液态金属则受到了较大的热传导和热对流作用，形成了极大的过冷度，进而在极大的冷却速度下发生了钛合金的马氏体相变，α相垂直于界面迅速向上生长，最终形成了针状的马氏体形貌，如图9.30(b)所示。

单层沉积体内部出现明显分层现象(图9.30(c))，目前国内外相关研究均无此现象报道。这种分层现象与预熔化式电子束熔丝沉积工艺有关，预熔化式电子束熔丝沉积工艺过程是将液态金属通过导流嘴的引流过渡至基板，为了避免导流嘴被电子束击穿，导流嘴端部中心开有矩形槽，因此过渡至导流嘴的液态金属可以分为两部分，如图9.31所示。第一部分为导流嘴开槽部分的液态金属，由于该部分液态金属直接通过导流嘴的开槽部位过渡至基板上，因此称为先过渡金属(图9.30(c)中T_1区)；第二部分为过渡至导流嘴非开槽部分的液态金属，该部分的液态金属相比于第一部分的液态金属在导流嘴上停留时间较长，在后续沉积过程中再过渡至基板，因此称为后过渡金属(图9.30(c)中T_3

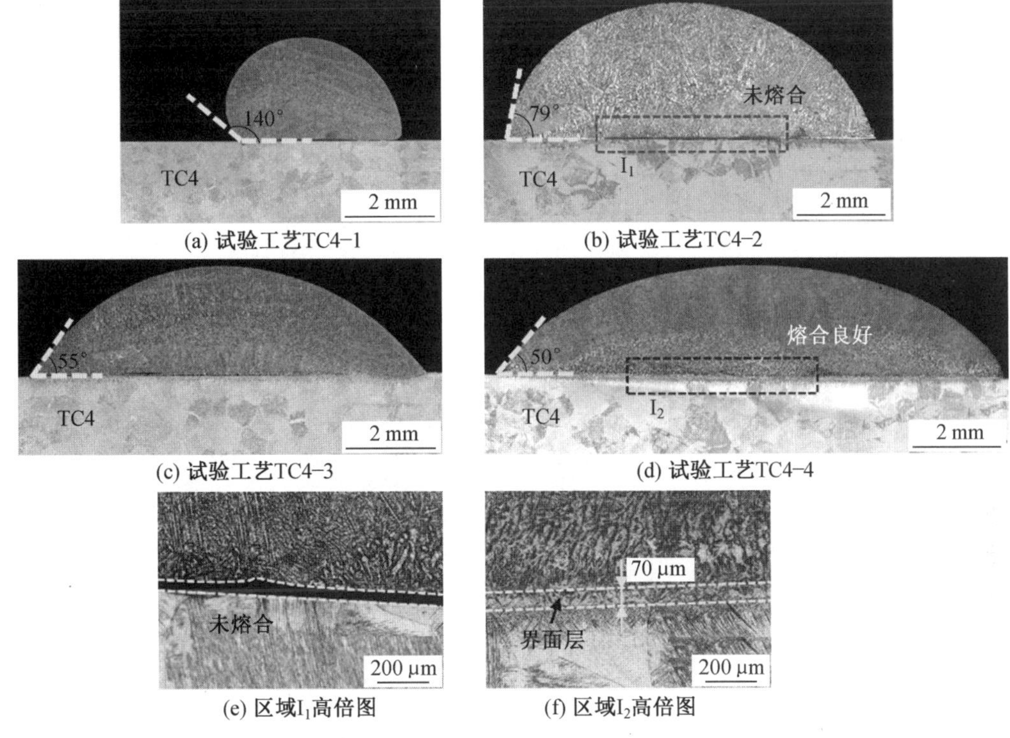

图 9.29　不同工艺参数下沉积层横截面形貌

区)。先过渡金属先与基板接触,迅速凝固;后过渡金属停留至导流嘴上时,其降温较慢,并且过渡至基板时,一部分直接与基板接触,另一部分过渡至先过渡金属上,对先过渡金属形成包裹作用,并且对先过渡金属有一定的再热作用,使先过渡金属上部区域晶粒进一步长大,如图 9.30(d) 所示。

TC4 丝材 - TC4 板材沉积体左半部分微观组织如图 9.32 所示,图 9.32(b) 所示为 TC4 沉积体与基体结合界面,该过渡区域厚度不到 100 μm,分布均匀,表明沉积体与基体之间存在良好的冶金结合。在与基体金属结合的界面层主要分为以下 5 个区域。

(1) 区域 1。位于沉积体水平方向中部,竖直方向下部区域。该区域主要由柱状晶组成,垂直基板表面向上生长,柱状晶长度较大且宽度较窄。这部分区域组织由先过渡金属组成,先过渡金属接触较冷的基板迅速凝固,其散热方向垂直于基板表面,因此导致晶粒的生长方向也是垂直于基板表面,形成长又细的柱状晶。

(2) 区域 2。位于区域 1 侧边,与基板接触。与区域 1 类似,该区域主要由柱状晶组成,但柱状晶的生长方向与基板不垂直,并且柱状晶的长宽比小于区域 1 柱状晶的长宽比。这部分区域的组织既包含先过渡金属,又包含后过渡金属,先过渡金属靠近区域 1,与基板接触的后过渡金属远离区域 1。由于区域 1 的沉积体已经对基板进行加热,因此区域 2 的液态金属热量向两边传导较多,形成指向区域 1 的柱状晶。

(3) 区域 3。位于区域 2 上方,区域 1 侧边,与基板不接触。该区域主要由粗大的柱状晶组成,这部分区域的组织由后过渡金属组成。由于区域 3 下部不直接接触基板,而是接触温度较高的区域 2,因此其散热较慢,形成粗大的柱状晶。

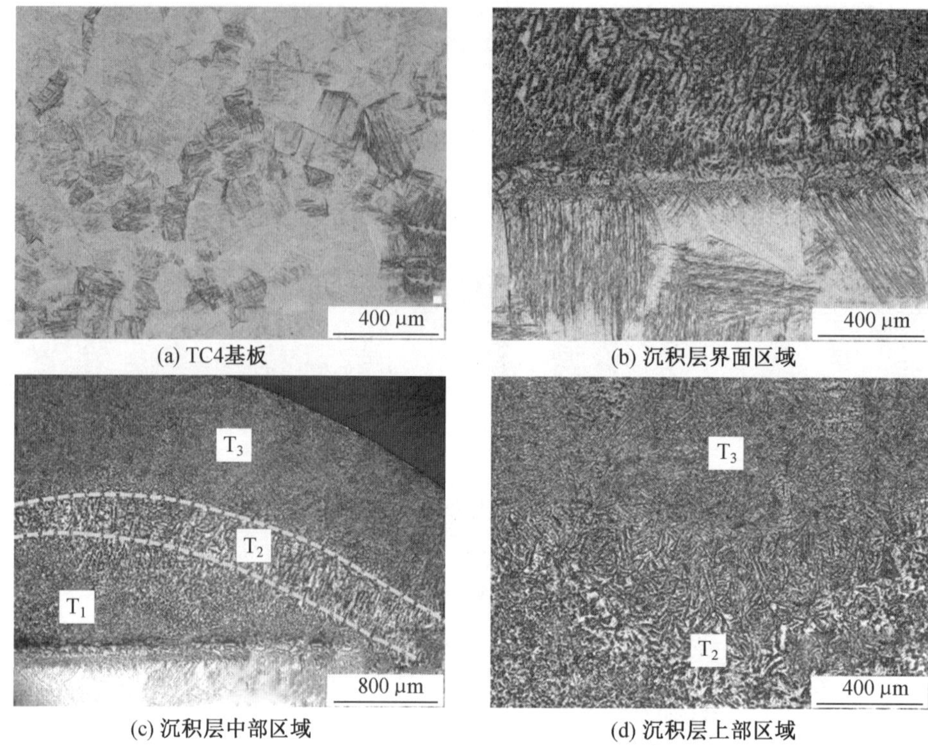

(a) TC4基板　(b) 沉积层界面区域　(c) 沉积层中部区域　(d) 沉积层上部区域

图 9.30　TC4 丝材－TC4 板材沉积体微观组织

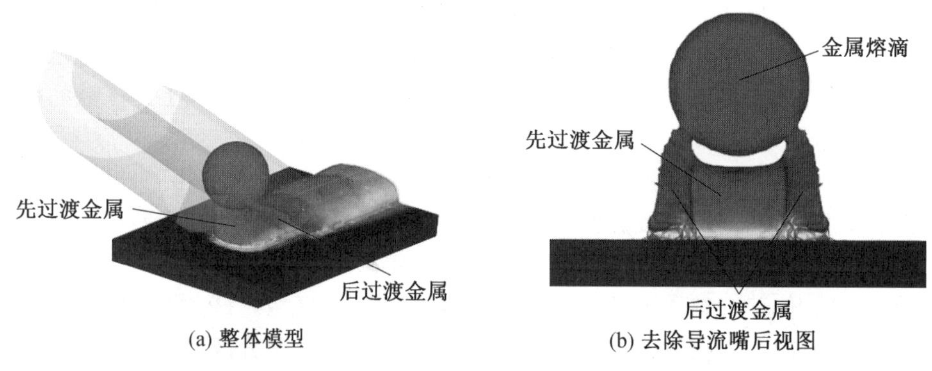

(a) 整体模型　(b) 去除导流嘴后视图

图 9.31　TC4 丝材－TC4 板材预熔化式电子束熔丝沉积过程流场模拟结果

(4) 区域 4。位于区域 2 和区域 3 的另一侧，为沉积体边缘位置。这部分区域的组织由后过渡金属组成，并且为后过渡金属与基板接触的部分。相比于区域 3，区域 4 与基板直接接触，散热相对较快，因此区域 4 晶粒尺寸小于区域 3 晶粒尺寸。

(5) 区域 5。位于区域 1～4 上方，为沉积体最上部位置。该区域主要为枝晶状组织，方向各异。这部分区域的组织主要由后过渡金属组成，包覆于先过渡金属上方，散热最慢，最终形成取向各异的枝晶状组织。

TC4 丝材－TC4 板材沉积体水平中部微观组织如图 9.33 所示，其主要分为区域 b、区域 d 和区域 f 三部分，分别对应先沉积金属区域、粗晶区和后沉积金属区域，其中区域 d 为后沉积金属作用于先沉积金属后晶粒发生明显长大的区域。区域 c 和区域 e 分别为先沉

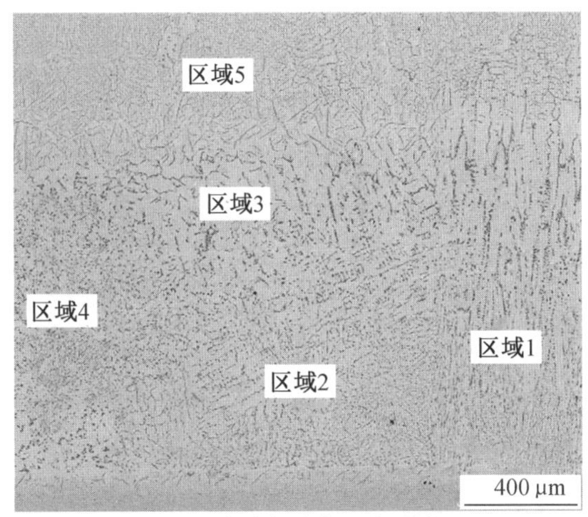

(a) 左半部分宏观分区域

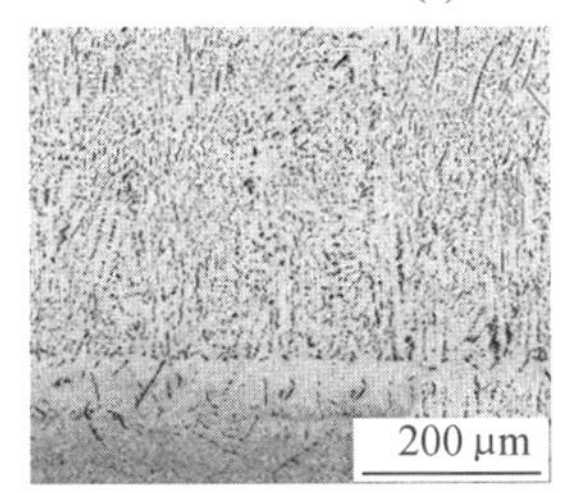

(b) TC4沉积体与基板结合界面

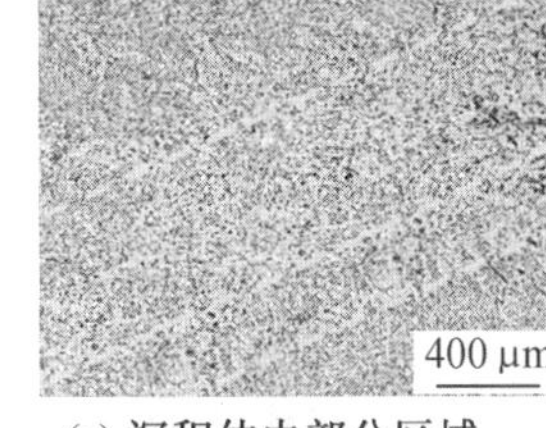

(c) 沉积体内部分区域

图 9.32　TC4 丝材－TC4 板材沉积体左半部分微观组织

积金属区域与粗晶区域之间的过渡区域以及粗晶区域与后沉积金属区域之间的过渡区域。与沉积体左半部分微观组织相似，区域 b 最先与基板接触，因此其晶粒尺寸最小，并且几乎垂直于基板表面向上生长；区域 f 散热条件最差，因此形成粗大的枝晶；区域 d 为区域 f 的金属与区域 b 金属接触时，区域金属上方组织被再次加热，使晶粒进一步长大，最终形成粗大的等轴晶。

TC4 丝材－TC4 板材沉积体 XRD 结果（图 9.34）表明，沉积体中不仅含有基体组织 Ti，还存在 TiC 相。这是由于沉积所用的导流嘴材质为石墨，并且 TC4 熔点较高，导流嘴开槽部位形成的液桥温度较高。在较高的温度下，石墨导流嘴表面的 C 元素扩散至液态金属内部，最终随着液态金属过渡至基板形成沉积体。因偏析的作用，TiC 在液态金属凝固时，主要存在于晶界位置。图 9.35 表明 TiC 在整个沉积体内部分布比较均匀，沉积体与基体之间的过渡层也可能含有 TiC。

对沉积体进行电子探针分析，揭示沉积体中各元素的分布状态，如图 9.35 所示。从图中可以看出，晶界处黑色相出现明显的 C 元素富集，而 Ti 元素含量在该位置明显降低，但并未降低至 0，推断该位置可能为 TiC 析出相，与 XRD 结果相符合。在基体中几乎全部为 Ti 元素，C、Al、V 元素的含量较低。因此可推断采用石墨导流嘴能够向沉积体内部渗入 C 元素，形成 TiC 增强相，弥散分布于沉积体晶界位置。

采用透射电子显微镜对沉积体的显微组织进行分析，如图 9.36 所示。从图中可以看出，沉积体的基体组织由白色和黑色交叉的板条状组织构成，其中黑色组织为 β－Ti 基

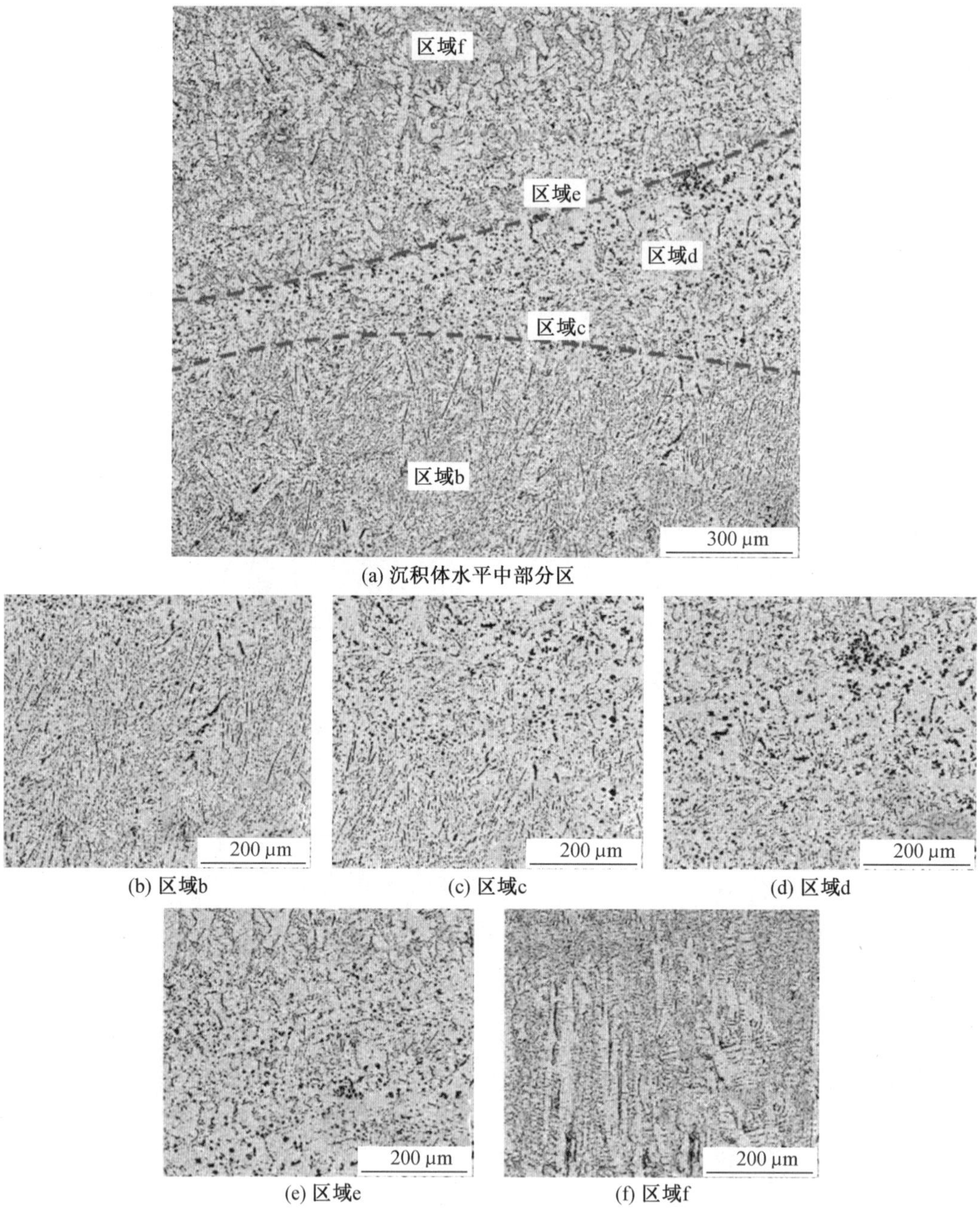

(a) 沉积体水平中部分区
(b) 区域b　(c) 区域c　(d) 区域d
(e) 区域e　(f) 区域f

图 9.33　TC4 丝材－TC4 板材沉积体水平中部微观组织

体，白色板条为在基体上析出的马氏体 α－Ti 组织，沉积金属由（α＋β）双相组织构成，如图9.36(a) 所示。进一步对沉积金属中的增强相进行分析，通过电子衍射斑点确定了在基体上析出了棒状的 TiC 增强相，如图 9.36(b) 和图 9.36(d) 所示。除此之外，在板条状 α－Ti 组织上检测出孪晶结构的形成，孪晶结构的形成与沉积金属结晶过程中的塑性变形有较大关系。

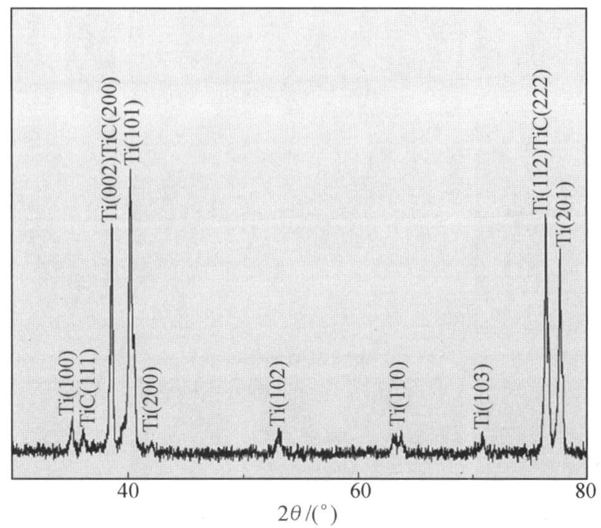

图 9.34　TC4－TC4 沉积体 XRD 结果

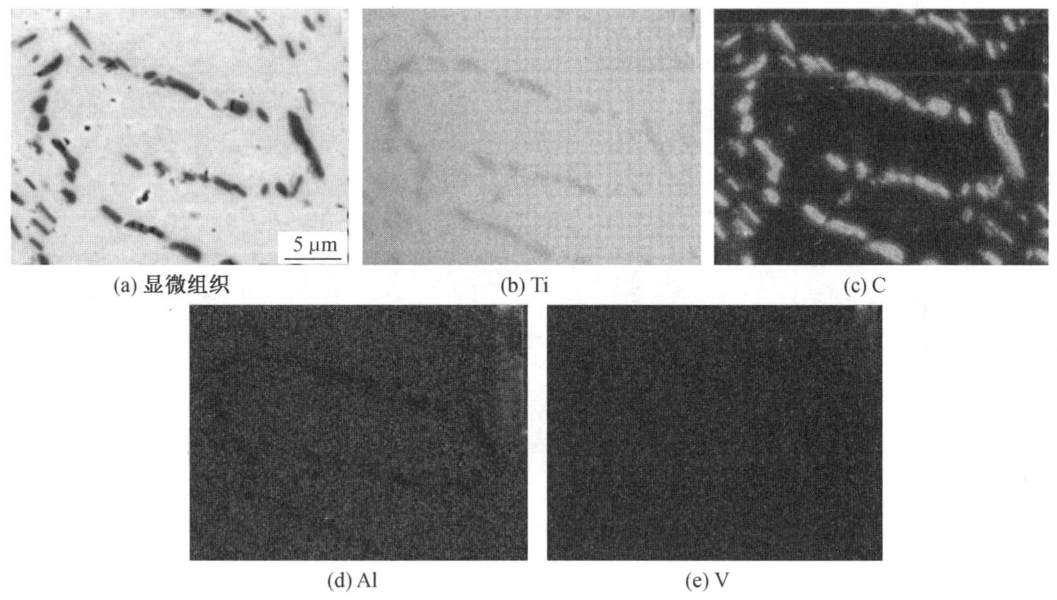

(a) 显微组织　(b) Ti　(c) C

(d) Al　(e) V

图 9.35　元素电子探针分析

TiC 增强相区域面扫描结果如图 9.37 所示。在 TiC 增强相位置处，Ti、Al 和 V 元素含量明显减少，而 C 元素含量相比于周围区域有所增加，进一步验证了沉积体内部含有 TiC 增强相。

3. 力学性能分析

分别对采用预熔化式电子束熔丝沉积方法（石墨嘴）和传统电子束熔丝沉积方法沉积的单层沉积体进行摩擦实验。TC4－TC4 沉积体摩擦系数随时间的变化曲线如图9.38 所示。从图中可以看出，TiC 的存在明显降低沉积体的摩擦系数，由于实验采用的条件均一致，因此可以证明含 TiC 沉积体的耐磨性比无 TiC 沉积体的耐磨性好，即 TiC 能增强沉积体的耐磨性能。

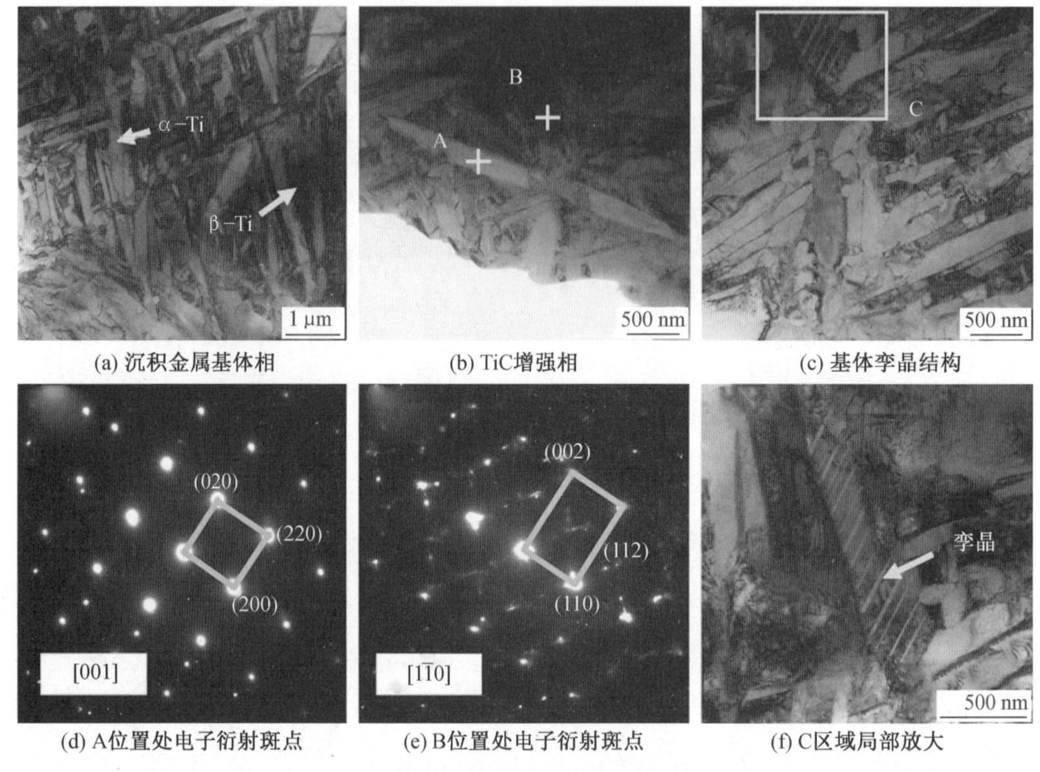

(a) 沉积金属基体相 (b) TiC增强相 (c) 基体孪晶结构

(d) A位置处电子衍射斑点 (e) B位置处电子衍射斑点 (f) C区域局部放大

图 9.36 TC4－TC4 沉积体金属显微组织

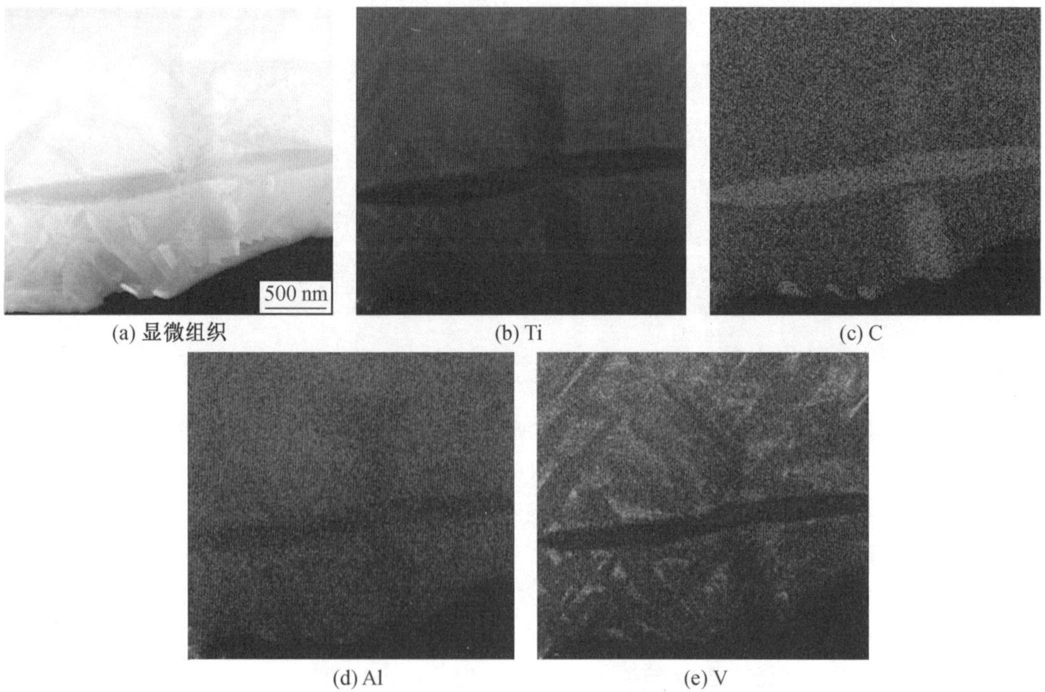

(a) 显微组织 (b) Ti (c) C

(d) Al (e) V

图 9.37 TiC 增强相区域面扫描结果

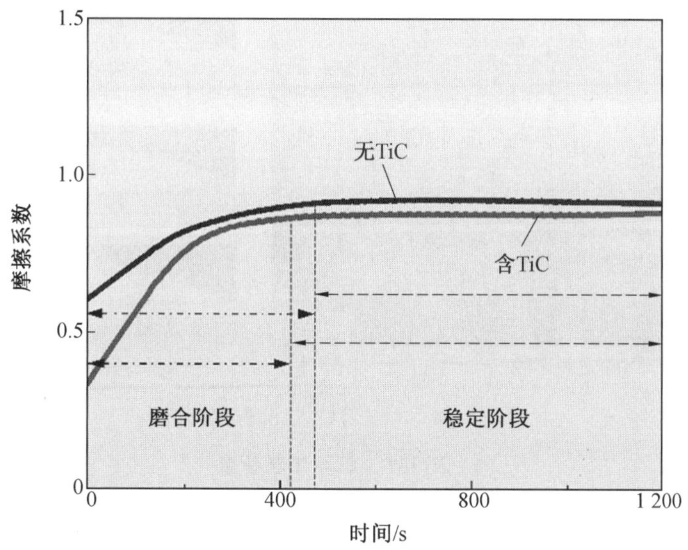

图 9.38 TC4－TC4 沉积体摩擦系数随时间的变化曲线

9.4.3 丝材熔点高于基板

1. 成型分析

采用纯锆丝与 TC4 板材预熔化式电子束熔丝沉积进行实验，不同工艺参数下沉积体宏观形貌如图 9.39(a) 所示。与采用传统电子束熔丝沉积不同的是，采用预熔化式电子束熔丝沉积的沉积体表面呈现明显的鱼鳞纹形貌，这是由于在预熔化式电子束熔丝沉积过程中，电子束不直接作用于基体，而直接作用于丝材末端，末端的丝材在电子束的直接作用下熔化后形成液态金属，在重力和表面张力等共同作用下流至导流嘴，进而过渡至基体表面凝固成型。一方面，电子束不直接作用于基体导致基体温度较低；另一方面，液态金属从丝材末端经导流嘴过渡至基体表面需要一定时间，在这段时间内液态金属迅速降温，使过渡至基体表面的液态金属温度较低。两种原因均导致液态金属在基体上的流动性较差，因此会形成明显的鱼鳞纹形貌。

由于 Zr 熔点(1 852 ℃) 高于 TC4 固相线温度(1 600 ℃)，因此沉积过程中 TC4 基体金属发生少量熔化，如图 9.39(b) 所示。与传统电子束熔丝沉积不同的是，由于电子束不直接作用于基材，TC4 基材的熔化仅靠液态金属 Zr 的热传导实现，因此采用预熔化式电子束熔丝沉积方法获得的沉积体与基体之间的界面相对比较平缓，并且缺少了电子束的剧烈搅拌作用，沉积体内部组织均匀，沉积体内部无块状组织分布。图 9.39(b) 所示为不同送丝速度下沉积体横截面形貌，其中 W 表示沉积体宽度，D 表示沉积层深度，H 表示沉积层高度。表 9.9 为沉积工艺参数，表 9.10 为沉积体成形参数。随着移动速度的降低，单位时间内沉积的液态金属量增加，作用于基体的热量随之增加，导致基体的熔化量增加。

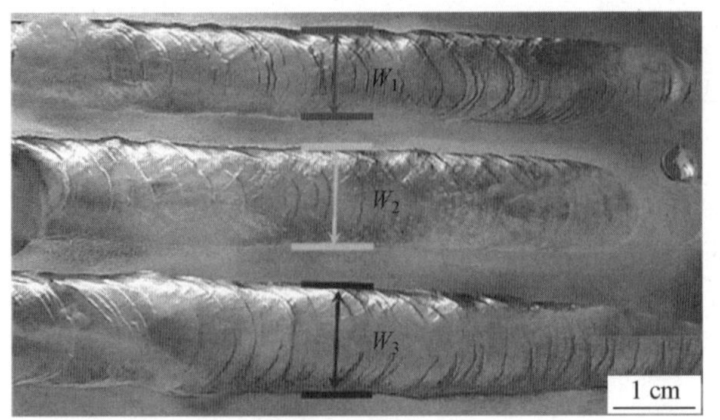

(a) 宏观形貌

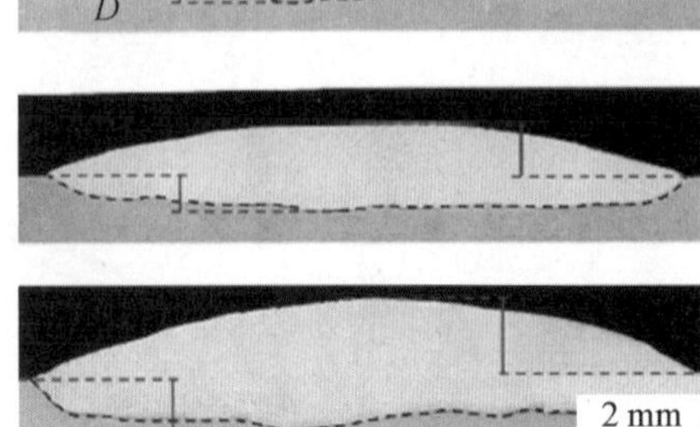

(b) 横截面形貌

图 9.39　Zr－TC4 层沉积体成型

表 9.9　沉积工艺参数

加速电压 /kV	束流 /mA	聚焦电流 /mA	移动速度 /(mm・s^{-1})	送丝速度 /(mm・s^{-1})
60	20	505	0.9 ～ 1.67	17.3

表 9.10　沉积体成型参数

沉积体序号	宽度 /mm	深度 /mm	高度 /mm	面积 /mm^2	移动速度 /(mm・s^{-1})
1	10.48	0.61	0.80	10.47	1.67
2	11.40	0.66	0.90	12.90	1.33
3	11.88	0.93	1.29	18.67	0.90

2. 组织分析

沉积体内部存在较多针状相，存在成分起伏，针状相长度不一，分别为几微米到十几微米不等，弥散分布于沉积体内部。针状相的形态各异，部分针状相呈人字形相交，同时部分针状相呈平行生长，如图 9.40 所示。沉积体内部存在两种差异较大的区域，分别为平滑区域和粗糙区域(图 9.40(a))，这两个区域均分布不同尺寸的针状相，如图9.40(b) 所示。

为了确定沉积体内部析出相的组成，对沉积金属进行元素电子探针分析，Zr－TC4 沉积体面元素分布如图 9.41 所示。从图中可以看出，沉积层基体元素组成主要为 Zr 元素和 Ti 元素，Zr 元素的强度因子为 27.5，Ti 元素的强度因子基本与其相当，为 24.5。这是由于在进行沉积时，TC4 基板发生少量熔化，基板中的 Ti 元素受到沉积金属的热作用而发生扩散进入到 Zr 沉积体。沉积体中针状相呈现 Zr 元素和 C 元素富集的现象，而 Ti 元素的含量急剧降低，其中 Zr 元素的强度因子升高至 37，C 元素的强度因子升高为 7。因此可以初步推断，沉积体中的针状相主要由 Zr 元素和 C 元素组成。

通过对沉积体进行 X 射线衍射分析，确定沉积体内部的物相组成，Zr－TC4 沉积体 XRD 结果如图 9.42 所示。Zr 元素和 Ti 元素之间形成无限固溶体组织，结合 X 射线衍射

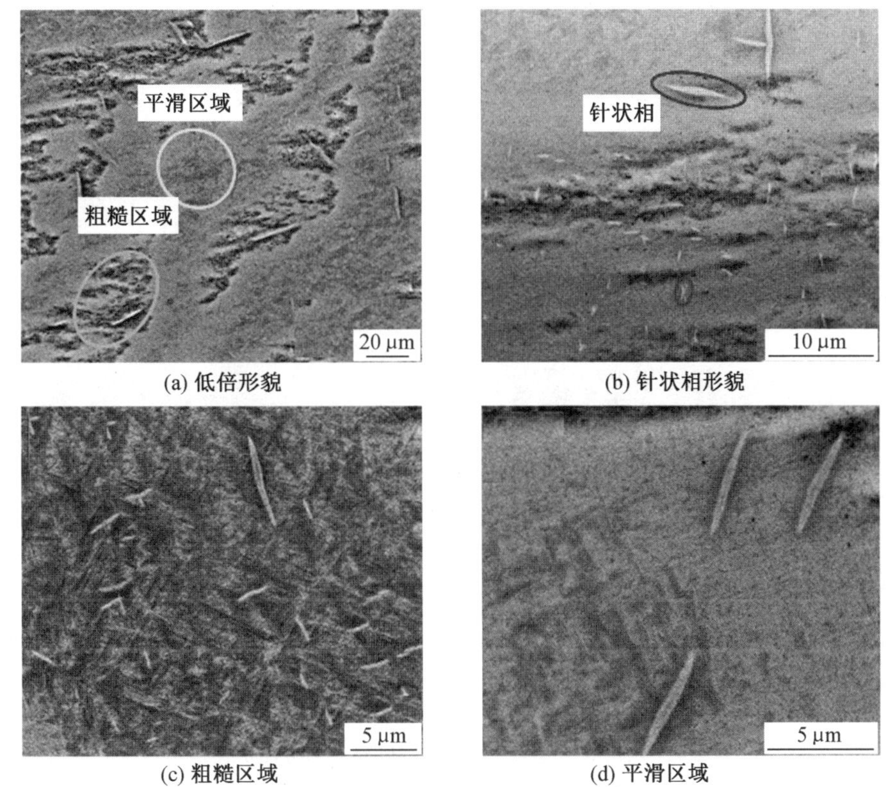

(a) 低倍形貌　(b) 针状相形貌

(c) 粗糙区域　(d) 平滑区域

图 9.40　Zr－TC4 单层沉积体微观组织

分析结果可知，沉积体基体为 α－Zr 和[Ti，Zr]固溶体组织。除此之外，在衍射角度 30°～40°之间发现 ZrC 衍射峰的存在，ZrC 增强相沿(111)晶面和(200)晶面析出，因此基于 X 射线衍射分析结果可以推断，上述在沉积体内部析出的针状相为 ZrC 增强相。

为了进一步确认沉积体内部析出的针状相为 ZrC 增强相，利用透射电子显微镜对沉积体内部的显微组织进行分析，如图 9.43 所示。沉积体基体由黑白相间的基体构成，Ti－Zr 从液相冷却时，首先转变为(β－Ti，β－Zr)固溶体，然后在800～1 200 ℃(β－Ti，β－Zr)固溶体转变为(α－Ti，α－Zr)固溶体。但预熔化式电子束熔丝沉积工艺为非平衡状态，液态金属过渡至基板后快速冷却，为非平衡凝固过程。因此沉积体基体为(α－Ti，α－Zr)及(β－Ti，β－Zr)固溶体组织，基体宽度约为 150 nm，如图 9.43(a)所示。基体衍射斑点如图 9.43(b)所示。针状相形貌如图 9.43(c)所示，其宽度为 850 nm，远大于基体的宽度，通过针状相的衍射斑点(图 9.43(d))可以确定针状相即为 ZrC。ZrC 针状相内部无明显的结构特征，并且与基体之间不存在明显的界线，表明 ZrC 针状相与基体之间结合良好。

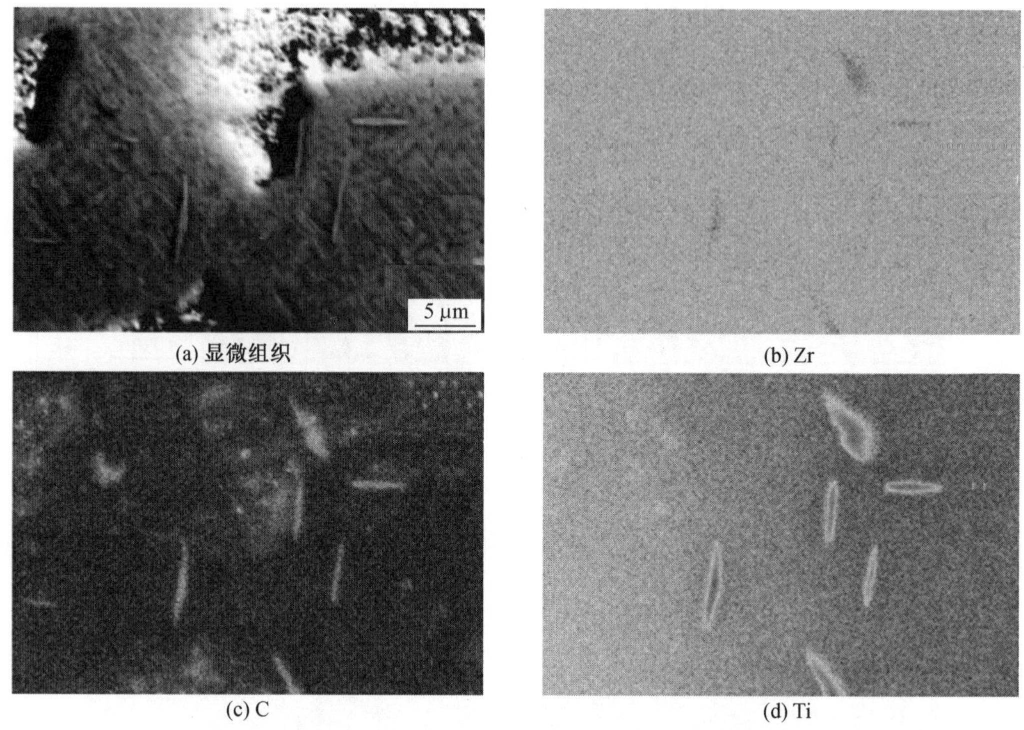

图 9.41　Zr－TC4 沉积体面元素分布

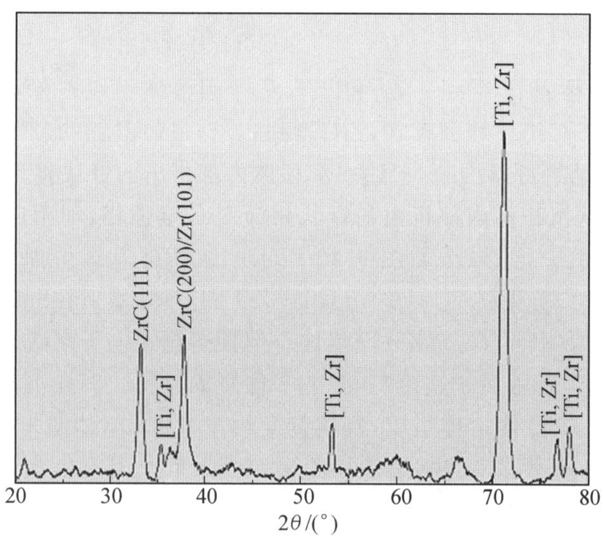

图 9.42　Zr－TC4 沉积体 XRD 结果

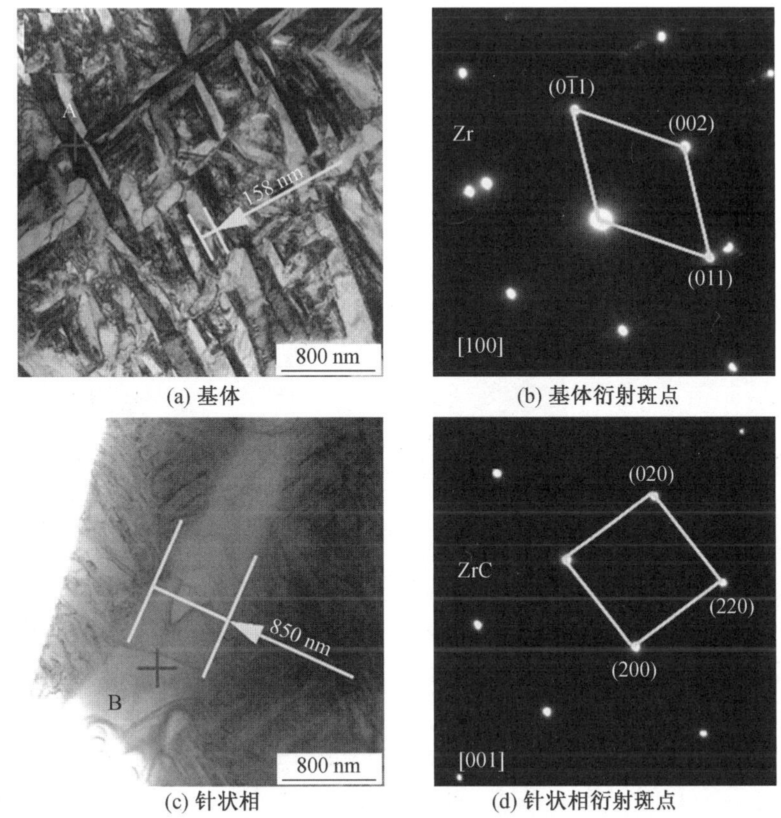

(a) 基体　(b) 基体衍射斑点

(c) 针状相　(d) 针状相衍射斑点

图 9.43　Zr－TC4 沉积体 TEM 结果

Ti 元素和 C 元素在 1 645 ～ 3 067 ℃ 形成 TiC，Zr 元素和 C 元素在 1 805 ～ 3 540 ℃ 形成 ZrC，即 C 元素与 Ti 元素和 Zr 元素在一定条件下可分别形成 TiC 相和 ZrC 相，但 X 射线衍射分析结果(图 9.42) 中只检测出 ZrC 相，并没有 TiC 相，主要原因有以下三个。

(1) 由于采用预熔化式电子束熔丝沉积工艺，Zr 丝在电子束的作用下熔化后直接过渡至石墨导流嘴中，电子束直接作用于液态金属 Zr 上，此时导流嘴中液态 Zr 的温度较高，并与导流嘴表面的 C 元素反应，形成 ZrC。液态金属过渡至 TC4 基板上后急剧降温，虽然部分熔化的基板形成的 Ti 元素扩散至沉积中，但此时 TC4 基板上的液态金属的温度远低于导流嘴中液态 Zr 的温度(低于 3 500 ℃)，ZrC 不会产生分解，因此液态金属中的 C 元素基本均以 ZrC 形式存在。

(2) 根据现有研究结果可知，TiC 的生成自由能高于 ZrC 的生成自由能，因此相比于 TiC，更容易生成自由能更低的 ZrC。

(3) 过渡至基板上的液态金属存在时间较短，在极短的时间内会凝固成沉积体，Ti 元素的扩散和反应时间均远低于导流嘴中 Zr 元素和 C 元素的扩散和反应时间。

因此相比于导流嘴中液态金属的状态，过渡至 TC4 基板上液态金属不仅温度低，而且液态存在时间短，在以上几个因素的共同作用下，沉积体中只存在已在导流嘴中形成的 ZrC 相，液态金属过渡至基板后没有生成 TiC 相。

图 9.44 所示为 ZrC 针状相及附近区域元素分布。从图中可以看出，ZrC 针状相位置

处几乎没有 Ti 元素，但 C 元素在这一区域的含量比周围基体区域偏高，与图 9.41 结果一致。但 Zr 元素在这一区域的含量比周围基体区域稍微偏低，而图 9.41 的结果与之相反，可能是由于 Ti 元素在沉积体内部分布不均匀导致的。预熔化式电子束熔丝沉积过程中，基体上的液态金属无电子束的搅拌作用，液态金属内部仅存在扩散和对流现象；并且液态金属过渡至基体后温度较低，很快会凝固，液态金属内部的扩散对流时间极短。综合以上两个因素，基体 TC4 熔化后形成的 Ti 元素在沉积体内部并未得到充分的均匀化，使沉积体内部元素分布存在一定差异，导致不同基体区域的 Ti 元素含量不同。

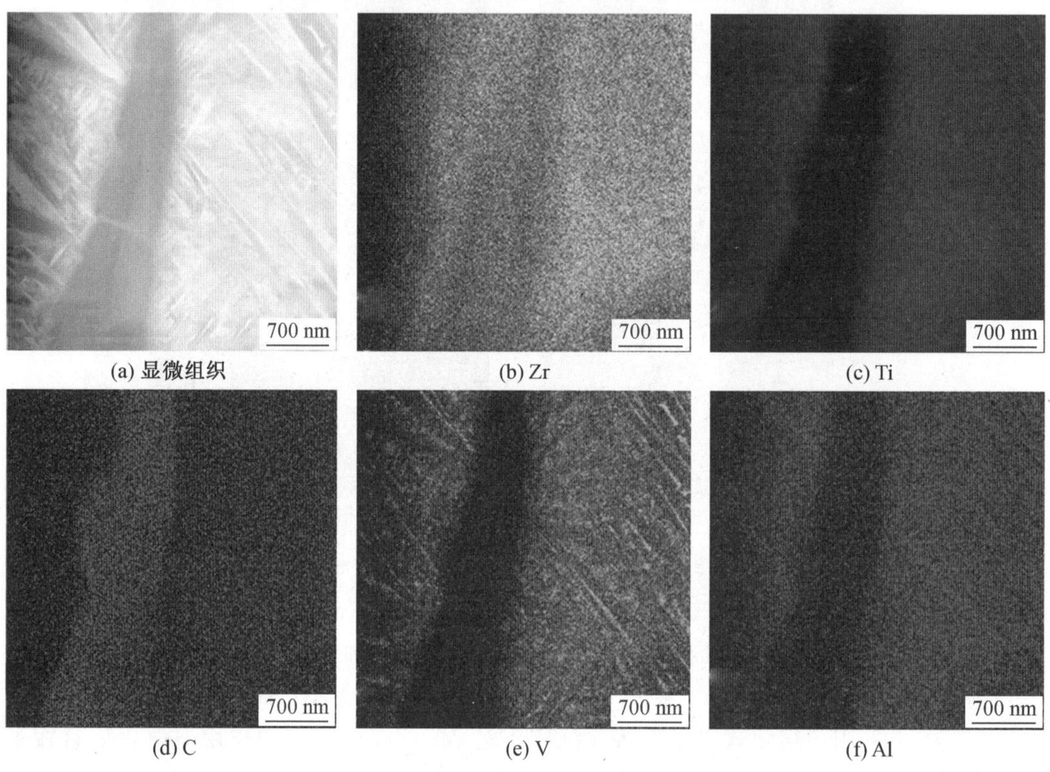

图 9.44 ZrC 针状相及附近区域元素分布

上述结果部分确认了可以通过预熔化式电子束熔丝沉积工艺实现 ZrC 增强 Zr 基复合材料的制备，从而提升沉积层的硬度和耐磨性。以上仅确定 ZrC 增强相，并未对 ZrC 增强相与基体之间结合的微观界面及其性能增强机理进行分析，之后主要讨论 ZrC 对沉积体的性能增强机制。图 9.45(b) 所示为图 9.45(a) 中 C 点的衍射斑点，可以确定图 9.45(a) 中 C 点位置处为 ZrC 相，并且图 9.45(b) 衍射斑点在{111} 晶向上出现超点阵现象，表明 ZrC 晶体结构沿{111} 晶向有序排列。图 9.45 (c) 和(d) 所示为 ZrC 增强相与 Zr 基体界面的高分辨图像，从界面高分辨图像可以看出 ZrC 增强相与 Zr 基体结合良好，$(2\ 0\ 0)_{ZrC}$ 与$(1\ 0\ 1)_{Zr}$ 并不平行，存在约为 4° 的夹角，可能是由于晶格之间的错配引起的。ZrC 增强相与 Zr 基体的实际晶格尺寸可通过其衍射斑点推算得出，其晶格尺寸对比见表 9.11。

(a) ZrC针状相形貌　(b) ZrC相衍射斑点

(c) 高分辨图像　(d) 高分辨图像

图 9.45　针状相 TEM 分析

表 9.11　ZrC 增强相与 Zr 基体晶格尺寸对比　Å

Zr		ZrC	
实际	PDF 卡片	实际	PDF 卡片
3.231	3.232	4.728	4.693
3.231	3.232	4.728	4.693
4.680	5.147	4.728	4.693

通过计算得出$(1\ 1\ 1)_{ZrC}$与$(0\ 0\ 2)_{Zr}$的晶格错配度在$f=0.01$界面处会存在应变。对比 ZrC 与 Zr 两相的实际晶格尺寸与化合物标准 PDF 卡片晶格尺寸可以发现，Zr 基体的实际晶格尺寸减小，而 ZrC 针状相的实际晶格尺寸增大，表明 ZrC 增强相与 Zr 基体之间的界面晶格不匹配。界面处应变的积累导致部分位置处的 ZrC 增强相$(2\ 0\ 0)_{ZrC}$晶面与 Zr 基体$(1\ 0\ 1)_{Zr}$晶面不平行，产生一定的偏转角度。图 9.45(d) 表明在 ZrC/Zr 界面位置发生了较大的晶格畸变，同时产生了位错，形成了局部微观应力场。

3. 力学性能分析

Zr－TC4 沉积体显微硬度分布及摩擦系数如图 9.46 所示。从图中可以看出，随着 ZrC 增强相的引入，使 Zr 合金的硬度性能发生了较大的提升，Zr 合金的显微硬度为 301 HV，而通过电子束预熔化制备的 ZrC 增强 Zr 基复合材料的显微硬度达到 391 HV，显微硬度提升约为 90 HV,上升了 30%,ZrC 增强相的存在可以提升 Zr 合金的性能。图中位置偏下的红色和蓝色曲线为 Zr 沉积体与含 ZrC 相的 Zr 沉积体的摩擦系数。摩擦实验前,原沉积体的弧形上表面均被铣削成一个平面,并进行打磨和抛光,直至待摩擦区域为镜面位置,然后进行微动摩擦实验。在相同的摩擦副及摩擦条件下,摩擦系数越小,材料的耐磨性越好。从图中可以看出,含 ZrC 相的 Zr 沉积体的摩擦系数均小于 Zr 基体的摩擦系数,可以推断出含 ZrC 相的 Zr 沉积体的耐磨性能优于 Zr 基体的耐磨性能,表明 ZrC 针状相的生成提升了沉积体的耐磨性。从图中还可以看出,含 ZrC 相的 Zr 沉积体与 Zr 基体的摩擦系数曲线最终趋于稳定。

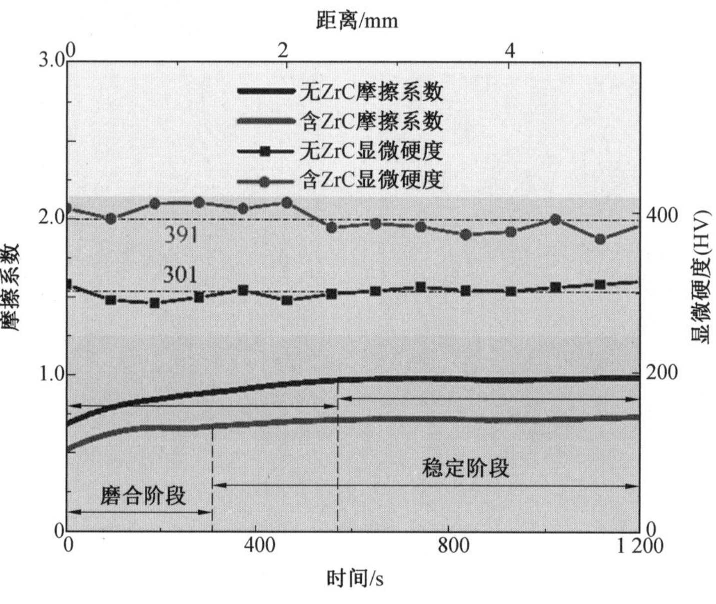

图 9.46　Zr－TC4 沉积体显微硬度分布及摩擦系数

本章参考文献

[1] 赵健. 电子束填丝焊接熔化过渡行为及铜 / 钢焊接研究[D]. 哈尔滨:哈尔滨工业大学, 2015.

[2]CHEN G, SHU X, LIU J, et al. Crystallographic texture and mechanical properties by electron beam freeform fabrication of copper/steel gradient composite materials[J]. Vacuum, 2020, 171: 109009.

[3]TANG Q, PANG S, CHEN B, et al. A three dimensional transient model for heat transfer and fluid flow of weld pool during electron beam freeform fabrication of Ti－6Al－4V alloy[J]. International Journal of Heat and Mass Transfer, 2014, 78: 203-205.

[4]PIXNER F, WARCHOMICKA F, PETER P, et al. Wire-based additive manufacturing of Ti － 6Al － 4V using electron beam technique[J]. Materials,

2020, 13:3310.

[5]GUILLERMET A F. Analysis of thermochemical properties and phase stability in the zirconium — carbon system[J]. Journal of Alloys & Compounds, 1995, 217(1):69-89.

[6]RAPP R A, ZHENG X. Thermodynamic consideration of grain refinement of aluminum alloys by titanium and carbon[J]. Metallurgical Transactions A, 1991, 22(12):3071-3075.

第 10 章　电子束熔丝沉积数值模拟

增材制造技术通过逐层堆叠材料的加工方法改变了传统的加工制造模式，不仅加工效率高，还能减少材料的浪费，实现个性化生产。随着电子束增材制造技术的迅速发展，行业对增材制造产品的质量和性能提出了越来越高的要求，电子束熔丝沉积过程中冶金缺陷和变形开裂等问题亟待解决。采用工艺优化实验－批量生产的模式会带来巨大的时间和经济成本，因此有必要在电子束熔丝沉积中引入数值模拟方法。

数值模拟方法能够完成温度场、应力场及流场的模拟，无须实验设备就可模拟实际实验工况，这对于成本大、条件困难的实验大有裨益。尤其在电子束熔丝沉积过程中需要进行大量实验确定最优工艺，而数值模拟方法的引入能进行制备前的工艺调整与优化，降低试错成本，对电子束熔丝沉积工艺的确定提供指导。此外，数值模拟方法能反映电子束熔丝沉积过程中残余应力的分布及变化，为后续盈利缓释工艺提供指导。

本章主要以 Ti－6Al－4V 合金为例，通过数值模拟方法研究电子束熔丝沉积过程中的熔池流动行为和应力变形问题，为相关问题的解决提供参考。

10.1　电子束熔丝沉积流场模拟

电子束熔丝沉积过程涉及复杂的物理变化、传热及流动过程，不同工艺条件对这些过程产生不同的影响。流场模拟能描述电子束熔丝沉积过程中熔池的流动过程，探究熔池流动行为对工艺变化的响应。目前主流的流场模拟软件有 Fluent、Flow 3D 等，本节将借助有限元模拟分析方法，建立描述熔池演变和熔滴沉积的物理模型，使用 VOF 算法进行自由界面的追踪，并设置合理的边界条件，分析电子束熔丝沉积过程中的温度场和熔池的流动行为。

10.1.1　电子束熔丝沉积过程数学模型的建立

1. 电子束与丝材能量传输机制

在电子束熔丝沉积成型过程中，入射电子束轰击到丝材和基板表面时将电子的动能转化为热能，对丝材和基板进行加热。基板受热熔化形成熔池，同时丝材熔化形成熔滴，在重力的作用下向熔池过渡，过渡时应考虑熔滴与熔池之间的传热。与电子束焊接过程类似，电子束熔丝沉积过程中，熔池的液态金属受到金属蒸汽反作用力和电子束的搅拌作用，熔池内部发生剧烈、复杂的流动，流动过程中伴随着对流换热的进行。因此在建立热源模型时应充分考虑电子束热作用机制，同时考虑热传导和对流换热机制的影响。

电子束熔丝沉积过程在真空条件下进行，因此只需考虑熔池及其表面与环境的辐射散热作用。电子束熔丝沉积过程会经历熔化、蒸发、凝固甚至固态相变过程，因此为提高模拟计算的精度，应考虑材料的相变潜热。

2. 影响熔池流动的动力学因素

电子束熔丝沉积过程中，熔池的流动会受到复杂力的作用，不同的力对熔池的流动行为产生不同的影响，因此在电子束熔丝沉积流场模拟时必须考虑以下动力学因素。

(1) 金属蒸汽反作用力。

在电子束熔丝沉积过程中，熔池表面液态金属在电子束热作用下蒸发，对液态金属产生一定的反作用力，使熔池表面发生凹陷，从而对熔池金属的流动造成影响。

(2) 表面张力。

在电子束熔丝沉积过程中，由于液态金属表面发生一定程度的凹陷，导致液态金属表层分子引力不均衡而产生表面张力，弯曲液面的表面张力沿气－液界面法向作用，对气－液界面形态及熔池的流动造成影响。

(3) 热毛细管力。

热毛细管力是与温度相关的力，沿着气－液界面的切向作用，对熔池的流动造成一定影响。

(4) 熔滴冲击力。

在电子束熔丝沉积过程中，熔滴在重力、电子束压力、丝对熔滴的表面张力及金属蒸汽反作用力的共同作用下以一定的速度过渡进入熔池，对液态熔池产生一定的冲击作用，影响熔池金属的流动。

综上可知，在电子束熔丝沉积过程中，熔池受到金属蒸汽反作用力、表面张力、热毛细管力和熔滴冲击力的共同作用，使液态金属的流动行为受到影响，因此在有限元模拟分析过程中应考虑这些影响因素，以还原真实的熔池流动行为。

3. 基本假设

电子束熔丝沉积过程中的传热传质较为复杂，为了比较方便地描述沉积过程中传热与流动行为，提高数值模拟的计算效率。本节在有限元模拟分析模型建立过程中不考虑自由液面的变化，将熔池的上下表面定义为固定平面，忽略次要影响因素，并做出以下假设。

(1) 熔池内部液态金属为黏性不可压缩的牛顿流体，流动状态为层流，并且液－固相变时密度不会显著改变。

(2) 初始温度为 300 K，真空区域充满 5×10^{-3} Pa 的低压气体。

(3) 材料密度、比热、黏度及导热系数均为温度的函数，其余金属属性设置为常量。

(4) 忽略金属蒸汽摩擦力对焊接熔池的影响。

4. 控制方程

在计算流体力学中，焊接熔池满足流体流动三大方程，通过求解控制方程组可实现熔池流动模拟。

(1) 质量守恒方程。

基于上述物理模型和假设，电子束熔丝沉积过程中，熔池内部金属液流动的质量守恒方程为

$$\frac{\partial \rho}{\partial t}+\nabla\cdot(\rho \boldsymbol{u})=0 \tag{10.1}$$

式中，$\nabla\cdot(\rho\boldsymbol{u})=\dfrac{\partial(\rho u)}{\partial x}+\dfrac{\partial(\rho v)}{\partial y}+\dfrac{\partial(\rho w)}{\partial z}$；$\rho$ 为密度；t 为时间；u、v、w 分别代表速度矢量 $\boldsymbol{u}$ 在 x、y、z 方向上的分量。

(2) 动量守恒方程。

考虑熔池与固态金属间的相互作用力、液态金属黏性力和浮力等因素，熔池内部金属液流动的动量守恒方程为

$$\frac{\partial(\rho u)}{\partial t}+\nabla\cdot(\rho u\boldsymbol{u})=\nabla\cdot(\mu\,\nabla u)-\frac{\partial p}{\partial x}+Su \tag{10.2}$$

$$\frac{\partial(\rho v)}{\partial t}+\nabla\cdot(\rho v\boldsymbol{u})=\nabla\cdot(\mu\,\nabla v)-\frac{\partial p}{\partial z}+Sv \tag{10.3}$$

$$\frac{\partial(\rho w)}{\partial t}+\nabla\cdot(\rho w\boldsymbol{u})=\nabla\cdot(\mu\,\nabla w)-\frac{\partial p}{\partial z}+Sw \tag{10.4}$$

式中，p 为流体微元体压力；μ 为液态金属黏度系数；Su、Sv、Sw 分别为 x、y、z 方向上广义的动量方程源项，其中 $Su=Fx+Sx$，$Sv=Fy+Sy$，$Sw=Fz+Sz$，对于黏性不可压缩牛顿流体，$Sx=Sy=Sz=0$。

(3) 能量守恒方程。

综合考虑熔池内部热传导及对流换热，电子束熔丝沉积过程中，熔池内部液态金属流动的能量守恒方程为

$$\frac{\partial(\rho H)}{\partial t}+\nabla\cdot(\rho\boldsymbol{u}H)=\nabla\cdot\left(\frac{k}{c}\,\nabla H\right)+S_H \tag{10.5}$$

式中，H 为焓值；k 为波尔兹曼常数；c 为流体比热容。其中针对铝合金熔点非恒定材料，金属焓值可由下列参量表达：

$$H=h_{\mathrm{ref}}+\int_{T_{\mathrm{ref}}}^{T}c\mathrm{d}T+\beta L \tag{10.6}$$

式中，h_{ref} 为参考焓；T_{ref} 为参考温度；βL 为相变潜热，其中 β 为液相体积分数，L 为熔化潜热。液相体积分数随着温度不断变化，可由下式确定。

$$\beta=\begin{cases}0 & (T\leqslant T_{\mathrm{s}})\\ \dfrac{T-T_{\mathrm{s}}}{T_{\mathrm{l}}-T_{\mathrm{s}}} & (T_{\mathrm{s}}<T<T_{\mathrm{l}})\\ 1 & (T\geqslant T_{\mathrm{s}})\end{cases} \tag{10.7}$$

式中，T_{s}、T_{l} 分别为固体开始熔化温度和完全熔化温度。

10.1.2　边界条件设置

为实现电子束熔丝沉积熔池流动过程数值模拟，需要对控制方程施加合理的边界条件，边界条件应尽可能接近实际熔丝沉积过程。

1. 初始条件

电子束熔丝沉积开始之前，将试样整体温度设置为室温，各个方向的移动速度均为0，初始化条件如下：

$$T=T_{\mathrm{ref}} \tag{10.8}$$

$$u=v=w=0 \tag{10.9}$$

2. 边界条件

针对熔池自由表面，应考虑反作用力、表面张力和热毛细管力等边界条件，表示为

$$p_{\mathrm{f}} = p_{\mathrm{r}} + \gamma\kappa + 2\rho \boldsymbol{n} \cdot \nabla \cdot \boldsymbol{U} \cdot \boldsymbol{n} \tag{10.10}$$

式中，下标 f 表示自由界面；p_{r} 为反作用力；γ 为表面张力系数；ρ 为熔池内液态金属的密度；κ 与 $\boldsymbol{n}$ 分别表示液－气自由界面的曲率和法向量，$\boldsymbol{n}$ 可写为

$$\boldsymbol{n} = (n_x \quad n_y \quad n_z) \tag{10.11}$$

反作用力 p_{r} 通过下式计算得到：

$$p_{\mathrm{r}} = 0.54AB_0(T)^{-\frac{1}{2}}\exp\left(-\frac{U}{kT}\right) \tag{10.12}$$

式中，A、B_0 为与材料相关的常数；U 为每个原子的蒸发潜热；k 为波尔兹曼常数；T 为液－气界面的表面温度。

在自由表面的切向方向上，应考虑由热毛细管力和液态金属的黏性力耦合的黏性应力动量边界条件：

$$\begin{aligned}(\mu\nabla\cdot\boldsymbol{U})_{\mathrm{f}} &= \mu(\boldsymbol{n} \quad \boldsymbol{t}_1 \quad \boldsymbol{t}_2)(\boldsymbol{n} \quad \boldsymbol{0} \quad \boldsymbol{0})(\nabla\cdot\boldsymbol{U})(\boldsymbol{n} \quad \boldsymbol{0} \quad \boldsymbol{0})(\boldsymbol{n} \quad \boldsymbol{t}_1 \quad \boldsymbol{t}_2)^{\mathrm{T}} + \\ &\quad \mu(\boldsymbol{n} \quad \boldsymbol{t}_1 \quad \boldsymbol{t}_2)(\boldsymbol{0} \quad \boldsymbol{t}_1 \quad \boldsymbol{t}_2)^{\mathrm{T}}(\nabla\cdot\boldsymbol{U}) \\ &= \mu(\boldsymbol{n} \quad \boldsymbol{t}_1 \quad \boldsymbol{t}_2)(\boldsymbol{n} \quad \boldsymbol{0} \quad \boldsymbol{0})(\nabla\cdot\boldsymbol{U})(\boldsymbol{n} \quad \boldsymbol{0} \quad \boldsymbol{0})(\boldsymbol{n} \quad \boldsymbol{t}_1 \quad \boldsymbol{t}_2)^{\mathrm{T}} + \\ &\quad (\boldsymbol{n} \quad \boldsymbol{t}_1 \quad \boldsymbol{t}_2)\begin{pmatrix} 0 & \nabla_{\mathrm{s}}\sigma\cdot\boldsymbol{t}_1 & \nabla_{\mathrm{s}}\sigma\cdot\boldsymbol{t}_2 \\ 0 & 0 & 0 \\ 0 & 0 & 0 \end{pmatrix}(\boldsymbol{n} \quad \boldsymbol{t}_1 \quad \boldsymbol{t}_2)^{\mathrm{T}}\end{aligned} \tag{10.13}$$

式中，μ 为液态金属黏度系数；$\boldsymbol{t}_1$ 和 $\boldsymbol{t}_2$ 为两个垂直于 $\boldsymbol{n}$ 的自由表面的单位切向量；$\boldsymbol{U}$ 为金属液流动速度；∇_{s} 为表面梯度因子，可写作 $\nabla_{\mathrm{s}} = (I - n\boldsymbol{n})\nabla$；$\sigma$ 为斯蒂芬－波尔兹曼常数。

应力示意图如图 10.1 所示。

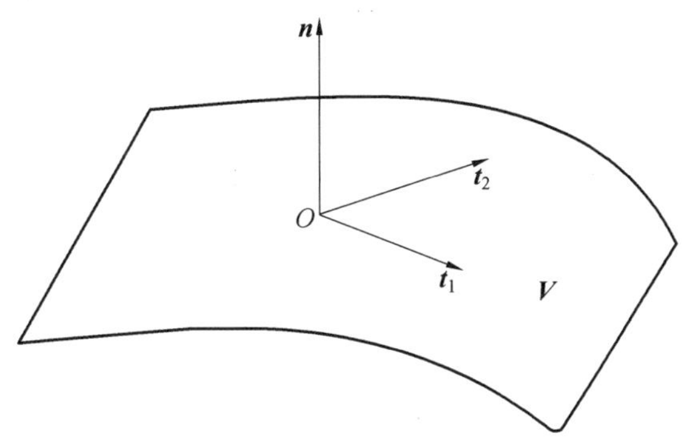

图 10.1　应力示意图

除上述动量边界条件外，还应考虑能量边界条件。由于电子束熔丝沉积在真空条件下进行，不存在对流散热，因此在计算区域的边界上只添加辐射散热边界条件：

$$k\frac{\partial T}{\partial n} = -\varepsilon_{\mathrm{r}}\sigma(T^4 - T_{\infty}^4) \tag{10.14}$$

式中，ε_{r} 为黑体辐射系数；σ 为斯蒂芬－波尔兹曼常数；T_{∞} 为环境温度。

3. 固－液界面追踪

电子束熔丝沉积过程中，固－液相线之间存在一个温度区间，称为糊状区，在此区域

内，金属处于固液混合状态。熔化过程中，糊状区液态金属体积分数逐渐增加，熔池流动速度也不断增大。与上述过程相反，熔池凝固过程中，糊状区中液态金属体积分数逐渐减小，流动速度也相应降低，直至固液界面处，流体流动速度为 0，熔池液态金属动量存在较大损耗。

使用 Fluent 进行熔池流动模拟过程中，应用焓孔隙技术(Enthalpy-Porosity) 处理固液界面，将固液混合区看作多孔介质，计算区域内每个单元的多孔性(相当于计算液态金属体积分数)，糊状区为液体体积分数在 0 ～ 1 之间区域，在液态金属凝固过程中，多孔介质的多孔性由 1 到 0 递减，完全凝固成一个单元时，材料多孔性为 0，速度也为 0。在此过程中，糊状区多孔性的减少造成动量的损耗，通过在动量方程中添加合适的 sink 项用来处理形成固相时引起的压力损失：

$$S=\frac{(1-\beta)^2}{(\beta^3+\varepsilon)}A_{\mathrm{mush}}(v-v_{\mathrm{p}}) \tag{10.15}$$

式中，β 为液态金属体积分数；ε 为小于 0.000 1 的数，A_{mush} 为糊状区连续数；v_{p} 为牵连速度。

4. 液 — 气界面追踪

电子束熔丝沉积过程中，金属蒸汽蒸发强烈，熔池中液态金属下凹，形成匙孔 ，匙孔壁面的追踪采用多相流模型流体体积函数算法。在 VOF 算法中，基于欧拉网格系统，引入液态金属体积函数 F，函数 F 定义为液态金属体积与网格体积的比值，通过求解 VOF 方程(式(10.16))，实现匙孔自由界面追踪：

$$\frac{\partial F}{\partial t}+(\mathbf{V}\cdot\nabla)F=0 \tag{10.16}$$

当函数 $F=1$ 时，代表网格内充满液态金属；当函数 $F=0$ 时，代表网格内充满气相；当函数 $0<F<1$ 时，代表网格内存在液相和气相，此时液 — 气界面位于网格内。本节判定匙孔自由界面条件为 $F=0.5$，液态金属区域判定条件为 $0.5<F<1$。液态金属体积函数有 Explicit 和 Implicit 两种计算模式，胡雪分别对两种模式下的计算结果进行对比，当使用 Explicit 模式进行计算时，可以获得清晰的匙孔壁面，因此本节选择 Explicit 模式进行模拟计算。

10.1.3 热源模型和材料热物理参数

1. 热源模型

研究发现，电子束熔丝沉积快速成型过程中，电子束的作用效果与电子束焊接相比有较大的区别。电子束熔丝沉积时，电子束聚焦于基材上方，在基材表面形成的束斑半径较大(3 ～ 5 mm)，沉积过程中形成的熔池深宽比较小(通常 < 1.0)。因此，传统的旋转高斯体热源模型不能直接用于快速成型过程的数值模拟，本节将采用修正后的旋转高斯体热源模型。

旋转高斯体热源模型如图 10.2 所示。在旋转高斯体热源的分布函数上，添加 C_1 和 C_2 两个修正参数，得到修正后的分布函数方程为

$$q(r,z)=\frac{C_1 9\eta U I_b}{\pi H R^2\left(1-\frac{1}{e^3}\right)}\exp\left[\frac{9r^2 C_2}{R^2\ln\left(\frac{z}{H}\right)}\right] \tag{10.17}$$

式中，η 为热效率系数；U 为加速电压；I_b 为束流；H 为热源高度；R 为热源开口端面半径；e 为常数；r 为不同截面上热源半径。

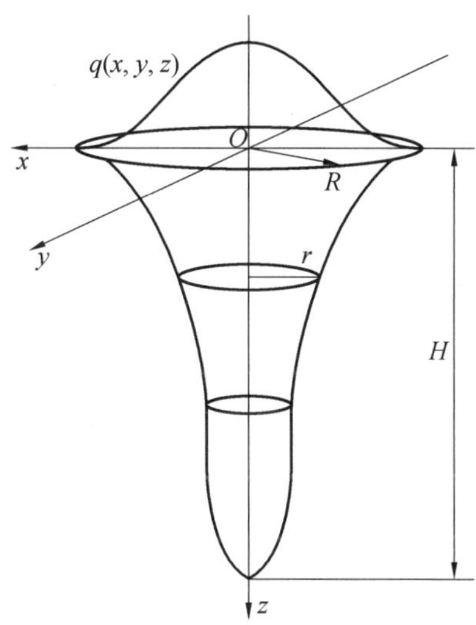

图 10.2　旋转高斯热源模型

2. 材料热物理参数

电子束熔丝沉积过程是一个高度集中、瞬时的加热过程，沉积材料的性能参数（如比热容、密度、导热系数等）会随着热源的作用而变化。要精确计算出电子束熔丝沉积过程中熔池内液态金属的流动行为，需要考虑材料性能参数随温度变化的特性。电子束熔丝沉积所用材料为 TC4 合金，其物性参数见表 10.1，TC4 合金的热物理参数主要集中在固相线温度以下。流场模拟涉及的材料性质包含液态及气态，材料密度、导热系数、比热容、运动黏度和表面张力等物性参数受温度变化的影响。由于假设研究的流体是不可压缩流体，所以取其平均密度值为 4 000 $kg \cdot m^{-3}$，结合所查到的 TC4 低温热物理参数（热导率、比热容、运动黏度、表面张力、熔化潜热和蒸发潜热等），应用 JMatPro 软件自带热物理参数库进行计算，得到热导率、比热容、运动黏度、表面张力系数的高温热物理参数，如图 10.3 所示。

表 10.1　TC4 合金物性参数

物性参数	数值
密度 $\rho/(kg \cdot m^{-3})$	4 000
热导率 $k/(W \cdot (m \cdot K)^{-1})$	4.4(297 K)
比热容 $c_p/(J \cdot (kg \cdot K)^{-1})$	550(297 K)
运动黏度 $V_k/(m^2 \cdot s^{-1})$	2.52×10^{-6}(1 928 K)
表面张力系数 $\gamma/(N \cdot m^{-1})$	1.63(1 928 K)

续表10.1

物性参数	数值
热毛细管力系数 $\partial\gamma/\partial T/(\mathrm{N\cdot(m\cdot K)^{-1}})$	-0.28×10^{-3}
熔化潜热 $L/(\mathrm{J\cdot kg^{-1}})$	2.92×10^{5}
固体开始熔化温度 T_s/K	1 878
完全熔化温度 T_l/K	1 928
蒸发温度 T_v/K	3 310
黑体系数 ε_r	0.8
斯蒂芬－波尔兹曼常数 $\sigma/(\mathrm{W\cdot m^{-2}\cdot K^{-4}})$	5.67×10^{-8}

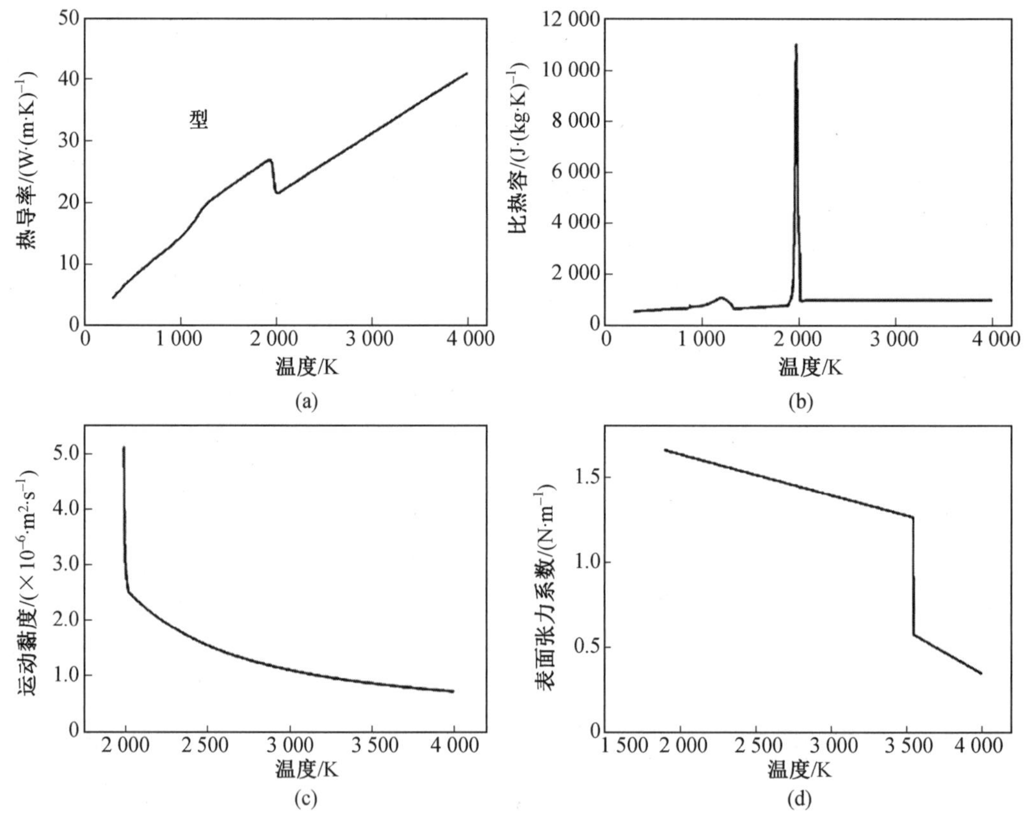

图10.3 不同温度下主要物性参数的JMatPro计算值

10.1.4 流场模拟结果及分析

为了解熔池的传热与流动行为，对不同焊接参数下的熔池进行模拟，并与实际实验结果进行对比。为降低计算成本，选取长为200 mm、宽为30 mm、高为15 mm的部分基体材料进行计算，网格步长为0.5 mm。约定电子束相对于基材移动的方向为x轴方向，与其垂直的方向为y轴方向，熔池深度方向为z轴方向，如图10.4所示。

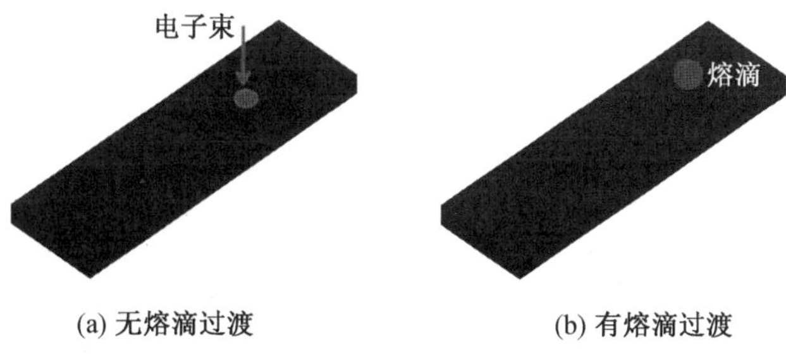

(a) 无熔滴过渡　　(b) 有熔滴过渡

图 10.4　熔滴过渡几何模型

1. 熔池流动行为分析

图 10.5 所示为无熔滴过渡时熔池流场分布。从图中可以看出，熔池中存在剧烈的流动，且液态金属从高温区域流向低温区域，熔池的流动过程被凹陷液面分为两部分。在熔池前端，液态金属受到电子束冲击及凹陷液面的挤压作用，金属沿熔池边缘绕过凹陷液面向后流动。在熔池中后端，液态金属由凹陷液面底部沿凹陷液面后壁向后移动，流至熔池表面后产生回流，从熔池底部重新流回凹陷液面底部。

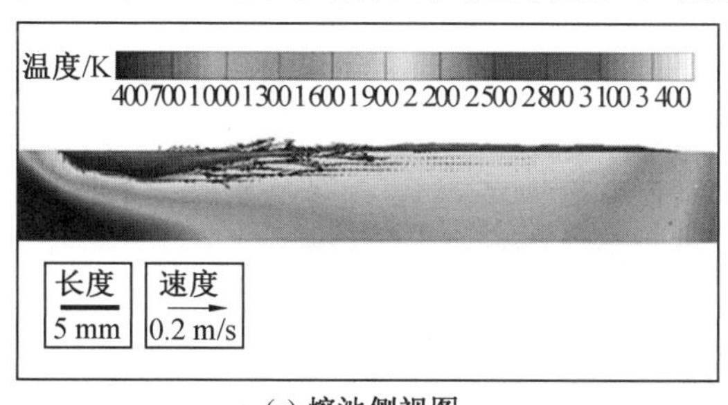

(a) 熔池侧视图　　(b) 熔池俯视图

图 10.5　无熔滴过渡时熔池流场分布

图 10.6 所示为熔滴过渡时熔池流场分布。从图中可以看出，熔滴过渡前，熔池的流场分布与图 10.5 相同。2.09 s 时熔滴过渡进入熔池，熔滴的冲击改变了熔池的流场分布。熔滴进入熔池后，会向熔池尾部流动，使整个熔池表面和内部向后快速流动，当金属液流到熔池尾部边缘后开始折返向熔池前部流动，在此过程中与流向熔池尾部的液态金属相遇，在熔池表面和内部形成沿沉积方向前后振荡的流场，随后振荡逐渐减弱。在 2.16 s 时熔池流动状态基本恢复到熔滴过渡前的状态，但熔池表面金属液流向仍比较紊乱。随着沉积过程的进行，熔池的流动状态呈周期性变化。图 10.7 所示为模拟结果与实验结果的熔池横截面形貌，从图中可以看出，熔池形貌吻合良好。

2. 反冲压力、热毛细力对熔池流动场的影响

在模型设计阶段，本节考虑了蒸汽反作用力和热毛细管力。为解释熔池的剧烈流动，分别研究了蒸汽反作用力和热毛细管力对熔池流动行为的影响。图 10.8 所示为不同条件下熔池流场对比。从图中可以看出，仅考虑热毛细管力时，熔池的总体流动趋势不变，液态金属最大流速为 1.7 m/s。当仅考虑蒸汽反作用力时，熔池与凹陷液面的形貌及温度分布未发生变化，但金属的流速显著降低，最大流速仅有 0.3 m/s，熔池表面向后的流动及熔池深度方向的流动循环消失。可见热毛细管力是熔池流体流动的主要驱动力，而

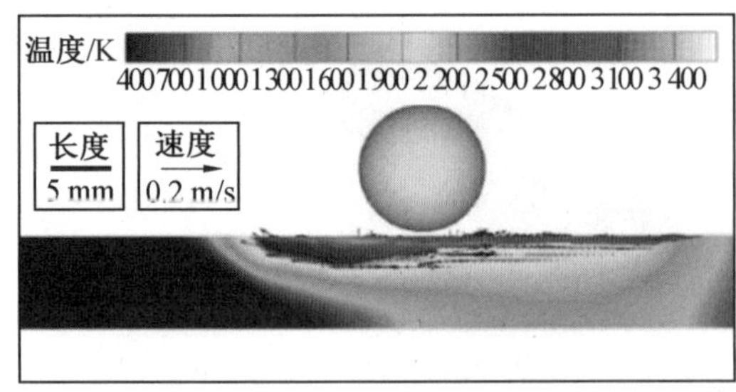

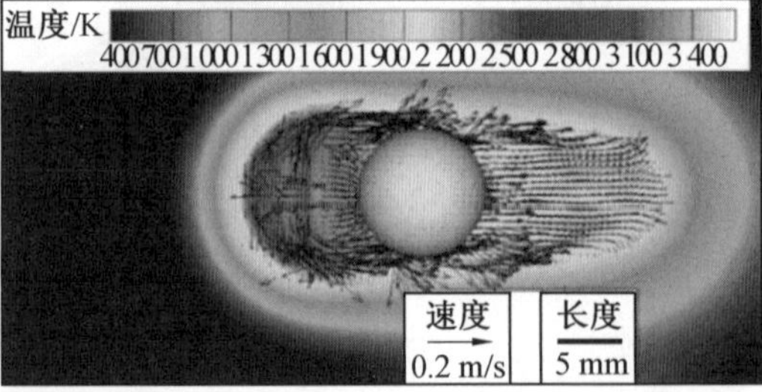

(a) 2 s时熔池流场分布

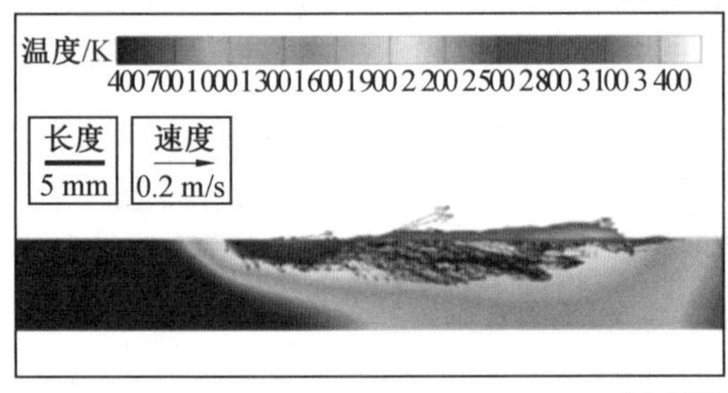

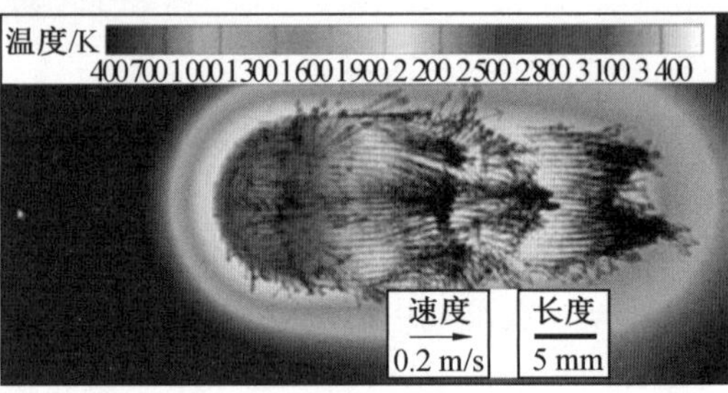

(b) 2.09 s时熔池流场分布

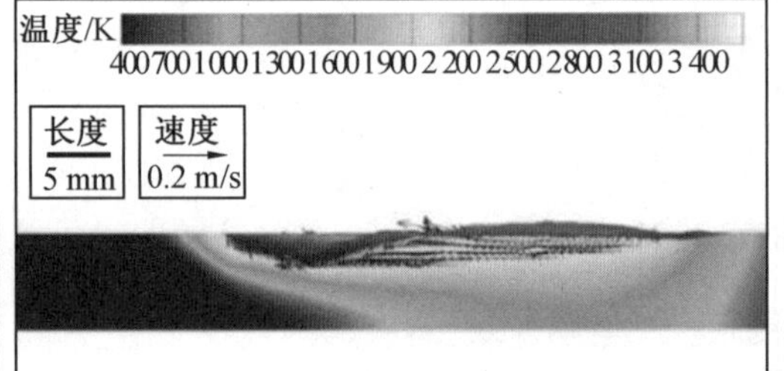

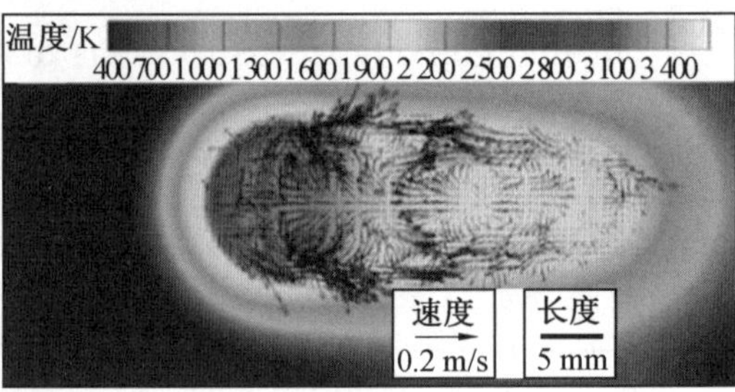

(c) 2.16 s时熔池流场分布

图 10.6　熔滴过渡时熔池流场分布

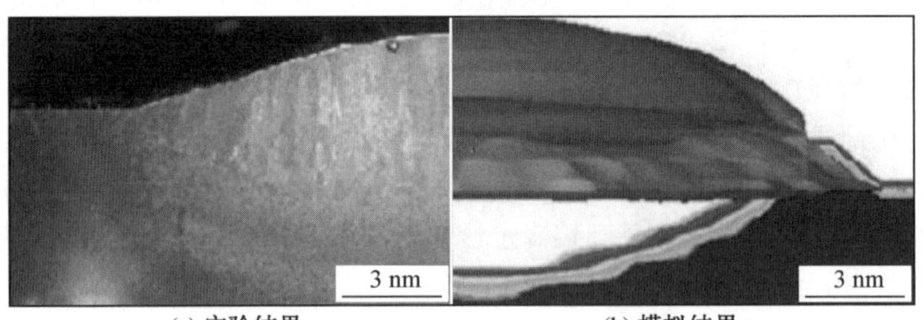

(a) 实验结果　　(b) 模拟结果

图 10.7　模拟结果与实验结果的熔池横截面形貌

蒸汽反作用力是第二驱动力。

与电子束焊接不同，电子束熔丝沉积使用的束斑直径比焊接时使用的束斑直径大一个数量级，沉积过程不会形成匙孔，因此熔池的流动行为完全不同。电子束焊接时，蒸汽反作用力是流体流动的主要因素；而电子束熔丝沉积时，电子束轰击范围相对较大，熔池高温区较小，只有部分区域能发生微弱汽化，因此产生的金属蒸汽反作用力较小，对液态金属的驱动力较小。

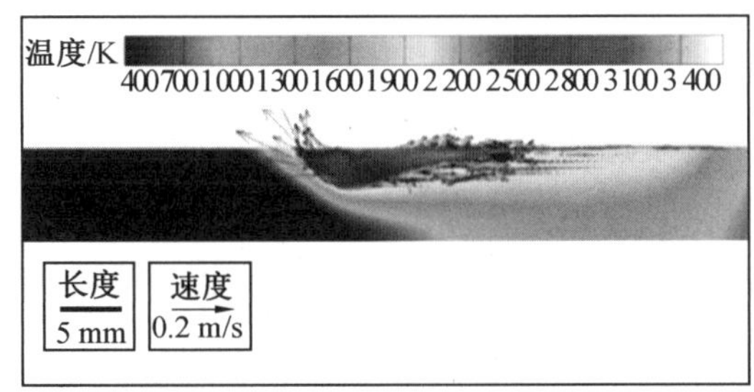

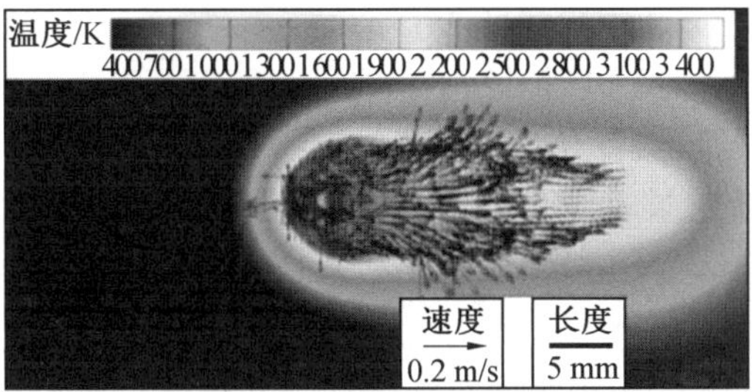

(a) 同时考虑蒸汽反作用力和热毛细管力

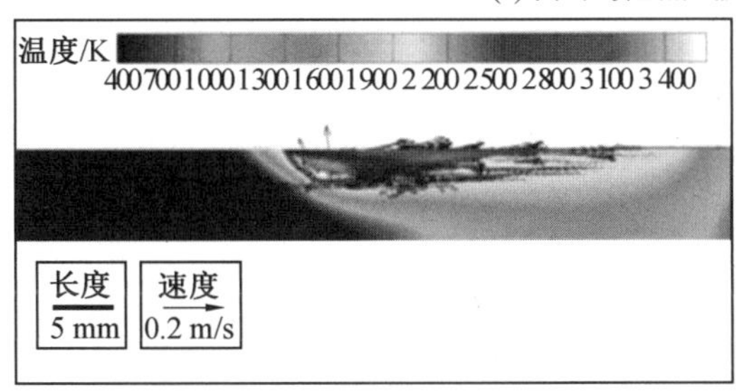

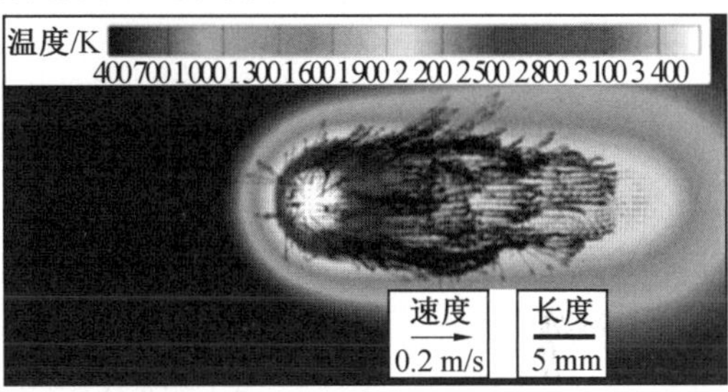

(b) 仅考虑热毛细管力

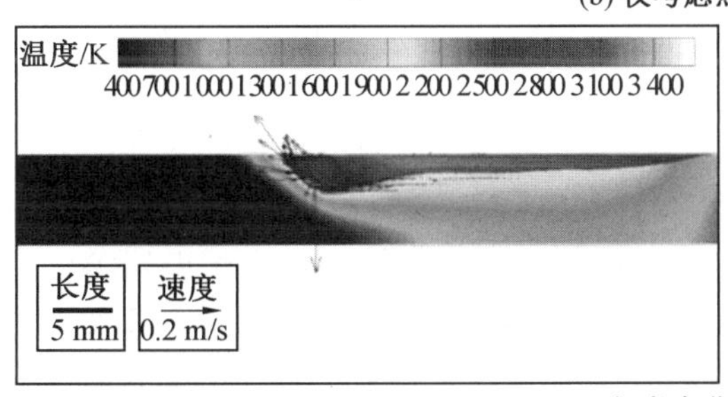

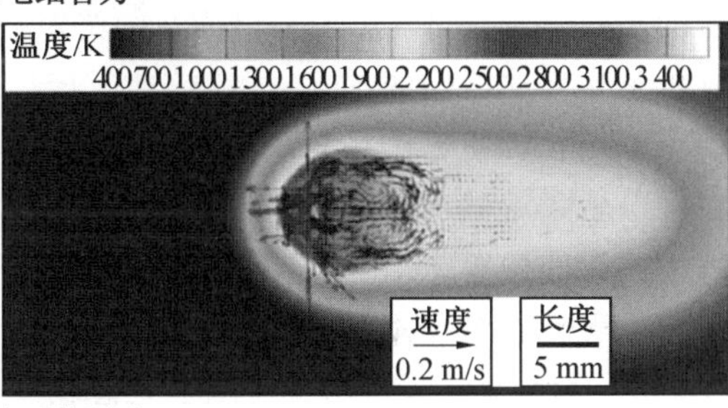

(c) 仅考虑蒸汽反作用力

图 10.8　不同条件下熔池流场对比(时间为 2 s)

10.2　电子束熔丝沉积温度场及应力变形模拟

电子束熔丝沉积是非稳态、快速加热和快速冷却的过程,在沉积过程中局部加热形成不均匀温度场,局部热效应会导致熔池在随后的凝固冷却过程中形成残余应力,甚至发生变形。本节以 TC4 合金为例,对电子束熔丝沉积残余应力和变形的有限元模拟研究进行介绍,为电子束熔丝沉积工艺优化提供指导。

10.2.1　熔丝沉积热过程分析理论

1. 电子束熔丝沉积传热的基本形式

电子束熔丝沉积与电子束焊接过程类似,采用能量密度较大的电子束作为热源,电子束沉积过程中由于高度集中的瞬时热输入,使沉积区域及其附近区域存在较大的温度梯度。电子束熔丝沉积过程涉及复杂的物理化学反应及热过程,但是根据经典的传热学理论,电子束熔丝沉积过程不存在对流换热,因此热传播主要涉及热传导、热辐射两种基本形式。

(1) 热传导。

热传导是指两接触的物体或物体内部存在温度差或梯度时，热量从高温向低温部位传递的过程。热传导遵循傅里叶(Fourier) 定律：

$$q^{*} = -K\frac{\mathrm{d}T}{\mathrm{d}x} \tag{10.18}$$

式中，q^{*} 为热流密度($\mathrm{W/m^2}$)；K 为导热系数($\mathrm{W/m \cdot ℃}$)；$\frac{\mathrm{d}T}{\mathrm{d}x}$ 为温度梯度；“—” 表示热量由高温部分向低温部分流动。

(2) 热辐射。

热辐射是指被加热物体向空间发射电磁波，被不透光物体吸收后转变成热能的过程。热辐射遵循斯蒂芬－玻尔兹曼(Stefan-Boltzman) 定律：

$$q = \varepsilon\sigma A_1 F_{12}(T_1^4 - T_2^4) \tag{10.19}$$

式中，q 为热流率；ε 为表面辐射率(黑度)；σ 为 Stefan-Boltzman 常数，约为 $5.67 \times 10^{-8}\ \mathrm{W/m^2 \cdot K^4}$；$A_1$ 为辐射面 1 的面积；F_{12} 为由辐射面 1 到辐射面 2 的形状系数；T_1 为辐射面 1 的绝对温度；T_2 为辐射面 2 的绝对温度。由式(10.19) 可以看出，包含热辐射的热分析是高度非线性的。

2. 熔丝沉积温度场控制方程

电子束熔丝沉积过程温度场的分布与变化直接影响应力应变场、熔池的形成与演变、焊接接头的微观组织等，因此精确预测电子束熔丝沉积过程中温度场对于预测残余应力和变形等有着至关重要的作用。电子束熔丝沉积热过程是一个能量集中的瞬态热输入过程，沉积体的温度在时间和空间上呈急剧变化，材料的热物理性能和机械性能参数高度依赖于温度的变化，同时伴随金属丝材母材熔化发生相变时的潜热。熔丝沉积过程中的传热满足以下控制方程：

$$\rho c\frac{\partial T}{\partial t} = \frac{\partial}{\partial x}\left(k\frac{\partial T}{\partial x}\right) + \frac{\partial}{\partial y}\left(k\frac{\partial T}{\partial y}\right) + \frac{\partial}{\partial z}\left(k\frac{\partial T}{\partial z}\right) + \overline{Q} \tag{10.20}$$

式中，c 为材料的比热容；ρ 为材料密度；k 为导热系数；T 为温度分布函数；$\overline{Q}$ 为热源强度；t 为传热时间。其中 c、ρ 随温度变化而变化。

控制方程建立了温度与时间和空间的关系，但想要从无限个满足方程的解中获得精确的温度场的定解，还需要给出定解条件，即几何条件(导热体的几何形状、尺寸及相对位置)、物理条件(导热体的各种物理性能参数和内热源分布状况)、初始条件和边界条件。

计算电子束熔丝沉积温度场的边界条件是指表面边界的热交换条件，在实际情况下可以分为以下三类边界条件。

(1) 第一类边界条件为边界表面 Γ_1 上有确定的温度分布，即给定边界上的温度值：

$$T = T(x, y, z, t) \tag{10.21}$$

(2) 第二类边界条件为边界表面 Γ_2 上有确定的热流密度，即给定边界上的热流密度值：

$$k\frac{\partial T}{\partial n} = q(x, y, z, t) \tag{10.22}$$

(3) 第三类边界条件为边界表面 Γ_3 向周围介质换热，即给定边界与周围介质的换热系数及周围介质的温度，由于电子束熔丝沉积过程不存在对流换热，因此只考虑 Γ_3 表面上热辐射边界条件：

$$k\frac{\partial T}{\partial n}=\sigma\varepsilon(T_0^4-T^4) \tag{10.23}$$

式中，n 为边界表面外法线方向；σ 为常数，ε 为表面辐射率；T 和 T_0 分别为辐射表面温度和与该辐射面进行热量交换的环境介质温度。

第二、三类边界条件为自然边界条件。

3. 非线性热传导有限元模拟分析

电子束熔丝沉积过程温度场的分析是一个典型的非线性瞬态热传导问题，因此在进行有限元模拟分析时，通常假设在一个单元内节点的温度呈线性分布状态，然后根据变分原理推导节点温度的一阶常系数微分方程组；再在时间域上用有限差分法将它化成节点温度线性代数方程组的递推公式，然后将每个单元矩阵叠加起来，形成节点温度线性方程组，进而求得节点的温度值。用有限元模拟分析热传导的过程是一个热传导微分问题转化为变分问题，对实体结构进行有限元分割，将变分问题近似表达为线性方程，求解线性方程组，将所得的解作为热传导问题的近似解。

(1) 空间域的离散。

假设空间域 $V\in R^3$ 被 M 个具有 n^e 个节点的单元离散，V 内共有 N 个节点，在每个单元节点内各节点的温度用单元节点温度来表示，即

$$T=[N]\{T\}^e \tag{10.24}$$

式中，$[N]$ 为形函数，在每个单元内对瞬态温度场应用 Galerkin，由于 $[N]$ 只是空间域的函数，故有

$$\begin{aligned}&\int_{V^e}[B]^{\mathrm{T}}[K][B]\{T\}^e\mathrm{d}V+\int_{V^e}\rho c[N]^{\mathrm{T}}[N]\mathrm{d}V\frac{\partial}{\partial t}\{T\}^e+\int_{V^e}h[N]^{\mathrm{T}}[N]\{T\}^e\mathrm{d}S\\&=\int_{V^e}\rho Q[N]^{\mathrm{T}}\mathrm{d}V+\int_{S_2}q[N]^r\mathrm{d}S+\int_{S_3}hT[N]^{\mathrm{T}}[N]\mathrm{d}S\end{aligned} \tag{10.25}$$

式中，$[B]=[L][N]$，$[L]$ 为微分算子矩阵。

在构造函数 $T=[N]\{T\}$ 时，式(10.25) 已满足 S_1 的边界条件，所以式(10.25) 中不出现与 S_1 有关的项。整理后，有限单元法的总体合为

$$[C]\{\dot{T}\}+[K]\{T\}=\{Q\} \tag{10.26}$$

式中，$[K]$ 为传导矩阵，包括热导系数、热对流、对流系数、辐射率和形状系数；$[C]$ 为比热矩阵，考虑系统内能的增加和减少；$\{T\}$ 为节点温度列向量；$\{\dot{T}\}$ 为温度对时间的导数；$\{Q\}$ 为节点热流率向量，包含热生成。

各项表达式分别如下。

① 单元对热传导矩阵的贡献：

$$[K]^e=\int_{V^e}[B]^{\mathrm{T}}[K][B]\mathrm{d}V \tag{10.27}$$

② 单元热交换边界对热传导矩阵的修正：

$$[H]^{e}=\int_{S_3^e}h[N]^{T}[N]dS \tag{10.28}$$

③ 单元对热熔矩阵的贡献：

$$[C]^{e}=\int_{V^e}\rho c[N]^{T}[N]dV \tag{10.29}$$

④ 单元热源产生的温度载荷：

$$\{R_Q\}=\int_{V^e}\rho Q[N]^{T}dV \tag{10.30}$$

⑤ 单元给定热流边界产生的温度载荷：

$$[R_q]^{e}=\int_{S_2^e}q[N]^{T}dS \tag{10.31}$$

⑥ 单元给定对流换热边界产生的温度载荷：

$$\{R_n\}^{e}=\int_{S_3^e}hT[N]^{T}dS \tag{10.32}$$

包含空间域和时间域的偏微分方程问题在空间域被离散为 N 个节点的常微分初值解问题。

如果材料热物理性能随温度变化（如 $K(t)$、$c(r)$ 等），则为非线性热分析，称为材料非线性。非线性热分析的热平衡矩阵方程为

$$[C(T)]\{T\}+[K(T)]\{T\}=[Q(T)] \tag{10.33}$$

(2) 时间域的离散。

离散方程$[C]\{\dot{T}\}+[K]\{T\}=\{Q\}$ 包含对时间的一阶微分方程，对时间离散较为简单，假设时间域用等时间间距 Δt 离散，并且 t_n 时刻空间域 V 内各点温度值已知，边界条件也给定，有

$$\frac{\{T_{n-1}\}-\{T_n\}}{\Delta t}=\frac{\partial}{\partial t}\{T_n\}+\theta\left(\frac{\partial}{\partial t}\{T_{n-1}\}-\frac{\partial}{\partial t}\{T_n\}\right)\quad(0\leqslant\theta\leqslant1) \tag{10.34}$$

式中，θ 为加权系数，将离散方程$[C]\{T\}+[K]\{T\}=\{R\}$ 代入式(10.34)：

$$\left[\frac{[C]}{\Delta t}+\theta[K]\right]\{T_{n-1}\}=\left[\frac{[C]}{\Delta t}-(1-\theta)[K]\right]\{T_n\}+[\theta\{R_{n-1}\}+(1-\theta)\{R_n\}] \tag{10.35}$$

一旦给定初值$\{T_0\}$，就可以用式(10.35) 求出时间域内任意时刻 t_n 空间域 V 内的温度分布。

10.2.2 熔丝沉积残余应力和变形分析理论

残余应力是当所有外载卸载后残留在物体内部的应力。熔丝沉积残余应力是由于在电子束熔丝沉积过程中，局部热源加载产生的局部熔化而引起的不均匀温度分布，同时不均匀的温度分布会导致热应变和局部的塑性变形。熔丝沉积残余应力源于受阻收缩过程、淬火过程和相变过程。受阻收缩占主导因素，它可以通过热膨胀系数和温度差来计算；由其他两个因素导致的残余应力通常与由受阻收缩导致的残余应力同时存在。沉积体的残余应力状态主要取决于产生的温度梯度的严重性和限制焊件热变形约束的自由度，并且它以平衡内部残余应力和熔丝沉积变形的组合为主要特征。

按照残余应力的定义，平衡条件下截面内的残余应力可以用下式表示：

$$\int \sigma \mathrm{d}A = 0 \tag{10.36}$$

式中，σ 为柯西(Cauchy) 应力，可以表示为

$$\{\sigma\}^{\mathrm{T}} = \{\sigma_{xx} \quad \sigma_{yy} \quad \sigma_{zz} \quad \sigma_{zy} \quad \sigma_{yz} \quad \sigma_{xz}\} \tag{10.37}$$

式中，σ_{xx}、σ_{yy} 和 σ_{zz} 分别为沿 x、y、z 平面的应力分量；σ_{zy}、σ_{yz} 和 σ_{xz} 分别为切变应力分量；A 为截面面积；M 为残余应力力矩。

在任何一个截平面内，有

$$\int \mathrm{d}M = 0 \tag{10.38}$$

20世纪80年代，受计算能力限制，大多数残余应力的计算模型采用的是二维模型，二维模型仅计算了垂直于焊接方向的截面的残余应力，并且假设面外行为为平面应力、平面应变，或者是广义平面应变。二维模型不能反映实际的焊接过程，因此更多的学者采用三维计算模型来模拟焊接残余应力。

1. 基本假设

电子束熔丝沉积应力应变分析过程中存在材料非线性、几何非线性和边界非线性等问题，因此准确模拟熔丝沉积过程十分困难。由于其影响因素较多，为简化计算，需要忽略一些因素。在进行熔丝沉积数值模拟时，将热应力场简化为材料非线性瞬态问题，选用弹塑性力学模型和增量理论进行模拟计算，在热弹塑性理论的基础上做如下假设。

(1) 材料的屈服行为服从米赛斯屈服准则。

(2) 塑性区内材料的行为服从流动准则和强化准则。

(3) 材料的弹性变形、塑性应变和热应变是可分的。

(4) 与温度有关的力学性能和应力应变，在微小的时间增量里呈线性变化。

(5) 不考虑熔池流动作用对沉积层温度场和应力场的影响。

(6) 不考虑基材和熔丝的汽化作用。

(7) 材料连续和各向同性，高温时仍作固态处理。

图10.9所示为单轴拉伸实验情况下的理想应力应变曲线，图中 σ_{Y} 表示材料的屈服强度。理想刚塑性应力应变曲线忽略材料在塑性变形之前的弹性变形和塑性变形时的加工硬化。理想弹塑性应力应变曲线包含材料的弹性变形，但忽略了变形硬化。弹塑性硬化应力应变曲线包含了弹性变形和塑性变形时产生的加工硬化。当材料的变形程度超出弹性变化范围时发生塑性变形。为了考虑塑性变形，忽略塑性变形时产生的加工硬化或冷加工是合理的。在金属的冷加工成型过程(如拉拔、轧制和挤压)中会产生很大变形，在这些冷加工成型过程当中产生的硬化和塑性变形比弹性变形大得多，因此忽略弹性变形是比较合理的假设。

2. 米塞斯屈服准则

米塞斯屈服准则是指当受力物体的应力偏张量的第二不变量 J_2 到达临界值时，材料开始呈现屈服现象，有时也称为 J_2 塑性理论或 J_2 流动理论。它是塑性理论的一部分，特别适用于塑性材料，如金属材料。在材料呈现屈服现象前，假设材料为弹性材料。

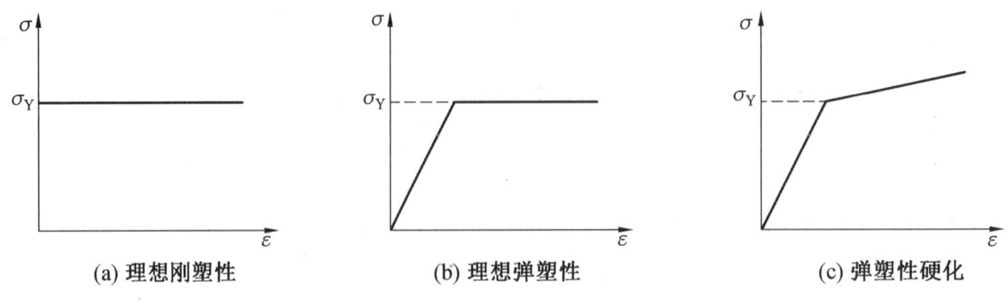

图 10.9　单轴拉伸实验情况下的理想应力应变曲线

在材料科学与工程当中，米塞斯屈服准则可以以米赛斯应力或等效拉伸应力的形式表示，一个标量应力值可以通过应力张量计算得到。在这种情况下，当材料的米赛斯应力到达临界值(即屈服强度 σ_s) 时材料开始呈现屈服现象。米赛斯应力通常被用来预测材料在任意加载条件下单向拉伸测试结果时材料的屈服现象，因为米赛斯应力独立于应力偏张量的第一不变量 J_1，因此它可以用来分析塑性材料(如金属材料) 的塑性变形。

米塞斯屈服准则可以用下式表示：

$$J_2 = k^2 \tag{10.39}$$

式中，k 为材料在纯剪切状态下的屈服应力，其数值与材料在单向拉伸条件下的屈服应力有以下关系：

$$k = \frac{\sigma_s}{\sqrt{3}} \tag{10.40}$$

式中，σ_s 为材料的屈服强度。

假定米塞斯应力等于屈服强度时，合并式(10.39) 和式(10.40)，米塞斯屈服准则可以表述为

$$\sigma_v = \sigma_s = \sqrt{3J_2} \tag{10.41}$$

式中，σ_v 为米塞斯应力。

用应力张量分量取代 J_2，则式(10.41) 可以表述为

$$\sigma_v^2 = \frac{1}{2}((\sigma_{11} - \sigma_{22})^2 + (\sigma_{22} - \sigma_{33})^2 + (\sigma_{11} - \sigma_{33})^2 + 6(\sigma_{23}^2 + \sigma_{31}^2 + \sigma_{12}^2)) \tag{10.42}$$

式(10.42) 在不同的实际应用条件下可以进行简化。在单轴应力或单向拉伸应力状态下，$\sigma_1 \neq 0$，$\sigma_3 = \sigma_2 = 0$，则米塞斯屈服准则可以简化为

$$\sigma_1 = \sigma_s \tag{10.43}$$

这就是说，当材料的 σ_1 达到其屈服强度 σ_s 时材料开始屈服，并且与拉伸或压缩屈服强度的定义相符。

可以更简便地定义等效拉伸应力或米塞斯应力 σ_v：

$$\sigma_v = \sqrt{\frac{(\sigma_1 - \sigma_2)^2 + (\sigma_2 - \sigma_3)^2 + (\sigma_1 - \sigma_3)^2}{2}} \tag{10.44}$$

在这种情况下，当材料的米塞斯应力 σ_v 达到材料的单向拉伸屈服强度时，材料呈现屈服现象。

在纯剪切应力状态下，$\sigma_{12} = \sigma_{21} \neq 0$，并且 $\sigma_{ij} = 0$，米塞斯屈服准则变为

$$\sigma_{12}=k=\frac{\sigma_s}{\sqrt{3}} \tag{10.45}$$

也就是说，材料在开始屈服时的拉伸应力是在纯剪切应力条件下剪切力大小的$\sqrt{3}$倍。

在平面应力状态下，$\sigma_3=0$，米赛斯屈服准则变为

$$\sigma_1^2-\sigma_1\sigma_2+\sigma_2^2=3k^2=\sigma_s^2 \tag{10.46}$$

式(10.46)在$\sigma_1-\sigma_2$平面内代表一个椭圆，如图10.10所示。

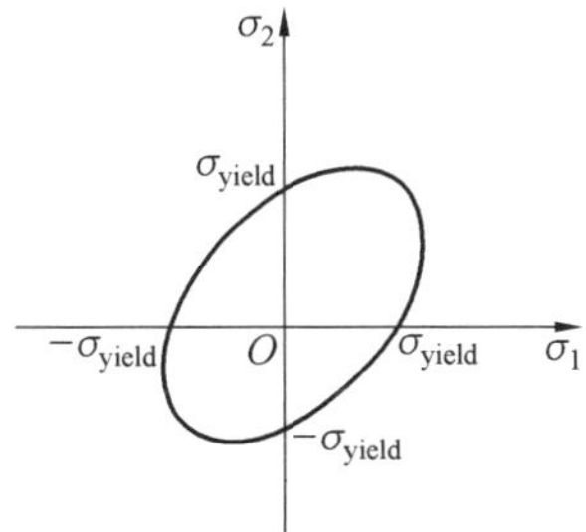

图10.10　米塞斯屈服面

3. 流动准则

材料产生屈服现象以后，在加载条件下会引起材料的塑性流动。流动准则是用来描述材料在发生屈服时塑性应变的方向，即流动准则定义了单个塑性应变分量随材料屈服的发展趋势。塑性应变增量与应力状态有以下流动准则：

$$\{\mathrm{d}\varepsilon\}_p=\xi\frac{\partial\bar{\sigma}}{\partial\{\sigma\}} \tag{10.47}$$

式中，ξ为一数量因子；$\frac{\partial\bar{\sigma}}{\partial\{\sigma\}}$为数量函数$\bar{\sigma}$对向量$\{\sigma\}$的导数。

流动准则几何上可解释为塑性应变增量向量的方向与屈服曲面的法向一致，因此也称为法向流动准则。

4. 强化准则

加工硬化是指金属材料在塑性变形过程中，随着变形程度的增加，金属的强度和硬度增加的现象。对于加工硬化明显的材料，其初始屈服遵循米塞斯屈服准则，但是当材料产生加工硬化后，其屈服准则发生变化，在变形过程中的每一时刻都将有一后继的瞬时屈服面和屈服轨迹。目前有两种强化准则用来描述金属材料产生加工硬化后的屈服现象，分别为各向同性强化(等向强化)和各向异性强化(随动强化)。

各向同性强化假设材料在产生加工硬化后保持各向同性，硬化后屈服轨迹的中心位置和形状都不变，仍然以原点为中心的对称封闭曲线，但是其大小随着变形的进行不断扩大，如图10.11所示。

各向异性强化是指材料产生加工硬化后，某个方向的屈服应力升高时，相反方向的屈服应力相应降低，而屈服面的大小保持不变只是在屈服的方向上移动，如图10.12所示。

因此在进行有限元模拟分析时，需要考虑材料的加工硬化特性，材料在开始屈服前服从米塞斯屈服准则，在产生加工硬化后，假设材料各向同性，因此屈服后采用各向同性强

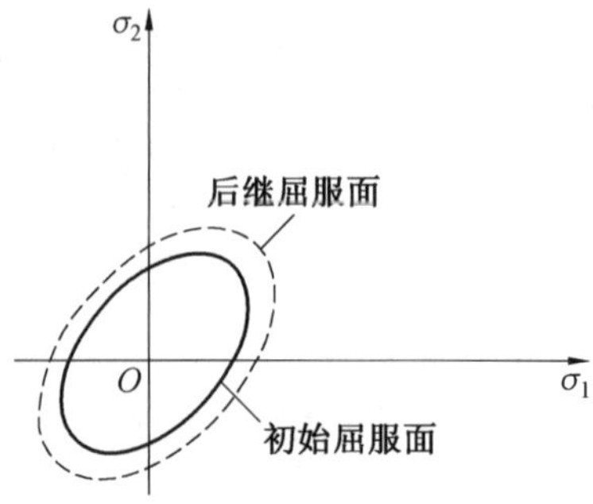

图 10.11 各向同性强化屈服面

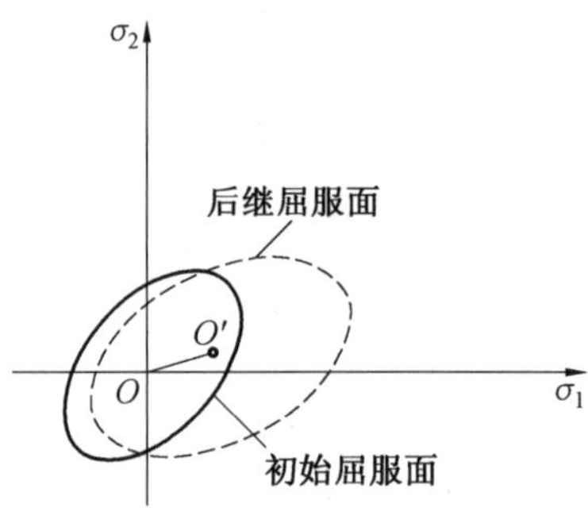

图 10.12 各向异性强化屈服面

化屈服准则。

5. 热弹塑性理论

(1) 应力应变关系。

热弹塑性本构关系的增量形式为

$$\{d\sigma\}=[D]\{d\varepsilon\}-\{C\}dT \tag{10.48}$$

其中，$[D]$ 为弹性或弹塑性矩阵；$\{C\}$ 为与温度相关的向量。

在弹性区，有

$$[D]=[D]_e$$

$$\{C\}=\{C\}_e=[D]_e\left(\{\alpha\}+\frac{\partial\,[D]_e^{-1}}{\partial T}\{\sigma\}\right)$$

式中，$\{\alpha\}$ 为材料随温度变化的线性膨胀系数；T 为某个单元在某一时刻的温度。

在塑性区，设材料的屈服条件为

$$f(\sigma)=f_0(\varepsilon_p,T) \tag{10.49}$$

式中，f 为屈服函数；f_0 为与温度和塑性应变相关的屈服应力函数。

根据塑性流动法则，塑性应变增量$\{d\varepsilon_p\}$可表示为

$$\{d\varepsilon_p\}=\lambda\left\{\frac{\partial f}{\partial\sigma}\right\} \tag{10.50}$$

$$[D]=[D]_{ep}=[D]_e-[D]_e\left\{\frac{\partial f}{\partial\sigma}\right\}\left\{\frac{\partial f}{\partial\sigma}\right\}^{T}[D]_e/S \tag{10.51}$$

$$\{C\}=\{C\}_{ep}=[D]_{ep}\{\alpha\}+[D]_{ep}\frac{\partial\,[D]_e^{-1}}{\partial T}\{\sigma\}-[D]\left\{\frac{\partial f}{\partial\sigma}\right\}\left(\frac{\partial f_0}{\partial\sigma}\right)/S \tag{10.52}$$

$$S=\left\{\frac{\partial f}{\partial \sigma}\right\}^{\mathrm{T}}[D]_{\mathrm{e}}\left\{\frac{\partial f}{\partial \sigma}\right\}+\left\{\frac{\partial f_0}{\partial \varepsilon_p}\right\}^{\mathrm{T}}\left\{\frac{\partial f}{\partial \sigma}\right\} \tag{10.53}$$

塑性区的加载或卸载由 λ 值来判定。$\lambda>0$ 时为加载过程；$\lambda=0$ 时为中性过程；$\lambda<0$ 时为卸载过程，卸载时材料呈弹性行为，必须使用弹性区的应力应变关系。

(2) 平衡方程。

对于有限元模型中的某一单元，平衡方程可表述为

$$\{\mathrm{d}F\}^{\mathrm{e}}+\{\mathrm{d}R\}^{\mathrm{e}}=[M]^{\mathrm{e}}\{\mathrm{d}\delta\}^{\mathrm{e}} \tag{10.54}$$

式中，$\{\mathrm{d}F\}^{\mathrm{e}}$ 为单元节点上外力的增量；$\{\mathrm{d}R\}^{\mathrm{e}}$ 为温度引起的单元初应变等效节点力增量；$\{\mathrm{d}\delta\}^{\mathrm{e}}$ 为节点位移增量；$[M]^{\mathrm{e}}$ 为单位刚度矩阵。

$$\{\mathrm{d}R\}^{\mathrm{e}}=\int[D]^{\mathrm{T}}\{C\}\mathrm{d}T\mathrm{d}V \tag{10.55}$$

式中，$[D]$ 为联系单元中应变向量与节点位移向量的矩阵。根据单元处于弹性区域或塑性区域的状态，分别使用 $[D]_{\mathrm{e}}$、$\{C\}_{\mathrm{e}}$ 或 $[D]_{\mathrm{ep}}$、$\{C\}_{\mathrm{ep}}$ 替代式(10.55) 中的 $[D]$、$\{C\}$，形成单元刚度矩阵与等效节点载荷，之后集合总刚度矩阵 $[M]$ 总载荷向量 $\{\mathrm{d}F\}$，求得整个焊件的平衡方程组：

$$[K]\{\mathrm{d}\delta\}=\{\mathrm{d}F\} \tag{10.56}$$

式中，$[K]=\sum[K]^{\mathrm{e}}$；$\{\mathrm{d}F\}=\sum(\{\mathrm{d}F\}^{\mathrm{e}}+\{\mathrm{d}R\}^{\mathrm{e}})$。

一般认为，熔丝沉积过程中无外力作用，围绕每个节点的单元对应节点的力是自平衡的力系，即可取 $\sum\{\mathrm{d}F\}^{\mathrm{e}}=0$，因此有 $\{\mathrm{d}F\}=\sum\{\mathrm{d}R\}^{\mathrm{e}}$。

10.2.3　热力耦合分析方法

热力耦合分析是指存在温度梯度时，对结构产生的热应力与结构塑性变形之间相互作用产生的位移、应力－应变之间耦合场进行分析。常见的热力耦合包括以下三种情况。

(1) 由材料本身的塑性变形而引起的内部发热。

(2) 两个互相接触的物体受外部热源影响，内部互相发生热传导，电子束熔丝沉积热力耦合正是如此。

(3) 由于接触面摩擦而产生的表面发热，一般常见于摩擦焊接。

热力耦合的解法思路是先将与温度场有关的问题分离出来，第一步将温度场作为一个单独的求解问题，同时忽视由热应力产生的变形和应力；第二步利用温度场的求解结果作为已知条件，进而求出对应的热应力。焊接属于瞬态分析，在进行热力耦合求解时不能忽略变形和应力的影响，一般有间接耦合法和直接耦合法两种求解方法。

1. 间接耦合法

间接耦合法也称顺序耦合法，是指按照特定的顺序完成一系列的相关性分析，并且将前一次分析出的结论当作后一次分析的已知条件，依次循环最终实现两种或多种场的耦合。间接耦合法需要通过热分析和力分析两步才能得到计算结果，分别采用导热单元和力单元，首先进行热分析，将得到的温度场结果作为荷载作用到模型上分析应力变形场。这种方法分工明确，计算速度快，但是忽略了应力场对温度场的影响。熔丝沉积过程中的

热应力耦合，是将热分析过程中产生的节点温度作为下一次的载荷施加在应力分析过程中，从而实现热应力向结构应力的转变。

2. 直接耦合法

直接耦合法是指一次性的达到两种场或多种场耦合目的的方法，它先将所有需要分析的具有自由度的相关单元排列，通过对这些单元类型的单元矩阵或单元载荷向量进行求解，得到具有耦合场特性的结果。直接耦合法采用热位移耦合单元，包含节点温度自由度和位移自由度，仅通过一次计算就可以得到温度场和应力变形场的分布。这种方法易于操作，简单方便，收敛效果好，能考虑应力变形场和温度场的相互影响，但是计算耗时较长，不适用于较大的模型。

因此，在实际计算过程中应根据模型大小、计算精度要求等多方面因素合理选择热力耦合分析方法，在满足计算要求的同时尽可能减少计算时长。

10.2.4　有限元模型的建立

1. 几何模型与网格划分

电子束熔丝沉积通过电子束加热丝材和基体金属，使材料达到熔点发生熔化，在基体金属表面形成熔池，同时熔化的丝材以熔滴的形式过渡进入熔池，冷却凝固后形成沉积层。建立有限元模型时通常采用生死单元技术，预先建立所有沉积层模型，随后定义其单元并将单元全部杀死，当电子束扫描到单元所在区域时再激活。电子束熔丝沉积有限元模型如图 10.13 所示，模型中材料为 TC4 钛合金。

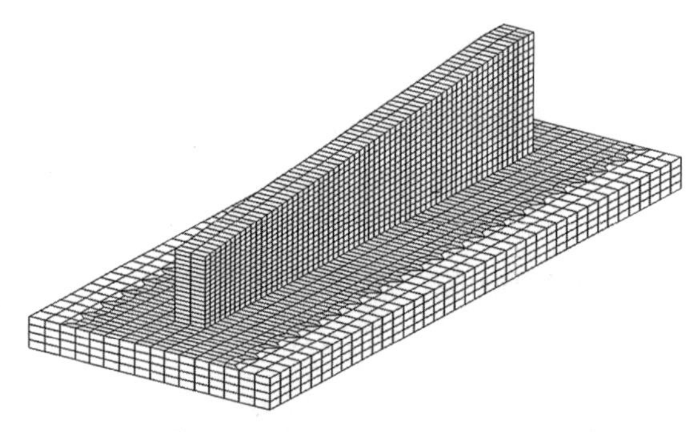

图 10.13　电子束熔丝沉积有限元模型

在进行有限元模拟分析时，网格的划分不仅关系计算结果的精度，还影响计算的效率，甚至在某些情况下会导致计算无法收敛。在熔丝沉积过程中，热源作用范围小，基板在靠近沉积层区域部位存在较大的温度梯度，而在远离沉积层区域部位存在较小的温度梯度，这在网格的处理上需要进行合理的划分，既要保证网格密度适中，又要使单元形状尽可能规则，以保证计算结果的精确性和计算效率。本节综合考虑计算精度与计算效率，在进行网格划分时，为了提高计算精度，在沉积层及其附近区域采用加密网格，远离沉积层区域网格稀疏；为保证计算效率，每个热源半径覆盖一个网格单元。

沉积过程开始之前，先对待沉积区域进行扫描预热，随后在预热表面沉积 16 层长为 203.2 mm 的沉积层，电子束熔丝沉积后试样如图 10.14 所示。

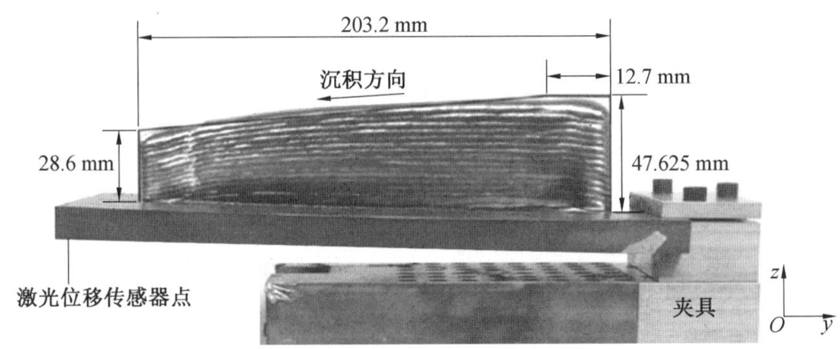

图 10.14　电子束熔丝沉积后试样

2. 热源模型建立

在进行电子束熔丝沉积热弹塑性有限元模拟分析时，需要比较精确地计算出焊接残余应力和焊接变形，就必须比较精确地模拟熔丝沉积热过程。热源模型的选取以及相关特征参数的选取直接关系数值模拟过程中热流密度在整个焊件上的分布，从而影响热过程的计算精度，并会影响随后的残余应力和变形的分析。

以双椭球热源模型为例，对电子束熔丝沉积有限元模拟分析过程进行介绍。设前后椭球能量分数分别为 f_1 和 f_2，两者之和为 2。前半部分椭球内热源分布函数：

$$Q=\frac{6\sqrt{3}P\eta f_1}{abc\pi\sqrt{\pi}}\exp-\left(\frac{3x^2}{a^2}+\frac{3(y+v_{\mathrm{w}}t)^2}{b^2}+\frac{3z^2}{c^2}\right) \tag{10.57}$$

后半部分椭球内热源分布函数：

$$Q=\frac{6\sqrt{3}P\eta f_2}{abc\pi\sqrt{\pi}}\exp-\left(\frac{3x^2}{a^2}+\frac{3(y+v_{\mathrm{w}}t)^2}{b^2}+\frac{3z^2}{c^2}\right) \tag{10.58}$$

式中，P 为功率；η 为吸收效率；x、y、z 为局部坐标；a、b、c 为椭球横向尺寸、熔池深度尺寸和纵向尺寸；v_{w} 是热源行进速度。热源为圆形，取 $a=b=6.35$ mm，热源穿透深度 $c=3.81$ mm。

10.2.5　模拟结果分析

实验采用热电偶（T/C）测量不同位置的温度，利用激光位移传感器（Laser Displacement Sensor，LDS）测量原位变形量，热电偶及激光位移传感器的位置分布如图 10.15 所示。热电偶 T/C1 ～ 3 测量基板底部温度，热电偶 T/C4 测量基板顶部自由端温度。激光位移传感器位于距基板自由端约为 6.3 mm 的位置，测量 z 轴方向的变形。

1. 温度场分析

电子束熔丝沉积模拟时，热吸收率 η 和表面发射率 ε 分别取 0.9 和 0.54。图 10.16 所示为模拟温度与实验温度对比。0 min 时对应预热起始时间，环境温度为 25 ℃。热电偶 T/C2 位于基板底部中间位置，记录最高温度。热电偶 T/C3 位于基板底部靠近夹具端，纪录最低温度，模拟结果与热电偶测量值表现出良好的相关性，误差值仅有 7.7%。

2. 变形分析

在电子束熔丝沉积过程中，随着沉积层数的增多，后续沉积层对先前沉积层起到加热

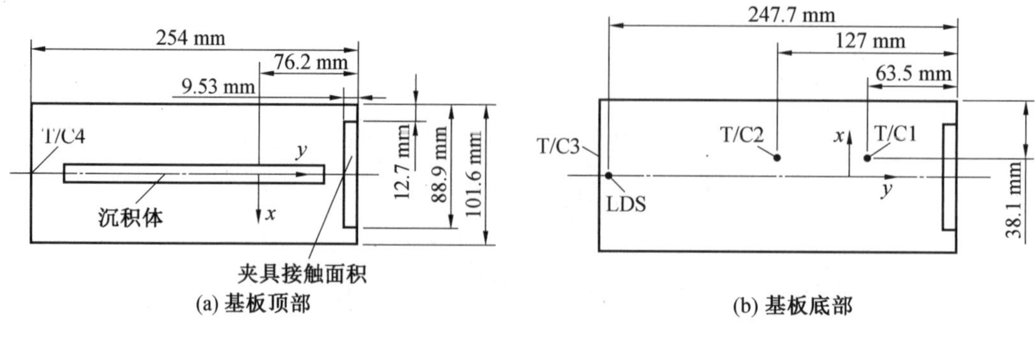

(a) 基板顶部　　(b) 基板底部

图 10.15　热电偶及激光位移传感器的位置分布

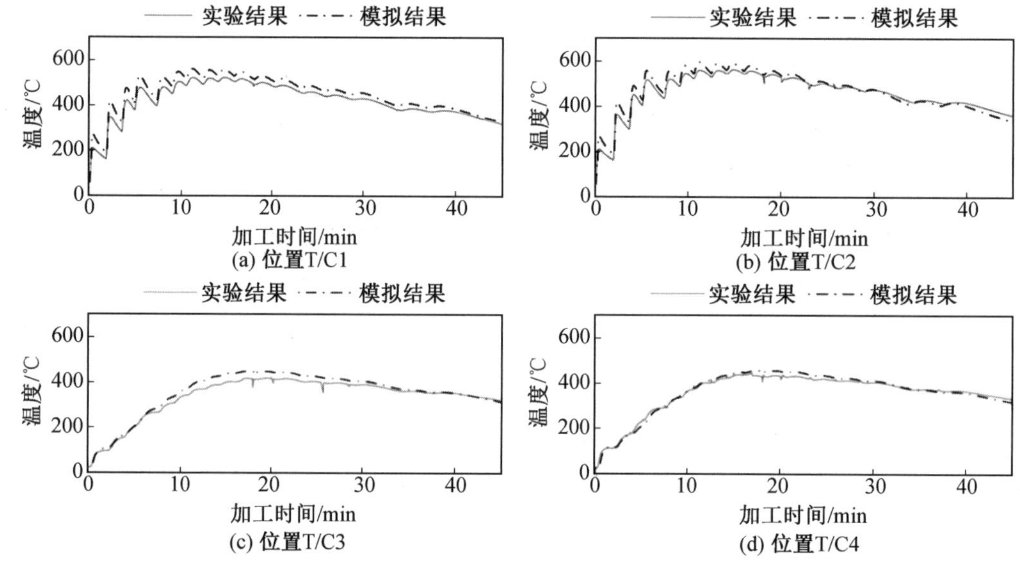

(a) 位置T/C1　(b) 位置T/C2　(c) 位置T/C3　(d) 位置T/C4

图 10.16　模拟温度与实验温度对比

退火的作用，导致沉积体残余应力降低及应变松弛。实验模拟不同松弛温度对原位变形的影响，并将实验测量值与模拟结果进行对比，确定最终的应变松弛温度，如图 10.17 所示。

从图 10.17 中没有应变松弛的模拟结果显示，沉积过程的前 20 分钟基板变形量几乎是线性增加的，随后增速降低，与 LDS 实际测量结果显示的 7 min 后变形减小明显不同，导致最后变形量达到测量值的 520.3%。松弛温度为 980 ℃ 的模拟结果表现出与没有应变松弛的模拟结果一样的趋势，但幅值较小。松弛温度为 690 ℃ 的模拟结果与 LDS 测量结果几乎相同，整个沉积过程变形误差仅为 7.4%。

3. 残余应力分析

电子束熔丝沉积基板底部残余应力测量值与模拟结果对比如图 10.18 所示。由图可知，得到的模拟结果与应力测量值非常一致，最大应力为 41.3 MPa。而无应力松弛的模拟结果则与应力测量结果差异显著，计算得到的残余应力峰值达到 1 040 MPa，远大于测量结果。图 10.19 所示为电子束熔丝沉积残余应力分布，在基板和沉积体之间存在明显的应力集中现象，原因是建模时沉积体与基板之间为直角过渡，易造成应力集中，而实际

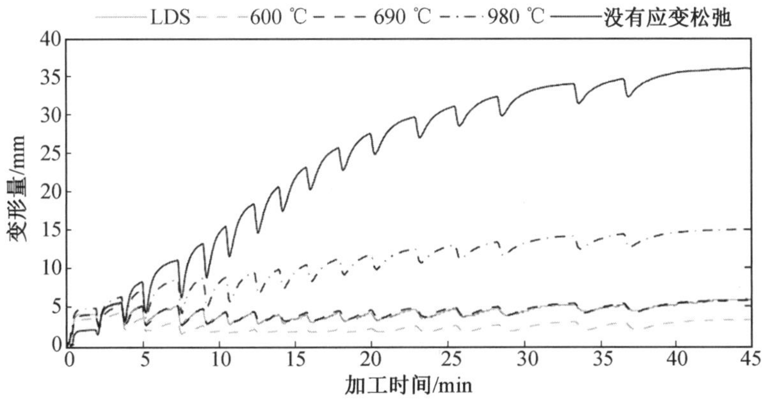

图 10.17　不同松弛温度对原位变形的影响

实验时为圆角过渡，不会形成应力集中。此外，从图中可以看出，沉积体的残余应力低于基板的残余应力，随着沉积过程的进行，熔丝沉积热作用对先沉积部分起到热处理作用，使残余应力降低。

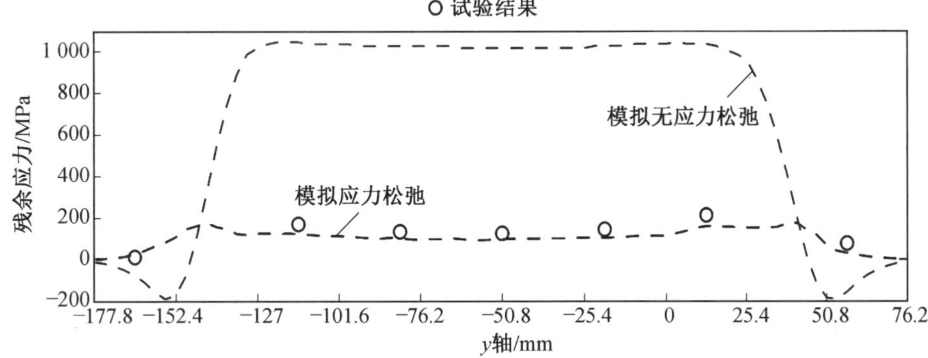

图 10.18　电子束熔丝沉积基板底部残余应力测量值与模拟结果对比

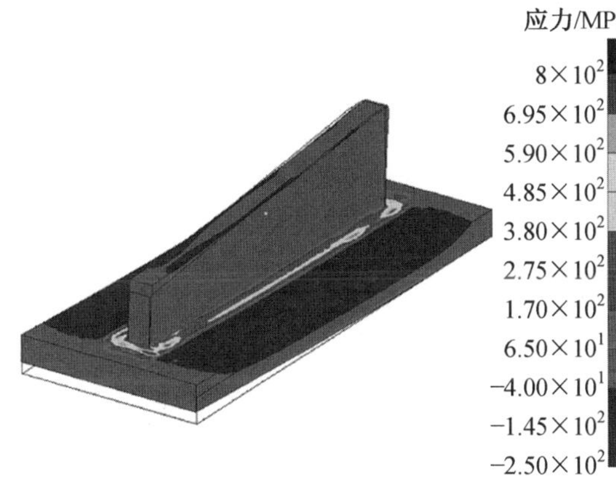

图 10.19　电子束熔丝沉积残余应力分布

10.3　熔丝沉积数值模拟技术应用

数值模拟技术是一种用来对实际工况进行模拟仿真计算的新兴技术，在众多领域得到了广泛应用，如工业制造、材料加工等领域。数值模拟技术的出现大大降低了时间成本和经济成本。通过还原真实工况，改变不同参量，得到不同条件下零件的受力、变形等多种参量，为工艺优化、变形控制和机理分析等提供指导。因此，随着数值模拟技术的发展，其应用领域越来越多，近年来，数值模拟技术在增材制造领域得到了越来越广泛的应用。

熔丝沉积是生产效率最高的一种增材制造方法。电子束熔丝沉积涉及电子束能量的吸收与散射、合金元素的挥发、汽化、辐射、熔池的形成与凝固、高频次热循环下的固态相变等多种复杂物理过程。这些物理过程直接影响金属零件的组织性能与缺陷的形成，采用常规实验方法很难直接观察，且成本较高。数值模拟仿真可以高效率低成本地研究熔丝沉积过程中温度场、粉末熔化行为、熔池流动以及残余应力与变形规律等，揭示工艺过程中的物理规律，更好地控制工艺过程。目前熔丝沉积的相关模拟工作主要在国内外各大高校及科研院所进行。

由于熔丝沉积过程中温度场与制造工艺、结构和材料的热物性参数密切相关，且增材制造过程中温度场影响成型件的质量，分析材料在增材制造过程中的温度场变化对残余应力和显微组织的影响具有重要意义。宾夕法尼亚州立大学的 Panagiotis Michaleris 采用生死单元法和静单元法分别对熔丝沉积过程的温度场进行分析。结果表明，当考虑基板和沉积体的辐射作用时，两种方法的模拟结果基本相同，如图 10.20 所示。但是，采用静单元法模拟时，大部分分析区域都由静单元组成，导致运算时间过长；采用生死单元法模拟时，每个单元被激活，求解器都要初始化，在分析的初始阶段导致自由度降低，同样导致计算时长大大延长。在此基础上，作者提出了一种生死单元 / 静单元复合的计算方法，在考虑辐射的条件下，该方法的计算误差仅有 3.5% 左右，在保证计算精度的同时，计算效率大幅提高。与传统的计算方法相比，生死单元 / 静单元复合法计算时长大幅缩减。

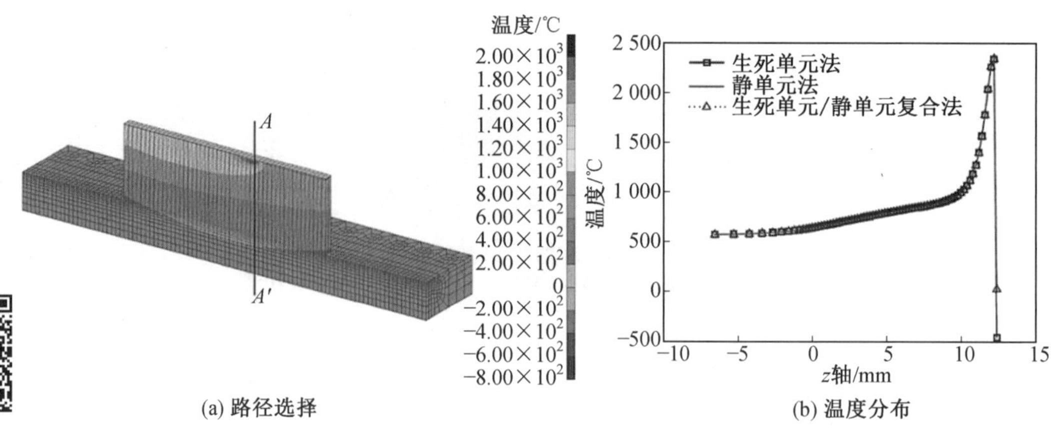

图 10.20　温度分布结果对比

与传统加工制造方法相比，增材制造方法有效的简化工艺，受到许多领域的青睐。在飞机制造过程中会用到加劲板，但其制造工艺要求较多的紧固件，大大增加了飞机的质量，降低结构可靠性。为解决该问题，学者利用电子束熔丝沉积技术在基板上直接沉积加强筋，沉积时先在基板正面沉积，待冷却至室温后沉积背面。随后通过有限元模型对双侧加劲板的残余应力和翘曲变形进行研究，研究结果表明，正面单侧沉积结束后，高度应力区域主要集中在加强筋根部。当背面筋板沉积完成后，板材吸收了更多的热量，残余应力显著增加，特别是在发生严重应力集中的加强筋的交叉点处，如图 10.21 所示。关于加强筋翘曲变形的研究表明，正面单侧沉积结束后，加强筋与基板翘曲变形方向一致，而与沉积方向相反，最大翘曲变形位于筋板中心。当反面沉积完成后，加强筋的翘曲方向仍与面板在正面单侧沉积时的翘曲一致，但由于两侧的加强筋引起面板的变形是相反的，反面的加强筋对面板产生了相反的翘曲，因此面板的翘曲变形量减少了 63%，如图 10.22 所示。

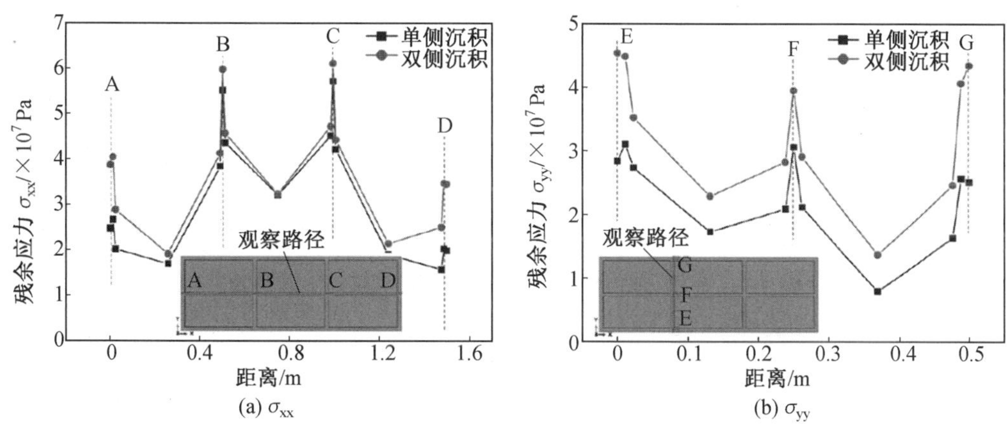

图 10.21　残余应力分布

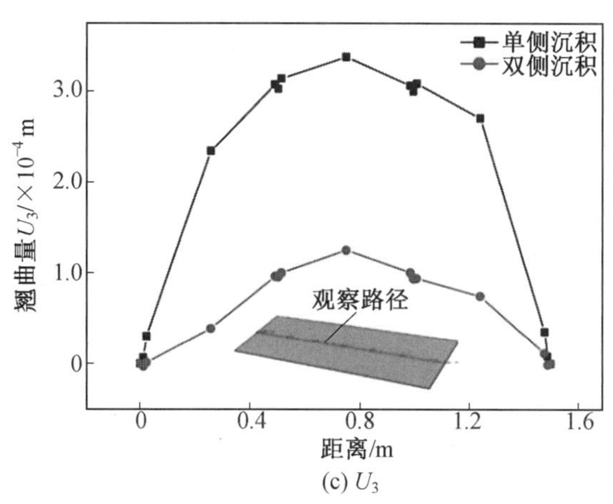

图 10.22　面板翘曲对比

本章参考文献

[1] 陈彬斌. 电子束熔丝沉积快速成型传热与流动行为研究[D]. 武汉：华中科技大

学,2013.

[2] 江尚霖. 2219铝合金电子束熔丝沉积增材制造传热流动数值模拟[D]. 哈尔滨:哈尔滨工业大学,2020.

[3]TANG Q, PANG S, CHEN B, et al. A three dimensional transient model for heat transfer and fluid flow of weld pool during electron beam freeform fabrication of Ti－6Al－4V alloy[J]. International Journal of Heat and Mass Transfer, 2014, 78: 203-215.

[4]ALIMARDANI M, TOYSERKANI E, HUISSOON J P. A 三维 dynamic numerical approach for temperature and thermal stress distributions in multilayer laser solid freeform fabrication process[J]. Optics and Lasers in Engineering, 2007, 45(12): 1115-1130.

[5] 陆权森. 双丝推挽式脉冲MIG焊接温度场的有限元模拟[D]. 天津:天津大学,2007.

[6] 刘晓梅. 电子束增材制造Ti－6Al－4V钛合金的有限元模拟[D]. 烟台:烟台大学,2019.

[7]DENLINGER E R, HEIGEL J C, MICHALERIS P. Residual stress and distortion modeling of electron beam direct manufacturing Ti－6Al－4V[J]. Proceedings of the Institution of Mechanical Engineers, Part B: Journal of Engineering Manufacture, 2015, 229(10): 1803-1813.

[8]MICHALERIS P. Modeling metal deposition in heat transfer analyses of additive manufacturing processes[J]. Finite Elements in Analysis and Design, 2014, 86: 51-60.

[9]YAN W, YUE Z, ZHANG J. Study on the residual stress and warping of stiffened panel produced by electron beam freeform fabrication[J]. Materials & Design, 2016, 89: 1205-1212.

第 11 章　先进材料电子束熔丝沉积

作为一种先进高效的增材制造方法，电子束熔丝沉积凭借其能量密度高、成型速度快和清洁无污染等优势，在各种材料的增材制造领域显示出优良的适应性。本章旨在开展电子束熔丝沉积技术在各种先进材料增材制造领域的研究与应用，立足于各种先进材料自身的物理化学性质，分析其在增材制造热循环过程中易出现的问题，同时根据电子束熔丝沉积与其他增材制造技术相比展现出的特点，分析电子束熔丝沉积在不同材料增材制造领域具备的优势，并展望先进材料电子束熔丝沉积的实际应用前景，对其应用潜力及价值进行评估。

11.1　铝合金电子束熔丝沉积

11.1.1　铝合金

铝合金作为一种应用性极强的金属，不仅具有轻质高强的特点，还具有优良的塑性以及较高的导电性、导热性和耐蚀性。鉴于其优良的物理化学性能和机械性能，铝合金被广泛地应用于航空航天、汽车制造、轨道交通、兵工武器、储罐储存、家用电器、建筑建材等各种领域。尤其在 20 世纪 60 年代以后，铝合金被广泛用于轨道交通和汽车制造领域，实现了大规模、大批量的生产制造。铝合金的分类众多，根据其自身性能以及应用条件等划分了各种类别。按照铝合金的基本加工方法进行分类，可将其分为铸造铝合金和变形铝合金两大类；按照铝合金的用途进行分类，可将其分为纯铝、防锈铝、硬铝、超硬铝、特殊铝；按照铝合金的热处理特性进行分类，可将其分为可热处理强化铝合金和非热处理强化铝合金；按照主要合金成分的不同进行分类，可将铝合金分为以下八个系列。

(1)1 系铝合金。该系列铝合金代表纯铝，其中 Al 元素质量分数超过 99%。

(2)2 系铝合金。该系列铝合金的主要合金成分为 Cu，因此 2 系铝合金代表为 Al－Cu 合金。

(3)3 系铝合金。该系列铝合金的主要合金成分为 Mn，因此 3 系铝合金代表为 Al－Mn 合金。

(4)4 系铝合金。该系列铝合金的主要合金成分为 Si，因此 4 系铝合金代表为 Al－Si 合金。

(5)5 系铝合金。该系列铝合金的主要合金成分为 Mg，因此 5 系铝合金代表为 Al－Mg 合金。

(6)6 系铝合金。该系列铝合金的主要合金成分为 Mg、Si，因此 6 系铝合金代表为Al－Mg－Si 合金。

(7)7 系铝合金。该系列铝合金的主要合金成分为 Zn，因此 7 系铝合金代表为 Al－Zn

合金。

(8)8 系铝合金。该系列铝合金为具有其他合金成分的铝合金。

11.1.2 材料性质及性能分析

由于电子束熔丝沉积过程采用送丝的方式进行材料的添加,因此其工艺过程及特点更接近于焊接过程,尤其是填丝焊过程,因此在进行电子束熔丝沉积过程之前,对材料的焊接性进行分析尤为重要。其中,铝合金作为一种应用广泛的金属,其可焊性较好,同时其焊接过程中存在较多问题,影响焊接过程以及熔丝沉积过程的稳定。本节对铝合金的焊接性进行介绍。

1. 强氧化性

由于铝在空气中以及焊接过程中极易与氧气发生反应,在材料表面形成一层 Al_2O_3 薄膜,Al_2O_3 具有较高的熔点且物理化学性质十分稳定,因此不易去除,此外,Al_2O_3 薄膜具有较强的吸潮性,吸收周围环境中的水分。因此,在铝合金焊接过程中,由于焊接区域表面存在 Al_2O_3 薄膜,不仅导致铝合金母材难以熔化,还容易造成焊缝夹渣、未熔合和未焊透等缺陷。此外,由于 Al_2O_3 薄膜的吸潮性,在焊接过程中,薄膜中的水分进入焊缝中,导致焊缝极易出现气孔缺陷。鉴于 Al_2O_3 薄膜的存在,在进行铝合金焊接之前,应采用机械打磨或化学清洗等方法对材料表面进行严格清理,将铝合金表面的 Al_2O_3 薄膜清除,避免焊缝过程中存在较多缺陷。除了进行表面深度清理外,还要加强焊接过程中对焊接区域的保护,如当进行 TIG 焊时,一般选用交流电源,利用阴极清理作用去除铝合金表面的氧化膜。

2. 热物理性

由于铝合金的热导率和比热容均大于钢材,因此在焊接过程中,热量可以被迅速传导至铝合金基体内部。然而由于铝合金具有较大的热导率,焊接过程中的热量除了用于熔化基体金属外,更多的热量被快速传导至焊接区域以外的区域,导致热量散失较为严重。因此,在进行焊接前,应采用预热等工艺措施。

此外,由于铝合金较大的线膨胀系数,在焊接过程中极易产生热裂纹缺陷,且容易产生较大变形,为抑制热裂纹的产生,常采用调整焊丝成分的方法;为控制焊接变形,可采用焊前预热的方法。

3. 气孔

由于液态铝能溶解大量的氢,而固态铝几乎不溶解任何氢,因此在液态、固态下铝合金的氢溶解量能相差 17.5 倍。由于铝具有低熔点和良好的导热性的特性,焊接过程中液态金属冷却速度较快,必然会导致焊接熔池凝固时间短,使氢来不及溢出,极易形成氢气孔。此外,由于铝合金表面的 Al_2O_3 薄膜几乎瞬间形成,因此即便焊前进行深度表面处理,Al_2O_3 薄膜仍会快速生成,导致铝表面存在氧化膜吸附的水分作为氢的主要来源,吸附水分的存在也会导致气孔的形成。因此必须严格控制氢的来源,以防止气孔的形成。

4. 焊缝成型

焊缝成型困难主要有两个原因。一个是铝合金在熔化前不存在明显的色泽变化,因此在焊接过程中较难判断其成型情况;另一个是高温强度很低,对熔池液态金属的支撑较为困难，因此容易发生焊穿。

5. 接头性能变化

铝合金焊接过程中接头性能的变化主要源于以下三个方面。

(1) 由于合金元素 Mn、Mg、Zn 在焊接高温下的蒸发和烧损，导致接头的强化相形成元素减少，焊缝的机械性能降低。

(2) 变形强化或固溶时效强化铝合金的热影响区在焊接高温下发生再结晶过程使接头的强度下降。

(3) 由于铝为面心立方晶格，无同素异构体，热循环过程中不存在相变过程，因此不能通过相变来细化晶粒，焊缝晶粒较粗。

由以上铝合金焊接性分析可知，在进行电子束焊接时，由于焊接过程在真空中进行，因此焊接过程中不存在铝合金与空气的接触，焊前材料表面的深度清理为去除 Al_2O_3 薄膜的重点。在电子束熔丝沉积过程中，沉积前对铝合金丝材表面的深度清理显得尤为重要。此外，可通过对丝材成分的选择实现无热裂纹等缺陷的电子束熔丝沉积体，目前国内外普遍采用牌号为 2219 的铝合金焊丝进行电子束熔丝沉积。

11.1.3　熔丝沉积实例

1. 组织及性能分析

Yasamin Ekrami 等采用 2219 铝合金焊丝制造块状电子束熔丝沉积体，并对其组织及性能进行分析。2219 铝合金电子束熔丝沉积拉伸试样的结果显示，在相同条件下，试样各个方向的拉伸性能存在显著差异。沿沉积方向(L) 拉伸试样的拉伸强度显著高于垂直于沉积方向(T) 拉伸试样的拉伸强度和沿 45° 方向拉伸试样拉伸强度。拉伸强度值的不一致是各个方向上微观结构性能的差异(图 11.1) 造成的。由于电子束熔丝沉积过程中，后沉积的金属对已沉积的金属产生热作用，因此对各层的晶粒尺寸产生影响，同时影响了沉积体的各向拉伸性能。晶粒尺寸的差异对沉积体不同方向上的延性也产生影响，沿沉积方向(L) 和跨层(S) 测试试样的延性值相差 4 倍。进一步的结果表明，在不同方向测试沉积体的屈服性能没有显著差异。

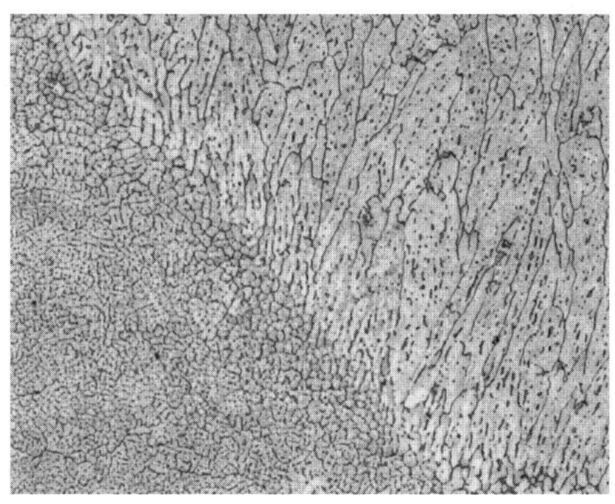

图 11.1　2219 铝合金沉积体显微组织

将电子束熔丝沉积制造的2219铝合金沉积体的平均拉伸性能与常规可焊接的T87态2219铝合金进行比较，结果如图11.2所示。研究表明，电子束熔丝沉积制造的2219铝合金沉积体的塑性值与常规可焊接铝合金的塑性值相当，但2219铝合金沉积体的拉伸强度值和屈服强度值分别下降了27.5%和41%。由于2219铝合金沉积体的显微组织图像显示出晶粒尺寸的差异，非均匀的晶粒尺寸导致较低的抗拉强度和延伸率。且沉积过程产生了残余应力，但由于材料组织不均匀，导致2219铝合金沉积体的性能下降。

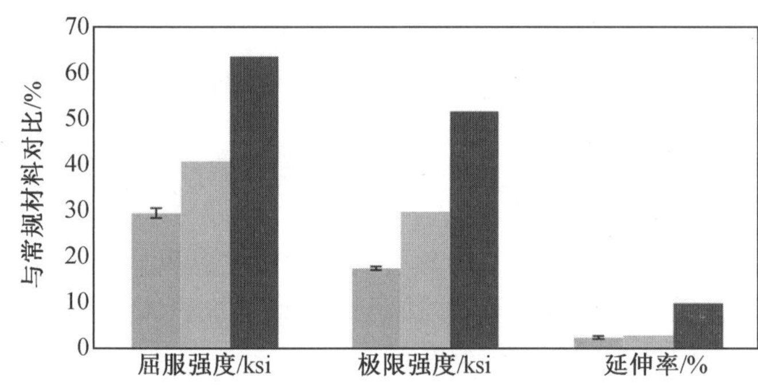

图11.2 拉伸性能对比

对沉积体进行疲劳实验，结果表明不同方向沉积体的疲劳寿命行为不同。疲劳裂纹在L－T和T－S方向存在扩展，其中垂直于沉积层方向的试样裂纹扩展较快。在L－T和T－S方向产生不稳定裂纹扩展所需的平均循环次数分别为100 000次和300 000次。通过对断裂试样两侧进行分析，发现2219沉积体的微观结构也对其循环裂纹扩展行为产生影响，非均匀的晶粒结构和孔洞等缺陷的存在是导致疲劳寿命降低的原因。

2. 工艺参数对组织及性能的影响

Taminger等对2219铝合金电子束熔丝沉积技术进行研究，分析了各种工艺参数（如电子束束流、送丝速度、电子束平移速度等）对2219铝合金沉积体成型过程和组织的影响，并成功制造出几个2219铝合金电子束熔丝沉积快速成型件，如图11.3所示。其中图11.3(b)所示为在不改变送丝方向的情况下改变零件运动矢量的能力，从而使送丝的入口点从熔池的前缘变到熔池的侧边或后缘。这种灵活性非常重要，因为它支持简化编程和构造详细零件。图11.3(c)中的翼型塔可以编程并构建比其他圆形或方形形状具有更复杂曲率的零件。图11.3(d)中的花瓶状部分展示了电子束熔丝沉积在膨胀或收缩墙中构建无支撑悬挑（图中所示部分为50°）的能力。在图11.3(e)中构建了一个混合器来显示从圆形零件到凹槽边缘的过渡。

首先对2219铝合金沉积体的工艺参数（平移速度和送丝速度）的影响进行初步研究，建立了基本的加工工艺－微观结构－力学性能关系。其中，一个变量不断变化，而沉积功率和另一个变量保持不变。在测试参数范围内，随着电子束平移速度的增加，微观组织由不均匀的尺寸较大呈树枝状生长的凝固组织转变为均匀的尺寸较小的等轴晶结构，如图11.4所示。其中，层与层之间存在条带状组织，这是由于之前沉积层的顶部在下一层沉积过程中被重熔，导致层间区域形成了条带状的枝晶结构。随着电子束平移速度的增加，2219铝合金沉积层的宽度和高度都减小。这是由于电子束的平移速度越高，沉积层

图 11.3　2219 铝合金电子束熔丝沉积快速成型件

的冷却速度越快，因此组织更加均匀，得到的等轴晶尺寸越小。

当送丝速度较高时，与较低送丝速度下形成的组织相比，较高的送丝速度导致沉积体的冷却速度增加，而冷却速度的增加形成了较小的等轴晶组织，具有良好的均匀性，并且层与层之间的过渡区不存在枝晶生长的迹象。图 11.5 所示为 2219 铝合金沉积体拉伸性能对比。对 2219 铝合金沉积体进行了 7 种电子束功率、平移速度和送丝速度组合工艺参数的重复实验。尽管工艺参数的范围很广，但电子束熔丝沉积获得的 2219 铝合金沉积体的拉伸性能大部分落在一个较集中的范围内。2219 铝合金沉积体的拉伸性能介于退火(O)态和固溶(T)态之间。经 T62 回火热处理的 2219 铝合金电子束熔丝沉积体的数据范围很窄，与 2219 − T62 板材的典型拉伸性能相当，甚至高于 2219 − T62 板材。

为了评价送丝速度对沉积体的影响，采用恒定的束流功率和平移速度进行多层沉积，

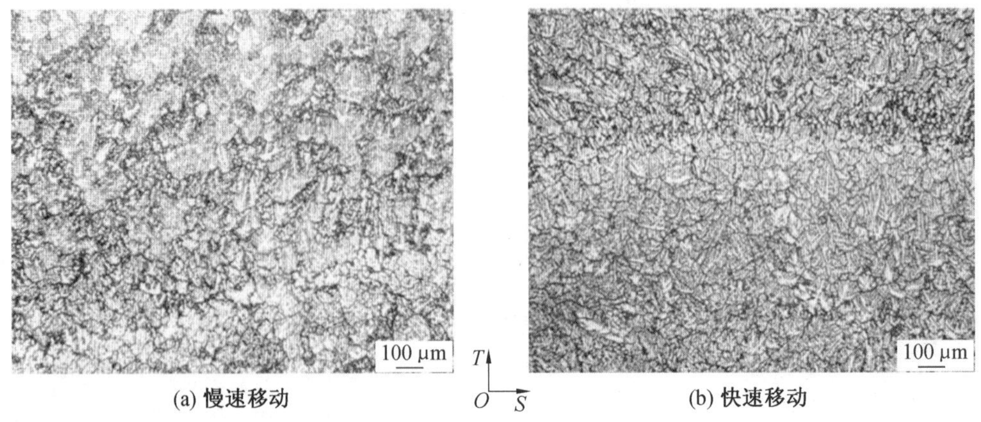

(a) 慢速移动　(b) 快速移动

图 11.4　2219 铝合金电子束熔丝沉积体显微组织

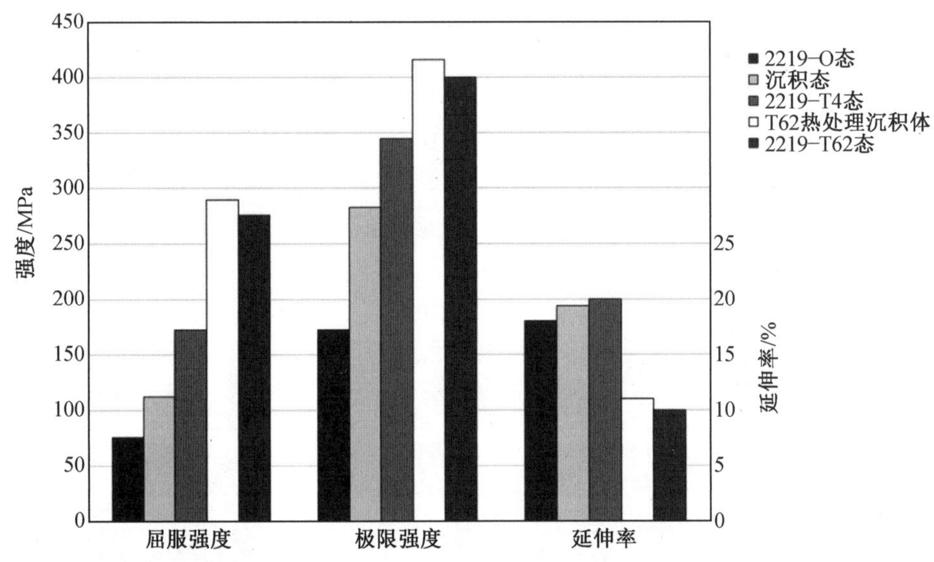

图 11.5　2219 铝合金沉积体拉伸性能对比

每层沉积过程中送丝速度由 50.8 mm/s 不断降低到 25.4 mm/s。由于沉积过程中沉积功率和电子束平移速度是恒定的，所以整个沉积层的能量密度是恒定的。增加送丝速度可增加被送进熔池材料的体积，从而增加用于熔化金属丝能量的百分比，并减少沉积体吸收的能量。因此沉积体的熔池变窄，导致熔池宽度减小，但随着送丝速度的增加，熔池高度显著增加。与低送丝速度下的沉积体相比，随着送丝速度的提高，沉积体冷却速度增加，等轴晶组织的尺寸变小，组织均匀性较好，在过渡区没有条带状的枝晶生长的迹象。

通过比较两种沉积体的沉积速率，研究沉积速率对沉积体的影响。沉积速率较低的沉积体，采用中沉积功率、中送丝速度、低平移速度进行沉积。沉积速率较高的沉积体，采用相同的平移速度，但沉积功率高 50%，送丝速度高 67%。较高的沉积功率和送丝速度的共同作用增加了熔池的宽度和高度。增加束流功率会增加沉积体的热输入，导致熔池更深、更宽。增加送丝速度会增加熔池的材料，导致更快的沉积速度。沉积速率越高，晶粒尺寸越大，枝晶生长明显，且在层间存在不均匀组织。有证据表明，沉积过程中，熔滴流至前一层的边缘，特别是以较高的沉积速率沉积时，这是由于更高的热输入增加熔池的大小，所以重力的影响超过了表面张力，熔滴重力占主导地位，而流动性的增加和重力共同作用使熔池在前一层流动。

随着移动速度逐渐增加，沉积体高度逐渐减小，且移动速度越大，晶粒越细小；随着送丝速度逐渐减小，沉积体高度逐渐减小，且送丝速度越大，晶粒越细小。电子束束流和送丝速度同时增加，导致熔池的深度与宽度变大，晶粒粗大，且容易产生熔池侧漏。

此外，研究电子束加速电压对沉积体的影响。研究所用的试样包括只添加预热层、预热层上沉积一层、预热层上沉积两层和预热层上沉积十层的沉积体截面。单层沉积体用于测量熔穿的深度和热影响区基线。对两层沉积体进行层与层之间相互作用的研究。对十层沉积体进行稳态条件下加速电压影响的研究，由于随着沉积体高度的增加，冷却路径只有与之接触的前一层方向，残余热量不断增加，直到达到一定的底板温度。由于多层沉积的热输入较高，本节对十层沉积体各时刻沉积体的高度和宽度、穿透深度以及底板热影响区的区别进行比较。

图 11.6 所示为 30 kV 加速电压下 2219 铝合金预热层的显微组织。细柱状颗粒在熔池底部成核，并向熔池中心生长。由于基板微结构的细微变化，基板的热影响区因腐蚀特性的不同而显示不同的形态。

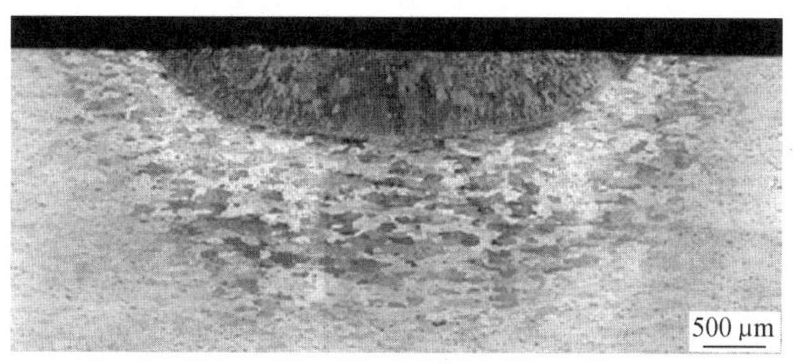

图 11.6　30 kV 加速电压下 2219 铝合金预热层的显微组织

图 11.7 和图 11.8 分别为 50 kV 加速电压和 20 kV 加速电压预热后沉积一层的显微组织。由 50 kV 加速电压得到的微观结构与 20 kV 加速电压得到的结果对比可知，熔池底部存在明显的条带，这是预热时的残余组织，预热层与第一沉积层之间有明确的界限。对于 20 kV 加速电压获得的 2219 铝合金沉积体，预热层与第一沉积层的划分不明显。在预热过程中，无论加速电压如何变化，熔池底部均存在细小的柱状颗粒，这些颗粒在沉积体的顶端转变为结构精细的树枝状结构，如图 11.8 所示。

图 11.9 所示为 40 kV 加速电压预热后沉积两层的显微组织。每一层之间的微观结构都有明显的明暗条带。高倍放大图像显示了条带的细节，在条带中，浅色条带状的树突结构转变为柱状颗粒结构，树突晶生长在颗粒中，随后在每个沉积层的顶部形成等轴层。注意从熔池底部开始的等轴晶和从熔池顶部开始的树突晶之间的急剧转变。在其他加速电压下制作的试样具有相似的显微组织，但条带不明显。

图 11.10 所示为 20 kV 加速电压预热后沉积十层的显微组织。将两层沉积体和十层沉积体中较低的几层沉积体的显微组织进行比较，可以深入地了解电子束熔丝沉积过程中发生的微观结构演化。当十层沉积体形成时，先沉积层不断加热和冷却，直到达到均匀

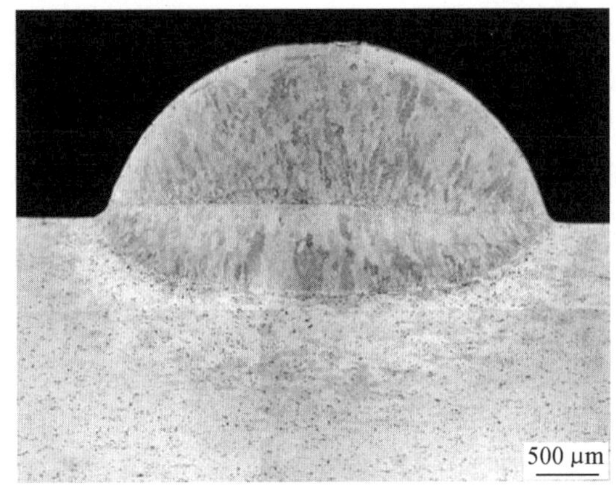

图 11.7　50 kV 加速电压预热后沉积一层的显微组织

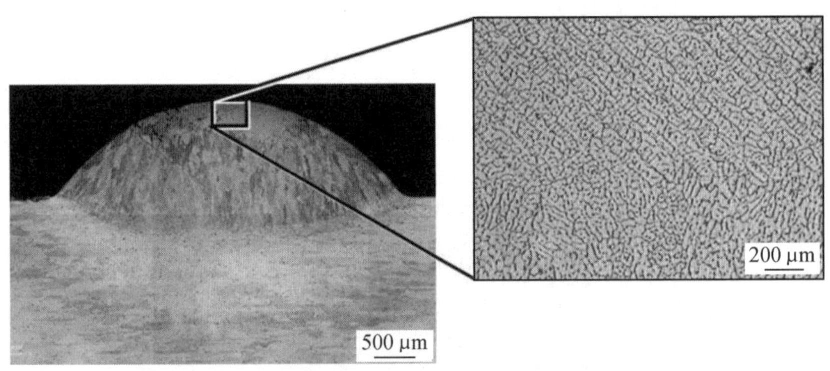

图 11.8　20 kV 加速电压预热后沉积一层的显微组织

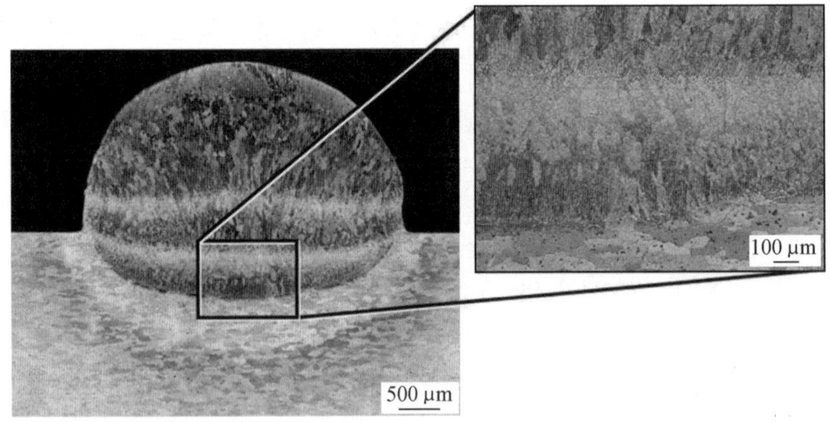

图 11.9　40 kV 加速电压预热后沉积两层的显微组织

的高温状态，这有利于组织的均匀化，使晶粒均匀生长。十层沉积消除了在两层沉积体中观察到的明显条带，使层与层之间的差别不明显。由于底板和支撑硬件的散热区域更大，从预热通道的底部生长出的细柱状生长相对不受影响。在十层沉积体中，不存在明显的条带组织，这是在随后的层沉积于已沉积层之上而产生的热循环从而发生组织均质化的结果。相反，由于晶粒通过中间区域的沉积层边界不断生长，最顶层的等轴晶组织较为细小。

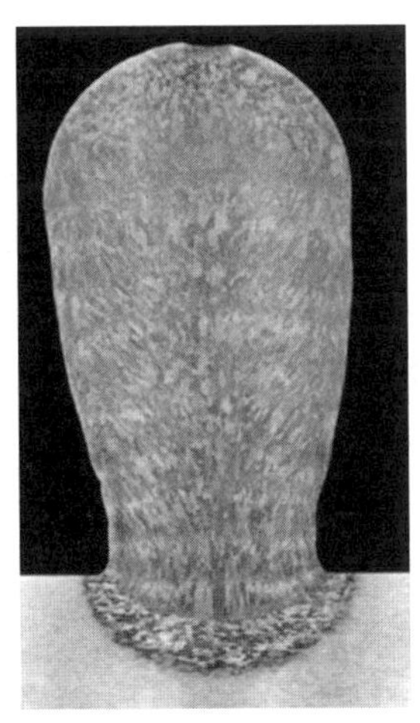

图 11.10　20 kV 加速电压预热后沉积十层的显微组织

研究结果表明，熔池和热影响区的深度在加速电压为 30 ~ 50 kV 时几乎不变；加速电压小于 20 kV 时；由于散热的影响，随着沉积层数目增加，沉积层宽度有所增大；随着沉积层数目的不断增加，层间的条带状组织越来越不明显。

Domack 等研究了 2219 铝合金在电子束熔丝沉积过程中，力学性能及其微观结构随着工艺参数变化而变化，根据拉伸性能对材料性能进行评价。与常规 2219 铝合金沉积体相同，在沉积层内和层间边界处观察到独特的微观结构，这些微观结构的演化与随后沉积层的复杂热循环有关，随沉积高度的变化而变化。微观结构表现为不规则的颗粒形状，内部以树枝状结构为主。

2219 铝合金沉积体的拉伸性能随沉积工艺参数变化的幅度不大，其抗拉强度和屈服强度介于退火和自然时效 2219 铝合金板材的强度值之间。2219 铝合金沉积体的断后延伸率与退火后的 2219 铝合金板材相近。对沉积体进行 T6 回火热处理后，拉伸强度和断后伸长率几乎等同于 T62 回火热处理锻造的 2219 铝合金板材。在不同的沉积工艺参数范围内，2219 铝合金沉积体的拉伸强度和屈服强度的变化小于 2%，断后伸长率的变化范围小于 15%。

采用不同的工艺参数获得了宽度不同的 2219 铝合金沉积体，见表 10.1，其中选用 A1 参数获得的沉积体宽度大约为 0.94 厘米，A6 参数获得的沉积体宽度为 0.91 厘米，A6m 参数获得的沉积体宽度为 0.67 厘米。A1 和 A6 参数的移动速度相同，但是 A6m 参数的移动速度增加了一倍，导致沉积体宽度降低 30%。

表 10.1　不同沉积工艺参数

参数	沉积体		
	A1	A6	A6m
沉积体积 /cm^3	0.308	0.154	0.077
单位体积能量 /($KJ \cdot cm^{-3}$)	254	532	532

2219 铝合金沉积体的显微组织分为两种,其分布主要随沉积参数的变化而变化。沉积体微观结构是形状不规则的颗粒状组织,尺寸为 100 ~ 200 μm,内部为树突结构(图 11.11)。较小的晶粒直径为 10 ~ 25 μm,分布于层与层之间。小颗粒区域在 A1 和 A6m 沉积体中呈明显的条带分布,但在 A6 沉积体中未出现明显条带。无论颗粒大小或沉积参数如何,枝晶间间距都近似相同。晶界处存在断续浅灰色相,为铝铜共晶组织,还存在针状铁硅析出物。所有凝固速率的微观结构都相似,表明无论单位体积的能量输入如何,凝固速率控制的微观结构演化是相似的。

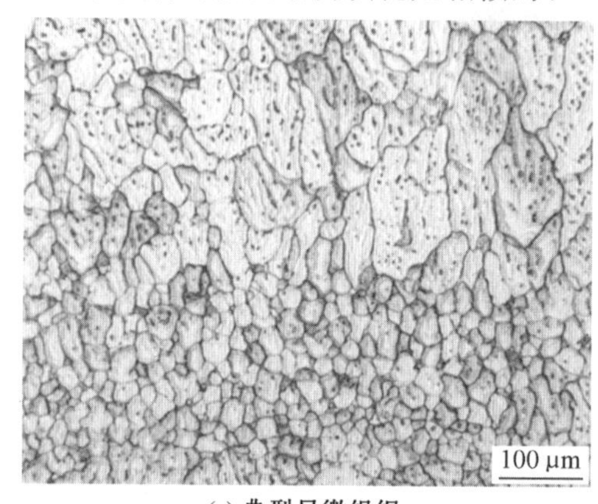

(a) 典型显微组织

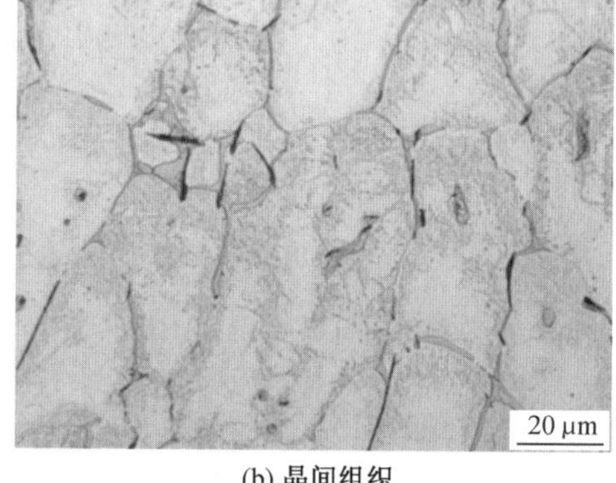

(b) 晶间组织

图 11.11 2219 铝合金沉积体的显微组织

经过 T62 回火热处理后,微观结构保留了之前的晶界,但内部树枝状结构发生变化。内部结构转变为细小球状,显示出进一步均匀的成分分布。晶界共晶相基本溶解,但针状的铁硅析出物保留。

所有沉积参数和材料条件下的断口形貌均为穿晶断口。拉伸试样的断口在沉积条件下表现出浅韧窝和低延性层状区域两种主要的断裂特征。对于 A1 和 A6m 沉积体,韧窝区和层状区分布在不同的条带中,这与沉积体中观察到的晶粒尺寸分布有关。在 A6 沉积体中,浅韧窝呈团簇状分布。韧窝的大小、片状特征的大小和间隔与微观结构中观察到的细小等轴晶粒和树枝状结构的尺寸一致。

2219 铝合金沉积体经过 T62 回火热处理后,断口形貌为穿晶韧性断裂,特征为两种尺寸的浅韧窝。断裂以非常细的韧窝区为主,韧窝直径约为 10 μm,断裂发生在等轴晶粒内部,穿晶断口形态与典型的 2219 铝合金锻态板材的断口形态相似。

3. 微重力电子束熔丝沉积

Taminger 等研究了微重力状态下的电子束熔丝沉积技术,沉积体形貌如图 11.12 所示。研究结果表明,在正常重力状态下,丝末端与熔池之间的距离 d 对沉积过程影响不大,$d > 0$ 时,由于重力大于表面张力使细小的熔滴可以过渡到熔池中;而在微重力状态下,$d = 0$ 时,熔滴通过表面张力与润湿力的作用进入熔池,而当 $d > 0$ 时,由于表面张力的作用,熔滴黏在丝的端部,如图 11.13 所示,并且随着送丝的进行,在电子束的作用下不断变大,一旦熔滴接触到熔池,在润湿力和表面张力的共同作用下,粗大的熔滴才能过渡到熔池中。重力对沉积体的高度和微观组织影响不大。随着沉积层数的增加,冷却速度不断减小，对于壁厚比较薄的铝合金，当沉积层数小于 5 层时，主要通过基材散热，冷却速度较快；当沉积层数大于 5 层时，热量传输路径被限制在之前的沉积层里，冷却速度较慢，熔池的温度较高。

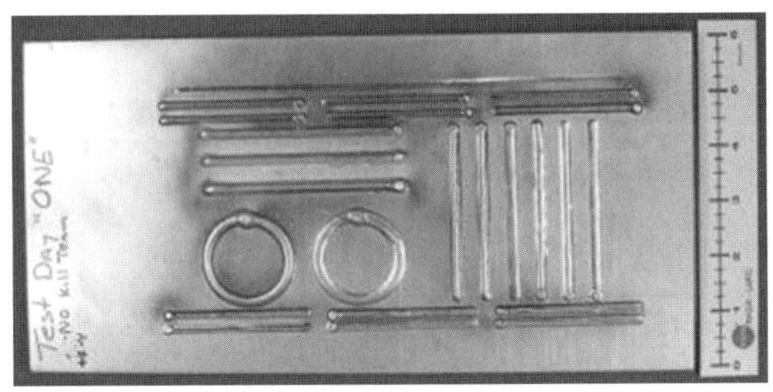

图 11.12　微重力状态下沉积体形貌

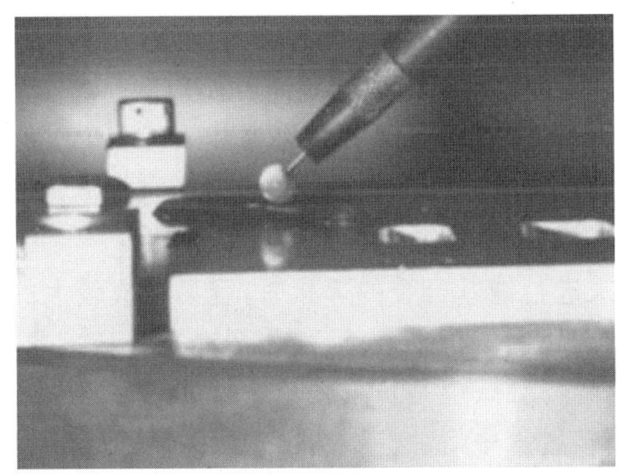

图 11.13　微重力状态下熔滴形貌

11.2　镍基合金电子束熔丝沉积

11.2.1　镍基合金

镍基合金的化学活泼性较低，具有优良的耐高温性能和耐蚀性能。镍基合金在 200 ～1 090 ℃ 范围内能耐受各种腐蚀介质的侵蚀，同时在高温和低温状态下具备优良的力学性能，在航空航天、石油化工和核工业等领域具有广阔的应用前景，是现在工业生产中不可或缺的重要金属材料。目前，航空发动机需要的整体结构材料中，镍基合金的应用量达到 60%，在导向叶片、涡轮叶片和发动机燃烧室等零件的生产中，镍基合金的使用已占主导地位。

镍基合金的分类方法有多种，按化学成分进行分类，镍基合金可分为工业纯镍、Ni－Fe 合金、Ni－Cu 合金、Ni－Cr 合金、Ni－Cr－Fe 合金、Ni－Mo－Cr－Fe 合金；按合金强化方式进行分类，镍基合金可分为非热处理强化的工业纯镍、固溶强化合金、沉淀强化镍基合金、弥散强化镍基合金。

11.2.2 材料性质及性能分析

镍基合金具有较好的焊接性，在镍基合金中添加少量的 Mn、Nb、Al、Ti 对镍基合金的焊接不会产生不利影响。然而，镍基合金焊接过程中对热裂纹较为敏感，热裂纹分为结晶裂纹、液化裂纹和高温失塑裂纹。镍基合金对 S、P、Pb、Zr、B 和 Bi 等杂质元素敏感，这些杂质元素并不能溶于 Ni，在焊缝冷却凝固时，杂质元素会形成低熔点共晶相，因此容易产生热裂纹，尤其 Ni-Cu 合金对 S 元素极其敏感，当 Ni-Cu 合金的温度升至 400 ℃ 以上时，会形成 NiS，NiS 形成后会向晶界渗入，导致热裂纹的形成。一般来说，靠近熔合线附近的热影响区容易出现液化裂纹，此外在多层焊接的焊缝中，液化裂纹容易出现在前层焊缝中，因此高温失塑裂纹不仅有可能发生在热影响区中，也有可能出现在焊缝中。进行镍基合金电子束熔丝沉积时，当后一层沉积在前一层上时，前一层容易形成高温失塑裂纹。

此外，由于液态镍基合金的流动性较差，因此在进行无填充材料的焊接时，在焊缝中容易产生气孔，包括氮气孔、氧气孔等，但氢气孔较少；在进行有填充材料的焊接时，填丝中的 Ti、Al、Nb 等元素进入熔池中会形成氮化物、氧化物、碳化物等，这些物质会抑制气孔的形成。当镍基合金中 Ni 元素的质量分数较低(30% ~ 40%)时，在进行焊接时容易产生裂纹，其原因是镍基合金中的 Ni 质量分数较低，其他合金元素质量分数较多，导致镍基合金的高温力学性能降低，导致裂纹倾向性较大。

当采用较高的热输入进行镍基合金的焊接时，容易造成较大的热影响区，且热影响区的晶粒尺寸较大。此外，碳化物的析出(沉淀强化型镍基合金)、严重的偏析以及各种对机械性能有害的冶金现象，容易导致镍基合金中热裂纹的形成，使耐蚀性大大降低。但对于大多数的镍基合金，其焊接过程中耐蚀性不会出现明显降低，通常在进行镍基合金焊接时选用与母材化学成分相近的填充材料，从而确保镍基合金焊缝在服役环境下保持与母材相近的耐蚀性。在进行电子束熔丝沉积的填丝过程时，最容易在沉积体中产生的缺陷是热裂纹和气孔缺陷。

11.2.3 熔丝沉积实例

1. 镍基高温合金

Keith Bird 等采用电子束熔丝沉积制造了块状 Inconel 718 镍基高温合金沉积体(图 11.14)，并研究 Inconel 718 镍基高温合金沉积体的组织。研究表明，电子束熔丝沉积制造的 Inconel 718 镍基高温合金沉积体的抗拉强度和屈服强度均大于常规 Inconel 718 镍基高温合金铸件的抗拉强度和屈服强度，但低于常规的冷轧板的抗拉强度和屈服强度。从模量可以看出，Inconel 718 镍基高温合金沉积体的强度在取向和位置方面存在显著的各向异性，沉积体内部的位置对强度的影响大于取样的方向。沉积体底部的强度比顶部的强度高，沉积体 45° 方向的强度大于纵向和横向的强度。Inconel 718 镍基高温合金沉积体底部的屈服强度比顶部的屈服强度高 20% 到 28%。沉积体底部的抗拉强度比顶部的抗拉强度高 4% 到 10%。沉积体横向和 45° 方向的屈服强度值相似，沉积体纵向的屈服强度最低。沉积体纵向和 45° 方向的抗拉强度值相似，沉积体横向的抗拉强度最低。在沉积方向上，学者研究了窄壁形 Inconel 718 镍基高温合金沉积体的平均屈服强度和抗拉强度，分别为 84.4 ksi(1 ksi=6.895 MPa) 和 132.6 ksi。而目前研究的块状 Inconel 718 镍基高温合金沉积体的屈服强度和抗拉强度与窄壁形沉积体的强度非常相似。

图 11.14　电子束熔丝沉积制造的 Inconel 718 块体

沉积体的延性受块内位置和方向的影响。沉积体纵向延性大于其他方向延性，而且其延性大小与取样位置无关。沉积体横向试样的延性比 45° 方向试样的延性略大。对于横向和 45° 方向的试样，沉积体顶部加工试样的延性明显大于沉积体底部加工试样的延性。在大多数情况下，Inconel 718 镍基高温合金沉积体的延性大于或等于 Inconel 718 镍基高温合金轧板和铸件的延性。然而，在 45° 和横向方向上，沉积体底部的延性低于 Inconel 718 镍基高温合金轧板和铸件的延性。

电子束熔丝沉积工艺制造的窄壁形 Inconel 718 镍基高温合金沉积体沿沉积方向上的模量值较低。研究结果表明，块状沉积体在沉积方向上的模量同样较低。窄壁形 Inconel 718 镍基高温合金沉积体在沉积方向上的平均模量为 23 Msi，而块状 Inconel 718 镍基高温合金沉积体在沉积方向上的平均模量相对于窄壁形沉积体模量小 12% ~ 15%。沿窄壁形沉积体横向和 45° 沉积方向的模量值与商用 Inconel 718 板的标称模量相当。

在沉积过程中，冷却速率的降低引起厚度方向微观结构的变化。在电子束熔丝沉积过程中，由于每一层沉积给沉积体增加了更多的热量，因此沉积体的冷却速率随着沉积体内热量的增加而降低。与远离底板的顶部区域相比，底部区域存在更大的冷却和凝固速率。除了枝晶结构的变化外，沉积体组织在沉积和凝固过程中可能产生一个择优取向，而沉积体模量与取向的关系印证了一种条纹状的晶体结构，导致沉积体内部不同取向的模量有高有低。Inconel 718 沉积体内部显微结构如图 11.15 所示，Inconel 718 镍基高温合金沉积体内部微观结构分层性质是十分明显的。图 11.16 所示为高倍数下 Inconel 718 沉积体内部显微组织，组织由快速凝固形成的树枝状结构组成。研究表明，由于电子束熔丝沉积过程中凝固速度较快，显微组织为枝晶结构，在距离基板最近的区域出现细小的枝晶团簇，这些团簇大多处于单个沉积层中，在距离基板较远的区域存在较粗大的枝晶团簇，这些团簇大多沿沉积方向向多个沉积层延伸。Inconel 718 镍基高温合金沉积体底部的屈服强度和极限抗拉强度往往大于顶部的屈服强度和极限抗拉强度，很可能与枝晶团簇的延伸厚度差异有关。

图 11.15　Inconel 718 沉积体内部显微结构

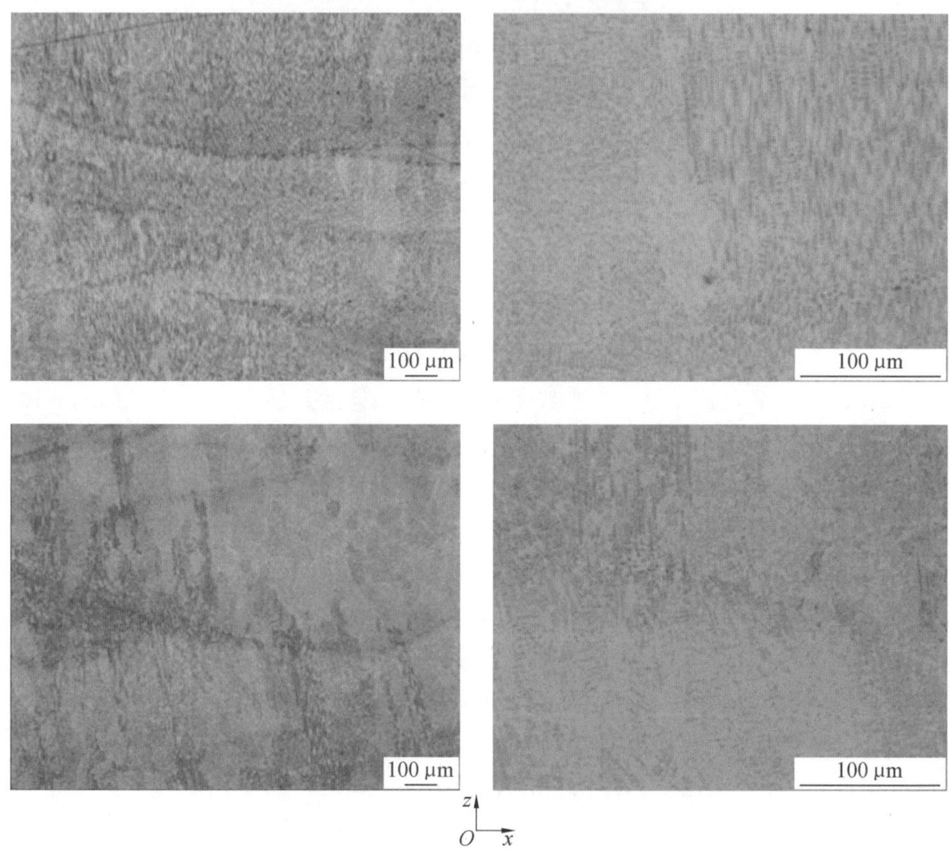

图 11.16　高倍数下 Inconel 718 沉积体内部显微组织

MATZ 等利用电子束熔丝沉积成功制造了 718 镍基高温合金，采用直径为0.89 mm 的718镍基高温合金丝材以 1.27 m/ min的速度送入熔池，并以25.4 mm/s的速度移动，制造了厚为 6.35 mm 的 718 镍基高温合金电子束熔丝沉积体，对沉积体内部的碳化物进行研究。在光学显微镜下进行观察，未腐蚀的材料几乎没有任何特征，然而沉积体内存在一些非常大的(直径为 20 μm) 颗粒，但这些颗粒的数量较少，每平方厘米有 3 ～ 4 个，这些颗粒的形状是圆形的，外围有许多棱角分明的颗粒，如图 11.17 所示。EDS 分析表明，深色的内核是 Al_2O_3，外层颗粒是 TiN。此外，718 镍基高温合金沉积体中存在少量直径约为 3 ~ 5 μm 的碳化物，呈浅灰色或粉红色，碳化物存在圆角。

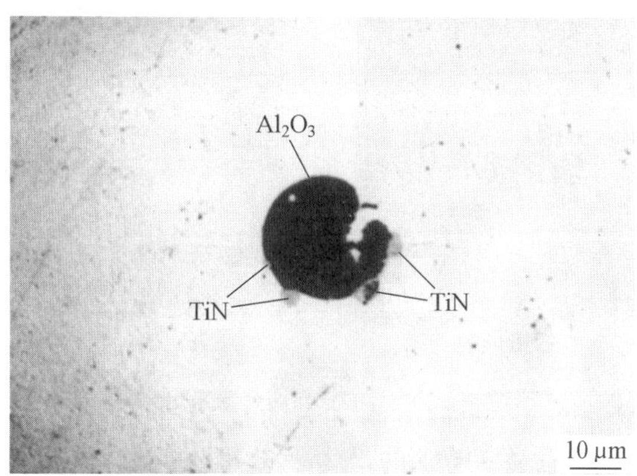

图 11.17　718 镍基高温合金沉积体内部球状颗粒

研究表明，利用电子束熔丝沉积制造的 718 镍基高温合金沉积体碳化物最大尺寸仅为 1 mm，相较于电弧熔丝沉积中长达 40 mm 的板状碳化物，其尺寸大幅降低，且碳化物形态也从不规则平面转变为近似球形。如图 11.18 所示，电弧真空熔丝沉积试样中存在尺寸较大的 NbC、较多聚集的针状 Laves 相（Ni_2Nb）和 δ 相（Ni_3Nb）。而在电子束熔丝沉积试样中，碳化物和 Laves 相的尺寸明显减小，仅能发现面密度很小的颗粒散布其中（图 11.19）。718 镍基高温合金沉积体中的颗粒尺寸甚至达到纳米级，其中绝大多数颗粒含有镍和铌，表明这些颗粒是 Laves 相而不是碳化物。这些 Laves 相的颗粒中，有一些颗粒是微电子透明的，呈薄片状形貌。为了更仔细地观察碳化物颗粒，对镍和铌的 X 射线图谱进行分析与比较，发现了少量的碳化物。与 Laves 相颗粒相比，碳化物更细小，电子透明度更低。仅有个别直径大于 3 μm 的颗粒，推测为光学显微镜下在沉积体中少见的尺寸较大的碳化物；也有一些极其微小的颗粒（直径为 50 nm），分析其为硼化物。碳化物尺寸的减小与电子束熔丝沉积过程更大的冷却速度导致碳化物生长时间缩短有关。碳化物粒径的减小有助于改善 718 镍基高温合金沉积体的力学性能，随着碳化物尺寸的减小，718 镍基高温合金沉积体在涡轮盘应用领域的安全使用寿命将大幅增加。

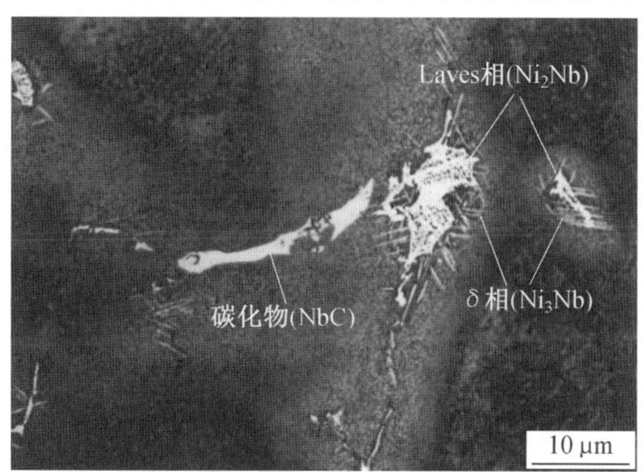

图 11.18　电弧真空熔丝沉积试样

理论和实验结果均表明，采用电子束熔丝沉积工艺制造 718 镍基高温合金具有消除

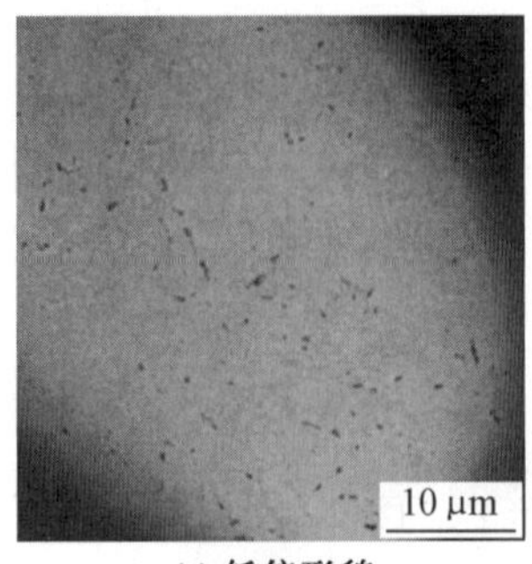

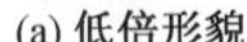
(a) 低倍形貌

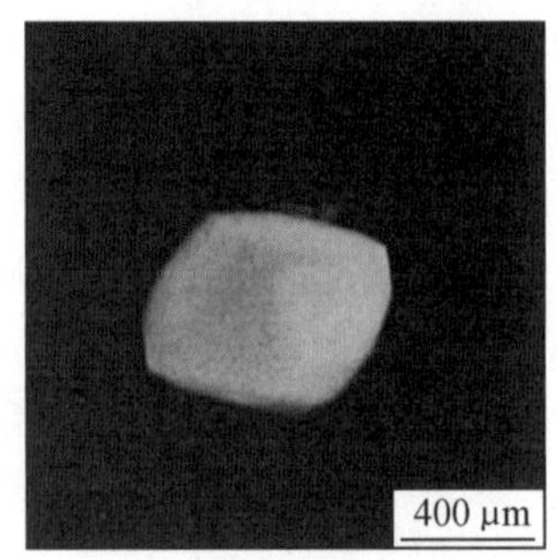

(b) 高倍形貌

图 11.19　电子束熔丝沉积试样

低周疲劳时裂纹起始点(碳化物夹杂)的潜力。然而,在尺寸较大的氧化物和氮化物夹杂物被消除之前,采用电子束熔丝沉积制造的镍基高温合金涡轮盘的低周疲劳寿命依然较差。虽然在真空条件下进行沉积有利于氧和氮夹杂的减少,然而电子束熔丝沉积体中仍有大量氧和氮的残留。虽然在原料线制造中使用的拉拔工艺可以将夹杂物破碎成更小的碎片,但是在目前的研究中,该机制并未对夹杂物大小和分布产生实质性的改进作用。事实上,目前采用的方法会导致氧化物和氮化物产生大量偏聚,对沉积体的疲劳性能非常有害。此外,目前 EBSM 流程实现中使用的椭圆扫描模式被认为是造成这种偏聚的原因,涡流的形成使低密度夹杂物聚集在椭圆的中心,从而形成偏聚。在今后的改进过程中,可以利用夹杂物收集效应,将夹杂物扫到电子束熔丝沉积体的末端,将偏聚的夹杂物通过加工去除,从而达到提纯的目的。

EBSM 能改善 718 合金沉积体中碳化物的尺寸分布和形态,且这种改善功能不受沉积体中碳含量的影响,对镍基高温合金的设计具有重要的意义,因为电子束熔丝沉积制作镍基高温合金可以将常规锻件中对碳含量的限制降低,增加镍基高温合金的适用性,这种成分变化可能带来的好处之一是提高了抗蠕变能力。此外,如果碳化物的体积足够小,数量足够多,它也可以作为增强颗粒,细碳化物的分散也可用于加工产品的晶界钉扎。此外,如果碳的含量足够高,可以完全抑制凝固过程中的Laves相的形成,并且考虑718镍基高温合金沉积体中细小的枝晶臂间距,可以完全免去沉积后高温均质处理的需要。最后,较高的允许含碳量将通过提高废金属的利用率来降低原材料成本。如果没有电子束熔丝沉积对碳化物形貌的独立控制,这些性能改善的有益效果是不可能实现的。

2. 普通镍基合金

Wanjara 等在 321 不锈钢底板上以 BNi－2 镍基钎料为焊丝进行电子束熔丝沉积,沉积层如图 11.20 所示。图 11.20 所示为一个由四层组成的沉积体,从侧面看,叠层很容易被观察到。结果表明,每一次沉积均成功地通过了染料渗透实验,表明采用 BNi－2 镍基钎料为焊丝进行电子束熔丝沉积可形成无裂纹的沉积体。沉积后,底板的整体形状保持不变,仅在沉积层与底板界面处发生局部混合。具体来说,即使经过多次沉积,不锈钢底板与 BNi－2 镍基钎料沉积层之间的界面仍呈直线形状。不锈钢底板与 BNi－2 镍基钎料沉积层之间发生有限的熔合,熔合区域的厚度不超过 10 μm。这种不锈钢底板与BNi－2 镍基钎料沉积层之间发生的局部相互作用,可能与 BNi－2(熔点为 966 ～ 1 040 ℃)与

321 型不锈钢(熔点为 1 398 ~ 1 446 ℃)的熔点不同有关。

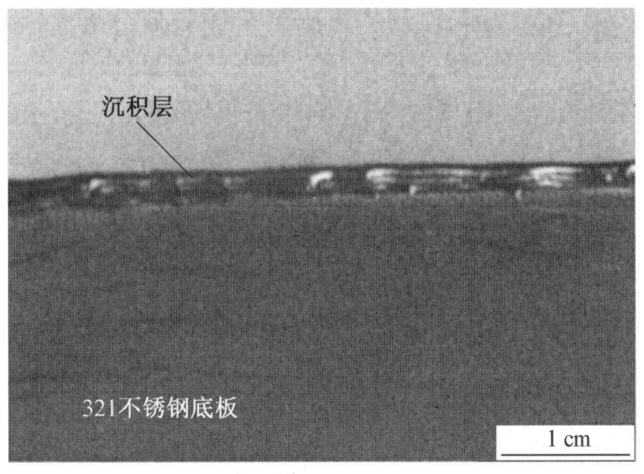

图 11.20 321 不锈钢底板上的四层 BNi－2 镍基沉积层

研究结果表明,沉积体内部组织为典型的柱状晶,树突结构贯穿整个沉积体,由不锈钢基板呈现外延生长,如图 11.21 所示。且随着沉积速率降低,沉积体的气孔率逐渐减小。沉积体力学性能与母材相当,抗腐蚀性能良好。

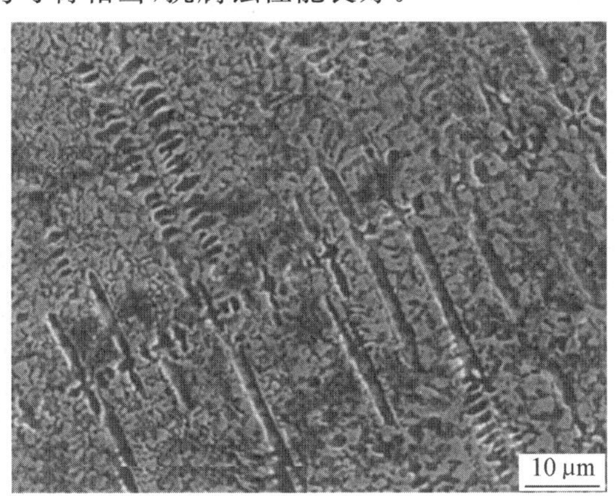

图 11.21 沉积体形貌

对沉积体尺寸特性的分析表明,构建一到四层的沉积体,其高度范围为 0.4 ~ 2.1 mm。在沉积过程中,沉积体高度的增量随层数的增加而减小,而沉积体的宽度则随层数的增加而增大。为了表示电子束熔丝沉积过程中沉积体的增厚速度,研究了当焊接速度为17.5 cm/min 时,有效移动速度和高 / 宽比随沉积层数的变化。随着沉积层数的增加,生长速率呈下降趋势。具体来说,在一到两层沉积过程中,每层的移动速度略低于 0.5 mm。然而,第三层沉积过程的移动速度减小,每层的增高速率为 0.35 mm。经过多次沉积后,沉积体高度的生长速率的降低与沉积体宽度的增加有关,导致沉积体的高 / 宽比由 1.5 降低到 0.85。为了评估移动速度对沉积体高度和高 / 宽比随移动速度的变化,进行类似的分析。结果表明,在 17.5 cm/min 的速度下,沉积体高度的增加和高宽比均有可能达到最佳。低移动速度(降低到 15 cm/min) 时,较长时间的丝束交互作用使沉积高度减小,沉积体移动速度较慢(为 0.37 mm),高 / 宽比较小(为 1.1)。然而,在更高的移动速度时(提高到 20 cm/min 时),沉积体高度的增长率相对于速度为 17.5 cm/min 的增长率有所降低(为 0.37 mm),同时高 / 宽比也减小到 1,分析原因可能是由于较大移动速度下沉积体的高压导致飞溅产生。

尽管随着沉积层数的增加,沉积体高度的增长率降低,且重熔越明显,但沉积体中的孔隙度逐渐减小,由单层沉积增加到三层沉积时,沉积体的孔隙率由 2% 下降到 0.7%。三层沉积后孔洞的数量和尺寸急剧减小,特别是小孔的数量(直径为 11 ~ 20 μm)减少幅度较大,并且大孔数量并未增加。四层沉积的沉积体在不同移动速度下的孔隙率表明,沉积速度为 15 cm/min 和沉积速度为 20 cm/min 相比,沉积体的孔隙率从 1.6% 减小到 0.6%。

沉积体的力学性能特征(显微硬度随沉积层数和移动速度的变化而变化)表明,四层沉积体不同层之间的差异可以忽略不计。沉积体的显微硬度由不锈钢底板的 195 HV 增加到底板 / 沉积层界面附近的 650 HV,并增加到沉积体顶部的 780 HV。沉积体的高硬度与 BNi－2 镍基钎料焊丝的化学成分有关。

11.3 钛合金电子束熔丝沉积

11.3.1 钛合金

由于钛合金具有优良的耐热性、耐蚀性和较高的比强度,因此其在航空航天、化学化工、仪器仪表和冶金熔炼等领域具有十分广阔的应用,在航天飞机、火箭飞船和导弹卫星等产品的制造中占据重要的地位。由于空间飞行器在减轻质量及提高结构效率方面的特殊要求,航空和航天工业一向是钛合金应用的主要领域。由于钛合金的性能特点,其在航空发动机上得到了极为重要的应用,用来代替铝合金以及部分不锈钢和高强钢,作为制作压气机的主要零件,如压气机转子叶片、静子叶片和机匣等。军用飞机的钛合金用量比较大,如 F－14 中钛占全机质量的 24%,F－15 中钛占全机质量的 31%,SR－71 中钛占全机质量更是高达 93%。

根据成分和物相的不同,可将钛合金分为工业纯钛、α 钛合金、β 钛合金、α ＋ β 钛合金,工业纯钛包括 TA1、TA2、TA3,其区别在于氮、氢和氧等杂质含量不同,α 钛合金包 Ti－Al 系合金和 Ti－Al－Sn 合金等,β 钛合金的应用较少。

11.3.2 材料性质及性能分析

钛合金的焊接性较好,并存在较多显著的特点。在常温下,钛合金是比较稳定的。但实验结果表明,在焊接过程中,液态熔滴和熔池金属具有强烈吸收氢、氧和氮的作用,而且在固态下,这些气体已与其发生反应。随着温度的升高,钛合金吸收氢、氧和氮的能力也随之明显上升,在 250 ℃ 左右开始吸收氢,400 ℃ 开始吸收氧,600 ℃ 开始吸收氮,这些气体被吸收后会直接引起焊接接头脆化,是影响焊接质量的重要因素。由于电子束焊接以及电子束熔丝沉积是在真空环境中进行,不存在熔池对氢、氧和氮的吸收,因此杂质对接头的影响较小。

此外，钛合金焊接时，焊接接头产生热裂纹的可能性很小，因为钛合金中 S、P、C 等杂质含量很少，由 S、P 形成的低熔点共晶不易出现在晶界上，同时有效结晶温度区间较为窄小，钛合金凝固时收缩量比较小，焊缝金属不会产生热裂纹。钛合金焊接时，热影响区容易出现冷裂纹，其特征是裂纹产生在焊后数小时甚至更长时间，所以也被称作延迟裂纹。经研究表明，冷裂纹与焊接过程中氢的扩散有关。焊接过程中氢由高温熔池向较低温的热影响区扩散，氢含量的提高使该区析出氢化物增加，增大热影响区脆性；另外由于氢化物析出时体积膨胀引起较大的组织应力，加上氢原子向该区的高应力部位扩散及聚集，以致形成裂纹。防止冷裂纹产生的办法主要是减少焊接接头氢的来源。采用 TIG 等焊接方法进行钛合金焊接时，经常出现气孔，形成气孔的根本原因是氢影响的结果，因此电子束焊接以及电子束选区熔化时不存在气孔问题。

11.3.3　熔丝沉积实例

Bush 等分别制造了 Ti－6Al－4V 和 Ti－8Al－1Er 电子束熔丝沉积体，并对沉积体的组织和性能进行研究。在电子束熔丝沉积体中经常观察到具有平行于沉积方向的长轴柱状晶结构，如图 11.22 所示，Ti－6Al－4V 电子束熔丝沉积体中存在这种柱状结构。相比之下，图 11.23 中所示的 Ti－8Al－1Er 电子束熔丝沉积体中并未出现柱状晶，而是由 α 相组成的等轴晶结构，其中存在少量层状 α 相。晶粒尺寸呈双峰形，具有大颗粒和小颗粒的混合物。在 SEM 中拍摄的照片（图 11.24）中可以看到，Ti－8Al－1Er 电子束熔丝沉积体中存在弥散分布的 Er_2O_3 颗粒，这些颗粒的半径在高温合金所需的尺寸范围内。Er_2O_3 颗粒主要沿晶界分布，表明该颗粒是沿结晶平面形成的。Ti－8Al－1Er 电子束熔丝沉积体缺乏柱状晶结构表明，弥散的颗粒可有效破坏在沉积体中存在的长轴组织，虽然这种微观结构变化可能对沉积体静态强度产生积极影响，但它可能对蠕变强度产生负面影响，因为细长的柱状晶（平行于加载方向）对沉积体抗蠕变能力是有利的。

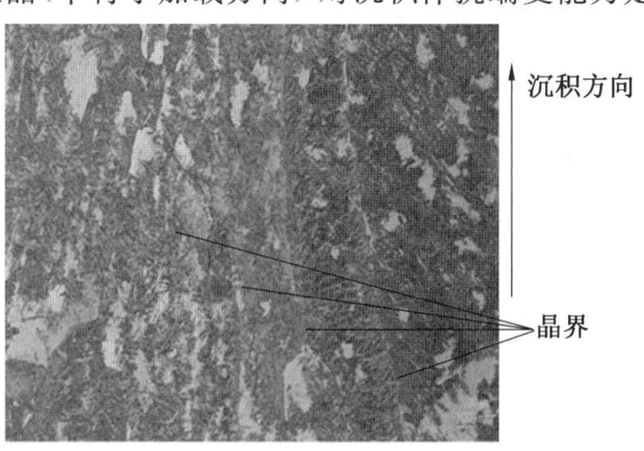

图 11.22　Ti－6Al－4V 柱状晶形貌

Ti－6Al－4V 电子束熔丝沉积体在常温下的屈服强度和抗拉强度均在正常范围内，其屈服强度达到 859 MPa，抗拉强度达到 907 MPa。然而，Ti－8Al－1Er 电子束熔丝沉积体的屈服强度和拉伸强度显著低于采用激光熔丝沉积获得的 Ti－8Al－1Er 沉积体，这是由于采用激光熔丝获得的沉积体中弥散的颗粒尺寸显著小于电子束熔丝沉积体中的颗粒尺寸。此外，激光熔丝沉积体中增加的间隙元素含量可能是观察到的强度差异的重要

图 11.23　Ti－8Al－1Er 等轴晶形貌

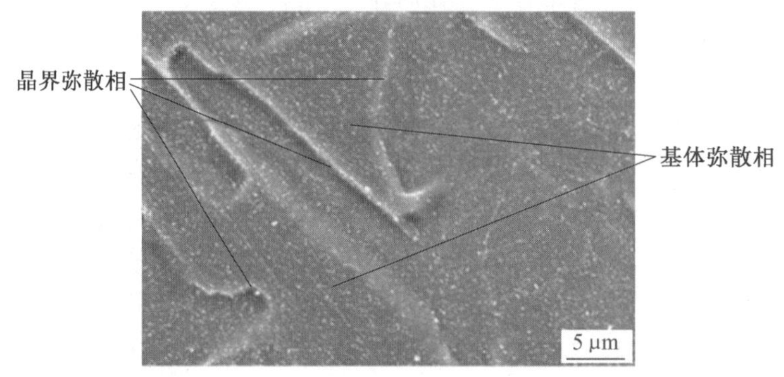

图 11.24　Ti－8Al－1Er 沉积体中的 Er_2O_3 颗粒

因素。在高温下进行拉伸实验时可见，Ti－8Al－1Er 电子束熔丝沉积体的强度比 Ti－6Al－4V 电子束沉积体强度低 40 ～ 80 MPa，比 Ti－8Al－1Er 激光熔丝沉积体更是低 150 ～ 200 MPa，这是由于显微组织、热历史和间隙元素含量的差异导致的。无论是 Ti－6Al－4V 电子束熔丝沉积体还是 Ti－8Al－1Er 电子束熔丝沉积体均显示出较好的延性指标，其中Ti－6Al－4V 电子束熔丝沉积体的延性比 Ti-8Al-1Er 电子束熔丝沉积体的延性高10％～30％。

陈哲源等利用电子束熔丝沉积技术沉积出 Ti－6Al－4V 钛合金不同结构试样，分析沉积体的成型特点，探讨沉积体的组织形貌特征及形成机制。研究结果表明，可采用合理的沉积工艺参数，获得沉积层宽度为 7.4 mm、高度为 1.5 mm 的薄壁形 Ti－6Al－4V 电子束熔丝沉积体，其形貌如图 11.25 所示。薄壁形 Ti－6Al－4V 电子束熔丝沉积体纵截面的组织形貌呈原始β柱状晶，其生长方向与沉积高度方向大约呈 15°，其中β柱状晶的尺寸较为粗大，宽度为 3 ～ 5 mm，沉积体中的单个柱状晶贯穿几层到十几层熔积层不等。对于实体结构，熔积间距为 4.7 mm 时得到的试样表面较平整，熔积高度基本一致，如图 11.26 所示。在 Ti－6Al－4V 电子束熔丝沉积体的纵截面上可观察到明显的层带，而原始的 β 柱状晶呈现垂直向上生长的趋势。

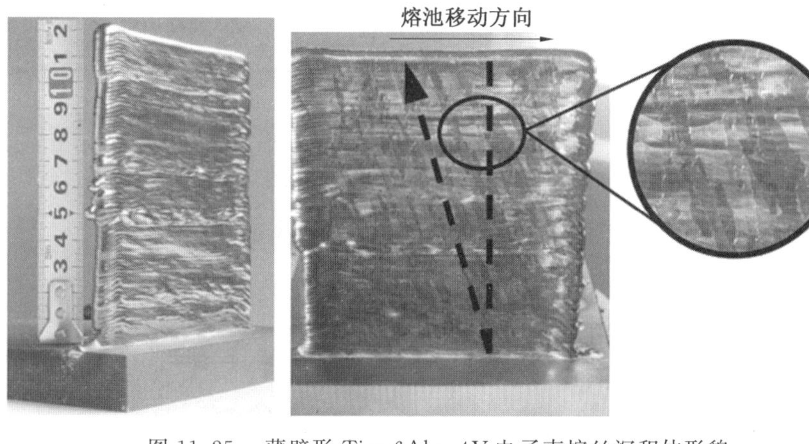

图 11.25　薄壁形 Ti－6Al－4V 电子束熔丝沉积体形貌

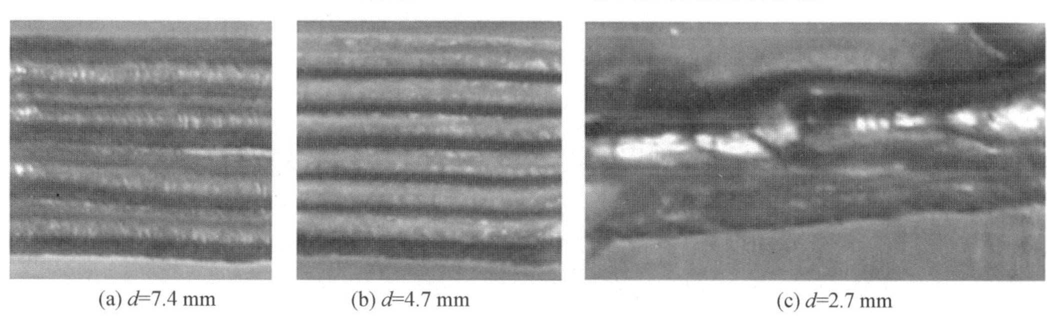

图 11.26　不同熔积间距的多道熔积试样外观

Wallace 等利用 Ti－6Al－4V 为原材料，研究加速电压、束流、移动速度、送丝速度和聚焦电流对沉积体成型的影响。研究结果表明，移动速度对沉积体的高度和宽度影响最大，束流和加速电压对其影响较大；送丝速度对沉积体高度影响较大，但对沉积体宽度影响较小；聚焦电流对沉积体高度和宽度影响均不明显。

另外，NASA 对 Ti－6Al－4V 电子束熔丝沉积过程中 Al 烧损问题进行研究，如图 11.27 所示。研究结果表明，通过增加金属丝中 Al 原子数分数或降低电子束功率均可解决 Al 烧损问题。

闫五柱等研究了 TC4 电子束熔丝沉积加强筋基板(图 11.28)的残余应力与变形。为了研究整个零件的变形，对实验进行有限元模拟。为简单起见，考虑对称性，只有一半的零件被模拟，整个零件的最终变形如图 11.29 所示。最大的正位移发生在没有约束的横向边缘处；最大的负位移发生在基板的中心附近，并且位移与沉积厚度方向相反。基板的变形方向与加强筋的沉积方向相反，加强筋的沉积轨迹对基板的变形具有很大影响。残余应力最大位置在加强筋的交叉口处，变形高达 0.336 mm，反面沉积之后最大变形减小至0.124 mm。翘曲的幅度随着距加强筋中心距离的增加而增加，实验结果和有限元结果均表明，与纵向轨迹相关的翘曲大于与横向轨迹相关的翘曲。

对加强筋基板两侧的瞬态温度场进行分析，加强筋的温度明显高于基板的温度。基板的高温区域分布在加强筋附近，低温区域在网格中心，呈菱形分布。电子束熔丝沉积过程中，温度梯度会引起变形的不匹配，从而导致零件中的残余应力。在正面的加强筋沉积

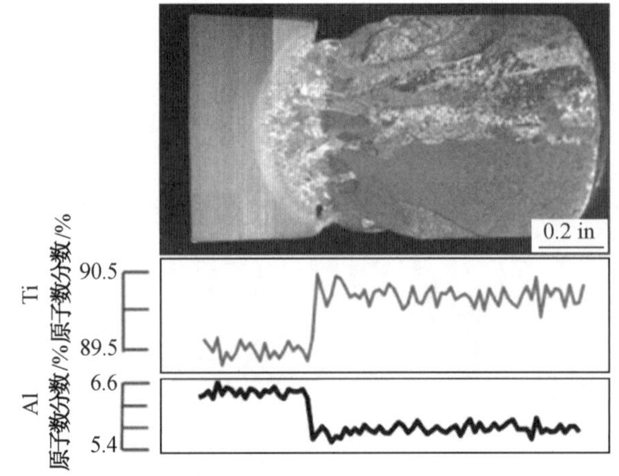

图 11.27　Ti－6Al－4V 沉积体中 Ti 和 Al 的原子数分数

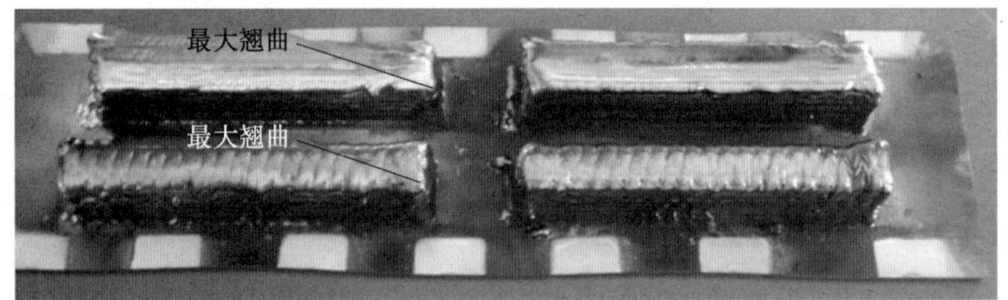

图 11.28　加强筋沉积体

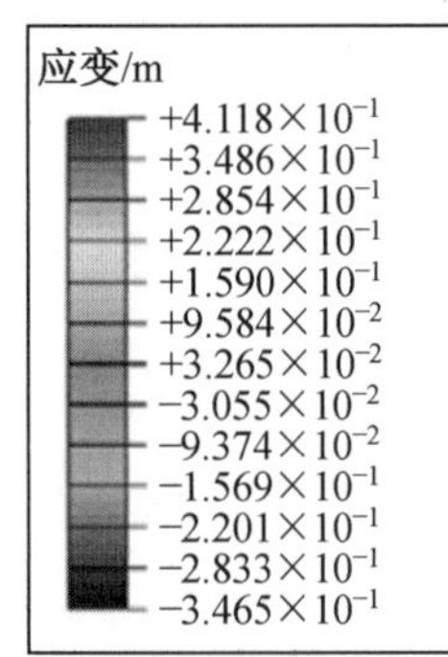

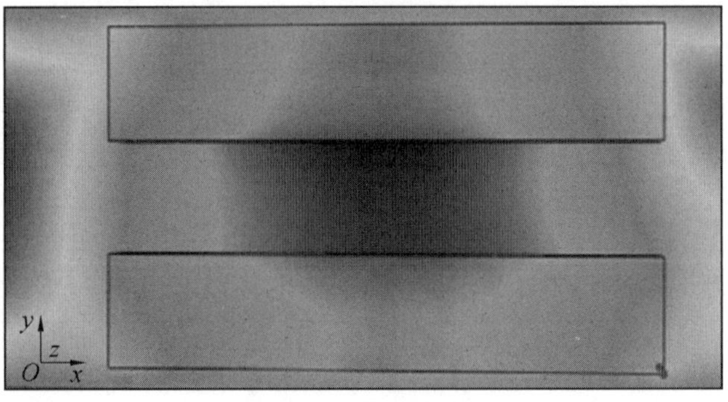

图 11.29　加强筋的最终变形

完成并冷却至室温后，由加强筋的内部残余应力可知，在加强筋 x 方向上的残留应力 σ_{xx} 沿纵向加强筋分布，而在 y 方向上的残留应力 σ_{yy} 沿横向加强筋分布。同时，沉积体的高应力区域主要集中在加强筋根部。在反面的加强筋沉积完成并冷却至室温后，残余应力 σ_{xx} 和 σ_{yy} 分布在加强筋附近的条带区域。而基板的残余应力大于反面沉积加强筋完成前的残余应力，这是因为在反面沉积加强筋时，基板吸收更多的热量，导致基板中的残余应力增加。

11.4　钢铁材料电子束熔丝沉积

11.4.1　钢铁材料

对钢铁材料的电子束熔丝沉积主要集中在对不锈钢领域的研究，尤其是对奥氏体不锈钢电子束熔丝沉积进行研究。由于添加了较多的 Cr 元素，因此不锈钢处于钝化状态，不易发生锈蚀。不锈钢中的 Cr 元素质量分数最低为 10.5%，C 质量分数最高为 1.2%。按照组织进行分类，可将不锈钢分为铁素体不锈钢、奥氏体不锈钢、马氏体不锈钢、沉淀硬化不锈钢以及奥氏体－铁素体不锈钢。其中，奥氏体不锈钢的 Cr 质量分数大于 18%，还包括质量分数约为 8% 的 Ni 及少量的 Mo、Ti、Ni 等元素。

11.4.2　材料性质及性能分析

奥氏体不锈钢中含有大量的 Ni 和 Cr，使钢在室温下呈奥氏体状态。奥氏体不锈钢具有良好的塑性、韧性、焊接性、耐蚀性能和无磁或弱磁性，在氧化性和还原性介质中耐蚀性均较好，用来制作耐酸设备，如耐蚀容器及设备衬里、输送管道、耐硝酸的设备零件等，还可用作不锈钢钟表饰品的主体材料。奥氏体不锈钢的焊接性较好，但其焊接过程中存在一些问题，如奥氏体不锈钢对焊接热裂纹具有一定的敏感性，因为奥氏体不锈钢的热导率较低，但线膨胀系数较高，在焊接过程中易产生拉应力。奥氏体不锈钢接头易形成具有择优取向的柱状晶，导致杂质元素在晶界偏析，在晶间形成液膜。此外，奥氏体不锈钢焊接接头晶界处容易出现 $Cr_{23}C_6$，导致晶间腐蚀。若在 650 ℃～850 ℃ 停留时间过长，会析出脆性 σ 相，导致焊缝脆化。因此，在进行电子束熔丝沉积时，减少丝材中 C、S、P 等杂质的含量，采取合理的工艺措施，降低热输入是提高沉积体质量的重要措施。

11.4.3　熔丝沉积实例

Yasamin Ekrami 等采用 316 不锈钢焊丝制造块状电子束熔丝沉积体，如图 11.30 所示，并对其组织及性能进行分析。对 316 不锈钢电子束熔丝沉积体的微观组织进行分析，发现沉积体的组织与退火条件下的组织相似。316 不锈钢电子束熔丝沉积体的显微组织（图 11.31）显示其为较多六角结构，类似于不锈钢在退火条件下的组织（图11.32）。然而，一个明显区别是退火条件下的 316 不锈钢显微组织晶粒更细小，学者认为电子束在制造过程中的低沉积速率是造成这种晶粒尺寸差异的原因之一。虽然两种条件在晶粒尺寸上有显著差异，但微观结构非常相似。这些微观结构的相似性使 316 不锈钢电子束熔丝沉积体和退火条件下 316 不锈钢之间具有相似的拉伸性能，316 不锈钢电子束熔丝沉积体的抗拉强度为 74.7 ksi，而退火条件下 316 不锈钢的抗拉强度为 73 ksi；316 不锈钢电子束熔丝沉积体的屈服强度为 39.7 ksi，退火条件下 316 不锈钢的屈服强度为26 ksi；316 不锈钢电子束熔丝沉积体的断后延伸率为 12%，退火条件下 316 不锈钢的断后延伸率为 30%。316 不锈钢电子束熔丝沉积体的屈服强度提高了 52.7%，塑性降低了 60%。对 316 不锈钢电子束熔丝沉积体的进一步分析表明，电子束熔丝沉积过程中没有从合金中分解出任何金属元素。

(a)

(b)

图 11.30 316 不锈钢焊丝制造块状电子束熔丝沉积体

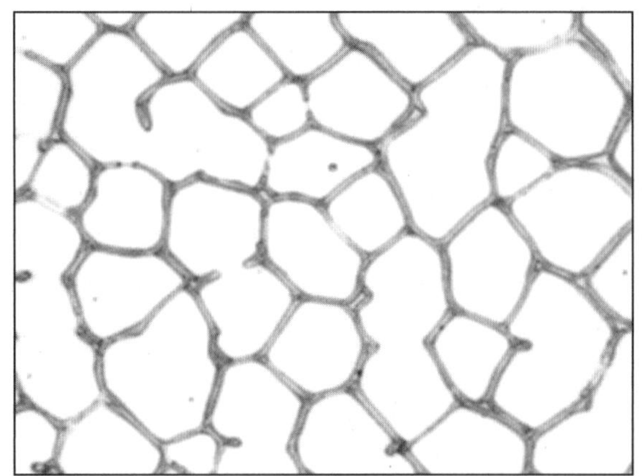

图 11.31 316 不锈钢电子束熔丝沉积体显微组织

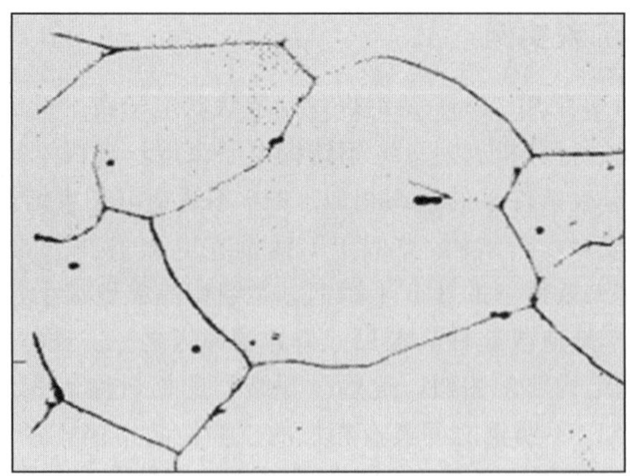

图 11.32 退火条件下 316 不锈钢显微组织

Wanjara 等在 321 不锈钢底板上以 347 不锈钢为丝材进行电子束熔丝沉积的研究，图 11.33 所示为使用 347 不锈钢丝进料在 321 不锈钢基材上进行电子束熔丝沉积的六层沉积层形貌。从图中可以观察到不同的堆积层，表明沉积过程中工艺参数选用较为合理，没有施加过多的热量，并且在基板上仅发生很小的熔融金属塌陷，因此保留了基板的整体形状，并且在 347 不锈钢沉积层和 321 不锈钢基板之间的界面处仅发生局部混合，如图 11.34 所示，321 不锈钢基板和 347 不锈钢沉积层之间的界面具有直线形状，沉积层和基板之间发生相互作用的区域仅为 30 ～ 40 μm。

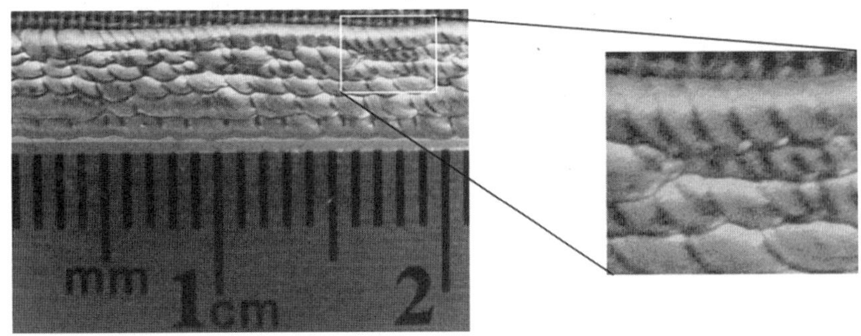

图 11.33　使用 347 不锈钢丝进料在 321 不锈钢基材上进行电子束熔丝沉积的六层沉积层形貌

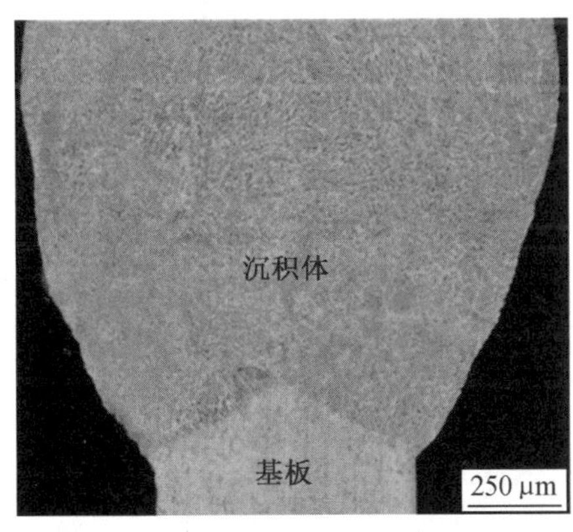

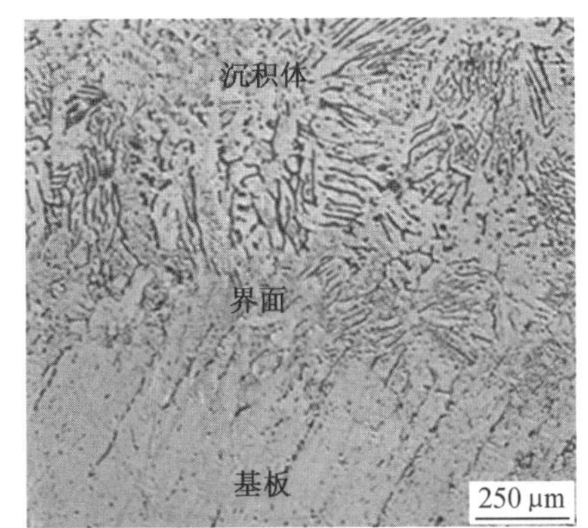

图 11.34　沉积层与基板界面

在沉积层的各个位置均可观察到具有矩形或正方形形态的沉淀相，其尺寸在亚微米至几微米之间。图 11.35 所示为 347 不锈钢沉积层中沉淀相的显微照片。使用能量色散光谱的 X 射线分析表明，在第一层沉积层和基板之间的界面附近观察到的沉淀物由钛、氮和碳组成，并鉴定为 Ti(C,N) 颗粒。在基板和第一层沉积层之间的界面区域中存在这些颗粒是基板材料和熔化的沉积层相互混合的结果，因为后者仅含有作为碳化物形成物的 Nb 和 Ta。Ti(C,N) 的出现得到了先前对稳定的 321 不锈钢研究的理论支持，表明由于相似的晶格常数（分别为 4.24 Å 和 4.33 Å），TiN 中的一些碳和一些氮进入 TiC 颗粒。在第一层沉积层与基板的界面区域之外，存在具有立方形态的尺寸更小（0.5 ～ 1 μm）的沉淀相，如图 11.35(b) 所示。相应的 EDS 分析检测到铌、钛、氮和碳的存在，表明来自 347 不锈钢焊丝的铌和来自 321 不锈钢基板的钛在沉积过程中熔化，结合形成了 Ti、(Nb,Ti) 和 Nb 的碳氮化物，Ti、(Nb,Ti) 和 Nb 的碳氮化物的形成可有效抑制有害碳化铬的形成。

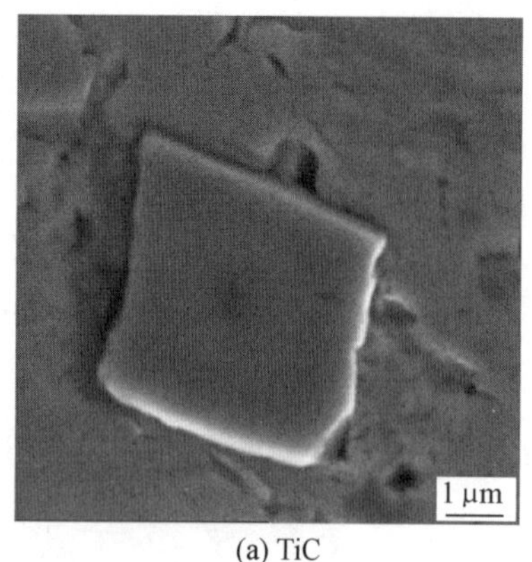

(a) TiC

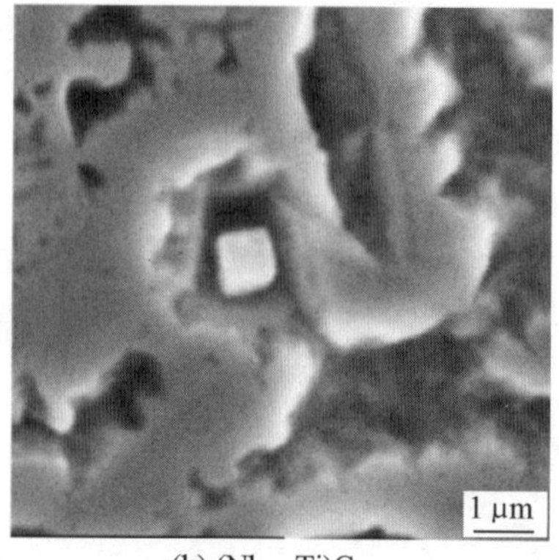

(b) (Nb，Ti)C

图 11.35　347 不锈钢沉积层中沉淀相的显微照片

此外，研究表明沉积体的高度与沉积层数之间为线性关系。沉积体力学性能与母材相当，抗腐蚀性能良好。沉积体的质量很大程度上取决于沉积的速度和层数。

树西采用 304 不锈钢丝材在 304 不锈钢板上进行电子束熔丝沉积。图 11.36 所示为四层沉积体截面形貌。沉积体横截面呈上宽下窄形貌，层与层之间存在明显分界线，每层层高随着层数的增加而增加，部分晶粒贯穿多层而生长，生长方向朝沉积方向倾斜。沉积体下部存在由晶粒取向不同而形成的白色条带，如图 11.37 所示，随着层数的增加，白色条带逐渐消失，出现细长的奥氏体组织。每层底部与前层接触的部分存在细晶区，在某些部位由于晶粒取向合适，液态金属凝固时是基于前层半熔化的晶粒上继续长大，在微观组织形貌上则表现为细长的晶粒贯穿层间的熔合线，由于此过程无须经历形核阶段，所需能量较小，这些发生孪生结晶的晶粒生长速度较快，生长过程中晶粒前端不受阻碍，表现为细长直的特征。

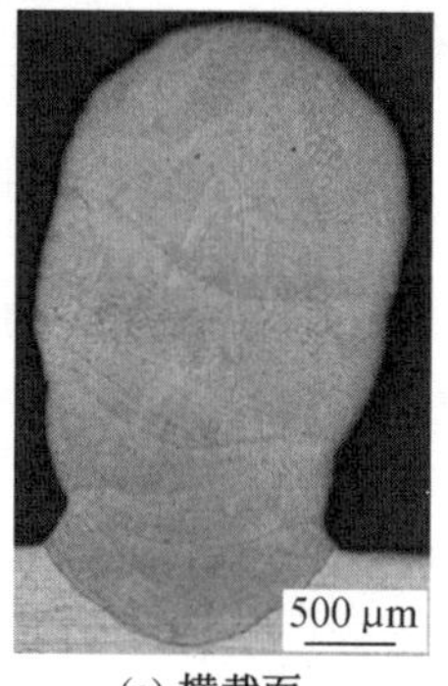

(a) 横截面

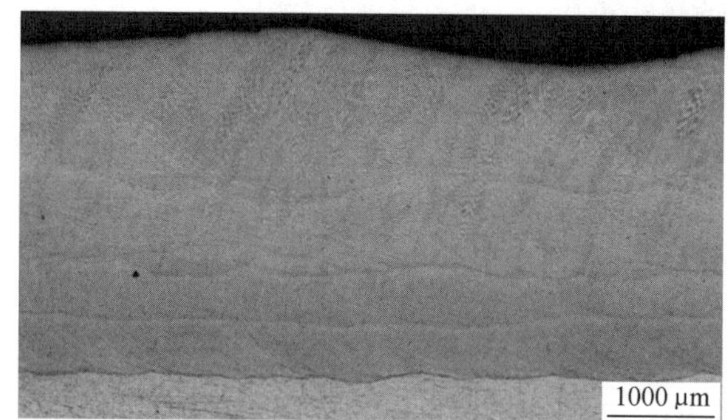

(b) 纵截面

图 11.36　四层沉积体截面形貌

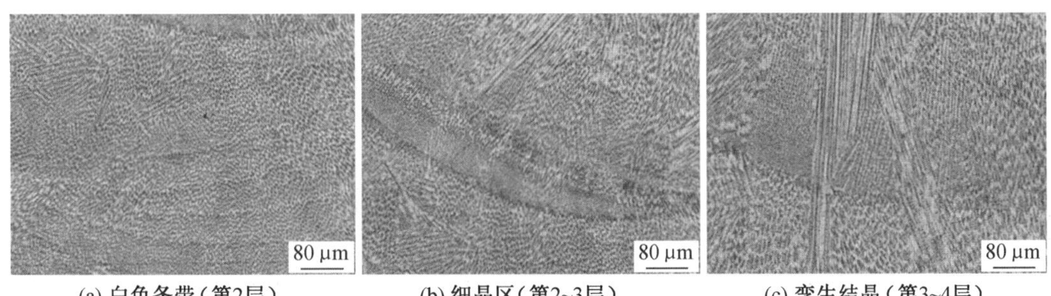

(a) 白色条带（第2层）　(b) 细晶区（第2~3层）　(c) 孪生结晶（第3~4层）

图 11.37　沉积体显微组织

11.5　功能梯度材料电子束熔丝沉积

11.5.1　功能梯度材料

功能梯度材料是指将两种或多种材料复合，使材料的成分和结构呈现连续梯度变化的一种复合材料。功能梯度材料的产生旨在满足航天航空等领域对于材料不同部位实现不同功能的需要，同样是为了满足在复杂的极端环境下工作而发展起来的一种新型功能材料。功能梯度材料的性能随材料内部不同位置的变化而变化，通过优化零件的整体性能而得以满足。

11.5.2　熔丝沉积实例

Shu 等利用电子束熔丝沉积制造出铜 /304 不锈钢梯度材料，先在基板上沉积两层 304 不锈钢，再在不锈钢上沉积五层铜。对试样的组织进行分析，试样横截面形貌如图 11.38 所示。由于铜的熔点比铁低，当电子束离开时，α 相首先从液相析出，α 相分布在第一铜层。铁在第一铜层的分布非常不均匀，与之前的研究相似。当第二铜层沉积时，α 相在电子束的作用下破碎，部分铁元素重新熔化，凝固后形成细小的 α 相，分散在铜（ε 相）上，其余 α 相保持在第一铜层和第二铜层的边界处。随着铜层的增加，α 相的尺寸变小，β 相的数量减少。与电子束焊接不同的是，在稀释作用下铁的含量迅速降低，当铜层数大于 3 时几乎找不到 α 相。

图 11.39 清楚地显示 α 相具有球状和树突状形态，不规则地分布在铜上。由于铁和铜熔点的不同，α 相主要由液相凝固而成。在冷却过程中，铁在铜中的溶解度逐渐降低，铁原子聚集形成枝晶 α 相。一些液态铁悬浮在熔池中，在凝固前聚集并结合，随后由于冷却速度快，它们凝固成球状。由于铜在铁中的溶解度随温度降低而降低，所以铜原子会在球状相内析出。能谱分析结果表明，A 点由 ε 相组成，铜的原子数分数为93.32%。C 点为位于球状 α 相中的 ε 相，铜的原子数分数仅为 55.55%。，而铁的原子数分数提高到 30.28%。比平衡态的原子数分数（1.3%）大得多。B 点、D 点铁的组成变化不大，D 点铜的组成由于 ε 相过饱和析出而降低。

由沉积体的物相分析可知，沉积体中不仅存在 Fe－Cu 固溶体，还发现 $FeCu_4$ 亚稳

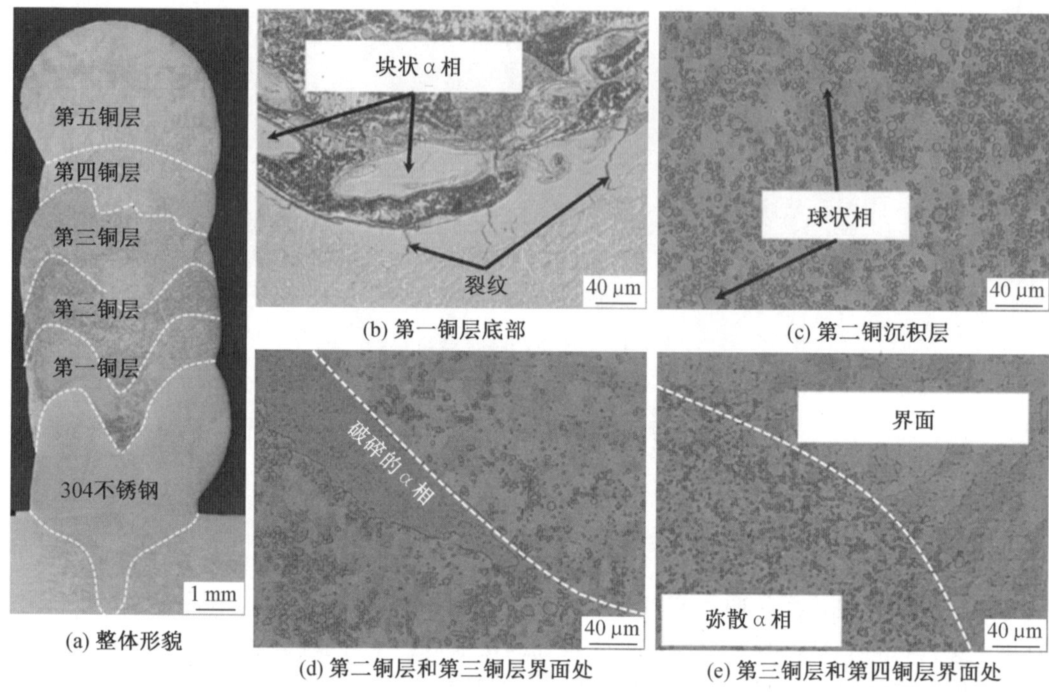

(a) 整体形貌　(b) 第一铜层底部　(c) 第二铜沉积层　(d) 第二铜层和第三铜层界面处　(e) 第三铜层和第四铜层界面处

图 11.38　铜 /304 不锈钢梯度材料横截面形貌

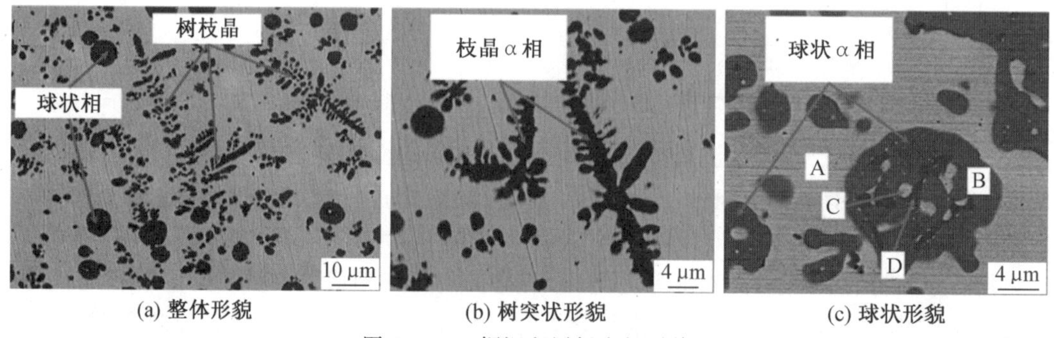

(a) 整体形貌　(b) 树突状形貌　(c) 球状形貌

图 11.39　铜沉积层析出相形貌

相。随着层数的增加，传热路径被限制在沉积体内部。此外，304 不锈钢的导热系数比铜的导热系数小得多，导致电子束熔丝沉积时的冷却速率小于铜和 304 不锈钢常规焊接时的冷却速率，因此在这种较低的冷却速率下，铁和铜发生了有序过渡，生成了 $FeCu_4$ 亚稳态相。

Brice 等研究了利用电子束熔丝沉积技术制备 CP－Ti 和 Ti－8Al－1Er 钛合金梯度材料，沉积体的长度为 250 mm，高度为 14 mm，如图 11.40 所示。由于 CP－Ti 和 Ti－8Al－1Er 的力学性质不同，且二者不形成脆性相，因此根据二者的比例不同制造出具有不同性能（功能）的钛基梯度材料。测试五种不同组成的力学性能，每一种 CP－Ti 和 Ti－8Al－1Er 材料混合体积比为 25 ∶ 75、50 ∶ 50、75 ∶ 25、全部为 CP－Ti 和全部为Ti－8Al－1Er。

随着成分组成的不同（由 CP－Ti 到 Ti－8Al－1Er，即随着 Ti－8Al－1Er 比例的增加），沉积体的弹性模量略有增加（12%），这种成分的变化导致断裂伸长率（延性）从 50%

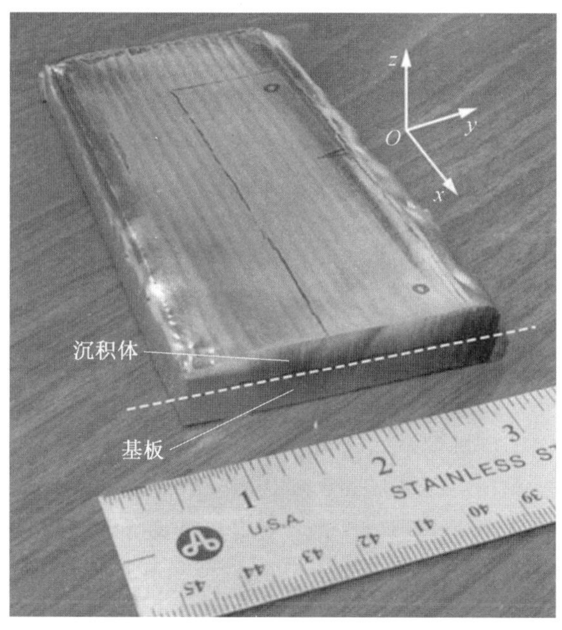

图 11.40　电子束熔丝沉积技术制备 CP－Ti 和 Ti－8Al－1Er 钛合金梯度材料

左右降低到 10% 左右。由于添加了合金元素(Al 和 Er)，屈服应力从 240 MPa 左右增加到740 MPa，屈服强度的提高主要是 Al 的固溶效应和 Er 的弥散效应导致，这一趋势与组成呈线性关系，意味着存在混合规则效应。沉积体的极限抗拉强度随合金元素的增加呈近似线性增长，从 340 MPa(CP－Ti) 左右增加到 810 MPa (Ti－8Al－1Er) 左右。

电子束熔丝沉积在各种材料增材制造领域均表现出较好的成型质量，有效避免了各种材料在经历热过程后形成的缺陷以及性能下降。采用电子束熔丝沉积技术对铝合金进行增材制造，有效避免了氧化现象及气孔缺陷；采用电子束熔丝沉积技术对镍基高温合金进行增材制造，高温液化裂纹得到有效抑制，沉积体内部碳化物细小弥散，强化效果明显；采用电子束熔丝沉积技术对钛合金和钢铁材料进行增材制造，沉积体成型较好，力学性能优良；采用电子束熔丝沉积技术进行梯度材料制造，成功获得了成型良好的梯度材料，其成分及性能均显示出缓慢梯度式过渡特点，具有较强的应用前景。

本章参考文献

[1] ABOULKHAIR N T, SIMONELLI M, PARRY L, et al. 三维 printing of aluminium alloys: Additive manufacturing of aluminium alloys using selective laser melting[J]. Progress in Materials Science, 2019, 106: 100578.

[2]YANG Z, BANHART J. Natural and artificial ageing in aluminium alloys - the role of excess vacancies[J]. Acta Materialia, 2021, 215: 117014.

[3] 刘民章. 1 系变形铝合金熔铸工艺过程控制[J]. 有色冶金节能, 2021, 37(1):6.

[4] 赵飞. 2A12 铝合金时效成型的微观组织及力学性能[D]. 大连:大连理工大学, 2010.

[5] 李兆银. Zr、Cr 对 3 系变形铝合金热裂倾向及力学性能的影响[D]. 南京:东南大

学，2018.

[6] 郭龙军. 铝合金层状复合材料的组织与腐蚀行为[D]. 天津：天津大学，2017.

[7] 唐明君，吉泽升，吕新宇. 5 ××× 系铝合金的研究进展[J]. 轻合金加工技术，2004，32(7)：1-7.

[8] 丁向群，何国求，陈成澍，等. 6000 系汽车车用铝合金的研究应用进展[J]. 材料科学与工程学报，2005(002)：023.

[9] 石峰，张智超，王旭. 7XXX 系列铝合金时效处理工艺的研究[J]. 热加工工艺，2017(2)：5.

[10] 邢俊红，赵强. 铁硅比对连铸连轧 8 系铝合金组织及性能的影响[J]. 中国金属通报，2019(10)：2.

[11] GENG S，JIANG P，SHAO X，et al. Heat transfer and fluid flow and their effects on the solidification microstructure in full-penetration laser welding of aluminum sheet[J]. Journal of Materials Science & Technology，2020(11).

[12] 柳峻鹏. 2A12厚板铝合金电子束焊接接头性能及变形控制研究[D]. 哈尔滨：哈尔滨工业大学，2018.

[13] TAMINGER K M B，HAFLEY R A，DOMACK M S. Evolution and control of 2219 alu minium microstructural features through electron beam freeform fabrication[J]. Materials Science Forum，2006，519-521：1297-1302.

[14] TAMINGER K，HAFLEY R A，FAHRINGER D T，et al. Effect of surface treatments on electron beamfreeform fabricated alu minum structures[C]. Austin：2004 International Solid Freeform Fabrication Symposium，2004.

[15] DOMACK M S，TA MINGER K M B，BEGLEY M . Metallurgical mechanisms controlling mechanical properties of aluminum alloy 2219 produced By electron beam freeform fabrication[J]. Trans Tech Publications，2006：519：1291-1296.

[16] HAFLEY R，TAMINGER K M B，BIRD R. Electron beam freeform fabrication in the space environment[C]. Nevada 45th AlAA Aerospace Sciences Meeting and Exhibit，2007.

[17] LI C，LEI G，LIU J，et al. A potential candidate structural material for molten salt reactor：ODS nickel — based alloy[J]. Journal of Materials Science & Technology，2022，109：129-139.

[18] 韩柯. IN738LC 高温合金电子束焊接接头裂纹形成机理及控制研究[D]. 哈尔滨：哈尔滨工业大学，2021.

[19] MATZ J E，EAGAR T W. Carbide formation in alloy 718 during electron-beam solid freeform fabrication[J]. Metallurgical and Materials Transactions A，2002，33：2559-2567.

[20] WANJARA P，BROCHU M，GIRARD S，et al. Electron beam freeforming on type 321 stainless steel using BNi — 2 brazing paste[J]. Materials Science and Technology，2005，21(5)：613-618.

[21] 李梁，孙健科，孟祥军. 钛合金的应用现状及发展前景[J]. 钛工业进展，2004，21(5)：6.

[22] 金和喜，魏克湘，李建明，等. 航空用钛合金研究进展[J]. 中国有色金属学报，2015，25(2)：13.

[23] STECKER S，LACHENBERG K W，WANG H，et al. Advanced electron beam free form fabrication methods & technology[J]. Session，2006，2：12.

[24] BUSH R W，BRICE C A. Elevated temperature characterization of electron beam freeform fabricated Ti－6Al－4V and dispersion strengthened Ti-8Al-1Er[J]. Materials Science and Engineering：A，2012，554：12-21.

[25] 陈哲源，锁红波，李晋炜. 电子束熔丝沉积快速制造成型技术与组织特征[J]. 航天制造技术，2010 (1)：36-39.

[26] YAN W，YUE Z，ZHANG J. Study on the residual stress and warping of stiffened panel produced by electron beam freeform fabrication[J]. Materials & Design，2016，89：1205-1212.

[27] RODRIGUES T A，ESCOBAR J D，SHEN J，et al. Effect of heat treatments on 316 stainless steel parts fabricated by wire and arc additive manufacturing：Microstructure and synchrotron X－ray diffraction analysis[J]. Additive Manufacturing，2021，48：102428.

[28] WANJARA P，BROCHU M，GIRARD S，et al. Electron beam freefor ming on type 321 stainless steel using BNi－2 brazing paste[J]. Materials Science and Technology，2005，21(5)：613-618.

[29] 树西. 304 不锈钢电子束熔丝沉积工艺及稳定性研究[D]. 哈尔滨：哈尔滨工业大学，2016.

[30] SHU X，CHEN G，LIU J，et al. Microstructure evolution of copper/steel gradient deposition prepared using electron beam freeform fabrication[J]. Materials Letters，2018，213：374-377.